貪婪夢醒

Leading Case Study Series—
Corporations & Financial Services

經典財經案例選粹

貪婪
究應如何在脆弱的人性中為智慧相繩？

投機
還能怎麼期盼在功利的世俗中以法制為度？

□易宏 **主編**

易宏／周英惠／林佳倩／林大鈞／廖先雅／葉立琦／李佳穎
梨君／梁燕妮／蔡南芳／饒佩妮／游忠霖／朱珊慧／徐雪萍
啟瑄／劉淑慧／吳宛真／李國榮／林依蓉／戴功哲 **著**

貪婪夢醒

　　凜冽冬風，總讓蕭颯輕易占領眉頭；和煦日照，卻常使溫暖卸除心鎖。異國街頭，陌生旅人的微笑點頭，彷彿舊識。衢會交通，車流奔錯的井然不紊，似乎無爭；究竟怎樣的法治氛圍能夠造就偉大的時代？堂皇的典章制度所鋪陳的文明，本該讓人們如此安詳靜逸，但現實卻總是暖陽乍現，就被貪婪的冬風遮去應有的光采，讓生命的安享無從附焉。

　　貪婪，究應如何在脆弱的人性中為智慧相繩？投機，還能怎麼期盼在功利的世俗中以法制為度？古往今來的質疑與應答，屢見精彩連漪，但衡諸世代的利益糾葛，法治的堅持卻總在妥協中劃下句點；周而復始的，只有灰飛湮滅的遺憾。又逢歲末冬寒，百姓卻仍在嘆息中送別歲月，徒然咄咄；授業之餘，明知螳臂擋車，愚公移山，仍思以角落之見，喚醒法治精靈，共同記錄世代更迭中人心的善惡與法制的良窳。有鑒於此，一群通過最嚴格篩選的年輕心靈相約承諾，在課堂的探討中檢視近年的經典案例，思、辯可能的法律布局與攻防，彙整析論，沉澱出財經規範的效度，提供實務參考。不僅同為流金歲月寫歷史，更資為法治春秋作見證。

謝易宏

誌於2008年初的歐洲一隅

目錄

企　業　篇

誰讓投機一再得逞
——企業與金融法制的共業

謝易宏

目次

壹、前 言

　　企業之興衰，彷彿人生聚散。不論長短，但願精彩。是非成敗，更繫乎「股民」心意之向背，容有起伏更迭，惟仍以穩健為要。金融之旨，乃以「金流」融通成全「物流」交易之給付，除供輸企業成長的養分，更維繫企業經營之永續。企業與金融之間，彷彿紅花與綠葉的結緣，合則兩麗，分則雙垂。附麗法制之良窳，更牽動產業發展與政策的落實。深究其義，投機者玩法弄權，掏空公司資產，摧毀投資信心，對企業與金融法制之斲傷，莫此為甚。有鑒於此，本文擬就近年來企業與金融法理錯結的弊案中所涉法制的諸多問題臚列臧否，縱然修辭魯鈍且囿於篇幅，仍不揣淺陋提出芻見，或能藉此角落之議，靜待愚公移山之效。

貳、得 逞

　　近年來台灣企業弊案中的投機者究竟對社會造成了多大的影響？或許從實務統計與文獻報導中得以管窺，許多企業弊案掏空的資產數額顯然估算保守，但加總後卻仍然驚人。為利對照說明，謹就具最豐富企業弊案處理經驗的美國與台灣近年來的案例，摘要例舉經檢調機構依證據資料所推估之犯罪金額，期能透過統計數字突顯驚人的「商業不正義」（Business Injustice）[1]現況，並藉此思索因應之道。

---

[1] *See* ROBERT C. ILLIG, *Minority Investor Protections As Default Norms: Using Price To Illuminate The Deal In Close Corporations*, 56 AM. U.L. REV. 275, December, 2006. available at http://www.lexisnexis.com, last visited on September

一、美國弊案災情

回顧美國近年來的著名企業弊案，除了智慧犯罪手法迭有更新，造成的投資人損害，更是屢創新高，茲舉其大要，臚列如次：

自2001年起陸續發生的弊案計有：賓州的著名保險公司reliance insurance co.因破產遭求償約3.5億美元；美國證券交易所（AMEX）因管理疏失遭求償約100萬美元；五家德國銀行因聯合定價行為遭處約9,000萬美元；美林（merrill lynch）證券公司子公司mercury asset management因管理退休基金發生疏失遭求償1.1億美元；瑞富期貨經紀商（Refco. inc.）因交易員不當交易遭處4,300萬美元；韋伯證券經紀商（Paine Webber）因營業員詐欺客戶遭處4.3億美元；雷曼兄弟證券商（Lehman Brothers）因所屬業務員侵占客戶帳款，遭處1.15億美元；位於北卡羅萊納州的來禮公司因職員私自虛設國外人頭帳戶掏空公司資金，遭起訴求償1,500萬美元；信貸銀行（Credit Bancorp.）因經理人涉嫌以假交易詐騙客戶2.1億美元遭到起訴等，顯示美國的企業弊案如洪水般四處成災[2]。

今（2007）年初截至8月底止，美國證管會對於涉及包括內線交易在內的企業弊案總計就已有提起超過35件的起訴案[3]，其中包括Magnum Hunter Resources Inc.、Taro Pharmaceutical Industries、UBS、Morgan Stanley and Bear Stearns Cos、Amkor Technology Inc.、Barclays等企業；

22, 2007. 該文中對於有關企業弊案所造成商業不正義之深入檢討，多所著墨，實值我國企業經營與監理設為參考之殷鑑。

[2] *See* JERRY W. MARKHAM, A FINANCIAL HISTORY OF MODERN U.S. CORPORATE SCANDALS: FROM ENRON TO REFORM, M.E. SHRPE INC. NEW YORK, AT 29-32 (2006).

[3] *See* CHRONOLOGY-MAJOR US INSIDER TRADING CASES THIS YEAR, REUTERS, AUGUST 29, 2007.

著名的美林證券公司（Merrill Lynch & Co.）更遭一家達拉斯無線電話服務供應商MetroPCS Communications正式具狀指控涉嫌欺詐、疏忽以及違反信託責任，違背了客戶投資於低風險、高流動性資產的要求，而將該公司1.339億美元現金投資於十種拍賣利率證券[4]，導致鉅額損失[5]。若再加上爆發在2001-2002年間的安隆（Enron）案求償金額約350億美元、世界通訊（Worldcom）案求償約650億美元、泰可（TYCO）案求償金額約5億7,500萬美元、英克隆（Inclone）案求償金額約1億5,000多萬美元、環球通訊（Global Crossing）案求償金額約22億5,000萬美元、阿德菲爾（Adephia）案求償金額約25億美元、默克藥廠（Merck）案求償金額約140億美元以及向以科技創新聞名的全錄（xerox）案和解金額約1,000萬美元等弊案，受害投資人數與金額都非常驚人。

二、台灣弊案浩劫

　　弊案背後，難脫日積月累的沉痾疏失，考量新舊世代間經濟犯罪的手法迥異，為利區別與敘明，爰以故鄉人民自新紀元以來所目睹不勝枚舉、不公不義的投機設為觀察標的，更以媒體報導大起大落、忽冷忽熱之間，逐漸「習慣」了企業弊案的掠奪為例；據此，謹就經台灣司法所認定的企業犯罪，臚列統計其要，以突顯人民蓄積多年的焦慮：

---

[4] 這種證券被認為是一種低風險投資，通常被企業用於管理閒置資金。其中9種是由美林承銷的債權抵押證券，並由抵押貸款和其他資產作為擔保。

[5] 詳情請參見「美林因高風險投資損失遭起訴」，華爾街日報（電子版），2007年10月19日。

年份	涉案法人／家數	涉案自然人／次	起訴金額／億
2000	5	35	265.6
2001	8	81	466
2002	13	27	323.3
2003	12	15	236.6
2004	9	11	190.5
2005	6	38	45
2006	14	63	74
2007	15	97	1,146.3
總計	92	367	2,767

資料來源：作者自行整理[6]

參、投　機

弊案之所由生，必以制度之設，有縫得鑽，有機可趁，乃能僥倖既遂。倘能察其徵兆，或能防微杜漸。囿於篇幅，謹就我國企業實務中值得再予檢討的重點例舉如次：

一、組織「多層化」

企業經營的法制環境本應允有一定的彈性，法律容認企業得藉由最適的組織態樣，遂其營利所圖，中外法制皆然。自從1888年美國新澤西州制訂公司法，首次允許公司得透過持有另一公司股份而成為跨州經營

---

6 詳細資料請參照本章後附「二十一世紀台灣企業弊案」表，其中所載統計數字轉錄自法務部網站資料，所有內容迫以經檢方調查結果所認定之犯罪事實及推估涉案金額為據，表中所援引今（2007）年部分，係指至本文截稿為止之最新統計，為明文責，併此補述。

公司的控股公司後[7]，雖曾經歷強大的反對聲浪[8]，但基於商人「隨利而居」的本質，企業組織無不以擴充渠等法律結構成為「多層化」組織型態（Multi-divisional Form）[9]，而享經營或控制上之便利。[10]

　　承前所述，組織多層化究竟何患之有，值得特別著墨檢討？按組織多層化對於經營與競爭力的影響，論者或有異見[11]，但對於小股東與

---

[7] *SUPRA* NOTE 2, AT 253.

[8] *ID.* 美國新澤西州州長GOVERNOR WOODROW WILSON曾於任內倡議立法禁止該州前已存在允許控股公司的公司法，並名之為七姐妹改革法案（Seven Sisters Reform Legislation），不料卻使得許多原本在該州註冊登記的大公司紛紛撤離該州，改往臨近的德拉瓦州（Delaware）註冊登記，新澤西州公司商務自此遠遠落後德拉瓦州，也造就了德拉瓦州公司法實務領先美國其他各州的歷史契機。有關史實的詳細發展顛末，請參見前揭註同頁所述。

[9] *See* CHOPPER, COFFEE & GILSON, CASES AND MATERIALS ON CORPORATIONS, Aspen Publishers, 6th Ed., at 28 (2004). 國內近期論述亦曾針對國內大型企業展開實證研究，分析大規模企業的組織架構─即U-form、H-form與M-form等三種管理架構，所呈現高階主管和部門經理人之間的委託─代理關係、管理特性與效率作比較，分析分權化的利益與成本，並依據高階主管與部門經理之間決策權分配的程度，來分析現代大規模多角化的企業組織架構的最適化選擇。請參見彭榮明，中國石油公司組織變遷之研究，國立中山大學經濟學研究所碩士論文，2004年6月。

[10] 美國企業在20世紀中較早採取多層化組織方式的著名案例，舉其大要者例如通用汽車公司General Motors，杜邦化學公司DuPont，標準石油公司Standard Oil and Sears-Roebuck等，都迅速將渠等企業版圖成功擴張海外，足證多層化組織對於企業經營所提供的彈性，適於在組織橫切面因「主體分離」（Corporate Separateness）本質而使企業個體間責任得以切割，組織縱剖面卻仍能有效貫徹由上而下（top-down）的控制力，並藉此結構靈活運用組織資金。*See* John Backman, *The M-Form Organization Dysfunction*, THE POLICY CENTER, New York, 1999, available at http:// policycenter.sunyit.edu/ organization/mform.htm, last visited on September 16, 2007.

[11] 有關多層化企業組織的「交易成本」對於企業經營之影響，相較於一般企業組織而言究竟有何優勢？美國法律界在70年代中期曾出現著名的學者論辯，亦即傳頌多時的「蘭得斯與波斯納的交易成本爭辯」Transaction

債權人瞭解經營資訊（資訊知情權[12]）所造成的可能阻絕，實務上卻屢見不鮮。質言之，企業利用多層化的法律架構，讓原本相對於管理階層居於資訊不對稱地位的小股東與債權人，無從即時獲悉營業細節與資金流向，以作成投資取捨的正確判斷，恰好培養了大股東與關係人趁機不法移轉企業資產的絕佳環境；而多層化所形成的企業集團（Corporate Groups）在組織多層化的法律包裝下，運用「主體分離」（Corporate Separateness）[13]的風險隔離設計，營業資金的供輸更形靈活但卻巧妙

Cost Analysis and the Landers-Posner Debate)，詳見Christopher W. Frost, *Organizational Form, Misappropriation Risk, and the Substantive Consolidation of Corporate Groups*, 44 HASTINGS L.J. 449, March 1993, available at website http://www.lexisnexis.com/us/ lnacademic, last visited on Sept. 15, 2007.

[12] 按企業法制上所設的「股東資訊知情權」（Stockholder's right to know），係由財務會計報告查閱權、賬簿查閱權和檢查人選任請求權等權利所組成。上述權利行使的內容雖然或有不同，但皆係針對股東對公司事務知曉的權利而設，質言之，都是為了能使股東獲得充分的資訊，作成最正確的投資判斷。在美國即屬於企業資訊揭露法制（disclosure system）的一環，歐盟國家中亦曾有多份重要探討文獻可資參考，例如歐洲議會（EC）業於2006年1月5日接受歐盟法制委員會所提出公司股東權指令（Shareholder's rights direciive）的立法要求，並開始審議，其中第13條特別針對新型態的企業持股應如何貫徹股東知情權行使，多所著墨。詳細內容請參見網站資料：www.ec.europa.eu/internal_market/company/docs/ ecgforum/recomm_annex_en.pdf+shareholder, 最後瀏覽日：2007年9月20日。此外，德國上市公司同業公會（The Association of the Exchage-listed Corporations）於2006年2月法蘭克福所舉辦的公司治理研討會中發表了有關股權與責任之報告，其中關於股東知情權有詳細介紹，詳細內容請參考該協會網站資訊所載內容：www.icgn.org/ conferences/2006/frankfurt/discussion_paper.pdf+shareholder，最後瀏覽日：2007年9月20日。

[13] *See* MichaelC. Keely, Babara A. Bennett, *Corporate Separateness*, FRBSF WEEKLY LETTER, February 3, 1988. 按美國聯邦理事會舊金山分處所發行之週刊報導（FRBSF Weekly Letter），1988年2月號（February 3, 1988）當期內容，詳細介紹有關「主體分離」理論的探討，翔實嚴謹並具啟發效果，堪稱早年的經典文獻，應值我國企業實務與監理工作進一步參考。有關美

地脫免了法律上的責任[14]。學理上，多層化企業組織易於經由企業間交叉持股方式造成股權實質集中，惟渠等架構下，原本抑制控制股東道德危險行為的方式主要係透過「聲譽」（Reputation）及「法規範」（Legality）[15]的雙重嚇阻。

實務上對於集中型股權結構下所可能發生的代理成本，往往較為瞭解，因此多層化組織中居於控制股東地位而對外募集營運資金時，就需為公開此等資訊而備受質疑，反之控制股東倘能以其經營理念在獲取市場正面評價時，則能降低此外界質疑而以較低成本取得資金。凡此迨多取決於控制股東的自律，若市場無法提供誘因時，控制股東的法令遵循常需面臨更嚴苛的檢驗。按市場規範原係保護少數股東的最後防線，易言之，更嚴謹的法律建構，將使得控制股東更不易剝削少數股東之權益[16]。然而部分企業控制股東之所以掌握公司經營權，並非透過持有足夠之股權，而是利用其他方法（例如多層化組織架構、交叉持股等）取得不對稱之表決權數，從而此種公司即出現「股權」與「控制權」背離之現象，因此有稱之為「少數控制股東結構」（Controlling-Minority Structure, CMS）以有別於股權分散型（Dispersed Ownership）

國金融法制中所涉有控股公司模式，渠等如何歸責迨多與「主體分離」理論密不可分，相關敘述與分析內容，敬請瀏覽或下載該分處網站文獻資料檔案區available at. http://www.frbsf.org/publications/economics/letter/ 1988/el88-23.pdf, last visited on September 23, 2007.

[14] *Id.*

[15] *See* Lucian Arye Bebchuk, Reinier Kraakman & George G. Triantis, *Stock Pyramids, Cross-Ownership, And Dual Class Equity: The Creation And Agency Costs Of Separating Control From Cash Flow Rights*, As Published In Concentrated Corporate Ownership, R. Morck, Ed., 13-15, available at：http://papers.ssrn.com/sol3/papers.cfm?abstract_id=147590, last visited on Sept. 15, 2007.

[16] *See* Rafael La Porta, Florencio Lopez-de-Silanes, Andrei Shleifer & Andrei Shleifer, *Corporate Ownership Around The World,* 54 (2) J. FIN, at 512 (1999).

或絕對控制型（Controlled Structure）[17]的股權結構。此種具「利益衝突」本質的「少數控制股東型」，其代理成本更勝於其它股權結構。實務上此種結構的控制股東更易於做出利於自己但卻不利於公司之經營決策，或有為公司控管考量，而不予分派或限制分派公司年度盈餘，而係透過轉增資方式擴大企業規模；甚至在經營權移轉有利於公司價值提升時，控制股東仍抗拒經營權的移轉[18]。反觀我國企業弊案中的投機者，幾乎沒有例外的利用組織多層化設計，操作租稅規劃（Tax Planning）與風險隔離（Risk Allocation）的法律布局，嚴重悖於企業內控避免利益衝突之原則。現行企業法制暨監理機關未能對渠等遂行「監理套利」（Regulatory Arbitrage）[19]採取有效遏止的措施，對於因為弊案而身心嚴重受損的投資大眾，實難辭其咎。綜前所陳，爰擬就國外立法例簡要提出制度性比較，以供實務參考；

（一）影子董事（幕後董事、垂簾董事）

影子董事（Shadow Director）之設，係源於英國；按依英國1985年公司法（British Companies Act 1985）第741條第1項規定：「本法所稱『董事』者，包括任何擔任董事職務者，而不論其稱謂」[20]；同法第2項則規定：「影子董事係指公司董事經常依其命令或指示行事之人。然

---

[17] *See* LUCIAN ARYE BEBCHUK, REINIER KRAAKMAN & GEORGE G. TRIANTIS, NOTE 15, AT 1-2.

[18] *Id*, AT 8-13.

[19] 係指利用監理密度不同的法域間所存在的監理落差從事脫法行為的現象，關於監理套利的探討，雖多有為文討論，但近年來最值注意的一篇文獻應首推Amir N. licht, *Regulatory Arbitrage for Real: International Securities Regulation in a World of Interacting Securities Markets,* VIRGINIA JOURNAL OF INTERNATIONAL LAW, Vol. 38, at 563-635, 1998.

[20] *See* British Companies Act 1985, s741 (1): "of the provision In this act , 'director' includes any person occupying the position of director by whatever name called."

不包括本於專業給予公司董事建議之情形在內」[21]。在Re Unisoft Group Ltd （No 3）一案中[22]，主審的Harman法官裁示，影子董事之構成要件，需持續在一段時間內影響公司董事之各種決策，並已成為慣例之情形（As a Regular Course of Conduct）[23]。質言之，英國實務上對於影子董事之認定，必須證明1.擔任公司名義上或實質上之董事職務；2.該名影子董事確有指示公司董事會成員作成決策與執行業務；3.董事們依照其指示而作成決策與執行公司業務；4.已形成慣例[24]。易言之，個案中必須先證明董事會之行為，確符合該等情狀，再確認董事會為決策與業務行為時，放棄獨立之裁量與判斷（did not exercise any discretion or judgment of its own），而僅依指示而執行公司業務[25]。

　　反觀我國現行企業法制中，尚無明文承認隱身違法公司法人幕後操縱的法人董事，亦需對於幕前被控制之法人所造成損害負擔民事賠償之責，刑事責任部分亦因法人董事無法認定犯罪故意而無法以刑責相繩。面對訴訟上日益嚴謹的法律要件舉證，企業實體法似應全面檢討植入前揭影子董事之設，以資因應新型態的企業脫法布局。

（二）「揭穿」v.「反向揭穿」公司面紗

　　美國衡平法實務上所發展出來的「揭穿公司面紗原則」（Doctrine

---

[21] *See* British Companies Act 1985, s741 (2): "In relation to a company, 'shadow director' means a person in accordance with whose directions or instructions the directors of the company are accustomed to act. However, a person is not deemed a shadow director by reason only that the directors act on advice given by him in a professional capacity."

[22] *See* Re Unisoft Group Ltd (No 3), 1 BCLC 609, 620 (1994).

[23] *See* Caroline M Hague, *ANALYSIS: Directors: De Jure, De Facto, or Shadow?*, 28 HONG KONG L.J. 304, at 307-308 (1998).

[24] *Id.*

[25] *See* note 23, at 308.

of Piercing the Corporate Veil），法院最初主張需通過所謂「羅文戴爾」要件（Lowendahl Test）的檢視，亦即需證明有股東完全控制公司決策，並以其控制力遂行詐欺（Fraud）或不當（Wrong）經營，導致原告受損之情形存在，方得援引該原則——穿透公司法人主體分離的獨立人格，而對控制股東求償。[26]嗣後更在Van Dorn Co. v. Future Chemical And Oil Corp.一案[27]中確立了更為清楚的判準；個案中除非證明：1.各別獨立的公司間確實存有共同利益與所有權，主體人格分離的情形已不復見；2.形式上的法人人格主體分離只是為了遂行「詐欺」或達成「不正義」（Injustice）之脫法目的等要件構成，法院並不得援引適用該原則。至於如何界定公司間「控制力」的存在，美國法院更進一步明示了適用該原則的判準，亦即需證明公司間具有：1.未能將獨立公司應有的表冊文件予以建檔保存；2.公司資產與營運資金相互流用；3.其中有一公司資本明顯不足；4.公司將另一公司之資產視如己有般處分[28]。應值注意者，美國法院所作成揭穿公司面紗的判決中高達92%係基於不實詐欺的理由[29]，或許對於深為企業弊案所苦的我國司法能有所啟示。

相較傳統揭穿面紗原則在處理公司外部人對公司責任之追訴，「反向」揭穿面紗原則（Reverse Piercing the Corporate Veil）係指公司所有者（或公司本身）揭穿自己公司面紗之情形[30]。基此，美國法院見

---

[26] Krivo Industrial Supp. Co. v. National Distill & Chem. Corp., 483 F. 2d.1098, 1106 (5th Cir. 1973).

[27] Van Dorn Co. v. Future Chemical And Oil Corp., 753 F.2d 565 (7th Cir. 1985).

[28] *Id*. also see Macaluso v. Jenkins, 95 III. App. 3d 461, 420 N.E. 2d 251, 255 (1981). Beale, 64 S.e.2d at 798.; cheatle, 360 S.E.2d at831.

[29] *See* ALLEN CRAAKMAN, COMMENTARIES AND CASES ON THE LAW OF BUSINESS ORGANIZATON, Aspen Publisher, New York, at 157 (2003). 該項具有指標性意義的司法統計，係針對美國聯邦法院體系截至1985年止所為判決，併此說明。

[30] Michael J. Gaertner, *Reverse Piercing the Corporate Veil,* 30 WM AND MARY L. REV. 666 (1989).

解原則上分成三大類型。首先有判決主張應堅持法人格獨立原則，否定公司所有人得為自己利益反向揭穿之立論。所持觀點為公司所有者理論上本應終極負責，如允許揭穿將生不公平（Unfairness）之結果；易言之，公司所有人在考慮選擇經營型態時，即推定係於充分知悉公司與其股東間人格互相獨立，並將可能發生的利弊一併納入考慮的前提下選擇設立公司。基此，事後於特定前提下證實設立公司係屬不當的法律選擇，公司所有人仍應自行承擔所有後果，不得反向主張否認在前公司的設立。其次有判決主張肯定特殊情形下允許反向揭穿面紗，立論前提則與傳統揭穿面紗要件相同，惟此見解於公司尋求揭穿自己面紗時則無法適用。最後亦有判決主張應由法院考量衡平法或公益政策後決定是否予以揭穿；易言之，僅考量相關利益之平衡，並不以傳統揭穿面紗要件作為反向揭穿之前提[31]。學者Gaertner認為法院應係誤解了有限責任之原旨，按有限責任制目的在透過保護股東而促進投資人參與的意願，法院將法人格獨立從「外部」責任擴充適用到股東與公司「內部」關係，造成懲罰股東的反效果。此外，法院也忽略了傳統揭穿公司面紗的關鍵元素──「控制力」，強調公司法人格的「形式」甚於「實質」。此種主張的特點在於公司法人格定義之彈性化以及加重衡平法及公共政策之考量，惟缺點為欠缺明確的適用標準。故學者Gaertner提出「單一利益原則」（the Unitary Interest Test）加以修正。質言之，法院應先決定股東利益與公司利益間是否密切到足以將之視為單一經濟實體，再決定相關的公益或衡平考量是否足以揭穿公司面紗。可見美國學說與實務百家爭鳴，尚難形成統一共識，惟立論豐富，周全考慮企業實務所需，誠值我國未來型塑實務見解之參考。

　　反觀我國現行公司法關係企業章所設第369條之4、第369條之5規

---

[31] *Id.*, at 688-689.

定，雖賦予子公司股東與債權人得穿透主體分離之子公司面紗，而向母公司訴追求償的請求權基礎，但從該條請求權的構成要件觀之，原告訴訟上舉證責任，除需結合第369條之2、第369條之3與第369條之11規定，證明控制與從屬關係存在、控制公司未於會計年度終了對於從屬公司為適當補償[32]之外；尚需證明控制公司與從屬公司被唆使從事包括不合營業常規在內之不利益經營間具有相當「因果關係」，訴訟負擔實在過重。對於相對弱勢的關係企業原告而言，目前規定饒有進一步檢討的急迫必要；倘非如是，豈不坐實了立法以來所謂容認關係企業脫法卻無可奈何的千夫所指。

（三）商業判斷原則

商業判斷原則（Business Judgment Rule-BJR，或譯為「經營判斷法則」）誠為美國公司法上的重要原則，其內涵主要存於一個前提推定：董事為商業決策時係出自善意（in good faith）、盡到合理注意義務（with due care）、不涉及自身利害（not involving self-interest）且於作成決策前已充分瞭解判斷所需之必要資訊（on an informed basis）[33]。股東如欲推翻此項前提，必須證明董事可予歸責的要件：善意、合理注意義務及忠實義務（Loyalty），程序上再轉由董事反證交易之公平性（entire fairness）[34]。關於此原則的內涵，實務上目前尚未清楚形成一致的共識。美國各州公司法一方面訓示董事不得違反注意義務，另一方面卻又明示法院僅能在特定情況下推翻董事之判斷。如果董事決策時有

---

[32] 國內重要學者有認為此有鼓勵不法之嫌，與「不能以骯髒之手主張權利，或請求法律保護之民法法理」相違背。請參見劉連煜，現代公司法，2006年初版，頁480。

[33] Emerald Partners v. Berlin, 787 A.2d 85 (Supp. Ct Del. 2001).

[34] Cede & Co. v. Technicolor, Inc., 634A.2d 345 (Del.1993).

所疏失,則可能構成注意義務之違反,同時又能依據商業判斷原則而免責。美國公司法學界對此向有不同詮釋[35]:一為責任標準(Standard of Liability),亦即董事之行為須出於善意方能適用,有謂該項原則將董事之注意義務提高到重大過失;或稱將此原則看待成一種「自律法則」(Abstention Doctrine),亦即法院承認董事的決策優位而產生的自我拘束原則。質言之,除非原告先舉證推翻「善意推定」的前提,商業判斷原則將使法院對於董事是否違反注意義務留下判斷餘地而不予審查。

我國係成文法國家,法官造法之空間極度限縮的現實下,目前對於企業董事的追訴,除另有證券交易法或證券投資人暨期貨交易人保護法之該當情形外,恐仍多受限於既有公司法第23條、第193條、第200條、第214條等公司基本法律建構乃得據以為法律上主張;惟渠等規定之構成要件於具體訴訟案件上舉證實在不易,所涉具體個案爭訟之程序成本對一般投資人而言顯然存在顯著障礙,年來因此極少得見求償獲得勝判之成案。綜前所陳,衡諸目前國內企業普遍缺乏法治遵循(Law Compliance)之深化認知,遑論包括金融、電信等「特許」事業所涉人民權益之深切,如何於渠等特殊產業發生弊案,進而追償經營者責任時援引該原則?目前學說與實務亦乏具體共識;是否有移植具有獨特法制形成背景的英美法商業判斷原則之急迫與必要,論者或有本於鼓勵企業決策階層「勇於任事,積極創新」而持引進我國之肯定見解,本文毋寧持保留看法。

(四)小結

面對企業普遍採取組織多層化的經營模式,恐有切斷股東資訊的

---

[35] 劉靜怡,股東會與董事會之權限劃分,台灣大學法律研究所碩士論文,頁50,2007年。

「知情權」，並利用主體分離的法律外觀遂行脫法之虞，考量我國目前採取成文法規範，尚難寬認法官於實定法外造法的現實之下，立法部門是否該審慎檢視公司法第369條之4規定，亦即所謂類於美國司法實務上所援引「揭穿公司面紗原則」的構成要件，或是慎重引進英國公司法的「影子董事」制度，提高投機者的脫法成本，減低弊案發生的可能，此其時也。

二、法人代表與利益衝突

在公司法第27條政府或法人股東代表制度下，當然存在法人代表同時對於政府或法人股東及擔任董事之公司均負有「忠實義務」，發生所謂「利益衝突」（Conflict of Interest）之問題。且依公司法第27條第3項，政府或法人股東得依其於政府或法人股東內之職務關係，隨時改派之，蓋代表人行使職務，係代表政府或法人為之，非基於個人股東關係，析言之，本條董事並無任期保障，而可能隨時遭撤換，因此在行使董事職務上，必然較自然人董事顯得較為拘束。

通說對於民法第28條之解釋，咸認乃對於法人的本質係採「法人實在說」之重要依據，學理上係以法人比照自然人之有機體本質，應肯認其人格存在，在法理上視為獨立主體[36]，因而得適格參與管理階層，當選董事（法人董事），然囿於其實際上無法如同自然人般執行職務參與公司經營決策，故尚須指派自然人轉嫁效果意思，代表權力來源之法人執行職務，復因公司法第27條第3項規定法人得隨時改派該代表，衍生實務上運作的諸多疑義，舉例而言，倘公司所指派之自然人代表於行使董事職務時因故意或過失而生損害於公司時，由於法效轉嫁而需承受對於外部第三人責任歸屬之政府或法人股東與其所指派之代表人間，究該

---

[36] 施啟揚，民法總則，1996年4月7版，頁115、116。

如何釐清法律責任歸屬[37]？恐於具體個案中尚有待實務的檢驗。

　　揆諸民法第26條但書規定之規範意旨，凡專屬於自然人之權利義務，原不在法人實在說之涵攝範圍；是否得藉之以重新思考公司法第27條第1項法人董事制度存在之必要，饒有進一步推求之餘地。論者或有主張，公司法應與與法人本質理論脫勾處理，即使部分與法人本質相關的規定，亦不需拘泥於法人實在論述，若能符合規範本身之目的性，即使該項規定不能與法人本質理論相符合，亦不必因遷就該一理論，而捨棄更能圓滿達到目的之規範[38]。

　　立法原旨或係基於公營事業中，政府官股為多數，為了配合政策執行與落實，有必要掌控公司人事[39]，而法人代表董事顯然符合當時的時代需求。值此「民營化」潮流日熾之際，公司法第27條第2項似已無存在必要。且一旦搭配隨時改派法人代表制度，即淪為有心者規避公司法上董監責任之手段，亦即自然人股東甲另立私人投資公司A，由該A投資公司持有被投資公司B股份，再利用公司法第27條派遣代表出任董監事，其則可隱身幕後，再藉由隨時改派箝制法人代表，掌握公司經營大權，同時又可規避公司法上董、監事之責任[40]，又其依第3項得隨時改派法人代表，其造成之效果，實與單一股東即可變更董事之公司決議行為無異[41]，尤有甚者，在多層化組織結構中常見法人透過指派法人代表

---

[37] 王文宇，公司法論，2006年8月3版，頁192。

[38] 賴英照，公司法人本質之理論，公司法論文集，1986年9月，頁58。

[39] 王文宇，註37書，頁193。

[40] 林國全，法人得否被選任為股份有限公司董事，月旦法學，84期，2002年5月，頁21。

[41] 廖大穎，評公司法第27條法人董事制度—從台灣高等法院91年度上字第870號與板橋地方法院91年度訴字第218號判決的啟發，月旦法學第112期，頁208，2004年9月。

當選從屬公司董事長並隨時以改派代表方式影響該公司之營業決策[42]，更顯其不當。復依本項規定，政府或法人股東得派遣多數代表人分別當選多席董、監事[43]，且得依其職權隨時改派，惟分別當選為董、監事者既為同一政府或法人股東代表，其是否能發揮監督功能，顯非無疑。

復依證券交易法第26條之3第2項規定：「政府或法人為公開發行公司之股東時，除經主管機關核准者外，不得由其代表人同時當選或擔任公司之董事及監察人，不適用公司法第27條第2項規定。[44]」，或可舒解法人代表制之未臻完善，然倡議廢除第3項隨時改派法人代表規定，改採法人董事之「常任代表制」之舉，以此換取法人代表在董事任期內行使董事職務之過渡機制[45]。揆諸其意旨：第一，董事任期內以同一特

---

[42] 按公司法第27條第1項規定：「政府或法人為股東時，得當選為董事或監察人。但須指定自然人代表行使職務」。依該項規定，於公司登記之董事為法人股東，而不涉及指定之自然人，該自然人僅為代表行使職務；如該法人股東當選為董事長時，亦同。是以，A法人當選為B公司董事，並經B公司董事會選舉為董事長，A法人仍可依同法第27條第3項規定隨時改派之。復按同法第27條第2項規定：「政府或法人為股東時，亦得由其代表人當選為董事或監察人……」，係指公司登記之董事為該法人股東所指派之代表人（與同法第27條第1項規定之運作方式同），法人股東亦得依同法第27條第3項規定，隨時改派接任原董事任期（經濟部94年5月日經商字第09402311260號函）。

[43] 按公司法第27條第2項規定：「政府或法人為股東時，亦得由其代表人當選為董事或監察人，代表人有數人時，得分別當選。」準此，政府依此項規定推派代表人當選為董事或監察人時，係以該代表人名義當選。（經濟部93年7月30日經商字第09300580690號函）；此外經濟部57年9月24日商34076號解釋：「……五、公司法第222條雖規定監察人不得兼任公司董事及經理人，但同法第27條第2項又例外規定政府或法人為股東時亦得由其代表被推為執行業務股東或當選為董事或監察人，代表人有數人時得分別被推或當選，故一法人股東指派代表二人以上分別當選為董事及監察人並無不可。」亦值注意。

[44] 依證券交易法第183條規定，本條自2007年1月1日施行。

[45] 廖大穎，註41文，頁213。

定法人代表參與董事會，不致需經常性改派法人代表，使公司既定決策發生變動之疑慮，公司經營政策的延續性與一致性乃得以維持；第二，常任制董事代表，可使責任歸屬較為明確化，蓋在董事任期內，所有公司決策及執行均為同一人參與[46]。如採此說，應可暫時舒緩目前猖獗的法人代表制弊端，可資贊同。

　　另值注意者，研議中擬訂定立法之債務清理法草案第174條[47]所設對於債務人董事之「補足請求權」，原意在防杜公司法人之機關擔當人可能利用債務清理程序遂行脫產之實，為加強公司董事之經營責任，乃有此設。惟聲請債務清理公司倘利用「人頭」（figureheads）擔任被指派之法人代表，並獲支持當選為形式上董事，則補足請求權之設計初衷即有遭有心人脫免責任的可能。質言之，公司法第27條第2項之指派代表人若為人頭，則實際上作成決策，應負「補足」責任之董事，既非同條第6項規定涵攝所及，恐亦非該草案第3條第1項第2款或同條第2項所指之代表人或負責人[48]，足謂另一可藉法人代表人陋規脫法遁逃之適

[46] 同前註。

[47] 為利說明，茲將債務清理法草案第174條規定轉錄如下：

法人受破產宣告者，破產債權人依破產程序受償額未達其債權額20%部分，法人之董事全體應連帶負責補足之。其不履行者，管理人或債權人得聲請法院以裁定確定金額後，由法院對董事財產強制執行並分配於全體債權人。但董事證明其執行職務無故意或重大過失者，不在此限。

法人之董事不因其喪失資格或解任而免除前項規定之責任。

第1項規定，不影響法人之董事對於破產債權人應負之責任。

第24條、第117條及第118條之規定，於第1項及第2項所定之人準用之。

法院為第1項裁定前，應使董事有陳述意見之機會。

第1項至前項之規定，於雖非法人之董事，而實際執行其職務者亦適用之。

第121條第2項至第5項規定，於第一項情形準用之。

第1項補足請求權，自破產程序終止或終結之翌日起，三年間不行使而消滅。

前八項規定，於非法人團體之代表人或管理人準用之。

[48] 債務清理法草案第3條規定：

例，豈能再予坐視。

　　檢視近年來國內企業弊案，普遍得見濫用「法人代表」遂行投機者的企業控制，更讓掏空得逞，雖有「國營事業管理法」第35條第2項之實務運作需要，但衡酌利弊得失，勢必有所取捨，實有必要審慎檢討廢除的可能，以杜實務積弊。

三、不實揭露與審計風險

　　公司法人本質上原係集合投資人出資的財產載體，恆以對股東之獲利承諾奉為營業圭臬，舉凡公司規模越大、營運日趨複雜，財務報表更成為企業經營者與所有者的溝通橋樑及訊息傳遞管道。公司董事、經理人與財會人員在公司內部負責彙整財務資訊據以編製報表，而稽核人員在公司內部則職司法令遵循；為確保財務資訊表達的允當及降低資訊不對稱，公司外部則透過會計師提供其專業意見來協助股東判斷公司財務狀況的正確性、以供投資人參考。基此，公司內部人員是否據實編製財務報表，會計師能否超然獨立的查核，都成為企業貫徹財務資訊真實、充分揭露的基礎建構。當企業管理階層發生舞弊，窗飾財務報表必為不法的表徵，而企業外部人士所由憑藉了解真實營運狀況之財務報表倘有不實，有效的內部控制與獨立的外部查核當為首要的違法檢出機制。

本法關於債務人應負義務及應受處罰之規定，於下列各款之人亦適用之：
一　債務人為無行為能力人或限制行為能力人者，其法定代理人。
二　債務人為法人或非法人團體者，其代表人或負責人。
三　債務人之經理人或清算人。
四　債務人失蹤者，其財產管理人。
五　遺產受破產宣告時之繼承人、遺產管理人或遺囑執行人。
非前項各款之人，而實際執行其職務者，適用前項之規定。
第一項各款之人，於喪失資格或解任前應負之義務及應受之處罰，於其喪失資格或解任後仍應負責。

　　台灣現行審計準則公報第32號「內部控制之考量」第七條所載，定義內部控制係一種管理過程，由管理階層設計並由董事會或相當之決策單位核准，藉以合理確保三個目的之達成：1.可靠的財務報導，2.有效率及有效果的營運，3.相關法令的遵循[49]。此外，證券交易法第14條之1第1、2項，公開發行公司應建立財務、業務之內部控制制度；主管機關得訂定內部控制制度之準則。而公開發行公司建立內部控制制度，除證券、期貨、金融及保險等事業之相關法律另有規定者外，應依「公開發行公司建立內部控制制度處理準則」之規定辦理[50]，足見台灣企業內控之建構。觀諸將於2008年4月1日起的會計年度開始適用於日本所有上市公司的日本版沙賓法（J-SOX）[51]，要求管理階層對於與財務報導相關的內部控制之有效性自我評估，如有重大缺失必須加以改善，並且出具內部控制報告書，才得以解除可信賴財務報導的相關責任[52]。

　　台灣企業實務或有要求企業應建立對於內控制度自我評估的觀念，但往往流於形式，企業總是要等到公開發行[53]或申請上市櫃[54]之時才依法委任會計師對於內控制度進行專案審查以改善其缺失[55]，防微杜漸的違法檢出機制顯然不彰，倘能酌採J-SOX的企業自評規範[56]與美國

---

[49] 審計準則公報第32號「內部控制之考量」第7條，1998年12月22日發布，頁2。

[50] 公開發行公司建立內部控制制度處理準則第2條。

[51] 有關日本即將施行的日本版沙賓法案的介紹，請參見工商時報，日沙賓法嚴格在台日商十月備戰，2007年9月19日A12版。

[52] 廖玉惠，從沙氏法看我國內部控制之規範，會計研究月刊，253期，2006年12月，頁41-43。

[53] 發行人募集與發行有價證券處理準則第67條第1項第5款。

[54] 臺灣證券交易所股份有限公司審查有價證券上市作業程序第6點審查要點（四）。

[55] 財團法人中華民國證券櫃檯買賣中心審查有價證券上櫃作業程序第6點審查要點(三)。

[56] 相關規定內容係轉錄自日本JSPA（J-SOX對應促進協議會）網頁資料所載，

公開發行公司會計監督委員會（PCAOB）所發布會計師對於內控制度簽證的相關規範[57]，或能促進內部控制制度實施的成效。

　　惟企業經營團隊本身即為舞弊主體，原設計由其建立的內控制度自律檢出本身不法即難以期待，此時只能依賴外部查核機制予以檢出，亦即藉由會計師依法出具查核意見以警示投資大眾。惟此項警示功能若遭到誤用，反而誤導閱讀報表的投資人，將造成極為嚴重的後果；美國的安隆案、台灣的力霸等案中涉案會計師即屬此例。會計師居於外部的財務資訊仲介地位，所專切防杜的弊端亦僅限於會造成財務報表不實表達的類型[58]。按審計準則公報第43號「查核財務報表對舞弊之考量」，要求查核人員即使依過去經驗，認為受查公司管理階層係正直及誠實，查核人員仍應保持專業上的懷疑態度，期於查核時得能發現因舞弊而導致財報重大不實表達之情事[59]。即係責成會計師在受查者可能存有舞弊之假設下，設計適當有效的查核程式，期能蒐集足夠且適切的證據以推翻該假設[60]。而編製財務報表與防止舞弊主要係公司管理階層的任務，而會計師即使已依一般公認審計準則執行查核，仍有可能存在無法偵測出財務報表重大不實表達或舞弊的風險。然撇開會計師無法避免的審計失敗之固有風險不論，如其罔顧專業甚且幫助粉飾財報，就難辭其咎而必須負起法律上的責任。

　　會計師執行查核工作所依據的一般公認審計準則總綱第2條明文規

　　請參見http://j-sox.org/relation/index.html, 最後瀏覽日2007年9月21日。
[57] 相關規定可參照SOX-online, 網站資料：http://www.sox-online.com/acc_aud.html，最後瀏覽日，2007年9月21日。
[58] 審計準則公報第43號「查核財務報表對舞弊之考量」第6條，財團法人中華民國會計研究發展基金會，1996年9月1日發布，頁3。
[59] 同上註第25條，頁10。
[60] 吳琮璠，企業失敗、審計失敗與會計師獨立性，會計研究月刊，261期，2007年8月，頁12-13。

定「執行查核工作及撰寫報告時，應保持嚴謹公正之態度及超然獨立之精神，並盡專業上應有之注意」[61]，其中『超然獨立』厥為關鍵，因為保持獨立性才能不偏頗地依據專業表示意見，以安隆案為例，該公司付給會計師Anderson事務所的年度公費收入，曾經占事務所年度總收入1%以上，Anderson事務所中甚至安排百人團隊專門伺候安隆，安隆會計主管的喜好甚至可以影響Anderson事務所的人力派遣，如此過度親近的關係，致使會計師失去獨立性甚至出賣專業為客戶服務[62]。

　　探究會計師的獨立性問題，除了會計師業自律，他律亦已成為目前監理重點，諸如美國企業改革法（或譯為「沙賓法案」——The Sarbane-oxley Act of 2002）第201條規定，禁止會計師事務所同時提供其所列舉的非審計服務，如提供非列舉的非審計服務，應得該公司之審計委員會之事先許可；同法第203條簽證會計師定期輪調；同法第206條利益迴避——旋轉門條款[63]等規定皆足為適例。其中關於禁止會計師同時提供審計及非審計服務及利益迴避——旋轉門條款，於我國會計師法[64]及修正草案[65]已設有明文。至於簽證會計師定期輪調則尚未見諸法律位階之明文規定，僅於審閱上市櫃公司財務報告作業程序[66]設有相關規定[67]，自公開發行後最近連續五年財務報告皆由相同會計師查核簽證者，為必要受查公司。簽證會計師定期輪調問題論者或持正反不同意

[61] 審計準則公報第1號「一般公認審計準則總綱」第2條，財團法人中華民國會計研究發展基金會，2000年1月25日第4次修訂，頁4。
[62] 林柄滄，如何避免審計失敗，2002年9月，頁206-207。
[63] 謝易宏、陳德純合著，後安隆時代的一線曙光—論2002年美國企業改革法對公司治理之影響，2004年2月，頁附3-49、3-50、3-55。
[64] 請參照會計師法第23條。
[65] 會計師法修正草案第47條第1項第2款、第6款。
[66] 臺灣證券交易所股份有限公司審閱上市公司財務報告作業程序第4條。
[67] 財團法人中華民國證券櫃檯買賣中心審閱上櫃公司財務報告作業程序第4條。

見，反對者主張新任會計師審計疏失比率較高將會降低服務品質，然而牽就現狀的不更換會計師，徒然容認問題的惡化恐亦不符審計初衷；藉由會計師輪調制度或能避免與受查者間關係過於親近，較能維持專業的獨立性，饒有推求之餘地。

尤有甚者，企業經營所採會計年度，除少見於外國企業之台灣子公司或非營利事業或有例外情形，於實務上仍係依商業會計法第6條規定原則上以「曆年制」為常態。基此，絕大多數企業的會計年度於12月底終結，至於公開發行公司，則需另依證券交易法第36條規定，於每營業年度終了後四個月內，公告年度財務報告並向主管機關申報，經會計師查核簽證、董事會通過及監察人承認。綜前所陳，公司的財務報表必須經過簽證，會計師囿於人力與時間的排擠效應，能分配到每家公司的查核時間即相當有限，查核品質必然受到影響，最後權益因而可能遭到侵害的仍是資訊鏈終端的投資大眾。是否能按照「行業特性」訂定非曆年制會計年度，使企業年度財務報表的查核期間能相互錯開，不再集中於現行法所要求的四個月內，讓會計師分配於每家受查公司的查核時間能平均化於整年度期間內，應該有助查核品質的提升。

重罰立法原是推動法制最不得已之藥方，然百密常有一疏，企業經營者倘存心脫法，縱然嚴予規範恐仍難杜絕違法，著眼防弊而加重責任或增設阻絕機制，徒然增加企業經營成本，甚且懲罰誠實業者。應從加強市場的企業倫理與法治教育著手，讓業者都真正體悟「誠信」才是交易安全的保證，企業整體所能樽節的社會成本於焉能轉嫁投資大眾。

四、剝削小股東權益

貫徹資本主義的企業法制中，居於資金弱勢的小股東權益，常遭到資本雄厚的大股東以公司構造多層化，及支配權集中母公司董事之手等模式予以限縮，小股東卻總在表決權的劣勢下無可奈何。時至今

日，更有母公司股東權被掌握關係企業整體獲利關鍵之子公司稀釋的情形[68]；有鑒於此，論者或有認為應賦予母公司股東事前參與決策之權，質言之，即就從屬公司之股權行使雖仍交由控股公司之董事，然須由控股公司股東會決定如何行使；惟於從屬公司為一人子公司時，控制公司與從屬公司股東會幾乎合一僅須召開一次。然於控制公司董事行使表決權違反控制公司股東會決議時，從屬公司股東會之效力為何即有疑問。解釋上可認該表決權行使行為無效而成為撤銷從屬公司股東會決議之事由[69]，同時控制公司董事亦因違反股東會指示而須負損害賠償責任。不同意者以為應將母公司持有的子公司股權，依比例計算由各母公司股東直接於子公司股東會上行使之，於子公司召開的股東會上，母子公司股東一起表決該項議案。前後立論固然各有所本，但本文以下列觀點，認為後者考慮較為周全，可資贊同。

　　為防止母公司股東權可能遭到稀釋，及使母公司董事透過子公司而為之經營活動同受母公司股東監督的考量，早於1971年即首先由美國加大柏克萊分校法學教授艾森柏格（Melvin Eisenberg）為文提出「穿越投票」（pass through或有譯為「讓渡表決」）的想法作為前揭困境的補救手段[70]。其中有關適用範圍的界定，艾氏主張除章程修正及董事選舉之外，穿越投票原則僅適用於「主要子公司」（economically dominant subsidiary or economically significant subsidiary[71]），至於解散則是一律

---

[68] 國內企業多有將關係企業中獲利最豐之部門另外獨立設立為子公司者，如鴻海集團中的鴻準公司，聯電集團中的原相公司等皆為其中適例。

[69] 惟控股公司股東既非會議之參與人，此種情形下又難以想像控股公司董事會自行提起撤銷訴訟，如從屬公司之外部股東無人提起（或無外部股東之存在）時，立法上宜特別賦予控股公司股東決議撤銷權。

[70] Melvin Aron Eisenberg, *Megasubsidiaries :The Effect of Corporate Structure on Corporate Control*, 84 HARV. L. REV. 1577, 1590-1593 (1971).

[71] Eisenberg教授參考美國證管會公開揭露相關規定（SEC Regulation S-X、

不適用。另關於子公司擁有資產是否重要之判準,又依是否為一人公司
而異。一人子公司以子公司擁有之資產是否占集團總資產之重要部分為
準;非一人子公司則以母公司擁有之子公司股份是否占母公司資產重要
部分為主。

　　我國目前公司法是否應考慮引進穿越投票制,以防杜部分企業設
立巨型子公司並將重要資產留存在渠等子公司,顯然不利於母公司少數
股東權,雖然立法技術上將涉及未達禁止交叉表決之門檻,穿越投票後
將衍生公司比例行使自己表決權[72]、重要性之判準如何界定[73]等困難問
題,但衡諸國內企業小股東權益嚴重限縮之現實,似有酌予檢討組織多
層化後兼採容許控股公司小股東得行使穿越投票之必要,以防止子公司
變相掏空母公司之重要資產,進而剝奪母公司股東參與決策之權利。

五、董監持股質押與經營風險移轉

　　台灣近年企業法制的研修方向,迨多考量企業資金運用之靈活並

　SEC Form 8-K)、紐約(NYSE)及當時美國證券交易所(Amex)規則及
　若干州公司法小規模合併規定,主張子公司資產或營收占集團總百分比15%
　以上者即符合。

[72] 我國目前禁止交叉表決之規定,主要有公司法第179條第2項第2、3款,同
　法第369-10條,金融控股公司法第31條第4項(禁止門檻依同法第4條第1款
　為持股25%或過半數董事選派)。關於目前公司法第179條第2項之高門檻,
　學者有認無法達到防堵交叉持股弊端而應降低至20%。另有文獻質疑現行公
　司法第167條第3、4項及第179條第2項排除實質控制關係並無堅強理由。未
　來如禁止交叉表決規定降低門檻或納入實質控制從屬關係時,則其適用穿
　越投票之可能性或值考慮。

[73] 按依財務會計準則第7號公報第13項規定,子公司總資產及營業收入未達母
　公司各該項金額之10%者得不編入合併財務報表。此外,公司法第369條之
　12第3項授權制定之「關係企業企業合併營業報告書關係企業合併財務報表
　及關係報告書編制準則」(下簡稱關係企業三書表編制準則)中第14條規
　定,從屬公司之總資產及營業收入均未達控制公司各該項金額之10%者得免
　予揭露。是否得導出子公司重要性標準?恐還有不同看法有待形成共識。

兼顧經營之穩健，乃強調導入英美法中所有權與經營權分離原則的重要，對於促進企業「法令遵循成本」（Compliance Cost）固然發生一定影響，但卻也再度引發企業管理階層實質上悖於公司治理原則之實務疑義，董事或大股東高度質押持股，堪稱其中最值注意之類型[74]。

　　按股票質押之設，原係指股票所有人，將自己所持有之股票設定質權，以擔保其向質權人之借款債務。首應說明者，股份乃股份有限公司計算資本之基本單位，反應投資人所持有股數占資本總數之一定比例，並藉以行使附麗其上之股東權利（如表決權、盈餘分派請求權、轉讓權等）。而股票則係用以表彰並證明所持有之股份，股東權利之行使除無記名股票需以占有為行使方法外，記名股票之股東權利行使，皆以公司股東名簿登記為準，並非以占有股票為據，此觀公司法第165條自明。[75]

　　第按股東權利行使雖以股份為基礎，性質上類於物權之共有，似可依民法第765條規定所設，於法令限制範圍內，得自由使用、收益、處分其所有權。然事實上依新修正之公司法第202條所設關於董事會與股東會間之「分權」規定，公司之經營權實係掌握於董事會之集體意思決定，一般股東尚難直接參與，與民法上關於分別共有應有部分共有人之權利行使尚屬有間；故股份之性質，揆諸規範原旨，其債權性實應大於物權性。故股票質押，似應另解為出質人將其對公司的請求權，以權利質權的方式，提供給債權人擔保，應適用權利質權之規定。故出質人仍可行使股東權，應無疑義，揆諸美國企業實務最具指標性規範的德拉瓦

---

[74] 高蘭芬，董監事股權質押之代理問題對會計資訊與公司績效之影響，國立成功大學會計學研究所博士論文，2002年6月。

[75] 謝在全，民法物權論（下），1991年2月初版，頁331-332。

州公司法[76]、與規範世界最大經濟體之一的歐盟公司法[77]，皆未設有剝奪質押股票所附麗之表決權的明文規定，足堪作為股票設質時股權行使

---

[76] Under Delaware law, shareholders still owned and could vote shares pledged as collateral for loan, even though creditor had sent them notice of default on loan and notice of sale of collateral, where creditor had in fact not yet sold or otherwise disposed of shares. 6 Del.C. § 9-610; 8 Del.C. § 217(a). Weinstein v. Schwartz, 422 F.3d 476, C.A.7 (Ill.), 2005.

[77] 歐盟公司法指令（EU Company Law Directives）並未對質押股份之表決權有限制，參見該法第22條（Articles 22）所載，為利說明，茲轉錄該條文內容如下供參：

1　Where the laws of a Member State permit a company to acquire its own shares, either itself or through a person acting in his own name but on the company's behalf, they shall make the holding of these shares at all times subject to at least the following conditions:

(a) among the rights attaching to the shares, the right to vote attaching to the company's own shares shall in any event be suspended.

(b) if the shares are included among the assets shown in the balance sheet, a reserve of the same amount, unavailable for distribution, shall be included among the liabilities.

2　Where the laws of a Member State permit a company to acquire its own shares, either itself or through a person acting in his own name but on the company's behalf, they shall require the annual report to state at least :

(a) the reason for acquisitions made during the financial year;

(b) the number and nominal value or, in the absence of a nominal value, the accountable par of the shares acquired and disposed of the during the financial year and the proportion of the subscribed capital which they represent;

(c) in the case of acquisition or disposal for a value, the consideration for the shares; the number and nominal value or, in the absence of a nominal value, the accountable par of the shares acquired and held by the company and the proportion of the subscribed capital which they represent.

detailed please log onto the website of EU: Available at: http://eur-lex.europa.eu/LexUriServ/LexUriServ. Do?Uri=celex:31977l0091:en:html, last visited on September 20th, 2007.

的重要參考。

「公開發行」公司規模以上之企業董事或大股東倘有高比率質押其持股者，如屬無記名股票，因無記名股票非將於股東會開會五日前，將其股票交存公司，不得出席股東會，則自不能參與投票，此無記名股票之性質使然，尚無爭議。茲生疑義者乃記名股票出質後，因出質人仍保有股票之所有權，究其實質，出質人所質押者乃股票之「交換價值」，股票之質權人只取得質物之「孳息收取權」與「換價權」，而出質人依法仍可行使「表決權」（股東共益權），造成股東權利之「自益權」與「共益權」分離的獨特現象。基此，實務上恐衍生諸多疑慮，為利說明，謹臚列如次：

（一）投資風險的不當移轉

權利質權與動產質權本質上相異，動產質權乃以物為標的，質權人能直接占有，除剝奪出質人換價之可能，並可確保質物之價值[78]。而權利質權係以具財產價值之權利為標的，實務上並需不移轉占有，出質人尚無法藉由其「占有」來確保質物之價值；在股份出質的實務中，質權人唯一的保障實乃設質股份的交易市值，設若該公司股價表現穩健時，當可十足擔保，但因經營不當導致股價下跌時，除非另發生擔保不足之虞，否則極可能完全無法回收（包括停止交易、下市、清算且賸餘財產之分配還不足清償債權人等情形）。綜前所陳，觀察權利質權與動產質權最重要的差異，似在於質權人尚無法藉由一定法律作為以維持質物之價值。

惟當股份質押後，出質人仍可行使表決權（股東共益權），於股東會中支持自己當選董事。當選之後，必須將股價維持於股份設質之押值

---

[78] 謝在全，同前揭註75。

之上，雖公司買回自家股票非法所不許（公司法第167條之1、證券交易法第28條之2參照），但究其本質，應係出於為公司利益之旨而非個別董事之利益。倘於董、監高比率質押持股，而公司董事會又決議行使庫藏股制度時，猶如以公司資金為渠等董、監背書，是否妥適，饒有推求之餘地。尤有甚者，公司董、監高比率質押持股，其「自益權」部分實已受限，惟其「共益權」部分是否仍能符合「受託人義務」（fiduciary duty）之旨，恐亦值得關切。舉例而言，董事擬推動執行高風險的之營業行為（符合商業判斷法則），但為求減低自身所承受之股價風險，而將所持股份高比率質押，倘該高風險之營業行為獲利，股價大漲，當屬皆大歡喜。但若營業失敗，股價因而下挫而發生資不抵債，是時該等董事之風險將只有質押之股票價額，反而質權人將因之承受最後股價的損失。進言之，若董事高度質押持股後認為公司前景堪慮，雖已無法處分持股，但其仍握有共益權所衍生之「控制權」（當選董事），若趁機謀私，惡意淘空，並脫產切割，則無異增加道德風險，亦非設立擔保制度之本意，遑論對於投資人所存在之默示信託關係下的受託人義務。

　　為使董監能與公司利害關係共同，公司法第197條設有倘董事於任期中轉讓持股超過當選時股數之半，其董事當然解任之規定。復以證交法第26條更設有上市公司董、監記名股票持股總數必須與公司已發行總數間維持一定成數比例之規定，旨在強調董監之利害需與公司一致，以確保董監不致違反公司治理。若董事高比率（大於50%）質押持股，除其前述道德風險外，亦有當然解任之虞（一旦市價不能維持，遭質權人換價處分，俗稱「斷頭」），所為決策也因此遽失其正當性，故若允許自益權與共益權分離，顯悖於前開規定之立法意旨。

（二）有違股份平等原則

　　股份平等為公司法所揭示之重要原則，即每一股份對公司決策都享

有一投票權，又稱一股一權[79]。惟平等權並非機械之形式平等，而是保障實質平等（釋字第485號參照）。法律對於企業因籌資而給予不同之負擔與條件，當亦非法所不許。故公司法第157條規定公司發行特別股時，應就特別股分派股息及紅利之順序、定額或定率、特別股分派公司賸餘財產之順序、定額或定率、特別股之股東行使表決權之順序、限制或無表決權、特別股權利、義務之其他事項，於章程中定之，以明訂權利義務。其中針對投票權之行使，我國並不容許特別股可以有優先或較多的表決權，此為安定公司經營所設之規定，實務見解亦同採[80]。

　　股份有限公司於股票質押後，出質人可將所持股份兌現（cash out），實務上雖仍受有押值成數的限制（實務上一般上市公司約為六成、上櫃公司則約五成左右），惟出質人倘再利用兌現資金轉入人頭戶，再購入他公司股票或出資，則將產生槓桿性的資金運用效果。舉例而言，A公司於董監改選前夕，大股東甲將手中持股，質押後取得資金透過人頭戶再買進A公司股份，則該名出質持股之股東，僅犧牲了原股份所附麗之盈餘分派請求權（事實上還包括應償付之利息），但如此槓桿運用資金的結果，將產生較原股份數倍實質表決權之法效，顯與「資合」性質的股份有限公司係依出資比例決定的意旨不符，更使得控制股東對公司的控制權大於其實際所有權的情形，增加公司經營之道德風險。故雖非直接達成，但應屬間接達到違反公司法強行規定之「脫法行為」，應非法之所許。

（三）不符風險基準資本之旨

　　依銀行法第52條規定所揭，銀行為法人，除另有規定外，以股份有

---

[79] La Porta, R., F. Lopea-de-Silanes, and A.Shleifer, *Corporate ownership around the world*, JOURNAL OF FINANCE, VOL.54, AT 471-517 (1999).
[80] 參見經濟部72年3月23日商字第11159號函令。

限公司為限。同條第2項並設有設置標準之明文規定，性質上應屬於公司法第17條之「特許」事業涵攝範圍，迨無疑義。基於銀行實乃收受不特定存戶金錢寄託之特殊性股份有限公司之本質，關於其營業所需具備之資本自然需要特別規範，因受1996年全球金融風暴影響，為健全金融業經營，國際清算銀行（BIS-Bank for International Settlement）遂訂定第二次巴賽爾資本協定（Basle II），以「風險基準資本」（Risk-based Capital）立論，加強營業資本與風險間之聯結，要求銀行之資本適足率（自有資本與風險性資產之比例）需從1993年第一次巴塞爾資本協定（Basle I-Capital Accord）所要求的8%提高至10%以上（依我國金融控股公司法規定金控公司之適足率需達到10%以上）[81]。如是比例過高，銀行將受制於自有資本作為計算風險性資產的基準而難以發揮資金運用的槓桿效用，顯然有礙資金運用；惟亦不宜過低，否則銀行經營投資之風險等於不需受制於自有資金，存戶間接地分擔銀行的經營風險。我國法因此規定，資本適足率如低於8%、6%、4%與2%等階段性指標時，政府將介入處理，特別是低於2%之時，將啟動包括「清理程序」在內之退場機制[82]。目的除建立有效的金融預警機制外，亦避免銀行經營階層以存款保險作為高風險、高報酬（high risk, high return）之賭本，產生高風險業者搭便車（free-riding）的道德風險，進而濫行授信，擾亂金融秩序。[83]基此，銀行型態之股份有限公司營業資本即需與營業風險相互聯結觀察，遂產生風險基準資本的法制設計初衷。

---

[81] 請參見銀行法第44條規定暨所授權訂定之子法「銀行適足性管理辦法」第2條規定。

[82] 請詳見美國1991年所施行修正存款保險公司促進法案（FDIC Improvement Act, FDICIA）中所揭「立即糾正措施」（PCA-Prompt Correct Actions），及我國存款保險條例第29條第2項規定及其子法。

[83] 有關金融安全網的法律探討，請參見廖柏蒼，我國金融安全網之法律架構分析，國立中央大學產業經濟研究所碩士論文，2002年6月。

　　綜前所述，銀行董事倘將持股高比率質押，實質意義即為取回投資並兌現出資，形式上資本適足率雖未直接發生變動，但實際上出質人已取回相當出資，惟股價風險卻已轉嫁由質權人負擔，資本適足率顯然未能反映該情形而產生風險失真的情形。如前所揭，本質為股份有限公司之銀行經營非僅關乎出質人與質權人而已，通常亦涉及股東與其他債權人之權益保護，實有使公權力介入之必要性。特別於銀行或其子公司貸款與董事之情形，因董事得為自然人（或法人代表），尚難適用關係企業章（公司法第369條之4、第369條之5、第369條之6）之相關規定，公司股東對董事卻在公司法第214條門檻過高，只能訴諸公司法第193條，甚至回到總則（公司法第23條）之受託人義務求償立論，易造成公司治理的遵循成本對於弱勢的小股東顯不相當，而有悖於公司資本大眾化之立法初衷。

　　股份屬財產權，受憲法第16條之保障。惟憲法之保障並非絕對，如該當憲法第23條規定，符合「比例原則」與「法律保留」（形式阻卻違憲事由），則亦非不得加以限制。股東與董事質押其持股，本屬其財產處分之自由，但為維持社會秩序與增進公共利益，並考量股份有限公司之資合性質，予以適當限制當非法所不許，合先陳明。

　　證交法要求董監持股一定成數，即希望董監之利益與公司一致。特別是股份有限公司具有資合性質，股東之自益權與共益權應一致，避免股東之控制權（共益權）大於現金請求權（自益權），而不利公司治理。

　　綜前所述，對公司經營有影響力之特定股東質押股票，若逾一定程度（例如50%），對公司治理之影響實值重視，特別是上市公司、特許行業，與大眾權益關係甚深，限制渠等特定股東共益權（如參加股東會、參與表決、股東會提案權等）之行使自有其正當性。基此，對於高比率質押股票之股東，依據比例原則，限制渠等質押股票所附麗之股東

權中表決權之行使應足以達成公司治理之旨，試申其義如下；

1. 適當性

所謂適當性，即要求手段有利目的達成。以限制投票權行使，將使有影響力股東質押前必先三思，有益於「自益權與共益權」目的之達成，更有利於公司治理之達成。

2. 必要性

所謂必要性，即要求手段必須是成本之最低。針對響有影力之股東，且股東權分作自益權與共益權，只限制共益權部分之表決權，並不影響出質人之其他共益權，如股東會出席權、提案權，可謂已是成本最低之必要手段，

3. 相當性

又稱「狹義比例原則」，要求所得利益應大於所受損害。對有影響力股東共益權中之投票權之限制，應屬有利於公司治理，亦符合股份有限公司資合之旨，可謂相當。

進言之，擔任董事職務之股東如於任期中質押其持股者，依循公司治理原則，其股東權部分亦應酌予受限。而當選董事之職權行使，因更直接牽涉公司經營，當予以限制。但考量個別董事的當選或有出於他人之信任委付（如徵求委託書），而非全然憑藉個別持股所致，因此董事之職權除表決權外之其它權能，仍應允其行使。基此，該當選董事仍可出席董事會，闡述意見；當選常務董事者，亦不影響其常務董事職務之行使，但於董事會中之表決權行使則應予限制，使於股東會中不列入表決權。質言之，即以法律手段將自益權與共益權分離「視為」將有致生公司投資人危害之虞，借用刑法上「抽象危險犯」之立法技術，限制董事本身之股東權內之表決權權能，承前所述，似更利於公司治理之達成，不因所有權與經營權分離而有不同。實務上易生疑義者迨為，大股東倘刻意不由自己出任當選董事，而改以支持特定人（通常是其代理

人、使用人）方式間接支配董事會決策，雖存有代理人不聽使喚的風險，或可能另外構成公司法關係企業章規定之適用，惟一般而言，由於原告舉證不易，投機者即可達成脫法目的，應另值關切。

肆、反　省

一、人民的感受

對於重大經濟犯罪被告，法務部早就設有防止重大經濟罪犯潛逃作業等規範，也一再要求所轄各地檢警調單位，採取「專案列管」方式，對涉嫌被告全天候監控，並妥適採取限制出境及聲押要求[84]。力霸案王又曾涉嫌掏空700多億元，廣三案曾正仁掏空200多億元，東帝士案陳由豪掏空600多億元，鋒安鋼鐵案朱安雄掏空200多億元，中興銀行案王玉雲掏空300多億元，但他們在海外卻都可以另起爐灶，擁有可觀財產及事業，逍遙過日，反之，他們的債權人包括一般個人或債權銀行，卻只能取得一紙債權憑證結案，徒然留下滿腹辛酸及指摘司法不公、無能的怨懟[85]。面對國內政商關係複雜，新興經濟犯罪手法層出不窮，掏空金額一再擴大，受害民眾日益增加等趨勢，政府有關部門除了在防止犯罪工作上必須加強外，檢調辦案技巧與觀念也應大幅調整，應研究加強國際合作以緝拿不法之徒歸案[86]。

---

[84] 請參見工商社論，中時電子報，2007年9月25日，詳細內容請參考中時電子報網站資料：http://news.chinatimes.com/CMoney/News/News-Page.html，最後瀏覽日：2007年9月25日。

[85] 同前註。

[86] 同前揭註84。

　　媒體焦點新聞中，只見鎂光燈對著竄逃在麥克風叢中的弊案主角密集閃現，下個畫面總是專家學者們在談話性節目中高聲痛批政府無能，人民痛苦；鏡頭一轉，官員們又信誓旦旦的矢言執法決心，凡此戲碼，已經成為財經弊案事發後的標準模式。行禮如儀的檢討，追不回企業掏空的金額，更喚不回人民心底的失望。

　　問題固然所在多有，論起興革千頭萬緒，但糾葛弊案未能符合人民感情的主要癥結，或許還是在於沉痾已深的「政商分際」，總在杯觥交錯，心領神會的眼波交流之間，企業監理資訊好比商品一般的被計量且半公開的販售。質言之，當投機企業家發現經營與「衙門」的「利害與共」遠比致力於「法令遵循」對降低經營風險更具實質效果時，風行草偃的企業氛圍，當然影響企業整體的「健康」。

　　「從教育作起」，總在一片檢討聲中被優先提出，但眼前的野火正熾，焦急的人民又怎能好整以暇的等待風氣隨著世代洗禮而慢慢的改正呢？務實的立論，還是該從強調「利害」著手；質言之，唯有讓企業經營者回歸「生意觀點」（business point of view）體悟，法令遵循不但降低企業面臨的法律風險（legal risk），更能因而預防企業成長最可能遭逢的「聲譽風險」（reputation risk）[87]損失，真正符合企業「永續經營」的長遠利益，企業主才會從生意人的利害考量，正視法律人力的貢獻，重視法令遵循。風氣所及，企業整體的「營業健康」方能逐漸改善。近來檢調針對弊案的積極查察，一時業界風聲鶴唳，但究應如何拿

---

[87] 著名的英國企管顧問公司Davies Business Risk Consulting曾巧妙點出了企業聲譽的重要，在2001年4月發表的〈聲譽風險管理〉（Reputation Risk Management）一文中，提到企業避免聲譽風險的損失，相對而言好比維護企業經營最重要的「灰姑娘資產」（Cinderella Asset），論述精闢入，發人深省。有關該文的詳細內容，還請參考該公司網站資訊www.iam-uk.org/downloads/ReputationRiskManagement.pdf+reputation，最後瀏覽日：2007年9月25日。

捏「維護企業經營活力」與「促進法令遵循」兩者間之衡平，恐還待司法實務與企業的磨合，但企業確實因而逐漸從經營的利害，考量企業法律布局的重要，相信對於法令遵循觀念的建立，具有相當程度的徹醒（Awakening）效果。

二、緩不濟急的修法

　　弊案鼎沸當下，祭出「民氣可用」，無限上綱的修法，總是銳不可擋；公益更輕易淪為政治演出的廉價劇本，只要媒體轉向，另結新歡，弊案頓時成為過氣明星，無人聞問。尤有甚者，新法甫才施行，企業豢養的法律團隊在利誘之下又旋即推出脫法對策，如此戲碼，周而復始，投機一再得逞，壞人相繼潛逃，法律對人民也就失了信用。

　　最能接近人民感情的弊案處理，就是將投機者押回或將金額尋回，目前偵辦實務上要求各地檢警調單位，採取「專案列管」方式，對涉嫌被告全天候監控，並妥適採取限制出境及聲押的作法，固有資源整合的用意，但由於涉及不同法令主管單位間之權責，一直以來缺乏橫向的效率溝通管道，對於企業弊案偵辦的整合成效似乎尚嫌不夠理想。

　　具體作法是否可能參酌美國針對「敵對」（Hostile）外國企業，藉國家安全之名，依1988年美國「綜合貿易競爭法」（the Omnibus Trade and Competitiveness Act of 1988）第5021條，設立跨部會的「外資監理委員會」（Committee on Foreign investments in the united states, CFIUS）[88]，由財政部（Department of the Treasury）主政，依法集合各

---

[88] Section 5021 of the Omnibus Trade and Competitiveness Act of 1988 amended Section 721 of the Defense Production Act of 1950 to provide authority to the President to suspend or prohibit any foreign acquisition, merger or takeover of a U.S. corporation that is determined to threaten the national security of the United States. The President can exercise this authority under section 721 (also known as the "Exon-Florio provision") to block a foreign acquisition of a U.S. corporation

部會資源以「任務編組」（Task Force）方式召集審議會，依前揭法律第721條訂定之「艾克森、佛拉里歐條款」（Exon-Florio Provision），建請美國總統得於類似「威脅國家安全」（threatens national security）之法律要件下，依法授權總統得命令撤銷已生效進行中之併購美國公司案件，堪稱美國公部門強力介入私經濟行為的最經典適例。

　　反觀我國目前法制，尚無類似之公資源打擊企業與金融弊案的人力整合機制，是否透過提升主導重大（社會矚目）企業弊案的層級至行政院長，經由行政院會直接組成臨時性任務編組，打破部會的「地盤」（turf）心態，一切以「追人、追錢」為最高目標，除發現有監理資訊走漏或官商勾結情事，應予最重懲處以儆效尤外，任務小組的偵辦進度亦應定時對外說明，以疏民怨。相信只要作法上跳脫傳統模式僵化的法律思維，較靈活的人力整合進行跨區甚至跨國的偵辦，企業弊案都能更理想的追回行為人與所得不法利益，則投機者的違法成本將大幅增加，脫法誘因亦將顯著降低。

伍、展　望

　　好壞之於黑白，間或繫於主觀判斷，但獎善罰惡，大是大非之間，民眾情感卻恆有定見與度量。面對近年來不曾間斷的企業投機弊案，主事者少有給人民擊掌叫好的痛快，公權末端所及的蒼生百姓，常

only if he finds: (1) there is credible evidence that the foreign entity exercising control might take action that threatens national security, and (2) the provisions of law, other than the International Emergency Economic Powers Act do not provide adequate and appropriate authority to protect the national security. detail please log onto US treasury dept. website avaiilable at: http://www.treas.gov/offices/international- affairs/exon-florio/, last visited on September 22, 2007.

生怨懟者迨為，台灣一連串的財經弊案，誰該負責？卻少見認真追究，遑論如何負責。靜心而論，跳脫個案情緒與狹隘的應報思惟，或許架構實務的法制才真是最該檢討，本文限於篇幅，只能擇其大要提出觀察心得，期能拋磚引玉，就教高明。

　　企業法制固然尚有諸多責難求好之處，但支撐企業的金融法制確實也有急迫的建構檢討空間，究竟孰重孰輕，在可笑的顏色對決中，早已失了焦，離了題，只剩百姓的無奈與傷痛。焦急的故鄉，對於幾世代以來遭逢的「社會不正義」（Social Injustice），究竟還要忍受多久？又逢中秋最易感，依然只見朦朧的月娘臉龐，彷彿輕聲的嘆惜：不清楚。

附表：二十一世紀台灣企業弊案
2000年

涉案企業	起訴對象	犯行梗概	涉案金額	違反法規
台灣日光燈公司	王邦彥（董事長） 鄭楠興（副董事長） 劉勝輝（常務董事） 林銀洲（總經理） 徐文政（副總經理） 鄭明哲（財務經理）	利用假買賣及貸款予子公司以套取資金，並加以挪用於買賣操控台光公司股價。	21億餘元	證券交易法商業會計法刑法
正道工業和證道實業	顧大剛（董事長）	挪用公司資金高價購買新巨群概念股，損害正道工業的股東權益。	1.6億元	刑法
萊思康、美亞鋼管、正道科技	王永華（董事長） 仰惠萍（董事長配偶） 券商李智玉 交割員劉毓芬 王永琴等5人	行使偽造私文書，侵占業務上所保管之公司資產挪為己用，供私人投資股票、償還債務或作為借款之擔保。	10億餘元	刑法
峰安案	朱安雄（總裁） 朱安泰（副總經理） 吳德美（董事長）等11人	侵占公司資金存入人頭帳戶，再把錢匯進朱安雄夫婦經營的公司帳戶內；填製不實金額的統一發票，並製作不	227億餘元	稅捐稽徵法商業會計法刑法

涉案企業	起訴對象	犯行梗概	涉案金額	違反法規
		實會計憑證，藉以逃漏營業稅及營利事業所得稅。		
福懋油脂公司	黃勳高（董事長）程景生（副董事長）許忠明（總經理）黃強（董事）陳清吉、徐本堂（監察人）郭俊賢（經理）官耀中（副理）李佩玲、黃美瑩、許芳賓、葉裕祥（京華證券承銷部成員）	鉅額貸款與股東，而接受不明確股權抵償，造成福懋鉅額損失；製作不實之公開說明書，隱匿福懋應收款未償還問題。	7億餘元	刑法公司法證券交易法
廣大興業案	薛凌（董事長兼總經理）楊仁正、何利偉（董事）薛麗華（財務人員）	藉處分廠房的利多消息，從事內線交易炒股牟利。	--	證券交易法刑法
大中鋼鐵案	劉文斌（董事長）洪美美（總經理特別助理）李滿堂（股票營業員）曾國年（財務副理）張惠玲、黃文郁（財務課長）劉新統、簡淑惠（華陽投資公司員工）蔡宗銘（華城投資公司員工）	挪用子公司資金拉抬大中鋼鐵和友力工業的股價；87年底股價下跌時，違約交割。	37億餘元	證券交易法刑法
環隆電氣公司	蔡坤明（董事長兼總經理）何子龍（總經理特別助理）蔣耀祥（副理）周榮燦（副理兼會計課長）	挪用環電資金，透過人頭買賣股票，並偽作買賣炒作環電股票，影響證券市場正常交易秩序。	48億餘元	證券交易法商業會計法公司法刑法

2001年

涉案企業	起訴對象	犯行梗概	涉案金額	違反法規
桂宏、桂裕（更名為中龍鋼鐵）企業	謝裕民（董事長、總經理） 陳昭蓉（副理） 林小繡（副理）	挪用桂宏公司及多家子公司之資金炒作股票。	48億餘元	證券交易法 商業會計法 稅捐稽徵法 刑法
宏福集團	陳政忠（實際負責人） 潘禮門（董事長） 陳政憲等9人	將私人土地低價高賣給公司，利用人頭戶，進出股市，操控宏福建設的股價。	83億餘元	證券交易法 商業會計法 刑法
中友百貨	劉福壽（董事長） 劉耀輝（副董事長） 簡玲珠（經理）	以公司資產為子公司背書保證，逾越背書保證金額及程序，造成公司股票下跌、背書保證損失。	5億餘元	證券交易法 商業會計法 刑法
立大農畜興業公司	王汝添、王汝晟、王汝昭（前後三任董事長） 王汝祥、曾王素琴及孫王素珠（業務部人員）	未獲授權將公司資金，匯入王汝昭等人的帳戶，侵占立大公司及其子公司資金。	8億餘元	商業會計法 刑法
中央票券金融公司	陳冠綸（總經理）	不當授信與核貸，涉及利益輸送、違法放貸數十億元。	50億餘元	刑法
中興銀行違法授信案	王玉雲（董事長） 王宣仁（總經理） 吳碧雲（經理） 李東興（經理） 黃宗宏（台鳳集團總裁） 陳明義（台鳳公司協理兼財務部經理）	王玉雲等人合謀以人頭戶申貸，規避中興銀行對單一個人授信上限。	80億餘元	刑法
台開購地弊案	王令麟（遠森公司董事長） 蔡豪（台開董事） 劉金標（台開董事長）等11人	台開購地過程，被告以低買高賣、虛列成本，掏空遠倉及台開公司資產。	12億餘元	證券交易法 商業會計法 刑法

涉案企業	起訴對象	犯行梗概	涉案金額	違反法規
廣三案、順大裕掏空案、台中商業銀行超貸案	曾正仁（總裁） 曾正行（曾正仁胞兄） 劉松藩（前立法院長） 張文儀（順大裕公司董事長） 黃祝等42人（廣三集團重要幹部、台中商銀人員和證券公司人員）	違法向台中商業銀行貸款及掏空順大裕，以不實統一發票向銀行申請信用貸款、假買賣順大裕彰化及鳳山廠土地、以人頭貸款炒作順大裕股票。	180餘億元，並蓄意違約交割84億餘元	證券交易法 銀行法 洗錢防制法 刑法

2002年

涉案企業	起訴對象	犯行梗概	涉案金額	違反法規
南港輪胎公司	林學圃（董事長） 李文勇（常務董事）	連續違反公司董事在獲知公司有重大影響股價之消息時，於消息未公開前，不得買賣公司股票的規定。	--	證券交易法 刑法
國產汽車	張朝翔（禾豐集團執行長） 張朝曉（禾豐集團副執行長）	挪用公司資產在集中交易市場維持國產汽車股票之價格，並用來償還銀行、證金公司及其他債權人的本息。	116億餘元	證券交易法 刑法
大穎集團	陳榮典（總裁） 王維建（副總裁兼財務長）	挪用公司資金護盤，致公司嚴重虧損。	94億餘元	銀行法 刑法
匯豐證券掏空案	陳謙吉（董事長） 陳施霜玉（董事長配偶） 郭俊麟、郭振德（財務主管）等7人	挪用鉅額公款從事股票炒作，利用職權指示公司財務會計人員配合其作帳。	60餘億元	銀行法 證券交易法 商業會計法 刑法
大信證券案（改名為吉祥證券）	葉輝（總裁） 盧玉雲（副總裁）	侵占業務上所持有之大信證券資金，另將私人土地以高價轉賣予大信證券。	4億餘元	商業會計法 刑法

涉案企業	起訴對象	犯行梗概	涉案金額	違反法規
味全公司	魏應行（董事長）	內線交易，成立4家「康」系列子公司大舉買進「味全」股票。	--	證券交易法
台肥	謝生富（董事長）郭燿（總經理）	內線交易、操縱股價。	--	證券交易法
三星五金	李國安（董事長）	在卸職前夕，以董事長身分，主導一筆向台南營造購買十四台吊車、金額高達九千萬元的交易，同時亦購買他同為大股東的南鋼公司股票二億餘元，涉嫌以投資上述空頭公司中飽私囊，造成三星巨額虧損。	約2億9千萬元	背信罪
紐新企業	陳仲儀（董事長）陳冠英（總經理）陳秀惠（協理）	涉嫌為掏空公司資產，與廠務經理白耀宗等人成立的子公司製造假銷貨證明虛列營收，轉讓公司持股，違法掏空公司。	約3、40億元	背信侵占及違反證券交易法
仁翔建設	吳汶達（原名：吳何堂）（前董事長）	連續假藉製作不實的買賣契約，挪用仁翔公司資產，用以炒作股票及投資。	3億8千餘萬元	侵占
基泰建設	陳世銘（董事長）郭燿（前總經理）葉淑婷、楊人豪及張宇賢（財務人員）等	財報不實。	-	證券交易法
大將開發	林松利（證券公司老板）林泉源謝宗良黃明珠紀茂男莊育城	炒作大江開發股票。	-	證券交易法

涉案企業	起訴對象	犯行梗概	涉案金額	違反法規
大日開發	林永安 林全成（前後任董事長）	涉嫌利用現金增資的機會，掏空三家關係企業資金。	約2億5千多萬元	業務侵占罪

2003年

涉案企業	起訴對象	犯行梗概	涉案金額	違反法規
燦坤實業	吳燦坤（董事長）	販售美國未上市燦坤股票。	--	證券交易法 刑法
櫻花建設	張宗璽（董事長）	掏空公司資產。		刑法
國華人壽	張貞松	違法超貸。	10億元	保險法 刑法
太平洋建設	章啟光（董事長） 章啟明（總經理）	挪用公司資金。	26億元	刑法
百成行	莫慶隆（董事長）	內線交易。		證券交易法
天剛資訊	陳和宗（董事長） 樊祖華（總經理）	內線交易。	6400萬元	證券交易法
農銀	黃清吉（總經理）	違法超貸。	--	銀行法
中友百貨	劉福壽（前董事長）	帳目不實。	--	刑法 證交法
皇旗資訊	黃榮川（董事長）等人	帳目不實。	--	證券交易法
大穎企業	陳榮典（負責人） 王維建（監察人） 陳榮耀（董事）等3人	發布不實資訊。	--	證券交易法
太平洋電線電纜公司	胡洪九（太電前副總、茂矽集團前董事長） 孫道存（太電前董事長）等人	掏空公司資產。	200億元	證券交易法 刑法

2004年

涉案企業	起訴對象	犯行梗概	涉案金額	違反法規
亞瑟科技	吳光訓（公司負責人） 武沛曜（常務董事）等3人	內線交易。	-	證券交易法

涉案企業	起訴對象	犯行梗概	涉案金額	違反法規
臺鹽	鄭寶清（董事長）	假交易虛增營業額。	-	商業會計法
國揚實業	侯西峰（董事長）	挪用公司資金。	61億元	證券交易法 刑法
普誠科技	姜長安（董事長	涉嫌掏空公司資產	3,473萬	刑法
訊碟科技	呂學仁（董事長）	涉嫌掏空公司資產、內線交易。	26億元	證券交易法 刑法
久津實業	郭保富（前任董事長兼總經理）吳明輝（副總經理）	涉嫌掏空公司資產、內線交易。	30餘億元	證券交易法 刑法
博達科技	葉素菲（董事長）	涉嫌掏空公司資產、內線交易。	70餘億元	證券交易法 刑法
合機	楊愷悌（合機董事長）余素緣（合機副總經理）傅崐萁（立委）袁淑錦（合機總務）馮垂青（倍利國際綜合證券前協理）廖昌禧（傅崐萁友人）張世傑（股市名嘴）等人	內線交易。	--	證券交易法 刑法
宏達	歐明榮（宏達大股東）	操縱股價。	--	證券交易法
建達國際	凌宏銘（公司經理人）	內線交易。	165萬	證券交易法

2005年

涉案企業	起訴對象	犯行梗概	涉案金額	違反法規
宏傳電子	翁雨傳（董事長）翁麗玲（董事長特助）廖連信（總經理）郭峻賢（財務長）陳福財等九人（九家涉嫌協助為虛偽交易的公司負責人）	虛增營業額掏空資產、購買廠房致使公司損失、公司債資金違法使用、侵占衍生性金融商品交割款與詐取稅款、與志聰電子等9家公司，以同一批貨物出口改包裝又回到子公司的「一出一進」方式，製造出口頻繁假象虛增營業額。	虛增營業額達9.5億元，挪用或侵占公司款項達4.7億元，詐取退稅1,000餘萬元	背信 證券交易法 商業會計法 等

涉案企業	起訴對象	犯行梗概	涉案金額	違反法規
銳普電子	陳貴全（銳普董事長） 詹定邦（泰暘集團總裁） 陳俊旭（泰暘集團副總裁） 呂梁棋（陳俊旭特助） 巫國正（泰暘投資長） 黃耀南（泰暘財務長） 廖晁榕（泰暘營運長） 鍾閔丞、謝淑莉（國外部副理）	泰暘集團詹定邦等八人，以「假交易、真掏空」手法，涉嫌勾結上市銳普電子股份有限公司董事長陳貴全，掏空銳普資產。	9億7,000萬	背信 偽造文書 違反證交法及商業會計法
台灣櫻花	張宗璽（前董事長）	利空消息發布前涉嫌內線交易賣掉股票。	減少損失1,274萬餘元	證券交易法
洪氏英	蔡秋美（洪氏英科技股份有限公司財務部經理） 張曉萍（洪氏英科技股份有限公司財務部出納） 黃俊諺（建華證券公司嘉義分公司營業員）。另併案通緝洪登順（洪氏英公司董事長） 李博源（前協理）	涉嫌以員工做為人頭，下單買賣股票抬高股價。	--	證券交易法
勁永國際	林明達（股市作手） 林一宏（股市作手） 古洲銘（台中第七商業銀行桃園分行經理） 陳俊吉（股市作手） 張錫寬（臺灣證券交易所股份有限公司上市部中級專員）等	內線交易。	--	證券交易法
協和國際	呂美月（勁永公司及勁強公司負責人） 胡錫權（勁永會計部經理） 陳琇瓊（勁永會計人員）等	因為公司存貨庫存時間過長，遭會計師於每季盤點時列為損失，導致公司財務報表不佳進而影響股價，因此利用循環交易（三角	以此方式使兩年度的進、銷貨營業額高達16億1,000餘萬元，但公司的假財報	證券交易法商業會計法

涉案企業	起訴對象	犯行梗概	涉案金額	違反法規
		交易），將勁永或勁強公司的存貨，與其他子公司或海外公司進行交易，但實際上並無銷貨、進貨項目，並填具不實的財報會計資料，製造公司交易活絡假象。	連帶造成銷貨價格提高，公司損失近600萬元	
	呂木村（協和國際多媒體總裁）王演芳（董事長）王美珍（協和會計）李明澤（總經理）鄭政吉（財務經理）劉美雲（稽核副理）呂水圳（英倫唱片老闆）王百祿（中柱董事長）陳亮旭（昇龍影業）楊瑞文（昇龍影業）賴昭延（聖立科技）傅思翔（銨禾科技）	假交易膨脹營業額掏空公司。	假交易7億元、掏空公司4億元	證券交易法商業會計法洗錢防制法及業務侵占背信
華彩軟體	賴毓敏（負責人）王緒偉（華彩財務副總經理兼財務長）李碧華（會計部門協理）柯吉祥（華彩轉投資公司管理部經理）	作假帳掏空人頭名義虛設行號偽造公司董事會議紀錄逐向銀行詐貸。隔年又主導現金增資案通過，溢價發行2,500萬股，收取股款15億元。以假發票、假合約等不實會計憑證，將華彩向銀行詐得款項及增資股款以「預付貨款」、「預付股款」之科目挪往其他11家關係公司，致華彩貸款無力清償。	涉嫌作假帳掏空3億元向銀行詐貸3億8,000萬元	業務侵占詐欺證交法等

涉案企業	起訴對象	犯行梗概	涉案金額	違反法規
突破通訊	陳鴻鈞（突破通訊前董事長兼總經理）劉紹軍（陳鴻鈞妻舅）劉美麗（為陳鴻鈞前妻，曾任突破通訊董事長兼總經理）	涉嫌以假交易方式掏空公司資產涉嫌在公司發布重大訊息前出脫持股獲利涉及內線交易。	1億3,000餘萬元	證券交易法洗錢防制法商業會計法背信等罪
永兆精密電子	吳宗仁（董事長）	內線交易。	獲炒股價差8,500餘萬元	證券交易法

2006年

涉案企業	起訴對象	犯行梗概	涉案金額	違反法規
茂矽	胡洪九張明杰葉惠珍（茂矽公司股務處副處長胡洪九私人秘書）鄭世杰（南茂公司及泰林公司董事長）劉麗儀（茂矽子公司環龍公司負責人）張明杰（倍利證券總經理）洪良（倍利證券投資理財部經理）歐梅芳（倍利證券業務員）	涉嫌利用公司重大訊息未公布之際，出脫關係企業持有的茂矽公司股票，並利用投資海外衍生性金融商品挪用公司資金近六億元挪用茂矽資金購買衍生性金融商品，虛增營業額及侵占子公司資金。	獲利高達10億5,000萬元	證券交易法偽造文書洗錢防制法
太茶晶體科技	何政鋒（董事長）張大方（顧問）林寶娜（發言人兼董事長特助）陳信宏（上市公司如興製衣公司董事長）陳啟斌（如興公司副總）郭振國（豐銀證券副總）蔡佳豪（復華證券頭份分公司經理）黃清貴（股市名嘴）張昌財（立法委員）范長安（張昌財國會特助）等10人	操縱串通上市公司、券商、名嘴炒作太茶公司股價涉嫌與日本公司「假技轉、真掏空」。明知為不實之事項而填製會計憑證。	-	商業會計法證券交易法刑法

涉案企業	起訴對象	犯行梗概	涉案金額	違反法規
智基科技	陳義誠（負責人） 馬士敏（公司董事）	涉嫌利用公司在調降財測的利空訊息，先行出脫持股降低損失。	-	證券交易法
茂順密封元件	石正復（董事長） 陳仁安（財務副總經理）	涉嫌勾串炒手炒作公司股票操縱股價。	-	證券交易法
日馳公司	林慧瑛（副董事長） 方徐淑英（董事）	內線交易炒作股票。	獲利1億1千6百餘萬元	證券交易法
台開案	趙建銘（總統女婿） 趙玉柱（趙建銘父親） 蘇德建（台開前董事長） 游世一（寬頻房訊總經理） 蔡清文	在所謂三井宴餐會間，獲悉影響臺開公司股價之重要訊息，之後進場買賣股票獲得暴利，嚴重破壞金融秩序。	約1億5百萬元以上	證券交易法
中國貨櫃	林進春（中櫃董事長），林宏吉 林宏年（常務董事） 施惠熹（代書）	以假交易等方式掏空中櫃公司資產。	5,000萬元	商業會計法 證交法 背信罪
禾昌興業	陳財福（董事長） 楊啟坪（總經理特助） 詹朝貴（財務長） 洪瑞霞、白宜臻、林淑如、曹俊英（為人頭戶之公司員工）	借用人頭戶進行內線交易在公司調降財測前出脫持股，低點買進後再放消息要買回庫藏股讓股價飆漲。	獲利數千萬元	證券交易法
大霸電子	莫皓然（大霸電子公司董事長） 郭佩芝（董事長夫人） 莊慧玉（財務部資深協理）	涉嫌在公司由盈轉虧重大訊息公布前透過旗下6家控股公司拋售公司股票為內線交易。	規避股票跌價損失約4、5億元	證券交易法
國華產險	王錦標（國華產險前董事長） 何蘭香（秘書），張麗蓉（國華產物保險公司財務部副理） 張欽銘（國華產物保險公司管理科長）等人	涉嫌透過8家分公司主管協助偽造各地車險理賠證明；保險代理公司約定以17%為比例，開立超額佣金發票；藉口支付分公司退佣，要求員工提供發票，以強制營業險費用報銷，指示秘書將錢匯入人頭帳戶。	約11億	保險法 洗錢防制法 證券交易法 商業會計法

涉案企業	起訴對象	犯行梗概	涉案金額	違反法規
皇統科技	李皇葵（董事）鄭琇馨（皇統科技總管理處負責會計財務部門副總經理）許秀鑾（皇統會計部經理）張炳高（物流部協理）蔡依仁劉幸淑（前後任財務副理）李絹（財務襄理）朱秀鳳（皇統旗下豐騰公司會計專員）蔡素鈴及黃淑芬（皇統旗下鋒承公司會計副理）等	要求公司員工配合從事假銷貨，虛灌業績近50億元，美化帳面讓股票上市，炒股再出脫牟利，詐騙銀行、內線交易。	約50億元	證券交易法商業會計法
品佳公司、世平興業	陳國嶽（品佳香港分公司副董事長）陳國健（陳國嶽之兄）	利多訊息發布前有特定人士大舉買進世平與品佳公司股票。	--	證券交易法
南港輪胎	林學圃（南港輪胎名譽董事長、財團法人秋圃文教基金會董事長），賴秋貴（林學圃之妻，基金會董事）林爭輝（南港公司大陸輪胎製造廠管理部主任）	利用子公司或他人帳戶透過不知情營業員下單買進南港公司股票，成交再將存款匯入帳戶完成交割。期間內連續以高價漲停或漲停板的拉尾盤方式，或連續以低價或跌停板的價格委託賣出，影響南港公司股票價格。	--	證券交易法

2007年

涉案企業	起訴對象	犯行梗概	涉案金額	違反法規
中信金控轉投資兆豐金控案	張明田（中信金前財務長）林祥曦（財務副總）	於重大影響兆豐金控股票價格之併購消息公開前，在公開市場以中信金控旗下子公司名義購	內線交易金額約266億元，獲利超過25億元	銀行法證券交易法

涉案企業	起訴對象	犯行梗概	涉案金額	違反法規
	鄧彥敦（法務長）部分另案偵結　辜仲諒（中信金前副董事長）　陳俊哲（法人金融執行長，中信金董事長辜濂松的女婿），林孝平（前策略長）	股，並假結構債之名，藉外資避險帳戶，以掌握兆豐金控股票，進行所謂「鎖碼」之併購策略，詐欺投資大眾，獲取鉅額之內線交易不法利益　向金管會申請股東適格性審查前，逕由該銀行董事長，將該結構債處分轉售予與中信金控有密切關聯之—股東1人、資本1美元—境外RF公司，而為違背職務之行為，使銀行為不利益且不合營業常規之交易，致RF公司得以經贖回該結構債後，套取不法利益，造成銀行重大損害；　嗣指示巴克萊銀行配合在市場上拋售兆豐金控股票，由中信金控承接，不法操縱市場，扭曲自由市場之價格機能。		
力霸、嘉食化、力華票券、友聯產險、中華商銀、亞太固網	王又曾（集團創辦人）王金世英　王令一　王令台　王令僑　王事展　王令楣　王令可　王令興等8人（王又曾之至親，位居力霸企業集團之經營高層）；黃金堆等34人（力霸企業集團之高階或重要幹	由力霸集團自家人虛為設立、無實際交易之人頭公司（小公司），以(1)長期投資該小公司；(2)將資金貸與小公司；(3)為小公司作背書保證；(4)為小公司發行商業本票；(5)向小公司購買房地產等不利益集團公司之交易；(6)預付小公司之虛偽之穀物、黃豆	虛增小公司營業額：1,217億；以子公司向其他金融機構詐貸或展期利益：約131億；力霸公司：約156.3億；嘉食化：約137.9億；力華票券：約31.1億；友聯產險：	銀行法　證券交易法　票據金融管理法　洗錢防制法　商業會計法　刑法背信　偽造文書

涉案企業	起訴對象	犯行梗概	涉案金額	違反法規
	部,或為王又曾之姻屬親信);陳香蘭等45人(力霸集團之財務會計等部門之基層人員);單思達 郝麗麗(力霸嘉食化簽證會計師)等19人,共107人	交易貨款;(7)購買小公司發行之公司債;(8)與小公司為假買賣、假交易;(9)小公司以鑑價不實之房地產超額貸款等名義或方式,將集團公司資金不斷掏出。(10)小公司間以其彼此間及與其力霸集團間之假交易資料,向金融機構詐貸鉅額款項。(11)集團內部金融事業,以要求授信戶以搭配購買一定額度之力霸、嘉食化公司債為條件,始允貸放予未合授信要件惟需款孔急之授信戶,或為其保證發行商業本票,造成金融事業及授信戶損失。(12)利用內線交易規避損失或獲取不利利益。	約47.5億;中華商銀:約110.6億;亞太固網:約272.3億;內線交易:約4,500萬;又曾基金會:8,500萬	
科橋電子	蔡漢強(董事長兼總經理)李冠霆(副總經理)張大方(顧問)	涉嫌透過與日本之空殼公司簽訂不實技術移轉合約,掏空公司資產。	約6千萬元	證交法 刑法背信罪
明基	李焜耀(董事長)李錫華(總經理)游克用(財務副總)劉維宇(明基前財務長)劉大文(會計主任)	涉嫌盜賣員工分紅股票匯往海外紙上公司,再轉進國內護盤、在獲悉公司嚴重虧損後,於財報公布前,涉及出脫持股規避損失數百萬元。	8億餘元	證交法中侵占公司資產洗錢防制法偽造文書等罪

涉案企業	起訴對象	犯行梗概	涉案金額	違反法規
陞技電腦公司（現改名為欣煜科技）	盧翊存（公司負責人） 徐紹灃（總經理） 曾德翰（財務副總經理） 李保良（負責人特助） 張品妍（財務部協理） 郭秀妍（負責人助理） 李中琳（紙上公司負責人） 樓學賢（紙上公司負責人） 曹聖恩（協助為內線交易的證券公司營業員）	運用上百家人頭公司及資金調度帳戶，掩飾犯行，自91年底到94年底長達三年的時間，盧翊存等人涉及以不實財務資料對海外子公司發行轉換為公司債（ECB）操作股價，進行內線交易；購併及支付貨款，業務侵占陞技公司資產以非常規交易方式掏空資產；虛設「紙上公司」進行海外假交易	約100億元	證券交易法 商業會計法 業務侵占 背信等罪嫌
捷力科技	許宗宏（董事長） 臧家軍（董事兼總經理） 鄭灶文（財務經理）陳珊黛（子公司董事長，許宗宏之妻）	涉嫌以虛設子公司虛設銷售買賣記錄為假交易膨脹營業額炒股票牟利。	約20億元	證券交易法
協禧電機	謝郭秀英（董事兼副總經理） 蔡學輝（董座特助兼公司發言人） 陳文吉（股市炒手） 全偉成（香港阜豐負責人） 吳鈺鈴（香港阜豐台灣區代表），俞宗碧（股市炒手）	涉嫌製造外資（香港阜豐集團）買進假象為炒股及內線交易。	--	證券交易法
寶島極光電子	盧美評（前董事長） 盧玉茵（發言人兼大股東） 俞宗碧（股市炒手） 楊振霆（長城證券營業員）	操縱公司股價內線交易。	--	證券交易法

涉案企業	起訴對象	犯行梗概	涉案金額	違反法規
英華達	張景嵩(董事長)李家恩(總經理)等10人	涉嫌在利空消息公布前出脫持股為內線交易。	約1.1億	證券交易法
力霸東森案	王令麟(東森集團總裁)童家慶廖尚文林登裕張樹森(東森集團經理人)陳光櫂陳鴻銘(東森旗下小公司經理人)謝淑珍(記帳業者)等45人	虛列長期投資、為無實際營運之小公司作背書保證及發行商業本票、購買小公司發行之公司債、以不實交易挪用資金、以不實售後買回交易向銀行詐貸資金、隱匿訊息向小股東低價購買股票再高價出售賺取高額價差。	力霸集團部分:約378.94億;東森部分:約33.22億	證券交易法銀行法票據金融管理法保險法商業會計法刑法(詐欺背信偽造文書)
九德電子	陳志堅(董事兼總經理)	涉嫌連續多次趕在公司重大消息公開前,用自己或他人名義買入或拋售九德股票。	--	證券交易法

註:本表所載統計資訊,係以案件起訴日期為擇定基準日。

(本文已發表於台灣本土法學第101期特刊)

貪婪的代價
──力霸、嘉食化掏空案

周英惠

目 次

大事紀

日　期	事　件
96年1月4日	力霸、嘉食化赴證交所報告公司聲請重整之重大事項。 法院裁定准許力霸、嘉食化之緊急處分。
96年1月5日	力霸集團重整影響發酵，中華銀發生擠兌風波。 力華票券出現資金缺口無法彌補。金融重建基金接管中華銀。檢調懷疑力霸、嘉食化遲延揭露公司聲請重整之重大訊息，疑有不法，主動分案調查。
96年1月8日	證交所實地查核力霸、嘉食化與東森。 證期局依證交法第36條第2項第2款規定，對力霸、嘉食化之負責人遲延重整公告各處240萬元罰鍰。
96年1月9日	臺北地檢署根據洗錢防制法對力霸集團之銀行帳戶為凍結，禁止提款、轉帳等。
96年1月10日	亞太固網公股股東去函亞太固網公司當局，要求召開臨時董事會，說明公司資金去向，包括為何購買由大股東轉投資公司所發行之公司債100多億元等。 檢調發現力華票券所投資之資產管理公司與力霸集團之子公司涉嫌用同一批貨品循環進行假交易，再持相互開立之支票向力華票券票貼借款或質借，掏空力華票券資金。
96年1月11日	檢調查出友聯產險以非常規交易向力霸集團關係企業購買不動產，讓力霸集團套取現金。 約有五十家上市公司公告投資亞太固網，並認列投資損失。
96年1月12日	法務部原則同意解凍力霸集團帳戶，由安侯國際財務顧問及中小企業聯合輔導基金會分別保管力霸集團取款印鑑為資金監控。 銀行團決議限期力霸嘉食化於1月19日前撤回重整聲請，否則即遞狀法院主張異議，反對重整。
96年1月15日	力霸集團銀行帳戶解凍後，衣蝶百貨將貨款匯入往來廠商之帳戶，衣蝶百貨廠商自救會成立信託專戶，衣蝶百貨之現金與交易款項皆存入此帳戶，款項須經安侯國際財務顧問、經濟部中小企業輔導基金及廠商自救會代表同意才能動用。
96年1月16日	金管會決議撤銷力霸、嘉食化簽證會計師公開發行公司財報簽證資格，並移送會計師懲戒委員會懲戒。 亞太固網遭掏空之不法情節越臻明確。 立法院繼續協商銀行法第48條修正案，讓銀行可以公布呆帳大戶。
96年1月17日	行政院財經小組決議將採取限縮大股東股票質押、強制特定事業公開發行，及強化集團企業公司治理等多項措施。
96年1月18日	經濟部確認將由中小企業聯合輔導委員會及安侯國際財務顧問公司進駐亞太固網為財務稽核工作。 臺北市勞工局突檢力霸總公司與嘉食化之勞退密戶。

日　期	事　件
96年1月19日	亞太固網召開臨時董事會。
96年1月22日	金管會依金融重建基金設置及管理條例（RTC）第11條規定，公布花企、東企、中華商銀三家銀行欠款百萬元以上之呆帳戶。
96年1月30日	檢調偵查發現力霸集團疑利用子公司向其他金融機構冒貸。
96年2月5日	臺北地方法院裁定選任力霸之臨時管理人。
96年2月8日	臺北地方法院駁回臺北地檢署檢察官選任嘉食化臨時管理人之聲請
96年2月14日	衣蝶百貨廠商自救會以力霸債權人身分向法院提出力霸重整之聲請。
96年3月1日	金管會公布懲處中華銀、友聯產險、力華票券簽證會計師，各處二年不得辦理證交法所定簽證事項，創下替金融機構簽證而遭到懲處的首例。
96年3月8日	臺北地檢署力霸案偵查終結。
96年3月27日	臺北地方法院裁定96年1月4日所為嘉食化之緊急處分，自96年4月4日起，延長期間90日。
96年4月2日	臺北地方法院裁定於96年1月4日所為力霸之緊急處分，自96年4月4日起，延長期間90日。
96年4月11日	亞太固網向臺北地方法院聲請六十八家紙上公司破產
96年4月27日	力霸召開臨時股東會，由王令楣當選董事長兼總經理，引起小股東不滿。
96年4月30日	亞太固網召開臨時股東會，公股取得三分之二的董監絕對多數席次。 法院裁定延長就准許或駁回力霸重整之期間，延長30日。[1]
96年5月14日	法院選任馬國柱會計師為中國力霸股份有限公司重整事件之檢查人。 友聯產險召開96年第一次股東臨時會改選董監事。
96年5月30日	法院裁定延長就准許或駁回力霸重整之期間，延長30日[2]。

[1] 裁定書理由：中國力霸股份有限公司（下稱力霸公司）之聲請重整，是否准駁，尚有待查明之處，且本院尚未選派檢查人就力霸公司是否適於重整予以評估，爰依前開公司法第285條之1之規定，以裁定延長之。參酌96年4月30日臺灣臺北地方法院民事裁定96年度整字第1號。

[2] 裁定書理由：經查本件中國力霸股份有限公司（下稱力霸公司）之聲請重整，是否准駁，尚有待查明之處，且本院選派之檢查人尚未就力霸公司是否適於重整予以評估，爰依前開公司法之規定，以裁定延長之。參酌96年5月

日　期	事　件
96年6月14日	檢方自亞太固網掏空案偵查資料勾稽，查出東森集團疑與力霸參與掏空計畫，非法金額初估達數十億元，故檢調全面搜索該集團相關處所及約談關係人。
96年6月15日	晚上檢察官以東森集團總裁王令麟涉有證券交易法、票券金融管理法、銀行法、侵占、背信、政府採購法等罪嫌，並有串證之虞，向臺北地方法院聲請羈押。
96年6月16日	上午臺北地院審理認為東森集團總裁王令麟犯罪嫌疑雖屬重大，但應無串證之虞；另所犯票券金融管理法、銀行法雖屬重罪，但東森旗下多數公司仍正常營運，應無貿然放棄多年在臺經營事業之理，裁定以1億元交保。
96年6月17日	東森集團總裁王令麟涉嫌小巨蛋圍標等弊案，臺灣高等法院撤銷臺北地方法院之前以1億元交保的裁定，臺北地院再開庭審理，以其犯罪嫌疑重大且有串證及湮滅證據之虞，諭令羈押禁見。
96年6月20日	由於推薦券商終止推薦，東森電視（9953）櫃買中心申請暫停交易，若3個月內未找齊推薦券商，將終止興櫃交易。
96年6月23日	金管會召開力華票券後續處理會議，與力華票券的債權銀行達成以債作股的共識，成為金融史上第三家用「以債作股」方式而起死回生的票券公司。 東森電視（9953）決議撤銷興櫃掛牌買賣。 東森國際（2614）也申請撤回今年盈餘和資本公積轉增資案件（盈餘和資本公積轉增資各為12.52億元和4.45億元），獲證期局同意。
96年6月26日	法院以公司為聲請人之聲請重整顯然未經「董事會以董事三分之二以上之出席及出席董事過半數同意之決議」之法定程序，且其於聲請書狀中有關「聲請之原因及事實」記載，亦顯與事實不符而屬虛偽，聲請程序顯然未符合公司法第282條第2項之程序要件，且聲請書狀所記載事項亦有虛偽不實之情，裁定駁回力霸重整之聲請。 嘉食化召開董事會，由於延長聲請重整期限將於28日到期，在未獲法院支持下，決議撤回重整聲請，緊急處分同時失效，將面臨銀行團追討債權的壓力。
96年6月29日	友聯產險召開股東常會提出減資及增資案，由旺旺集團入主友聯產險。
96年7月2日	法院駁回力霸債權人所提重整之聲請。 駁回力霸債權人所提緊急處分之聲請。
96年7月11日	東森電視（9953）終止興櫃交易。
96年7月16日	力霸債權人對臺北地方法院駁回力霸重整聲請提出抗告。

30日臺灣臺北地方法院民事裁定96年度整字第1號。

日　期	事　件
96年7月18日	亞太固網向臺北地方法院聲請王又曾家族等九人破產及財產緊急保全處分。
96年7月19日	金管會對中華銀出售不良債權給翊豐資產管理公司之作業程序草率部分，對該行罰鍰400萬元，並解除該行董事王又曾、王令僑和經理人劉衛桑等人職務。
96年7月27日	衣蝶百貨宣布臺中館將於10月底結束營業，兩百多名員工全部資遣。
96年7月28日	中華銀行good bank（銀行本體）部分原定7月31日標售，由於昨（27）日為資格標送件截止日，卻不見有任何投資人送件，因此，中華銀標售案提前宣告流標。
96年7月31日	中華銀行不良資產（Bad Bank）部位順利標出，由馬來西亞商富析資產管理公司及國內的匯誠第一資產管理公司得標，債權金額共213.8億元，得標金額共28.82億元。
96年8月15日	友聯產險與旺旺集團簽訂私募新股認購契約書。
96年8月18日	臺北地檢署東森力霸案偵查終結。
96年8月24日	力霸臨時董事會決議將於9月26日召開臨時股東會，討論將衣蝶百貨進行營業讓與之議案。
96年8月28日	臺北地院民事執行處拍賣力霸旗下的臺北皇冠大飯店，底價25億元，因無人投標而流標。

壹、前　言

　　民國96年1月4日，中國力霸股份有限公司（9801，以下簡稱力霸）與嘉新食品化纖股份有限公司（1207，以下簡稱嘉食化）兩家公司赴證交所宣布已於民國95年12月29日向臺北地方法院同時提出公司重整及聲請公司財產保全緊急處分之重大訊息。消息傳出，市場一片嘩然，集團股票立即跌停板，連帶引起泛力霸集團所屬中華商銀之擠兌風波，迫使金管會不得不出面接管。由於力霸與嘉食化未依規定揭露重大訊息，臺北地檢署質疑力霸與嘉食化遲延公告之動機，懷疑其中有所弊端，主動介入調查，未料此兩家公司聲請重整之動作，僅是一連串風暴的開端，案情如滾雪球般愈滾愈大，經檢調之追查，證據顯示整起事件為精心策

劃之掏空，關係錯綜複雜之程度令人咋舌。該署偵查二月餘，後於民國
（下同）96年3月初偵查終結，本案犯罪被告達107人，相關證人、關係
人達427人，犯罪時間自87年迄95年底，遭掏空或詐欺金額達731億元以
上，受害產業遍及金融、通訊及傳統產業，並有力霸集團所虛設之人
頭公司參與其中[3]，除案件極為複雜之外，同時創下多項檢察機關之紀
錄[4]。另據媒體報導，本案發生時，被外界比喻為「超完美切割」的東
森集團，檢調自亞太固網掏空案偵查資料勾稽，查出東森集團疑與力霸
參與掏空計畫，非法金額初估達數十億元[5]，此部分臺北地檢署已於96
年8月中偵查終結起訴。因力霸、嘉食化案及東森案中與力霸案相關部
分，檢察官所起訴之相關犯罪事證現臺北地方法院正為審理之中，故本
文僅就法院已為之重整相關裁定、檢察官起訴書內容及報章雜誌已報導
揭露之事實為主加以整理，再就相關可能涉及問題為探究，合先敘明。

貳、案例事實

一、事件開端

　　96年1月4日當天，力霸與嘉食化兩家股票上市公司宣布因為財務陷

3　臺灣臺北地方法院檢察署民國96年3月8日力霸案偵結新聞稿，網址：http://www.
　　tpc.moj.gov.tw/public/Data/73817629238.pdf，最後瀏覽日：2007年8月31日。

4　檢察機關有史以來頁數最多之起訴書：940頁；單一掏空金融機構經濟犯罪
　　起訴書列名最多被告之案件；為史上犯罪所得最多之金額：掏空金融機構即
　　向其他金融機構詐貸金額達約731億元；單一金融經濟案件境管人數最多之
　　案件：93人；單一金融犯罪案件羈押總人數最多之案件：13人（嗣2人獲交
　　保，現為11人）；動員偵查人力共4,292人次、傳喚或約談涉案關係人1,105
　　人次，動員人力最多之案件。資料來源：臺灣臺北地方法院檢察署力霸案偵
　　結新聞稿，96年3月8日。

5　經濟日報，檢調：東森疑掏空力霸數十億，2007年6月15日A2版。

入困境週轉不靈、債權銀行抽銀根等因素，已於95年12月29日向臺北地方法院（以下簡稱臺北地院）聲請重整及保全處分[6]，臺北地院於96年1月4日為准許兩家公司聲請財產緊急處分之裁定[7]。受力霸、嘉食化聲請重整所波及，屬泛力霸旗下之中華商銀爆發擠兌風暴，迫使金融重建基金（RTC）不得不提前接管中華商銀[8]。接連力華票券也出現資金缺口，後由國泰世華及合庫進駐接管。

二、檢調介入

　　股票公開發行公司聲請重整為重大訊息，按理公司應在聲請重整事實發生之時通知臺灣證券交易所（以下簡稱證交所），並在公開資訊觀測站上公布此影響股價之重大訊息[9]，而力霸與嘉食化兩家公司卻遲延揭露公司重整之重大訊息，其中是否因涉及不法而故意遲延公告？除證交所立即為兩家公司之實地查核外，臺北地檢署也發現力霸集團旗下友聯產險在兩家公司聲請重整消息未公告前頻暴大量，質疑力霸與嘉食化遲延公告的動機，懷疑有特定人為出脫手中持股，故意壓下公司聲請重整之重大訊息消息暫不曝光，有內線交易之嫌；調查局經濟犯罪防治中心也發現力霸旗下之中華商銀疑有背信問題，種種跡象顯示力霸與嘉食化聲請重整之動機並不單純，故當時檢調將整個案情分為「力霸嘉食化內線交易」、「中華銀超貸」、「友聯產險違法融資」、「力華票券掏空」四個區塊進行調查，結果進一步發現整個力霸集團將資本額六百多億卻未公開上市的亞太固網當作集團小金庫進行掏空，故加入偵辦「亞

6　聯合晚報，虧損252億力霸、嘉食化聲請重整，2007年1月4日1版。
7　臺灣臺北地方法院96年度聲字第137號及138號民事裁定書。
8　經濟日報，金管會誤判情勢決策反覆，2007年1月6日A3版。
9　臺灣證券交易所股份有限公司營業細則第48條第1項第7款及同條第3項；證券交易法第157條之1第4項重大消息範圍及其公開方式管理辦法第2條第6款。

太固網弊案」，分別進行調查[10]。

三、事件經過

根據檢調所蒐集之事證顯示，力霸集團涉及掏空公司資產涉及不法之事證相當明確，故臺北地檢署緊急凍結力霸集團相關公司之銀行帳戶，避免不法資金流出，並從掏空、背信、內線交易、違反商業會計法等多面向追查相關人之責任，調查發現集團內關係人交易異常頻繁，關係人背書保證金額偏高等相關不法事項一一浮現[11]。

另東森集團長期以來被外界視為泛力霸集團成員之一，力霸案發生之初，東森集團即於公開資訊觀測站上發布重大訊息說明與力霸、嘉食化非關係企業，後經臺灣證券交易所與證券櫃檯買賣中心實地查核力霸嘉食化與東森集團中之上市公司東森國際（2614）、興櫃股票市場掛牌之東森電視（9953）後，初步認為以財報的角度而言，東森國際確實已與力霸集團切割清楚，且尚未發現與力霸、嘉食化有明顯直接的往來[12]，故在年初的力霸重整風暴中暫未受到波及。但根據相關資料訊息顯示，力霸東森開始進行切割後，力霸及嘉食化即轉虧[13]，故外界懷疑

---

[10] 經濟日報，北檢查弊質疑特定人護航售股，2007年1月6日A4版。

[11] 聯合報，檢調追弊中華銀涉嫌超貸關係企業，2007年1月9日A1版；聯合報，中華銀超貸40億給關係企業，2007年1月10日A3版；聯合晚報，力華票券掏空百億檢調掌握明確事證，2007年1月24日A2版；聯合報，計劃性掏空力華22子公司循環假交易，2007年1月11日A3版；中國時報，地產換現金友聯扮力霸金庫，2007年1月12日A3版；中國時報，查力霸帳戶資金流向找出「鑰匙」，2007年1月21日A8版；聯合報，王令臺3人收押禁見，2007年1月24日A2版。

[12] 中央社，櫃買中心赴東森電未發現重大異常，2007年1月8日；經濟日報，證交所查東森力霸嘉食化，2007年1月9日A3版；工商時報，東森、力霸財報確實已清楚分割，2007年1月10日B2版。

[13] 中國時報，東森—力霸超完美切割黑洞現形，2007年1月21日A8版。

力霸集團係有計劃的與東森集團切割，將體質好的部分切給東森，體質差的部分留在力霸，被外界形容其為「超完美切割」。

在檢調於89年間偵辦東森集團總裁王令麟涉及臺開遠倉購地弊案時，即發現其與力霸集團旗下的中華商銀資金往來密切。且檢調也發現其在臺開弊案之後，就開始進行力霸及東森切割情事，雖然表面上看來力霸及東森已分屬兩個不同集團，各自獨立[14]，但檢調在偵辦力霸金融弊案後，傾全力蒐證調查，經分析比對多年來東森和關係人往來的帳證資料，發現東森與力霸切割的過程中，仍有脈絡可循，且疑涉有不法情事[15]。

在檢調鍥而不捨的追查下，自亞太固網掏空案偵查資料進行勾稽，查出東森集團疑參與力霸掏空計畫，非法金額初估達數十億元，臺北地檢署於今年（96年）3月8日起訴力霸案時，認定被掏空資金多達730億元以上，但結案後仍有數百億元資金透過層層洗錢方式去向不明，懷疑與東森集團有關，偵結亞太固網案後，持續向金管會調閱資料蒐證，於96年6月14日展開東森集團相關弊案之查辦[16]。檢調偵辦東森案，查出案情與力霸案高度連結，懷疑力霸、東森利用子公司錯綜複雜的商業交易洗錢，兩集團子公司又各自結盟相互掩護，聯手掏空亞太固網，力霸總裁王又曾、東森集團總裁王令麟父子變共犯關係[17]。

依力霸嘉食化案及力霸東森案之檢察官起訴書所述，整理相關事件如下[18]：

---

[14] 中國時報，東森集團恐難切割友聯異常交易查向王令麟，2007年1月11日A1版。
[15] 聯合晚報，東森總部、購物檯被搜索近30張搜索票下午約談王令麟，2007年6月14日1版。
[16] 經濟日報，檢調：東森疑掏空力霸數10億，2007年6月15日A2版。
[17] 聯合報，東森案王又曾可能列被告，2007年6月24日A8版。
[18] 臺灣臺北地方法院檢察署96年度偵字第1462、1498、2364、2453、2454、2542、2676、3191、3192、3242、3877、3964、4086、4097、4098、4103、4130、4168、4210、4350、96年度偵緝字第575號起訴書；臺灣臺北

力霸嘉食化案		力霸東森案	
掏空或舞弊金額	起訴書所述犯罪事實	掏空或舞弊金額	起訴書所述犯罪事實
1.力霸嘉食化集團小公司：約1,348億	(1)設立瑞高公司等68家小公司，以帳面虛列進銷貨方式，虛增小公司營業額：1,217億元。 (2)為籌措資金支應力霸嘉食化公司財務調度，透過集團關係企業製作虛偽未實際交易大宗穀物之買賣資料，以美化各關係企業公司之財務報表，自87年間起至95年底以此不實之財務資料向金融機構詐騙取得貸款，或於貸款期限屆至時，以此資料為展期取得展期之期限利益：131億元。		
2.力霸公司：約156.4億	(1)力霸公司以長期投資為名，將款項撥付至其設立之人頭小公司，待驗資程序完竣後，隨即將投資款項轉出，並未做為小公司實際營運之用，以此方式虛飾力霸公司之財務報表（虛增長期投資）並進行資產	1.力霸公司：約84.29億	(1)以長期投資之名進行掏空，虛偽投資欣歆企業股份有限公司（下稱欣歆公司）等18家小公司，待查核設立登記資本無誤後，旋即將投資款項轉出，並未作為欣歆等上開18家公司實

地方法院檢察署96年度偵字第15642號、第12832號、第16445號、第16446號、第16447號起訴書；臺灣臺北地方法院檢察署96年3月8日力霸案偵結新聞稿，網址：http://www.tpc.moj.gov.tw/public/Data/73817629238.pdf，最後瀏覽日：2007年8月31日；臺灣臺北地方法院檢察署96年8月13日力霸東森案偵結新聞稿，網址：http://www.tpc.moj.gov.tw/public/Data/78131626556.pdf，最後瀏覽日：2007年8月31日。

力霸嘉食化案		力霸東森案	
掏空或舞弊金額	起訴書所述犯罪事實	掏空或舞弊金額	起訴書所述犯罪事實
	掏空之實：約42.3億元。 (2)購買無實際營業小公司之股票美化財報並掏空公司：約2.6億元。 (3)為虛飾力霸財務報表規避評價長期投資之資產減損，處分所持有小公司之長期投資，但相關應收帳款款項均未予收回（僅收回兩成）：約10.5億元。 (4)力霸公司與其關係企業為虛偽交易，移轉力霸公司資金至有資金需求之集團內其他公司，例如以預付大宗穀物款、預付黃豆款、預付玉米款、預付進口貨款、預付貨款等名目支付資金：進貨26.4億及銷貨29.2億元，金額共約55.6億元。 (5)王又曾以暫借款方式業務侵占公司款項，或以業務週轉金名義申請短期墊款但從未歸還，或以透過資金調度之方式直接撥款至人頭帳戶：約1.6455億元。 (6)王令楣以暫借款方式業務侵占公司款項：以支付廠商貨款等為由，填具力霸公司暫借款申請書申請業務週轉金，惟取得力霸公司所開支本票或支		際營運之用，而以證明文件表示股東已收足股款，並持以向主管機關辦理公司登記，均足生損害於主管機關對於公司管理之正確。致使力霸公司自88迄93年度力霸公司財務報表均虛偽記載上開鉅額長期投資：約42.31億元。 (2)以購買無價值之公司股票虛列長期投資美化財報進行掏空：約2.6748億元。 (3)以力霸公司擔任關係企業授信案件背書保證以掏空公司資產。為使小公司得以順利自金融機構融資，先讓小公司彼此為虛偽交易，拉高營業額後，再以力霸公司對小公司之借款為背書保證，並使各該小公司得以向銀行詐得貸款，損害力霸公司利益：約39.30592億元。

力霸嘉食化案		力霸東森案	
掏空或舞弊金額	起訴書所述犯罪事實	掏空或舞弊金額	起訴書所述犯罪事實
	票後並未實際付款，而係存入人頭帳戶：約1.1692億元。 (7)力霸公司以高於市價數倍之價格向旗下小公司購買亞太固網之股票為力霸公司債之擔保：約0.7344億元。 (8)以力霸公司為首擔任關係企業授信案件之背書保證使力霸公司受有損害且關係企業得向金融機構詐得貸款：約41.8億元。		
3.嘉食化公司：約138億	(1)以長期投資為名，將款項撥付與旗下小公司行進行掏空公司資產之實：約39.2億元。 (2)處分嘉食化公司對小公司之長期投資以規避長期投資減損損失，但應收帳款未予收回：約16.8億元未回收。 (3)以嘉食化公司為首擔任關係企業授信案件之背書保證，致嘉食化公司受有損害且關係企業得以向金融機構詐得貸款：約20.8億元。 (4)嘉食化公司與關係企業間為虛偽買賣，並藉以美化財務報表：約60.94億元。 (5)嘉食化公司未經鑑價以高於市場數倍之價格向旗下小公司購買亞太固網公司股票，作為嘉食化公司所發	2.嘉食化公司：約49.27億	(1)以資金長期投資為名進行掏空，除投資無實際營運且無投資價值之小公司外，另虛偽投資成立連南等小公司，待查核設立登記資本無誤後，旋即將投資款項轉出，並未作為公司實際營運之用：約7.465億元。 (2)以嘉食化公司為首擔任關係企業授信案件背書保證致嘉食化公司受有損害且使關係企業得以向銀行詐得貸款：約41.8002億元。

| 力霸嘉食化案 | | 力霸東森案 | |
掏空或舞弊金額	起訴書所述犯罪事實	掏空或舞弊金額	起訴書所述犯罪事實
	行公司債之擔保：約0.2455億元。		
4.力華票券部分：約31.1億元	(1)以集團內無實際營業小公司名義，向力華票券取得授信貸款或保證商業本票，違法將資金從力華票券掏出供集團使用：25.1億元。 (2)利用宏忠興業股份有限公司等26家非力霸集團公司資金困窘，營運狀況不佳在其他金融機構無法順利貸得款項之情況下，以搭買認購力霸及嘉食化公司所發行之公司債為條件，為無擔保發行商業本票，使力華票券資金以此不合營業常規交易方式流入力霸集團，均足生損害於力華票券：約6億元。	3.力華票券部分：約33.16億元	以力霸集團及東森集團旗下小公司，向力華票券取得授信及發行商業本票：約33.16億元。
5.友聯產險：約47億元	(1)未實際召開董事會，虛偽製作董事會會議紀錄，違背授信規定，以虛偽不實且不合常規之不動產買賣、擔保品放款將友聯產險資金融通於力霸公司、嘉食化公司及其他人頭公司，掏空友聯產險：12.5081億元。 (2)違背授信規定放款予王又曾操控無實際營運之公司，致友聯產險產生不良放款之重大損害：約35.230億元。	4.友聯產險：約35.92億元	(1)未實際召開董事會，虛偽製作董事會會議紀錄，違背授信規定，將友聯產險資金融通於無實際營運之小公司，掏空友聯產險：35.023億元。 (2)以虛偽不實且不符常規交易方式將東森媒體公司位於臺北市南港區經貿段不動產以1億5千萬元出售與友聯產險公司，套取9千萬之預付款（售價之6

力霸嘉食化案		力霸東森案	
掏空或舞弊金額	起訴書所述犯罪事實	掏空或舞弊金額	起訴書所述犯罪事實
			成）為使用，事後再藉故解約，生損害於友聯產險：0.9億元。
6.中華商銀：約110.6億元	(1)違法放貸予力霸集團成立之虛設公司—德臺公司：未償還7.5億元。 (2)強售力霸嘉食化公司之公司債予債信不良、經營困難之授信戶，做為放貸之條件，力霸與嘉食化公司因此取得不法資金：41.1億元（力霸及嘉食化公司因此取得不法資金15.72億元）。 (3)浮濫發行現金卡、信用卡：由王令僑在外成立「東昇行銷股份有限公司」獨攬中華商銀消費金融業務，致生呆帳：約61.7172億元。 (4)現金卡不良債權催收債務及信用卡呆帳低價轉售關係人「翊豐公司」：約0.3925億元。	5.中華商銀：約1.5億元	於91年間由東森媒體公司所屬有線電視公司與臺力公司為虛偽售後買（租）回交易，再由臺力公司持該等有線電視公司之不實交易發票及支票，向中華商銀光復分行辦理中期無擔保貸款，藉以迴避銀行法所規定之關係人交易相關規定[19]，後將款項匯入東森媒體公司所屬有線電視公司，再利用「同業往來借款」、「同業往來—償還借款」、「節目版權成本」、「預付工程款」等不實名義，將款項回流到東森集團帳戶，致生損害於中華商銀：1.5億元。

19 東森媒體於91年間，將固網寬頻設備連續兩次出售給臺力國際；臺力國際再轉賣給東森媒體旗下的金頻道、陽明山、新臺北、南天、觀昇等五家有線電視公司，總金額5億5,000萬元，但實際未進行交易。但東森旗下頻道等公司卻分兩次開立8,000萬元與7,000萬元的支票給臺力國際。臺力就以這些支票向中華商銀票貼融資。中國時報，查臺力證詞不利王，2007年6月17日A3版。

力霸嘉食化案		力霸東森案	
掏空或舞弊金額	起訴書所述犯罪事實	掏空或舞弊金額	起訴書所述犯罪事實
7.亞太固網：約272億元	(1)王又曾等明知亞太固網公司並無承租營業所或倉庫之必要，且縱使有承租之必要，就市場行情而言，押租金僅需給付二個月左右即可，然渠等為了自亞太固網公司取得資金使用，分別向力霸及旗下公司以給付押租金再以利息抵付租金方式掏空亞太固網：7.85億元。 (2)假藉轉投資為由，設立鼎森及宏森兩家公司，迨亞太固網公司將投資款29億及28億分別匯入鼎森或宏森公司後，即假藉購買關係企業之股票、公司債、預付貨款或借款等名義，將前述資金流入力霸集團小公司掏空殆盡：57億元。 (3)以投資為名，在無任何擔保或進行風險評估之下，自91年起即陸續購買均已虧損累累且無實際營運事實之力霸集團小公司所發行之無擔保公司債，挪用亞太固網公司資產，致生損害於亞太固網公司及全體股東：100.8億元。 (4)自91年12月13日起訖93年6月23日止，復以短期借款方式，將亞太固網公司資金以	6.亞太固網：約174.8億元	(1)89年4月間，因東森集團總裁涉及臺開案，相關往來銀行對東森集團緊縮銀根，致東森國際公司（前身為遠東倉儲股份有限公司）股價在89年7月間下跌，該公司於87年7月10日發行之遠倉(二)可轉換公司債，面臨投資人大量賣回的壓力。東森國際公司當時因無資力贖回遠倉(二)公司債，且恐因投資人大量賣回，股價將再下跌，故以東森寬頻（亞太固網前身，以下同）開臺急需既有之管道及光纖設備為由，以向東森旗下有線電視公司購買管道及光纖網路設備為名，致使東森寬頻公司在89年12月31日簽訂正式合約前近半年即先行支付超過九成之價金於東森旗下之有線電視公司，自東森寬頻公司取得資金使用：17億元。 (2)亞太固網於90年8月初分別以29億元、28億元分別成立鼎森公司及宏森公司，該二家公司自90至91年間先後假藉購買關係企業之股票、公司債、預付貨款或借款名義，將前述57億元資

力霸嘉食化案		力霸東森案	
掏空或舞弊金額	起訴書所述犯罪事實	掏空或舞弊金額	起訴書所述犯罪事實
	短期借貸方式與力霸集團小公司，迄今仍有借款尚未清償（不含利息）：53.35億元。 (5)93年12月下旬，明知亞太固網公司並無購買大宗黃豆之必要及可能，竟仍以購買大宗黃豆方式，支付預付款與鼎森及宏森公司。並於事後再將前述黃豆虛偽轉售予小公司，迄今仍有大部分應收貨款未受清償：9.8035億元（尚有8.7835億元之應收貨款未受清償）。 (6)94年8月間起，以其他預付款名義，支付鼎森公司及宏森公司使用，仍有未受清償部分：以此手法掏空金額達42.466億元，迄今仍有27.609億元未受清償。		金流入力霸小公司使用一空。 (3)以投資為名購買無實際營運且無價值之力霸集團小公司所發行之無擔保公司債，挪用亞太固網之資金使用，造成亞太固網損失：100.8億。
8.力霸集團內線交易：約4,500萬元	(1)與力霸嘉食化之業務狀況有關之內線交易：內部人已知力霸嘉食化為聲請重整之準備，卻在消息尚未公開時賣出股票： 王又曾：規避損失金額為25,107,530元。 王令一：規避損失金額為1,020,9927元。 其餘被告：340,000元不等之金額。		

力霸嘉食化案		力霸東森案	
掏空或舞弊金額	起訴書所述犯罪事實	掏空或舞弊金額	起訴書所述犯罪事實
	(2)與友聯產險實施庫藏股有關之內線交易：王又曾、王金世英二人明知友聯產險將實施買回庫藏股措施為重大影響股價之消息，竟於消息未公開之前違法出脫持股，不法所得為9,238,730元。		
9.王又曾基金會：8,500萬元	王又曾明知力霸公司集團業已面臨無法繼續經營危機，該公司已無殘餘價值可言，竟以基金會款項購買力霸公司8,500萬之私募公司債。		
資料來源：作者自行整理			

四、起訴事實

依力霸嘉食化案及力霸東森案檢察官起訴書所述，本案犯罪手法可歸納整理如下[20]：

力霸嘉食化案	力霸東森案
1.力霸集團設立虛偽無實際交易之小公司，分別以下列行為將集團內部資金不斷掏出： (1)長期投資小公司； (2)將資金貸予小公司； (3)為小公司作背書保證； (4)為小公司發行商業本票； (5)向小公司購買房地產等不利益集團公司之交易；	1.長期投資無實際營運之小公司，虛列長期投資美化財報。 2.為無實際營運之小公司作背書保證向金融機構詐得貸款。 3.為無實際營運之小公司及東森集團旗下遠新等9家公司發行商業本票。 4.購買小公司發行之公司債。 5.以不實交易挪用友聯產險資金。

力霸嘉食化案	力霸東森案
(6)預付小公司虛偽之穀物、黃豆交易貨款； (7)購買小公司發行之公司債； (8)與小公司為假買賣、假交易； (9)小公司以鑑價不實之房地產超額貸款等名義或方式。 2.小公司間以其彼此間與力霸集團間之假交易資料，向金融機構詐貸鉅額款項。 3.集團內部金融事業以要求授信戶搭配購買一定額度之力霸、嘉食化公司債為條件，始允貸放予未合授信要件惟需款孔急之授信戶，或為其保證發行商業本票，造成金融事業及授信戶損失。 4.直接侵占集團公司之營收現金或屬公司款項。	6.以與臺力公司為不實交易之發票及支票挪用中華商銀資金。

資料來源：作者自行整理

參、法律爭點及分析

　　力霸嘉食化案以該兩家公司向法院聲請重整開始為開端，引出一連串意想不到之風暴，以下除就本案所涉重整相關規定與流程及檢察官起訴書中起訴所引用之法條內容及相關事實說明整理外，另就相關舞弊型態、監控機制、投資人如何自保、會計師及財會人員相關責任等相關議題為討論。

一、公司重整

　　力霸與嘉食化公司分別於95年12月29日向臺北地方法院聲請公司重

整[21]，另外，衣蝶百貨廠商自救會也以「力霸公司債權人」的身分，於96年2月14日另行向臺北地方法院聲請重整[22]。力霸與嘉食化為股票公開上市公司，係公司法第282條以下公司重整相關條文規定所適用之主體，故有公司法中重整相關規定之適用。另因嘉食化已於96年6月26日具狀向臺北地方法院撤回重整之聲請，承辦法官已將案件報結，故以下僅就力霸重整案所涉相關條文及事實以表列對照方式為分析說明：

---

[21] 力霸重整理由：「本公司自89年度起至95年第三季止，七年期間合計虧損138億3,615萬元，近七年期間償還金融機構借款新臺幣40億4,769萬元，利息支出新臺幣65億2,148萬元；近七年期間償還金融機構借款及支付利息合計105億元6,917萬元。本公司在連續多年虧損下，又償還巨額金融機構借款及支付利息，致使流動資金產生不足情事，負債比率逐年升高，財務流動比率逐年下降，可運用之資金逐年減少，往來銀行又緊縮銀根，導致公司經營風險增加，財務週轉陷入困難，為顧及本公司之營運及達成公司生存之目的，本公司董事會在迫不得已情形下，爰依公司法第282條之規定向臺北地方法院聲請公司重整，以期公司營運之正常維持及重建再生之目的，確保債權人、股東、員工及其他利害關係人權益。」嘉食化重整理由：「本公司自89年度起至95年第三季止，七年期間合計虧損114億7,231萬元，近七年期間償還金融機構借款新臺幣46億3,688萬元，利息支出新臺幣68億5,990萬元；近七年期間償還金融機構借款及支付利息合計114億9,678萬元。本公司在連續多年虧損下，又償還巨額金融機構借款及支付利息，致使流動資金產生不足情事，負債比率逐年升高，財務流動比率逐年下降，可運用之資金逐年減少，往來銀行又緊縮銀根，導致公司經營風險增加，財務週轉陷入困難，為顧及本公司之營運及達成公司生存之目的，本公司董事會在迫不得已情形下，爰依公司法第282條之規定向臺北地方法院聲請公司重整，以期公司營運之正常維持及重建再生之目的，確保債權人、股東、員工及其他利害關係人權益。」資料來源：公開資訊觀測站：http://newmops.tse.com.tw/，最後瀏覽日：2007年1月24日。

[22] 民國96年7月2日臺灣臺北地方法院96年度民事裁定整字第3號裁定。

（一）以公司名義聲請（臺北地方法院96年度民事整字第1號）

項　目	法條相關規定	本　案　事　實	相關說明
聲請權人（公司法第282條）	1.公司（需經董事會特別決議通過） 2.繼續六個月以上持有已發行股份總數百分之十以上股份之股東 3.相當於公司已發行股份總數金額百分之十以上之公司債權人	由中國力霸股份有限公司（以下簡稱力霸）於95年12月29日向臺北地方法院提出公司重整之聲請，故此案之聲請人為公司	在公司為聲請之情形，需經董事會特別決議通過（董事三分之二以上出席及出席董事過半數之決議），案件爆發時，檢調調查發現力霸提出重整聲請之提案可能未經過董事會決議，若屬實，法院可能會依聲請要件程序不合裁定駁回重整之聲請
聲請要件及方式（公司法第282條、第283條）	1.公開發行股票公司或公司債之公司 2.因財務困難，暫停營業或有停業之虞，而有重建更生之可能性者 3.向法院以書狀載明相關事項，提出公司重整之聲請	聲請之原因事實： 力霸為股票上市之公開發行公司，且多年連續虧損下，又償還巨額金融機構借款及支付利息，致使流動資金產生不足情事，負債比率逐年升高，財務流動比率逐年下降，可運用之資金逐年減少，往來銀行又緊縮銀根，導致公司經營風險增加，財務週轉陷入困難	由公司為重整聲請時，依公司法第283條第3項規定，應提重整之具體方案，即公司重整計畫
重整之准駁期限（公司法第285條之1第1項及第2項）	原則： 應於收受重整聲請後120日內為准許或駁回重整之裁定 但書： 法院得以裁定延長之，每次延長不得超過30日，但以兩次為限	聲請重整時間： 95年12月29日 法院延長准駁重整之裁定期間： 1.96年4月30日臺北地方法院第一次延長准駁重整之裁定期間 2.96年5月30日臺北地方法院延長准駁重整之裁定期間 3.96年6月26日臺北地方法院駁回重整之聲請	即依公司法第285條之1規定，法院自收受重整聲請後，最多有180天之裁定期限（120天+30天+30天）

項　目	法條相關規定	本　案　事　實	相關說明
重整之緊急處分（公司法第287條）	聲請時間： 法院為裁定重整前 聲請權人或職權人： 1.公司 2.利害關係人 3.法院依職權 範圍： 1.公司財產之保全處分 2.公司業務之限制 3.公司履行債務及對公司行使債權之限制 4.公司破產、和解或強制執行等程序之停止 5.公司記名式股票轉讓之禁止 6.公司負責人，對於公司損害賠償責任之查定及其財產之保全處分 緊急處分期間： 1.除法院准予重整外，原則不得超過90天 2.必要時，法院得由公司或利害關係人之聲請或依職權以裁定延長之，其延長期間不得超過90日 3.若於緊急處分期間屆滿前，重整之聲請駁回確定者，緊急處分失其效力	聲請緊急處分時間： 95年12月29日 法院裁定緊急處分時間： 96年1月4日 聲請人： 公司 緊急處分之範圍： 1.法院之裁定書送達之日起90天內，除維持營運所必須之履約行為及支付繼續營業所必要之經常性費用，並依勞基法規定給付員工之退休金、資遣費外，力霸之債權人不得行使對力霸之債權（包含提示票據或其他債權行為） 2.對其所負之債務亦不得履行 3.對力霸之破產和解或強制執行程序應予停止 4.記名股票禁止轉讓 5.力霸就其不動產不得移轉、變更、設定負擔或為其他處分行為 緊急處分期間： 1.自96年1月4日起算90天 2.公司聲請延長緊急處分期間，臺北地方法院於96年4月2日裁定自96年4月4日起延長緊急處分期間90日 3.96年6月26日臺北地方法院裁定駁回公司所提之重整聲請	1.即依公司法第287條規定，為緊急處分之期間，最多不得超過180天（90天＋90天） 2.臺北地方法院本案裁定延長緊急處分期間之理由：96年度整字第1號公司重整事件，於96年1月4日所為之緊急處分裁定，其期間將於96年4月3日屆滿，而應否准予聲請人重整，尚待本院調查、斟酌，洵有延長緊急處分之必要，揆諸上開規定，爰依聲請人之聲請，准自96年4月4日起延長90日 3.由於衣蝶百貨廠商自救會也以「力霸公司債權人」的身分於96年2月14日另行向臺北地方法院聲請重整，全案仍由法

項　目	法條相關規定	本　案　事　實	相關說明
			官審理中，因此力霸公司最後的重整是否會准，本件裁定並非最終的結論。依公司法第287條第3項規定，緊急處分須等到重整聲請駁回「確定」，或期間屆滿時才失去效力，因此全案緊急處分效力仍存在。故雖公司所提之重整聲請雖於96年6月26日被法院駁回，但緊急處分效力仍存在
形式要件之審查（公司法第283條之1）	1.公司聲請程序不合，但可以補正者，應限期命其補正 2.非為公開發行股票或公司債之公司 3.經宣告破產已確定 4.依破產法所為之和解決議已確定 5.公司已解散 6.被勒令停業限期清理者	雖於形式上提出聲請人第18屆第15次董事會議議事錄作為其記載「聲請之原因及事實」項下「該重整聲請業經董事會決議通過」之證。惟查，該會議之議事錄所記載之開會時間、地點，經本院提示當時之法人代表丁○○、乙○○、甲○○、丙○○等人詳詢，其等均稱據當時並無參與該會，係屬事後被告知公司要重整等情，而要求簽名（見本院96年4月2日筆錄），核與該議事錄上所載之紀錄符捷先到述稱：「……本次整個記錄內容完	公司聲請程序不合未能補正

項　目	法條相關規定	本　案　事　實	相關說明
		全不是我製作的……他交給我的時候……他說董事長重整的記錄已經做好……」等語相符（見本院96年度司字第114號臨時管理人一案96年1月29日筆錄）。足見聲請人之聲請重整顯然未經「董事會以董事三分之二以上之出席及出席董事過半數同意之決議」之法定程序	
裁定前法院之徵詢及通知（公司法第284條）	若形式審查通過，應徵詢主管機關、目的事業中央主管機關、中央金融主管機關、證券管理機關及本公司所在地之稅捐稽徵機關與其他有關機關、團體之意見。被徵詢意見之機關應於30日內提出意見	因相當於公司已發行股份總數金額10%以上之公司債權人，另行於96年2月14日聲請重整，經臺北地方法院院另分96年度整字第3號公司重整案件處理。惟該兩案之聲請目的相同、聲請時間極為接近，聲請進行程序相同，於其中任一案未經駁回前，另一案程序均屬相同而可共用，故而另案96年度整字第1號之相關發函詢問主管機關意見及相關債權人、員工、廠商、檢查人及力霸公司之意見內容，為節省司法資源，亦均於本件96年度整字第3號審酌認定時援用	法院參考相關機關之意見為准駁之參考依據
檢查人選任及調查（公司法第285條）	法院得就選任對公司業務具有專門學識、經營經驗而非利害關係人者為檢查人調查： 1.公司業務、財務狀況及資產估價 2.依公司業務財務及生產設備分析公司是否尚有重建更生之可能 3.公司以往業務經營之得失及公司負責人執行業務有無怠忽或不當之情形 4.聲請書狀所記載事項	法院認有選任檢查人為調查並以其檢查結果或意見，供為是否准許該重整聲請參考之必要。經徵詢聲請人及債權人銀行代表兆豐國際商業銀行以及另案（96年度整字第3號）聲請力霸公司重整之債權人均同意選任馬國柱會計師為檢查人	法院依檢查人報告為准駁之參考依據

項　目	法條相關規定	本　案　事　實	相關說明
	有無虛偽不實情形 5.若聲請人為公司時所提之重整方案之可行性 6.其他有關重整之方案等 檢查人必須就這些事項於就任30天內調查完畢出具檢查報告予法院		
聲請之准駁之依據（第283條之1；285條之1第3項）	形式要件不符： 1.公司聲請程序不合 2.非為公開發行股票或公司債之公司 3.經宣告破產已確定 4.依破產法所為之和解決議已確定 5.公司已解散 6.被勒令停業限期清理者 實質要件不符： 1.公司有聲請書狀所記載事項有虛偽不實者 2.依公司業務及財務狀況無重建更生之可能	駁回重整之聲請	駁回理由： 形式要件不符： 聲請人之聲請重整顯然未經「董事會以董事三分之二以上之出席及出席董事過半數同意之決議」之法定程序（聲請程序不合且無法補正） 實質要件不符： 且其於聲請書狀中有關「聲請之原因及事實」記載，亦顯與事實不符而屬虛偽

資料來源：作者自行整理

（二）以債權人名義聲請（臺北地方法院96年度民事整字第3號）

項　目	法條相關規定	本　案　事　實	相　關　說　明
聲請權人（公司法第282條）	1.公司（需經董事會特別決議通過[23]） 2.繼續六個月以上持有已發行股份總數百分之十以上股份之股東 3.相當於公司已發行股份總數金額百分之十以上之公司債權人	由相當於中國力霸股份有限公司（以下簡稱力霸公司）已發行股份總數金額百分之十以上之公司債權人[24]於96年2月14日向臺北地方法院另案提出公司重整之聲請	中國力霸股份有限公司（以下簡稱力霸公司）於95年12月29日由該公司向法院聲請重整，法院以96年度整字第1號公司重整案件處理，惟於該案調查中，上述董事會決議因疑似有程序上之瑕疵，力霸公司百貨部門之協力廠商以保障力霸公司重整機會、員工工作及薪資、廠商債權、股東權益及利害關係人利益，避免原重整案因不合法遭法院駁回為由，以債權人身分向法院聲請
聲請要件及方式（公司法第282條、第283條）	1.公開發行股票公司或公司債之公司 2.因財務困難，暫停營業或有停業之虞，而有重建更生之可能性者 3.向法院以書狀載明相關事項，提出公司重整之聲請	聲請之原因事實簡述： 力霸公司無法清償貨款，爆發財務危機，負責人潛逃海外，積欠廠商貨款估計約近20億元。衣蝶百貨廠商因受上述事件牽連，亦分別陷入財務困境，嗣因臺北地檢署凍結力霸公司帳戶，導致其維持營運所必要之履約行為及其繼續營業所必要之	由公司為重整聲請時，依公司法第283條第3項規定，應提重整之具體方案

23 董事會特別決議：董事三分之二以上出席，出席董事過半數決議行之。
24 此案中債權人提出力霸公司所出具用以證明債權金額之對帳單為憑。

項　　目	法條相關規定	本　案　事　實	相　關　說　明
		經常性費用均無法支付，法務部、經濟部協商後由經濟部派駐財團法人臺灣中小企業聯合服務輔導基金會及安侯國際財務顧問股份有限公司擔任力霸公司之財務監控，尚能確保廠商當期貨款取得之安全性及時效性。目前此一機制如繼續順利運作，並開立獨立之金錢信託帳戶專款專用，應可儘量維持衣蝶百貨廠商信心以及在此非常時期之正常營運；且力霸公司所經營之百貨企業部（衣蝶百貨）營運狀況良好，每年可產生近100億元之營收，占力公司營收達72%，估計淨利應可達6至8億元，屬於力霸公司有盈餘之部門以及最重要之企業部門，其餘水泥、飯店等部門營收占比雖然不高（約15%），亦屬有盈餘或損益持平之企業部門，應維持營運；另金屬製品部、紡織部、工程部等企業部門營收占比不高且常年虧損，應予以整頓去蕪存菁，調整財務體質。整體而言，力霸公司仍極有重建更生之可能	

項　目	法條相關規定	本　案　事　實	相　關　說　明
重整之准駁期限（公司法第285條之1第1項及第2項）	原則：應於收受重整聲請後120日內為准許或駁回重整之裁定 但書：法院得以裁定延長之，每次延長不得超過30日，但以兩次為限	聲請重整時間：96年2月14日 法院延長准駁重整之裁定期間： 1.96年6月13日臺北地方法院延長准駁重整之裁定期間 2.96年7月2日臺北地方法院駁回重整之聲請	即依公司法第285條之1規定，法院自收受重整聲請後，最多有180天之裁定期限（120天+30天+30天）
重整之緊急處分（公司法第287條）	聲請時間：法院為裁定重整前 聲請權人或職權人： 1.公司 2.利害關係人 3.法院依職權 範圍： 1.公司財產之保全處分 2.公司業務之限制 3.公司履行債務及對公司行使債權之限制 4.公司破產、和解或強制執行等程序之停止 5.公司記名式股票轉讓之禁止 6.公司負責人，對於公司損害賠償責任之查定及其財產之保全處分 緊急處分期間： 1.除法院准予重整外，原則不得超九十天 2.必要時，法院得由公司或利害關係人之聲請或依職權以裁定延長之，其延長期間不得超過90日 3.若於緊急處分期間屆滿前，重整之聲請駁回確定者，緊急處分失其效力	聲請緊急處分時間：96年2月14日 法院裁定： 1.裁定駁回 2.駁回日期：96年7月2日	力霸公司前曾於95年12月29日以公司經營有公司法第282條第1項所列之情形，經該公司董事會依同條第2項由全體董事會決議向法院聲請重整，經法院以96年度整字第1號公司重整案件處理，該案於聲請重整同時併有聲請緊急處分，業經法院以96年度聲字第137號准許及延長在案，故而在該緊急處分失效前，本件緊急處分之聲請並無必要。又本件聲請人聲請力霸公司重整事件（即96年度整字第3號），亦經法院認無重建更生之可能，而駁回其重整之聲請，該駁回重整期間尚在前案96年度聲字第137號緊急處分失效前，是本件重整聲請既經駁回，聲請人聲請緊急處分即無必要，應併予駁回之

項　目	法條相關規定	本案事實	相關說明
形式要件之審查（公司法第283條之1）	1.聲請程序不合，但可以補正者，應限期命其補正 2.非為公開發行股票或公司債之公司 3.經宣告破產已確定 4.依破產法所為之和解決議已確定 5.公司已解散 6.被勒令停業限期清理者	1.由衣蝶百貨廠商自救委員會成員以債權人身分向法院聲請 2.力霸公司為公開發行公司 3.聲請當時未有公司法283條之1第3至6款情形	法院認本件聲請人等為力霸公司相當於公司已發行股份總數金額百分之十以上之公司債權人，核其聲請與公司法第282條第1項第2款相符，聲請人之聲請於程序上應屬合法
裁定前法院之徵詢及通知（公司法第284條）	若形式審查通過，應徵詢主管機關、目的事業中央主管機關、中央金融主管機關、證券管理機關及本公司所在地之稅捐稽徵機關與其他有關機關、團體之意見。被徵詢意見之機關應於三十日內提出意見	1.經濟部意見：該公司有無重整可能及價值一節，因涉資金、財務及資產等因素，本部無法進一步評估 2.金管會意見：經查該公司除相關負責人涉嫌違反證券交易法及刑法等規定之異常情事及該公司財務報表是否允當表達尚有疑慮外，其債權銀行一致反對該公司重整，並請該公司一週內向貴院撤回重整及緊急處分之聲請；另基於維持保險市場安定及維護友聯產險保戶權益之考量，該公司進入重整程序，或有礙於新經營團隊與友聯產險的股權買賣交易順利進行之虞；至該公司重整計畫可行性，其預計提升營運狀況及經營策略，是否確能有效發揮振衰起蔽之作用，尚須視該公司所提之重整計畫是否具體合理可行及各債權人意	法院參考相關機關之意見為准駁之參考

項　　目	法條相關規定	本　案　事　實	相　關　說　明
		提出具體資料佐證之，因此該公司重整計畫是否可行仍有疑慮 3.內政部營建署回覆略以： 依該公司「民事聲請」內容所陳，公司設有工程部門，惟該部門94年營收為413仟元，營收比重幾近於零；又依重整具體方案第二點第（四）項所陳，該部門因積壓營運資金甚多，爰降價出清餘屋，致使產生甚大虧損，現已精簡人事，短期內不再推案出售。顯見未來，該部門應無改善財務虧損之能力。由於該公司涉略行業甚多，虧損嚴重，其有無重整之可能及重整之價值，本署無法提供意見。仍請貴院審酌其重整之原因及事實等妥處 4.交通部觀光局回覆略以： 查中國力霸股份有限公司係多角化經營之企業，登記營業項目多達31項，所屬事業中僅國際觀光旅館「力霸皇冠大飯店」屬本局主管；就該公司整體事業有無重整可能及重整價值，本局礙難評估，茲謹就力霸皇冠飯店部分提供意見，若該公司能重整成功，使其所屬	

項　目	法條相關規定	本　案　事　實	相　關　說　明
		飯店正常營運，應有助臺灣觀光事業發展 5.本件債權銀行：一致反對力霸公司重整 (1)該公司歷經長時間紓困調整，仍然無力處理財務問題，足以證明該公司未來償債能力大有問題，難以樂觀期待 (2)力霸集團違法亂紀之作為顯已傷害臺灣經濟之穩定，並造成臺灣政府公信力之喪失，政府應嚴懲此一違法行徑，而非通過重整案，讓力霸集團合法逃避債權人之追償。又該公司負責人潛逃及集團發生財務危機，上下游廠商對該公司失去信任感及銀行資金融通之機會，亦無法支持該公司繼續經營下去 (3)就營運面而言，力霸公司近三年虧損累累，經營績效差，無繼續經營之價值；財務面而言，力霸公司因歷年虧損及不斷減資彌補虧損下，資本額大幅減少，財務結構極差，短期償債能力嚴重不足，以目前該公司的營運能力，根本無法支付日常營運所需及到期銀行借款；另就資產面而言，其中長期投資為單一最大資產項目，但因全數為集團內關	

項 目	法條相關規定	本 案 事 實	相 關 說 明
		係企業，實際價值不高，加上關係企業往來密切，資金來往頻繁，使得非正常應收關係企業款項金額偏高，在集團發生財務危機後，未來收回機率甚低；另帳上多數存貨（在建房地）及固定資產均以質押予金融機構，剩餘價值不高，總資產嚴重高估，重整沒有實際效益	
		(4)力霸公司之重整清償計畫顯然欠缺可行性。更遑論其先前與債權銀行團所約定之紓困計劃均未依約履行，是力霸公司提出所謂重整方案根本不切實際，更無法證明其有重建更生之可能	
		(5)由於先前紓困計畫，力霸公司均未依約履行，且債權銀行團均認為力霸公司所提之償債計畫不切實際，亦無重建更生之可能。是縱使鈞院最終准許力霸公司重整，然債權銀行團於重整程序中關係人會議進行時，同樣會反對重整人所提出之重整計畫，此將導致重整計畫因無法獲得關係人會議之可決，致使鈞院必須依法裁定終止重整（公司法第306條規定參照），如此一來非但讓整個程序回到原點，造成法	

項　目	法條相關規定	本　案　事　實	相　關　說　明
		律秩序之不安定，並使聲請人公司及其員工、債權銀行團及其他債權人等，均耗費不必要之人力、時間及費用	
檢查人選任及調查（公司法第285條）	法院得就選任對公司業務具有專門學識、經營經驗而非利害關係人者為檢查人調查：1.公司業務、財務狀況及資產估價 2.依公司業務財務及生產設備分析公司是否尚有重建更生之可能 3.公司以往業務經營之得失及公司負責人執行業務有無怠忽或不當之情形 4.聲請書狀所記載事項有無虛偽不實情形 5.若聲請人為公司時所提之重整方案之可行性 6.其他有關重整之方案等 檢查人必須就這些事項於就任30天內調查完畢出具檢查報告予法院	依檢查人於96年6月20日提出之重整檢查人報告其主要意見約略如下：1.公司財務狀況檢查：依據力霸公司95年12月31日自結之財務資料顯示力霸公司潛在虧損相當大其淨值嚴重負數，若依財務狀況顯無重整更生之價值 2.力霸公司以往業務經營之得失及負責人執行業務可能有下列怠忽或不當情形：(1)與關係企業間資金融通及關係人交易，如：資金貸予小公司、為小公司背書保證、向小公司購買房地產等不利益集團公司之交易、購買小公司發行之公司債等 (2)取得或處分長期投資，如：未經鑑價高價購買關係企業之股票作為債權擔保等 (3)經營不善持續鉅額虧損 3.公司之業務狀況檢查：依據力霸公司過去三年度經營結果顯示，雖經營事業範圍廣但	法院依檢查人報告為准駁之依據參考

項　目	法條相關規定	本　案　事　實	相　關　說　明
		部分經營事業經營績效不彰持續嚴重虧損，致整體經營層面產生鉅額損失，力霸公司目前所營事業部門具有經營價值者，為百貨企業部（即衣蝶百貨）、水泥企業部、飯店企業部及金屬製品部四個事業部門。雖力霸公司四個事業部門具有經營價值，但經評估在現行的經營規模下，各事業部營運及財務現金收支上僅能自給自足，並無法為力霸公司立即創造現金流量以支應龐大之利息費用及償還本金，惟若力霸公司能透過重整機制有次序地裁撤現金流出之部門、處分閒置之資產，應可逐步累積現金流量，並提高償債能力 4.在兼顧力霸公司無擔保債權人、有擔保債權人、廠商已投入資金回收及全體員工等權益，對於本重整檢查案建議如下： (1)力霸公司未來應有次序處理擔保品，以維持擔保品資產價值並提高有擔保債權人債權回收率 (2)為避免因現行之經營規模造成具有經營價值之事業部門於營運上僅自給自足，力霸公司應儘速進行瘦	

項　目	法條相關規定	本　案　事　實	相　關　說　明
		身計畫以創造現金流量，方可保障無擔保債權人、廠商已投入資金回收及全體員工權益	
聲請之准駁之依據（第283條之1；285條之1第3項）	形式要件不符：請參閱前述形式要件之說明；實質要件不符：1.公司有聲請書狀所記載事項有虛偽不實者 2.依公司業務及財務狀況無重建更生之可能[25]	駁回重整之聲請	駁回理由：實質要件不符：1.公司之財務結構、營運狀況不能改善；其與債權銀行、員工間之互信不足，難以協商重整方案之償債計畫，應認該公司已非依公司法之公司重整制度所得重建更生，自應駁回重整之聲請 2.本件相對人力霸公司之財務潛在鉅額之虧損，顯無重整更生之可能：

---

[25] 最高法院92年度臺抗字第283號民事裁定：「按公司重整，乃公開發行股票或公司債之公司因財務困難，暫停營業或有停業之虞，而有重建更生之可能者，在法院監督下，以調整其債權人、股東及其他利害關係人利益之方式，達成企業維持與更生，用以確保債權人及投資大眾之利益，維護社會經濟秩序為目的。公司有無重建更生之可能，應依公司業務及財務狀況判斷，須其在重整後能達到收支平衡，且具有盈餘可資為攤還債務者，始得謂其有經營之價值，而許其重整。」；最高法院93年度臺抗字第178號民事裁定：「公司重整，乃公開發行股票或公司債之公司因財務困難，暫停營業或有停業之虞，而有重建更生之可能者，在法院監督下，以調整其債權人、股東及其他利害關係人利益之方式，達成企業維持與更生，用以確保債權人及投資大眾之利益，維護社會經濟秩序為目的。法院依檢查人之報告，並參考目的事業中央主管機關、證券管理機關、中央金融主管機關及其他有關機關、團體之意見，應為准許或駁回重整之裁定。而依公司業務及財務狀況無更生重建之可能者，法院應裁定駁回重整之聲請，公司法第

項　目	法條相關規定	本　案　事　實	相　關　說　明
			(1)依檢查人報告,力霸公司之負債明顯大過資產,
			(2)經檢查人評估,力霸公司4個具有經營價值之部門,在現行的經營規模下,各事業部營運及財務現金收支上均僅能自給自足,並無法為力霸公司立即創造現金流量以支應龐大之利息費用及償還本金,故在現行之經營下,就力霸公司已嚴重之財務狀況,無法有補貼性之盈利
			3.就力霸公司之業務狀況,配合目前極差之財務狀況,亦無法認為有重整更生之可能
			4.因力霸公司與債權銀行和員工間之互信不足,無法獲得債權銀行及公司員工之支持,難以協商重整方案之裁撤部門計畫及處理擔保品償債計畫。且因力霸公司以往業務經營情形,亦無法獲致投資大眾之信賴,藉增資之方式獲致資金挹注,

285條之1第1項、第3項第2款定有明文,公司有無重建更生之可能,應依公司業務及財務狀況判斷,須其在重整後能達到收支平衡,且具有盈餘可資為攤還債務,始得謂其有經營之價值,而許其重整。」

| | | 故而檢查人建議之公司調整方案，在目前之狀況下無法經由重整程序中執行 |

資料來源：作者自行整理

（五）我國重整流程圖

茲將我國公司重整聲請流程圖示如下：

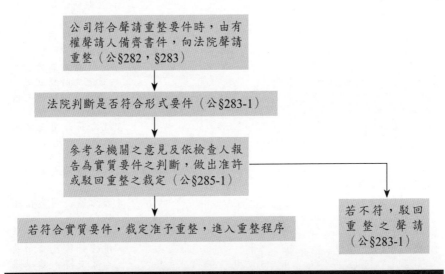

圖表來源：作者自行整理

二、起訴書彙整表

因力霸嘉食化案及東森力霸案之犯罪事實繁瑣，為便於說明，擬將檢察官起訴所用條文以表格方式整理如下，並列舉起訴書上之相關犯罪事實為對照扼要說明，茲依檢察官起訴書整理如下：

條 文	條 文 內 容	相關犯罪事實例舉
證券交易法第157條之1第1項（不得為股票買入或賣出之人）	下列各款之人，獲悉發行股票公司有重大影響其股票價格之消息時，在該消息未公開或公開後12小時內，不得對該公司之上市或在證券商營業處所買賣之股票或其他具有股權性質之有價證券，買入或賣出： 一、該公司之董事、監察人、經理人及依公司法第27條第1項規定受指定代表行使職務之自然人。 二、持有該公司之股份超過10%之股東。 三、基於職業或控制關係獲悉消息之人。 四、喪失前三款身分後，未滿6個月者。 五、從前四款所列之人獲悉消息之人。	力霸、嘉食化之大股東明知公司向法院聲請重整，此為重大影響股價之消息，卻在消息公開之前出脫持股。
證券交易法第171條第1項及第2項（罰則）	有下列情事之一者，處三年以上十年以下有期徒刑，得併科新臺幣1千萬元以上2億元以下罰金： 一、違反第20條第1項、第2項、第155條第1項、第2項或第157條之1第1項之規定者。 二、已依本法發行有價證券公司之董事、監察人、經理人或受僱人，以直接或間接方式，使公司為不利益之交易，且不合營業常規，致公司遭受重大損害者。 三、已依本法發行有價證券公司之董事、監察人或經理人，意圖為自己或第三人之利益，而為違背其職務之行為或侵占公司資產。 犯前項之罪，其犯罪所得金額達新臺幣一億元以上者，處七年以上有期徒刑，得併科新臺幣2,500萬元以上5億元以下罰金。	力霸嘉食化之董監經理人或受僱人，使力霸嘉食化公司與力霸集團小公司為虛偽之穀物交易，或以長期投資為名投資無實際營運之力霸集團小公司，損害力霸嘉食化公司之利益。
證券交易法第174條第1項第4款（虛偽記載之處罰）	有下列情事之一者，處一年以上七年以下有期徒刑，得併科新臺幣2,000萬元以下罰金： 四、發行人、公開收購人或其關係人、證券商或其委託人、證券商同業公會、證券交易所或第18條所定之事業，對於主管機關命令提出之帳簿、表冊、	力霸嘉食化已依規定訂定背書保證作業程序，惟未依作業程序辦理對無實際營業之小公司為背書保證，在公開資訊觀測站公告相關業務文件之內

條　文	條　文　內　容	相關犯罪事實例舉
	文件或其他參考或報告資料之內容有虛偽之記載者。	容為虛偽記載[26]。
銀行法第33條（對關係人為十足擔保放款之限制）	銀行對其持有實收資本總額百分之五以上之企業，或本行負責人、職員、或主要股東，或對與本行負責人或辦理授信之職員有利害關係者為擔保授信，應有十足擔保，其條件不得優於其他同類授信對象，如授信達中央主管機關規定金額以上者，並應經三分之二以上董事之出席及出席董事四分之三以上同意。 前項授信限額、授信總餘額、授信條件及同類授信對象，由中央主管機關洽商中央銀行定之。	德臺公司（係力霸集團[27]子公司）向中華商銀申貸，所提供擔保品不足，但中華商銀辦理授信之人員仍准簽辦，且董事會同意核貸。
銀行法第33條之4（利用他人名義申請授信之限制）	第32條、第33條或第33條之2所列舉之授信對象，利用他人名義向銀行申請辦理之授信，亦有上述規定之適用。向銀行申請辦理之授信，其款項為利用他人名義之人所使用；或其款項移轉為利用他人名義之人所有時，視為前項所稱利用他人名義之人向銀行申請辦理之授信。	
銀行法第125條之2（銀行負責人或職員違背職務行為之處罰）	銀行負責人或職員，意圖為自己或第三人不法之利益，或損害銀行之利益，而為違背其職務之行為，致生損害於銀行之財產或其他利益者，處三年以上十年以下有期徒刑，得併科新臺幣1千萬元以上2億元以下罰金。其犯罪所得達新臺幣1億元以上者，處七年以上有期徒刑，得併科新臺幣2,500萬元以上5億元以下罰金。	中華商銀要求債信不良公司購買力霸嘉食化所發行之債券為放貸條件，未經實際徵信情形，未提供相當擔保品之情況下違法放貸。

[26] 公開發行公司資金貸與及背書保證處理準則（係依證券交易法第36條之1規定授權主管機關關定之）所稱之公告申報，僅需輸入行政院金融監督管理委員會指定之資訊申報網站（目前為「公開資訊觀測站」）即可，免再檢送書面資料。參酌行政院金融監督管理委員會網站「公開發行公司資金貸與及背書保證處理準則問答集」：http://www.sfb.gov.tw/7.asp，最後瀏覽日：2007年5月5日。

[27] 中華商業銀行股份有限公司前十大股東名冊中，前三大股東分別為：友聯產物保險股份有限公司，持有股數68,284,577股，持股比率4.53%，設質股數9,502,000股；嘉新食品化纖股份有限公司，持有股數54,180,973股，持股比例3.59%，設質股數54,160,000股，中國力霸股份有限公司，持有股數50,002,669股，持股比例3.31%，設質股數50,000,000股，由資料可以看出關

條　文	條　文　內　容	相關犯罪事實例舉
	銀行負責人或職員，二人以上共同實施前項犯罪之行為者，得加重其刑至二分之一。 第1項之未遂犯罰之。 前3項規定，於外國銀行或經營貨幣市場業務機構之負責人或職員，適用之。	
銀行法第125條之3（向銀行施詐術）	意圖為自己或第三人不法之所有，以詐術使銀行將銀行或第三人之財物交付，或以不正方法將虛偽資料或不正指令輸入銀行電腦或其相關設備，製作財產權之得喪、變更紀錄而取得他人財產，其犯罪所得達新臺幣1億元以上者，處三年以上十年以下有期徒刑，得併科新臺幣1千萬元以上2億元以下罰金。 以前項方法得財產上不法之利益或使第三人得之者，亦同。 前二項之未遂犯罰之。	臺力公司以不實交易發票及支票，向中華商銀光復分行辦理中期無擔保貸款。
銀行法第127條之1（違反無擔保授信或擔保授信限制等之處罰）	銀行違反第32條、第33條、第33條之2或適用第33條之4第1項而有違反前3項規定或違反第91條之1規定者，其行為負責人，處三年以下有期徒刑、拘役或科或併科新臺幣500萬元以上2,500萬元以下罰金。 銀行依第33條辦理授信達主管機關規定金額以上，或依第91條之1辦理生產事業直接投資，未經董事會三分之二以上董事之出席及出席董事四分之三以上同意者或違反主管機關依第33條第2項所定有關授信限額、授信總餘額之規定或違反第91條之1有關投資總餘額不得超過銀行上一會計年度決算後淨值百分之五者，其行為負責人處新臺幣200萬元以上1,000萬元以下罰鍰，不適用前項規定。 經營貨幣市場業務之機構違反第47條之2準用第32條、第33條、第33條之2或第33條之4規定者或外國銀行違反第123條準用第32條、第33條、第33條之2或第33條之4規定者，其行為負責人依前2項規定處罰。 前三項規定於行為負責人在中華民國領域外犯罪者，適用之。	中華商銀貸款予德臺（力霸集團之子公司）時，應本於授信原則詳細評估，且應取得十足擔保，但德臺公司所提供之擔保品不足，明顯未達十足擔保，但辦理授信之人員仍予簽辦且董事會也同意核貸，違反銀行法第33條及33條之4第1款之規定。

係人股票設質比例偏高，若關係人不還款，可能有變相掏空之嫌疑。中華商銀十大股東名冊資料來源：中華商業銀行網站，http://www.chinesebank. com.tw/html/main/about02.htm，最後瀏覽日：2007年1月27日。

條　文	條　文　內　容	相關犯罪事實例舉
票券金融管理法[28]第58條	票券金融公司負責人或職員，意圖為自己或第三人不法之利益，或損害公司之利益，而為違背其職務之行為，致生損害於公司之財產或其他利益者，處三年以上十年以下有期徒刑，得併科新臺幣1,000萬元以上2億元以下罰金。其犯罪所得達新臺幣1億元以上者，處七年以上有期徒刑，得併科新臺幣2,500萬元以上5億元以下罰金。 票券金融公司負責人或職員，二人以上共同實施前項犯罪之行為者，得加重其刑至二分之一。 第1項之未遂犯罰之。	力華票券對集團內無實際營業小公司為授信貸款或保證商業本票均超過限額，並且利用其他家非力霸集團公司資金困窘，營運狀況不佳在其他金融機構無法順利貸得款項之情況下，以搭購力霸及嘉食化公司所發行之公司債為條件，為無擔保發行商業本票，使力霸票券資金以此不合營業常規交易方式流入力霸集團，均足生損害於力華票券。
保險法第168條之2第1項（背信罪之處罰）	保險業負責人或職員或以他人名義投資而直接或間接控制該保險業之人事、財務或業務經營之人，意圖為自己或第三人不法之利益，或損害保險業之利益，而為違背保險業經營之行為，致生損害於保險業之財產或利益者，處三年以上十年以下有期徒刑，得併科新臺幣1,000萬元以上2億元以下罰金。其犯罪所得達新臺幣1億元以上者，處七年以上有期徒刑，得併科新臺幣2,500萬元以上5億元以下罰金。	東森媒體公司將位於臺北市南港區經貿段不動產以1億5千萬元出售與友聯產險公司，套取9千萬之預付款為使用，事後再藉故解約。友聯集團負責人與東森集團為虛偽不實且不符常規之交易方式，已生損害於友聯產險。
公司法第九條（股款未繳納之處罰）	公司應收之股款，股東並未實際繳納，而以申請文件表明收足，或股東雖已繳納而於登記後將股款發還股東，或任由股東收回者，公司負責人各處五年以下有期徒刑、拘役或科或併科新臺幣50萬元以上250萬元以下罰金。 有前項情事時，公司負責人應與各該股東連帶賠償公司或第三人因此所受之損害。 第一項裁判確定後，由檢察機關通知中央主管機關撤銷或廢止其登記。但裁判確定	

---

28 係依據銀行法第47條之1授權所訂。

條　文	條　文　内　容	相關犯罪事實例舉
	前，已為補正或經主管機關限期補正已補正者，不在此限。 公司之設立或其他登記事項有偽造、變造文書，經裁判確定後，由檢察機關通知中央主管機關撤銷或廢止其登記。	例如長期投資之名進行掏空，虛偽投資力霸公司旗下小公司，待查核設立登記資本無誤後，旋即將投資款項轉出，並未作為集團小公司實際營運之用，而僅以證明文件表示已向股東收足股款，並持以向主管機關辦理公司登記，足生損害於主管機關對於公司管理之正確。
洗錢防治制第9條第3項（舊）	犯第2條[29]第1款之罪者，處五年以下有期徒刑，得併科新臺幣300萬元以下罰金。 犯第2條第2款之罪者，處七年以下有期徒刑，得併科新臺幣500萬元以下罰金。 以犯前二項之罪為常業者，處三年以上十年以下有期徒刑，得併科新臺幣100萬元以上1,000萬元以下罰金。 法人之代表人、法人或自然人之代理人、受雇人或其他從業人員，因執行業務犯前三項之罪者，除處罰行為人外，對該法人或自然人並科以各該項所定之罰金。但法人之代表人或自然人對於犯罪之發生，已盡力監督或為防止行為者，不在此限。 犯前四項之罪，於犯罪後六個月內自首者，免除其刑；逾六個月者，減輕或免除其刑；在偵查或審判中自白者，減輕其刑。	王又曾夫婦為掩飾及隱匿自力霸集團違法掏出之資產及自其他金融機構詐貸之金額，利用其管控人頭戶、或其家族成員名義、或力霸集團小公司名義，將犯罪所得匯出國外。
刑法第215條（業務上登載不實罪）	從事業務之人，明知為不實之事項，而登載於其業務上作成之文書，足以生損害於公眾或他人者，處三年以下有期徒刑、拘役或500元以下罰金。	

---

[29] 洗錢防制法第2條「本法所稱洗錢，係指下列行為：一掩飾或隱匿因自己重大犯罪所得財物或財產上利益者。二掩飾、收受、搬運、寄藏、故買或牙保他人因重大犯罪所得財物或財產上利益者」。

條　文	條　文　內　容	相關犯罪事實例舉
刑法第216條（行使偽造變造或登載不實之文書罪）	行使第210條至第215條之文書者，依偽造、變造文書或登載不實事項或使登載不實事項之規定處斷。	如為規避嘉食化內部背書保證作業程序中對外背書保證總額不得超過公司淨值一倍之限制，製作未實際召開之董事會會議紀錄（屬刑法第210條之私文書），將背書保證總額提高至公司淨值二倍，以此為據增加對集團小公司之背書保證。
刑法第336條（公務公益侵占罪及業務侵占罪）	對於公務上或因公益所持有之物，犯前條第一項之罪者，處一年以上七年以下有期徒刑，得併科5,000元以下罰金。 對於業務上所持有之物，犯前條第一項之罪者，處6月以上五年以下有期徒刑，得併科3,000元以下罰金。 前二項之未遂犯罰之。	王又曾以業務週轉金名義申請短期墊款，取得百貨部門現金，卻從未歸還，或透過資金調度方式將公司資金輾轉轉入人頭帳戶。
刑法第339條（普通詐欺罪）	意圖為自己或第三人不法之所有，以詐術使人將本人或第三人之物交付者，處五年以下有期徒刑、拘役或科或併科1,000元以下罰金。 以前項方法得財產上不法之利益或使第三人得之者，亦同。 前二項之未遂犯罰之。	利用力霸集團既有或新成立之關係企業為虛偽之買賣大宗穀物交易美化財務報表，向慶豐商業銀行等25家金融機構詐騙取得貸款。
刑法第342條（背信罪30）	為他人處理事務，意圖為自己或第三人不法之利益，或損害本人之利益，而為違背其任務之行為，致生損害於本人之財產或其他利益者，處五年以下有期徒刑、拘役或科或併科1,000元以下罰金。 前項之未遂犯罰之。	如友聯向力霸集團子公司高價買屋（將友聯之資金挪至集團子公司），中華商銀違法放貸予集團之子公司（貸款無法收回，不利益於中華商銀），皆損害公司之利益。

---

30 背信罪的成立前提是「為他人處理事務」，此事務必須是財產事務，而且是有裁量權限的處理「本人與第三人間的外部事務」（本人指委託人）。公司負責人把公司資產賤售予自己的關係企業，或高價向自己的關係企業

條　文	條　文　內　容	相關犯罪事實例舉
商業會計法第71條	商業負責人、主辦及經辦會計人員或依法受託代他人處理會計事務之人員[31]有下列情事之一者，處五年以下有期徒刑、拘役或科或併科新臺幣60萬元以下罰金： 一、以明知為不實之事項，而填製會計憑證或記入帳冊。 二、故意使應保存之會計憑證、會計帳簿報表滅失毀損。 三、偽造或變造會計憑證、會計帳簿報表內容或毀損其頁數。 四、故意遺漏會計事項不為記錄，致使財務報表發生不實之結果。 五、其他利用不正當方法，致使會計事項或財務報表發生不實之結果。	力霸集團子公司間假交易真掏空之行為，相關財會人員明知不為真實事項，卻仍造具會計憑證記載於帳簿表冊[32]。

資料來源：作者自行整理。

三、舞弊方式分析

（一）常見之舞弊方式

依照我國過去之財務不實案例中，可歸納出幾種可能之公司舞弊方法[33]：

1.母公司將過期存貨賣給子公司，以增加應收帳款美化帳面。

購物造成公司之損失，或違反常規授信，如高估抵押品而放款形成呆帳，也構成背信罪之成立要件。違規授信可能與銀行法第32條、第127條之1發生競合，公司的利益輸送通常與背信有關，故背信罪因而常常是對抗經濟犯罪的重要手段之一，參酌林東茂，「刑法綜覽」，頁2-169-170，一品文化出版社，2005年8月修訂4版。

[31] 例如記帳士。

[32] 商業會計法第33條：非依真實事項，不得造具任何會計憑證，並不得在會計帳簿表冊作任何紀錄。

[33] 吳宗璠，由財務業務資訊透視企業舞弊風險警訊，會計研究月刊第253期，頁12-13，2006年12月。

2.透過國內外人頭客戶及人頭供應商進銷貨，以虛偽進銷貨美化帳面。

3.與某公司假預付、真掏空，款項已付出惟卻無進貨之事實。

4.公司大股東拿企業定存單為私人借款保證之用，向銀行質借。

5.公司設立人頭公司，公司將好貨賤賣與人頭公司以掏空公司；或公司將劣貨賣予人頭公司以美化公司帳面。

6.銀行存款受限制未於財報適當分類並揭露。

（二）案例中所用之舞弊手法

在力霸弊案中常見之舞弊手法可整理為下列幾種類型，以圖示說明之[34]：

1.設立關係企業子公司為假交易，舉例如下：

⑴友聯產險向力霸關係企業買房地產，後解約，但並未回收預付款

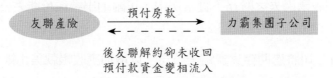

⑵亞太固網與力霸子公司為黃豆玉米大宗貨物買賣或以關係人借貸將亞太固網資金挪至子公司

---

[34] 圖表來源：作者自行整理。

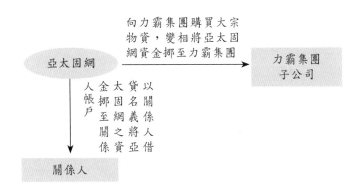

2. 設立轉投資子公司，待查核設立登記資本無誤後，旋即將投資款項轉出，並未作為轉投資公司實際營運之用，虛列長期投資美化報表，透過子公司將資金轉入關係人口袋：

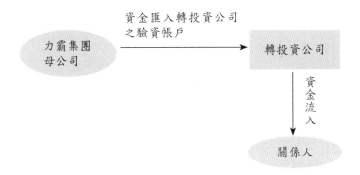

3. 發行公司債

(1) 由亞太固網認購力霸集團企業所發行之公司債，將亞太固網之資金挪走。

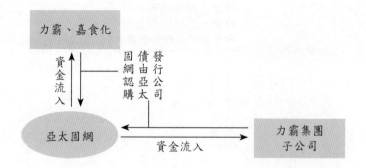

(2)亞太固網轉投資設立子公司，子公司發行公司債，亞太固網
再買入公司債，將亞太固網之資金挪到子公司。

4.交叉借款

　　例如由力華票券無擔保放款與授信戶時，要求該授信戶必須購買力
霸集團所發行之公司債，間接資金融通力霸集團：

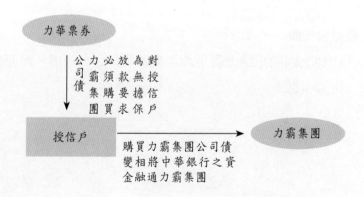

5. 處分不良資產

中華銀以「處分不良債權」之名義賤賣資產與關係人所開設之資產管理公司。

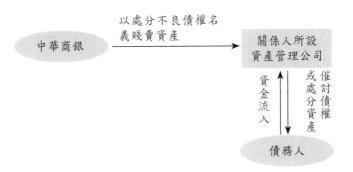

6. 關係人交易

如力霸明明財務已吃緊，卻仍向關係人買進亞太固網股票，將力霸之資金移到關係人帳戶。

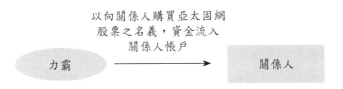

7. 以暫借款調集資金

如關係人以預付款方式向衣蝶百貨調集資金，事後卻未歸還。

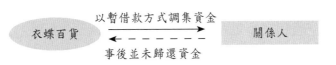

8.背書保證

例如力霸集團母公司為其下無業績之子公司為背書保證，向其他金融機構借款，資金再由子公司轉入私人帳戶。

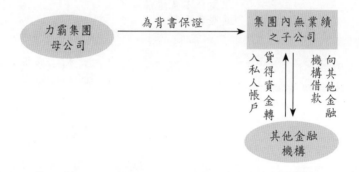

四、力霸風暴所衍生之相關問題及省思

力霸風暴發生之同時，暴露了現行法律的缺失與相關規範的未盡落實，如力霸、嘉食化向法院提出重整之重大影響股價訊息，但主管機關並未即時掌握相關資訊；另外案發當時，負責力霸與嘉食化財務簽證之會計師除被金管會撤銷財務報表簽證外，且分別被收押及交保限制住居，在會計師責任日漸加重的情況下，會計師必須對相關法令有所知悉，並了解己身風險之所在；力霸集團公司財務報表編製不實，若財會人員遇有管理階層舞弊的情況時，應如何處理及保護自己，避免成為掏空的幫凶；投資人在為投資前，須注意並了解哪些財務及非財務資訊，以免做出錯誤的投資策略而血本無歸？擬就相關問題為討論。

（一）監控機制之不足及可能之補強

力霸嘉食化於95年12月29日即向法院聲請重整，卻遲延至96年1月4日才將此一重大訊息揭露，此段空窗期間大股東為所欲為，出脫手中持

股，掏空公司資產，之後遠走高飛。但其中弔詭的，在事件發生當時，主管機關並沒有管道可以掌握相關訊息。另外，當檢調偵查後發現力霸嘉食化大股東疑似掏空資產，臺北地檢署根據洗錢防制法，緊急凍結力霸集團相關銀行帳戶，卻造成工廠無法支付貨款給廠商、薪水給員工的窘境，最後係由經濟部出面協調，最後決定由安侯國際財務顧問及中小企業聯合輔導基金會[35]分別保管力霸與嘉食化、衣蝶百貨等帳戶取款印鑑，力霸與嘉食化等泛力霸集團必須備妥完整的請領憑證，且每天都要陳報支出明細表送交經濟部與金管會，若有異常，兩部會則要即刻通報法務部，最後法務部原則同意解凍銀行帳戶[36]。

　　到此已暴露監控機制不足之相關問題：力霸、嘉食化向法院提出重整之聲請之初，法院與金管會、證交所之間並無通報機制，可讓主管機關在第一時間內獲知訊息；公司聲請重整後，沒有相關的資金監控機制可以防止資金被不當挪用，以致造成公司帳戶被凍結無法支付貨款及薪水與廠商及員工；若按相關報導所述，檢調發現力霸集團關係人交易頻繁，早懷疑力霸集團疑有不法，為何並無相關集團財務預警制度提供相關資訊，提醒善意投資人？

　　由於本次案件暴露了相關單位通報機制不良，故關於法院與金管會、證交所間之通報機制，金管會已函請司法院希望能知會各法院，未來只要有企業提出公司重整重大訊息，即應知會金管會證期局、證交所等單位[37]，避免大股東利用此資訊空窗期出脫持股為內線交易，相信以後此種情形應可避免。

---

[35] 中小企業聯合輔導基金會成立宗旨：配合政府發展中小企業之政策，提供綜合輔導，協助資金融通，改善財務管理，並培訓專業人才，俾強化中小企業經營體質提昇競爭力。網址：http://www.sbiac.org.tw/ORIGIN.htm，最後瀏覽日：2007年1月28日。

[36] 聯合報，2.4億解凍力霸薪事解決，2007年1月13日A4版。

[37] 聯合報，公司提重整法院即報金管會，2007年1月10日A2版。

　　另外關於資金監控部分，由於目前我國相關法令並無資金監控之相關規定，若有心人士擬藉由聲請公司重整之名，來掩護掏空公司之實，等到檢調發現異常，依洗錢防制法凍結相關銀行帳戶，往往緩不濟急，且凍結銀行帳戶是把兩面刃，凍結了不法所得，但也凍結了無辜員工的薪資和應給付給往來廠商之貨款。

　　其實資金監控制度早在87、88年間第一波地雷股風暴中就已導入，當時申請紓困之公司，都必須接受資金監控，以防紓困之資金被挪為其他用途。若能建立資金監控機制，在公司聲請重整時公正第三人例如會計師能進駐公司為資金監控，可避免如本次力霸案檢察官凍結銀行戶頭而影響公司正常營運之情形外，也可透過現金監控報告瞭解資金流向，對公司而言，可更加瞭解本身實際現金流量為何，更進一步在擬定重整計畫時，可作為預估未來現金流量的依據之一，更重要者，藉由資金控管機制，使得公司現金流量透明化，對於債權銀行而言，也可藉此評估風險，評估公司重整計畫之償還方案是否可行，進一步決定是否支持該公司重整，而對於潛在的資金挹注者而言，也可作為評估的依據。為避免未來有類似力霸案之情形發生，主管機關似乎可考慮建立資金監控機制：在公司聲請提出重整之時，立刻啟動資金監控機制，必須由公正第三人進駐監控公司相關支出（如會計師或中小企業聯合輔導基金會），若資金監控機制能夠成立，除可監控公司資金流向，避免予公司大股東利用關係人交易掏空公司資產之機會外，也可保障員工應得之權利及往來廠商之權益。

　　關於集團預警制度，證交所擬制定以集團財務為主的財務預警制度，未來公開資訊觀測站必須揭露集團內部之交叉持股、財務比率、背書保證、應收帳款等細項，進一步強化預警功能[38]。除投資人將可透過

---

[38] 經濟日報，集團財務證交所將設預警制，2007年1月19日A9版。

此預警功能作為股票投資之參考外，主管機關也可藉此機制為初步監控。而此制度已正式於96年7月2日實施，金管會、證交所和櫃買中心於「公開資訊觀測站」[39]的「各項專區」項下建置「財務重點專區」[40]，只要是有出現符合所訂之八項警示指標[41]，該公司將以紅字標示，提醒投資人注意，若有改善則會取消警示，資訊每天更新，故此制度係為動態、即時之資訊，證交所設立財務專區之目的，不僅是為了揭露哪些公司財務狀況不佳或異常，主要是強調其即時預警的功用，雖然此項專區之設置，不諱言在初期對於市場會有一定的影響，但若能讓更多的體質不良的公司因此制度現形，除可以維持市場的公平秩序，還可增加投資人資訊之對等，讓投資人能有更足夠的資訊作決定，避開體質不良之投資標的，另外，財務狀況良好與不良的公司區別後，其影響直接反應在股價上，更能反應其股票應有的市場價值，對主管機關來說，更可達成分級管理、市場監理的終極目標，對投資人來說，相信能提供更進一層的保障。

---

[39] 公開資訊觀測站網址：http://newmops.tse.com.tw/。

[40] 臺灣證券交易所為強化上市公司資訊之揭露暨提升公開資訊觀測站資訊揭露效益，依對有價證券上市公司資訊申報作業辦法第8條之規定，將於公開資訊觀測站設置專區公布相關財務彙整資訊，以提醒投資人注意。資料來源：證交所新聞，強化上市公司資訊之揭露，證交所建置「財務重點專區」，2007年6月28日。網址：http://www.tse.com.tw/ch/about/press_room/tsec_news_detail.php?id=609，最後瀏覽日：2007年7月3日。

[41] 據公開資訊觀測站之說明，紅色標記警示意義如下：指標1：變更交易方法或處以停止買賣者；指標2：最近期財務報告每股淨值低於10元且上市後最近連續三年度虧損者；指標3：最近期財務報告每股淨值低於10元且負債比率高於60%及流動比率小於1.00者（金融保險業除外）；指標4：最近期財務報告每股淨值低於10元且最近兩年度及最近期之營業活動淨現金流量均為負數者；指標5：最近月份全體董事監察人及持股10%以上大股東總持股數設質比率達9成以上者；指標6：最近月份資金貸與他人餘額占最近期財務報告淨值比率達30%以上者（金融保險業除外）；指標7：最近月份背書保證餘額占最近期財務報告淨值比率達150%以上者（金融保險業除外）；指標8：其他經臺灣證券交易所綜合考量應公布者。

（二）投資人之自保之道

「冰凍三尺，非一日之寒」。任何一家公司發生弊端之前，必定都有跡可尋。雖然進階的財報分析技巧一般投資人不能馬上習得，但是可以觀察幾項重要指標作為判斷之基礎：例如公司轉投資許多子公司，就要合理的懷疑是否公司有利用關係人交易美化帳面或掏空母公司資產的可能性？與流動性相關之比率為何？其他如董監持股比率是否足夠？股票質押比率為何？經營團隊是否用少數的資金即掌握公司控制權？若有此種跡象發生，就必須警覺是否該公司之經營團隊誠信出了問題？相關資訊在年報及公開資訊觀測站皆會揭露，投資人可以在證交所的公開資訊觀測站或公司年報上找到相關訊息。

大體而言，投資時必須注意財務資訊及非財務資訊，財務資訊方面，須損益表、資產負債表及現金流量表三大表及會計師查核報告並重：

投資時所需注意的財務資訊	代表意義
損益表、資產負債表、現金流量表	損益表：動態報表，表達企業在某一段期間之營運狀況，應注意應收帳款與存貨情形，長期投資細項。 資產負債表：靜態報表，為企業某一時點之整體財務狀況表達。 現金流量表：表示企業營運活動、投資活動及融資活動之現金流入流出狀況。
財務報表之附註	為求詳盡表達財務狀況、經營結果及現金流量之資訊，揭露項目包含企業資訊、投資資訊、重大事項、關係人交易、會計處理方式變動及原因、政府法令變更產生之重大影響、其他避免報表使用者誤解而需特別說明事項、資金貸與及背書保證等資訊。
會計師查核報告書	會計師經審閱企業財務報表，完成查核程序，進而出具查核意見報告書，意見種類包含： 1.標準無保留意見：表示沒有重大事項需要報表閱讀者特別注意。 2.修正式無保留意見：代表會計師在無保留意見中有增加說明之部分，須對會計師所說明的部分特別注意。

投資時所需 注意的財務資訊	代表意義
	3.保留意見、否定意見、無法表示意見：可能公司營運有問題、報表未依一般公認會計原則編製或會計師之查核範圍受限制，報表閱讀者需有所警覺。

資料來源：莊蕎安，最基本的投資情報財務及非財務資訊，會計研究月刊第225期，2004年8月。

而關於非財務資訊方面，整理幾項須特別注意之企業重要資訊供為參考：

投資時所需注意的 企業資訊	代表意義
1.公司經營本業產品的前景樂觀與否	本業發展達到一定規模，可能會進行垂直整合或多角化經營；當企業荒於本業之經營，抑或本業經營不善時，面臨必須轉型之情形。
2.董監事結構	董監事與經營管理者之誠信，若公司董監事組成越趨於內部化，表示公司治理機制愈來愈差。
3.持股比例過低或設質比例過高	董監事持股比例高時，表示董監會在乎企業的經營及獲利情形，並用心經營，當董監持股比率有了重大的變動時，即象徵公司營運狀況有極大改變，亦反應大股東對企業前景預估是否樂觀。 股票設質比例越高，代表董監事或大股東的財務能力越薄弱，當企業面臨財務問題將缺乏充足資金予以支援，相對風險較高。
4.營收不佳卻持續增資	若公司不停以現金增資以填補債務缺口，由於債務會越滾越大，惡性循環結果就會以經常性的現金增資償付日益龐大的債務。
5.董監大量出脫持股	公司董監事應對公司狀況有所了解，當其理由不明的出脫持股，可能代表公司營運有問題，如公司前景可期，有獲利能力與前景的話，股東應會願意與公司一起成長而非出脫手中持股。
6.少數股東控制董事會	表示可能利用徵求委託書取得經營權，其非以同等之代價取得控制權，較有可能會對公司做出不利之情事，比較不會珍惜公司。
7.成立過多投資家數，使交叉持股與業外投資過多，造成資金運	表示長期投資不透明，經營階層可能利用關係人交易美化財務報表虛增營收，更有進一步掏空公司資產之可能。

投資時所需注意的企業資訊	代表意義
用異常複雜且轉投資持續虧損，選擇投資標的標準不明	
8.會計師、董監事、高階主管經常變動	公司經營階層誠信有問題，另外，經常更換會計師可能代表經營階層對於會計師之查核意見不滿意，或者是會計師認為該公司風險過高，不願續接這個客戶，對財務報表的透明度都是負面的訊號。
9.股東會召開經常拖至6月底，或財報經常延誤申報期限	只要公司財務透明，應不需要害怕被股東檢驗，且會同時顧及其他善良股東之權益。財務報表延誤申報期限，即可能代表該公司報表編製上遇到困難或瓶頸，抑或蓄意拖延，可能須特別注意該企業營運上是否有問題，甚至可藉此了解判斷經營者對維護股東權益的態度是否坦誠與健康。

資料來源：莊蕎安，最基本的投資情報財務及非財務資訊，會計研究月刊第225期，2004年8月。

　　長久以來財務報表所報導數字的公正性或客觀性都無法達到普遍認同，一方面係一般公認會計原則對於許多交易的會計處理存有許多選擇可以適用，另一方面，會計處理牽涉許多專業判斷之地方，該部分容易當成操縱損益的工具，故財務報表必須仰賴企業經營者或管理者之誠信，否則可信度無法確保[42]。另主管機關為達到充分資訊揭露，降低資訊不對稱之情形，已建立相關措施[43]，投資人可善用這些相關資訊，投資前自行仔細蒐集相關資料，審視相關資訊，來選擇投資之標的。

　　無論何種投資，本身就有一定的風險，投資人需有不能完全依賴主

---

[42] 李家豪，「會計─商業人士必備的會計知識與財務運用」，頁92，梅霖文化事業出版有限公司，2004年10月。

[43] 如臺灣證券交易所及櫃買中心委託證券暨期貨發展基金會建置「資訊揭露評鑑系統」，每年針對上市櫃公司資訊揭露情形作透明度評比，網址：http://www.sfi.org.tw/EDIS/；2007年7月2日開始，臺灣證券交易所為強化上市公司資訊之揭露暨提升公開資訊觀測站資訊揭露效益，依對有價證券上市公司資訊申報作業辦法第八條之規定，於公開資訊觀測站設置財務重點專區，公布相關財務彙整資訊，以提醒投資人注意，網址：http://newmops.tse.com.tw/。

管機關及法令為保護之認知，善加利用相關資訊，理性判斷，才能將降低己身之投資風險。

（三）會計師責任之省思

力霸案持續延燒，負責查核力霸、嘉食化之兩位簽證會計師除被金管會永久撤銷財務簽證資格外，同時也被檢察官依證券交易法第171條及刑法342條起訴，另外金管會懲處中華銀、友聯產險、力華票券簽證會計師，各處二年不得辦理證交法所定簽證事項，創下替金融機構簽證而遭到懲處的首例。在此並不討論金管會所為之行政處分及檢察官之起訴是否適當，也不擬探究本案會計師是否應負起相關之民刑事責任，但從相關案例可知：社會上及法律上所賦予會計師所應負之責任，有增加之趨勢。

會計師依據一般公認審計準則（GAAS, Generally Accepted Auditing Standards）查核公司之財務報表，再針對財務報表表達是否允當出具查核意見報告書。尤其近來管理階層誠信有疑慮，管理階層舞弊時有所聞，社會各界無不希望會計師能夠發揮公正第三人之立場，揭發經營者舞弊。

隨著企業公司治理，各界對於防範舞弊及財務透明度及可靠度之提昇之要求愈來愈高，相對對於會計師的期望也愈來愈高。會計師依據一般公認審計準則設計審計查核程式（audit program）執行查核程序，基於成本與效益之考量，會計師對於公司之財務報表係採取抽查而非全面性查核，故有一定之審計風險存在。且經營者舞弊往往有計劃性地與他人串謀，會計師不一定能夠查核出來，但不能否認的，會計師有出具正確查核報告之責任，必須對其所出具之查核報告負責任。簡言之，會計

師所負之責為審計責任而非經營責任[44]。如何改進查核方法與程式，降低查核審計風險，提高會計師查核報告之準確度，是會計界應該思考的方向[45]。

會計師如未能查出舞弊，導致所出具之查核報告有誤時，是否就表示會計師一定負有責任？有學者提出會計師可抗辯與不可抗辯之理由[46]：

可抗辯之理由	不可抗辯之理由
已盡專業之注意：確定已依一般公認審計準則，但在當時舞弊情境下，確實查不出，而且可提出能證明其已盡專業注意之證據。	1.公費太低或時間不及：若公費太低，會計師可以不承接；若時間不及，會計師可能未盡事先規劃之責，且會計師也可以選擇不承接。 2.管理階層或內部稽核不合作：會計師可與治理單位溝通 3.不能主張自己為善意查核：因會計師在接受委任前應向前任會計師查詢管理階層之品德；前任會計師與管理階層間對會計原則、查核程序及其他有關重要事項是否存有歧見；委任人更換會計師之原因[50]，須為評估才能接受委任，且會計師為查核時須有專業上之懷疑。

企業請來會計師為查核簽證之功能，在於藉由會計師以其公信力背書，可使企業能在資本市場得到較高的信任，能用較低的成本取得資金。因此會計師如何建立專業的自我認知，堅守專業立場，讓自己被社

---

[44] 謝碧珠，會計師責任與審計失敗，實用稅務第363期，頁71，2005年3月。

[45] 例如財務報導舞弊所產生之重大不實表達通常與收入認列之高低有關，因此在95年9月所發布之審計準則公報第43號「查核財務報表對舞弊之考量」中，對企業收入之查核方式邏輯即有所改變，查核人員必須先假設受查企業的收入認列是存在有舞弊風險，並考量何種收入類型或交易方法可能會導致此等風險，再蒐集必要的證據來驗證假設為誤並推翻假設，相較予以往之查核邏輯，將對會計師帶來較大的責任。參酌廖玉惠，舞弊的預防與查核，會計研究月刊第253期，頁35-36，2006年12月。

[46] 馬秀如，會計師揭發舞弊之責任審計準則公報43號導讀，會計研究月刊第253期，頁51-52，2006年12月。

[47] 審計準則公報第17號「繼任會計師與前任會計師之連繫」第5條。

會大眾所依賴，才能幫所有客戶創造最大的價值[48]，是會計師應思考的課題。此次力霸風暴對於會計師的重懲，雖讓會計界提出了不平之鳴，但也不啻為會計界自省之機會，會計師應了解查核可能之風險所在而知所警惕，認知可能的法律責任，且在舞弊的辨識及偵查方面，也必須了解更多的知識，並改進查核程序及審計方法，進一步減輕查核風險及確保查核報告品質，近期無論已修訂或擬修訂之法規，皆有加重會計師責任之趨勢[49]，不可否認的，在一定程度上增加了會計師執業之風險，但若反向思考，因為會計師執業之風險增加，逼使會計師在承接業務前的風險評估上必須更加謹慎小心，在會計師不願意承擔高風險的情況之下，迫使公司為能找到會計師願意簽證，不得不逐漸改善公司體質，循正道而行，相信此應為當初修法加重會計師責任之目的之一，但也有論者提出不同的看法，認為一昧加重會計師責任，可能導致會計師避為財務報表簽證業務，轉而從事其他業務[50]，在會計師不願意為財務報表簽證業務之情況下，主管機關是否曾考慮過反而導致公司資訊更加不透明的可能性，失去原本立法之目的？

　　在力霸案發生之初，已有改善會計師執業環境[51]，讓會計師能夠真

---

[48] 新新聞，會計師不專業，媒體祇是企業的啦啦隊，第1038期，頁22，2007年1月25日。

[49] 另96年12月26日公布之會計師法修正案中增訂簽證公開發行公司之會計師拒絕簽證之通報義務（修正條文第49條參照），也檢討修正相關懲戒規定及罰則，例如將過去未明文規範未取得會計師資格，而擅自執行或僱用會計師執行第39條第1款或第4款有關財務報告或營利事業所得稅相關申報之簽證業務、會計師將會計師章證或事務所標識出借與未取得會計師資格之人使用者等行為違反時所應該之相關責任，在新修之條文中明文規定違反時所應負之相關行政處分與罰則，以加強會計師責任（修正條文第69條至第75條參照）。

[50] 馬嘉應、蘇英婷，會計師簽證之法律責任探討，會計研究月刊第260期，頁99，2007年7月。

[51] 例如主管機關可提升監管，影響會計界的價格策略，像是經常挑戰會計師

正發揮公正第三人之角色之聲音出現[52]。之後會計師界對此提出建言，而金管會也允諾將協助會計師界將以主管單位的立場，協助會計師與公平會溝通，爭取在合理反映職業道德與專業品質下，讓會計師公費收取標準，可以訂定下限[53]。喜見主管機關已開始正視會計師執業環境之相關問題，但除主管機關協助之外，會計師界自我本身也應思考如何讓客戶認同專業價值，而願意支付專業價值所代表的公費[54]？會計師應加強除財務會計、審計查核及稅法以外之專業知識，例如相關產業金融法規之法令知識，提昇財務查核簽證之附加價值。整個資本市場直接投資、融資情況越來越多，會計師所扮演之溝通橋樑也越來越重要，相對而言責任也越來越重。投資人希望會計師能保證責任，了解企業舞弊情況，這跟現行會計師所能扮演的功能，在認知上產生極大誤差。會計師係對於企業編製之財務報表之查核結果提出查核報告，財務報告編製責任是在於企業而非會計師，但會計師在查核過程中，所應負之民事及刑事責任，在社會期待下並不能免除[55]。故會計師對於自己執業可能之法律風險應有一定之認識，有所應為，有所不為。

　　茲將現行法令中明定會計師執行相關業務須負之相關責任整理如下：

的財報品質，或是要求提高審計時數等。參酌經濟日報，廉價會計，2007年1月19日A2版。

[52] 事務所簽證公費偏低、甚至削價競爭影響簽證品質的問題，最近再度被提出討論。三年前博達案發生時，會計師公會曾提過訂定收費標準的做法，結果公平會認為有聯合行為、壟斷之虞。故有論者建議提案修改公平交易法，將會計師等專業人士排除在公交法規範之外，讓公會有權訂定收費參考表，並對收費過低的事務所調閱工作底稿評鑑，以確保審計品質。參酌經濟日報，避免削價競爭會計師公會想定參考價，2007年3月23日A15版。

[53] 工商時報，吳當傑：爭取會計師公費設下限，2007年6月27日A12版。

[54] 同前註。

[55] 經濟日報，上市櫃董監事會會計師應列席，2007年6月30日B10版。

條文	條號	內容
證券交易法（民國95年5月30日修正）	第20條之1	前條第2項之財務報告及財務業務文件或依第36條第1項公告申報之財務報告，其主要內容有虛偽或隱匿之情事，下列各款之人，對於發行人所發行有價證券之善意取得人、出賣人或持有人因而所受之損害，應負賠償責任： 一、發行人及其負責人。 二、發行人之職員，曾在財務報告或財務業務文件上簽名或蓋章者。 前項各款之人，除發行人、發行人之董事長、總經理外，如能證明已盡相當注意，且有正當理由可合理確信其內容無虛偽或隱匿之情事者，免負賠償責任。 會計師辦理第1項財務報告或財務業務文件之簽證，有不正當行為或違反或廢弛其業務上應盡之義務，致第1項之損害發生者，負賠償責任。 前項會計師之賠償責任，有價證券之善意取得人、出賣人或持有人得聲請法院調閱會計師工作底稿並請求閱覽或抄錄，會計師及會計師事務所不得拒絕。 第1項各款及第3項之人，除發行人、發行人之董事長、總經理外，因其過失致第1項損害之發生者，應依其責任比例，負賠償責任。 前條第四項規定，於第1項準用之。
	第32條	前條之公開說明書，其應記載之主要內容有虛偽或隱匿之情事者，下列各款之人，對於善意之相對人，因而所受之損害，應就其所應負責部分與公司負連帶賠償責任： 一、發行人及其負責人。 二、發行人之職員，曾在公開說明書上簽章，以證實其所載內容之全部或一部者。 三、該有價證券之證券承銷商。 四、會計師、律師、工程師或其他專門職業或技術人員，曾在公開說明書上簽章，以證實其所載內容之全部或一部，或陳述意見者。 前項第1款至第3款之人，除發行人外，對於未經前項第4款之人簽證部分，如能證明已盡相當之注意，並有正當理由確信其主要內容無虛偽、隱匿情事或對於簽證之意見有正當理由確信其為真實者，免負賠償責任；前項第四款之人，如能證明已經合理調查，並有正當理由確信其簽證或意見為真實者，亦同。
	第37條第1項	會計師辦理第36條財務報告之查核簽證，應經主管機關之核准；其準則，由主管機關定之。 會計師辦理前項查核簽證，除會計師法及其他法律另有規定者外，應依主管機關所定之查核簽證規則辦理。 會計師辦理第1項簽證，發生錯誤或疏漏者，主管機關得視情節之輕重，為下列處分：

條文	條號	內容
證券交易法（民國95年5月30日修正）		一、警告。 二、停止其二年以內辦理本法所定之簽證。 三、撤銷簽證之核准。
	第174條第2項、第3項	有下列情事之一者，處五年以下有期徒刑，得科或併科新臺幣1,500萬元以下罰金： 一、律師對公司有關證券募集、發行或買賣之契約、報告書或文件，出具虛偽或不實意見書者。 二、會計師對公司申報或公告之財務報告、文件或資料有重大虛偽不實或錯誤情事，未善盡查核責任而出具虛偽不實報告或意見；或會計師對於內容存有重大虛偽不實或錯誤情事之公司財務報告，未依有關法規規定、一般公認審計準則查核，致未予敘明者。 犯前項之罪，如有嚴重影響股東權益或損及證券交易市場穩定者，得加重其刑至二分之一。
	第174條第5項	主管機關對於有第2項第2款情事之會計師，應予以停止執行簽證工作之處分
會計師法（民國96年12月26日修正前）	第16條	會計師對於承辦業務所為之行為，負法律上責任。
	第17條	會計師不得對於指定或委託事件，有不正當行為或違反或廢弛其業務上應盡之義務。
	第18條	會計師有前條情事致指定人、委託人或利害關係人受有損害時，應負賠償責任。
	第24條	會計師承辦財務報告之查核、簽證，不得有下列情事： 一、明知委託人之財務措施有直接損害利害關係人之權益，而予以隱飾或作不實、不當之簽證。 二、明知在財務報告上應予說明，方不致令人誤解之事項，而未予說明。 三、明知財務報告內容有不實或錯誤之情事，而未予更正。 四、明知會計處理與有關法令、一般會計原則或慣例不相一致，而未予指明。 五、其他因不當意圖或職務上之廢弛，而致所簽證之財務報告，足以損害委託人或利害關係人之權益。
	第25條	會計師受託查核、簽證財務報告，遇有下列情事之一者，應拒絕簽證： 一、委託人意圖使其作不實或不當之簽證者。 二、委託人故意不提供必要資料者。 三、其他因委託人之隱瞞或欺騙，而致無法作公正詳實之簽證者。 前項拒絕簽證後，會計師仍有原訂酬金請求權

條文	條號	內容
會計師法（民國96年12月26日修正前）	第39條	會計師有下列情事之一者，應付懲戒： 一、有犯罪行為，受刑之宣告者。 二、逃漏或幫助、教唆他人逃漏稅捐，經稅捐稽徵機關處分有案者。 三、對公司公開發行股票或公司債之財務報表，為不實之簽證者。 四、違反其他有關法令，受有行政處分，情節重大，足以影響會計師信譽者。 五、違背會計師公會章程之規定，情節重大者。 六、其他違反本法規定者。
	第40條	會計師懲戒處分如下： 一、警告。 二、申誡。 三、停止執行業務二月以上、二年以下。 四、除名。
	第43條	會計師懲戒委員會處理懲戒事件，認為有刑事嫌疑者，應即移送法院偵辦。
	第49條	未依法取得會計師資格，而擅自執行會計師業務，或刊登廣告招攬會計師業務者，除依法令執行業務者外，得由省（市）主管機關處三千元以下之罰鍰。前項所定之罰鍰拒不繳納者，移送法院強制執行。受第一項處分三次以上，而仍繼續從事會計師業務者，處二年以下有期徒刑、拘役或科或併科三千元以下罰金。
會計師法（民國96年12月26日修正後條文）	第40條	會計師對於承辦業務所為之行為，負法律上責任。會計師對於協助其執行簽證工作之助理人員，應善盡管理監督之責任。
	第41條	會計師執行業務不得有不正當行為或違反或廢弛其業務上應盡之義務。
	第42條	會計師因前條情事致指定人、委託人、受查人或利害關係人受有損害者，負賠償責任。 會計師因過失致前項所生之損害賠償責任，除辦理公開發行公司簽證業務外，以對同一指定人、委託人或受查人當年度所取得公費總額十倍為限。 法人會計師事務所之股東有第一項情形者，由該股東與法人會計師事務所負連帶賠償責任。 法人會計師事務所未依主管機關規定投保業務責任保險者，法人會計師事務所之全體股東應就投保不足部分，與法人會計師事務所負連帶賠償責任。 法人會計師事務所依第三項規定為賠償者，對該股東有求償權。

條文	條號	內容
會計師法（民國96年12月26日修正後條文）	第48條	會計師承辦財務報告或其他財務資訊之簽證，不得有下列情事： 一、明知受查人之財務報告或其他財務資訊直接損害利害關係人之權益，而予以隱飾或簽發不實、不當之報告。 二、委託人或受查人提供之財務報告或其他財務資訊未依有關法令、一般公認會計原則或慣例編製，致有令人誤解之重大事項，會計師因未盡專業上之注意義務而未予指明。 三、未依有關法令或一般公認審計準則規定執行，致對於財務報告或其他財務資訊之內容存有重大不實或錯誤情事，而簽發不實或不當之報告。 四、未依有關法令或一般公認審計準則規定執行，並作成工作底稿，即簽發報告。 五、未依有關法令或一般公認審計準則規定簽發適當意見之報告。 六、其他因不當意圖或職務上之廢弛，致所簽證之財務報告或其他財務資訊，足以損害委託人、受查人或利害關係人之權益。
	第49條	會計師承辦財務報告之簽證，有下列情事之一者，應拒絕簽證： 一、委託人或受查人意圖使其作不實或不當之簽證。 二、受查人故意不提供必要資料。 三、其他因受查人之隱瞞或欺騙，而致無法作公正詳實之簽證。 辦理公開發行公司財務報告簽證業務之會計師依前項規定為拒絕簽證時，應即以書面通知委託人之董事會及監察人或與監察人職能相當之監察單位，並副知業務事件主管機關，監察人或與監察人職能相當之監察單位應於接獲通知次日內，以書面通知業務事件主管機關。 會計師依第一項規定拒絕簽證後，仍得請求原訂酬金。
	第61條	會計師有下列情事之一者，應付懲戒： 一、有犯罪行為受刑之宣告確定，依其罪名足認有損會計師信譽。 二、逃漏或幫助、教唆他人逃漏稅捐，經稅捐稽徵機關處分有案，情節重大。 三、對財務報告或營利事業所得稅相關申報之簽證發生錯誤或疏漏，情節重大。 四、違反其他有關法令，受有行政處分，情節重大，足以影響會計師信譽。 五、違背會計師公會章程之規定，情節重大。 六、其他違反本法規定，情節重大。

條文	條號	內容
會計師法（民國96年12月26日修正後條文）	第62條	會計師懲戒處分如下： 一、新臺幣十二萬元以上一百二十萬元以下罰鍰。 二、警告。 三、申誡。 四、停止執行業務二個月以上二年以下。 五、除名。
	第63條	會計師有第六十一條各款情事之一時，業務事件主管機關或全國聯合會得列舉事實，並提出證據，報請會計師懲戒委員會懲戒。 利害關係人發現會計師有第六十一條各款情事之一時，亦得列舉事實，並提出證據，報請業務事件主管機關或全國聯合會，核轉會計師懲戒委員會懲戒。
	第65條	會計師懲戒委員會處理懲戒事件，認有犯罪嫌疑者，應為告發。
	第69條	未取得會計師資格，而親自或僱用執業會計師執行第三十九條第一款有關財務報告之簽證或第四款有關營利事業所得稅相關申報之簽證者，處五年以下有期徒刑、拘役或科或併科新臺幣六十萬元以上三百萬元以下罰金。
	第70條	會計師將會計師章證或事務所標識出借與未取得會計師資格之人使用者，處新臺幣六十萬元以上三百萬元以下罰鍰，並限期命其停止行為；屆期不停止其行為，或停止後再為違反行為者，處三年以下有期徒刑、拘役或科或併科新臺幣六十萬元以上三百萬元以下罰金。
	第71條	未取得會計師資格，以會計師、會計師事務所、會計事務所或其他易使人誤認為會計師事務所之名義刊登廣告、招攬或執行會計師業務，經限期命其停止行為，屆期不停止其行為，或停止後再為違反行為者，處新臺幣三十萬元以上一百五十萬元以下罰鍰，並限期命其停止行為；屆期不停止其行為或停止後再為違反行為者，處二年以下有期徒刑、拘役或科或併科新臺幣四十萬元以上二百萬元以下罰金。
	第72條	領有會計師證書，未辦理執業登記或加入公會而執行會計師業務者，處新臺幣十二萬元以上六十萬元以下罰鍰，並限期命其改善；屆期未改善者，處新臺幣二十四萬元以上一百二十萬元以下罰鍰，並再限期命其改善。屆期仍未改善者，廢止其會計師證書。
	第73條	會計師事務所有下列情事之一者，處新臺幣一萬元以上五萬元以下罰鍰，並限期命其改善；屆期未改善者，按次連續各處新臺幣十二萬元以上六十萬元以下罰鍰，至改善為止： 一、未依第十七條第一項或第三項規定辦理會計師事務所

條文	條號	內容
會計師法（民國96年12月26日修正後條文）		之登錄或變更登錄。 二、未依第二十六條第二項規定辦理變更登記或申請登記。 三、章程未依第二十八條第一項規定記載或章程變更未依第二項規定申報備查。 會計師事務所有下列情事之一者，處新臺幣十二萬元以上六十萬元以下罰鍰，並限期命其改善；屆期未改善者，按次處罰至改善為止： 一、違反第十九條規定規避、妨礙或拒絕主管機關之檢查。 二、違反第二十條第四項規定，經主管機關限期改正，屆期未改正。 三、違反第三十二條第一項或第二項規定將資金貸與他人、為保證、票據之背書或提供財產供他人設定擔保，或其資金之運用違反同條第一項規定。 四、未依第三十三條第一項規定申報年度財務報告，或財務報告之內容、編製違反主管機關依同條第二項所訂準則之規定。
	第74條	法人會計師事務所有下列情事之一者，處新臺幣五十萬元以上一千萬元以下罰鍰： 一、違反第三十條第一項規定，由股東以外之人執行業務。 二、違反第三十四條第一項或第二項規定，經主管機關限期改正，屆期未改正。 三、未善盡監督管理之責，致其股東違反第四十七條或第四十八條規定，嚴重損及利害關係人或公眾利益。
稅捐稽徵法（民國96年12月12日修正）	第75條	法人會計師事務所違反第十九條、第三十條、第三十二條至第三十四條規定者，除依本法處罰外，並得視情節輕重對法人會計師事務所為下列處分： 一、警告。 二、限制六個月以下全部或一部業務之承接。 三、對業務之全部或一部予以六個月以下之停業。 四、撤銷或廢止其登記之核准。 法人會計師事務所之股東執行會計師業務違反本法規定者，除依本法懲戒外，並得視情節輕重對法人會計師事務所為前項第一款、第二款或第三款之處分。
	第43條	教唆或幫助犯第41條（以詐術或其他不正當方法逃漏稅捐者）或第42條（代徵人或扣繳義務人以詐術或其他不正當方法匿報、短報、短徵或不為代徵或扣繳稅捐者或侵占已代繳或已扣繳之稅捐者）之罪者，處三年以下有期徒刑、拘役或科新臺幣六萬元以下罰金。 稅務人員、執行業務之律師、會計師或其他合法代理人犯前項之罪者，加重其刑至二分之一。

條文	條號	內容
會計師代理所得稅事務辦法（民國94年12月30日修正）	第8條	會計師代理所得稅事務，不得有下列情事： 一、明知受託代理案件，必須詳加說明，方不致使第三者誤解之事項，而未予說明者。 二、明知代理案件為不當不實，而為之簽證、鑑定或申報者。 三、明知代理案件內容與稅務法令或關係法令及一般公認會計原則不符而未予更正、調整或指明者。 四、任由無權代理所得稅事務人員利用本人名義或合作招攬所得稅代理業務者。 五、以不正當手段獲委託人之委託或影響稅務人員核辦案件者。 六、其他違背有關法令或會計師職業道德之行為。
	第9條	有下列情事之一者，會計師應拒絕接受代理或繼續代理： 一、委託人不提供必要之帳簿文據憑證或關係文件者。 二、委託人意圖為不實不當之申報、簽證、鑑定或報告者。 三、其他因委託人隱瞞或欺騙而致無法為公正翔實之簽證者。
	第12條	經核准登記為稅務代理人之會計師受託代理所得稅事務，應依有關法令及本辦法之規定辦理；其違反有關法令及本辦法規定，涉有違失者，稽徵機關應視其情節輕重，敘明事實，備齊相關事證資料，報請行政院金融監督管理委員會交付會計師懲戒委員會依法處理之。

表格來源：作者自行整理

（四）財會人員自保之道

　　相較於公司負責人、經理人，財會人員往往較無風險概念，對於自身參與編製之財務報表所應負擔之法律責任往往和實際上所應負之責任存有認知上極大之落差，導致自己常身處風險而不自知，總在事情發生後才恍然大悟，但也為時已晚。歷年來掏空案的公司負責人、經理人及相關財會人員都被課以重刑，然而負責人不是早已脫產就是利用管道逃亡海外，最後獨留相關財會人員承擔相關民刑事責任[56]。

---

56 鄭惠之，熟知法規認清責任專業注意明哲保身財務報表的管理責任，會計

　　近年來多起弊案幾乎與財務報表不實有關，當公司高層要求相關財會人員配合為違法行為時，應如何自保？以下所列事項或許能作為參考[57]：

1. 注意公司財務狀況，大股東質押情形等，若股東係支付等同之代價取得公司經營權，較不會去作對公司不利之事情。

2. 攸關自己責任部分，應留下書面證據，將來若涉訟時才能作為依據。

3. 除應具備財會專業知識外，還要對其所執行專業之法律責任有所認知[58]。

4. 了解自身工作所處之職業風險。

5. 凡事按照程序，該蓋章簽名部分不能漏失。

6. 發現管理階層有違法情事或提出可議之處理方式（如美化公司帳簿），當下必須提出質疑或提醒，且有轉換跑道之打算。

7. 注意交易是否有違常理。

8. 在職務上務必盡到專業上應有之注意，並嚴格執行內部控制程序，留下書面證據。

9. 拒絕配合不法行為。

　　私人企業之財會人員雖無舉發不法之義務[59]，但最起碼必須做到不

研究月刊第220期，頁34-35，2004年3月。

[57] 陳依蘋，法理情善盡專業義務道德之尺不能動搖一個掏空案主辦會計之叮嚀，會計研究月刊第220期，頁47-51，2004年3月；李重慶，商業會計法與會計人員之自保—從力霸舞弊案談起，會計研究月刊第259期，頁67，2007年6月。

[58] 故有學者論目前法令要求應具有一定專業資格與持續進修的會計主管，僅公開發行公司，而未及於非公開發行公司或未擔任主管之一般會計人員，這些會計人員工作日久，對會計原則與自身法律責任之變動全然不知之可能性並不低。故建議賦予會計人員專業地位與維持會計人員的專業資格，實為當務之急，主管機關應責成相關部門儘速辦理會計人員之認證考試，以強化會計人員之素質。參酌李美雀，基層會計人員面臨不實財報之處境與對策—力霸案的延伸，會計研究月刊第259期，頁67，2007年6月。

[59] 有學者論或可仿照美國制定「吹哨者保護法」(Whistleblower Protection Act of 1989)，鼓勵企業員工舉發企業內部不法之行為。參酌黃銘傑，力霸風暴

能去參與不法。屬職務範圍之事項，就負有職務上之注意義務，發現任何不法，就必須跟主管提出報告，盡己之責才能保護自己[60]，另最高法院95年9月6日所公布92年臺上字第3677號判例中已明確指出「會計人員等主體，就明知尚未發生之不實事項，一有填製會計憑證或記入帳冊之行為，犯罪即已成立，不因事後該事項之發生或成就，而得追溯以解免其罪責」[61]，即不論原因事實為何，只要將明知未發生之不實事項為填製會計憑証或記入帳冊，犯罪即成立。力霸風暴至今，檢調傳訊力霸集團財會人員時，大多指證其係在公司高層要求下配合為不實之會計處理，調查過程中有財會人員被收押禁見或是交保，在檢察官起訴書中，皆認為經手相關帳務之財會人員有犯罪事實而被起訴。因此在管理階層

後臺灣公司治理與金融監理應有之走向，會計研究月刊第257期，頁84-85，2007年4月。

[60] 鄭惠之，熟知法規認清責任專業注意明哲保身財務報表的管理責任，會計研究月刊第220期，頁36，2004年3月。

[61] 最高法院92年臺上字第3677號判例：「會計憑證，依其記載之內容及其製作之目的，亦屬文書之一種，凡商業負責人、主辦及經辦會計人員或依法受託代他人處理會計事務之人員，以明知為不實事項而填製會計憑證或記入帳冊者，即該當商業會計法第71條第1款之罪，本罪乃刑法第215條業務上文書登載不實罪之特別規定。然刑法偽造文書罪章，係為保護文書之公共信用而設，其處罰雖分別偽造與登載不實而異其規定，但均以足生損害於公眾或他人為要件，此與本條（商業會計法第71條）之罪並無此項規定之情形並不相同，自應優先適用本條。良以商業會計法第33條明定：「非根據真實事項，不得造具任何會計憑證，並不得在帳簿表冊作任何記錄。」，倘明知尚未發生之事項，不實填製會計憑證或記入帳冊，即符合本法第71條第1款之犯罪構成要件，立法認上開行為當然足生損害於他人或公眾，不待就其體個案審認其損害之有無，故毋庸明文規定，否則不足達成促使商業會計制度步入正軌，商業財務公開，以取信於大眾，促進企業資本形成之立法目的，反足以阻滯商業及社會經濟之發展。從而會計人員等主體，就明知尚未發生之不實事項，一有填製會計憑證或記入帳冊之行為，犯罪即已成立，不因事後該事項之發生或成就，而得追溯以解免其罪責」。

要求為不實之記載時，除必須當下拒絕、提出質疑及提醒其可能之風險外，且盡可能留下相關書面證據以求自保。一念之間，可能造成牢籠內外之差別，故財會人員在處理公司相關交易時，真的不可不慎。

茲將現行法中明定財會人員可能擔負之法律責任整理如下：

條文	條號	內容
證券交易法（民國95年5月30日修正）	第32條	前條之公開說明書，其應記載之主要內容有虛偽或隱匿之情事者，下列各款之人，對於善意之相對人，因而所受之損害，應就其所應負責部分與公司負連帶賠償責任： 一、發行人及其負責人。 二、發行人之職員，曾在公開說明書上簽章，以證實其所載內容之全部或一部者。 三、該有價證券之證券承銷商。 四、會計師、律師、工程師或其他專門職業或技術人員，曾在公開說明書上簽章，以證實其所載內容之全部或一部，或陳述意見者。 前項第1款至第3款之人，除發行人外，對於未經前項第4款之人簽證部分，如能證明已盡相當之注意，並有正當理由確信其主要內容無虛偽、隱匿情事或對於簽證之意見有正當理由確信其為真實者，免負賠償責任；前項第4款之人，如能證明已經合理調查，並有正當理由確信其簽證或意見為真實者，亦同。
	第171條第1項第2款	有下列情事之一者，處三年以上十年以下有期徒刑，得併科新臺幣1,000萬元以上二億元以下罰金： 二、已依本法發行有價證券公司之董事、監察人、經理人或受僱人，以直接或間接方式，使公司為不利益之交易，且不合營業常規，致公司遭受重大損害者。
	第174條第1項第1款、第3款、第6款	有下列情事之一者，處一年以上七年以下有期徒刑，得併科新臺幣2,000萬元以下罰金： 一、於依第30條（申請審核應備之文書）規定之申請事項為虛偽之記載者。 三、發行人或其負責人、職員有第32條第1項（公開說明書）之情事，而無同條第2項免責事由者。 六、於前款之財務報告上簽章之經理人或主辦會計人員，為財務報告內容虛偽之記載者。但經他人檢舉、主管機關或司法機關進行調查前，已提出更正意見並提供證據向主管機關報告者，減輕或免除其刑。
	第174條第4項	發行人之職員、受僱人犯第1項第6款之罪，其犯罪情節輕微者，得減輕其刑。

條文	條號	內容
商業會計法（民國95年5月24日修正）	第71條	商業負責人、主辦及經辦會計人員或依法受託代他人處理會計事務之人員有下列情事之一者，處五年以下有期徒刑、拘役或科或併科新臺幣60萬元以下罰金： 一、以明知為不實之事項，而填製會計憑證或記入帳冊。 二、故意使應保存之會計憑證、會計帳簿報表滅失毀損。 三、偽造或變造會計憑證、會計帳簿報表內容或毀損其頁數。 四、故意遺漏會計事項不為記錄，致使財務報表發生不實之結果。 五、其他利用不正當方法，致使會計事項或財務報表發生不實之結果。
	第72條	使用電子方式處理會計資料之商業，其前條所列人員或以電子方式處理會計資料之有關人員有下列情事之一者，處五年以下有期徒刑、拘役或科或併科新臺幣60萬元以下罰金： 一、故意登錄或輸入不實資料。 二、故意毀損、滅失、塗改貯存體之會計資料，致使財務報表發生不實之結果。 三、故意遺漏會計事項不為登錄，致使財務報表發生不實之結果。 四、其他利用不正當方法，致使會計事項或財務報表發生不實之結果。
	第73條	主辦、經辦會計人員或以電子方式處理會計資料之有關人員，犯前二條之罪，於事前曾表示拒絕或提出更正意見有確實證據者，得減輕或免除其刑。
	第76條	代表商業之負責人、經理人、主辦及經辦會計人員，有下列各款情事之一者，處新臺幣6萬元以上30萬元以下罰鍰： 一、違反第23條規定，未設置會計帳簿。但依規定免設者，不在此限。 二、違反第24條規定，毀損會計帳簿頁數，或毀滅審計軌跡。 三、未依第38條規定期限保存會計帳簿、報表或憑證。 四、未依第65條規定如期辦理決算。 五、違反第六章、第七章規定，編製內容顯不確實之決算報表。
	第78條	代表商業之負責人、經理人、主辦及經辦會計人員，有下列各款情事之一者，處新臺幣3萬元以上15萬元以下罰鍰： 一、違反第9條第1項規定。 二、違反第14條規定，不取得原始憑證或給予他人憑證。 三、違反第34條規定，不按時記帳。 四、未依第36條規定裝訂或保管會計憑證。 五、違反第66條第1項規定，不編製報表。 六、違反第69條規定，不將決算報表備置於本機構或無正當理由拒絕利害關係人查閱。

條文	條號	內容
	第79條	代表商業之負責人、經理人、主辦及經辦會計人員，有下列各款情事之一者，處新臺幣1萬元以上5萬元以下罰鍰： 一、未依第7條或第8條規定記帳。 二、違反第25條規定，不設置應備之會計帳簿目錄。 三、未依第35條規定簽名或蓋章。 四、未依第66條第3項規定簽名或蓋章。 五、未依第68條第1項規定期限提請承認。 六、規避、妨礙或拒絕依第70條所規定之檢查。

資料來源：作者自行整理

五、可能的預防之道

　　力霸案之犯罪涉及金流及物流，牽連層面之廣，超乎各界之想像，要如何預防下一個力霸案的發生？下列思考方向或許可為參考[62]：

（一）加強法令遵循之機制

　　依美國COSO委員會（The Committee of Sponsoring Organization of the Treadway Commission）所列內部控制應達成之目的有三，其中之一項即為相關法令規範之遵循（Compliance with applicable laws and regulation）[63]，我國審計準則公報第32號對於內部控制之達成目標，也採與COSO所列之相同目的[64]。故法令遵循的概念其實並非新創，只是一般公司上至經營者、經理人，下至基層員工，普遍漠視或不知法律遵循的重要性及可能帶來的風險。

---

[62] 黃銘傑，力霸風暴後臺灣公司治理與金融監理應有之走向，會計研究月刊第257期，頁75-91，2007年4月。

[63] 其他兩項分別為經營之有效性與效率性（Effectiveness and efficiency of operations）；財務報表之可信賴性（Reliability of financial reporting），See http://www.coso.org/key.htm, last visited on May3, 2007。

[64] 一般公認審計準則公報第32號「內部控制之考量」第7條。

　　力霸案係典型之集體舞弊掏空案件，據報載，到案的相關財務會計大多承認，從91年起，就依公司高層指示做假帳，時間長達五年，卻從未有人向檢調單位舉發。辦案人員曾經詢問力霸公司財會人員，為何明知公司高層在掏空公司資產，卻依然違法替他們從事虛假交易，這些財會人員都回答「因為有家庭經濟壓力，如果不按命令辦事，會被公司開除」[65]。筆者不禁感嘆，若了解違法為虛假交易必須負擔責任之重，相信這些財會人員當初應會有不同的抉擇。

　　長期以來法令遵循機制之重要性一向被忽視，雖然我國法制中也有法令遵循之機制，但多半散見於各函令之中，法律上的位階不高，如臺灣證券交易於93年11月11日所發臺證上字第0930028186號函「上市上櫃公司訂定道德行為準則參考範例」第2條第6項「遵循法令規章：公司應加強證券交易法及其他法令規章之遵循。」，而且並無相關配套措施及足夠誘因促使企業重視法令遵循計畫，相關配套措施付之闕如。筆者淺見認為，除加重公司負責人及相關人之責任，促使其依法而行外，是否可思考對於建立法令遵循計畫且確實執行之公司給予實質上肯定（例如稅賦上之優惠等[66]）之可行性？另外主管機關可考慮要求公司主經辦會計必須進修相關法律課程，使其了解相關法律規定，了解法令遵循之重要性及其若為違法行為所擔負的責任，多管齊下，或可提高企業重視法令遵循並建制相關機制之意願。

　　力霸案檢察官起訴書中，上至負責人、經理人，下至基層之職員（如經辦會計），只要明知為不實之事項仍為各項協助（例如擔任力霸集團小公司之負責人、明知為不實交易卻仍製作憑證記入帳冊）者皆被起訴。或許經歷這次事件之後，能讓公司相關人員了解法令遵循的重要

---

[65] 聯合報，力霸案典型集體舞弊掏空，2007年2月6日A4版。
[66] 例如法令遵循計畫相關建制成本可為部分稅額之扣抵，若持續遵循經主管機關認可，可享有租稅上的減免等等。

性。目前談到公司治理，重心多著墨於獨立董事制度之建立、集團資訊透明化等議題，而較少探及法令遵循機制部分，若企業經營者及其員工未真正打從心理認知遵循法令機制的重要性，不重視法令之遵循，即便有再良好的獨立董事制度、完整的資訊揭露制度，仍無法達到事前防範不法行為之發生之目的，故筆者淺見認為如何能協助公司成立有效之法令遵循機制，讓相關人員了解「有所為，有所不為」，才是真正避免相關財經弊案再次發生之治本之道。

（二）建立吹哨者保護機制鼓勵公司內部人舉發公司不法行為

公司若有不法情事，最早能夠察覺者，理論上應為公司之內部人，例如公司員工等。公司若真有舞弊不法之情事，待主管機關或會計師為查核時發現舉發，都已經有時間上之落差，故近年來許多國家為維護企業經營之健全性，紛紛建立吹哨者保護機制，另立專法鼓勵及保障舉發公司內部之違法行為。

吹哨者保護機制（whistleblower protection，或稱公益者保護機制）在國外行之有年，該機制主要鼓勵公司內部員工在發現弊案發生時，能夠勇於出面揭發，故制定相關法律，賦予保障與誘因來保護公司內部員工。以美國為例，早於1863年制定不實申報法（False Claims Act），在此法中即有舉發獎勵（Qui tam）訴訟及吹哨者訴訟，保障內部人不因對外舉發而受有不當對待的同時，也容許其得分享因其舉發所得之利益，確立起對外通報、舉發行為之正當性。之後在各種法律（如租稅、環境保護）中陸續納入鼓勵舉發內部不法行為之條款，1989年制定「吹哨者保護法」（Whistleblower Protection Act of 1989）集其大成，由直屬美國總統之U.S. Office of Special Counsel負責該法之執行，在安隆案爆發後制定之美國企業改革法案（沙氏法案）第八章即明文規定公開發行公司應建立內部不法行為通報機制，且對於通報人應給予適當保護

（Section 806-Protection for Employees of Publicly Traded Companies Who Provide Evidence of Fraud）。另外如澳洲、英國、紐西蘭、韓國等，也仿照美國制度立法建立相關機制，日本則在平成16年（2004）通過「公益通報者保護法[67]」（已於2006年4月施行），鼓勵組織內部人基於公益維護理念，對外舉發已發生或可能發生之不法行為[68]。

　　關於吹哨者保護機制，我國並無法律上之相關規範，僅散見於各函令中，如臺灣證券交易所於93年11月11日所發臺證上字第0930028186號函「上市上櫃公司訂定道德行為準則參考範例」第2條第7項內容為「鼓勵呈報任何非法或違反道德行為準則之行為：公司內部應加強宣導道德觀念，並鼓勵員工於懷疑或發現有違反法令規章或道德行為準則之行為時，向監察人、經理人、內部稽核主管或其他適當人員呈報。為了鼓勵員工呈報違法情事，公司宜訂定相關之流程或機制，並讓員工知悉公司將盡全力保護呈報者的安全，使其免於遭受報復」。

　　在力霸案發生之後，相信有人質疑：為何長期以來，未有人向檢調單位舉發作假帳之不法行為？比起美日等國，我國僅規定於函令，且對舉發人之保護也付之闕如，並無具體作法，就算公司內部人發現有違法事項，基於人身安全及其以後的就業考量，也只是消極的離職另謀高就，而不會積極的向主管機關舉發該不法行為。

　　在他國皆體認善用吹哨者通報（或公益通報），鼓勵組織內部人舉發不法行為，以彌補政府資源及法令規範不足之時，或可考慮提高相關立法之法律位階，且給予舉發人相當之保護及保障（如保障舉發人之工作權、避免被公司報復、對於報復者為處罰等等），並且除內部通報機

---

[67] 相關規定可參酌日本內閣府國民生活局網站：http://www5.cao.go.jp/seikatsu/koueki/gaiyo/index.html，最後瀏覽日：2007年8月31日。

[68] 黃銘傑，力霸風暴後臺灣公司治理與金融監理應有之走向，會計研究月刊第257期，頁84-85，2007年4月。

制外，另設置外部具公信力之超然獨立通報受理機關，若制度之設計能有足夠之誘因使內部人可以拒絕高層參與違法行為之要求，進而即時舉發公司不法之行為，應能降低另一個力霸案發生的機率。

肆、結　論

亡羊補牢，猶未晚矣。礙於相關案情發展之限制，僅能就法院重整裁定及檢察官起訴書及與截至目前為止所蒐集之相關報導為分析及相關問題之探討。持平觀之，力霸案並非新形態之經濟犯罪，所用之手法多為傳統舞弊方式，但此案也暴露了許多現行規範之缺失與不足之處。正如許多公司治理不佳之公司一樣，力霸與嘉食化都有許多複雜的轉投資及關係人交易及背書保證，母公司利用轉投資公司為非公開發行公司，不需要揭露相關財務會計訊息的漏洞，將母公司的資金挪到子公司，輾轉將大眾資金放進私人口袋，公司內部人對於法令遵循之觀念薄弱，種種因素累積之下，終究導致力霸風暴之發生。

在力霸案中主管機關認為力霸嘉食化及亞太固網簽證會計師嚴重失職，決議撤銷力霸、嘉食化簽證會計師財報簽證資格之最嚴厲處分，並移送會計師懲戒委員會懲戒，其所涉業務疏失將提供檢調辦理。但主管機關在力霸案發生之時所表現出來的危機處理，似乎置身在狀況外，後雖宣稱在力霸掏空案發生之前已知相關徵兆，如力霸與嘉食化之財務早有問題、友聯產險不當關係人交易、中華商銀出售不良債權弊端、力華票券假交易等案已移送檢調，但事前卻都沒有進一步防堵或警示之行動。主管機關的審查是否落實徹底？對有問題的上市櫃公司或是問題金融機構，未能扮演防堵弊案發生的角色，而放任事態擴大，豈不是嚴重失職？相關主管機關在事發當時雖強調力霸與嘉食化僅為個案，希望不

要動搖投社會大眾信心，期能穩定金融經濟秩序，但公司無預整聲請重整，讓投資人手中股票瞬間變為無用的壁紙，尤其交叉持股繁多的公司，其中暗藏多少財務漏洞與關係人虛偽交易，輿論甚至開始懷疑主管機關能否負起市場管理、監督公司治理、資訊透明公平的責任[69]。

　　整體觀之，金融弊案發生之癥結關鍵不外乎在於經營者誠信出問題，其次是各部門的監控管理有所缺失，相關監控機制無法發揮預期之效果。雖然經營者的誠信無法掌控，但若有良好且有效之預警制度存在，利害關係人（如投資人或債權人）仍可依相關資訊判斷為決策，避免為弊案風暴之受害者。力霸風暴延燒，主管機關積極檢討相關法令，改善及補強不足之處，固然值得稱許，但在修法前必須仔細了解分析事情發生的癥結所在，痛下針砭，對症下藥，更不能因噎廢食，反而阻礙合法企業之正常經營發展。期望這次力霸風暴能夠讓主管機關、相關會計從業人員及投資大眾等相關人員從中獲得教訓及警惕，痛定思痛，避免另一場力霸風暴的發生。

---

[69] 聯合晚報，力霸風暴波及東森股爆量跌停，2007年1月8日2版；經濟日報，防護又見漏洞證交所火速查核，2007年1月5日A3版；聯合報，地雷爆了，難道抱它睡覺的官員毫髮無傷？，2007年1月11日A2版；聯合報，失言失誤失時「要金管會何用」，2007年1月11日A2版；經濟日報，切割遊戲，2007年1月12日A2版；聯合晚報，力霸五鬼搬運會計師難逃放水責任，2007年1月13日3版；聯合報，力霸、嘉食化2會計師撤銷簽證資格，2007年1月17日A4版。

※力霸、嘉食化案後記[70]

日　期	事　件
96年8月31日	96年7月18日，亞太固網向臺北地方法院聲請王又曾家族等九人破產及財產緊急保全處分事件，臺北地方法院認為亞太固網無法具體舉證王又曾等九個各別債務人，其資產有不足以清償負債的事實。因此日前裁定，將亞太固網的兩項聲請駁回[71]。
96年9月4日	友聯公司於96年5月14日召開96年第一次股東臨時會討論解除董事競業禁止乙案，因其解除董事競業禁止之相關重要資訊未依法充分揭露，影響股東獲知公司資訊之權益，投保中心於96年6月11日針對董事競業禁止案提起確認股東會決議無效或撤銷股東會決議之訴，獲得勝訴判決。
96年9月17日	投保中心公布即日起針對力霸集團針對王又曾等人涉嫌從事力霸集團內線交易案（包括力霸（9801）、嘉食化（1207）、中華銀（2831）、友聯（2816）及東森（2614））違反證交法，受理善意投資人委任民事求償登記。
96年9月26日	中國力霸召開股東臨時會，擬表決旗下百貨企業部（衣蝶百貨）營業讓與案，由於出席股數不足，未達公司法規定須達已發行股數的過半數，經兩次延會最後流會。
96年10月15日	衣蝶百貨台中館關閉。
96年10月23日	友聯產險公告，已接獲財團法人證券及期貨投資人保護中心訴請民事賠償，總額8593萬4968元。

---

[70] 聯合知識庫，http://www.udndata.com/library/，最近瀏覽日：2007年10月14日；中時知識贏家，http://kmw.ctgin.com.tw/kmw_v2/main.aspx，最近瀏覽日：2007年10月14日。

[71] 法院裁定指出檢方起訴的內容，尚不足以說明亞太固網對王又曾等九名各別債務人間有何具體內容、金額的侵權行為損害賠償請求權，以及各該債務人是否尚有其他多數債權人存在，而有以破產程序進行公平分配的必要，另亞太固網未於期限內舉證，法院表示，亞太固網在聲請法院宣告王又曾等人破產時，應負證明責任，以證明王又曾等人已達不能清償程度，並有破產宣告的必要，但亞太固網並未在法院給予的期限內，補正資料作更具體的舉證說明，且法院同時駁回亞太固網所提保全處分的聲請，法院駁回理由係亞太固網在聲請狀中沒有清楚說明對王又曾等九人個別間的何種財產、那些財產要進行保全處分，而亞太固網在法院要求補正資料的期限內也未補正。參酌臺灣臺北地方法院民事裁定96年度破字第89號；工商時報，亞固聲請王又曾破產事件法院駁回，2007年9月21日A10版。

日　期	事　件
96年10月25日	中國力霸召開董事會，通過在11月29日再度召開股東臨時會時，決議衣蝶百貨營業讓與案。在股東會召開前，會先進行衣蝶營業讓與的公開招標，訂11月26日決標。
96年10月26日	亞太固網今天召開股東會，通過減增資修正案，減資328億4000萬元，減資後資本額為新台幣328億4000萬元，同時辦理現金增資新台幣200億元，且由原本的「亞太固網寬頻股份有限公司」改為「亞太電信股份有限公司」。
96年11月1日	力霸集團旗下嘉食化、中國力霸，因沒有依規定期限，公告申報96年上半年財報，且都有連續違反規定情事，金管會以兩家公司違法證券交易法第36條第1項，對兩位公司的行為負責人，以證券交易法第178條第1項第4款及第179條規定，各處以72萬元的罰鍰。
96年11月6日	力霸債權人對於台北地院院民國96年7月2日96年度整字第3號裁定駁回重整之聲請提起抗告，台北地方法院合議庭裁定抗告駁回。兆豐銀行向地方法院聲請對「衣蝶商標權」執行假扣押處分。
96年11月13日	力霸集團旗下台北皇冠酒店昨天由台北地方法院舉行第2拍，底價為22.5億元，因無人投標而流標。
96年11月19日	友聯產險召開股東臨時會，旺旺集團共計取得六席董事及二席監察人席次，會中通過公司更名為「旺旺友聯產物保險股份有限公司」，友聯自此揮別力霸王家時代。
96年11月26日	衣蝶百貨營業讓與公開標售案開標，新光合纖出價7.5億元，是唯一的投標者。由於新纖出價低於衣蝶母公司中國力霸制定的18億元底標價，因而流標。
96年11月29日	中國力霸舉行股東臨時會，主要討論項目為衣蝶百貨營業讓與，以及是否同意新纖7億500萬元標購價格，但因出席股數不足，宣告流會。
96年12月3日	台北地檢署掌握情資，知悉東森集團因為財務困窘，要求美商凱雷集團退還東森總裁王令麟投資瑞利公司的股款5,558萬美元，北檢11月26日搶先向法官聲請扣押獲准，昨（3）日上午順利從中扣得新台幣12億1,229萬餘元，創下司法審判中查扣不法所得的最高金額，也是全國首例。
96年12月13日	存保二度拍賣中華銀僅　豐銀投標，經過議價後，雙方達成協議，將承接中華銀的資產、負債和營運據點[72]。

---

[72] 中華商銀96年7月第一次標售時，由於市場投資人擔心銀行與力霸集團債務帳款可能切割不清，導致無人投標而流標。為了讓中華銀順利標售，金融重建基金（RTC）這次首度仿效國外標售經驗，替中華銀資產負債及營業

日　期	事　件
96年12月17日	金管會表示兆豐銀行已委託海外司法單位查扣王又曾在瑞士一筆296萬美元存款（約新台幣9,500萬元），將透過管道積極追討。
96年12月28日	據報載力霸案爆發至今，各債權銀行追債從積極轉為消極因應，中信與北富銀等乾脆直接轉為呆帳，手上握有雄厚擔保品的最大債權銀行兆豐，則積極追查，發現力霸案聯貸保證人之一王令台，在花蓮安鋼礦區擁有開採權，讓最近將進入鑑價並拍賣的冬山河水泥廠，行情從原30億提高到近50億元，預估若執行順利，97年第一季就可以將該水泥廠拍出，只要拍賣金額高於34億，因兆豐為第一順位債權人，可全額拿回貸款金額。
97年1月10日	兆豐金96年11月6日向法院聲請對「衣蝶商標權」假扣押，衣蝶工會覺得兆豐金有意封殺欲接手衣蝶的買家，枉顧2,000名衣蝶員工與家庭的生計。為抗議兆豐金無預警向法院提出假扣押衣蝶百貨商標權，導致衣蝶無法順利拍賣，衣蝶百貨全台4館號召3百名員工罷工3小時。
97年1月18日	前年代電視董事長張水江與本土知名企業、國際私募基金所組成的尖端利潤公司（Peak Pr ofit，BVI），正式以3.4億美元、相當新台幣110億元，百之百收購東森得易購。
97年1月22日	力霸水泥冬山廠產業工會召開臨時會員大會，投票通過「罷工案」，會中授權由常務理事近日與資方展開協商，索討積欠的年終獎金、稅前盈餘分紅等約2,900萬元，若協商不成，不排除在2月5日前罷工。
資料來源：作者自行整理	

　　（Good bank）部分設計「附買回」（put back）機制。也就是說，投資人得標中華銀後，只要在兩年內，銀行「非協議放款」的部分出現逾放，RTC就會用九成的價格買回這些放款，投資人最多只承擔一成損失。不過，附買回機制必須符合一定條件才啟動，如果授信企業戶營運、繳息正常，就不能啟動。因此，為避免可能的道德風險，啟動這項附買回機制設有一定的條件，如本息逾期一定時間等。參酌經濟日報，中華銀今標售 兩投資人投標，2007年12月13日B3版。

參考文獻

一、專書論著（依作者姓氏筆劃遞增排序）

1. 王文宇，「公司法論」，元照出版有限公司，2005年8月2版。

2. 李家豪，「會計─商業人士必備的會計知識與財務運用」，梅霖文化事業出版有限公司，2004年10月。

3. 林東茂，「刑法綜覽」，一品文化出版社，2005年8月。

二、期刊論文（依作者姓氏筆劃遞增排序）

1. 吳宗璠，由財務業務資訊透視企業舞弊風險警訊，會計研究月刊第253期，2006年12月。

2. 李美雀，基層會計人員面臨不實財報之處境與對策-力霸案的延伸，會計研究月刊第259期，2007年6月。

3. 李重慶，商業會計法與會計人員之自保-從力霸舞弊案談起，會計研究月刊第259期，頁67，2007年6月。

4. 馬秀如，會計師揭發舞弊之責任審計準則公報43號導讀，會計研究月刊第253期，2006年12月。

5. 馬嘉應、蘇英婷，會計師簽證之法律責任探討，會計研究月刊第260期，2007年7月。

6. 陳依蘋，法理情善盡專業義務道德之尺不能動搖一個掏空案主辦會計之叮嚀，會計研究月刊第220期，2004年3月。

7. 莊蕎安，最基本的投資情報財務及非財務資訊，會計研究月刊第225期，2004年8月。

8. 黃銘傑，力霸風暴後臺灣公司治理與金融監理應有之走向，會計研究月刊第257期，2007年4月。

9. 廖玉惠，舞弊的預防與查核，會計研究月刊第253期，2006年12月。

10. 鄭惠之，熟知法規認清責任專業注意明哲保身財務報表的管理責任，會計研究月刊第220期，2004年3月。

11. 謝碧珠，會計師責任與審計失敗，實用稅務第363期，2005年3月。

三、報紙雜誌（依報章雜誌名之筆劃遞增排序）

1. 工商時報，東森、力霸財報確實已清楚分割，2007年1月10日B2版。

2. 工商時報，吳當傑：爭取會計師公費設下限，2007年6月27日A12版。

3. 工商時報，亞固聲請王又曾破產事件法院駁回，2007年9月21日A10版。

4. 中央社，櫃買中心赴東森電未發現重大異常，2007年1月8日。

5. 中國時報，東森集團恐難切割友聯異常交易查向王令麟，2007年1月11日A1版。

6. 中國時報，地產換現金友聯扮力霸金庫，2007年1月12日A3版。

7. 中國時報，查力霸帳戶資金流向找出「鑰匙」，2007年1月21日A8版。

8. 中國時報，東森─力霸超完美切割黑洞現形，2007年1月21日A8版。

9. 中國時報，查臺力證詞不利王，2007年6月17日A3版。

10. 新新聞，會計師不專業，媒體衹是企業的啦啦隊，第1038期，2007年1月25日。

11. 經濟日報，防護又見漏洞證交所火速查核，2007年1月5日A3版。

12. 經濟日報，金管會誤判情勢決策反覆，2007年1月6日A3版。

13. 經濟日報，北檢查弊質疑特定人護航售股，2007年1月6日A4版。

14. 經濟日報，證交所查東森力霸嘉食化，2007年1月9日A3版。

15. 經濟日報，切割遊戲，2007年1月12日A2版

16. 經濟日報，集團財務證交所將設預警制，2007年1月19日A9版。

17. 經濟日報，廉價會計，2007年1月19日A2版。

18. 經濟日報，避免削價競爭會計師公會想定參考價，2007年3月23日A15版。

19. 經濟日報，檢調：東森疑掏空力霸數十億，2007年6月15日A2版。

20. 經濟日報，王令麟與東森財務長遭聲押，2007年6月16日A7版。

21. 經濟日報，上市櫃董監事會會計師應列席，2007年6月30日B10版。

22. 經濟日報，會計師須監督董事會運作，2007年7月6日A4版。

23. 經濟日報，中華銀今標售兩投資人投標，2007年12月13日B3版。

24. 聯合報，檢調追弊中華銀涉嫌超貸關係企業，2007年1月9日A1版。

25. 聯合報，中華銀超貸40億給關係企業，2007年1月10日A3版。

26. 聯合報，公司提重整法院即報金管會，2007年1月10日A2版。

27. 聯合報，失言失誤失時「要金管會何用」，2007年1月11日A2版

28. 聯合報，地雷爆了，難道抱它睡覺的官員毫髮無傷？2007年1月11日A2版。

29. 聯合報，計劃性掏空力華22子公司循環假交易，2007年1月11日A3版。

30. 聯合報，2.4億解凍力霸薪事解決，2007年1月13日A3版。

31. 聯合報，力霸、嘉食化2會計師撤銷簽證資格，2007年1月17日A4版。

32. 聯合報，王令臺3人收押禁見，2007年1月24日A2版。

33. 聯合報，力霸案典型集體舞弊掏空，2007年2月6日A4版。

34. 聯合報，東森案王又曾可能列被告，2007年6月24日A8版。

35. 聯合晚報，虧損252億力霸、嘉食化聲請重整，2007年1月4日1版。

36. 聯合晚報，力霸風暴波及東森股爆量跌停，2007年1月8日2版。

37. 聯合晚報，力霸五鬼搬運會計師難逃放水責任，2007年1月13日3版。

38. 聯合晚報，力華票券掏空百億檢調掌握明確事證，2007年1月24日4版。

39. 聯合晚報，東森總部、購物檯被搜索近30張搜索票下午約談王令麟，2007年6月14日1版。

四、網路資料

1. 公開資訊觀測站，http://newmops.tse.com.tw/

2. 中華商業銀行，http://www.chinesebank.com.tw/html/main/about02.htm

3. 中時知識贏家，http://kmw.ctgin.com.tw/kmw_v2/main.aspx

4. 中小企業聯合輔導基金會，http://www.sbiac.org.tw/ORIGIN.htm

5. 日本內閣府國民生活局網站，http://www5.cao.go.jp/seikatsu/koueki/gaiyo/index.html

6. 行政院金融監督管理委員，http://www.sfb.gov.tw/7.asp

7. 臺灣臺北地方法院檢察署力霸案偵結新聞稿，http://www.tpc.moj.gov.tw/public/Data/73817629238.pdf

8. 臺灣臺北地方法院檢察署力霸案偵結新聞稿，http://www.tpc.moj.gov.tw/public/Data/78131626556.pdf

9. 聯合知識庫，http://www.udndata.com/library/

10. The Committee of Sponsoring Organizations of the Treadway Commission (COSO), http://www.coso.org/

三加一等於幾？
——從「淡馬錫模式」看我國的四合一

林佳蒨

目 次

以下為目前截至97年1月底前證券單位整合大事紀要

時間（年/月）[1]	（日）	事　由
94年10月	19日	臺灣證券集中保管公司與臺灣票券集中保管結算公司，宣布合併，同時召開臨時董事會，通過合併案，簽訂合併契約。合併後，由集保擔任存續公司，合併後更名為「臺灣集中保管結算所股份有限公司」。
94年12月	1日	公平交易委員會第734次委員會，有關臺灣證券集中保管股份有限公司與臺灣票券集中保管結算所股份有限公司合併結合申報案，經評估對整體經濟利益大於限制競爭之不利益，爰依公平法第12條第1項不禁止其結合。
95年1月	6日	證券櫃檯買賣中心於今（6）日下午召開第四屆第三十一次董事、監察人聯席會議（臨時會），會中討論通過本中心轉投資設立櫃檯買賣公司案[2]。櫃買公司暫定股本18億元，預計2月底成立；為配合證交所、期交所與集保中心等證券周邊單位四合一時程規劃，7月才會掛牌營運，櫃買中心改制成立新公司，第一階段先將上櫃業務讓與給證交所[3]，第二階段則併入剩餘興櫃、債券業務。
95年1月	12日	行政院金管會與證交所、期交所、櫃買中心、集保公司以及票保公司5大單位董事長共同召開記者會，宣示將在今年底之前，完成「五合一」整併成立控股公司。將臺灣證券交易所、臺灣期貨交易所、臺灣證券集中保管公司及財團法人中華民國證券櫃檯買賣中心轉投資設立之櫃檯買賣公司，以股份轉換方式，成立控股公司，該等單位成為其子公司，由控股公司規劃各子公司間整合方向及擬訂整合時程，規劃過程將考量股東及員工權益，並充分溝通取得共識後進行。（達成先合併成控股公司、再談業務切割之共識[4]）

---

[1] 下列時間以民國表示，本表為作者自行整理。
[2] 參見蘋果日報，OTC改制為公司，2006年01月06日B5版。
[3] 據了解，本月11日在金管會邀集下，證券周邊單位董事長私下密商，初步決定成立控股公司的方向不變，但櫃買中心移出上櫃業務的原定計劃則將暫緩，櫃買中心副總經理寧國輝指出，目前第1階段先成立控股公司，因為人力規劃未定、業務移交不及等多重考量，因此上櫃業務暫不轉移到證交所，但仍會在2月底前成立櫃買公司。參見蘋果日報，證交所暫不接上櫃業務，2006年01月16日B4版。
[4] 參見聯合報，集保股東臨時會證交所「杯葛」，2006年02月09日B2版。

時間（年／月）	（日）	事　由
95年2月	8日	臺灣證券集中保管公司與臺灣票券集中保管結算公司，於2月8日分別舉行臨時股東會議，通過兩家公司合併，合併後以集保為存續公司，並更名為臺灣集中保管結算所股份有限公司，簡稱臺灣集保結算所[5]（英文簡稱TaiwanClear），預定3月27日為合併基準日。臺灣集保結算所（TaiwanClear）亦於當日正式成立。
95年3月	27日	證券相關單位五合一正式啟動，臺灣證券集保公司與臺灣票保結算公司歷經8個多月整合作業，本日正式合併，暫時訂名為「臺灣集中保管結算所股份有限公司」，並宣布自4月1日起調降短期票券商品帳簿維持費10%[6]。
	28日	金管會發表聲明證券周邊單位之整合將委請參肯錫顧問公司於95年年底完成「規劃」[7]。
95年5月	6日	為因應證券四合一計劃，金管會發布一系列修正草案預告，其中包括將證交所等單位之管理規則中，將特別盈餘提撥比率下限，由原本之30%全數刪除。金管會表示這是為避免特別盈餘公積過高，降低機溝獲利淨值比率，同時也希望拉高資金運用，使呆滯成本降低，反有助於券商反映降低手續費用[8]。
	19日	金管會表示，證券周邊五合一後，將新成立證券期貨控股公司，該控股公司股票將採取公開發行，資本額不得少於100億元，初期採控股公司方式，以母子公司型態成立，並為將來掛牌上市作準備[9]。

5　惟股東會上，大股東證交所（持有集保公司55%股權）雖同意合併，但反對新名，要求下次股東會時，新公司應更改為符合實際營運項目的名稱，改為臺灣集中保管暨票券結算所，意即結算範圍只限於票券部分，參見工商時報，證交所、集保為更名問題公然鬧翻？，2006年02月09日。另參見，工商時報，證券周邊單位四合一年底完成規劃，2006年3月28日A8版。

6　參見工商時報，集保票保合併27日揭牌，2006年03月25日C2版。

7　參見，工商時報，證券周邊單位四合一年底完成規劃，2006年03月28日A8版。

8　參見工商時報，因應證券五合一證交所、期交所、集保、期貨結算機構管理規則將修正特別盈餘提撥下限全數刪除，2006年05月06日，B2版。

9　參見工商時報，證期控股公司擬開放民眾入股每年EPS至少2元殖利率超越銀行定存一年報酬若在市場掛牌將可造福許多股民，2006年05月19日，A8版。

時間（年/月）	（日）	事　由
95年6月	27日	金管會訂定「證券期貨控股事業管理規則」，並同時訂定「櫃檯買賣事業管理規則」以及修正「證券集中保管事業管理規則」、「證券交易所管理規則」、「期貨交易所管理規則」、「期貨結算機構管理規則」[10]。
96年3月	16日	延宕已久的證券周邊單位整合計畫將重新啟動。據了解，各證券周邊單位已經達成共識，先完成證交所、集保結算所及櫃買中心的整合，期交所則維持掛牌上市目標不變，等三大單位整合完成後，再進行與期交所的合併，分階段由三合一逐步擴大至四合一[11]。
96年10月	3日	為因應世界各國主要交易所之發展朝向採行控股公司模式或交易所控股模式，以整合國內證券期貨市場之趨勢，今日行政院院會通過金管會規劃之「證券暨期貨周邊單位整合方案」，並配合修正「證券交易法」第128條、第177條。本方案將分二階段進行，第一階段擬成立新設「台灣交易所控股公司」，現有櫃買中心轉投資設立櫃檯買賣公司後，將證交所、期交所、集保公司及櫃檯買賣公司等周邊單位，以股份轉換方式成為子公司；第二階段則就四家子公司業務進行功能整合，並研議推動控股公司上市及成立監理中心，俾使我國證券市場與國際接軌，提升國際競爭力[12]。
96年10月	17日	立法院第6屆第6會期第7次會議議案關係文書。金管會為配合成立控股公司進行股份轉換之相關事宜，擬具「證券交易法」第128條、第177條修正草案，函請行政院核轉立法院審議。該次會期因財政委員會出席人數不足數度流會，而未能通過。
97年1月	1日	金管會主委胡勝正昨日表示，台灣證券交易所四合一計畫於今年內完成，預計於2009年掛牌。新證交所股票將釋出25%股票，給投資銀行或其他國際交易所等策略性投資人。[13]

---

[10] 參見行政院金融監督管理委員會95年6月27日金管證三字第0950002988號令、95年6月27日金管證三字第0950002994號令、95年6月14日金管證四字第0950002777號令、95年6月13日金管證三字第0950002765號令、95年6月1日金管證七字第0950002741號令。

[11] 參見經濟日報，由原先證交所集保櫃買三合一擴增至四合一，2007年3月16日，A11版。

[12] 參見行政院新聞局全球資訊網，第3061次行政院院會決議暨院長提示，http://info.gio.gov.tw//ct.asp?xItem=34406&ctNode=3764&mp=1，最後參訪日97年1月31日。

[13] 參見中國時報，封關日7公司趕掛牌上市，2008年1月1日，B3版。

時間（年/月）	（日）	事　　由
97年1月	14日	立委選舉，藍營大勝，金管會擬於新國會新會期推動的九項法案（見表），闖關因難度提高不少。包括銀行法、金控法、融資公司法、證交法等法案，行政院已於去年底前審議完畢，並送至立法院審查，特別是攸關證券單位四合一的證交法修正案，先前遭質疑動機不單純，現在闖關成功的機率更小。[14]
97年1月	17日	證交所董事長吳榮義表示，台商回台第一上市以及證交所國際化、四合一，都是因應全球競爭一定要做的事，台灣是民主國家，一切依循法制，不會因選舉結果而有所改變。[15]
97年1月	21日	立委選舉結束，證交法128條有意再度向新國會闖關，金管會主委胡勝正表示，將等5月20日後才會執行四合一，但仍須儘快先完成修法。證交所董事長吳榮義指出，證交所、櫃買中心、期交所以及集保結算所四合一案是既定目標，若立院今年通過128條修正案，證交所控股公司最快明年掛牌，掛牌後龐大潛在釋股利益將再受關注。[16]

壹、前　言

　　從94年10月臺灣證券集中保管股份有限公司（下稱集保公司）與臺灣票券集中保管結算公司（下稱票保公司）召開臨時董事會宣布合併，以集保公司為存續公司，合併後公司將更名為「臺灣集中保管結算所股份有限公司」，預定95年1月合併營運[17、18]，已經率先預告我國證券周

---

[14] 參見工商時報，藍營一面倒大勝，金控、銀行、證交等修法，面臨新挑戰　金管會9法案　新國會闖關難度高，2008年1月14日，A6版。

[15] 參見工商時報，吳榮義：研發秘密武器引台商返鄉　本周帶團赴星、港招商，新加坡法人踴躍參與，座談會爆增為300場，2008年1月17日，B2版。

[16] 參見工商時報，胡勝正：證券四合一　等五二〇後，2008年1月21日，B2版。

[17] 參見蘋果日報，證券周邊單位整合市場意見多，2005年08月08日B3版。

[18] 臺灣證券集中保管公司，設立於1989年10月，並於1990年1月正式營運，負

邊單位的未來之整合趨勢；行政院金融監督管理委員會（以下簡稱金管會）於95年1月宣布，為提高我國資本市場國際競爭力及服務品質，降低證券、期貨商及投資大眾相關之交易成本，經邀集證交所、期交所、櫃買中心、集保公司及票保公司等五個單位董事長討論，獲致共識，將朝成立控股公司方向整合證券期貨周邊單位[19、20]，並於95年6月27日以金管證三字第0950002988號令訂定「證券期貨控股事業管理規則」[21]，

責處理「有價證券集中保管帳簿劃撥制度」之相關業務；為推動短期票券無實體化及集中結算交割制度，主管機關於2004年4月核准臺灣票券集中保管結算公司正式運作，除統籌辦理短期票券之集中保管外，並與央行同資系統連線，提供款券兩訖之結算交割機制。行政院金融監督管理委員會為兼顧市場參與者之方便度、避免資源重複投資及順應國際主要證券市場後臺整合之趨勢，爰於2005年7月決議推動臺灣證券集中保管公司與臺灣票券集中保管結算公司之合併，並以本公司為存續公司，期能透過整合結算交割保管平臺，有效達到降低投資成本，提高經營效率，擴大服務範圍，促進市場發展等整合綜效，於2006年3月27日正式合併完成，名稱為臺灣集中保管結算所股份有限公司。參見臺灣集中保管結算所股份有限公司網站，http://www.tdcc.com.tw/tc_01profile.htm，最後參訪日96年04月11日。

19 參見推動證券期貨週邊單位組織再造，http://www.fscey.gov.tw/ct.asp?xItem=1469719&ctNode=17&mp=2，最後參訪日95年03月06日。

20 根據金管會規劃，證交所、期交所、櫃買中心、證券集保及票保結算等單位，將朝「五合一」方向整合，第一階段由票保結算、證券集保先行合併，雙方規劃在年後2月6日當週，各自舉行臨時股東會，3月底前完成實質合併，參見工商時報，票保、集保預計2月合併，2006年01月17日A8版。據指出，臺灣證券集保與票保在主管機關業務考量、主導下，原訂今（95）年初完成合併，臺灣證券集保為存續公司，並更名為「臺灣集中保管結算所」公司；不過，由於作業時程，預計延到2月底左右完成合併，參見經濟日報，集保結算所，葉景成將任董座，2006年01月03日C2版。

21 為求能統合證券期貨市場週邊單位資源、降低經營成本、提昇市場效率，成立證券期貨控股事業實有其必要性，爰依證券交易法第18條第2項及期貨交易法第82條第3項規定之授權，訂定證券期貨控股事業管理規則，明定該事業應確保其子公司業務之健全經營，提昇證券期貨市場效率，以發揮證券期貨市場綜合經營效益，並提高我國資本市場國際競爭力，參照證券期貨控股事業管理規則之總說明。

可見上開證券週邊單位之整合方向大致確立，將以控股公司模式加以重整以達提昇經營綜效、節省成本等目標。

　　惟上開單位之整合其實已非新聞，早在民國90年，國際間交易所興起整合併購風潮，學者間亦對交易所未來之發展策略展開熱烈討論，其中當然亦不乏以控股公司模式整合證券周邊單位的策略方式，或許因為上開單位應如何整合，涉及不同組織之間人事、業務等等之調整，如何整合才能真正發揮經營綜效，茲事體大，非從長計議不得貿然為之[22]，乃至95年始確立證券周邊單位整合之計劃，筆者對此亦產生濃厚興趣，因此本文欲透過相關文獻及報導之整理，以期對上開四合一[23]案有一初步的認識與了解；同時他山之石可以借鏡，該四合一案大抵確定以控股公司模式為之，因此本文亦對控股公司作一簡單扼要介紹，並以新加坡的淡馬錫控股公司的經營模式與我國證交所等四合一案作一分析比較，以期對四合一案有更深入之了解並提出意見，惟筆者能力有限，仍望各位前輩不吝指教。

---

22 證券周邊單位整合最積極是在陳沖擔任證交所董事長時期，當時他提出證交所、櫃檯買賣中心與臺灣期貨交易所應共組控股公司，以強化國內資本市場。但因合併或籌組金控，涉及的人事、業務複雜，各方意見分歧，未能成行；一直到吳乃仁擔任證交所董事長後，因為吳乃仁的反對，所有計劃幾乎停擺，參見蘋果日報，證券周邊單位整合市場意見多，2005年08月08日B3版。

23 由於集保與票保已率先合併，並以集保公司為存續公司，票保公司為消滅公司，其主體資格於合併基準日95年03月27日後已不復存在，又因為相關法制面向之限制（詳見本文論述），四合一案遲遲不能成行，期交所擬先行上市，由證交所、集保結算所以及櫃買中心三合一後，再考慮與期交所進行整併，惟為求論述完整，本文仍以證交所、期交所、櫃買中心以及集保結算所等四個事業體之整合為題，故仍以四合一作為本文題目以及內容之討論架構。

貳、我國證交所、期交所、櫃買中心及集保結算所的四合一案之走向

　　承上所言，有關證交所等證券週邊單位整合之趨勢並非至今年始有所聞，早在民國90年以前，由於全球各交易所面臨幾項重大挑戰[24][25]，首先為通訊成本降低，使地區性交易所過去因地理環境因素造成壟斷專利性之優勢不復存在，同時交易所所提供之產品服務功能組合之變化，也使得各交易所間之競爭不只存在於交易所與交易所間之水平競爭，更存有交易所與專業服務業者（如資訊科技業者）之垂直競爭，第三則為科技之快速發展，交易所之成本增加，益發需要資本，同時網際網路興起，電子交易網路（Electronic Communication Networks, ECNs）更是傳統交易所所面臨最嚴厲之威脅，以上所提及之變化莫不使得國際間之交易所開始思考如何提昇自我競爭力，以期不被這股洪流所吞噬，學者間亦對交易所等周邊單位之整合提出一連串之討論，並綜觀全球重要證券期貨市場各種因應策略大致可歸納如下[26]：

（一）交易所由會員制改為公司制並申請上市

　　透過組織型態改變，加強資源運用，提供籌措資金管道，降低會員與交易所之利益衝突（所有權與交易權相分離），強化決策效率，以發展新的優勢。

---

[24] 整理自汪萬波，「全球重要交易所整合之趨勢與展望」，證券、期貨交易所合併、收購及策略聯盟法制與經濟國際學術研討會，頁120-121，2001年。

[25] 「科技進步」、「法規開放」及「全球化發展」都是塑造證券市場風貌之主因，「國際化」、「科技創新」與「公司化」也是三個主要發展趨勢，參見「我國如何建置跨市場結算風險控管機制」，臺灣證券交易所編印，頁24-25，93年04月。

[26] 整理自汪萬波，「全球重要交易所整合之趨勢與展望」，證券、期貨交易所合併、收購及策略聯盟法制與經濟國際學術研討會，頁133-135，2001年。

（二）合併國內證券及衍生性商品交易所

透過產品以及市場之結合，提供投資人更好的商品和服務，並降低經營成本，統合作業資源，加強跨市場風險管理，強化本身體質，提昇競爭力。

（三）締結策略聯盟與加強合作

透過結盟，擴大經濟規模與市場流通性，以吸引市場參與者。

（四）建立小型新興成長企業之新市場

為吸引小型具有成長性或高科技產業的上市與籌募基金管道，許多交易所紛紛設置第二、三市場或新興市場來容納這些極具潛力之公司，同時壯大本身市場規模，達到企業與交易所雙贏局面。

（五）建立共同之衍生性商品市場交易交割平臺

透過單一交易結算交割平臺之整合，以達擴大經濟規模及市場流通性。

（六）交易所跨國合併與策略聯盟計劃

交易所之整合已不侷限於國內，各國交易所間透過彼此間之合併與策略聯盟，以減少交易交割成本，降低成本並簡化資訊及科技作業流程，吸引其他市場增加流通性，以提高營業利潤，「全球股市」之建立並非遙不可及。

（七）傳統交易所與電子交易所之合併

改採電子交易之結果大幅降低交易成本及買賣價差，對傳統交易型態提供了正面影響與競爭壓力，惟電子交易便利也更顯現資訊安全保護之重要性。

　　以上為全球證券市場因應策略之概要整理。國際主要交易所競爭策略比較表[27]，如下：

策略		交易所名稱
由會員制改為公司制		斯德哥爾摩、德意志、澳洲、香港、新加坡、倫敦、巴黎、紐約、NASDAQ-AMEX
申請上市		澳洲、香港、新加坡、斯德哥爾摩、德意志、倫敦、EURONEXT、VIRT-X
橫向產品整合	證交所＋證交所	美國NASDAQ與AMEX合併成立NASDAQ-AMEX
	證交所＋期交所	新加坡證券交易所與國際金融期貨交易所合併、香港聯交所與香港期交所合併
縱向功能整合		香港、巴黎、德意志
組成證券百貨集團		德意志、巴黎
跨國進行合併或策略聯盟		德意志交易所與瑞士交易所成立EUREX、EUREX與芝加哥商品交易所合資成立歐芝交易所聯盟、香港交易所與NASDAQ-AMEX網站合作、東京證交所與紐約證交所結盟、澳洲證交所與NASDAQ合作、巴黎與阿姆斯特丹與布魯塞爾三交易所合併成立EURONEXT、紐約證交所與東京、香港、巴黎、阿姆斯特丹、布魯塞爾、多倫多等十個證交所共同創設「全球股市」、泛歐交易所EURONEXT與紐約證交所NYSE之合併[28]
建立新興企業市場		香港、東京、巴黎
延伸交易時間		OM STOCKHOLM、泛歐證券市場成員、NASDAQ、紐約
全電子化交易		巴黎國際商業交易所、雪梨期貨交易所
與電子交易所進行合併		美國太平洋交易所與ARCHIPELAGO交易所合作、瑞士交易所與TRADEPOINT合作

---

[27] 引自「我國證券市場未來發展研討會論文集」，臺灣證交所編印，頁66，92年12月。並參見朱漢強，「全球重要證券及期貨保管結算機構整合之趨勢與展望」，證券、期貨交易所合併、收購及策略聯盟法制與經濟國際學術研討會論文集，頁161-162，2001年。

[28] 2006年12月19日泛歐交易所EURONEXT召開股東會，6成股東出席，高達98.2%投票支持與紐約證交所NYSE之合併，根據雙方6月達成之協定，紐約證交所將付出77.8億歐元（約合103億美金），合併後兩個市場旗下共有高達

　　由於網路交易科技之一日千里以及證券市場全球化之不爭事實，再加上政府保護政策將隨著加入世界貿易組織（WTO）及經貿自由化日益減少，市場更加開放，同時並隨我國金融監理一元化之改變，我國交易所及其他證券周邊單位，勢必也要因應情勢並針對自身優劣，作出調整及未來發展策略，否則即不足以面對全球強大的競爭壓力。

　　直至今日，對於我國證交所等周邊單位之整合，除了相關報章雜誌報導之外，也不乏學者討論及相關研究報告，筆者亦企圖從中加以整理剖析，同時針對國內整合方向與世界各交易所整合趨勢作一簡要對照比附，並將分為下面二部分，第一部分為世界各國整合狀況介紹，第二部分為我國證券市場現況及整合方向介紹，循序漸進如以下說明：

一、世界各國交易所整合狀況介紹[29]

（一）德　國

　　德國共有8個交易所，而以DBAG控股的法蘭克福交易所為最主要，其餘皆為區域性交易所。1993年法蘭克福交易所（FWBC）轉換為德國交易所股份有限公司（DBAG）之子公司，以DBAG整合證券交易

19兆美元市值之公司。參見當泛歐交易所嫁給紐約證交所，蔡靚萱，財訊月刊，第298期，頁182。2007年一開始，全球金融市場期待的第一件大事，就是美國證管會（SEC）即將批准紐約證券交易所（NYSE）和泛歐證券交易所（Euronext）的合併案，NYSE+Euronext的新公司將擁有290億美元的資產、3,000位員工，最重要的是，全球前100大企業中，將有80家在此掛牌上市，這宗合併案落實了全球金融市場的大整合，參見經濟日報，陳伯松金融觀金融市場全球一村，2007年2月28日，A12版。或許也因為這個震驚全球的金融市場整合，始得沉寂已久的四合一案又重新思考如何啟動，以提升競爭力。

29 參考汪萬波，「全球重要交易所整合之趨勢與展望」，證券、期貨交易所合併、收購及策略聯盟法制與經濟國際學術研討會，頁121-130，2001年。朱漢強，「全球重要證券及期貨保管結算機構整合之趨勢與展望」，證券、期貨交易所合併、收購及策略聯盟法制與經濟國際學術研討會論文集，頁161-162，2001年。

機關，1994年並接管經營德國期貨交易所有限公司（DTB），1995年買下德國證券數據中心有限公司（DWZ），接管經營德國證券結算保管有限公司（DBclearing AG，由證券集中保管公司DKV轉型而來）和德國證券國外結算保管股份公司（AKV），1997年系統軟體公司亦併入體系之內，整合大致完成，由控股公司德國交易所集團下分設交易、結算、科技三系統分別由證交所與期交所（FWB, EUREX）及結算保管公司（EUREX clearing, clearstream）及系統軟體公司（DBSystemsAG）負責。德國交易所（DBAG）並於2001年公開發行上市（initial public offering, IPO）。

德國交易所（DBAG）並於1998年與瑞士交易所（SOFFEX）策略聯盟成立歐洲期貨交易所（EUREX），DBAG成為EUREX出資百分之五十的股東，以因應歐盟（EMU）及歐元時代之來臨。

（二）法　國

1999年，法國的巴黎證交所（Paris Bourse）、法國國際期交所（Matif SA）、法國商品交易所（Monep SA）及新興小型市場（Nouveau Marche）合併成立依新公司巴黎交易所（Paris Bourse SBFSA）。新公司主要架構有三：一為交易作業，二為新公司下新成立結算公司（Clearnet SBFSA）專司結算保管，三為新公司下新設立資訊公司（SBFTechnologies），完成國內整合，並於2000年與阿姆斯特丹、比利時交易所宣布合併成立Euronext交易所，成為第一個泛歐交易所。

（三）美　國

1998年美國證交所與那斯達克市場獲主管機關核准宣布合併新組NASDAQ-AMEX，NASDAQ-AMEX於1999年轉行為營利導向的公司組

織，並於2000年公開上市。

（四）香 港

香港證券期貨市場之整合，係將現有會員制之香港證交所（HKSE）、香港期交所（HKFE）以及三家結算所進行股份化公司制及合併，以歸併在單一之控股公司（HKEX）之下，一連串之整合動作在香港政府有計劃的推動下，於1999年達成股份定價和分配協議，並針對法制面提出相關法令修正，在2000年完成交易所公司制股份化及合併，同時掛牌上市。

（五）新加坡

1999年，新加坡證交所（SES）和新加坡國際金融期交所（SIMEX）宣布股份化公司制及合併，合併為單一整合之私有股份化公司（SGX），並透過新加坡政府立法將SEX及SIMEX兩交易所百分百股權移轉給政府新設之持股公司，原兩家交易所之會員之可分配新公司之股份，但SEX和SIMEX會員共同持有不到50%，新投資者將持有其餘股份，但除經主管機關核准外，單一持股均不得超過5%。

二、我國證券期貨市場現況及整合方向

（一）我國證券期貨市場現況

目前臺灣股票市場由證交所與櫃買中心負責，兩各單位均提供交

易平臺[30]、結算[31]與交割[32]保證服務；集保結算所則負責證交所與櫃買中心的帳簿劃撥與集中保管結算業務。期貨市場則由期交所提供交易平臺、結算與交割保證服務，款項交割則由六家結算銀行負責。由上敘述可知，臺灣之證券市場是一個垂直整合程度很深的市場，不同市場間區隔強，水平整合則不足，也因此無法進行集中結算，交易所間所提供之服務同質性太高，人員與資訊系統的重複設置導致成本重複浪費，效率不高，風險控管機制與中心對手交易制度（Central Counter Party, CCP）[33]功能無法彰顯等等，均係目前我國資本市場面臨之困境。

（二）我國證券市場整合方向

　　由上開證券周邊單位整合大事紀要，不難看出我國證券市場之整合

---

[30] 交易平臺（trading platform），即提供一個交易環境，讓投資人經由委託單的方式，透過公開叫價或電腦系統集中交易，可能是一個機構也可能是一個交易網絡（例如，ECNs）。參見周行一，我國證券、期貨市場交易結算未來應走之方向，證券、期貨交易所合併、收購及策略聯盟法制與經濟國際學術研討會論文集，頁183，2001年。

[31] 結算（clearance），係指計算出每一個參與者應收、應付的款項及證券數額。參見周行一，我國證券、期貨市場交易結算未來應走之方向，證券、期貨交易所合併、收購及策略聯盟法制與經濟國際學術研討會論文集，頁183，2001年。

[32] 交割（settlement），係指根據結算的指示執行款、券的移轉過程。參見周行一，我國證券、期貨市場交易結算未來應走之方向，證券、期貨交易所合併、收購及策略聯盟法制與經濟國際學術研討會論文集，頁184，2001年。

[33] 中心交易對手（CCP）係指，當交易撮合後，會有一個機構介入買賣雙方的交易，成為原來買方的賣方，賣方的買方，而原本之買賣雙方即不再有買賣關係，亦即每一個投資人在交易撮合之後的交易對手，變成為該中心提供中心交易對手之機構。參見周行一，我國證券、期貨市場交易結算未來應走之方向，證券、期貨交易所合併、收購及策略聯盟法制與經濟國際學術研討會論文集，頁183，2001年。

方向，已確立以股份轉換之方式成立控股公司，將4個證券周邊單位，納為子公司，並由控股公司來規劃子公司業務範圍，以達到提升經營綜效之目的。為達成整合之目的，集保公司與票保公司率先宣布合併，櫃買中心亦隨後通過轉投資成立櫃買中心，以期將來能順利納入控股公司體系，再來即是透過鑑價等程序達成一定換股比例之共識，對人事及業務組織型態之調整形成共識，以達成以控股公司整合證券周邊單位之目標。

（三）我國證券市場之優劣分析及整合策略分析

前開所述，以控股公司模式來整合國內證券周邊單位之策略並非靈光乍現，而是已由專家學者自90年以來即對全球交易所之發展策略及我們交易所自身之優劣不斷檢討並提出相關研究與建議，雖與目前整合方向並未完全一致，例如是否成立單一結算機構納入控股公司尚未有定論，但整體整合之大方向採行控股公司之模式則係相同的，因此本文即以相關學者之研究報告為基礎作出整理。

我國資本市場，在交易系統方面，櫃買中心之交易系統係委由證交所建置，二者系統共通性很高，且期交所有關電腦系統之開發及相關軟體之使用維護，類似櫃買中心，交易撮合系統與結算系統則分別由證交所與集保公司代為辦理，因此在系統方面，不但易於整合，整合後對於資訊分享及流通亦有正面助益；同時由於我國證券市場水平整合不足，交易平臺間各自獨立發展，產品設計與開發以及資訊服務提供之間仍以各機構利益為出發考量，亦不免產生利益衝突而使整體利益降低，加上平臺間設備、軟體以及人員即有重複設置，造成成本浪費之虞；在投資人保護方面，目前係由證交所、櫃買中心、期交所與集保公司就跨市場資訊互換及危機處理程序以簽訂協議備忘錄（Memorandum Of Understanding, M.O.U）之方式為之，惟對於今日證券市場上若突發

重大政經情事、鉅額交割或交易系統異常，甚或市場參與者發生財務危機、重大弊案、延遲交割等情事，系統間雖有通報義務，但由於各機構間監視系統分別獨立、分別查核，難免有掛一漏萬之情形發生，對證券市場負有公益保護及維護場秩序之義務與功能難免打了折扣；系統間各自獨立運作，對於要將臺灣證券市場與國際接軌的目標亦有所扞格，基於以上各點分析，足認臺灣證券市場確有整合之必要[34]。

根據集保公司在91年11月「跨市場集中結算機制下交易所與集中結算機構關係及風險管理架構」之專案報告中即提出三種適合臺灣未來組織架構發展模式，其中之一即為設立證券期貨服務控股公司，而臺灣證券交易所在93年4月〈我國如何建購跨市場結算風險控管機制〉一文中，更建議臺灣證券市場應設立控股公司及跨市場集中結算架構，以重新調整交易、結算、交割保管平臺之組織架構，其方向乃以先成立證券期貨服務控股公司，而將交易、結算、交割保管平臺納入同一組織之內，包括證交所、櫃買中心、期交所、集保公司，並新創結算所整合相關結算業務，同時另設立資訊服務公司負責相關資訊服務，使得在控股公司之架構下，達成垂直與水平之整合。

以上之兩個單位均不謀而合提及應以控股公司作為我國證券市場整合之架構。由於以控股公司來整合，各子公司之間仍得維持其原有組織型態與業務內容，其經營策略、制度與企業文化仍然獨立，除將部分共同性業務及管理事項交由控股公司辦理，以及將結算部門獨立出來外，各單位間仍是平行的對等單位，而由控股公司因應整體市場環境進行通盤考量及規劃設計，專注管理規範與運籌，以確保整體子公司績效的發揮。同時，也因為牽涉較少的人事結構調整，預期可減少各單位抗拒變

---

[34] 整理自我國如何建構跨市場結算風險控管機制，臺灣證券交易所編印，頁123-128，93年4月。

革的衝擊影響，有利於整體市場改革進行。

由前述所提及，現今臺灣證券市場整合的流程以及學者建議報告結論，本章亦以控股公司架構作為全文討論之主軸。

參、何謂控股公司？他山之石—以新加坡的淡馬錫控股公司為例，並佐以新加坡證券市場整合互為印證

在確立臺灣證券市場將以控股公司模式加以整合後，則對控股公司也必須有一定之認識與了解，因此以下即對控股公司作一簡要介紹，同時，本文中也嘗試介紹一特殊之控股類型——公營控股公司，以新加坡的淡馬錫控股公司為例，並於此將新加坡證券交易市場作一更完整的介紹。

一、控股公司之定義

控股公司，即一以控制他公司為目的而成立之公司，其任務主要為股份之持有與管理指揮[35]。控股公司具有兩項基本要素，一為對他公司股份之持有（形式上），一為對他公司控制權之存在（實質上），即對他公司重大決策具有影響力。

而以我國「投資控股公司申請股票上市審查準則[36]」第2條及第3條

---

[35] 參見王文宇，「控股公司與金融控股公司法」，頁5，元照出版，92年10月初版。

[36] 臺灣證券交易所股份有限公司投資控股公司申請股票上市審查準則第2條：「本準則所稱之投資控股公司，謂以投資為專業並以控制其他公司之營運為目的之公司。」第3條：「本準則所稱之被控股公司係指下列情形之一者：一、投資控股公司直接持有逾百分之五十已發行有表決權股份或出資逾百分之五十之被投資公司。二、投資控股公司經由子公司間接持有逾百

規定，控股公司係指，以投資為專業並以控制其他公司之營運為目的之公司[37]，並採客觀形式認定標準，需直接或間接持有逾50%之已發行有表決權之股份總數或出資股份始足當之，而於公司法之關係企業專章，依公司法第369條之2規定所指控制公司，除以形式上股份之持有超過他公司有表決權之股份總數或資本總額半數者外，尚包括實質上對該公司具有人事、業務及財務有控制關係者或公司及他公司之執行業務股東、董事過半數以上相同以及已發行有表決權之股份總數或出資有半數以上為相同股東持有或出資等等，因此若關係企業同時能符合「對他公司股份之持有」和「掌握對該公司之支配權」，應可將其納入控股公司與被控股公司範疇。

　　而控股公司以控股公司本身是否從事事業之經營可區分為二種，一為純粹控股公司（pure holding company），又稱為「投資控股公司」，此類控股公司本身並不經營事業，僅持有子公司之股份，而由其所掌控之各子公司負責事業，該控股公司唯一企業活動即持有他公司股份及債權，並收取被控股公司所發放之股息及股利作為收入來源，金融控股公司即屬適例；一為事業控股公司，又稱為「營運控股公司」或「產業控股公司」，此類公司除持有股份外，自身尚經營事業，臺灣企業多角化經營後容易轉型為此類控股公司，如鴻海集團[38]。

　　投資控股公司與轉投資事業之間具有組織分權的關係，可以視為投資控股公司所有權與轉投資事業經營權的分離，投資控股公司在集團企業中屬於企業的營運總部，負責集團企業的持股、整體目標規劃、與轉

　　分之五十已發行有表決權股份或出資逾百分之五十之各被投資公司。三、投資控股公司直接及經由子公司間接持有逾百分之五十已發行有表決權股份或出資逾百分之五十之各被投資公司。」

[37] 參見「投資控股公司相關法令及執行成果檢討」，經濟部工業局92年度專案計畫執行成果報告，頁57，92年12月31日。

[38] 同前註，頁59。

投資事業間的協調及對轉投資事業的控制等等，而投資控股公司與轉投資事業屬於母子公司的關係，但子公司具有較大自主權。相對的，產業控股公司的集團企業係以交叉持股連結集團企業的成員公司，因此控股公司本身所有權與轉投資事業經營權的分離並不突顯，交叉持股可強化集團成員內溝通，但是也可能造成虛增股本、利益輸送等關係人交易問題，也因為交叉持股造成集團成員的自主性較低[39]。

　　而依照上述分析，我國目前對證券周邊單位整合的規劃，該整合後之證券期貨服務控股公司應屬於投資控股公司的型態，該控股公司本身不從事營運，僅持有各該子公司百分百之股權（完全控股）以及負責管理各該子公司之營運規劃及業務分工[40]，其地位接近於金融控股公司。

二、控股公司之優缺點

　　控股公司之正面效益，即在於透過控股公司可以達到企業水平與垂直整合，並將公司所有與經營相分離（尤指純粹控股公司而言），避免利害衝突，可收專業治理之效，提升經營效率；再者以控股公司模式，將可以保有各子公司下之企業體獨立運作，可各自依其業種、產業之特性採行適當之人事管理，跳脫企業集團一元化，亦可將企業整併所帶來之內部員工反彈之衝擊減至最低；就業務經營而言，可以透過控股公司達到跨業經營之目的，同時因為各子公司事業體分別獨立，其中一公司

---

[39] 參見「投資控股公司相關法令及執行成果檢討」，經濟部工業局92年度專案計畫執行成果報告，頁63，92年12月31日。

[40] 參見證券期貨控股事業管理規則第四條：「證券期貨控股事業應確保其子公司業務之健全經營，提昇證券期貨市場效率，其業務範圍如下：
一、證券期貨控股事業得投資下列事業：
(一)證券交易所。(二)期貨交易所。(三)櫃檯買賣事業。(四)集中保管事業。
(五)結算事業。(六)其他經主管機關核准之事業。
二、對前款被投資事業之管理。」

營運不善或財務上之風險亦不至於延燒至其他子公司，可防止系統性風險之發生，亦即「風險阻隔」。

　　同時，亦可發現採行控股公司模式與單一公司下設不同事業單位模式之區別主要在於，控股公司模式底下，各個被控股子公司仍具有獨立之法人格，亦容易依其產業特性維持保有其特殊之人事組織結構，控股公司與被控股公司之間分屬不同法人亦可適時形成系統防火牆（風險預警），然決策效率方面較不如單一公司下設不同事業單位模式迅速，惟仍得透過控股公司作為各被控股公司聯繫平臺，使各被控股公司之間營運或決策不致相互衝突。

　　但是事情總有一體兩面，水可載舟，亦可覆舟，控股公司亦可能產生經濟力過度集中以及限制競爭之反效果，亦即控股公司透過較少出資可合法取得極大支配（在部分控股公司，例如金融控股公司法第4條，僅對銀行、證券或保險其中之一持有超過已發行有表決權之股份總數或資本總額超過25%即為已足），此種槓桿原理的操作，往往使事業為少數人（尤其為法人透過公司法第27條運作）操作甚至壟斷而形成限制競爭的結果，同時被控股公司之本身以及其股東、債權人之利益也可能在與控股公司利益相衝突時蒙受被犧牲之風險。本文也認為此種限制競爭之不利益，在今日證券市場整併之初尚未可見其影響，由於臺灣證券市場在未整合前，不論是證交所、期交所或是櫃買中心均係市場上唯一可供交易之場所，其本身即具有一定程度的壟斷，一但成立控股公司之後，透過水平與垂直之整合，其經濟力更為集中，其獨占地位更形鞏固，是否將使市場變的「毫無競爭」或影響潛在競爭者之出現，如何避免其濫用獨占或結合之力量，將也勢必成為日後重要的課題之一。

三、特殊控股類型——公營控股公司（國家控股公司），以新加坡的淡馬錫為例

公營控股公司之概念，應係源自公營事業在民營化過程中，由於欠缺適當規劃與協調機構往往成為肇致弊端之主因（例如欠缺適當規劃協調，鑑價過程不明確，往往引起人民是否有賤賣國產、圖利財團種種疑慮），也因此關於國營事業企業組織重整與民營化之方式與策略，即產生不同設計機制，而以公營控股公司方式作為民營化股權管理機構即屬適例。

而多數學者更認為以類似新加坡公司之模式專責公股管理機構，可收統一公股管理之事權，並得獨立專業行使股權[41]，同時也避免上開種種疑慮。並且由控股公司來行使公股股權，除了可免除行政機關行使公股股權礙於「依法行政」之慣性思考導致無法落實以獲利為導向之商業經營之缺點以外，也可以規避行政機關身兼主管機關，除了具有市場參與者之身分外，如同時又身兼市場規則之制定與監督，不免容易導致權限分際模糊，而有球員兼裁判之不公情形發生[42]，如中信集團入主開發金控一例，當時財政部即身兼公股股東，同時又是法令主管機關，其對於該案所發生之法律爭議所作出之函釋[43]，不免被人質疑其正當性與公平性。

而談到公營控股公司，自不能將新加坡的淡馬錫控股排除在外，新

---

[41] 參見王文宇，「控股公司與金融控股公司法」，頁56-57，92年10月初版。

[42] 參見李俊瑩，「我國公營事業民營化之檢討與法制變革重點建議」，臺灣大學法律學研究所碩士論文，頁189，民國89年7月，轉引自王文宇，「控股公司與金融控股公司法」，頁65，註82。

[43] 例如，財政部證券暨期貨管理委員會91年4月8日臺財證(三)字第108164號函之要旨：「金融控股公司法之子公司持有金融控股公司股份於未轉讓前，不得享有股東權利」。

加坡的淡馬錫控股公司係於1994年依據新加坡公司法，由新加坡政府百分之百獨資所成立之公司，負責集中政府之投資管理於單一事業體下，其公司之股利及相關所得均歸屬新加坡政府之財政部，為新加坡政府百分之百持股[44]之最重要控股公司。同時，該公司具有高度自主權，有獨立的人事編制，人事上不受公務人員晉用考試之規定，預算上，其營運金來自預算盈餘，可免除向主管機關申報資料，預算可不受國會監督。業務上其所投資業務幾乎都是公共事業，其資產依「經濟學人」指出，包含百分百持有新加坡港務集團（PSA）、四家電力公司、新加坡集團媒體、新加坡科技集團（新加坡科技集團再轉投資包含高科技公司之特許半導體，並控制新加坡電訊）等等。淡馬錫王國中包括新加坡航空公司、捷運公司、電力公司、電訊公司，而這些產業均具有自然壟斷性質，由淡馬錫控股管理對於社會政策有很高的主導作用[45]。

不只是在這些傳統產業，淡馬錫控股近年來更積極步局全球之金融產業，例如，於1994年擔任巴基斯坦NIB銀行董事，並積極策劃入主大陸中國銀行，同時也投資印尼金融銀行成為其大股東等等，從巴基斯坦、印尼、中國到臺灣（彰銀特別股增資案、成為玉山金控的最大外資

---

[44] 1994年成立之淡馬錫控股，是由新加坡政府百分之百獨資成立。且依新加坡政府規定，該公司並不納入新加坡政府總預算，因此不受新加坡國會監督，但每年固定向財政部報告工作績效。參見新新聞，「新加坡國有控股公司淡馬錫，總理夫人是控股女王」，任美珍、黃創夏，頁28-29，第931期。

[45] 惟新加坡政府以淡馬錫控股方式集中管理公共事業，此種模式是否適用臺灣，則有反對聲浪，殷乃平認為淡馬錫控股公司不受新加坡國會監督，但每年固定向財政部報告工作績效，此點在臺灣容易受到各種特定利益團體干擾及遊說，甚至容易形成內線交易，且財務資訊高度不透明化，也是容易被人質疑的地方。參見新新聞，「新加坡國有控股公司淡馬錫，總理夫人是控股女王」，任美珍、黃創夏，頁30，第931期。

股東[46]），近期造成泰國政治局勢動盪的電信公司新集團（Shin corp.）出售給淡馬錫一案，使得新加坡這蕞爾小國的影響力不容忽視[47]。在掌控泰國的Shin Corp.後，淡馬錫以約40億美元的預估金額，買下渣打銀行近12%股權，成為這家總部設在倫敦的國際性銀行之最大股東[48]。淡馬錫不只要以投資於傳統產業之控股聞名，現在更積極大舉進軍金融業[49]，這股勢力是我們不得不注意也不得不加以借鏡學習的。

新加坡的淡馬錫公司（Temasek），其主要管理法規除了新加坡的一般公司法外，尚有TEMASEK CHARTER加以專章規範，其任務與目的與其他公營控股公司（或稱國家控股公司）最大之區別不同在於，前者著重在投資與促進經濟發展，後者則具有民營化與公股管理的政策性

[46] 參見中國時報，淡馬錫成為玉山金最大股東，民國2006年3月15日。該報導指出，玉山金宣布獲得新加坡淡馬錫集團4億美元投資，占玉山金持股15%，淡馬錫將成為玉山金單一最大股東，且可望取得二至三席董事，實際參與玉山金經營決策。玉山金是以發行海外可轉換公司債（ECB）方式引進淡馬錫資金；其中三分之一將在一個月內，以每股21.21元價格轉換成玉山金股票，至於另外三分之二的可轉債，將在2008年以前，以每股24.36元轉換成玉山金股票。

[47] 參見工商時報，新加坡展雄心布局亞洲不可缺，民國2006年04月04日，B2版。另參見經濟日報，淡馬錫買臣那越壯大新加坡電信，民國2006年01月25日。據該報導指出淡馬錫控股公司（Temasek）23日以接近20億美元的價碼，買下泰國總理塔信家族擁有的電信集團臣那越公司（Shin Corp.）近50%的股權。根據新加坡媒體報導，臣那越持有泰國行動電話公司Advanced Info Services（AIS）43%的股權；AIS掌控泰國逾半數的行動電話市場。新加坡電信目前持有21%的AIS的股權。

[48] 參見工商時報，收購泰國前總理塔克辛家族電信集團，捲入政治風暴淡馬錫增設總監改善企業形象，民國2006年04月08日，A6版。該報導更指出於去年3月結束的上一會計年度，淡馬錫在全球的資產總值達630億美元。

[49] 參見商業週刊，「淡馬錫征戰亞洲金融圈的神秘主帥」，吳修辰，頁94-95，第929期。參見新新聞，「外資進占中國，淡馬錫搶當八國聯軍龍頭」，李有德，頁82-83，第966期。參見新新聞，「淡馬錫還想敲哪些金磚」，陳依秀，頁88-89，第963期。

任務，投資與促進經濟僅是其附加價值。Temasek公司之董事會9人，其董事會之任免應經過新加坡民選總統之同意，董事每一任3年並得連選連任。就Temasek其下所持有之公司，一般係由Temasek公司指派與該控股公司本身無關之人選擔任董事經營（以避免利害衝突，強化董事的忠實義務），而該人選往往來自於私人企業。Temasek公司通常並不直接介入其旗下公司之經營，而Temasek公司之總經理係負責直接營運，並必須由董事會定期檢視其營運績效。Temasek公司其下之被控股公司並未受到國營事業法律規範，其預算亦不受議會審議，因此得保有其人事獨立性，切開公務人員任用限制之法令障礙，亦符合其以投資為目的之營運目的（亦即獲利）為考量[50]。

　　反觀我國在公股集中管理之實行[51]上似乎是力有未逮，該項公股集中管理的構想，源自於前行政院長游錫堃時代，當時主要著眼於統一管理運用數兆元的國家資產，並提高公股出售效率，兼而希望改善公股「球員兼裁判」—既是政策制定者也是受規範者的現象，並訂下三階段實施計畫：第一階段是自94年3月起，將已民營化事業的公股股權集中管理；第二階段是所有國營事業集中化，第三階段是成立控股公司，其實施時間則要視第一階段的成效而定。財政部更早在94年度即委託著名事務所進行委託研究並提出國家控股公司法案研究報告，在該研究報告中即針對國家控股公司所背負之任務（最重要任務——即在處理民營化釋股之相關問題，就該項目的而言，與新加坡淡馬錫公司之成立目的在投資獲利，並不相同）以及人才引進、待遇及預算方面放寬規定，打破公務機關之考試任用等等，均有相關規範等等[52]，期待為國家控股之法

50 參閱財政部94年度委託研究計劃國家控股公司法案研究報告，第5-7頁，民國94年10月1日。
51 參見經濟日報，回頭是岸，放公股一條生路吧，2006年05月08日，A2版。
52 參閱財政部94年度委託研究計劃，國家控股公司法案研究報告，民國94年

制層面先行加以建構。

　　而第一階段實施以來，目前設於財政部[53]的公股小組確曾完成幾件民營化個案，如臺開信託部門出售、僑銀減增資、合庫釋股等，其他部會移交的事業股權，則未見具體管理成效，不僅釋股效率未因集中管理而提高，反而還出現不少爭議，甚至是弊端，例如中鋼董事長參與員工分紅爭議。同時公股小組的管理能力也未因股權集中化而提高，甚至還有每下愈況之勢，例如開發金控乙案，原屬財政部主管的金融事業，但面對民間大股東種種引發公司治理疑慮的行徑，不僅未能防患於未然，反而還得迫於形勢而為其背書，即使最後以更換官派董事長展現公權力，卻也同時承認了公股董監的管理疏失。近日來，更出現各目的事業主管機關，如交通部、經濟部[54]等等，希望拿回人事權、業務監督權以及公股股權等等，更使得公股集中管理制度雪上加霜[55]。

　　何以同樣的一個制度於我國實行上產生如此嚴重之問題，然而新加坡政府卻因該項制度創造出前所未有之利基（Niche），究竟是制度本身出了問題，又或是同樣一套制度來到臺灣水土不服，需要加以改良才能適用，公股股權管理問題究竟出在哪裡，新加坡政府之經驗的確值得

　　10月1日。另參見工商時報，集中管理公股分三類成立國家控股公司胡，勝正／三大類為資產、金融及產業。財政部／強烈建議訂定「國家控股公司法」引進不同領域專業人才。交通部、經濟部／基於政策需求及主控權恐被剝奪等考量態度保留，2006年05月19日，A4版。參見工商時報，新加坡淡馬錫「入憲治理」可參考，2006年05月19日，A4版。

[53] 目前財政部掌控已民營化之公股金融機構及國營事業共31家，參見中國時報，國庫署長劉燈城：公股管理分股權、人事、業務三面，2006年05月12日，B2版。

[54] 集中管理制度出現瓦解，臺北農產行銷公司的公股管理已轉由農委會負責，陽明海運、臺灣航運、桃園航勤等事業公股，交通部即將收回自理，而剛完成民營化之中華電信，交通部迄今未移轉公股管理權，最近亦傳出經濟部想收回中鋼等事業之公股管理權。同前註40。

[55] 同前註41。

我們借鏡好好思考；同時，究竟我國適不適合以及該不該成立國家控股公司，亦應多方加以討論，對我國將來建構國家控股之藍圖亦有更正面之幫助。

四、新加坡證券交易市場整合狀況

　　而在新加坡之證券市場，不約而同也是以控股公司之模式進行整併以提升競爭力。如前述，由於國際金融市場國際化與全球化之發展、電訊科技發展，為了降低整合難度，強化其競爭力，維持其亞洲金融中心之地位，1998年11月，新加坡副總理李顯龍即宣布將新加坡證交所（SES）和新加坡國際金融期交所（SIMEX）股份化公司制及合併，合併為單一整合之私有股份化公司（SGX），並透過新加坡政府立法將SEX及SIMEX兩交易所百分百股權移轉給政府新設之持股公司，在新加坡政府指導下，透過高效率之行政立法程序，在1999年12月完成公司化，並於2000年11月完成掛牌上市。新加坡交易所控股公司，旗下包括新加坡股票交易所、集中保管公司、衍生性商品交易公司、衍生性商品結算公司與新加坡資訊服務公司。

　　同時，為了配合上開整併計劃，在新加坡證券交易市場的法制方面也作了若干調整，首先在2001年，新加坡證券市場之主管機關金融管理局（Manetary Authority of Singapore, MAS）將原先散見之證券業法、期貨交易法、交易所法及部分公司法併入同一部法律，而在2005年新加坡國會更積極推動證券暨期貨法及其相關子法之修正[56]。

　　不論是新加坡的淡馬錫控股或是新加坡的交易所控股公司，均係政府控股的極致表現，雖有論者為此舉為開民營化之倒車，然本文認為民

---

[56] 參見「2005年世界主要證券交易市場相關制度」，臺灣證交所編印，頁新－2，94年7月。

營化之意義並不侷限在股份之持有，而係在於資源能否被充分利用、經營效能否提升、管制市場是否開放與自由化，因此即便是政府控股，惟如能達到政府所有與專業經營相分離，即不失為我國證券市場可以借鏡之戰略方向。

肆、提出問題

在經過上述之介紹後，希望能對於我國證券市場周邊單位之整合或多或少有一粗淺之認識，對於控股公司的模式也能有一個完整的印象，惟就目前之相關文獻及資料整理的過程中，筆者也對目前整合之狀況提出一些問題供大家思考。

一、整合後之證券期貨服務控股公司如何成立？該公司之定位如何？

（一）證券期貨服務控股公司成立的法制面問題

首先，由於證交所[57]、期交所[58]、集保[59]（已合併票保，並以集保

---

[57] 證券交易法第93條：「證券交易所之設立，應於登記前先經主管機關之特許或許可；其申請程序及必要事項，由主管機關以命令定之。」同法第124條：「公司制證券交易所之組織，以股份有限公司為限。」

[58] 期貨交易法第第8條：「期貨交易所之設立，應經主管機關之許可並發給許可證照。前項設立標準及管理規則，由主管機關定之。」同法第34條：「公司制期貨交易所之組織，以股份有限公司為限；其單一股東持股比例不得超過實收資本額百分之五。但有特殊情形經主管機關核准者，不在此限。」

[59] 臺灣證券集中保管股份有限公司章程第2條：「本公司依據證券交易法及公司法規定組織之，並分別呈請主管機關核准及登記。」

為存續公司）以及櫃買中心[60]（預計於先公司化），均係屬公司法上之股份有限公司，故應有公司法之適用，同時也有企業併購法之適用。由於該證券周邊單位非屬銀行、保險公司、證券公司之一，因此該控股公司自非金融控股公司，應不得直接適用金融控股公司法[61]。同時依據報載證交所、期交所、集保與櫃買中心年底前將完成四合一，且成立控股公司，金管會促成動作積極，日前來函至經濟部商業司，增列新的營業項目「證券期貨控股業」以及「櫃檯買賣業」，以便利未來這家四合一控股公司辦理公司登記以及便利櫃買中心以轉投資方式成立櫃買公司加入四合一方案，此一要求已獲商業司同意[62]。再者，依前述分析，該控股公司係以投資為專業並以控制其他證券周邊單位公司之營運為目的之公司，符合臺灣證券交易所股份有限公司投資控股公司申請股票上市審查準則[63]之規範，並依證券期貨控股事業管理規則第5條規定：「證券期貨控股事業之組織，以股份有限公司為限。除經主管機關許可者外，其股票應公開發行」，原則上採強制公開發行，倘若該控股公司未來

---

60 為統合證券期貨市場週邊單位資源，並依證券交易法賦予櫃檯買賣事業明確之法律定位，財團法人中華民國證券櫃檯買賣中心擬發起設立公司型態之櫃檯買賣事業，俾與其他證券期貨週邊單位共同組成證券期貨控股事業，爰依證券交易法第18條第2項訂定櫃檯買賣事業管理規則（以下簡稱本規則），以作為行政院金融監督管理委員會管理依據，參見櫃檯買賣事業管理規則總說明，參見前註11。

61 依金融控股公司法第4條第2款：「金融控股公司係指對一銀行、保險公司或證券商有控制性持股，並依本法設立之公司。」而臺灣證券集中保管公司編印之「全球證券暨期貨交易市場結算交割發展趨勢探討」一文中第290、298頁中所提及該整合之法制為金融控股公司法，容有誤會。

62 參見工商時報，商業司增列證券期貨控股業，2006年07月27日，A8版。

63 該規定主要係依證券交易法第140條及臺灣證交所股份有限公司上市審查準則第20條之規定而訂定。係於中華民國88年4月3日臺灣證券交易所股份有限公司（88）臺證上字第08945號公告發布。

欲申請上市[64]，仍應有前開上市審查準則之適用，且參照證券交易法第127條[65]規定：「公司制證券交易所發行之股票，不得於自己或他人開設之有價證券集中交易市場上市交易」，則未來控股公司如欲在自己所完全控股之交易所上市[66]，於法令面亦應有特別規範以避免其利害衝突之情形發生，始為妥適。

而依照目前四合一之走向，臺灣證券交易所、臺灣期貨交易所、臺灣集保結算所公司及財團法人中華民國證券櫃檯買賣中心轉投資設立之櫃檯買賣公司，將以股份轉換方式，成立控股公司，應係指依企業併購法第29條[67]規定而為之股份轉換，依企業併購法第4條及第29條之規

---

[64] 行政院金融監督管理委員會94年3月11日金管證一字第0940001061號令：「……二、數家公司依企業併購法第31條規定，以百分之百股份轉換方式新設投資控股公司，如有未上市（櫃）公司一併轉換者，該新設投資控股公司尚應完成經濟部設立或變更登記、有價證券之公開發行暨相關上市（櫃）作業程序後始得上市（櫃）。……」。

[65] 證券交易法第127條：「公司制證券交易所發行之股票，不得於自己或他人開設之有價證券集中交易市場上市交易。」同法第150條：「上市有價證券之買賣，應於證券交易所開設之有價證券集中交易市場為之。」

[66] 參見工商時報，證券四合一後，將辦股票上市，2006年6月27日，C2版。

[67] 企業併購法第29條規定：「公司經股東會決議，得以股份轉換之方式，被他既存或新設公司收購為其百分之百持股之子公司，並依下列各款規定辦理：

一、公司股東會之決議，應有代表已發行股份總數三分之二以上股東之出席，以出席股東表決權過半數之同意行之。預定之受讓股份之公司為既存公司者，亦同。

二、公司法第156條第2項、第197條第1項、第227條、第278條第2項及證券交易法第22條之2、第26條規定，於股份轉換不適用之。

公開發行股票之公司，出席股東之股份總數不足前項第1款定額者，得以有代表已發行股份總數過半數股東之出席，出席股東表決權三分之二以上之同意行之。但章程有較高之規定者，從其規定。

預定受讓股份之公司為新設公司者，第1項第1款規定轉讓公司之股東會，視為受讓公司之發起人會議，得同時選舉新設公司之董事及監察人，不適用公司法第128條至第139條、第141條、第155條及第163條第2項規定。」

定，股份轉換係指公司經股東會決議後，讓與其全部已發行之股份予他公司作為對價，已繳足公司股東承購他公司所發行之新股或發起設立所須之股款，因此本案例中亦即將由前述四單位將其所有之股份，經股東會決議，百分百移轉由新設之證券期貨控股公司所持有，成為該控股公司百分百持股之子公司，而原先四個單位則取得新設之控股公司所發行之股份作為對價，然而技術以及法制方面遭遇到的難題即是證券交易法第128條第1項後段之規定：「公司制證券交易所……；其股份轉讓之對象，以依本法許可設立之證券商為限」，如前述從形式上觀之，該證券期貨控股公司依其登記為「證券期貨控股業」顯而易見並非證券商，從實質觀之，其經營事業依證券期貨控股事業管理規則第2條及第4條，其業務範圍在投資證交所、期交所、集保結算事業、櫃檯買賣事業等以及對該事業之管理，所經營之業務亦非證券商業務（自營、經紀、承銷），因此證交所得否以股權轉換之方式成為證券期貨控股公司百分百之子公司似不無疑問[68]，也因為這個法制上的問題似非經過修法不能解決（雖金管會一度主張股權轉換並非轉讓，惟似無堅強論理依據），而使得四合一完成控股公司之計畫延宕至今。市場上亦有指出先行整合證券市場前後臺作業，由證交所提高轉投資集保結算股權到百分之百[69]，然而正如前述，若證交所欲以換股方式提高轉投資集保結算所之股權至百分之百，仍有證券交易法第128條適用之疑義，若以現金方式為之，又恐怕會超出證交所得轉投資之上限，似也困難重重，同時業務整合與股權整合是否有必然的關連性亦值得考量。

　　針對此法令上瓶頸，金管會目前已提出證券交易法第128條及第177條修正條文草案，該草案於96年10月17日經行政院核轉送立法院審議，

---

[68] 參見工商時報，證交所今董事會陳樹新官上陣，2006年8月15日，C2版。
[69] 參見經濟日報，證交所提高集保持股至100%，2006年3月10日，B2版。

惟立法院第6屆第6會期並未通過，仍有待下一會期續行審議，是否通過誠屬未知。依目前第128條修正草案[70]觀之，第1項刪除證交所股份轉讓對象限於證券商之規定，另增加第2項、第3項，單一股東及外國人對證交所及百分百持有證交所之控股公司之持股比率及限制，雖有助於四合一方案在法令上之困境有所抒解，惟目前四合一之規劃係以企業併購法第29條百分之百股權轉讓方式，將證交所等四個周邊單位納為子公司，則立法上再增加單一股東及外國人對證交所之持股限制，似有疊床架屋之虞，又或許此一立法係為四合一破局預留伏筆，以收立法說明「證券交易所係須經行政院金融監督管理委員會許可以經營有價證券集中交易市場為業務之事業，其經營攸關我國證券市場及國民經濟之發展，故宜對全體外國人持有證券交易所股份之總額，予以一定比率之適度限制」之效，惟四合一如破局，我國將如何因應國際競爭情勢，其配套措施為何，並未見隻字說明，實感遺憾。但第128條第4項對於控股公司之股權結構明文限制單一股東及外國人持股比率及超過比率部分無表決權，本文敬表贊同，其理由詳後述。

　　相較於證交所股份轉讓之限制，期貨交易法第34條之規定「公司制期貨交易所之組織，以股份有限公司為限；其單一股東持股比例不得超過實收資本額5%。但有特殊情形經主管機關核准者，不在此限」，對於期交所股份轉讓顯得較具彈性，未來於轉換為證券期貨控股公司百分

---

[70] 證券交易法第128條修正草案：「公司制證券交易所不得發行無記名股票。單一股東持有證券交易所股份之比率及外國人持有證券交易所股份之總額，由主管機關定之。

單一股東所持有之證券交易所股份超過前項規定之比率者，其超過部分無表決權。

持有證券交易所百分之百股份之控股公司，不適用第二項有關單一股東持股比率限制之規定；該控股公司之單一股東得持有之股份比率及外國人得持有之股份總額，準用第二項及第三項之規定。」

百之子公司，應不致產生困難。

其次換股比例自應經過資產鑑價，由專業獨立之財務顧問提出評價報告等，來協助整併之進行，同時也因為櫃買中心（財團法人）已進行公司化，因此在換股過程中亦不至於產生阻礙。惟就換股比例目前並無相關報導文獻資料或合併意向書可供說明，市場上已有傳言指出櫃買中心擬轉投資成立櫃買公司，為免換股後，持股比重遭稀釋，預定10月成立的櫃買公司股本初步決定將由預定的18億元，一舉擴增為25億元[71]，即使在一般企業併購之案件，換股比例往往是一個併購案成或敗的關鍵，因此未來預期本案在換股比例上恐怕也是各方角力的戰場。

我國證券周邊單位雖然區分為證券、期貨、櫃檯買賣三個體系獨立運作，然而各單位之間股權持有關係緊密，首先，證交所具有半公半民的濃厚色彩（依其持股來看國際商銀、臺糖、中央信託局、土銀等公股之比例，尚未超過50%，不符國營事業之定義），證交所持有55%[72]之集保公司之股份，而證交所、集保公司及其他14家證券暨期貨業者同時又持有25%的期交所股份（證交所持有5%之期交所之股份），依前所述，該整合方向係以百分百之股權轉換方式成立控股公司，則一旦進行股份轉換後，則證交所原先所持有之集保公司以及期交所股份，因股份轉換之結果，會形成證交所轉而持有控股公司之股份，亦即控股公司之子公司證交所將會持有控股公司母公司股份之交叉持股狀態，則此部分母子公司交叉持股之部分應如何處理，此部分查相關企業併購法似無相關規範，則回歸一般規定適用，該情形是否落入公司法第167條第3項「被持有已發行有表決權之股份總數或資本總額過半數之從屬公司，不得將控制公司之股份收買或收為質物」之規範，不無疑問，因學者以為

---

[71] 參見工商時報，證交所今董事會陳樹新官上陣，2006年7月21日，C2版。
[72] 此比例係在集保公司尚未合併票保公司之前之計算。

該條僅在規範動態取得而不在規範靜態持有。然參照金融控股公司法第
31條之立法理由[73]：「一、鑑於金融機構辦理轉換時，如原投資事業擬
成為該金融控股公司之投資事業，使其與原金融機構成為金融控股公司
下之兄弟公司……，二金融控股公司與孫公司進行股份轉換後，原子
公司投資孫公司資金重複運用之情形將顯現，且將造成子公司持有金融
控股公司股份之交叉持股情形，與本法第38條禁止交叉持股之規定相互
牴觸……」，因此是否有該法第31條第2項及第4項[74]之類推適用，值得
大家再行集思廣益，共思解決之道。

　　同時，對於未來的證券暨期貨服務控股公司是否有單獨立法加以規
範之必要，如金融控股公司有金融控股公司法加以規範，以及原先規範
該相關被控股公司之相關法律，如證券交易法，期貨交易法等等是否有
整合成單一法典之必要及可行性，如新加坡之證券交易市場整合後將其
相關法規整合成一部法規，亦是值得學者專家以及政府機關等單位深思
研究的。

（二）未來整合後之控股公司之股權架構

　　再者，該控股公司之設立究為為上開四個事業體以其股份所為之發

---

[73] 轉引自王文宇，「控股公司與金融控股公司法」，頁386-387，92年10月初版。

[74] 金融控股公司法第31條：「金融機構辦理轉換為金融控股公司時，原投資
事業成為金融控股公司之投資事業者，其組織或股權之調整，得準用第24
條至第28條規定。依前項規定轉換而持有金融控股公司之股份者，得於3年
內轉讓所持有股份予金融控股公司或其子公司之員工，或準用證券交易法
第28條之2第1項第2款作為股權轉換之用，或於證券集中市場或證券商營業
處所賣出，不受第38條規定之限制。屆期未轉讓或未賣出者，視為金融控
股公司未發行股份，並應辦理變更登記。金融機構辦理股份轉換時，預定
之金融控股公司為既存公司者，該既存公司之投資事業準用前二項規定。
金融機構依前3項規定持有金融控股公司之股份，除分派盈餘、法定盈餘公
積或資本公積撥充資本外，不得享有其他股東權利。」

起設立，又或者採行如新加坡之淡馬錫公司模式，先由政府設立該控股公司，再由各該事業體以其股份與控股公司進行股份轉換加以認股之方式設立，筆者所搜尋之文獻或報章雜誌並未對此加以剖析，然而不論採行何種方式，其中由政府所持有之部分應如何管理，無疑是最重要也最值得大家思考之問題。正如同筆者於前所述，該上開單位整合後對國內資本市場勢必形成一獨占且壟斷之地位（依目前市場，股票市場由證交所與櫃買中心負責，期貨市場則由期交所負責，各自市場僅有一家交易所，並無競爭[75]），且因整合於單一控股公司架構下，當金流與券流合而為一，其影響市場的力量更是不容小覷。再加上證券交易之特殊性，其目的除了創造一公平公開之交易環境之外，尚肩負有保障投資大眾之公益使命，因此該控股公司未來如何妥善運用其地位，兼顧公益與私益之追求，並達成其當初採行控股公司形式整併之目的，亦即所有與經營分離，專業經營之目的，實有待政府機關為全面而縝密之規劃及專家學者之真知諫言，當然有賴全民加以監督、檢驗。

控股公司本身所肩負維護公益之責任應如何落實以及維護，這一點即便是在德國的控股公司（DBAG）一樣是值得被檢討的。筆者認為，或許可借鏡新加坡以控股公司整合其國內具有自然壟斷性質，對社會民生影響甚高的公共事業或其證券市場之經驗，由政府設立控股公司，將證券周邊單位納為子公司，子公司得保有專業經營，並以獲利為導向，該獲利直接回饋反映在控股公司持有之股份，獲利成果直接歸屬國家，同時，控股公司本身又可兼顧公益維護對整體集團策略作一有效調整，可達一雙贏的局面，然而也有研究報告[76]指出，控股公司未來之股權架

---

[75] 由證券交易法第150條：「上市有價證券之買賣，應於證券交易所開設之有價證券集中交易市場為之」，規範場外交易之禁止可見一斑。同時如交易所間透過整合又兼任中心交易對手其對市場獨占地位的形成更加鞏固。

[76] 參見「金融監理一元化後集保事業之功能及角色研究」，臺灣證券集中保

構為民營或公營仍有待討論，惟為維持其自主或企業化經營，應以民營為主要之管理方向，但報告中也指出以民營化為架構之控股公司，如何確保主管機關之指揮管理權責，仍待特別法中為規定。

筆者對於控股公司之股權應採公營或採民營其實尚無定見，僅在整合之初，控股公司模式運作尚不成熟之際，是否即適合貿然民營有所質疑，我國金融監理是否足以管理駕馭民營化後之控股公司，值得大家再深切思考。況且民營化之背景是由於公營事業對於事業之管理只重防弊不重興利，並受到依法行政以及人事、會計、預算、採購等種種法令包袱，而導致經營績效不佳，因此重點應不是在於企業是屬於民營或公營，而是在於如何能使經營績效提升又能兼顧公益維護，而民營化之概念，就學者之定義不僅國家將資產、股份（包括資產所有權、股份所有權以及股東權等）移轉至民間部門外，尚包括資源利用、經營效能提升、管制市場之開放與自由化，因此如何能保有國家財產權又能促進經營績效也不失為一個整合方向之選擇，然而，正如前述所提及，我國在公股集中管理上所面臨之困境亦是吾人不得不加以重視跟解決，目前金管會所提出之證券交易法第128條之修正條文草案，雖對應採公營或民營並未直接回應，然其初步限制單一股東及外國人之持股及表決權限制以抑制金融市場過度壟斷與集中之立意，仍值贊同。

管公司編印，集保叢書064，頁142，93年6月。

（三）控股公司架構圖[77]：

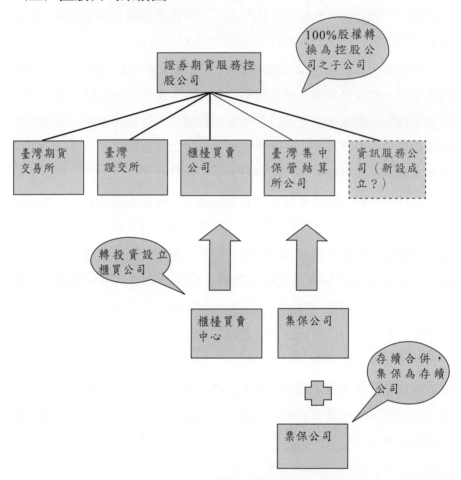

二、證券暨期貨控股公司成立後，子公司業務間之整合問題初探

　　這個問題可以從兩方面來看，一個即是成立票保與集保公司的合併案來看，依照前述提及之證交所及周邊證券單位整合大事紀要，從

[77] 本表為作者自行整理。

2005年10月19日，票保公司與集保公司宣布合併，並以集保公司為存續公司，票保公司為消滅公司，合併後更名為「臺灣集中保管結算所股份有限公司」，然有報導指出原先之計畫僅為單純債券結算交割保管業務整併，最後卻演變為集保合併票保，且原先似乎屬意由票保公司為存續公司，最後卻大逆轉由集保公司勝出；而在名稱上，證交所與集保公司對於應稱為「臺灣集中保管結算所股份有限公司」，又或是「臺灣集中保管及票券結算所股份有限公司」以及合併後新公司章程業務是否包括「有價證券與短期票券集中保管結算」，產生重大爭執，其箇中原委以企業併購之角度而言不失為一個可以探討的好問題，惟本文意不在此，本文僅想藉此突顯證券周邊單位各據山頭、貌合神離的微妙關係，可以想見由金管會主導的證券周邊單位「四合一」整併計畫，在業務整合之方面恐怕是不會太順利。

同時，人事整併也將會是繼業務整併後另一個持續引爆的關鍵，有報導也指出櫃買中心，原先計畫要將上櫃業務移轉給證交所，僅剩興櫃和債券二項業務，櫃買公司的人力編制僅85人，將有120名員工轉換跑道至證交所，惟證交所似乎不願意負擔過多之人力成本而延遲業務移轉計畫之執行，這僅是此次整合冰山之一角。其實整併之目的，本來就是在於透過整併將原有事業之間業務、人力、系統重複編置的部分加以調整，以達到提升經營綜效，資源最大化以及節省成本之目標，對於金管會之發言承諾「不僅不會裁員，而且還要把餅做大、招募新的人才」，本文亦持保留看法，本文認為在整併之過程之中，人事精簡本來就是不得不為的必要之惡，因此員工權益之保障重點並不在於保證其不會被裁員，而是如何確保員工在整併過程之中對於其權益之損害能降到最低，其對於自身權益得以加以陳述之正當程序保障，倘若沒有妥善處理員工權益將來勢必也會成為整併之阻力之一。

另一個方面可以從世界交易所整併潮流趨勢來看，單一結算機構

應是主流思維，而其方式究竟是採行結算與保管合一，又或是將結算部分獨立成一部門或被控股子公司，在全世界並沒有一致的做法，前者之例，如日本，2002年，日本證券協會以及東京、大阪、名古屋、札幌、福岡等五家證券交易所共同成立一統一結算機構（JSCC），2004年並將東京證交所的期貨市場之結算業務併入該結算機構，但日本之上市櫃股票及可轉換公司債之保管業務則由日本統一之證券集中保管帳簿劃撥機構（JSDEC）辦理，其他如英國、德國、瑞典、美國、香港、新加坡等等均係採結算與集保合一之結構；後者即如法國，法國之證券集中市場及衍生性商品市場之結算機構（LCH.ClearnerSA）負責風險控管與履約交割，而證券保管則由Euroclear France負責，同時LCH.ClearnerSA也成為第一個跨國及跨現貨與衍生性商品之交易所，並為Eoronext擔任中心交易對手。

而依我國目前的狀況垂直整合深，水平整合不足之情況，如欲以控股公司統合證券周邊單位，交易與結算是否應該分離，結算與保管是否應合一又或是將結算獨立成立一公司，如果從風險區隔的角度來看，交易與結算分離，交易所不致承受太大風險，且交易與結算分離似乎也較亦與國際接軌，但就如前所述，目前不論是證券交易所、期貨交易所、櫃買公司及集保公司對於自身業務之切割均採取保護主義，因此目前只達成成立控股公司之共識，對於業務是否真能依照功能最適理論加以調整，尚待考驗。

伍、結　語

透過文獻以及相關報章雜誌之整理，本文礙於篇幅以及筆者能力有限，對於目前我國證券周邊單位之整合僅能作出一粗淺而概略之介紹，

也從本文前述分析發現四合一仍存在法制上未能克服解決的面向，最尤甚者，即是證券交易法第128條之修法延而未決，即無法消除四合一案之股權轉換方式可能面臨違法之疑慮；即便克服前困難，對於控股公司定位似乎都未見政府具體完整的規劃，也未見學界對此問題加以著墨，本文只能從民營化以及國家控股相關文獻的探討，並藉新加坡證券市場之整合及新加坡淡馬錫控股公司成功的經驗企圖提供一個可以討論及思考的方向。然而對於四合一之問題也決非本文所單單提及的兩個問題而已，其他如整合後，主管機關對於該控股公司以及被控股之公司之監理問題，如何才能達到尊重市場機制與自由化，同時又能兼顧投資人之保護；又或如控股公司在整合之後，在我國證券交易市場所擁有的獨家專營權，和其背負著公益性質的責任應如何調和，該控股公司除了股東利益以外，為了確保公眾利益，其董事會之組成份子，其股東之持股應否限制等等都有以專法加以規範之必要，以避免其喪失獨立性而造成獨占地位之濫用，簡言之該控股公司之公司治理，也將會是值得吾人加以深思研究的範疇。今日我國證券周邊單位之整合才剛剛開始起步，除了有賴政府機關深謀遠慮整合站在至高點對於整合之相關法制妥善研擬、學者專家提供針對問題提出切合實際之討論建議與解決辦法，更有賴國人加以重視並監督政府以期將來我國證券交易市場能有一更完整之運作模式，達成政府、證券相關單位以及投資人之三贏。

參考文獻

一、專書論著

王文宇，「控股公司與金融控股公司法」，元照出版，民國92年10月初版。

二、期刊論文

1. 汪萬波，「全球重要交易所整合之趨勢與展望」，證券、期貨交易所合併、收購及策略聯盟法制與經濟國際學術研討會，民國90年。

2. 「我國如何建置跨市場結算風險控管機制」，臺灣證券交易所編印，民國93年04月。

3. 朱漢強，「全球重要證券及期貨保管結算機構整合之趨勢與展望」，證券、期貨交易所合併、收購及策略聯盟法制與經濟國際學術研討會論文集，民國90年。

4. 周行一，我國證券、期貨市場交易結算未來應走之方向，證券、期貨交易所合併、收購及策略聯盟法制與經濟國際學術研討會論文集，民國90年。

5. 「投資控股公司相關法令及執行成果檢討」，經濟部工業局92年度專案計畫執行成果報告，民國92年12月31日。

6. 李俊瑩，「我國公營事業民營化之檢討與法制變革重點建議」，臺灣大學法律學研究所碩士論文，民國89年7月。

7. 「2005年世界主要證券交易市場相關制度」，臺灣證交所編印，民國94年7月。

8. 「我國證券市場發展研討會」，臺灣證券交易所編印，民國90年12月。

9. 「金融監理一元化後集保事業之功能及角色研究」，臺灣證券集中保

管公司編印，集保叢書064，民國93年06月。

10.「國家控股公司法案」研究報告，財政部工業局94年度委託研究計畫，民國94年10月1日。

11. 王志誠，「股份轉換法制之基礎構造－兼評企業併購法之股份轉換法制」，政大法學評論第71期。

12. 王文宇，我國公司法購併法制之檢討與建議－兼論金融機構合併法，月旦法學雜誌第68期，民國90年1月。

13. 任美珍、黃創夏，「新加坡國有控股公司淡馬錫，總理夫人是控股女王」，新新聞，頁28-29，第931期。

14. 吳修辰，「淡馬錫征戰亞洲金融圈的神秘主帥」，商業週刊，頁94-95，第929期。

15. 李有德，「外資進占中國，淡馬錫搶當八國聯軍龍頭」，新新聞，頁82-83，第966期。

16. 陳依秀，「淡馬錫還想敲哪些金磚」，新新聞，頁88-89，第963期。

三、報　紙

1. 經濟日報，集保結算所，葉景成將任董座，C2版，2006年01月03日。

2. 經濟日報，陳伯松金融觀金融市場全球一村，A12版，2007年2月28日。

3. 經濟日報，由原先證交所集保櫃買三合一擴增至四合一，A11版，2007年3月16日。

4. 經濟日報，回頭是岸，放公股一條生路吧！，A2版，2006年05月08日。

5. 經濟日報，證交所提高集保持股至100%，B2版，2006年3月10日。

6. 蘋果日報，證交所暫不接上櫃業務，B4版，2006年01月16日。

7. 蘋果日報，證券周邊單位整合市場意見多，B3版，2005年08月08日。

8. 蘋果日報，OTC改制為公司，B5版，2006年01月06日。

9. 工商時報，證交所、集保為更名問題公然鬧翻？，2006年02月09日。

10. 工商時報，證券周邊單位四合一年底完成規劃，A8版，2006年3月28日。

11. 工商時報，集保票保合併27日揭牌，C2版，2006年03月25日。

12. 工商時報，證券周邊單位四合一年底完成規劃，A8版，2006年03月28日。

13. 工商時報，因應證券五合一證交所、期交所、集保、期貨結算機構管理規則將修正特別盈餘提撥下限全數刪除，B2版，2006年05月06日。

14. 工商時報，證期控股公司擬開放民眾入股每年EPS至少2元殖利率超越銀行定存一年報酬若在市場掛牌將可造福許多股民，A8版，2006年05月19日。

15. 工商時報，新加坡淡馬錫「入憲治理」可參考，A4版，2006年05月19日。

16. 工商時報，收購泰國前總理塔克辛家族電信集團，捲入政治風暴淡馬錫增設總監改善企業形象，A6版，民國2006年04月08日。

17. 工商時報，證券四合一後，將辦股票上市，C2版，2006年6月27日。

18. 工商時報，證交所今董事會陳樹新官上陣，C2版，2006年8月15日。

19. 工商時報，證交所今董事會陳樹新官上陣，C2版，2006年7月21日。

20. 中國時報，淡馬錫成為玉山金最大股東，民國2006年3月15日。

21. 中國時報，國庫署長劉燈城：公股管理分股權、人事、業務三面，B2版，2006年05月12日。

22. 聯合報，集保股東臨時會證交所「杯葛」，B2版，2006年02月09日。

23. 中國時報，封關日7公司趕掛牌上市，B3版，2008年1月1日。

24. 工商時報，藍營一面倒大勝，金控、銀行、證交等修法，面臨新挑戰金管會9法案 新國會闖關難度高，A6版，2008年1月14日。

25. 工商時報，吳榮義：研發秘密武器引台商返鄉 本周帶團赴星、港招

商，新加坡法人踴躍參與，座談會爆增為300場，B2版，2008年1月17日。

26.工商時報，胡勝正：證券四合一等五二○後，B2版，2008年1月21日。

四、網　站

1. 行政院金融監督管理委員會，http://www.fscey.gov.tw/

2. 臺灣證券交易所，http://www.tse.com.tw/

3. 臺灣集中保管結算所股份有限公司，http://www.tscd.com.tw/

4. 新加坡交易所，http://www.ses.com.sg/

5. 行政院新聞局全球資訊網，http://info.gio.gov.tw//ct.asp?xItem=34406&ctNode=3764&mp=1。

茶壺中的循私風暴
——開發金併金鼎證案

林大鈞

目次

大事紀

日　　期	資　料　來　源	發　　展
94年6月6日	工商時報14版	開發金否認於海外帳戶買進金鼎證。
94年6月16日	聯合報B6版	開發金近期透過旗下開發工銀與開發國際,共計吃下金鼎證9.2%的股權,加計外圍已持有金鼎證超過一成以上,使得開發金成為金鼎證最大的單一法人股東,目標將瞄準兩家公司的合併。同時,金鼎證對此敵意併購則表示「不予歡迎」,並積極準備抵禦。
94年8月26日	聯合報B6版	金鼎證昨天宣布董事會通過與環華證金、第一證券、遠東證券公司「四合一」合併案,金鼎證為存續公司,合併後名稱仍為「金鼎綜合證券股份有限公司」,外界認為反制開發金的意味濃厚。
94年9月14日	經濟日報A4版、聯合報B2版	開發金正式表態敵意併購金鼎證,開發金日前已經完成向主管機關申請作業,開始動用金控母公司自有資金買進金鼎證股票,並將爭取金鼎證董監席次,同時並公告開發金、開發工銀及開發國際已共同取得金鼎證10.12%的股權。其中開發工銀的持股占4.88%、開發國際股持占4.32%,開發金持有0.92%。
94年10月14日	經濟日報A4版、聯合報B1版	金鼎證等四家公司於2005年10月13日同步召開股東臨時會,並通過四合一案。
94年11月17日	經濟日報A4版	開發金在持續大買金鼎證股票後,整個金控集團已在市場買入金鼎證近三成持股,但開發金的收購動作並未停止,除了規劃公開收購金鼎證外,又傳出收購環華證金股票反制,開發金係向金鼎證四合一案中之環華證金大股東收購股權,目標四成,除可反制金鼎證四合一,未來也可將環華納入旗下,使金控版圖更完整,開發金則否認之。
94年11月18日	經濟日報A4版、聯合報B1版	2005年11月17日,金管會表示,由於金鼎證子公司金鼎期貨營業員陳家樺發生非法代操與詐騙客戶資料事件,應屬合併契約書第7條第3款規定,參與合併公司發生重大災害、技術重大變革等影響公司股東權益或股價情事。因此金管會決議退回金鼎證四合一合併案,並要求金鼎證就該事件可能造成的影響提出分析報告,召開董事會或股東會討論是否調整持股比例。
05年11月21日	經濟日報A4版	金管會決議退回金鼎證四合一合併案,致四合一案瀕臨破局,因而欲將手中持股賣給開發金的環華法人股東暴增,開發金收購環華股票已迅速達到四成的目標。

日　期	資 料 來 源	發　　展
94年11月28日	中國時報B1版	金鼎期貨事件，動搖開發金董事會併購金鼎證之決心。開發金上週召開臨時董事會，監察人戴一義要求經營階層提出金鼎證價值評估報告，惟董事長陳木在以尚未拿下金鼎證經營權，無法作實地勘查為由，並未處理戴一義的提案。
94年12月2日	經濟日報A4版	2005年12月1日，開發金已掌握環華證金逾五成股權，環華證金董事會決議終止與金鼎證合併案，金鼎證不得不忍痛切割環華證金，並轉向速推與第一證、遠東證三合一，合併後預計資本額也將由原訂的172億元降為110.5億元，開發金持股遭稀釋程度，也從原本的減半變成僅減少約兩成多。
94年12月13日	聯合報B6版	開發金集團已共同取得金鼎證股權達35.02%，其中開發工銀持股達4.88%、開發國際持股為4.32%；開發金持則達25.81%。
95年2月18日	經濟日報A4版、聯合報B10版	2006年2月17日，開發金召開臨時董事會，決議對金鼎證展開公開收購，期限由2月19日起至3月1日金鼎證股東會最後買進日為止，為期11天，每股收購價14元。開發金最低收購量為2,460萬股，最高收購量為1.32億餘股，占金鼎證股權（未併入第一、遠東證前）的16%，則加計目前已持有金鼎證36.5%股權，開發金將握有金鼎證三合一後的股權約四成。
95年3月2日	聯合報B2版	3月1日開發金公布，自2月19日至3月1日止，以每股14元價格，共斥資8.82億元，公開收購金鼎證6,300萬股，占主管機關核准的金鼎證「三合一」後總股權的5.82%。連同之前取得股數，開發金目前合計已持有金鼎證32%的股票。
95年3月6日	聯合報A12版	開發金大張旗鼓公開收購金鼎證股票，結果最大賣方竟是開發金的孫公司「開發國際投資公司」，開發金共收購了63,000張，其中的34,000張來自開發國際，占總收購股數一半以上（約53%），開發國際因此獲利約1億4,000萬元，獲利率高達43%。
95年3月15日	經濟日報A3版	3月13日開發金獨立監察人陳添枝與獨立董事朱敬一要求召開臨時董事會，會議重點在於質疑經營團隊於2月17日董事會上未提供完整的資訊，以供董事會判斷。
95年3月21日	經濟日報A4版	財政部決定更換陳木在的公股法人代表資格，改由兆豐金總經理兼中國商銀董事長林宗勇接任。

日　　期	資 料 來 源	發　　展
95年4月2日	經濟日報A2版	財政部改由前誠泰商業銀行董事長林誠一接替陳木在擔任開發金公股法人代表，並經開發金臨時董事會決議通過出任董事長。
95年4月4日	經濟日報A2版	4月3日在立委要求下，金管會主委龔照勝表示，將依修正後證交法規定，指定開發金設立審計委員會。這將是國內首家被指定設立審計委員會的上市櫃公司。
95年4月5日、95年4月6日	經濟日報A1版 經濟日報A4版	4月4日，金管會派出金檢人員專案金檢開發金，對近來傳出各種公司治理疑雲的開發金展開調查，並將開發金全案移送臺北地檢署，追查是否涉內線交易及背信，財政部也發函要求開發金的公股董監事去了解本案。
95年4月25日	工商時報A9版	財政部強調，開發金董事長林誠一承諾不會出任開發工銀，以及所有轉投資子孫公司的董事。
95年5月3日	經濟日報A4版	5月2日金鼎證召開股東會改選董監，由金鼎證公司派取得五席董事和一席監察人，開發金取得四席董事和一席監察人，金鼎證公司派取得過半董事席次後，暫時保住經營權。
95年5月19日	經濟日報B2版 中國時報B2版	金管會在完成行政調查後針對本案做出處分，其勒令金鼎證董事長陳淑珠停職一年，並以「程序瑕疵」與「違反公司治理」要求開發金撤換吳春臺相關職務。
95年6月28日	聯合報B1版	因開發金遲未撤換吳春臺職務，金管會宣佈，在開發金撤換、調整吳春臺職務之前，暫時凍結開發金與開發工業銀行所有相關申請案。
95年7月13日	經濟日報A4版	開發金常務董事吳春臺於7月12日請辭開發金常董、開發工銀董事及開發國際董事長職務。
95年10月20日	聯合報A4版 經濟日報A4版	1.調查局收到金管會查核「開發金併購金鼎證」的報告後，認為涉及內線交易，目前將開發金總經理辜仲瑩及前開發國際董事長吳春臺列為調查對象，近期發動偵查。 2.開發金連續三天狂買3.43萬張金鼎證股票，對金鼎證的持股達48%。開發金表示暫時不會買逾50%，也不會提前全面改選金鼎證董監事。而金管會主委施俊吉表示，開發金去年10月21日向金管會申請轉投資金鼎證七成的股權，雖然金鼎證增資後，已經稀釋為五成，仍必須在一年內執行完畢，到21日已經是最後期限，開發金加碼金鼎證不令人意外。

日　　期	資 料 來 源	發　　　展
96年4月11日	聯合報A8版	開發金疑以假外資購併金鼎證等案，檢調昨天約談十餘人，開發工銀投資部協理單吟鳳、瑞陞資產管理公司財務主管方娟娟、大華證券邱姓協理、環華證金蕭姓會計等四人，深夜被依證人身分移送臺北地檢署複訊後飭回。
96年6月22日	聯合報A10版	檢調偵辦開發金弊案，昨天以關係人身分約談總經理辜仲瑩、瑞陞國際負責人成漢傑。特偵組承辦檢察官越方如到臺北縣調查站訊問辜仲瑩，主要是針對開發金併購金鼎證有無涉及背信、開發金有無利用併購金鼎證進行內線交易，以及中華開發資產管理公司任意放棄增資瑞陞公司等三大弊案，對辜仲瑩進行九個小時的馬拉松式訊問，最後飭回。

壹、前　言

　　近年來國際金融環境變動快速並朝向多元化、大型化及全球化發展，國際間金融市場日趨緊密結合，金融商品不斷推陳出新，造成金融商業活動之演進日趨複雜化，銀行、證券及保險間的業務區隔及差異亦漸趨淡逝。因而金融機構基於追求規模經濟（Economics Of Scale）與範疇經濟（Economics Of Scope）所產生的綜效，跨業經營並朝向集團化（Conglomerated）的發展儼然已是大勢所趨的世界潮流。

　　我國在經過一番激烈論辯後，決定採取金融控股公司法制，自2001年通過金融控股公司法（以下稱金控法）[1]後，提供設立金融控股公司之法源依據，到經過近二、三年來的金融機構併購風起雲湧[2]，在「大

---

[1] 2001年11月1日「金融控股公司法」正式實施，同年起財政部陸續核准14家金控設立，當時媒體紛紛以2001年為我國之「金控元年」稱之。

[2] 2004年10月20日，陳水扁總統宣佈二次金改的四項目標，即(1)2005年底前

即是美」的思維下，各金融控股公司莫不透過併購以壯大自身規模[3]。

　　面對這樣的金融庫斯拉，實際上商業資產脫離個人而為公司所有，亦即「個人持有控股公司股權」、「控股公司再持有被控股公司股權」，「被控股公司實際擁有金融集團之資產」，個人對公司企業之實際資產可謂「雙重間接持有」之狀態[4]。同時在現行實務上，金融控股公司對其子公司的持股幾為百分之百，故依金控法第15條[5]規定，由金控母公司指派子公司之董事、監察人，並由董事會行使股東會職權，在此情況下金控母公司的股東並無法直接對子公司行使相關監督權，故而如何去避免經營者與投資者間之利益衝突[6]即是一個重要的課題。

　　本章擬以「暫時」落幕的中華開發金融控股公司（以下稱「開發金」）併購金鼎證券股份有限公司（以下稱「金鼎證」）一案[7]為基

促成三家金融機構市占率逾10%，(2)官股金融機構數目減半，(3)2006年底前，國內十四家金控數目減半，且(4)至少有一家金控由外資經營或在國外上市。其中在「金控公司家數減半」一項的壓力下，各金控紛紛推動了一連串的金融機構整併，以期能壯大本身資產實力擠身前段班而免於日後成為遭併購的一方。

3 根據2006年5月3日出版之天下雜誌第345期（第424頁）及2006年5月29日商業周刊第966期（第114頁）所示，目前國內金融控股公司資產規模最大的國泰金控擁有新臺幣3兆零649億餘元資產；最小的國票金控也有2,535億餘元的資產。

4 王文宇，普通控股公司與金融控股公司之規範，月旦法學雜誌第79期，頁88，2001年。

5 金控法第15條：「金融控股公司得持有子公司已發行全部股份或資本總額，不受公司法第2條第1項第4款及第128條第1項有關股份有限公司股東與發起人人數之限制。該子公司之股東會職權由董事會行使，不適用公司法有關股東會之規定。前項子公司之董事及監察人，由金融控股公司指派。金融控股公司之董事及監察人，得為第一項子公司之董事及監察人。」

6 此即由於股東與經營者所追求之利益與目標不盡相同而產生之「代理成本」（Agency Cost）。

7 本文主要係以開發金公開收購金鼎證股份之相關部分為梗概。

礎，嘗試探討在現行法制下對於金融控股公司的運作，是否已有足夠的規範機制？又是否賦予股東足夠的力量來制衡監督經營者？倘若答案為否，又該從哪些面向來加以檢討改進？

貳、案例事實

事實概述

2004年4月中信證券入主開發金後一直亟思擴展旗下子公司大華證券版圖，因而有2005年初推動大華證券、中信證券與統一證券三合一案[8]。依照開發金原來的規劃，如果三合一案順利在股東會通過，則2005年底前可以完成三家券商合一，2006年再取金鼎證就如虎添翼。不料三合一案在公股反對下觸礁。

然在三合一案受挫後，開發金並未放棄打造最大券商、發展區域投資銀行的大計，早在推動三合一案前，開發金其實已默默布局金鼎證，金鼎證在上市櫃券商中規模適中，股本82億元，不像中信證股本達247億元，統一證券股本114億元，規模較大，合併付出的代價較高，因此以開發金的資源對金鼎證展開「非合意併購」（Hostile Takeover；亦稱「敵意併購」），門檻相對較低，況且金鼎證的股權分散，就如同過去中信集團揮軍開發金，也是相中開發金股權分散，金鼎證集團總裁張平沼雖然獲得大股東支持，多年來穩控經營權，但是股權相對不集中，以

---

[8] 若從市場占有率來看，當時中信證券與大華證券市占率目前分別為4.02%及2.25%，統一證券市占率則為3.46%，三家券商合併後市占率將達9.73%，逼近一成關卡，將超越市場龍頭元京證的8.12%。資料來源：聯合人力網，http://pro.udnjob.com/mag/fn/printpage.jsp?f_ART_ID=8626，最後瀏覽日：2006年5月30日。

及股價偏低，乃給外界可趁之機[9]。

　　起初開發金對外一律加以否認傳言其在市場上默默買進金鼎證股份，直至金鼎證在整理股東名冊發現開發金來勢洶洶，開發金初期已透過旗下開發工銀與開發國際，共計吃下金鼎證9.2%的股權，加計外圍已持有金鼎證超過一成以上，使得開發金成為金鼎證最大的單一法人股東，目標瞄準將金鼎證納入旗下。惟同時金鼎證公開表示，渠不歡迎開發金以非合意併購的方式入主，並將積極備戰防禦固守經營權[10]。金鼎證公司派因此祭出「四合一」策略，打算合併環華證金、第一證券及遠東證券，金鼎證為存續公司，合併後名稱仍為「金鼎綜合證券股份有限公司」，資本額僅次於元大、中信等證券，達172億元，為國內資本額第三大券商，如此則大大稀釋目前開發金持有的股權至5%以下，藉此反制開發金之非合意併購[11]。

　　2005年9月，開發金正式表態非合意併購金鼎證，渠表示日前已經完成向主管機關申請作業，開始動用金控母公司自有資金買進金鼎證股票，並將爭取金鼎證董監席次，為了併購金鼎證，開發金並預留彈性，今年底前將暫緩重推合併統一、中信證的三合一案，視買進金鼎證狀況彈性調整合併組合[12]，同時公告已經持有金鼎證股票達10.12%，成為金鼎證10%以上大股東，其中開發工銀的持股占4.88%、開發國際持股占4.32%，開發金持有0.92%[13]。

　　2005年11月17日，行政院金融監督管理委員會（以下稱金管會）表示，由於金鼎證子公司金鼎期貨營業員陳家樺發生非法代操與詐騙客戶

---

9 經濟日報，2005年6月15日，A4。
10 聯合報，2005年6月16日，B6。
11 聯合報，2005年8月26日，B6。
12 經濟日報，2005年9月14日，A4。
13 聯合報，2005年9月14日，B2。

資料事件，應屬合併契約書第7條第3款規定，參與合併公司發生重大災害、技術重大變革等影響公司股東權益或股價情事。因此金管會決議退回金鼎證四合一合併案，並要求金鼎證就該事件可能造成的影響提出分析報告，召開董事會或股東會討論是否調整持股比例[14]。

2005年11月28日，金鼎期貨事件，動搖開發金董事會併購金鼎證之決心。開發金召開臨時董事會，監察人戴一義要求經營階層提出金鼎證價值評估報告，惟董事長陳木在以尚未拿下金鼎證經營權，無法作實地查核為由，並未處理戴一義的提議[15]。此時開發金集團已共同取得金鼎證股權達35.02%，其中開發工銀持股達4.88%、開發國際持股為4.32%；開發金持股則達25.81%，依法金鼎證成為開發金子公司，並須編製合併報表，但為更一步鞏固主導權，開發金仍持續加碼金鼎證[16]。

2006年2月17日，開發金召開臨時董事會決議對金鼎證展開公開收購，期限由2月19日起至3月1日金鼎證股東會最後買進日為止，為期11天，每股收購價14元。開發金最低收購量為2,460萬股，最高收購量為1.32億餘股，占金鼎證股權（未併入第一、遠東證前）的16%，若加計目前已持有金鼎證36.5%股權，開發金將握有金鼎證三合一[17]後的股權約四成，董監改選取得金鼎證經營權的勝算將大增。以每股14元收購價估算，開發金若公開收購金鼎證達目標最高量，約需18.6億元資金，開發金將以融資方式籌資買進[18]。針對開發金公開收購金鼎證，金鼎證

---

[14] 經濟日報，2005年11月18日，A4；聯合報，2005年11月18日，B1。

[15] 中國時報，2005年11月28日，B1。

[16] 聯合報，2005年12月13日，B6。

[17] 開發金為反制金鼎證四合一案，故積極收購環華證金股票，2005年12月1日，開發金控已掌握環華證金逾五成股權，環華證金董事會決議終止與金鼎證券合併案，金鼎證不得不忍痛切割環華證金，並轉向速推與第一證、遠東證三合一。參見經濟日報，2005年12月2日，A4。

[18] 這亦是開發金第二次以公開收購方式併購上市櫃證券商，創下同一金控兩

2月19日緊急通知董監事召開臨時董事會，做成「建議金鼎證股東不參加公開收購」的決議，並指出開發金違法公開收購的兩大理由，認為涉及內線交易之嫌，並質疑其在未對金鼎證進行實地查核之前投入大量資金，實屬輕率[19]。

　　3月1日開發金公布，自2月19日至3月1日止，以每股14元價格，共斥資8.82億元，公開收購金鼎證6,300萬股，占主管機關核准的金鼎證「三合一」後總股權的5.82%。連同之前取得股數，開發金目前合計已持有金鼎證32%的股票[20]。然開發金大張旗鼓公開收購金鼎證股票，結果最大賣方竟是開發金的孫公司「開發國際投資公司」，開發金上周公開收購金鼎證，共收購了6萬3千多張，其中的3萬4千多張來自開發國際，占總收購股數一半以上（53%）；另外1萬5千多張來自外資，兩者合計賣出近5萬張，約占收購總數八成，散戶投資人應賣不到1萬5千張。值得注意的是，開發國際去年中陸續買進金鼎證，總計持有3萬五千多張，平均成本僅9.8元；開發國際以14元賣給開發金，一轉手就賺進約1億4,000萬元，獲利率高達43%[21]，此一結果造成日後引發開發金於併購過程是否涉及不法之爭議。

　　隨後於3月13日，開發金獨立監察人陳添枝與獨立董事朱敬一要求召開臨時董事會，會議重點在於質疑經營團隊於2月17日董事會上，未提供完整的資訊以供董事會判斷，部分感覺被「欺瞞」的董監事們，基於公開收購行為已完成，只能透過董事會會議紀錄向財政部、金管會釋

　　度公開收購其他金融機構的紀錄。過去劉泰英主導開發金時代，開發金曾以每股21元公開收購國民黨的大華證券，再將大華證納為子公司。參見經濟日報，2006年2月18日，A4；聯合報，2006年2月18日，B10。

[19] 工商時報，2006年2月20日，A1。

[20] 聯合報，2006年3月2日，B2。

[21] 聯合報，2006年3月6日，A12。

出訊息[22]。財政部亦在調查後，發現公股代表同時亦為開發金董事長陳木在之作為雖符合規定，但在資訊揭露、公司治理上的確有不盡周延之處，加上陳木在也提出辭呈，因此決定更換陳木在的公股法人代表資格，改由兆豐金總經理兼中國商銀董事長林宗勇接任[23]，惟在立法委員質疑其適格性[24]及林宗勇本人婉拒[25]下，改由前誠泰商業銀行董事長林誠一接任，隨即並經開發金臨時董事會通過其出任董事長一職[26]。

　　2006年4月3日在立委要求下，金管會主委龔照勝表示，將依修正後證交法規定，指定開發金設立審計委員會，這將是國內首家被指定設立審計委員會的上市櫃公司[27]。另於4月4日，金管會派出金檢人員專案金檢開發金，對近來傳出各種公司治理疑雲的開發金展開調查，專案金檢的查核重點，將鎖定董事會運作與經營階層的運作兩大部分來了解，並將開發金全案移送臺北地檢署，追查是否涉內線交易及背信，財政部也發函要求開發金的公股董監事去了解本案[28]。同時金管會為積極補強公司治理的缺漏，將要求金融機構經營階層，必須充分揭露所有資訊給董事會，否則將追究隱瞞的責任，據了解，金管會將在銀行業、金控業的公司治理實務準則，列入上述規定，一旦納入這項規定，堪稱是「開發金條款」[29]。此外為杜絕開發金前董事長陳木在因擔任轉投資開發國際常務董事，進而衍生資訊揭露不夠透明爭議，開發金林誠一條款應運而生。財政部強調，開發金董事長林誠一承諾不會出任開發工銀，以及所

---

[22] 經濟日報，2006年3月15日，A3。

[23] 經濟日報，2006年3月21日，A1。

[24] 聯合報，2006年3月23日，A11。

[25] 聯合報，2006年3月29日，A2。

[26] 經濟日報，2006年4月1日，A2。

[27] 經濟日報，2006年4月4日，A2。

[28] 經濟日報，2006年4月5日，A1；2006年4月6日，A4。

[29] 經濟日報，2006年4月10日，A4。

有轉投資子孫公司的董事[30]。

　　2006年5月2日，金鼎證召開股東會改選董監，由金鼎證公司派取得五席董事和一席監察人，開發金取得四席董事和一席監察人，金鼎證公司派取得過半董事席次後，暫時保住經營權，不過，開發金已規劃提高持股至51%目標，加上本次取得一席監察人，年底前仍有機會依公司法發動再次改選，拿下金鼎證經營權[31]。

　　繼之，金管會在完成行政調查後針對本案做出處分，其認為開發國際宣稱買金鼎證是「短期投資」，但開發金卻把開發國際的持股申報為「共同持有」，顯示開發國際買股是「長期投資」，吳未經董事會同意而買股係為「應告知而未知告」。另外，在開發金董事會討論公開收購金鼎證決策時，身兼開發金常務董事、開發國際董事長職務的吳春臺，在會中並未說明開發國際可能將手中的金鼎證賣還給開發金，也未分析潛在利益與進行迴避，故要求開發金撤換吳春臺相關職務，包括：開發金常董、開發工銀董事與開發國際投資董事長。

　　後因開發金遲未依金管會命令撤換吳春臺職務，金管會宣佈在開發金撤換、調整吳春臺職務之前，將暫時凍結開發金與開發工業銀行所有相關申請案[32]。最後開發金常務董事吳春臺於7月12日自行請辭開發金常董、開發工銀董事及開發國際董事長等職務[33]，本案至此遂暫告一段落。直到10月間檢調接獲金管會查核「開發金併購金鼎證」的報告後，認為涉及內線交易，而將開發金總經理辜仲瑩及前開發國際董事長吳春

---

[30] 工商時報，2006年4月25日，A9。
[31] 經濟日報，2006年5月3日，A4。
[32] 聯合報，2006年6月28日，B1。
[33] 經濟日報，2006年7月13日，A4。

臺列為調查對象[34]，並於2007年6月以關係人身分約談辜仲瑩以釐清部分事實[35]。

參、法律爭點與分析

一、概　說

　　本案可謂係我國金融史上第一宗證券業非合意併購案，蓋因金管會於2006年6月14日發布經修正之「金融控股公司依金融控股公司法申請轉投資審核原則」（以下稱金控轉投資審核原則）將金控轉投資門檻由原來的25%大幅下降至5%[36]，有助於國內金融機構間之整併[37]，亦創造金控公司可更方便利用非合意併購方式之環境[38]。本案開發金即係起初默默布局，直至掌握金鼎證10%股份依法需向金管會申報時方才正式曝光。

---

[34] 聯合報，2006年10月20日，A4、經濟日報，2006年10月20日，A4。

[35] 聯合報，2007年6月22日，A10。

[36] 參見金管會2005年6月14日金管銀(六)字第0946000399號令公布之「金融控股公司依金融控股公司法申請轉投資審核原則」第1點第8款規定。

[37] 李禮仲，金融控股公司間非合意併購問題法律之研究，月旦法學128期，頁46，2006年1月。

[38] 然依金管會提出之「金融控股公司依金融控股公司法申請轉投資審核原則」修正方向，將增訂金融控股公司提出轉投資申請時，應提出購買股權至25%的計畫，包括資金來源、購買方式、確保能以權益法編製合併報表、一旦計畫無法按照時間完成時的退出措施。如此將提高金融控股公司未來從事敵意併購的難度。同時金管會發言人張秀蓮表示：「敵意併購的確不容易做到，金融機構還是合意併購比較好。」言下之意，金管會政策似乎大有不鼓勵金融控股公司敵意併購的味道。經濟日報，2006年9月8日，1版。

　　然修正法規創造有利於非合意併購環境，促進金融機關整併，亦同時需有相關配套規定，以避免利益衝突的產生，方不致淪為毫無章法弱肉強食之殺戮叢林，本段即欲嘗試藉由併購案中開發金公開收購金鼎證股份所引發之法律爭議，來探討現行法制下是否已就相關問題作充分規範，抑或尚有不足之處？

二、併購時經營者之責任

（一）概　說

　　經營者於併購決策中之角色及其相關權責，實為企業併購之核心問題，蓋因併購決策時經營者多面臨嚴重之利益衝突問題，特別是攸關併購條件及目標公司市場價格與換股比例之「評價」（Valuation）問題，更將重大影響公司股東及債權人權益，同時亦須面對種種併購之法律風險與成本考量，例如是否日後能取得股東會同意、勞工權益保障問題、稅捐及「結合」行為之法律門檻等等[39]，此際經營者是否能夠秉持獨立公正信念，依據相關資訊，憑藉其專業素養做出正確判斷顯非易事。從而本文擬於此節，就公司經營者於作成併購決策時，究應負何責任進行分析探討。

（二）受託義務（Fiduciary Duty）

　　我們一般在論及公司受任人[40]責任時，大別會談及受託義務此一英美法產物，其下涵蓋「注意義務」（Duty Of Care）及「忠實義務」（Duty Of Loyalty）。前者係於特定行為中具體判斷受任人是否盡心盡

---

[39] 謝易宏，企業整合與跨業併購法律問題之研究─以「銀行業」與「證券業」間之整合為例，律師雜誌252期，頁35以下，2000年9月。

[40] 此處所指受任人應包括公司董事、監察人、執行業務股東及經理人等。

力；後者則為在受任人與公司利益對立時應有之判準，亦即此時受任人
需以公司利益為最終考量[41]。我國於公司法第23條第1項規定：「公司
負責人應忠實執行業務並盡善良管理人之注意義務，如有違反致公司受
有損害者，負損害賠償責任。」明定公司負責人之注意義務及忠實義
務，對此董事自亦有適用。

　　此外，企業併購法第5條規定：「公司依本法為併購決議時，董事
會應為全體股東之最大利益行之，並應以善良管理人之注意，處理併
購事宜。公司董事會違反法令、章程或股東會決議處理併購事宜，致
公司受有損害時，參與決議之董事，對公司應負賠償之責。但經表示
異議之董事，有紀錄或書面聲明可證者，免其責任。」至所謂全體股東
之最大利益，論者謂因其與善良管理人之注意並列，顯然非該注意
義務之判準，性質上應屬商業判斷法則（Business Judgment Rule，或稱
「經營判斷法則」）之適用要件[42]。同時在追求全體股東之最大利益同
時，亦應隨著社會、政治及經濟環境之變遷，自傳統上以股東為中心，
逐漸轉變為是否亦符合公司全體利害關係人（Stakeholders）之利益來
判定，藉此創造雙贏局面（Win-Win Situation）[43]。又此所謂「商業判
斷法則」，乃英美法於訴訟上認為公司經營者在做經營決策（Business
Decisions）時，若已善盡調查之能事，根據合理資訊並基於誠信之判
斷，認為其所採取的決策於當時是最有利於公司者，則此時法院尊重經
營者之判斷，不另作事後審查[44]，亦即此時關於董事決策是否正確之舉

---

[41] 王文宇，公司法論，元照出版，三版，頁28，2006年8月。

[42] 王志誠，企業組織再造法則，元照出版，頁16，2005年11月。

[43] See Tuvia Borok, A Modern Approach to Redefining "In the Best Interests
of the Corporation", 15 Windsor Review of Legal and Social Issues 113,
at134-136(2003).

[44] See Robert W. Hamilton, The Law of Corporations, West Pub. CO.(5th Ed., 2000),
at 453-455.

證責任是在原告身上，原告必須舉證推翻此項推定，惟此一概念是否於我國亦有適用餘地，尚須視司法實務運作而定。

　　從而為保障股東權益，並藉助獨立專家之專業意見及判斷以補董事專業能力不足，企業併購法第6條規定：「公開發行股票之公司於召開董事會決議併購事項前，應委請獨立專家就換股比例或配發股東之現金或其他財產之合理性表示意見，並分別提報董事會及股東會。但本法規定無須召開股東會決議併購事項者，得不提報股東會。」此為課與董事會於併購決策前向獨立專家諮詢之義務，目的無非是使董事會就合併事項得獲悉充足資訊，以提升決策品質，並降低判斷錯誤之可能性[45]。至所謂「獨立專家」，依經濟部解釋[46]係指會計師、律師或證券承辦商。復參考公開發行公司取得或處分資產處理準則第5條規定：「公開發行公司取得之估價報告或會計師、律師或證券承銷商之意見書，該專業估價者及其估價人員、會計師、律師或證券承銷商與交易當事人不得為關係人[47]。」同時獨立專家亦不宜為該公開發行公司之簽證會計師、顧問律師或為其辦理有價證券承銷之證券承銷商，以維其獨立性[48]。此外，即使公司已依法委請獨立專家表示意見，董事會仍應基於善良管理人之注意義務，就相關事項詳為調查[49]，畢竟最後決策者仍為公司董事會。

---

[45] 王文宇，企業併購法總評，月旦法學83期，頁79-80，2002年4月。

[46] 經濟部2004年5月25日經商第09300553740號令。此外於公開發行公司取得或處分資產處理準則第22條亦規定：「公開發行公司辦理合併、分割、收購或股份受讓，應於召開董事會決議前，委請會計師、律師或證券承銷商就換股比例、收購價格或配發股東之現金或其他財產之合理性表示意見，提報董事會討論通過。」

[47] 此處關係人定義依該處理準則第4條第1項第3款規定為：「指依財團法人中華民國會計研究發展基金會（以下簡稱會計研究發展基金會）所發布之財務會計準則公報第6號所規定者。」

[48] 王志誠，前揭註42，頁20。

[49] 王志誠，同前註。

（三）小　結

　　本案中，由於金鼎證子公司金鼎期貨營業員發生非法代操與詐騙客戶資料事件[50]，因此金管會決議退回金鼎證四合一合併案，並要求金鼎證就該事件可能造成的影響提出分析報告，召開董事會或股東會討論是否調整持股比例。故開發金監察人戴一義要求經營階層提出金鼎證價值評估報告，惟董事長陳木在以尚未拿下金鼎證經營權，無法作實地勘查為由，並未處理戴一義的提案。若果如此，面對此一可能會影響標的公司價值事件，卻未能適時重新評估標的公司價值，恐即有違反前揭企業併購法第5條及第6條規定之虞，若因此致公司受有損害時，參與決議之董事，即須依同法第5條第2項對公司負賠償之責。

三、金控集團內利益衝突防免之現行法制規範

（一）概　說

　　按金融機構成立金融控股公司，自經濟觀點而言，金控公司與其子公司實際上構成一個企業體，金控公司經營者得透過兼任或指派子公司董事會成員或高階經理人方式，直接指揮監控子公司，並將之視為金控公司的一個部門，而非一個真正獨立的公司[51]，進而確保本身或金控公司之利益得以優先於子公司。同時可能因子公司間成為姐妹公司關係，彼此間若過度進行相關交易，使得各子公司經營狀況相互影響，增加金

---

[50] 金鼎期貨股本4億6千萬元，淨值僅5億7千萬元，而預估虧損金額估計達7-8億元，恐將累及金鼎證券，因而亦會影響金鼎證券價值，此亦為金管會決議退回四合一案之理由。參見工商時報2005年11月2日，A2版；2005年11月18日，A2版。

[51] See Bruce A. McGovern, Fiduciary Duties, Consolidated Returns, and Fairness, 81 Neb. L. Rev. 170, at 190-191.

控公司內部交易與利益衝突之危險，甚而若金融控股公司與其子公司如有不合營業常規或其他不利益之經營，則可能損及客戶、債權人，小股東或子公司利益[52]。故而法律對此自當建立適度規範，藉以管控經營者濫用控制地位以謀私利行為，並建立適當資訊揭露機制，確立判斷內部交易公平合理之基準，而就金融機構跨業經營之規範而言，如何建構妥適之防火牆制度，向為各界注意之重心，其規範重點則大別為負責人兼任或行為規範、關係人交易之限制或利益衝突防止等[53]，以下即就該等規範說明之。

（二）負責人兼任之限制

鑑於股東會係由全體股東所組成，然一人股份有限公司僅有政府或法人股東一人，顯然無法組成股東會，故公司法128條之1第1項及金融控股公司法第15條第1項後段乃規定，一人股份有限公司股東會職權移由董事會行使。同時於公司法第128條之1第2項及金融控股公司法第15條第2項前段規定，該一人股份有限公司之董事係由政府或法人股東（金融控股公司）所指派[54]。

我國公司法第32條規定：「經理人不得兼任其他營利事業之經理人，並不得自營或為他人經營同類之業務。但經依第29條第1項規定之方式同意者，不在此限。」及第209條第1項規定：「董事為自己或他人為屬於公司營業範圍內之行為，應對股東會說明其行為之重要內容並取得其許可。」此為對於公司經理人及董事之「競業禁止」規定，其目的係為了確保經理人及董事能將智識與時間完全奉獻與公司，此外董事及

---

[52] 王志誠，金融控股公司之經營規範與監理機制，政大法學評論64期，頁168-169，2000年12月。

[53] 同前註，頁175。

[54] 立法院公報，第90卷第43期，頁210，2001年6月。

經理人參與公司決策之形成與業務執行，常得獲悉公司營業上之秘密，為免發生利害衝突而損及公司利益，故原則上賦予經理人及董事競業禁止之義務，除非分別得到董事會或股東會決議通過同意[55]。

　　然於金融控股公司法，基於金融控股公司係以投資及對投資事業管理為目的，為達控制其投資事業之目的，參酌美國金融服務現代化法亦取消銀行與證券商負責人兼任限制[56]，並基於節省金融控股公司人事成本考量，及發揮經營綜效與便利，且因金控公司與其有投資關係公司間具有深切之利益關係，使得於該等公司兼職之金控董監事與經理人較不易做出損害公司利益之情事[57]，故於金融控股公司法第15條第2項後段規定：「金融控股公司之董事得為該一人股份有限公司之董事。」另於金融控股公司法第17條第2項規定：「金融控股公司負責人因投資關係，得兼任子公司職務，不受證券交易法第51條規定之限制；其兼任辦法，由主管機關定之。」亦即在法律上對於董監事、經理人競業禁止採適度之開放。

　　從而主管機關行政院金融監督管理委員會，依據金融控股公司法第17條規定，基於金融和產業分離之原則，及董事長、總經理專職經營之責任，注意利益衝突之避免，以維護金融控股公司全體股東之最大利益，並落實公司治理[58]，修正制定「金融控股公司負責人資格條件及兼任子公司職務辦法」[59]。其認為金融控股公司投資之事業應以金融相關

---

[55] 王文宇，前揭註41，頁127、325。

[56] 立法院公報，第90卷第43期，頁210、220，2001年6月。

[57] 林宜男，董監事、經理人職責之公司治理機制—以金融控股公司為例，政大法學評論75期，頁294，2003年3月。

[58] 行政院金融監督管理委員會2005年2月22日新聞稿，網址：http://www.fscey.gov.tw/ct.asp?xItem=178512&ctNode=17&mp=2，最後瀏覽日：2006年8月9日。

[59] 該辦法原名稱為，原主管機關財政部2001年10月31日頒布實施之〈金融控

業務為主，故為促進金融控股公司負責人專注金融本業之經營[60]，於該辦法第4條第3項規定：「金融控股公司之董事長或總經理不得擔任其他非金融事業之董事長或總經理，但擔任財團法人或其他非營利之社團法人職務者，不在此限。」又依金融控股公司法第17條第2項之立法意旨，金融控股公司係以投資及對被投資事業之管理為目的，為達到控制其投資事業之目的，由金控公司負責人於必要範圍內兼任其子公司職務係屬常理。同時鑑於金控公司負責人負責執行公司重要政策及業務管理功能，其兼職應考量其必要性，避免兼職個數過多而未能專注於本業經營，或缺乏制衡機制，致損及股東權益[61]，故於該辦法第3條先就負責人範圍規定為：「本辦法所稱負責人，指金融控股公司之董事、監察人、總經理、副總經理、協理、經理或與其職責相當之人。」嗣於該辦法第13條規定：「金融控股公司負責人因投資關係，得兼任子公司職務。前項之兼任行為及個數應以確保本職及兼任職務之有效執行，並維持金融控股公司與子公司間監督機制之必要範圍為限。第一項兼任行為不得有利益衝突或違反金融控股公司及其子公司內部控制之情事，並應兼顧集團內管理之制衡機制，確保股東權益。」

復考量董事長、總經理為公司最高負責人，為避免金融控股公司董事長或總經理未能專任職務影響實際業務推行，除為利金融控股公司統合指揮、有效調度，於為應進行合併或組織改造以提昇綜合經營效益之需要，或其他特殊因素需要（如兼任海外子銀行董事長或兼任無給職董事長）得經主管機關核准於一定期間內兼任子公司董事長職務者，得

股公司負責人兼任子公司職務辦法〉，嗣於2005年2月22日，行政院金融監督管理委員會將之廢止適用，並發布新修正之〈金融控股公司負責人資格條件及兼任子公司職務辦法〉。

[60] 行政院金融監督管理委員會，金融控股公司發起人負責人範圍及其應具備資格條件準則修正條文對照表，頁1，2005年2月22日。

[61] 同前註，頁10-11。

不以兼任一個董事長職務為限，否則兼任子公司董事長職務以一個為限[62]。此於該辦法第14條規定：「金融控股公司負責人因投資關係兼任子公司職務，不受證券交易法第51條規定限制，但其資格條件仍應符合該子公司目的事業主管機關之相關規定。金融控股公司董事長或總經理兼任子公司董事長職務以一個為限。但為進行合併或組織改造以提升綜合經營效益需要，或其他特殊因素需要，經主管機關核准者，金融控股公司董事長得於一定期間內兼任子公司董事長職務一個以上者，不在此限。金融控股公司負責人兼任子公司經理人職務以一個為限。金融控股公司應依據其投資管理需要、風險管理政策，及本辦法之規定，定期對負責人兼任子公司職務之績效予以考核，考核結果作為繼續兼任及酌減兼任職務之重要參考。」

金管會上述修正公布之金融控股公司負責人資格條件及兼任子公司職務辦法，雖已大幅限制金控公司負責人兼職之範圍，惟若係金控公司對於子公司持股未達100%，此際仍不免發生兼職之董監事、經理人可能利用資訊掌握優勢，以自身利益為主要考量，而犧牲子公司少數派股東利益[63]，又母子公司各有不同債權人，故而同時亦不免損及子公司債權人權益。

（三）關係人交易之限制

公司法上就關係人交易之規範，乃係以董事之自我交易行為（Self-Dealing）為中心，而兼及監察人、公司大股東及其他利害關係人。又銀行由於其扮演資金中介者，具有吸收大眾存款之性質，其關係人交易之規範自應更為嚴密[64]，而銀行法對於關係人交易之規範，主要集中在

---

62 同前註，頁11。

63 林宜男，前揭註57，頁294，314。

64 王文宇，金融控股公司法制之研究，臺大法學論叢30卷3期，頁109-110，

放款之限制上，此外就銀行之關係企業、往來銀行與銀行間所生之交易行為，亦可能與關係人交易問題相關[65]。

　　從而我國金融控股公司法立法之初，鑑於金融機構若與利害關係人從事非常規交易，除有違金融機構健全經營之原則外，並為金融機構產生問題之一，例如董事、監察人、公司大股東及其關係人利用職務之便，與公司間進行資產交易行為，如違反常規，則將損害公司或其股東或債權人之權利，爰參酌銀行法第32條以下規定及美國聯邦準備法（Federal Reserve Act Of 1913）第23a條（Relations With Affiliates）及第23b（Restrictions On Transactions With Affiliates）條規定[66]，於第44條規定，金融控股公司之銀行子公司及保險子公司對於關係人不得為無擔保授信；為擔保授信時，準用銀行法第33條規定[67]；另於第45條規定，金融控股公司或其子公司與關係人為授信以外之交易時，其條件不得優於其他同類對象，並應經公司三分之二以上董事出席及出席董事四分之三以上之決議後為之[68]。

　2001年5月。

[65] 同前註，頁109。

[66] 立法院公報，第90卷第43期，頁323-335，2001年6月。

[67] 金融控股公司法第44條：「金融控股公司之銀行子公司及保險子公司對下列之人辦理授信時，不得為無擔保授信；為擔保授信時，準用銀行法第33條規定：一、該金融控股公司之負責人及大股東。二、該金融控股公司之負責人及大股東為獨資、合夥經營之事業，或擔任負責人之企業，或為代表人之團體。三、有半數以上董事與金融控股公司或其子公司相同之公司。四、該金融控股公司之子公司與該子公司負責人及大股東。」

[68] 金融控股公司法第45條：「金融控股公司或其子公司與下列對象為授信以外之交易時，其條件不得優於其他同類對象，並應經公司三分之二以上董事出席及出席董事四分之三以上之決議後為之：一、該金融控股公司與其負責人及大股東。二、該金融控股公司之負責人及大股東為獨資、合夥經營之事業，或擔任負責人之企業，或為代表人之團體。三、該金融控股公司之關係企業與其負責人及大股東。四、該金融控股公司之銀行子公司、保險子公司、證券子公司及該等子公司負責人。前項稱授信以外之交易，

　　然論者謂，如金融控股公司所聯屬之之子公司並未有銀行或存款業務在內，似無必要做如此嚴密之限制及手續上要求，如此反而徒增公司行政成本[69]。或可待我國公司法就關係人交易相關法規建構完善後，對於不含存款性業務之金融控股公司及其子公司，應可適用一般公司關係人交易之規範即可[70]。

（四）小　結

　　本案中，開發金常務董事吳春臺，依金融控股公司負責人資格條件及兼任子公司職務辦法第13條規定，身兼開發金子公司開發工銀董事，另又擔任開發工銀轉投資之開發國際投資股份有限公司[71]董事長合先述明。

　　在開發金公開收購金鼎證股票的過程中，一個非常引起爭議的狀況為，最大賣方竟是開發金的孫公司「開發國際投資公司」，開發金共公開收購了金鼎證6萬3千多張，其中的3萬4千多張來自開發國際，占總收

指下列交易行為之一者：一、投資或購買前項各款對象為發行人之有價證券。二、購買前項各款對象之不動產或其他資產。三、出售有價證券、不動產或其他資產予前項各款對象。四、與前項各款對象簽訂給付金錢或提供勞務之契約。五、前項各款對象擔任金融控股公司或其子公司之代理人、經紀人或提供其他收取佣金或費用之服務行為。六、與前項各款對象有利害關係之第三人進行交易或與第三人進行有前項各款對象參與之交易。前項第1款及第3款之有價證券，不包括銀行子公司發行之可轉讓定期存單在內。金融控股公司之銀行子公司與第1項各款對象為第2項之交易時，其與單一關係人交易金額不得超過銀行子公司淨值之10%，與所有利害關係人之交易總額不得超過銀行子公司淨值之20%。」

[69] 王文宇，控股公司與金融控股公司法，元照出版，頁293，2003年10月。
[70] 同前註。
[71] 開發國際為開發金控子公司開發工銀轉投資之公司，持股28.71%。股市觀測站，開發金控2006年3月8日公告訊息。網址：http://mops.tse.com.tw/server-java/t05st01，最後瀏覽日：2006年8月12日。

購股數一半以上（約53%）。又另一個值得注意的是，開發國際2005年中陸續買進金鼎證，總計持有3萬5千多張，平均成本僅9.8元；開發國際以14元賣給開發金，一轉手就賺進約1億4千萬元，獲利率高達43%。媒體即質疑開發金跟開發國際買金鼎證的效益何在？既然開發金多次公告金鼎證持股狀況，每一回都把開發國際的持股合併納入計算。兩家公司既已「一家親」，開發國際又是跑不掉的「鐵票」，開發金就算吃下開發國際所有金鼎證股票，整體持股水位不會因此提高，更不會因此搶到更多席次，那麼開發金何必多此一舉，花大把銀子買股份，還平白為開發國際創造上億元獲利[72]？

　　此外開發金常務董事吳春臺同時兼任開發國際董事長，故開發金此時依金控法第45條規定，須經董事會重度決議，始可以不優於其他同類對象之條件收購開發國際所持有之金鼎證股份。惟依前揭金融控股公司負責人資格條件及兼任子公司職務辦法第13條第3項規定：「第一項兼任行為不得有利益衝突或違反金融控股公司及其子公司內部控制之情事，並應兼顧集團內管理之制衡機制，確保股東權益。」又金控法第36條第1項前段規定：「金融控股公司應確保其子公司業務之健全經營」故而金管會在完成行政調查後針對本案做出處分，渠認為在開發金董事會討論公開收購金鼎證決策時，身兼金控常董、開發國際董事長職務的吳春臺，在會中並未說明開發國際可能將手中的金鼎證賣還給開發金，也未分析潛在利益與進行迴避，故以違反「程序瑕疵」與「違反公司治理」為由，要求開發金撤換吳春臺包括：開發金常董、開發工銀董事與開發國際投資董事長等相關職務。

　　然本案金管會以「程序瑕疵」與「違反公司治理」要求開發金撤換吳春臺職務，只罰人不罰公司，而且只罰吳春臺，背後指揮官開發金總

---

[72] 聯合報，2006年3月6日，A12。

經理辜仲瑩卻未受處分，開發金經營團隊也無一波及，媒體認此顯然有爭議空間，對此金管會表示，金管會是依據金控法36條規定，金控公司應確保其子公司業務健全經營，並需負對被投資事業的管理責任。如金控或其被投資事業有經營缺失，金控公司應從財務、業務、人事調整上加以導正，故對吳春臺做出導正，而開發金總經理、開發工銀董事長辜仲瑩並非實際行為人，故不對其處罰[73]。關此爭議，請容本文於後再做討論。

四、公股的角色定位

（一）概　說

　　大抵而言，政府經營事業或是持有公司之股權，率皆有其經濟或政策上考量，或為發達國家資本，或為預防獨占，或為民生必需生產事業，又或為民間缺乏設立經營能力，故由政府以介入市場經營方式成立公營事業。惟隨著經濟發展，鑑於私經濟部門無論籌資能力、技術提升、經營效率、市場敏感性均優於政府單位等因素，對照公營事業經營效率低落，因而在「政府再造」聲中推動公營事業民化，公營事業民營化已成為我國既定之財經政策，同時2004年陳水扁總統宣布二次金改的四項目標之一即為官股金融機構數目減半，然公營事業民營化絕非一蹴可幾，勢必經歷一段過渡期，此外尚有政策任務是否解除及避免財團等考量[74]，是以目前尚有許多金融機構股權結構中留有公股成分[75]，從

---

[73] 聯合報，2006年5月19日，B2；中國時報，2006年5月19日，B2。

[74] 方清風，民營化進度、公股管理及現行相關法規之探討，立法院院聞第28卷第10期，頁98，2000年10月。

[75] 例如臺灣銀行、土地銀行尚由政府100%持股；另外政府持有合作金庫47%股份、兆豐金23%、華南金31%、彰化銀行17%股份等。參見經濟日報，2006年8月16日，A4。

而政府在這些尚持有股份之金融機構中，特別是公股持股已未達50%之「民營化」[76]金融機構，究竟該扮演何種角色？又政府派駐金融機構之公股代表又該有何作為？在在為一值得探討之議題。以下謹勾勒現行實務上，財政部對其持有股份之金融機構如何派任、管理公股代表，又公股代表在此等金融機構所處之地位，最後再就現制尚待改進之處及本案所涉問題作一說明。

（二）公股代表─代表誰的利益？

行政院為提升中央政府公股股權管理績效，強化國家資產之運用，增進政府財務效能，於2005年1月31日核定[77]「財政部公股股權管理小組設置要點」（下稱公股管理小組設置要點）。財政部嗣於3月1日依該要點成立財政部公股股權管理小組，負責中央政府公股股權統一管理業務，並依公股管理小組設置要點，由財政部國庫署署長兼任該小組召集人。依公股管理小組設置要點第3點，公股股權管理小組負責業務包括事業重要人事案之派免、公股董監事席次之規劃與選舉策略、方案之擬訂與執行及事業公股代表陳報事項之核議及核復等。

此外，依公司法第27條第1、2項規定：「政府或法人為股東時，得當選為董事或監察人。但須指定自然人代表行使職務。政府或法人為股東時，亦得由其代表人當選為董事或監察人，代表人有數人時，得分別當選」故財政部為加強該部派任公民營事業機構負責人、經理人及董、監事職務之遴聘、管理及考核工作，制定「財政部派任公民營事業機構

---

[76] 國營事業管理法第3條規定：「本法所稱國營事業如左：一 政府獨資經營者。二 依事業組織特別法之規定，由政府與人民合資經營者。三 依公司法之規定，由政府與人民合資經營，政府資本超過50%者。其與外人合資經營，訂有契約者，依其規定。」

[77] 2005年1月31日行政院院臺財字第0940002249號函核定。

負責人經理人董監事管理要點」[78]，依該派任要點第14點規定[79]，經選任為聯絡人之公股代表，應維護公股權益，監督事業機構依法經營，隨時掌握事業機構之營運狀況，並與公股股權管理小組保持聯繫。另依該派任要點第15點[80]規定，派任之董、監事於各該事業處理重大事項，應在會商或會議決定一週前，就相關資料加註意見，由聯絡人彙報財政部核示，嗣於會商或會議時就該核示意見提出主張，並於會後將會商或會

---

[78] 2005年12月12日財政部臺財庫字第09403525010號函。

[79] 財政部派任公民營事業機構負責人經理人董監事管理要點第14點：「本部得就派任之負責人、執行長、總經理、常務董事、董事、常駐監察人及監察人中，依序指定一人為聯絡人，其任務如下：(一)協調董、監事於董(監)事會或股東會中表達意見，必要時得召集董、監事舉行會前會議。(二)維護公股權益，監督事業機構依法經營。(三)定期提供各該事業之營運狀況及有關經營資訊（如董事會議事錄等），並於股東會結束後提供公司年報及股東會議事錄。(四)隨時掌握事業機構之營運狀況，並與本部公股股權管理小組（以下簡稱公股小組）保持聯繫。(五)每次董(監)事會或股東會議後，填寫聯絡人任務報告表。」

[80] 財政部派任公民營事業機構負責人經理人董監事管理要點第15點：「本部派任之董、監事於各該事業處理下列重大事項，應在會商或會議決定一週前，就相關資料加註意見，由聯絡人彙報本部核示：(一)章程之訂定及修改。(二)締結變更或終止關於出租全部營業、委託經營或與他人經常共同經營契約。(三)讓與或受讓全部或主要部分之營業或財產。(四)財務上之重大變更：1.財務比率前後期變動達百分之二十以上者。2.讓售長期股權致影響公股董、監事席次者。3.盈餘分配案。4.增、減資。5.虧損逾資本額三分之一者或採權益法評價之轉投資事業虧損逾資本額百分之五十者。(五)對外辦理保證作業規定之訂定及修訂（限非以保證為業之機構）。(六)重大轉投資案（投資金額達新臺幣一億元以上者），但事業機構經營業務有投資項目者不受限制。(七)重大之人事案（如總經理、執行長、副總經理等相當職務人員之聘、解任）。(八)解散或合併。本部派任之董、監事應就前項核示意見於會商或會議時提出主張，並於會後將會商或會議結論回報。本部派任之董、監事對於事業會商或會議時，以合法方式提出之臨時動議，應就維護公股權益立場，適時提出適當主張，並於會後將會商或會議結論回報。」

議結論回報。是以財政部得藉由公股代表訊息之傳遞，而能掌握公司經營現況，對於重大決議事項，公股代表亦須於事前呈報財政部核示後，方可於董事會中提出主張。

　　承前所述，民營化後，政府對於持股50%以下之企業僅能透過推派之公股代表依循公司法、證券交易法等相關法制規範發揮影響力。而目前推派董監事席次大多為政府機關公務人員，渠習於依法行事避免個人責任，並不會以企業經營獲利為最大考量，同時公股代表往往係由退休公營事業主管亦或現任高級長官擔任，並非全為專業人士，對於企業經營難免經驗不足，同時常屬兼任性質，因而對於公司營運實無法發揮太大助益[81]，甚或其所指派之董事長為思自保，而與民間投資人越來越近，終至忘卻其為政府代表身分，而與民間投資人利益相結合，因而失卻政府指派其為代表所欲達成保護政府投資之原意[82]。

　　又政府若依公司法第27條第1項，於自身當選為董事後指派自然人代表行使職務，此時關於董事職務之委任契約，係存於該政府股東與公司之間；至若依同條第2項，由其指派之代表人當選為董事，此時該代表人分別與政府及當選為董事之公司，皆存有委任關係[83]。因之有稱公司法第27條第1項為「法人董事」；第2項則稱為「法人代表人董事」[84]。申言之，依該條第1項所稱當選為董事者，係指當選一席而言；若依第2項，則為政府股東經評估其可當選被投資公司章程規定之董監事席次後，推派複數代表人分別當選[85]。另如前所述，公司法第27

---

[81] 洪德生、柯承恩、王連常福主持，公股股權管理問題之研究，行政院經濟建設委員會委託研究，頁27，2003年3月。

[82] 黃虹霞，政府或法人股東代表當選為董監事相關法律問題-公司法第27條第2項規定之商榷，萬國法律110期，頁63，2000年4月。

[83] 王文宇，前揭註41，頁191-192。

[84] 劉連煜，現代公司法，作者自版，新學林總經銷，頁86，2006年8月。

[85] 高靜遠，公司法上法人股東代表人人數之規範探討，月旦法學79期，頁173-174，2001年12月。

條第1項及第2項因運作方式各異，故自僅能擇一行使之[86]。

　　然公司法第27條如此之設計恐會衍生出人格分裂問題，亦即此際公股代表同時對於政府股東及擔任董事之公司均負有「忠實義務」（Duty Of Loyalty），一旦二個義務發生利益衝突時即會產生問題[87]，對於該公股代表不啻為一嚴峻考驗，亦即若該代表選擇為公司忠實執行職務或消極聲請迴避，是將犧牲政府股東利益，同時該代表亦將遭政府股東依第3項撤換之[88]；反之渠若選擇對政府股東盡忠實義務，則又勢難避免犧牲公司之權益。甚者或謂公司、代表與政府股東三者關係，似乎可視為從屬公司、從屬公司董事及控制公司之縮影，然其卻不必然等同控制公司與從屬公司的法律關係，亦即無法必然適用公司法關係企業專章，如此則更難以保護該公司股東或債權人之權益[89]。

（三）小　結

　　本案中，開發金獨立監察人陳添枝與獨立董事朱敬一，因公開收購過程中開發金承接轉投資開發國際持有的3.46萬張金鼎證股票，於2006年3月13日要求召開臨時董事會，會議重點在於質疑經營團隊於2月17日決議對金鼎證展開公開收購董事會上，未提供完整的資訊以供董事會判斷，亦即開發金派往開發國際的法人代表（包括擔任開發國際常務董事之陳木在）應了解開發國際有儘早處分金鼎證短投部位以獲利的決議，但並未於2月17日開發金臨時董事會議上予以說明，因之部分感覺被

---

[86] 經濟部1998年9月29日經商字第87223431號函及2000年8月10日經商字第89215323號函。

[87] 企業與證券市場法規系列座談會，月旦法學79期，頁183，2001年12月。

[88] 廖大穎，評公司法第27條法人董事制度—從臺灣高等法院91年度上字第870號與板橋地方法院91年度訴字第218號判決的啟發，月旦法學112期，頁212，2004年9月。

[89] 同前註。

「欺瞞」的董監事們，基於公開收購行為已完成，只能透過董事會會議紀錄向財政部、金管會釋出訊息。

　　缺乏主導性大股東的開發金目前是官民共治，公股小組不只握有董監席次，還派有專任的董事長負責監督以民股中信集團為主的經營團隊。代表外部股東監督的獨立董監以資訊不足異議，但卻未見照看公股利益的官派董事長表示異議；而從結果及爭議不斷看，經營團隊提供的資訊確實是不夠完整的。因此，官派董事長的沒有異議不免令人生疑，究竟是未善盡應有的注意義務還是能力不足，抑或是最受批評的故意「放水」等，在在都值得深究[90]。因之財政部亦在調查後，發現公股代表同時亦為開發金董事長陳木在作為雖符合規定，但在資訊揭露、公司治理上的確有不盡周延之處，加上陳木在也適時提出辭呈，因此決定更換陳木在的公股法人代表資格，原擬改由兆豐金總經理兼中國商銀董事長林宗勇接任，惟在立法委員質疑其適格性及林宗勇本人婉拒下，改由前誠泰商業銀行董事長林誠一接任，並經開發金臨時董事會通過其出任董事長一職。

肆、檢討與改進─代結論

　　對於我國現制所呈現之規範架構或仍有其不足之處，然他山之石可以攻錯，以下謹試著點出我國現制尚有討論空間之處，並提供外國立法例上可以作為我國參考之規範，期以拋磚引玉就教高明。

---

[90] 經濟日報，2006年3月20日，A2。

一、獨立董事之設置

（一）證交法修正前之規定

　　自1997年至1998年亞洲金融危機，臺灣接連爆發「地雷股」危機，公司內部人利用公司資金炒作股票，甚至掏空公司資產，突顯出公司治理之嚴重問題。直至2001年以降美國接連出現安隆（Enron）及世界通訊（World Com）等企業醜聞弊案後，「公司治理」更一躍為公司法學界新顯學，其中獨立董事（Independent Director）制度之引進，更是為我國學者所大力鼓吹。

　　一般而言，獨立董事係指外部董事（Outside Director）[91]中與公司間不具利害關係者稱之[92]。我國相關規範之建置係肇始於2002年[93]，由臺灣證券交易所股份有限公司（以下稱證交所）依據證券交易法第138條，所制定之「臺灣證券交易所股份有限公司有價證券上市審查準則」中，該上市審查準則第9條規定申請上市公司如有「董事會成員少於五人，或獨立董事人數少於二人；監察人少於三人，或獨立監察人人數少於一人；或其董事會、監察人有無法獨立執行其職務者。」情事，則不許其股票上市，又「所選任獨立董事及獨立監察人以非為公司法第27條所定之法人或其代表人為限，且其中各至少一人須為會計或財務專業人

---

[91] 外部董事則為與內部董事（Inside Director）相對應之概念。後者為董事會（Board Of Director）成員中，同時兼任經營團隊職務（如CEO, Officer）者；前者則不兼任經營團隊職務。See Choper, Coffee & Gilson, Cases and materials on corporations, Aspen Pub. (6th ed., 2004) at 7-8.

[92] See Choper, Coffee & Gilson, Cases and materials on corporations, Aspen Pub. (6th ed., 2004) at 7-8.

[93] 財政部證券暨期貨管理委員會2002年2月8日(91)臺財證(一)字第172439號函准予備查。

士。」[94]，亦即藉由強制要求初次申請上市公司應設置獨立董事或獨立監察人，來逐步推行此一制度，手段上則以契約關係為依歸[95]，即以上市公司與證交所間之上市「契約」為依據。然則，以此契約關係只能解決新上市櫃公司強制設立獨立董監事問題，對於其他已上市櫃或公開發行公司則無以適用。

爾後我國為強化董事會之職能而要求設置獨立董事，是以證交所及櫃買中心共同制定「上市上櫃公司治理實務守則」，另又針對金控公司制定「金融控股公司治理實務守則」，於此二個公司治理實務守則分別訂有設置獨立董事之相關規定[96]。該公司治理實務守則雖無法律拘束力，但實為證交所及櫃買中心對上市櫃公司之宣示，其影響力自當不可小覷[97]，是以部分上市櫃公司亦逐步遵循前揭規定設置獨立董事。

---

[94] 同時，財團法人中華民國證券櫃檯買賣中心證券商營業處所買賣有價證券審查準則第10條及財團法人中華民國證券櫃檯買賣中心證券商營業處所買賣有價證券審查準則第10條第1項各款不宜上櫃規定之具體認定標準第8款（原第12款）亦有相類規定。財政部證券暨期貨管理委員會2002年2月8日(91)臺財證(一)字第172370號函准予備查。

[95] 曾宛如，我國有關公司治理之省思─以獨立董監是法治之改革為例，月旦法學103期，頁65，2003年12月。

[96] 上市上櫃公司治理實務守則第24條：「上市上櫃公司除已依證券交易所或櫃檯買賣中心規定辦理外，應規劃適當之獨立董事席次，經依第22條規定辦理後，由股東會選舉產生，獨立董事席次如有不足時，應適時辦理增補選事宜。上市上櫃公司如有設置常務董事者，常務董事中宜有獨立董事至少一人擔任之。」；金融控股公司治理實務守則第18條：「金融控股公司應規劃符合證券交易所或櫃檯買賣中心規定之獨立董事席次與比例，經依第15條第3項規定辦理後，由股東會選舉產生之。金融控股公司應於董事任期內持續符合證券交易所或櫃檯買賣中心有關獨立董事席次或比例之規定，如有不足時，應適時辦理增補選事宜。金融控股公司如有設置常務董事者，常務董事中宜有獨立董事至少一人擔任之。」

[97] 曾宛如，前揭註95，頁67。

（二）證交法修正後之新制規定

　　對於我國是否應修法引進獨立董事制度，學者間曾紛紛表達不同意見，贊成者認為一個能獨立運作，向股東負責以為公司整體及股東利益經營之董事會，其成員必須有相當部分由獨立董事構成，已是世界各國之共識，且臺灣為求重建投資人對於市場信心，除了做好公司治理、健全獨立董事制度外，實無他途[98]，且由獨立董事職掌公司部分監督事項，可避免公司內部董事身兼監督者與被監督者兩種角色，所可能發生之利益衝突，更可藉由獨立董事中立地位，就公司策略提供建言，因之除非監察人制度得修正為與德國類似或相同之地位，否則謂為世界潮流之獨立董事制度即有引進之必要[99]。反對者則認為，貿然將在國外因有其他互補性制度而能貫徹其獨立性之獨立董事，納入先天於監控上即有不適格問題之我國董事會中，恐橘逾淮而為枳，因此毋寧吸取此制之優點，將其獨立性架構貫徹融合於我國法制上原屬第三人機關之監察人制度中，期以發揮與美國獨立董事同樣功能[100]。又或認為以與我國現制基本架構相同之日本修法經驗為借鏡，考量我國實務環境與條件，在維持業務經營機關與內部監控機關並行之體制下，對現有規範為必要之興革，較為確實可行[101]。

　　最後鑒於強化董事之獨立性已蔚為世界潮流[102]，且上市或終止上市具有政府公權力行使之性質，從而可否單憑上市公司與證交所間之

---

[98] 余雪明，臺灣新公司法與獨立董事（下），萬國法律124期，頁83，2002年8月。

[99] 王文宇，設立獨立董監事對公司治理的影響，法令月刊56卷1期，頁51，2005年1月。

[100] 黃銘傑，公開發行公司法制與公司監控，元照出版，頁47，2001年11月。

[101] 林國全，監察人修正方向之檢討－以日本修法經驗為借鏡，月旦法學73期，頁48，2001年6月。

[102] 立法院第6屆第2會期第1次會議議案關係文書，頁9。

契約關係，而以「上市審查準則」要求申請上市公司必須設置獨立董事，不無疑義，故如政策上決定實施獨立董監制度，實應以法律明訂為宜[103]，從而2006年證券交易法修正[104]時，為健全公司治理法制，特引進獨立董事及審計委員會制度[105]，原則上採取依企業自願設置，即於證交法第14條之2第1項本文規定：「已依本法發行股票之公司，得依章程規定設置獨立董事。」如此作法，當係立法者考量我國目前企業環境仍不宜貿然強制要求獨立董事之設立。但主管機關應視公司規模、股東結構、業務性質及其他必要情況，要求其設置獨立董事，人數不得少於二人，且不得少於董事席次五分之一（證交法第14條之2第1項但書）[106]。同時規定，獨立董事應具備專業知識，其持股及兼職應予限制，且於執行業務範圍內應保持獨立性，不得與公司有直接或間接之利害關係。並將獨立董事之專業資格、持股與兼職限制、獨立性之認定、提名方式及其他應遵行事項之辦法，委由主管機關定之[107]（證交法第14條之2第2項）。更為了避免獨立董事有誠信問題或違反專業資格等情

---

[103] 劉連煜，健全獨立董監事與公司治理之法制研究—公司自治、外部監控與政府規制之交錯，月旦法學94期，頁140，2003年3月。

[104] 2006年1月11日公布實施，惟關於獨立董事及審計委員會之規定，則原則自2007年1月1日實施。

[105] 立法院公報94卷75期，頁85，2005年12月。

[106] 行政院金融監督管理委員會2006年3月28日金管證一字第0950001616號函：「依據證券交易法第14條之2規定，已依本法發行股票之金融控股公司、銀行、票券、保險及上市（櫃）或金融控股公司子公司之綜合證券商，暨實收資本額達新臺幣500億元以上非屬金融業之上市（櫃）公司，應於章程規定設置獨立董事，其人數不得少於二人，且不得少於董事席次五分之一。」

[107] 金管會於2006年3月28日，以行政院金融監督管理委員會金管證一字第0950001615號令發布「公開發行公司獨立董事設置及應遵循事項辦法」，並自2007年1月1日實施。

事，於同法第3項[108]規定其消極資格條件，其中因獨立董事之選任事涉獨立性與專業認定問題，故不宜由法人充任或由其代表人擔任，較能發揮應有功能，因此有第2款之設。故從本款反面解釋，於現行法制之下只能由自然人充任獨立董事[109]。

　　至引進獨立董事制度之核心事項，即獨立董事之職責所在規定於第14條之3：「已依前條第1項規定選任獨立董事之公司，除經主管機關核准者外，下列事項應提董事會決議通過；獨立董事如有反對意見或保留意見，應於董事會議事錄載明：一、依第14條之1規定訂定或修正內部控制制度。二、依第36條之1規定訂定或修正取得或處分資產、從事衍生性商品交易、資金貸與他人、為他人背書或提供保證之重大財務業務行為之處理程序。三、涉及董事或監察人自身利害關係之事項。四、重大之資產或衍生性商品交易。五、重大之資金貸與、背書或提供保證。六、募集、發行或私募具有股權性質之有價證券。七、簽證會計師之委任、解任或報酬。八、財務、會計或內部稽核主管之任免。九、其他經主管機關規定之重大事項。」藉由董事會決議及獨立董事意見之表達，強化獨立董事對重要議案之監督，以保障股東之權益。此外，為加強公司資訊之透明度（TRANSPARENCY）及外界之監督機制，前述獨立董事之反對意見或保留意見，除規定應於董事會會議中載明外，主管機關將依同法第26條之3第8項授權訂定之「董事會議事辦法」，要求公司須於指定之資訊網站公開相關資訊，同時配合現行上市櫃公司資訊公開機

---

[108] 證交法第14條之2第3項：「有下列情事之一者，不得充任獨立董事，其已充任者，當然解任：一、有公司法第30條各款情事之一。二、依公司法第27條規定以政府、法人或其代表人當選。三、違反依前項所定獨立董事之資格。」

[109] 劉連煜，公開發行公司董事會、監察人之重大變革－證交法新修規範引進獨立董事與審計委員會之介紹與評論，證券櫃檯月刊116期，頁14，2006年2月。

制，於證交所及櫃買中心之重大訊息揭露亦將併同納入規範[110]。

　　此外，基於我國公司法制原係採取董事會及監察人雙軌制（TWO-TIER SYSTEM），立法者為求得同時擷取國外董事會下，設置功能性委員會，以專業分工及超然獨立之立場協助董事會決策之優點[111]，爰於證交法第14條之4第1項本文規定，公司得擇一設置審計委員會（AUDIT COMMITTEE）或監察人。惟同時亦賦予主管機關得視公司規模、業務性質及其他必要情況，命令設置審計委員會替代監察人之權（同法第1項但書）。而審計委員會應由全體獨立董事組成，其人數不得少於三人，其中一人為召集人，且至少一人應具備會計或財務專長（同法第2項）。同時鑑於公司設置審計委員會者不得再設立監察人，故此時證交法、公司法及其他法律對於監察人之規定，於審計委員會準用之（同法第3項）。又為有效發揮審計委員會之功能，於第14條之5第1項規定[112]公司特定重大事項應經審計委員會全體成員二分之一以上同

[110] 立法院第6屆第2會期第1次會議議案關係文書，頁11。

[111] 同前註，頁12。

[112] 證交法第14條之5：「已依本法發行股票之公司設置審計委員會者，下列事項應經審計委員會全體成員二分之一以上同意，並提董事會決議，不適用第14條之3規定：一、依第14條之1規定訂定或修正內部控制制度。二、內部控制制度有效性之考核。三、依第36條之1規定訂定或修正取得或處分資產、從事衍生性商品交易、資金貸與他人、為他人背書或提供保證之重大財務業務行為之處理程序。四、涉及董事自身利害關係之事項。五、重大之資產或衍生性商品交易。六、重大之資金貸與、背書或提供保證。七、募集、發行或私募具有股權性質之有價證券。八、簽證會計師之委任、解任或報酬。九、財務、會計或內部稽核主管之任免。十、年度財務報告及半年度財務報告。十一、其他公司或主管機關規定之重大事項。前項各款事項除第10款外，如未經審計委員會全體成員二分之一以上同意者，得由全體董事三分之二以上同意行之，不受前項規定之限制，並應於董事會議事錄載明審計委員會之決議。公司設置審計委員會者，不適用第36條第1項財務報告應經監察人承認之規定。第1項及前條第6項所稱審計委員會全體成員及第2項所稱全體董事，以實際在任者計算之。」

意，並為明確貫徹董事會責任，該等事項尚須經董事會決議，以免架空董事會職權[113]。然於此容有疑義者為，同法第2項規定：「前項各款事項除第10款外，如未經審計委員會全體成員二分之一以上同意者，得由全體董事三分之二以上同意行之，不受前項規定之限制，並應於董事會議事錄載明審計委員會之決議。」如此設計之結果，豈非又將監察權交回經營決策者（董事會），最後亦等同於無監察權之設計，恐怕也紊亂了原先制衡設計之本意，造成業務政策決定及執行者——董事會之意志，凌駕於監督者——審計委員會之監督[114]。

　　在各界紛雜的意見中，我國終將獨立董事制度正式引進，並明訂於證交法中，這一套堪稱折衷式的立法，原則上將允許企業自行選擇設置審計委員會或監察人，或許尚有待2007年新制正式上路後，方能一窺究為何制適合我國企業生態。於此為了方便企業在英、美等國資本市場籌資，新法引進單軌制（One-Tier System）或有其必要性，惟對於目前已通過之證交法，實容或有下述疑義待解：

1. 獨立董事係由股東會選舉產生，由於獨立董事不能持有超過1%的股份，故掌握多數股份之大股東實仍操控獨立董事之人選，因而獨立董事依附大股東（或董事）程度比監察人更高，監察人因缺乏獨立性而無法發揮功能之缺失並未改善，甚至更為惡化[115]。
2. 同時依證交法授權主管機關制訂之規定，一人可同時兼任三家公開發行公司之獨立董事[116]，若再加上其本身原來專任職務，則又

[113] 劉連煜，前揭註109，頁17。
[114] 同前註，頁18、20。
[115] 賴英照，股市遊戲規則—最新證券交易法解析，作者自版，頁129，2006年2月。
[116] 公開發行公司獨立董事設置及應遵循事項辦法第4條：「公開發行公司之獨立董事兼任其他公開發行公司獨立董事不得逾三家。」

如何能有時間與精神深入了解公司業務[117]。然或許這是新制初始，我國獨立董事人才缺乏所不得不為之退讓。

3. 為加強獨立董事之獨立性，美國對於該制設有各種功能委員會，諸如審計委員會（Audit Committee）、提名委員會（Nominating Committee）及薪酬委員會（Compensation Committee）。惟我國證交法僅規定有審計委員會，對於其他委員會之設置則付之闕如。事實上，提名委員會之設計亦甚為重要，蓋「人」是一切制度成敗之關鍵所在[118]，如此恐發生原先反對引進獨立董事者所擔心的問題，橘逾淮而為枳，因此若欲將董事會之功能由經營者轉為監督者，設置相關功能委員會對於強化董事會獨立性，實為重要之配套措施，此仍待公司法及證交法配合修法。

4. 一旦獨立董事組成審計委員會，其便擁有監察權，而獨立董事既係董事，自然為董事會成員，故同時又擁有業務政策決定及執行權，恐怕亦有違制衡監督之設計[119]。又於此角色混淆之際，證交法又授權主管機關，得以公權力強制企業設置審計委員會，在相關權責釐清前，主管機關在行使此項權力時，似宜更加謹慎乎[120]。

5. 最後，關於獨立董事之人數，證交法對於自願設置者並無最低人數限制，而若係經主管機關強制要求設立者，人數不得少於二人，且不得少於董事席次五分之一。然依美國紐約證券交易所（New York Stock Exchange, NYSE）上市條件規定，渠要求上市公司董事會需有過半數（Majority）之獨立董事（Independent

---

117 賴英照，前揭註115。
118 劉連煜，新證券交易法實例研習，元照出版，4版，頁229，2006年2月。
119 同前註。
120 同前註。

Director）[121]；另英國倫敦證券交易所（London Stock Exchange）2006年6月之公司治理綜合準則（The Combined Code On Corporate Governance）規定亦要求董事會需至少有半數（At Least Half The Board）之外部董事（Non-Executive Director）[122]，故而我國之規定顯然少於英、美國家之規範。然若獨立董事人數過少，恐難發揮應有之監控功能，或許淪為「聖誕樹上之裝飾品」[123]，又或者這些少數獨立董事頂多作個「諍友」，有賴大股東及經營者察納雅言，否則也只能在董事會表示異議以求自保而已[124]。

（三）小　結

姑不論此次證交法所增設關於獨立董事及審計委員會之相關規定，是否尚有不盡完善之處，終究立法政策上選擇了朝向單軌制的方向前進，然是否單軌制果能一清我國傳統上公司治理混濁之處，仍待實證檢驗，公司治理其實可謂是繫於領導人特質的文化[125]，需要長時間試煉，實難一蹴可幾，或許透過漸進式修法讓企業得以慢慢適應，是一種不得已的方式。

獨立董事制度在我國是否為一帖良藥尚待時間考驗，然本案中，

---

[121] See Section 303A Corporate Governance Listing Standards, at 4, November 2004, http://www.nyse.com/regulation/listed/1101074746736.html#, last visited on Aug. 23, 2006.

[122] See The Combined Code on Corporate Governance June 2006, at 6, http://www.frc.org.uk/corporate/combinedcode.cfm, last visited on Aug. 23, 2006.

[123] 劉連煜，前揭註103，頁142。

[124] 黃日燦，公司治理與董事會的角色，經濟日報，2002年8月26日，6版。

[125] 例如一直強調公司治理之臺積電於2006年5月16日股東會通過修改章程，將審計委員會列入章程中，並預計12月31日後以審計委員會取代監察人，將成為第一家成立審計委員會的大型電子業。經濟日報，2006年5月17日，C3。

開發金獨立監察人陳添枝與獨立董事朱敬一，因公開收購過程中開發金承接轉投資開發國際持有的3.46萬張金鼎證股票，於2006年3月13日要求召開臨時董事會，會議重點在於質疑經營團隊於2月17日決議對金鼎證展開公開收購董事會上，未提供完整的資訊以供董事會判斷。或許部分董事終究基於公開收購行為已完成，無以回天，只能透過董事會會議紀錄向財政部、金管會釋出訊息。然因為獨立董監的監督並提出質疑，引起社會大眾的關注，更促成財政部日後的調查及公股代表董事長的下檯。故就本案而言，實不可不謂為獨立董監制度樹下一個優良典範。

二、政府及法人股東代表制之廢除

　　如前所述，在公司法第27條政府股東代表制度下，可能發生公股代表同時對於政府股東及擔任董事之公司均負有「忠實義務」，而產生二個義務利益衝突問題。誠然在我國現行法制下，對於法人的性質係採「法人實在說」，認為法人跟自然人同為一有機體，具有法人格，在法理上視為一獨立主體[126]，因而得和自然人一樣當選董事（法人董事），然因其實際上根本無法執行董事職務參與公司經營決策，故須指派自然人代表執行職務，更因公司法第27條第3條所賦予法人得隨時改派代表之權，造成實務上相當複雜之紛擾，例如於行使董事職務時有故意或過失而有害公司營運時，法人或政府股東與其代表間之法律責任該如何釐清[127]？因而是否有透過民法第26條：「法人於法令限制內，有享受權利、負擔義務之能力。但專屬於自然人之權利義務，不在此限。」重新思考公司法第27條第1項法人董事制度存在之必要。

　　同樣的，公司法第27條第2項規範下之「法人代表董事」，當時立

---

[126] 施啟揚，民法總則，三民書局，7版，頁115、116，1996年4月。
[127] 王文宇，前揭註41，頁192。

法的時空背景或係基於公營事業中，政府官股為多數，為了配合政策執行與落實，因而強力介入公司人事操控[128]，而法人代表董事即成為一劑妙方。然時至今日，搭配隨時改派法人代表制度，淪為有心者規避公司法上董監責任之手段，亦即自然人股東另立私人投資公司，由該投資公司持有被投資公司股份，再利用公司法第27條派遣代表出任董監事，其則可隱身幕後，再藉由隨時改派箝制法人代表，掌握公司經營大權，同時又可規避公司法上董監責任[129]，又其依第3項得隨時改派法人代表，實與單一股東即可改變公司決議行為無異[130]，更顯其不合理處。

　　又依本項規定，法人股東派遣多數代表人分別當選多席董監[131]，且得依其職權隨時改派，為分別當選為董監事者既為同一股東代表，是否能發揮監督功能，顯非無疑，就維護公司內部制衡以保護小股東目的，暨為貫徹股東平等原則，在未能廢除該法前，解釋上實在宜認為，法人股東派遣多數代表人時，不得同時當選董事及監察人較為妥適[132]，然釜底抽薪之計，還是應廢除此等不符時宜規定[133]，抑或先行修法明定法人股東派遣多數代表人時，不得同時當選董事及監察人[134]。同時亦應先行廢除公司法第27條第3項隨時改派法人代表之規

---

[128] 同前註，頁193。

[129] 林國全，法人得否被選任為股份有限公司董事，月旦法學84期，頁20，2002年5月。

[130] 廖大穎，前揭註88，頁208。

[131] 經濟部1968年9月24日商34076號解釋：「……五、公司法第222條雖規定監察人不得兼任公司董事及經理人，但同法第27條第2項又例外規定政府或法人為股東時亦得由其代表被推為執行業務股東或當選為董事或監察人，代表人有數人時得分別被推或當選，故一法人股東指派代表二人以上分別當選為董事及監察人並無不可。」

[132] 黃虹霞，前揭註82，頁72。

[133] 王文宇，法人股東、法人代表與公司間三方法律關係之定位，臺灣本土法學14期，頁107，2000年9月。

[134] 2006年1月11日證交法修正時，即於第26條之3第2項規定：「政府或法人為

定，改採法人董事之常任代表制[135]。

三、強化公股代表選派及監督機制

在前述政府及法人股東代表制度未廢除前，政府對於所持股之金融機構勢必仍需依法委派代表人行使董監職務，從而對於公股代表之選派及監督即益顯重要。依行政院所定公股股權管理及處分要點第10點[136]，對已上市（櫃）金融機構之持股，應於2006年8月31日以前，在不影響國內證券市場正常運作下，陸續降低持股比率至20%以下。而依同法第11點[137]，政府仍將持續釋出所持有之部分金融機構股份[138]，故

公開發行公司之股東時，除經主管機關核准者外，不得由其代表人同時當選或擔任公司之董事及監察人，不適用公司法第27條第2項規定。」

[135] 廖大穎，前揭註88，頁213。

[136] 民國95年10月31日修正前公股股權管理及處分要點第10點：「為貫徹民營化政策，各公股股權管理機關對已民營化事業剩餘公股股權，應秉持下列原則管理：(一)對具有公用或國防特性之事業，基於民生需求及國防安全考量，在民營化後一定期間內暫時保留一定公股比率，使公股代表就特定重大事項具有實質否決權利。(二)對屬於競爭產業之事業，視資本市場胃納情況等因素，陸續釋出全部之持股。但對已上市（櫃）金融機構之持股，應於95年8月31日以前，在不影響國內證券市場正常運作下，陸續降低持股比率至百分之二十以下。前項第1款具有公用或國防特性之事業，其民營化後一定期間內公股最適持股比率，由各公股股權管理機關陳報行政院核定。」

[137] 民國95年10月31日修正前公股股權管理及處分要點第11點：「各公營事業移轉民營後，原事業主管機關應規劃政府中長期最適持股比率，報由公營事業民營化推動與監督管理委員會審議，送請行政院核定。經核定後，除擬採洽策略性投資人釋股之部分，仍由原事業主管機關逕予執行外，其餘股份一律交由行政院開發基金管理委員會代為執行。當年度以前已編列釋股預算，其未如期執行部分，應於次一年度交由行政院開發基金管理委員會代為執行。公營事業剩餘公股釋股作業交由行政院開發基金代為執行時，其公股代表遴派管考事宜，仍由原事業主管機關負責。」

[138] 例如中華開發金控、彰化銀行及復華金控，等主要民股持股達一定標準後公股即會退出。

對於在釋股過程中政府仍持有股份金融機構，例如持有兆豐金23%、華南金31%、彰化銀行17%股份及泛公股持有開發金約6%股份等，在此等已民營化金融機構中，政府實應尊重企業經營機制，透過其所遴派之代表監督之。

因而其所選任之代表即至為重要，建議應挑選具有專才之專任人員，而非淪為安排酬庸退休官員或國營企業高階管理者之去處，方能確實掌握公司營運狀況，同時或可適度授權與公股代表，而非如現制須事事請示報告公股管理機關，以因應商業世界瞬息萬變之狀況，當然同時亦要將公股代表權責予以明確規範，並引進賠償責任，當公股代表有損害政府或公司利益時即須負損還賠償責任，以加強公股代表管理效果[139]，同時政府與遴選之公股代表亦不妨締結書面委任契約，透過契約限制公股代表與民股股東之共謀行為，同時亦可明定違約責任[140]。又為了吸引人才擔任公股代表，應依照其個人貢獻不同而訂定差別性報酬標準，而非如現制給予單一固定報酬[141]。

此外，既然立法上已決定引進獨立董事制度，政府單位是否亦可考慮利用其手中所持有股份，用以支持獨立董事之選任，由政府依提名董事之一定比例（二分之一或三分之一）選任適當人選出任金融機構之獨立董事，當然為求獨立董事發揮獨立與專業功能，自當由不具公務員身分者出任為佳[142]。此際該獨立董事，依法不得由政府依公司法第27條，以政府或其代表人身分當選，自然沒有隨時改派此一緊箍咒問題存在，如此當更可保障該獨立董事之獨立性。亦即由政府來當推動公司治理之先行者，藉以健全我國金融機構之體質，豈非美事一樁。

---

[139] 洪德生、柯承恩及王連常福主持，前揭註81，頁48-49。
[140] 吳青松、王文宇主持，公股股權管理與公股代表遴派制度化之研究，行政院經濟建設委員會委託研究，頁108-109，2000年10月。
[141] 同前註。
[142] 同前註，頁114。

四、幕後董事之引進

在現行實務運作中，往往有未具董事身分之人，而實質上操控著公司之財務及業務經營，以致於雖該等人之行為，有違反法令或公司章程時，卻不得依公司法中對於董事之相關規定，課以該等人對於公司或其他人之賠償責任；反而，係由無實質決定權之傀儡董事，對該實質上操控者之行為向公司及其他相關之人負責。此等不居於董事地位，而事實上卻控制董事以遂行其執行公司職務者者，即稱為幕後董事（或稱影子董事）[143]。幕後董事對外並不宣稱自己為董事，隱身於幕後，以公司現存名義上董事為其掩護。例如在臺灣經營現況，常有稱為「總裁」者，此一職稱在現行公司法令上根本未存在，且在公司文件上常不見總裁簽名蓋章，然其確實際在背後運籌帷幄，掌握企業之經營大權，造成有權無責，甚至刻意逃避責任[144]，此實與自己責任原則相悖，尚者且更是不合乎公平正義。

故建議參考英美法中之「幕後董事」概念，對於不具董事身分但可直接或間接控制董事會決議之人，課以與公司董事同等之責，以解決現行實務上無法可循之困境。對此，行政院經建會委託之公司法制全盤研究與修訂建議研究案，亦提出增訂關於非董事而可直接或間接控制公司之人事、財務或業務經營者，對公司應與董事負同一之責任規定（建議修正條文192條之1）[145]。又參考國外立法，對於幕後董事之認定，必須證明(1)誰是公司之法律上董事或事實上董事。(2)該幕後董事如何指示這些董事執行公司業務。(3)這些董事的確依照其指示而執行公司業務。

---

[143] See Caroline M Hague, ANALYSIS: Directors: De Jure, De Facto, or Shadow?, 28 Hong Kong L.J. 304, at 305-306 (1998).

[144] 經濟日報，2006年8月24日，A11。

[145] 財團法人臺灣亞洲基金會、理律法律事務所，公司法制全盤研究與修訂建議研究案，第三冊，行政院經建會委託，頁126，2000年3月

⑷這些董事已將遵照該幕後董事命令及指示行為當成慣例[146]。

　　本案金管會以「程序瑕疵」與「違反公司治理」要求開發金撤換吳春臺職務，只罰人不罰公司，而且只罰吳春臺，背後指揮官開發金總經理辜仲瑩卻未受處分，開發金經營團隊也無一波及，媒體認此顯然有爭議空間，對此金管會表示，金管會是依據金控法36條規定，金控公司應確保其子公司業務健全經營，並需負對被投資事業的管理責任。如金控或其被投資事業有經營缺失，金控公司應從財務、業務、人事調整上加以導正，故對吳春臺做出導正，而開發金總經理、開發工銀董事長辜仲瑩並非實際行為人，故不對其處罰。關此，則可以依幕後董事規範，檢視開發金總經理、開發工銀董事長辜仲瑩是否須為本案負責。

五、穿越投票

（一）概　說

　　依金融控股公司法第15條第1項後段規定，金融控股公司持有子公司已發行全部股份或資本總額時，子公司股東會職權移由董事會行使。又同法第15條第2項前段規定，該子公司之董事係由金融控股公司所指派，金融控股公司之董事及監察人，得為該子公司之董事及監察人。此際恐係對子公司董事忠誠度之一大考驗，甚或可能引發利益掛勾之弊端。

　　在此種情況下，金融控股集團本身可是為一經濟上實體，金控母公司與子公司間法人格之界線已不十分明顯，而可某程度漠視其區別。從而提供金控母公司股東有介入被控股公司經營決定之空間[147]。因此引進穿越投票制度（Pass Through），依據控股公司掌有被控股公司資產

---

[146] See Caroline M Hague, supra note 143, at 307-308.

[147] 王文宇，普通控股公司與金融控股公司之規範，月旦法學79期，頁99，2001年12月。

比例及被控股公司行為重要程度，有限度打破法人格區別，使控股公司股東得適當介入被控股公司經營決策，以避免現行法制下可能產生之弊端，並保障股東及債權人權益。

（二）控股公司股東得介入之重大事務

1. 被控股公司資產構成控股公司全部或大部分資產時

若被控股公司資產構成控股公司全部或大部分資產時，對於被控股公司下列所舉重大行為或應給予控股公司股東參與之機會：

⑴ 出售公司全部或主要資產或進行合併

立法例上對於公司在出售全部或主要資產或進行合併時，應經股東會一定成數之可決通過，其主要理由在於公司在出售全部或主要資產或進行合併時，會造成公司經營狀態之重大改變。同時此項行為非屬公司正常營運下之行為（若為一般營運行為，則由董事會決定），故而應由股東會加以決定，此正是體現「企業所有與企業經營分離」之原則[148]。

在完全被控股公司擁有相當於控股公司全部資產情形下，被控股公司為此項決定時，即等同於處分控股公司全部或主要資產，故自應由控股公司股東會決議，來直接決定被控股公司是否得為此項行為。

⑵ 選舉董監事

董事會係一由全體董事所組成之會議體，而有決定公司業務執行權限之股份有限公司法定、必備、常設之集體業務執行機關[149]。而選舉被控股公司董事似乎為控股公司董事會權責，因為就控股公司轉投資而言，選任被控股公司董事，係控股公司利於股東立場行使決定，屬於業

---

[148] 劉連煜，公司法理論與判決研究(三)，元照出版，頁200，2002年5月。
[149] 柯芳枝，公司法論（下），三民書局出版，5版，頁322，2003年1月。

務執行行為。

　　然控股公司實際資產係置於被控股公司之下，故而被控股公司之董事就該被控股公司，實際上比控股公司董事握有更大之經營決策、人事及盈餘分派權限，因此對於控股公司股東而言，選任被控股公司董事實不可謂不重要。若由控股公司董事會選任被控股公司董事，可能造成控股公司董事選任自己擔任被控股公司董事之疑慮，或者透過選任權控制被控股公司董事會，甚而發生利益輸送，掏空資產，故亦應賦予控股公司股東直接選任被控股公司董事之權，或可避免控股公司董事會不當介入干涉，同時亦可使被控股公司直接對控股公司股東負責，亦即無須再以追究控股公司董事責任之迂迴方式為之。

　　(3) 變更章程

　　公司章程之變更，謂變更為公司組織及活動之根本規則之實質意義之章程[150]。章程之變更可能會變動股東與管理階層之權利義務關係，例如增加授權資本而毋須經股東會決議，故而公司法規定須經股東會決議通過方可為之[151]。

　　依前述考量，公司經營者實不得僅憑己意而可變更章程，進而改變公司架構或其與公司間之權義關係，因而在控股公司架構下當亦作如是考量，即被控股公司若欲變更章程時，應由控股公司股東會決議為之。

2.被控股公司資產未構成控股公司全部或大部分資產時

　　然而當被控股公司資產未構成控股公司全部或大部分資產時，亦即除被控股公司所擁有資產外，尚有部分為控股公司所擁有。此時控股公司股東仍有對被控股公司為穿越投票之需求，但因對控股公司股東權益影響較小，故須在符合以下二點要求時，控股公司股東才能穿越投票。第一為被控股公司之行為，就控股公司而言，構成了必須經由其股東會

---

[150] 同前註，頁484。
[151] 參見公司法第277條。

決議可決之程度；第二則是被控股公司必須在企業控股集團中具經濟上重要意義[152]。

六、二重代位訴訟

有控制、從屬關係之企業集團，因身為控制股東之公司違反受託義務致從屬公司受有損害時，從屬公司或其股東為救濟從屬公司損害，依公司法第369條之4規定[153]得對控制公司及其負責人提起代位訴訟。至於未直接持有從屬公司股份之控制公司股東，是否得以從屬公司受有損害為由，為從屬公司提起代位訴訟？又或可否對從屬公司之控制股東提起代位訴訟？於現行法上似乎並不可行。

前述控制公司股東以從屬公司受有損害為由，為從屬公司提起代位訴訟，即為美國法上所稱之「二重代位訴訟」（Double Derivative Suit），蓋此時控股公司股東所執行之權利實衍生自母公司之代位權。至於支持二重代位訴訟之理由有，受託人理論（Fiduciary Theory）、法人格否認理論（Piercing Corporate Veil）、不法行為人之一般控制理論（Common Control）及代理理論（Agency Theory）等[154]。

對於各理論之構成理由，或許各有其贊成及反對意見。惟基於某公

---

[152] 王文宇，前揭註147，頁100。

[153] 公司法第369條之4規定：「控制公司直接或間接使從屬公司為不合營業常規或其他不利益之經營，而未於會計年度終了時為適當補償，致從屬公司受有損害者，應負賠償責任。控制公司負責人使從屬公司為前項之經營者，應與控制公司就前項損害負連帶賠償責任。控制公司未為第1項之賠償，從屬公司之債權人或繼續一年以上持有從屬公司已發行有表決權股份總數或資本總額百分之一以上之股東，得以自己名義行使前2項從屬公司之權利，請求對從屬公司為給付。前項權利之行使，不因從屬公司就該請求賠償權利所為之和解或拋棄而受影響。」

[154] 許美麗，控制與從屬公司（關係企業）之股東代位訴訟，政大法學評論63期，頁415-419，2000年6月。

司因持有其他公司之全部或一部股份，而形成控制與從屬關係，控制公司股東對於從屬公司即有合法利益，故對於控制公司股東（特別是少數股東）亟需賦予力量以對抗掌控控制公司之控制者，並可藉此避免控制公司股東承擔最後之損害，因而承認控制公司股東得提起二重代位訴訟即有其意義存在，且具有訴權之適格股東越多，則代位訴訟更可有效達到損害賠償及抑制加害行為之功能[155]。又若係在完全控股之態樣下，更無法期待身為從屬公司唯一股東之控制公司會代從屬公司對自己求償，即可由控制公司之少數股東依二重代位訴訟途徑為從屬公司請求，一方面可嚇阻控制公司不得肆無忌憚，二方面亦促使控制公司謹慎行使其控制力。同時此種代位訴訟，適用於兼任控制公司及從屬公司董事之人、控制公司之董事、從屬公司之董事或其他公司以外之第三人，且包含請求金錢之賠償，行為之制止及契約之解除等[156]。

七、小　結

我國自2001年11月1日實施金控法以來，各金融集團莫不以成立金融控股公司為其職志，更視此為面對高度激烈競爭之金融市場下勝出的不二法門，甚或是已成立之金控公司，為避免淪為後段班被擠出金控市場，亦爭相藉由各種併購手段壯大軍容。同時更加上政府宣示的二次金改目標，各民營金控公司對於政府持股之金融機構，更是窈窕淑女君子好逑，或是揚幡播鼓，表明入主企圖[157]；或是躡足潛蹤，默默買進部分持股[158]。值此金融市場上群雄並起，戰鼓頻催、兵荒馬亂之際，我

---

[155] See Locasico, Comment: The Dilemma of the Double Derivative Suit, 83, NW.U.Rev.729.752, at 759 (1989).

[156] 許美麗，前揭註154，頁415。

[157] 例如元大集團入主復華金控。

[158] 例如國泰金控與新光金控各持有第一金少數股份。

國公司法、證交法及金控法等相關法規顯然或有不足之處，或靠修法補救[159]，或靠主管機關以修正、增訂行政命令[160]因應之。

　　開發金非合意併購金鼎證一案，不啻顯示雙方企業靈活運用策略以作攻防，更讓我們上了一堂公司治理的負面課程。在「企業所有與經營分離」喊的漫天作響之際，對於以少數持股運用財務槓桿操作，即可掌控千億資產的經營者，我們不禁自問，現行法制架構是否足以應付，現存規範是否足以遏止在金控架構下，公司負責人甚或控制股東的濫權？是否有提供少數股東亦或債權人一個得以相抗衡的武器？經過我們前面的討論，實仍有許多不足之處，又經營者舞文弄法遊走於法律巧門，輕易的可以規避法律責任，枉顧公司治理精神，僅一味依其意志追逐金融版圖的擴大，然真正被繩之以法者，可謂吉光片羽。

　　或許主管機關已正視此問題，陸續對於數宗違紀案[161]予以開鍘，此實為重建我國金融秩序重要的一環，同時我們建議政府對於尚有持股之金融機構，能以身作則，在未能廢除公司法第27條前提下，強化公股代表選派及監督機制，慎選公股代表監督經營階層，更可進一步善用其手中所持有股份，用以支持獨立董事之選任，推動公司治理機制發展。此外對於2007年1月已正式實施的證交法關於獨立董事之規定，亦期盼獨立董事及審計委員會能切實扮演公司內部監督者角色，同時其成效或將決定我國將全面改採英美單軌制，抑或回歸現行之雙軌制。最後，我

---

[159] 例如2005年6月22日修正公司法及2006年1月11日修正證交法。

[160] 例如金管會於2005年2月22日修正公布「金融控股公司負責人資格條件及兼任子公司職務辦法」。

[161] 例如金管會於本案對開發金控及金鼎證負責人之處罰及2006年7月20日對中信銀行香港分行從事海外結構債交易之相關缺失作成處分，更造成中信金副董事長辜仲諒辭去中信銀董事長、董事職務；同時亦責成臺新金控召開董監事聯席會議檢討吳統雄是否適合繼續擔任該公司及子公司臺新銀行監察人。

們也建議能引進包括幕後董事、穿越投票及二重代位訴訟等制度，藉以強化監督企業經營者、控制股東及訴追其責任之相關機制，希冀能更完整架構我國企業經營規範法制。

破除不倒神話
——國華產險案

廖先雅

目 次

大事紀

時　間	事　由
51年12月24日	國華產物保險公司成立。
89年	國內保險市場開放後，國華產險在外商與新產險公司的兩面夾殺下，營運明顯走下坡。
91年	在財政部要求下國華產險曾與太平產險談過合併，當時國華產險資本額只有10億元，太平產險為15.6億元，都不符規定，在產險界的體質屬於倒數第一第二，雙方談到最後，國華產險董事會主張換股比率為一股國華產險換3.6股太平產險，遭到太平產險股東與員工強烈反對而失敗。
92年	淨值為4.09億元。
93年9月	金管會將王錦標依「財報不實」移送檢調。
93年底	淨值為負3.85億元。
94年底	淨值為負8.5億元，顯示財務狀況急速惡化。
94年11月18日	金管會依保險法第149條第3項規定給予勒令停業，派員清理處分，並委託財團法人保險事業發展中心擔任清理人，組成清理小組進駐公司清理，有四十三年歷史的國華產險畫下休止符。
	清理人在歷時三個月與精算顧問公司逐張保單精算、評估下，已初步整理出國華產險的已報未決賠款及未滿期保單的部分，並依據不同假設，計算出保險安定基金可能要墊付或補助的金額，再向金管會報告整體狀況，並由金管會決定可補助、墊付的底價區間，此外保發中心也規劃出國華產險的標售方案。
95年3月初	由保險安定基金董事會通過決議後，敲定標售金額與標售時點，並呈報金管會。
95年3月13日	正式公告招標，將員工和保單一起進行標售。
95年4月6日	就國華產險之營業及資產標售進行投、決標，最後由台灣人壽保險股份有限公司以新台幣10億5,600萬元得標，得標內容包含有效保險契約及再保險契約之權利義務（不含消費者信用貸款信用保險）、交割日前已出險但安定基金未墊付之保險理賠金額及分公司設置權利等，且得標人同意履行員工安置承諾書，承接至少50%以上之員工，國內第一件產險業退場案例由此成形。
95年4月12日	以「龍平安產險公司」為名，向主管機關行政院金融監督管理委員會申請設立。
95年5月16日	完成國華產險業務交割事宜，將有效保險契約移轉給龍平安產物保險股份有限公司。
95年9月1日	台北地檢署偵查終結，將王錦標等十五人依偽造文書、違反商業會計法、證券交易法、洗錢防制法、保險法等罪嫌提起公訴。王錦標另遭檢方求刑二十年，併科罰金5億元。

時　間	事　由
96年6月14日	台北地方法院判決王錦標須賠償「馬財團法人財產保險安定基金會」新台幣13億6,900多萬元。

壹、前　言

　　民國94年11月18日金管會以公告方式宣布國華產物保險公司自即日起勒令停業，並立刻派員進行清理，國華產物成為國內產險史上第一家被勒令停業的保險公司，此消息一傳出不僅引起社會一片嘩然，也為台灣的保險史投下一顆震撼彈。

　　自民國59年國光人壽倒閉至今，台灣保險市場雖然發生過幾次併購、外商保險公司從台灣撤資等事件，但最後總是有驚無險，也曾傳出不只一家產險或壽險公司有財務危機或遭掏空的傳聞，但也總是維持住表面上的風平浪靜，而此次國華產險事件終於讓保險公司不會倒的迷思成為神話。

　　本章大致分為事實與法律問題部分，事實部分將依據現有報導對於國華產險的過去與倒閉原因做一整理；法律問題部分將介紹此事件所涉之法律問題與概念並對照分析現行法令下對於保險公司的風險監控、退場機制、遭清理保險公司之員工與保戶權益與其董監負責人應負之法律責任，結論則是根據此事件對消費者、政府以及業者提出粗淺的建議。

貳、事　實

一、國華產險的誕生[1]

　　國華產物保險公司於民國51年12月24日成立，利用政府首次開放金融市場的機會，進入產險市場。民國50年政府的金融政策，為擴展金融事業的規模及內涵，首度開放新設金融機構的設立，保險公司是當時的新興產業，許多企業主競相爭取籌設保險公司；根據財政部的資料，這一波開放新保險公司的設立，財政部總共核准十家產物保險公司，與七家壽險公司，國華產物保險公司就是其中一家。

　　國華產物保險公司的誕生，主導者是後來擔任台中縣長的林鶴年，林鶴年當時未經營保險事業，邀集許多工商業鉅子以共同出資方式，分別成立「國華產物保險公司」與「國華人壽保險公司」，進軍產險與壽險市場；經財政部審查核准之後，國華產險於民國51年12月24日開幕營業，而國華人壽則是延至52年7月20日開業，並由林鶴年分別擔任董事長，二年之後，林鶴年當選台中縣長，卸下這兩家公司的董事長地位，交由他人繼續經營；國華產險董事長由味王集團的陳雲龍接任，總經理則繼續由原來的林有福擔任，國華人壽則交由味王企業的陳寶川擔任董事長，並聘請會計專家涂芳輝為總經理，國華產險與國華人壽從此分道揚鑣。

---

[1] 鄭清源，國華產險興衰史，保險大道第45期，頁69-70，2006年2月。

二、國華產險的成長與衰敗[23]

林有福擔任國華產險總經理二十年期間，積極收購股權，成為最大股東，逐步掌控國華產險的所有權與經營權，並升任董事長；民國73年林有福病逝國外，由其長公子林宏遠出任總經理，年少得志的林宏遠，不了解產險業務的特性，亦不熟知經營企業須重視成本管理的概念，經營績效立即下滑，發生嚴重的虧損。

這是國華產險面臨第一次經營危機，因虧損金額太大，依據當時保險法的規範必須限期辦理現金增資及董事會全面改組的問題；林有福的長女林瑞容（亦是林宏遠的姐姐）適時介入，由其夫婿王錦標出資，完成現金增資計畫，強化國華產險的財務結構，王錦標接任董事長，國華產險從此進入王錦標夫婦二人共同治理的時期。

國華產險以車險起家，全台有八個分公司與兩千多家保險代理、農會、代書、修車廠等銷售通路，與新光、第一、台灣與中央等同屬老牌產險公司。民89年國內保險市場開放後，國華產險在外商與新產險公司的兩面夾殺下，營運明顯走下坡。此外，過去十年來，國華產險曾多次被要求重編財報，去年又因會計師針對前年財報出具保留意見引來保險局的注意，而要求重編財報，結果重編後國華產險帳面虧損4億多元，等於當年度就虧掉近半個資本額，而且帳上幾無流動現金，金管會在93年9月時先將王錦標依「財報不實」移送檢調。

據了解，國華產險在92年時的淨值為4.09億元、93年為負3.85億

2　鄭清源，國華產險興衰史，保險大道第45期，頁70-71，2006年2月。

3　參聯合報，倒的是國華產險　不是人壽，A6版，94年11月19日；現代保險金融理財雜誌，.金管會勒令國華產物94.11.18起停業，204期，頁76，2005年12月；商業周刊，國華產險二十億賠付金全民埋單，940期，頁58-59，2005年11月28日；經濟日報，國華產作假帳　金管會握證據，2005年11月22日。

元，94年底更惡化到負8.5億元，顯示財務狀況急速惡化。金管會並表示已掌握國華產險作假帳的事實證據。金管會發言人林忠正於94年11月18日表示國華產險財務明顯惡化，不但淨值為負數，連資金流動都出了問題，帳上現金只剩1,100多萬元，而國華產險每月薪資支出達1,400萬元，營業費用超過億元，已無法經營下去，金管會為保障保戶權益，決定祭出清理令，勒令停業處分，並委託財團法人保險事業發展中心擔任清理人，組成清理小組於94年11月18日進駐公司清理，有四十三年歷史的國華產險畫下休止符。

財團法人保險事業發展中心為進行前述清理業務，經主管機關核准，於民國95年4月6日就國華產險之營業及資產標售進行投、決標，最後由台灣人壽保險股份有限公司以新台幣10億5,600萬元得標[4]，同年4月12日以「龍平安產險公司」為名，向主管機關行政院金融監督管理委員會申請設立，5月16日完成國華產險業務交割事宜。

三、倒閉原因

1.重心放車險缺乏危機意識[56]

據報載，國華產險財務狀況急速惡化，過去其推出小額信貸的長期火險，以及機車紋身險兩個保單，是原因之一。機車紋身險保費低廉，而且理賠並未設置上限，導致理賠案件有幾十萬件，理賠率甚至高達

---

[4] 得標內容包含有效保險契約及再保險契約之權利義務（不含消費者信用貸款信用保險）、交割日前已出險但安定基金未墊付之保險理賠金額及分公司設置權利等，且得標人同意履行員工安置承諾書，承接至少50%以上之員工。

[5] 據報載，金管會統計國華產險94年有103萬張保單（政策險占七成），其中68萬件是強制汽車責任險，另有任意車險13萬件、火險2萬9千件、地震險1萬9千件、水險6萬8千件、意外險5萬5千件、、傷害險6萬9千件。

[6] 參工商時報，金管會打包票　國華產倒閉事件　三年內不重演，A9版，2005年11月22日。

120%以上，國華產險未把損失控制住。

2.削價競爭、投資不當[78]

過去台灣保險業屬於封閉市場，開放外商公司成立及實施費率自由化後，在市場完全競爭下，產險公司的超額利潤將被大幅壓縮，但是公司的風險控管能力卻必須相對提升，然而一家專業人力及能力均不足的產險業公司，要達到有效管控經營風險，很難做得到，業者為了搶市占率難免會在價格上做競爭，使得成本增加利潤降低，若再加上投資報酬不如預期，時間久了公司營運自然會出問題。

3.3%的市占率不符合經濟規模[9]

由於台灣社會及產業發展的複雜度愈來愈高，各種產險的風險評估、精算、損害防阻理賠及法律訴訟，都需要投入專業的人力及物力，如果以3%-4%左右的市占率來看，包括國華產險在內等小型產險公司，均不符合經濟規模，尤其金控公司擁有交叉行銷的優勢，規模太小的產業公司，營運壓力勢必進一步提升，這也是為何華南產險會選擇加入華南金控，而台灣、新安、第一及統一安聯等產險公司，也都有意加入金控公司的重要原因，國華產險董事長王錦標也曾有意將國華產險嫁入金控公司，但王錦標此一夢想始終未能成真。

---

7 財訊，四十四歲產險公司面臨大抉擇，277期，頁144，94年4月。

8 現代保險金融理財雜誌，國華產險倒閉是危機也是轉機，206期，頁40，2006年2月。

9 財訊，四十四歲產險公司面臨大抉擇，277期，頁144，94年4月。

參、所涉法律問題

產險公司之清償能力、保險業之監理方式與清理程序、受清理保險公司之保戶權益與員工權益、保險公司法律責任。

肆、相關法規

保險法、公司法、勞動基準法、勞動基準法施行細則、勞工退休準備金提撥及管理辦法、勞工退休金條例、就業保險法。

伍、法律問題分析

一、產險公司之清償能力

（一）清償能力的重要性

所謂清償能力，其定義是指保險業在簽訂保險契約完成，向要保人收取保費之後，於現在及未來是否有支付保險賠款或給付責任之能力[10]。保險公司收取保費的對價就是替被保險人承擔風險，由於風險的發生是在不確定的未來，所以保險公司的永續經營與清償能力即十分重

---

[10] 周品吟，保險公司清償能力風險管理之研究，朝陽科技大學保險金融管理系碩士論文，頁26，民國94年6月10日。

要，若在將來產生風險時無法給付足夠的保障金，將嚴重地影響保戶的權益甚至是生計，也會對社會安定與經濟發展產生影響，若因此造成社會對保險公司之不信任，投保意願降低的話，更是對保險制度與社會的損傷。

（二）法律規定

有鑑於上述保險業清償能力之重要與影響，我國保險法就保險業的財務狀況設有標準與限制，以確保保險公司有足夠的財務能力，並作為判斷何者為問題保險公司的參考基準。

1. 保險法第139條：「各種保險業資本或基金之最低額，由主管機關，審酌各地經濟實況，及各種保險業務之需要，分別呈請行政院核定之。」

   此乃為避免資本過小的公司從事保險業，以安定保戶的權益。根據上述法條之規定，保險業主管機關曾於65年7月規定產、壽險公司最低資本額為新台幣1億元，各公司現有資本未達最低額者，限於66年12月底增收足額[11]。後來於民國81年財政部發布「保險公司設立標準」[12]，規定申請設立保險公司，其最低實收資本額為新台幣20億元，隨後並發函各產、壽險公司，規定現有產、壽險公司之實收資本額未達最低金額者，須在十年內（91年底之前）以分次方式增資補足[13]。

2. 民國96年7月修正前保險法第143條：「I.保險業認許資產減除負債之餘額，未達第141條規定之保證金額三倍時，主管機關應命

---

[11] 民國65年7月17日財政部台財錢字第17862號。

[12] 保險公司設立標準，第2條前段規定，申請設立保險公司，其最低實收資本額為新臺幣20億元。

[13] 民國81年9月23日財政部台財保字第811764493號。

其於限期內,以現金增資補足之。II.保險業認許資產之標準及評價準則,由主管機關定之。III.保險業非因給付鉅額保險金之週轉需要,不得向外借款,非經主管機關核准,不得以其財產提供為債務之擔保;其因週轉需要所生之債務,應於五個月內清償。IV.第1項及第2項規定,自第143條之4第1項至第3項施行之日起,不再適用。」

保險法於民國90年7月修正前,乃依據本條文第1、2項,以邊際清償能力[14]、認許資產制度作為保險業清償能力的最低標準,惟其並未考慮保險業業務量大小,亦即未能依照其承擔風險之大小,要求法定最低邊際清償能力[15],且因為以保證金額作為衡量之標準,使資本額愈高的公司,增資壓力反而愈大,因此於民國90年7月修正保險法時,改採風險資本制度(第143條之4),並於第143條第4項增定落日條款,規定第1項及第2項於該次修法公布後兩年將不再適用。

3.民國96年7月修正前保險法第143條之4:「I.保險業自有資本與風險資本之比率,不得低於百分之二百;必要時,主管機關得參照國際標準調整比率。II.前項所稱自有資本與風險資本之範圍及計算方法,由主管機關定之。III.保險業自有資本與風險資本之比率未達第1項規定之比率者,不得分配盈餘,主管機關應視情節輕重,依第149條第1項、第2項及第3項規定處分之。IV.前三項規定,自本法修正公布後二年施行。」

本條文為民國90年7月所增訂,引進美國風險基礎資本額制度(Risk-Based Capital, RBC),並明定保險業自有資本與風險資本

---

[14]為保險業繼續經營過程中必須經常維持之最低資本淨值或保戶積餘(Policyholder's surplus)。
[15]一銀產經資訊,第460期,頁33,民國92年7月。

之比率，不得低於百分之兩百，此政策性之變革，主要因應「業務從寬、財務從嚴」之政策方向[16]，使保險業適應加入WTO後金融服務業之遽變，強化我國保險業之市場競爭力及清償能力。所謂風險基礎資本額，係指保險業經營風險所需之約當金額，就民國90年12月頒布「保險業資本適足性管理辦法」[17]，規範壽險業所面臨之風險為資產風險、保險風險、利率風險及其他風險，產險業為資產風險、信用風險、核保風險、資產負債配置風險及其他風險；簡而言之，風險基礎資本額係考量公司資產面之投資風險及信用風險、負債面之核保風險，以及因利率、政策或其他因素造成資產負債變動不一致之風險，若無法歸類於上述風險即為其他風險，在考量上述風險及給定適當風險係數後算出之風險資本額，即為保險公司經營此業務所需之資本要求，又基於監理之要求，明定公司之自有資本需超過風險資本兩倍以上方視為合格之公司[18]。

---

[16] 面對加入WTO後我國保險業的競爭力，近年來，財政部持續對保險業經營面及投資面之監理進行階段性之放寬政策，就經營面而言，諸如開放壽險業之投資型商品及推動產險業費率自由化政策，就投資面而言，如放寬保險業資金運用之限制及開放衍生性金融商品避險交易等。

[17] 保險業資本適足性管理辦法：
第2條：「I.本法所稱之自有資本，指保險業依本辦法規定經主管機關認許之資本總額；其範圍包括：一、經認許之業主權益。二、其他依主管機關規定之調整項目。II.前項自有資本之計算公式應依照主管機關之規定辦理。」
第3條：「I.本法所稱之風險資本，指依照保險業實際經營所承受之風險程度，計算而得之資本總額；其範圍包括下列風險項目：一、人身保險業：(一)資產風險。(二)保險風險。(三)利率風險。(四)其他風險。二、財產保險業：(一)資產風險。(二)信用風險。(三)核保風險。(四)資產負債配置風險。(五)其他風險。II.前項風險資本之計算公式應依照主管機關之規定辦理。」

[18] 張士傑，實施風險基礎資本額制度強化保險業加入WTO之競爭力，網址：

但風險基礎資本額制度並非完美之監理制度，因其計算基礎係以過去一年之財務資訊計算而得，並非即時資訊，各項係數之釐定亦難面面俱到，故符合本制度之公司不意味一定不會發生破產，此資本適足率之指標僅為監理上之最低標準，而非絕對標準[19]。

4. 民國96年7月修正前保險法第145條：「保險業於營業年度屆滿時，應分別保險種類，計算其應提存之各種責任準備金，記載於特設之帳簿。前項所稱各種準備金比率，由主管機關定之。」責任準備金制度的設立目的主要係確保保險公司因保險事故發生時，能依約履行應負之保險責任，確保保險公司之清償能力，以避免保險公司濫用積存之保險費，造成失卻清償能力之情形發生，進而影響廣大之被保險人應受保險保障之權益。

（三）國華產險之財務狀況[20]

國華產險十年前曾因攤回再保險賠款有問題，再加上當時資本額不到5億元不符自81年起所規定保險公司最低資本額20億元的標準，因此早在十年前就遭保險司（現為金管會保險局）盯上，年年要求公司必須增資。91年左右，在財政部要求下國華產險曾與太平產險談過合併，當時國華產險資本額只有10億元，太平產險為15.6億元，都不符規定，在

---

http://www.npf.org.tw/PUBLICATION/FM/091/FM-C-091-140.htm，最後瀏覽日期：2006年2月20日。

[19] 同註16。

[20] 由於國華產險並未確實依據財產保險業辦理資訊公開管理辦法之規定在網頁上公布說明文件，行政院金融監督管理委員會網頁內之公開資訊揭露公布欄亦僅連結至各保險業網站，無法獲得確切數據，因此下列數據乃出自相關報導之整理。參財訊，四十四歲產險公司面臨大抉擇，277期，頁144，94年4月；經濟日報，國華產作假帳　金管會握證據，2005年11月22日；聯合晚報，國華產險　停業接管，2005年11月18日；中國時報，《新聞分析》金管會開鍘　意在自保，A4/焦點新聞，2005年11月19日。

產險界的體質屬於倒數第一第二，雙方談到最後，國華產險董事會主張換股比率為一股國華產險換3.6股太平產險，遭到太平產險股東與員工強烈反對而失敗。

　　近來國華產險不但資本額未達法定標準，RBC（資本適足率）遠低於法定標準200%，多次限期增資也都未完成，在財務惡化下，還屢屢發生拖欠強制車險共保保費及延遲理賠等事件，國華產險即使經過93年的二次增資，一直到94年宣佈停業時，其資本額仍然只有11億元，遠不及法定產險公司最低資本額門檻20億元；資本適足率在93年時僅150%左右，也低於92年7月起實施的保險業資本適足率最低200%的規定。國華產險在92年時的淨值為4.09億元、93年為-3.85億元，目前更惡化到-8.5億元，顯示財務狀況急速惡化。

　　國華產險因經營不善導致虧損日益擴大，經限期改善仍無力增資補足，因其業務、財務狀況顯著惡化，94年保費收入只剩17億元，流動性資產只剩下1,100萬元，但每月卻要發出1,400萬元薪水，合計公司各項支出每月花費將近上億元，流動性已無法履行契約責任，在多次給予自救機會而未能完成自救情況下，有不能支付債務，損及被保險人權益之虞，為保障被保險人權益，金管會依保險法第149條第3項規定於94年11月18日給予勒令停業，派員清理處分。

二、保險業之監理與清理

（一）監理行動[21]

1.監理行動之概括分類

有鑒於保險業失卻清償能力對社會影響甚鉅，世界各國政府對於

---

21 周品吟，保險公司清償能力風險管理之研究，朝陽科技大學保險金融管理系碩士論文，頁26，民國94年6月10日。

相關的處理程序也多訂有專法詳細規定。例如：美國保險監理官協會（NAIC）於1969年所訂定之「保險業接管及清算模範法」。日本也都訂有許多相關法令，並增設「保險契約者保護機構」。我國保險法第149條亦有規範當保險業失卻清償能力時所需進行之動作，以維護市場正常運作。以下將各國保險監理機關的監理行動概分為四項，概括說明：

(1)命令增資、改善公司財務狀況

通常各國監理機關在處理問題保險業時，會先依實際財務情況命令該保險公司停止特定行為、提高費率、增加資本、重建投資組合、或其他改正措施等等。我國96年7月修正前保險法第149條第1項亦有規定：「保險業違反法令、章程或有礙健全經營之虞時，主管機關得先予糾正或命其限期改善，並得再視情況為下列處分：一、限制其營業範圍或新契約額。二、命其增資。」

(2)派員監管、監理要求改善、約談、金檢等動作

如果問題保險業情況較為緊急，監理機關遲延處理可能危及保戶、債權人、或社會大眾權益時，監理機關得派員進行監管動作，取得問題保險業之全部或一部資產帳冊文件。派員監管之目的在防止公司資金人為流失，確認保險人之實際情況，維持其現有資產，期能在不傷害問題保險業之形象之下儘速使其恢復正常。並且，如此一來還可以使監理機關有緩衝時間來決定是否該對此問題保險業提起接管或是清理之程序。我國保險法第149條內亦有監管之多項規定[22]。

---

[22] 民國96年7月修正前保險法第149條第3項：「保險業因業務或財務狀況顯著惡化，不能支付其債務，或無法履行契約責任或有損及被保險人權益之虞時，主管機關得依情節之輕重，分別為下列處分：一、派員監管。二、派員接管。三、勒令停業派員清理。四、命令解散。」第4項：「依前項規定監管、接管、停業清理或解散者，主管機關得委託相關機構或具有專業經驗人員擔任監管人、接管人、清理人或清算人；其有涉及安定基金補償事

(3)著手接管相關事宜

接管程序即是將所有資產移轉於接管人，並賦予接管人整理之權限。接管人在營業事業之處理有較多之選擇，期能成功拯救問題保險業。這些選擇包括重整公司與其子公司、與其他公司合併、先清償某些債務、暫緩一部或全部債務之清償等等。我國保險法第149條之1、第149條之2[23]就接管處分與接管人職務定有規定。

(4)進行清理、解散等最後程序

如果監理機關認為繼續接管會損及債權人、保戶以及大眾權益，或清理、解散才是最有利之方式時，得對問題保險業進行清理或清算的動

項時，並應通知安定基金配合辦理。」第6項：「保險業經主管機關依第3項第1款為監管處分時，非經監管人同意，保險業不得為下列行為：一、支付款項或處分財產，超過主管機關規定之限額。二、締結契約或重大義務之承諾。三、其他重大影響財務之事項。」第7項：「監管人執行監管職務時，準用第148條有關檢查之規定。」

[23] 保險法第149條之1：「I.保險業收受主管機關接管處分之通知後，應將其業務之經營及財產之管理處分權移交予接管人。原有股東會、董事、監察人或類似機構之職權即行停止。II.保險業之董事、經理人或類似機構應將有關業務及財務上一切帳冊、文件與財產列表移交與接管人。董事、監察人、經理人或其他職員，對於接管人所為關於業務或財務狀況之詢問，有答復之義務。」民國96年7月修正前保險法第149條之2：「I.接管人執行接管職務時，應以善良管理人之注意為之。其有違法或不當情事者，主管機關得隨時解除其職務，另行選派，並依法追究責任。II.接管人執行職務而有下列行為時，應事先取得主管機關許可：一、財產之處分。二、借款。三、訴訟或仲裁之進行。四、權利之拋棄、讓與或重大義務之承諾。五、重要人事之任免。六、委託其他保險業經營全部或部分業務。七、增資或減資後再增資。八、讓與全部或部分營業、資產或負債。九、與其他保險業合併。十、其他經主管機關指定之重要事項。III.接管人依前項第八款讓與全部或部分營業、資產或負債時，如受接管保險業之有效保險契約之保險費率與當時情況有顯著差異，非調高其保險費率或降低其保險金額，其他保險業不予承受者，得報經主管機關核准，調整其保險費率或保險金額。」

作。我國保險法第149條之4、第150條[24]就解散後之清算程序有規定，第149條之8至第149條之11規定清理之程序[25]。

2.主管機關對國華產險所為之監理行動

本案國華產險公司之財務問題如前文所述，早在好幾年前就有警訊，因此保險局亦多次依保險法第149條第1項第2款命其增資、依同條第2項第4款所規定為「其他必要之處置」，而要求國華產險提出自救計畫，並曾規劃暫由國華產險向保險安定以基金融資方式疏解資金壓力，但因國華產險提出的償債計畫不足，保險安定基金董事會開會時未予通過，由於國華產險的財務業務狀況惡化[26]且無法履行契約責任，有損及被保險人權益，因此金管會終於在94年11月18日，依據民國96年7月修正前保險法第149條第3項第3款，正式宣布國華產物保險公司遭勒令停業處分，並依據同條第四項前段，委託財團法人保險事業發展中心擔任清理人，此舉創下產險公司首度遭停業清理的案例。

---

[24] 保險法第149條之4：「依第149條為解散之處分者，其清算程序，除本法另有規定外，其為公司組織者，準用公司法關於股份有限公司清算之規定；其為合作社組織者，準用合作社法關於清算之規定。但有公司法第335條特別清算之原因者，均應準用公司法關於股份有限公司特別清算之程序為之。」保險法第150條：「保險業解散清算時，應將其營業執照繳銷。」

[25] 相關法條將於下文列出討論。

[26] 除了未達最低資本額與RBC之門檻外，據報載國華產險在92年時的淨值為4.09億元、93年為負3.85億元，目前更惡化到負8.5億元；92年，稅後純益只剩不到200萬元，93年每股虧損擴大到2元以上，市占率也掉到百分之二以下，顯示財務業務狀況急速惡化。

（二）保險業之清理[27]

1.保險業清理程序介紹

民國96年7月修正前保險法第149條之8規定：「I.保險業之清理，主管機關應指定清理人為之，並得派員監督清理之進行。清理人執行職務，準用第149條之1規定。II.清理人之職務如下：一、了結現務。二、收取債權，清償債務。III.清理人執行前項職務，有代表保險業為訴訟上及訴訟外一切行為之權。但將保險業營業、資產或負債轉讓於其他保險業，或與其他保險業合併時，應報經主管機關核准。IV.其他保險業受讓受清理保險業之營業、資產或負債或與其合併時，應依前條第1項及第2項規定辦理。V.清理人執行職務聲請假扣押、假處分時，得免提供擔保。」由此規定可知：

⑴清理人之指定

保險業之清理，主管機關應指定清理人為之，並得派員監督清理之進行。清理人執行職務，準用第149條之1[28]規定（§149-8 I）。

⑵清理人之職務

清理人之職務如下：一、了結現務。二、收取債權，清償債務（§149-8 II）。而且，清理人執行前項職務，有代表保險業為訴訟上及訴訟外一切行為之權。但將保險業營業、資產或負債轉讓於其他保險業，或與其他保險業合併時，應報經主管機關核准（§149-8 III）。其他保險業受讓受清理保險業之營業、資產或負債或與其合併時，應依

---

27 林群弼，保險法論，三民出版，頁694-698，2003年。

28 保險法第149條之1：「I.保險業收受主管機關接管處分之通知後，應將其業務之經營及財產之管理處分權移交予接管人。原有股東會、董事、監察人或類似機構之職權即行停止。II.保險業之董事、經理人或類似機構應將有關業務及財務上一切帳冊、文件與財產列表移交與接管人。董事、監察人、經理人或其他職員，對於接管人所為關於業務或財務狀況之詢問，有答復之義務。」

前條第1項及第2項規定辦理（§149-8 IV）。清理人執行職務聲請假扣押、假處分時，得免提供擔保（§149-8 V）。

(3)清理程序及期間

就清理程序及期間，保險法第149條之9及第149條之10有明文規定。

A.保險法第149條之9規定：「I.清理人就任後，應即於保險業所在地之日報為三日以上之公告，催告債權人於三十日內申報其債權，並應聲明屆期不申報者，不列入清理。但清理人所明知之債權，不在此限。II.清理人應即查明保險業之財產狀況，於申報期限屆滿後三個月內造具資產負債表及財產目錄，並擬具清理計畫，報請主管機關備查，並將資產負債表於保險業所在地日報公告之。III.清理人於第1項所定申報期限內，不得對債權人為清償。但對已屆清償期之職員薪資，不在此限。」本條係90年7月修正時新增之規定。

本條第1項之立法目的，旨在確實查明被清理保險業之負擔，以求盡速進行清理程序，因此規定清理人就任後，應即於被清理保險業所在地日報刊登三日以上之公告，催告債權人即刻申報其債權。因申報之目的，旨在便於清理人擬定清理計畫及辦理清償，以迅速解決相關紛爭，防止影響擴大，其時效之掌握非常重要，因此規定申報之期限為三十日，且對於怠於申報者規定其不列入清理，以免妨礙全部清理程序，但清理人所明知之債權，得不在申報範圍。例如保險契約所生各項請求權之債權及被清理保險業職員因僱傭契約所生之債權等，得由此規定可知清理人依職權逕行列入清理。

本條第2項之立法目的，旨在促使主管機關及社會得以了解被清理保險業資產負債之真實情況，因此規定清理人應編造相關報

表，報請主管機關備查，同時公告，以昭公信。

　　本條第3項之立法目的，旨在促使債權人於第1項所定之期限內應即向清理人申報其債權，俾依清理程序處理，因此規定清理人於上述期限內不得對債權人為清償。至於職員之薪資，因與一般債權不同，因此規定不受上述限制。

B.民國96年7月修正前保險法第149條之10規定：「I.保險業經主管機關勒令停業進行清理時，第三人對該保險業之債權，除依訴訟程序確定其權利者外，非依前條第1項規定之清理程序，不得行使。II.前項債權因涉訟致分配有稽延之虞時，清理人得按照清理分配比例提存相當金額，而將所餘財產分配於其他債權人。III.保險業清理期間，其重整、破產、和解、強制執行等程序當然停止。IV.下列各款債權，不列入清理：一、債權人參加清理程序為個人利益所支出之費用。二、保險業停業日後債務不履行所生之損害賠償及違約金。三、罰金、罰鍰及追繳金。V.在保險業停業日前，對於保險業之財產有質權、抵押權或留置權者，就其財產有別除權；有別除權之債權人不依清理程序而行使其權利。但行使別除權後未能受清償之債權，得依清理程序申報列入清理債權。VI.清理人因執行清理職務所生之費用及債務，應先於清理債權，隨時由受清理保險業財產清償之。VII.依前條第1項規定申報之債權或為清理人所明知而列入清理之債權，其請求權時效中斷，自清理完結之日起重行起算。VIII.債權人依清理程序已受清償者，其債權未能受清償之部分，對該保險業之請求權視為消滅。清理完結後，如復發現可分配之財產時，應追加分配，於列入清理程序之債權人受清償後，有剩餘時，第4項之債權人仍得請求清償。」本條係90年7月修正時新增之規定。

　　本條第1項之立法目的，旨在規定保險業一經主管機關清理時，

第三人對該保險業之債權應一律依「清理程序」平均受償，藉以保障所有債權人之利益，因此參考破產法第99條增定第1項之規定。但提起民事訴訟以確定其權利者，不在此限。

本條第2項之立法目的，旨在參考破產法第144條，明定因涉訟致分配有稽延可能之債權所為之分配程序。

本條第3項之立法目的，旨在促使保險業於政府派員清理期間，應就公司之債權債務統籌處理，故重整、破產、和解（指破產法所規定法院之和解或商會之和解）及強制執行等程序自應停止，以利監理及清算程序之進行。

本條第4項之立法目的，旨在明定不列入清理之債權。受清理保險業自移交財產於清理人時起，至清理完結之日止，已喪失對財產之管理處分權。在此期間，受清理保險業由清理人為總清理，必須收取債權、了結現務並出售資產後，始能對債權人為平均清償，並為求清理程序之簡化與順利進行及維持債權人間公平受償起見，於是參考破產法第103條規定，訂定第4項明定不列入清理之債權。

「債權人參加清理程序為個人利益所支出之費用」，例如交通費用、住宿費用等即是，因此等費用非為全體債權人之利益，故不應列入清理。「保險業停業日後債務不履行所生之損害賠償及違約金」不列入清理，因保險業停業後，既已喪失對財產之管理處分權，凡債權之履行期在在停業日後屆至者，保險業均無從履行，咎不在保險業，而係法律規定使然，且同樣情形之債權人，均遭受同樣之損害，為求清理程序之簡化及順利進行，因此本法明文規定不列入清理。再者，「罰金、罰鍰及追繳金」亦不列入清理，旨在明示政府不與人民爭利，為恤顧各清理債權人之利益，本法乃明定罰金、罰鍰及追繳金亦不列入清理。

本條第5項之立法目的，旨在參考破產法第108條，明定具有別除權之債權人，得不依清理程序行使其權利，而優先受償。另參考破產法第109條規定，對於有別除權之債權人在行使別除權後未能受清償之殘餘債權，亦列入清理債權中。

本條第6項之立法目的，旨在參考破產法第97條，明定清理人因執行清理職務所生之費用及所生之債務，得優先受償，以利清理程序之順利進行。

本條第7項之立法目的，旨在參考公司法第297條及民法第137條之規定，將已申報債權及依法已列入清理之債權人請求權時效中斷，自清理完結之日起重行起算，以保障其權益。

本條第8項之立法目的，旨在參考破產法第149條之規定，使債權人依清理程序已受清償者，其債權未能受清償之部分，對該保險業之請求權視為消滅。

⑷清理完結及撤銷保險業

就清理完結之處理，民國96年7月修正前保險法第149條之11規定：「清理人應於清理完結後十五日內造具清理期內收支表、損益表及各項帳冊，並將收支表及損益表於保險業所在地之日報公告後，報主管機關撤銷保險業許可。」本條之立法理由，乃因保險業之清理，類似於公司之清算，因此乃參考公司法第331條及銀行法第62條之8，明定清理完結後之處理程序，並明定由主管機關撤銷其許可。

2. 國華產險清理概況[29]

國華產險在94年11月18日時，被金管會以其業務財務狀況顯著惡化，不能支付其債務，及無法履行契約責任，有損及被保險人的權益為由，引用民國96年7月修正前保險法第149條第3項及第4項規定予以勒令停業清理，並委託財團法人保險事業發展中心（以下簡稱保發中心）擔任清理人，組成清理小組，在同日進駐公司清理。

擔任清理人工作的保發中心按照計畫逐步進行清理工作，負責清理計算其資產、負債情況，除安定基金墊付賠款外，由於已停業無新業務，為節省開支，於94年12月23日資遣200多位員工，但為使理賠服務不因員工人數縮減而影響正常作業，自次日起由十三家產險公司[30]支援新賠案的理賠作業，以加速清理工作之進行。

清理人在歷時三個月與精算顧問公司逐張保單精算、評估下，已初步整理出國華產的已報未決賠款及未滿期保單的部分，並依據不同假設，計算出保險安定基金可能要墊付或補助的金額，再向金管會報告整體狀況，並由金管會決定可補助、墊付的底價區間，此外保發中心也規劃出國華產險的標售方案，95年3月初由保險安定基金董事會通過決議後，敲定標售金額與標售時點，並呈報金管會，於同年3月13日正式公告招標，將員工和保單一起進行標售，此一標售案以保戶及員工權益為最大考量，分二階段開標，第一階段是資格標，以留用50%以上員工一年的投標者為優先，第二階段才是價格標，以安定基金賠付最低金額為

---

[29] 參工商時報，國華產險本月標售四搶一，2006年3月3日；工商時報，國華產險標售案今拍板，2006年3月6日；財團法人保險事業發展中心網站，國華產險清理工作進入第二階段即日起產險同業支援新賠案　期望理賠服務不打折，網址：http://www.tii.org.tw/fcontent/dispatch/dispatch01_01.asp?G1b_sn=215，最後劉覽日期：2006年3月11日。

[30] 這13家產險公司分別為泰安、友聯、華南、台產、新安東京海上、中央產、富邦、明台、第一、新光、中產、蘇黎世等13家。

得標廠商，有意競標的買家必須在同年3月22日前登記且繳納15萬元的
登記費，即可利用十五天的時間進行實地查核及查看精算報告，通過資
格審查的買家在同年4月6日競標，最後由台灣人壽以10.56億元順利標
得國華產險有效保險契約，得標內容包含有效保險契約及再保險契約之
權利義務（不含消費者信用貸款信用保險）、交割日前已出險但安定基
金未墊付之保險理賠金額及分公司設置權利等，且得標人同意履行員工
安置承諾書，承接至少50%以上之員工，國內第一件產險業退場案例由
此成形。

三、遭清理保險公司之保戶權益

（一）保險安定基金[31]

1.安定基金之目的

　　保險公司倒閉（失卻清償能力，不能支付其債務）時，為保障要
保人、被保險人、受益人之權益，並維護金融的安定[32]，民國81年修訂
保險法，特別增訂由財產保險業及人身保險業應分別提撥資金，設立安
定基金，給予要保人、被保險人、受益人基本的保障。並於民國90年將
安定基金之組織型態修改為財團法人，次年4月在財產保險業積極籌備
及主管機關督導下，成立財團法人財產保險安定基金，並開始基金之運
作。

---

[31] 整理自中華民國產物保險商業同業公會網站，網址：http://www.nlia.org.tw/
modules/wfsection/index.php?category=99，最後瀏覽日期：2006年3月11日。
[32] 民國96年7月修正前保險法第143條之1：「I.為保障被保險人之權益，並
維護金融之安定，財產保險業及人身保險業應分別提撥資金，設置安定基
金。II.前項安定基金為財團法人；其基金管理辦法，由主管機關定之。」

2. 安定基金之提撥

　　保險安定基金依保險法第143條之2（民國96年7月已刪除）規定，係保險業者提撥累積而成，其提撥比例，由主管機關審酌經濟、金融發展情形及保險業務實際需要定之。保險安定基金可分為財產保險安定基金及人身保險安定基金，財政部曾就此兩種安定基金之提撥比例加以規範，自民國82年1月1日起，財產保險安定基金之提撥比例，係依各財產保險業者總保費2‰提撥之；人身保險安定基金之提撥比例，係依各人身保險業者總保費1‰提撥之[33]。再者，為確保安定基金之設置，保險法第169條之2[34]定有安定基金提撥違反規定之處罰。

　　此外，有學者表示，安定基金早期是由業者所提撥，是保險業間為避免同業發生困難而善意的提撥，但現行安定基金的提撥方式則是從保戶繳出的保費中提撥一部分累積而成，一旦保險公司經營出狀況安定基金採行墊付後，就會發生「被保險人自己賠自己的狀況」，相當不合常理，因而認為主管機關有必要再重新考量安定基金的定位[35]。

3. 安定基金之動用

　　動用安定基金之要件，依民國96年7月修正前保險法第143條之3規定，包括：⑴對經營困難保險業之貸款；⑵保險業因承受經營不善同業之有效契約，或因合併或變更組織，致遭受損失時，得請求安定基金予

---

[33] 財政部91.7.16台財保字第0910750849號函：本部90年12月20日發布之「財團法人保險安定基金管理辦法」，自91年7月18日施行，並廢止「保險安定基金組織及管理辦法」。請轉知所屬各會員依安定基金提撥比例（產險業按總保險費收入之千分之二、壽險業按總保險費收入之千分之一）分別繳存財團法人財產保險安定基金及財團法人人身保險安定基金。請查照。

[34] 保險法第169條之2：「保險業對於安定基金之提撥，如未依限或拒絕繳付者，主管機關得視情節之輕重，處新臺幣24萬元以上120萬元以下罰鍰，或勒令撤換其負責人。」

[35] 此乃學者江朝國之看法，參現代保險金融理財雜誌，國華產險停業了！會有第二家嗎？，204期，頁35，2005年12月。

以補助或低利抵押貸款；⑶保險業之業務或財務狀況顯著惡化不能支付其債務，主管機關依第149條第3項規定派員接管、勒令停業派員清理或命令解散時，安定基金應依主管機關規定之範圍及限額，代該保險業墊付要保人、被保險人及受益人依有效契約所得為之請求[36]，並就其墊付金額代位取得該要保人、被保險人及受益人對該保險業之請求權；⑷其他為保障被保險人之權益，經主管機關核定之用途。

4. 保險公司失卻清償能力不能支付債務時，安定基金之墊付範圍

安定基金墊付之範圍係指，主管機關依民國96年7月修正前保險法第149條第3項規定派員接管、勒令停業派員清理或命令解散時，要保人、被保險人及受益人得依有效契約所為之請求，包括保險賠款、保險金或退還保險費等三項。因此，非依我國保險法第6條所設立之本國或外國財產保險公司所銷售之保險契約、非在我國境內所銷售之保險契約、分入再保業務以及非保險契約所產生的債務等，都不在安定基金墊付的範圍（財團法人財產保險安定基金動用範圍及限額規定第一點[37]）。詳細墊付金額、比例規定，將於下文之理賠部分說明。

（二）保單效力

宣告停業派員清理後，保險公司的保單至契約期滿前繼續有效，但若於清理期間發生事故，安定基金之賠付，依據財團法人財產保險安

---

[36]「依有效契約所得為之請求」，例如保險事故發生時，被保險人依約所得為之保險金給付請求權，或責任準備金之退還請求即是。參林群弼，保險法論，三民出版，頁683，2003年。

[37] 財團法人財產保險安定基金動用範圍及限額規定第一點：「財產保險安定基金依保險法第143條之3第1項第3款規定，代保險業墊付要保人、被保險人及受益人依有效契約所得為請求之範圍，限於依保險法第6條設立之財產保險業及外國財產保險業在中華民國境內之總分支機構銷售之保險契約。但不包括分入之再保險業務。」

定基金動用範圍及限額之規定，保戶依保險契約請求保險賠款或保險金時，因有墊付之限額之規定，所以部分險種的權益有所變動，變動情形將於下文說明。如國華產險之有效保險契約依清理機制得順利移轉予其他保險業者（公開標售），保戶權益將不受任何影響。

（三）終止契約

若保戶選擇解約，依保險契約請求退還保險費時，依照財團法人財產保險安定基金動用範圍及限額規定第二點規定，保險安定基金將按得請求金額40%墊付退還保險費，此規定為民國94年12月19日第二屆董事會第九次會議修正通過，95年1月2日金管會金管保一字第09400180230號函准予照辦。按修正前之規定為「依保險契約請求退還保費者，按得請求金額40%墊付，並以新台幣3萬元為限，同一人在同一保險公司有數個請求權者，應合併計算且以新台幣3萬元為限。」有3萬元作為退還保費的上限，若保戶於修正前請求退還保險費而因3萬元上限限制，無法完全取得40%墊付額者，依據保發中心所提供之保戶服務專線人員之說明，修正之取消3萬元上限之後，已終止契約保戶可再取得差額之保險費退還。

（四）不終止契約之權益狀況

如果不終止契約，仍然會繼續提供相關的服務，直到契約期滿為止。但此段時間萬一發生理賠事故，保戶依保險契約請求保險賠款或保險金時，將因安定基金墊付金額之範圍及限額規定，造成部分險種的權益將有所變動，變動情形將於下文說明。如國華產險之有效保險契約依清理機制得順利移轉予其他保險業者（公開標售），保戶權益將不受任何影響。

（五）理賠

　　清理申報債權期間，需暫時停止所有的債務清償，等清理人清查所有資產負債狀況後，再按大家所申報債權金額比例來進行分配。所以這段時間依保險法第149條之9規定，清理人於第1項所定申報期限內，不能對債權人為清償。因此，該支付的保險理賠或解約金也暫時無法支付。但為了保障保戶的權益，保戶可以向安定基金請求墊付部分保險理賠、解約金。此外，若清理前已申請理賠，尚未取得保險金者，依保險法第143條之3第1項第3款規定，安定基金應依主管機關規定之範圍及限額，代該保險業墊付要保人、被保險人及受益人依有效契約所得為之請求，所以只要是在承保範圍內的賠款，還未支付的，在清理期間都可根據安定基金的規定申請墊付。

1.安定基金墊付限額

　　依財團法人財產保險安定基金動用範圍及限額[38]第二點規定，安定基金代保險業墊付要保人、被保險人及受益人依保險契約請求保險賠款或保險金者，墊付之限額如下：

　　⑴申請強制汽車責任保險給付者，依強制汽車責任保險給付標準墊付（即按原得請求之金額百分之百墊付）。

　　⑵申請住宅地震保險賠款者，依住宅地震保險共保及危險承擔機制實施辦法規定墊付（即按原得請求之金額百分之百墊付）。

　　⑶其他各種保險按保險契約得請求之保險賠款或保險給付90%墊付，並合計以新台幣300萬元為限。

　　⑷同一人在同一保險公司（保險合作社）有數個保險賠款請求

---

[38] 中華民國產物保險商業同業公會網站，網址：http://www.nlia.org.tw/ modules/wfsection/index.php?category=99，最後劉覽日期：2006年3月11日。

權者，墊付總金額以新台幣300萬元為限，但強制汽車責任險、住宅地震基本保險之墊付金額不計入新台幣300萬元限額之內。責任保險依保險法第94條第2項直接向保險人請求給付賠償之第三人應與被保險人合併計算該墊付限額。

茲舉例如下[39]：

A在甲保險公司有九張保險單，其中四張保單有保險賠款，另五張保單未到期，一旦甲保險公司經營不善面臨全面接管或清算時，安定基金墊付限額為：

保單號碼	保險賠款或保險金	安定基金墊付限額
強制汽車責任保險 0000-00001	150萬	150萬
住宅地震保險 0000-00002	138萬	138萬
任意汽車責任保險 0000-00003	200萬	180萬
傷害保險 0000-00004	500萬	300萬
合計	988萬	588萬

因此財團法人財產保險安定基金應墊付之金額保險金部分：強制汽車責任保險150萬元、住宅地震保險138萬元、任意汽車責任保險及傷害保險300萬元，合計588萬元。

但有學者對於主管機關採取的「單一保戶理賠上限為300萬元」的有效保單賠付方式難以認同，舉火險為例，以現今的房價來看，一棟房子失火後所造成的損失可能就不只300萬，因此在理賠上認為主管機關

---

[39] 中華民國產物保險商業同業公會網站，網址：http://www.nlia.org.tw/modules/wfsection/article.php?articleid=290，最後劉覽日期：2006年3月11日。

不該「一視同仁」[40]。

2. 墊付之計算基準

依財產保險安定基金動用範圍及限額規定補充解釋[41]，下列情形將各別計算墊付金額：

⑴個人及團體傷害險不論要保人及受益人為何，均以個別被保險人為墊付之計算基準。

⑵同一法人汽車保險大保單，其中個別車輛之所有人如能証明該車係屬其個人所有（如靠行車），則個別計算墊付金額。

⑶同一被保險人有多輛營業車所有權之貨運行或計程車行，為保障汽車保險第三人權益，以每一被保險車輛為墊付之計算基準。

3. 墊付範圍及限額以外之債權

要保人、被保險人及受益人對於超過安定基金墊付範圍及限額以外的部分，仍可向投保之保險公司依保險法、公司法、破產法等相關法規求償，並列屬於一般債權，可參與分配。但安定基金就其所墊付之金額代位取得要保人、被保險人及受益人對該保險公司之求償權（保險法第143之3條第1項第3款）。

---

[40] 此乃學者江朝國之看法，參現代保險金融理財雜誌，國華產險停業了！會有第二家嗎？，204期，頁33，2005年12月。

[41] 中華民國產物保險商業同業公會網站，網址：http://www.nlia.org.tw/modules/wfsection/index.php?category=99，最後劉覽日期：2006年3月11日。

不同階段的國華保單處理方式[42]

時期／險種	終止契約或發生保險事故時，原得請求金額	清理期間保戶如申請終止契約，安定基金墊付金額	清理期間如發生事故，安定基金的賠付	如標售公司移轉契約後發生事故，得賠付金額
未發生保險事故之有效契約 — 強制汽車責任保險	(1)不得終止 (2)發生事故時，死亡給付150萬元、醫療最高20萬元	不得終止	死亡給付150萬元、醫療最高20萬元	死亡給付150萬元、醫療最高20萬元
住宅地震保險	(1)不得終止 (2)發生事故時，房屋全倒138萬元（含臨時住宿費）	不得終止	房屋全倒138萬元（含臨時住宿費）	房屋全倒138萬元（含臨時住宿費）
其他險種（如火險、水險、信用保險、責任保險等）	按契約得請求的退費金額、保險賠款或保險給付理賠	按得請求退費金額的40%墊付	90%墊付，並以300萬元為限	按契約得請求的保險賠款或保險給付理賠

四、遭清理保險公司之員工權益

（一）共同權益

1.僱傭契約

勒令停業是主管機關對公司所為之處分，而公司與員工間則是基於僱傭契約，為不同的法律關係，所以在國華產險或員工終止僱傭契約

42 參現代保險金融理財雜誌，國華產險停業了！會有第二家嗎？，204期，頁35，2005年12月；中華民國產物保險商業同業公會網站，財團法人財產保險安定基金動用範圍及限額規定，網址：http://www.nlia.org.tw/modules/wfsection/index.php?category=99，最後瀏覽日期：2006年3月11日。

前，僱傭關係不當然終止，除員工有辦理留職停薪外[43]，否則員工仍應照常上班。

2. 薪資

國華產險全體員工94年11月（宣告停業清理之月）薪資，公司仍有給付義務。此外，依勞動基準法第28條第1項[44]、勞動基準法施行細則第15條[45]之規定可知，雇主因歇業、清算或宣告破產，本於勞動契約於歇業、清算或宣告破產前六個月內所積欠之工資，有最優先受清償之權。若公司無力發放薪資或之前所積欠的工資，勞工經請求未獲清償時，按同法第28條第4項[46]，員工可以向勞工保險局申請由「工資墊償基金」[47]墊償，墊償基金所墊償的範圍，以雇主被宣告破產、歇業或清算前六個月，勞工實際已工作而無法獲得的工資為限（勞動基準法第28條第2項前段[48]）。惟公司未依規定繳納工資墊償基金時，按積欠工資墊償基金提繳及墊償管理辦法第7條第1項[49]規定，員工無法從墊償基金墊償，則員工可與本公司的其他債權，於清理時一起列入分配。

---

[43] 依得標之台灣人壽於投標時所提出之「員工安置承諾書」所示，該公司同意使其新設立之預定產物保險公司重新聘用國華產險355名留職員工之半數以上，且聘用期間自交割日起算不得低於一年。

[44] 勞動基準法第28條第1項：「雇主因歇業、清算或宣告破產，本於勞動契約所積欠之工資未滿六個月部分，有最優先受清償之權。」

[45] 勞動基準法施行細則第15條：「本法第28條第1項所定最優先受清償權之工資，以雇主於歇業、清算或宣告破產前六個月內所積欠者為限。」

[46] 勞動基準法第28條第4項前段：「雇主積欠之工資，經勞工請求未獲清償者，由積欠工資墊償基金墊償之。」

[47] 此乃雇主依勞動基準法第28條第2項所繳納累積之基金。

[48] 勞動基準法第28條第2項前段：「雇主應按其當月雇用勞工投保薪資總額及規定之費率，繳納一定數額之積欠工資墊償基金，作為墊償前項積欠工資之用。」

[49] 積欠工資墊償基金提繳及墊償管理辦法第7條第1項：「本基金墊償範圍，以申請墊償勞工之雇主已提繳本基金者為限。」

3. 獎金

⑴業績獎金

按勞動基準法第2條第3款對工資的定義為任何名義之經常性給與，業績獎金係屬經常性給與，故應屬工資之一部分，因此對於已發生的業績（績效）獎金，公司仍有給付義務。如公司無能力發放時，按同法第28條第4項[50]，員工可以向勞工保險局申請由「工資墊償基金」墊償。

⑵停業當年之年終獎金

由於勞動基準法並未規定雇主一定要發放年終獎金，且年終獎金應視公司當年度的營運狀況，決定是否發放及其數額，因公司的營運狀況不佳，故應無能力發放停業當年之年終獎金。

⑶不休假獎金

公司被停業前，員工原可享有的未休假獎金，應如何處理？依勞動基準法施行細則第10條第2款[51]之規定，該部分並非經常性給與，故非屬工資，因此依勞動基準法第28條第1項[52]，該部分無優先受償權，但可列入一般債權參加分配。

4. 員工退休基金帳戶之運用方式？優先償付退休金？平均分配？

國華產險公司按勞動基準法第56條第1項前段規定[53]所提撥於中央信託局帳戶之員工退休基金金額，依勞工退休準備金提撥及管理辦法

---

50 勞動基準法第28條第4項前段：「雇主積欠之工資，經勞工請求未獲清償者，由積欠工資墊償基金墊償之。」
51 勞動基準法施行細則第10條第2款規定，年終獎金、競賽獎金、研究發明獎金、特殊功績獎金、久任獎金、節約燃料物料獎金及其他非經常性獎金，非屬勞動基準法第2條第3款所稱之其他任何名義之經常性給與。
52 勞動基準法第28條第1項：「雇主因歇業、清算或宣告破產，本於勞動契約所積欠之工資未滿六個月部分，有最優先受清償之權。」
53 勞動基準法第56條第1項前段：「雇主應按月提撥勞工退休準備金，專戶存儲，並不得作為讓與、扣押、抵銷或擔保之標的。」

第8條第4項[54]之規定,應優先償付符合退休資格之員工退休金,如有剩餘,方可用以償付員工資遣費。至於國華產險公司其他以「員工退休職基金」名義開戶存放於各銀行之金額暨股票,依國華產險員工退休職基金管理辦法,其分配辦法應由委員會定之,其委員會成員共九名,其中六名為勞方代表。故須俟該委員會做成決議後,方得確定該筆資金之運用方式。

(二) 選擇資遣員工之權益保障

1.資遣費

依勞動基準法第11條、第16條及第17條之規定[55],雇主歇業時,依

---

[54] 勞工退休準備金提撥及管理辦法第8條第4項:「事業單位歇業時,其已提撥之勞工退休準備金,除支付勞工退休金外,得作為勞工資遣費。如有賸餘時,其所有權屬該事業單位。」

[55] 勞動基準法
第11條:
非有下列情形之一者,雇主不得預告勞工終止勞動契約:
一、歇業或轉讓時。
二、虧損或業務緊縮時。
三、不可抗力暫停工作在一個月以上時。
四、業務性質變更,有減少勞工之必要,又無適當工作可供安置時。
五、勞工對於所擔任之工作確不能勝任時。
第16條:
雇主依第11條或第13條但書規定終止勞動契約者,其預告期間依左列各款之規定:
一、繼續工作三個月以上一年未滿者,於十日前預告之。
二、繼續工作一年以上三年未滿者,於二十日前預告之。
三、繼續工作三年以上者,於三十日前預告之。
勞工於接到前項預告後,為另謀工作得於工作時間請假外出。其請假時數,每星期不得超過二日之工作時間,請假期間之工資照給。
雇主未依第1項規定期間預告而終止契約者,應給付預告期間之工資。
第17條:

法應給付勞工資遣費，故主管機關勒令國華產險停業並派員清理後，僱傭契約終止後，公司應給付員工資遣費。資遣費之計算，應視勞工選擇勞退新制或舊制而有所不同（如未選擇時，應適用舊制）。

(1)舊制

依勞動基準法第17條之規定，工作每滿一年應發給一個月的資遣費，未滿一年部分則依比例計算。

(2)新制

依勞工退休金條例第12條[56]規定，工作每滿一年應依法給二分之一個月的資遣費，未滿一年部分則依比例計算，最高以六個月平均工資為限。

資遣費之發放日，依勞動基準法施行細則第8條[57]規定，應於終止勞動契約三十日內發給。此外資遣費不屬於工資，無法依勞動基準法第28條第1項之規定享有最優先受清償之權，但若公司無能力發放時，依勞工退休準備金提撥及管理辦法第8條第4項前段之規定，事業單位歇業

雇主依前條終止勞動契約者，應依下列規定發給勞工資遣費：

一、在同一雇主之事業單位繼續工作，每滿一年發給相當於一個月平均工資之資遣費。

二、依前款計算之剩餘月數，或工作未滿一年者，以比例計給之。未滿一個月者以一個月計。

56 勞工退休金條例第12條：

勞工適用本條例之退休金制度者，適用本條例後之工作年資，於勞動契約依勞動基準法第11條、第13條但書、第14條及第20條或職業災害勞工保護法第23條、第24條規定終止時，其資遣費由雇主按其工作年資，每滿一年發給二分之一個月之平均工資，未滿一年者，以比例計給；最高以發給六個月平均工資為限，不適用勞動基準法第17條之規定。

依前項規定計算之資遣費，應於終止勞動契約後三十日內發給。

選擇繼續適用勞動基準法退休金規定之勞工，其資遣費依同法第17條規定發給。

57 勞動基準法施行細則第8條：「依本法第17條、第84條之2規定計算之資遣費，應於終止勞動契約三十日內發給。」

時，其已提撥之勞工退休準備金，除支付勞工退休金外，得作為勞工資遣費。若勞工退休準備金仍不足以償付資遣費時，員工得與本公司的其他債權，於清理時一起列入分配。

2. 預告期間

國華產險於資遣時，依勞動基準法第16條第1項之規定，於終止僱傭關係時，應為預告。預告期間依據同項規定：(1)繼續工作三個月以上一年未滿者，應於十日前預告；(2)繼續工作一年以上三年未滿者，應於二十日前預告；(3)繼續工作三年以上者，應於三十日前預告。未為預告時，按勞動基準法第16條第3項之規定，應給付預告期間之工資。預告期間的工資依勞動基準法第28條第1項之規定得優先受償，故若公司無能力發放預告期間的工資時，員工尚可依據同條第四項向勞工保險局申請由「工資墊償基金」墊償。

3. 失業給付

按就業保險法第11條第3項[58]，國華產險員工屬於非自願離職辦理退保（勞保），故符合以下要件者，可向勞工保險局請領失業給付：(1)具有工作能力及繼續工作意願；(2)至離職退保當日前三年內，保險年資合計滿一年以上者；(3)向公立就業服務機構辦理求職登記十四日內仍無法推介就業或安排職業訓練。關於失業給付的給付標準及請領期限，依據就業保險法第16條規定，失業給付為申請人離職退保當月起前六個月之平均月投保薪資的60%，自申請人向公立就業服務機構辦理求職登記之第十五日開始起算。失業給付最長發給六個月。

---

[58] 就業保險法第11條：「本法所稱非自願離職，指被保險人因投保單位關廠、遷廠、休業、解散、破產宣告離職；或因勞動基準法第11條、第13條但書、第14條及第20條規定各款情事之一離職。」

五、法律責任

由於國華產險之經營是否有違反保險法令、是否有不法行為，尚屬不確定，關於可能之法律責任，以下列出可能涉及之相關條文供參考。[59]

1. 違法嫌疑人之處分與責任

(1)保險法第149條之6規定，保險業經主管機關依第149條第4項派員監管、接管、勒令停業派員清理或清算時，主管機關對該保險業及其負責人或有違法嫌疑之職員，得通知有關機關或機構禁止其財產為移轉、交付或設定他項權利，並得函請入出境許可之機關限制其出境。

(2)保險法153條規定，保險公司違反保險法令經營業務，致資產不足清償債務時，其董事長、董事、監察人、總經理及負責決定該項業務之經理，對公司之債權人應負連帶無限清償責任。

主管機關對前項應負連帶無限清償責任之負責人，得通知有關機關或機構禁止其財產為移轉、交付或設定他項權利，並得函請入出境許可之機關限制其出境。第1項責任，於各該負責人卸職登記之日起滿三年解除。

只要保險公司發生違反保險法令經營業務，致資產不足清償債務之情事，該公司董事長、董事、監察人、總經理及負責決定該項業務之經理，即應對公司之債權人負連帶無限清償責任。不以公司董事長、董事、監察人、總經理及負責決定

---

[59] 95年度保險字第141號判決，依保險法第143條之3第1項第3款安定基金針對得標金額依法所支付之墊付款部分代位取得各該債權人對國華產險之請求權，法官認為本案是由王錦標以製造不實理賠案、虛增保險代理人佣金、拿員工提供的私人發票報銷強制營業險費用等方式，掏空國華產險資金，和其他十人無關，判決王錦標應賠償保險安定基金會代墊付的款項。

該項業務之經理有違反法令之行為為必要。[60]

2.做假帳

　　⑴保險法148條之2規定保險業應依規定據實編製記載有財務及業務事項之說明文件提供公開查閱。

　　保險業於有攸關消費大眾權益之重大訊息發生時，應於二日內以書面向主管機關報告，並主動公開說明。

　　第1項說明文件及前項重大訊息之內容、公開時期及方式，由主管機關定之。

　　⑵保險法171條之1規定，保險業違反第148條之2第1項規定，未提供說明文件供查閱、或所提供之說明文件未依規定記載、或所提供之說明文件記載不實，處新臺幣60萬元以上300萬元以下罰鍰。

　　保險業違反第148條之2第2項規定，未依限向主管機關報告或

---

[60] 關於保險法第153條第1項，就立法目的而言，按公司法第23條第2項業已設有「公司負責人對於公司業務之執行，如有違反法令致他人受有損害時，對他人應與公司負連帶賠償之責。」之規定，依最高法院90年台上字第382號裁定、73年台上字第4345號判決之意旨，公司法第23條第2項所定公司負責人對於第三人之責任，乃基於法律之特別規定，異於一般侵權行為，就其侵害第三人之權利，原不以該負責人有故意或過失為成立之條件。保險法於公司法第23條第2項規定外，另設保險法第153條第1項規定，無非係欲以保險法之特別規定，更加重保險公司負責人之責任，此從該條52年9月2日修正理由：「保險公司之健全與否，關係整個經濟與社會安全，而保險公司之得能健全，端賴於各該負責人之審慎經營，特增訂本條課以各該負責人連帶無限清償責任，使其審慎經營，不致逾越範圍及規定。」即可知立法意旨所考量者，已從填補一般公司對個人之侵害，提升至整個維護整體經濟與社會安全層面，即可獲得確認。有關保險法第153條第1項保險公司負責人責任之解釋，自應超越一般侵權行為之解釋，只要保險公司經營業務有違法情事，公司負責人等即應負連帶責任，不以負責人本身有違法情事為必要。參臺灣臺北地方法院民事判決，95年度保險字第141號之法律意見。

主動公開說明、或向主管機關報告或公開說明之內容不實，
處新臺幣30萬元以上150萬元以下罰鍰。

3. 適用公司法規定產生之責任

(1)保險法151條規定，保險公司除本法另有規定外，適用公司法
關於股份有限公司之規定。

(2)公司法第23條規定，公司負責人應忠實執行業務並盡善良管
理人之注意義務，如有違反致公司受有損害者，負損害賠償
責任。

公司負責人對於公司業務之執行，如有違反法令致他人受有
損害時，對他人應與公司負連帶賠償之責。

依最高法院90年台上字第382號裁定、73年台上字第4345號判
決之意旨，公司法第23條第2項所定公司負責人對於第三人之
責任，乃基於法律之特別規定，異於一般侵權行為，就其侵
害第三人之權利，原不以該負責人有故意或過失為成立之條
件。[61]

---

[61] 公司法第23條第2項規定之性質，於實務及學說上向來有兩種見解，一為
「法定特別責任說」，認為董事對第三人之責任，乃基於法律之特別規
定，不以公司負責人有故意過失為成立之要件，此為原告所主張者；二為
「特別侵權行為說」，則認為此條本質上仍屬侵權行為之規定，以行為人
具有故意及過失責任為要件，此為近來實務見解及學者柯芳枝所採。如採
法定特別責任說，不以負責人有故意過失為要件，則公司內任何一個員
工，不分職級，只要於業務上之不當行為導致公司應對第三人負賠償責任
時，公司負責人都必須與公司負擔連帶賠償責任，無論其有無故意或過失
責任，如此一來，無異係無限擴大負責人之責任，顯於常情不符。況公司
法第23條第2項之文意，係規定負責人因執行業務時違反法令造成第三人受
損之情況下，始需與公司負連帶賠償之責，最高法院90年台上字第382號裁
定認為非執行公司業務時，應無此適用，且73年台上字第4345號判決也是
以該常務董事均知其事而執行業務為前提，故公司法第23條第2項所定公司
負責人對於第三人之責任，乃基於法律之特別規定，異於一般侵權行為，

(3)公司法第193條規定，董事會執行業務，應依照法令章程及股東會之決議。

董事會之決議，違反前項規定，致公司受損害時，參與決議之董事，對於公司負賠償之責；但經表示異議之董事，有紀錄或書面聲明可證者，免其責任。

(4)公司法第224條規定，監察人執行職務違反法令、章程或怠忽職務，致公司受有損害者，對公司負賠償責任。

(5)公司法第226條規定，監察人對公司或第三人負損害賠償責任，而董事亦負其責任時，該監察人及董事為連帶債務人。

陸、結　論

　　國華產險事件破除了保險公司不倒之神話，即便有產險安定基金對消費者權益作補救，但仍舊無法完全彌補，消費者還是必須承擔損失，因此日後消費者在選擇保險公司時，應秉除原本的挑選習慣，例如人情、低保費、高報酬等，反而應著重在保險公司的財務是否穩健，因此財務結構、償債能力、經營能力、獲利能力都將成為選擇保險公司不可忽略的因素。而金管會此次的大動作也使其他保險業者有了警覺，避免成為第二家國華產險，保險業者的確應該落實內部稽核、財務管理的制度，切莫為了爭取保戶鋌而走險，以不合理的低價競爭，最後導致財務狀況嚴重失衡，將影響眾多保戶、員工甚至社會的安定。此外主管機關應該再教育民眾選擇保險公司的重要指標，使消費者了解保險業倒閉

就其侵害第三人之權利，原不以該負責人有故意或過失為成立之條件，但仍限於「對於公司業務之執行」且「有違反法令」，則其有可歸責性當無疑義。參臺灣臺北地方法院民事判決，95年度保險字第141號之法律意見。

時，自己必須承擔的損失。為使消費者有足夠的資訊做判斷，主管機關更應落實資訊公開制度，確切地查核是否各家保險業是否有真正地充分揭露各項資訊，加入公眾監督與消費者的選擇，保險業者將會更重視財務狀況。希望國華倒閉的事件能喚醒各方對保險業財務狀況的重視，除了建立起保險業的退場機制外，也朝著健全經營的方向改進，讓保險制度能夠充分發揮其功能，使保險人充分獲得保障。

民不與官鬥？官不與民鬥？
——論2004年開發金董監改選案

葉立琦、李佳穎

目 次

大事紀

時間	事件	相關法條
90年	一次金改啟動。	
90年11月1日	金融控股公司法實施。	
90年12月28日	以中華開發工業銀行為主體成立中華開發金融控股公司。	金融控股公司法26
91年5月17日	以中國信託商業銀行為主體成立中國信託金融控股公司。	金融控股公司法26
92年10月起	中信證大量買超開發金控股票，累計近8萬張。	
92年12月1日	中信銀和萬通銀合併。	
92年12月3日	中信證累計買入開發金股票20萬張。	
92年12月19日	開發金控宣布提前於93年4月5日召開股東會改選董監。	
92年12月22日	中信證第四季共買進開發金控24萬張股票。	
92年12月29日	辜濓松質借自己持有之中信金股票共約10億買入開發金股票。	
93年1月20日	財政部修訂公開發行公司出席股東會使用委託書規則第6條之1，明文禁止金控子公司擔任委託書徵求人或委託信託事業、股務代理機構擔任徵求人。	公開發行公司出席股東會使用委託書規則6-1
93年1月21日	財政部發函解釋，金控公司子公司持有母公司股票不能行使投票權。（陳敏薰條款）	公司法179 金融控股公司法31
93年2月5日	開發金出席股東最後過戶日。	公司法165
93年2月10日	中信集團召開記者會宣布中信證（27萬）與中國人壽（30萬）持有超過57萬張，約開發金股權5%，加上集團大股東和支持中信集團的開發大股東合計約有10%，取得組成委託書徵求團的資格。	公開發行公司出席股東會使用委託書規則6
93年2月17日	財政部證券暨期貨管理委員會臺證財字第0930000588號，中信證券投資開發金，是否符合轉投資事業的限制，該函第3款為「轉投資金融控股公司之總金額不得超過證券商最近一次經會計師查核簽證財務報表實收資本額或淨值孰低10%」中信證實收資本額為202億，其投資上限依上開函釋之見解，應為20.2億，惟中信證在2月5日前買入高達開發金股票高達38億元以上，早已超過上述容許的轉投資額度。	金融控股公司法36 證券商管理規則18

時間	事件	相關法條
93年2月22日	財政部長林全邀集開發金控持股1%以上大股東協商委託書徵求事宜，協商確認官股和民股合組委託書徵求集團，並規劃董監事名單：官股7席董事和1席監察人，並支持1席獨立董事；中信7席董事和1席監察人；永豐餘、宏碁、英業達董事長葉國一、理隆各一席。另一席董事則由臺銀協調股東參選。	
93年2月23日	開發金控董事長陳敏薰發表聲明：首先對於協調的董監名單不予置評；第二針對開發金、財政部和中信集團三方股權約30%，卻可以決定全體董事安排不以為然。	
93年2月25日	理隆纖維陳敏薰決定退出財政部出面協調的協議。	
93年2月26日	臺銀董事長陳木在偕同中國國際商銀董事長林宗勇召開記者會宣布，臺銀和中國商銀將與其他開發金控民股，包括耀華玻璃、宏碁集團、永豐餘集團及葉國一、上海商銀、耐斯集團和中信證等，合組委託書徵求團。	公開發行公司出席股東會使用委託書規則6
93年3月5日	開發金控寄發股東會召開的開會通知。	公司法172
93年3月25日	開發金控發表聲明搞，公開質疑中國人壽運用保險資金投資開發金不符保險法規定的投資上限。 開發金董事會中，董事一致通過開發工銀對金控的7%交叉持股，將用於出席股東會，但是不行使投票權。如此將使開發金控股東會的出席股數，確定可跨過50%門檻，確保不至於流會。也就是完全中立，不投票支持任何一方。	保險法146-1、146-6
93年3月29日	開發金控去函證期會，針對中信證券在開發金股東會最後過戶日前所購入股權性質，是否應受證券業管理規則第20條之規定，提請主管機關釋疑，惟證期會表示依目前法令看來，中信證券並無違法之處。	
93年4月5日	開發金召開股東會，股東出席率為87.73%，其中使用委託書的比率為53.62%，使用委託書為爭取董事席次的關鍵。董監改選結果官股獲得7席（獨立董事1席），中信集團7席（獨立董事1席），以陳敏薰為首的公司派獲4席，民股獲3席。	

時間	事件	相關法條
93年4月20日	開發金召開董事會,選出7席常務董事及董事長。陳家未獲選為常務董事,中信入主開發成定局。	
93年4月22日	陳木在就任中華開發董事長,辜仲瑩就任開發工銀董事長。	
93年5月21日	臺北101金融大樓公司召開臨時董事會,通過由陳敏薰擔任新董事長。	
93年6月30日	金控法第31條修正,明定金融機構轉為金控公司而持有金控公司之股份,除分派盈餘、法定盈餘公積或資本公積撥充資本外,不得享有其他股東權利,即不得行使董監投票權。	金融控股公司法31
93年7月1日	行政院金融監督管理委員會成立。	
93年8月6日	金管會做出決議,認為保險業與其從屬公司擔任被投資公司之董事,合計不得超過被投資公司董事總席次的1/4,且最高以二席為限,並列為長期投資。防止保險公司以保險資金假借短期投資之名,介入被投資公司經營權。	

壹、前　言

　　國內銀行家數過多,惡性競爭導致獲利不佳,促成政府加速推動金融業合併的策略。在此前提下,中華開發金控等股權分散金融機構,就因此成為「敵意併購」目標[1]。本案中信金入主開發金的案例,屬於敵意併購的類型,所謂「敵意併購」(Hostile Takeover),主要是針對併購對象的公司當權派而言,凡公司當權派不歡迎的併購行為,就屬於敵意併購行為。在本案的中信金所採用的敵意併購手段即是以「委託書徵

---

[1] 事實參考自2003-12-28,經濟日報,3版,焦點新聞。

求」（Proxy Solicitation）成功入主開發金。本文擬先介紹開發金與中信金的歷史背景，藉以說明中信金入主開發金的動機策略，之後再詳述本案所涉及的爭點。

貳、案例事實

一、中信金背景

（一）中國信託金融控股股份有限公司

1.成立過程

為了提供客戶完整的金融服務，以及建構國際化、多角化的金融版圖，中國信託金融控股股份有限公司於民國91年5月17日成立，並以中國信託商業銀行股份有限公司為主體，第一階段納入中國信託綜合證券股份有限公司及中國信託保險經紀人股份有限公司，之後再陸續納入中國信託創業投資股份有限公司、中國信託資產管理股份有限公司、中國信託票券金融股份有限公司及中信保全股份有限公司等子公司，同時根據客戶類型將所屬子公司劃分為兩大事業，包括個人金融事業、法人金融事業，旗下各事業部與各子公司組成矩陣型組織架構，以達成跨事業單位之資源共享與交互銷售活動，為客戶提供全面性的金融服務[2]。

2.主要子公司

⑴中國信託商業銀行股份有限公司

中國信託銀行前身為中華證券投資公司，成立於民國55年。後於民

---

[2]　http://www.chinatrustgroup.com.tw/jsp/index.jsp，最後瀏覽日2007年2月5日。

國81年改制為中國信託商業銀行，營業項目包括存款、放款、保證、外匯、OBU、信託、信用卡、現金卡、證券、債券、衍生性金融產品、應收帳款承購、以及保管箱及電子銀行業務等。為擴大營運規模，中國信託銀行先於民國92年12月與萬通銀行合併，再於93年10月購併鳳山信用合作社；至94年底國內分行據點共計111家，海外分行據點共66處；國內自動提款機（ATM）達3,493臺；另存款規模擴充至1兆2,400萬元，總資產規模更高達新臺幣1兆6,000萬元，高居臺灣所有民營銀行之冠[3]。

(2)中國信託綜合證券股份有限公司

中國信託證券前身為寶成證券公司，成立於民國78年。寶成證券原為高雄市最大之專業經紀商，成立之初實收資本額2億元，民國89年為中國信託銀行投資，更名為「中信銀綜合證券股份有限公司」，資本額擴充至35億元；民國91年加入本公司；92年更名為「中國信託綜合證券股份有限公司」。除協助法人於資本市場籌資外，並致力經紀、期貨業務，以為客戶提供多樣且周延的全方位證券服務[4]。

3.入主開發金的理由

中國信託金融控股股份有限公司主要以辜家為其經營之舵手，其以商業銀行為發展之中心，不論是在個人金融業務或是法人金融業務都有相當的成績。而以併購的方式擴大自己的經營規模，更是中信金控的經營目標之一，而中華開發金融控股股份有限公司乃是以工業銀行為主體，如果中信金控得以入主開發金，再加上其自己本身的商業銀行規模，即足以成為市場上最完整的金融百貨銀行，並且對於本身國際化的經營目標亦有相當的助益，故因此而覬覦開發金控的經營權。

---

[3] 同註2。
[4] 同註2。

（二）KGI中信證券

1.成立過程

KGI中信證券自民國77年9月成立以來，初期以經營證券經紀、自營及承銷業務為主，隨後則積極擴展業務版圖至債券交易、國外投資機構證券經紀業務、海外有價證券交易、海外承銷業務及衍生性金融商品的發行及買賣，在穩健發展中已迅速成長為一家提供全方位服務金融服務的投資銀行，時至今日無論在規模或市占率方面，KGI中信證券均已穩占國內前五大券商之列。在民國95年的時候，資本額已由成立初期的10億元，成長到255億元，員工逾1,560人，營業據點達39處[5]。

2.入主開發金的理由

KGI中信證券為辜家二少辜仲瑩所主導，其並未納入中信金控的體系之中，反而積極的想要入主開發金控，與其兄辜仲諒所主導的中信金控合作成為國內第一大的金控公司，辜仲瑩以開發金控股價跌到歷史谷底價，如於此時進場買進股票，進可爭奪開發金控的經營權，退亦可獲利出場，辜仲瑩在徵詢家人同意後便開始著手布局，中信金控想要開發金控的工業銀行招牌，而辜二少亦希望自己有獨立的經營發展空間，因此便以KGI中信證券為首，著手布局開發金控的經營權爭奪戰。

（三）中國人壽保險股份有限公司

1.成立過程

中國人壽於民國52年4月25日奉准成立，原名華僑人壽保險股份有限公司，民國70年3月正式更名為中國人壽保險股份有限公司。中國人壽經營範圍包括壽險業務之推廣、資金運用等範疇。壽險業務方面，提

---

[5] http://www.kgi.com.tw/index-co.htm，最後瀏覽日2007年2月5日。

供壽險（含分紅保單）、團體險、投資型商品、意外險等商品，並搭配業務員銷售及銀行代理、團體保險、經紀代理、理財專員等通路拓展業務。在資金運用部分，以投資有價證券、不動產投資、授信貸款、國外投資等業務為主[6]。

2.入主開發金的理由

保險公司以其資金投資其他公司本來就屬於正常的投資行為，為了得以維持保險公司的經營獲利，適當的投資本屬當然，開發金控的股價正於歷史低點，中信金控欲入主開發金控，未來股價的漲勢是可以期待的，而中國人壽買進股票既可以短期投資獲利了結，更可以在開發金控的董監事選舉上助中信金控一臂之力，但因為中國人壽的總經理王銘陽後擔任開發金控的常務董事，因而引發保險業資金運用的爭論，也因此令主管機關重新的檢討擬定了保險業資金運用的規範。

---

6 http://www.chinalife.com.tw/web2006/index.html，最後瀏覽日2007年2月5日。

中信金和KGI中信證券及中壽之間的關係

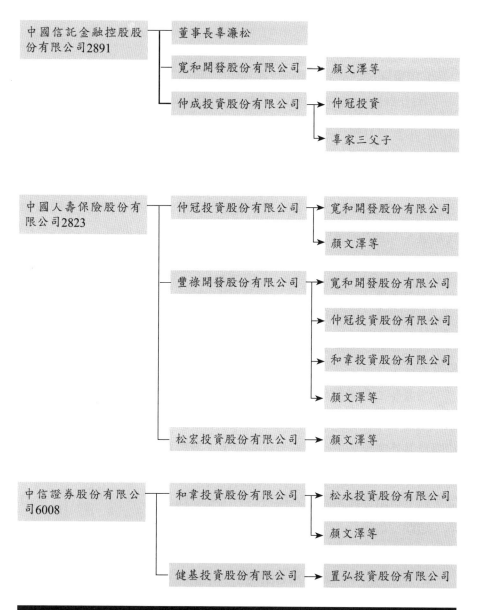

資料來源，公開資訊觀測站

二、開發金的背景

(一) 開發金的歷史

1. 中華開發信託股份有限公司時期

中華開發信託股份有限公司成立於民國48年5月14日，係由行政院經濟安定委員會與世界銀行合作推動，及結合民間力量所共同創立的國內第一家民營型態的開發性金融機構。其於民國73年起開始邁向投資銀行業務，提供大型計畫財務顧問，理財顧問、證券募集規劃等業務。其後並陸續成立中華創業投資公司、開發科技顧問公司及中華證券投資信託公司，居國內創業投資事業及證券投資信託事業之先驅。

2. 開發工銀時期

⑴工業銀行

中華開發於民國87年8月獲准改制，並於88年1月正式開幕營業，成為國內第一家工業銀行——開發工銀。工業銀行依銀行法20條屬於信託投資銀行。

⑵開發工業銀行的事業範圍

開發工銀改制後除擴大既有之中長期授信、生產事業投資、專業顧問及海外業務，更長期配合政府政策，參與臺灣經濟發展各個階段大型經建計劃，如工業區開發、高鐵BOT規劃、公營事業民營化的財務顧問，以及策略性產業的創立與投資，推動新種金融業務，如發行金融債券、短期授信等[7]。

3. 開發金成立

中華開發金融控股股份有限公司乃中華開發工業銀行股份有限公司股份依金融控股公司法26條以股份轉換方式成立之金控公司。在其子公

---

[7] 參閱中華開發工業銀行民國88年年報。

司中，開發工銀創立達45年，是開發金控八成獲利來源，另兩成來自大華證券。

（二）開發金股權結構分析

1.散　戶

過去開發金屬於國民黨黨營事業，在民營化的過程中其持股慢慢釋出，並且由於其不斷增資，股權也因此不斷稀釋，造成開發金控股權分散，自然人股東所占的比例超過六成，且其中持股小於5,000股的小股東為數眾多。長久以來，開發金的經營者都是靠拉攏官股，加上向外徵求委託書，取得開發金經營權，掌握開發金上千億元股本資源。

2.財政部

財政部透過臺灣銀行及兆豐金控旗下的中國國際商銀間接持有開發金的股權約占6%-7%。

3.民　股

開發金在過去幾年間，因為交通銀及中國國際商銀等官股銀行，陸續辭去董監事職位[8]，造成開發金董監持股不足法定5%[9]的比例，衍生之公司治理的問題，也因此影響到開發金控海外籌措資金進行併購[10]。

---

[8] 事實參考自2003-12-20，中國時報，證券期貨/B7版。

[9] 依民國95年04月14日修正之「公開發行公司董事、監察人股權成數及查核實施規則」第2條第1項第4款本文之規定：「公司實收資本額超過新臺幣20億元者，全體董事持有記名股票之股份總額不得少於百分之五，全體監察人不得少於百分之○·五。」

[10] 依93年12月14日修正之發行人募集與發行海外有証券處理準則第9條第11款，「公司全體董事或監察人持股有下列情形之一者：(一)違反本法第26條規定，經本會通知補足持股尚未補足。」證期會得不核准其募集與發行海外有價證券。

（三）開發金控旗下的重要子公司

1. 大華證券

中華開發工業銀行為配合當時即將通過的金融控股公司法，擬藉由併購其他銀行，提供綜合銀行服務，並成為國內第一家金融控股公司，故在此背景下開發工銀決定於民國90年間以敵意併購的方式收購大華證券[11]。大華證券的業務範圍為經紀業務、自營、承銷，財務透明度尚佳。

2. 開發工銀

業務範圍已如前所述。開發工銀的轉投資事業，從早年政府主導的航太、電子、半導體產業，到近年來火紅的兩兆雙星的光電、通訊產業，以及各個不同時點資本市場的股王型新創產業，都名列其間。中鋼、聯電、臺積電、友達、奇景、遠傳、臺灣固網等超過兩百家產業龍頭的盈餘收益，都是開發工銀獲利的來源。

惟其財務透明度較差，主因除了開發金牽扯不少貸款弊案外，如安鋒鋼鐵、東隆五金等放款案，以及工銀在創投領域中，根據當時年報，開發工銀下有六十家關係企業，以總投資成本41億，設在英屬維京群島的開發工銀亞洲創投（CDIB Venture Investment Asia）為例，它旗下六家直屬子公司。其中一家子公司開發工銀資產管理，下設兩家孫公司，其中一家孫公司下又有一家曾孫公司[12]。涉及不當貸款與投資案，因此讓開發金背負呆帳壓力。

---

[11] 事實取自，黃正一，歐洲聯盟之公開收購規定──以中華開發收購大華證券為例比較我國公開收購規定，法令月刊，民國90年12月，第63頁～64頁。

[12] 事實參考自，陳一姍，辜仲瑩 能讓中華開發透明？天下雜誌，第299期。

（四）開發金成為敵意併購目標的原因

綜上所述，中信金之所以想要入主開發金的動機，可藉由以下幾點來說明：

1.開發金股權結構分散

相較於部分企業由於家族性持股，股權並不分散，開發金的散戶比例超過六成，因此取得開發金經營權的關鍵只要取得和其他民股相較的相對多數，進而徵求委託書，極可能取得開發金的經營權。這對外來市場派來說，正是一個誘因。

2.開發工銀的獲利能力良好

在國內十多家金控公司中，擁有上千億元資本的開發金是市場覬覦的對象，尤其是開發工銀轉投資的潛在利益，更成就了中信入主開發金的誘因。

3.開發金具有創投的背景，和中信金的商業銀行呈現互補

與中信金的商業銀行相較，商業銀行主要著重在消費者與企業貸款，而開發工銀則投入（甚至輔導）重要的產業投資案。貸放案的收入主要是利率差，微薄卻穩定，而投資案的收入則是持有投資對象股票的資本利得，風險較大但利益空間也大。一般而言，工業銀行的業務像是光譜極廣、網絡綿密、專業投入極深的「創投」。與目前檯面上的創投相比，工業銀行拜規模經濟之賜，在許多領域的專業分析敏銳，不但個案投資風險可以降低，甚至反過來對相關產業產生提攜作用。因此，開發金控的優勢在於創投業務，與中信金的商業銀行互補性強。

4.正逢開發金股價低點

根據財務會計準則第五號公報，長期投資遇有「重大永久性」跌價損失時，當年就該認列損失，惟開發金十二年的財務問題累積到民國92年才一次認列，以打掉的170億的呆帳。一次提列損失造成開發金低股價，幫助中信集團入主開發金。

三、事實簡介

　　開發金控因為本身董監持股不足法定成數，且股權相當分散，故中信證券自民國92年10月起便開始買進中華開發金控的股票，開始了中華開發金控的經營權之戰。以開發金控的公司派而言，因為其子公司開發工銀持有約7%的投票權，故原本無須擔心被併購或經營權移手，但財政部於民國93年正式發函禁止金控子公司持有母公司股票行使投票權，因此身為公司派的董事長陳敏薰才因此而出現經營權移手的危機，為了防禦以中信證券為首的中信集團爭奪經營權，於民國92年12月19日宣布提前於93年4月5日召開股東會改選董監，試圖影響持股未滿一年的中信集團介入開發金控的經營權，而此時中信證券已經買進近24萬張的開發金股票，故官股的態度便成為這次開發金控經營權的重要關鍵。

　　民國93年2月6日乃是開發金控的股東名簿停止過戶日，而此時中信集團約已掌握6%的股權，與陳敏薰和官股形成本次開發金控經營權爭奪戰的三大勢力，而2月17日財政部證期會發函，決定非隸屬於金融控股公司的證券商，若符合資格，可以以自有資金轉投資金控公司，中信證券因此直接受惠，等於是為中信證券入主開發金控開了一扇方便大門，外界也因此而認為此乃官股對開發金控經營權支持對象的表態。

　　官股基於開發金控穩定發展的考量，不希望本次的開發金控董監改選發展成委託書的競爭，而願以分配董監席次的方式來解決問題，因此於2月22日邀請中信集團和陳敏薰會面協商，由於陳敏薰的所代表的公司派所握股權低，因此在財政部的規劃分配當中，只能分配到一席，但陳敏薰認為公司派所能掌握的徵求委託書資源比其他的競爭者更有利，不應只能分配到一席，故於同月的25日宣布退出官股所召開的協商會議，雙方的委託書徵求大戰在協商破裂後正式展開。

　　3月5日，中華開發金控的委託書徵求大戰隨著股東會開會通知的寄

發而正式展開，中信集團和官股聯合組成徵求團，而開發金控董事長陳敏薰則以公司派所擁有的資源同時展開徵求。

3月25日，開發金控董事會去函財政部，質疑中信集團旗下的中國人壽，運用保險資金意圖取得開發金控的經營權，應違反保險法第146條之6的規定，惟財政部對此問題並未直接回應，僅以保險業資金運用的規定是否恰當，並無定論，故可以進行檢討回應。

3月29日，開發金控去函證期會，針對中信證券在開發金股東會最後過戶日前所購入股權性質，是否應受證券業管理規則第20條之規定，提請主管機關釋疑，即雖然證期會於民國93年2月17日發函開發未隸屬金控公司的證券商，得以自有資金轉投資金控公司，但中信證券所購入之股份皆於同年2月5日前所購入，就其性質應仍受證券商管理規則的限制，不得參與開發金控的經營。但財政部證期會僅表示，以目前法令看來，中信證券並無違法之處。

四月五日開發金控的股東會以接近88%的高出席率召開，董監改選結果官股獲得7席（獨立董事1席），中信集團7席（獨立董事1席），以陳敏薰為首的公司派獲4席，民股獲3席。而於同月的20日開發金控召開董事會，選出7席常務董事及董事長，由陳木在就任中華開發董事長，辜仲瑩就任開發工銀董事長，陳敏薰未獲選為常務董事，中信入主開發成定局。

參、法律爭點與分析

一、論股票設質的問題

（一）事　實

　　辜濂松於民國92年12月29日，質借自己所持有的中信金股票約10億（22.9萬張）買入開發金股票。

（二）股票設質的方式

　　依民法第900條之規定，可讓與之債權及其他權利，均得為質權之標的。股份亦為權利的一種，自得為質權標的，屬於權利質權的範圍。股份設質之方式，原則上依民法第908條之規定，應依背書之方式為之。若以證券集中保管事業保管之有價證券為設質標的者，其設質之交付，得以帳簿劃撥方式為之，並不適用民法第908條之規定。

　　此外設質要對抗公司，尚須依公司法第165條第1項規定方式向公司申請為質權之登記。然依經濟部之見解，本條規定係屬於核備性質，並非採取登記生效之立法意旨，是故公司股東對於其持有之股份設定質權，尚與公司登記無涉。

（三）股份設質的限制

　　金融控股公司的籌資方式，包括發債、增資、向銀行借款等，中信金籌資買開發金的方式之一，即是以股票設質向銀行借款，並藉著高財務槓桿操作方式，再以借款購買另一家金融機構的股票進而取得經營權。此種設質股票的行為對大股東兼董監事甚為有利，形同一方面把手

上股票換成現金，卻因質押股票不必移轉股票所有權，亦不適用公司法第197條董監事轉讓持股二分之一當然解職的規定[13]，仍能保住經營權。惟董監事大量將持股設質的行為，屬高度財務槓桿比率操作，更有影響公司治理之虞。目前有關大股東股票設質的行為的限制僅有在「有價證券上市審查準則」對於設質有特殊限制。依「臺灣證券交易所股份有限公司有價證券上市審查準則」第10條第1項[14]規定初次申請股票上市之發行公司，對於董事監察人及持股超過已發行股份總額10%的股東，訂有「強制集中保管期間」。則保管之股票形同不得轉讓或質押。

　　然而該規定顯然不能拘束中信金股東的設質行為，並且由於目前金管會對金融機構董監股票質押比率並未設定上限，故無法管制這種財務槓桿的高度操作。在民國95年與96年初，主管機關對於董監股票設質的問題擬採取以下措施：

1. 主管機關擬修正委託書規則

　　現今金管會擬將修正「公開發行公司出席股東會使用委託書規則」，針對金融機構之大股東持股如已設定質押，如欲徵求委託書，設質的部分考慮打折計算權數或全數扣除[15]。惟這部分，遭到金融機構的反對，因此在95年12月20日的委託書規則修正中，並未包括對於董監設質的規範。

---

[13] 參照經濟部72年6月3日經商字第21648號：「按公司法第197條規定所稱之董事當然解任者，係指董事在任期中轉讓其持有股份超過二分之一時，其董事職務始當然解任，本案松鼎股份有限公司董事長將其持有股份全部設質與他人，與轉讓股份有別，自不能適用公司法第197條規定。」

[14] 臺灣證券交易所股份有限公司有價證券上市審查準則第10條第1項本文：「初次申請股票上市之發行公司，其下列人員應將其於上市申請書件上所記載之各人個別持股總額之全部且總計不低於本條第2項規定比率之股票，扣除供上市公開銷售股數，提交經主管機關核准設立之證券集中保管事業辦理集中保管後，方同意其股票上市。」

[15] 事實參考自2006-06-30，聯合報，B2版，焦點。

2.銀行應依徵授信原則辦理股票質押放款

　　金管會於民國95年11月30日發布新聞稿[16]與銀行公會，要求訂定股票質押授信業務規範，上市上櫃股票，質押借款成數一律以不逾六成為原則，該規範待銀行公會理事會通過後即可上路，已超過者將不能再增貸。此舉將衝擊金融機構大股東資金調度[17]以及金融機構的主導權。另依銀行公會民國95年10月26日通過之「中華民國銀行公會會員銀行辦理在臺無住所外國人新臺幣放款業務要點」，於該要點第8點規定，就國內金融機構對在臺無住所外國人（指未取得我國外僑居留證之外國自然人（含華僑）及未在我國設立登記取得證照之外國法人）新臺幣放款業務，以股票為擔保之證券投資或長期股權投資之放款成數，比照證券金融事業辦理有價證券交割款項融資業務有關規定辦理。查證券金融事業目前對上市股票融資成數最高為六成，上櫃股票融資成數最高為五成。

3.公布董監質押資訊

　　依證券交易法第25條規定[18]，公開發行股票公司必須申報內部人持股變動、與股票質押情形，現行實務作法必須在公開資訊觀測站上公告資訊。目前公開資訊觀測站「董監股權異動」欄，公告的項目包括每個月15日更新的董事、監察人、經理人與持股10%以上大股東持股餘額變動表，相關內部人持股餘額、設質股數、設質股票占總持股比率等[19]。

---

[16] http://www.fscey.gov.tw/news_detail2.aspx?icuitem=2103896，最後瀏覽日，民國96年2月5日。

[17] 事實參考自2007-01-29，聯合報，A12版，財經。

[18] 證券交易法25條：「（第1項）公開發行股票之公司於登記後，應即將其董事、監察人、經理人及持有股份超過股份總額百分之十之股東，所持有之本公司股票種類及股數，向主管機關申報並公告之。（第4項）第1項之股票經設定質權者，出質人應即通知公司；公司應於其質權設定後五日內，將其出質情形，向主管機關申報並公告之。」

[19] 事實參考自2006-11-18，聯合報，B6版，財經・證券。

二、保險業的資金運用問題

中國人壽在本次的開發金董事改選中，對於中信金陣營取得開發金的經營權相當重要，也讓保險業的資金運用問題浮出檯面。由於保險公司對於保戶負有理賠與給付一定賠償金的契約義務，因此保險公司必須利用保戶之保險費或其他責任準備金加以運用投資，以供未來償付義務之需要。所以保險法對於保險業轉投資的限制較銀行業為寬鬆，銀行法第71條將商業銀行認定為以收受支票存款、活期存款、定期存款，供給短期、中期信用為主要任務之銀行，故其資金運用亦以短中期為主要規劃方向；同法第91條將工業銀行界定為以供給工、礦、交通及其他公用事業所需中、長期信用為主要業務，故其資金運用以中長期為主要規劃方向；而保險業與保戶間的保險契約動輒二、三十年甚至終身，故其資金的運用自應考量其業務性質而有中長期的收益規劃。故為了提升保險業對於保險資金的運用效率，對於保險業的轉投資自應有一定程度的開放，同時對於保險業體制的健全有相當程度的助益。

（一）保險業的資金來源

依據保險法第146條第2項之規定，保險業之資金包括業主權益及各種準備金，兩種資金的來源亦各有不同，茲分述如下：

1. 業主權益

所謂業主權益係指業主對於企業資產之剩餘權益，企業依其組織型態之不同而有不同之名稱，在公司組織之業主權益稱為股東權益[20]。而舊保險法施行細則第3條[21]有列舉規定運用資金之項目，包括資本或基

---

[20] 鄭丁旺、汪泱若、黃金發著，初級會計學，33頁，1988年8月第三版。

[21] 舊保險法施行細則第3條規定，本法第146條所稱資金，包括資本或基金、法定盈餘公積、特別盈餘公積、資本公積或公積金、公益金及未分配盈餘。本條文於1993年2月24日修正刪除。

金、法定盈餘公積、特別盈餘公積、資本公積或公積金、公益金及未分
配盈餘，現行法雖未詳細規定，但依據會計制度而言，股東權益可以區
分為投入資本、未實現資本增值或損失、保留盈餘三大部分[22]，而舊法
施行細則所列舉之資本、法定盈餘公積、特別盈餘公積、資本公積及未
分配盈餘就分屬於此三項會計科目中，又依據現行人身保險業財務業務
報告編制準則第九條規定，股東權益之科目分為股本、資本公積、保留
盈餘及其他股東權益項目，其中保留盈餘又包含法定盈餘公積、特別盈
餘公積及未分配盈餘，故保險法第146條第2項所規定，得作為保險業資
金運用之業主權益，實際上包括資本、保留盈餘、資本公積、法定盈餘
公積和特別盈餘公積。

2.各種準備金

　　保險經營為達到安定之目的，通常在所收取之保險費中提列適當金
額，以備將來保險給付或其他作用。其提列之準備金具有負債性質，故
通常稱為責任準備金[23]。保險業經營所提列之準備金包括法定責任準備
金及任意責任準備金兩種，分述如下：

　　⑴法定責任準備金

　　依據保險法第11條之規定，本法所稱之各種責任準備金，包括責任
準備金、未滿期保費準備金、特別準備金及賠款準備金。其各種準備金
之提存比率，另依保險法第145條之規定，由主管機關另外訂定之。故
財產保險業之各種準備金提存比率規定於保險業各種準備金提存辦法第
5條至第9條；人身保險業之各種準備金提存比率規定於保險業各種準備
金提存辦法第10條至第18條[24]。

---

22 鄭丁旺，中級會計學下冊，255頁，1993年11月第五版。
23 江朝國，保險業之資金運用，36頁，2003年5月修訂一版。
24 陳明珠，保險業資金參與併購之法律相關問題，97頁，國立臺北大學法學
　系碩士論文，2006年。

⑵任意責任準備金

除法定責任準備金之外，保險業尚提存之其他各種準備金，稱為任意責任準備金。其提存之項目與比率保險法無明文限制，因此各公司提存之標準亦不相同。一般而言，任意責任準備金提存之項目包括下列數類[25]：

其一為存入再保準備金，即分出再保險業務，因基於分進業者對責任之分擔，由分進再保險業者存入之保險金。易言之，保險業者與同業間辦理再保險業務，於再保險契約中約定留存一部分再保費，以備支付賠款與返還再保險費之用，此項留存款項於在保險契約中稱為再保準備金。

其二為應付再保賠款準備金，即分進再保險業者應攤付之再保險賠款所提存之準備，大部分發生於產險業。

其三為員工退休準備金，係為員工退休或離職按照規定提存之準備，保險業得視其本身之需要而提存。

其四為兌換差價準備金，即外幣資產負債因匯率調整所生之差額，依規定所提存之準備金。此項準備亦大部分發生於產險業，且隨保險業務國際化、自由化之腳步而愈見需要。

故保險法第146條第2項所規定，得作為保險業資金運用之各種準備金包括責任準備金、未滿期保費準備金、特別準備金及賠款準備金等法定準備金，和其他與保險業務有關之任意責任準備金。

（二）保險業的投資限制

保險業之龐大資金和各種準備金構成了保險業者可運用的投資基金，投資收入即成為保險事業營業利益之主要來源，其運用之有效與否

---

[25] 同註23，46頁。

對於被保險人及保險業者本身都密切相關，對於投資市場也是重要的基石，故保險業者之資金運用需注重其安全性、流動性、收益性，並同時兼顧公益性、分散性和多樣性，以及有利保險事業之發展性[26]。惟主管機關為保護要保人、被保險人、受益人之利益，並且穩定經濟發展，避免保險業經濟力量之濫用，仍對於保險業之資金運用決策卻設有重重限制：

1. 資金運用項目之限制

保險法第146條第1項限制保險業資金運用的項目，保險業僅得從事法令所允許之資金運用，共計九款，分述如下：

(1)存　款

依照保險法第146條第3項之規定，保險業資金運用之存款，存放於每一金融機構之金額，不得超過該保險業資金10%。而所謂銀行存款，依照銀行法之規定，應包括支票存款、活期存款及定期存款；而所謂每一金融機構，包括同一金融機構之總機構及所有分支機構在內[27]；所稱金融機構除銀行之外，尚包括郵政儲金匯業局；至於信託投資公司、信用合作社及農漁會信用部則非保險業資金之存放對象[28]。

(2)購買有價證券

依照保險法第146條之1第1項規定，保險業資金得購買下列有價證券：

①公債、國庫券。

②金融債券、可轉讓定期存單、銀行承兌匯票、金融機構保證商業本票。

③經依法核准公開發行之公司股票。

---

[26] 同註23，53～55頁。
[27] 財政部臺財保字第811761222號。
[28] 財政部臺財保字第821729181號。

　　④經依法核准公開發行之有擔保公司債，或經評等機構評定為相當等級以上之公司所發行之公司債。

　　⑤經依法核准公開發行之證券投資信託基金及共同信託基金受益憑證。

　　⑥證券化商品及其他經主管機關核准保險業購買之有價證券。

⑶購買不動產

　　依照保險法第146條之2規定，保險業對不動產之投資，以所投資不動產即時利用並有收益者為限，所謂即時利用，一般而言指自取得之日起二年內利用之；若是購買自用不動產，依同條但書之規定，其總額不得超過其業主權益之總額。保險業者不動產之取得及處分，依同條第2項規定，應經合法之不動產鑑價機構評價。

⑷放款

　　依照保險法第146條之3規定，保險業辦理放款，以下列各款為限：

　　①銀行或主管機關認可之信用保證機構提供保證之放款。

　　②以動產或不動產為擔保之放款。

　　③以合於第146條之1有價證券為質之放款。

　　④人壽保險業以各該保險業所簽發之人壽保險單為質之放款。

⑸辦理經主管機關核准之專案運用、公共及社會福利事業投資。

　　為了引導保險業資金為公益性之運用，因此保險法第146條之5規定，保險業資金辦理專案運用及公共及社會福利事業投資之審核辦法，由主管機關定之，且資金運用方式為投資公司股票時，其投資之條件及比率，不受第146條之1第1項第3款規定之限制。又依照已廢止之保險業資金專案運用及公共投資審核要點第2條規定，保險業資金辦理專案運用，以下列事項之投資或放款為限：

　　①政府核定之新興重要策略性事業或創業投資事業。

　　②政府核定之工業區或區域開發計畫。

　　③無自用住宅者之購屋。

　　④文化、教育之保存及建設。

　　⑤保險相關事業。

　　⑥公有土地之開發利用。

　　⑦其他配合政府政策之資金運用。

　　同辦法第3條則規定，保險業資金為配合政策辦理公共投資，以下列事項之投資為限：

　　①公路、鐵路、港灣、停車場及機場等交通運輸之設施。

　　②水力、電力、電信等公用事業之設施。

　　③國民住宅之興建。

　　④河川、下水道之整治，垃圾、廢棄物處理等環境保護之設施。

　　⑤國民休閒等公眾福利之設施。

　　⑥其他配合政府獎勵及建設之公共事業。

(6) 國外投資

　　依照保險法第146條之4規定，保險業之資金得辦理國外投資；其範圍、內容及投資規範，由主管機關定之。故依照保險業辦理國外投資範圍及內容準則第3條規定，保險業辦理國外投資之項目，以下列為限：

　　①外匯存款。

　　②國外有價證券。

　　③設立或投資國外保險公司、保險代理人公司、保險經紀人公司或其他經主管機關核准之保險相關事業。

　　④經行政院核定為配合政府經濟發展政策之經建計畫重大投資案。

　　⑤經中央銀行許可辦理，以各該保險業所簽發外幣收付之投資型保險單為質之外幣放款。

(7) 投資保險相關事業

　　依照保險法第146條第4項規定，所謂保險相關事業，係指保險、金

融控股、銀行、票券、信託、信用卡、融資性租賃、證券、期資、證券投資信託、證券投資顧問事業，以及其他經主管機關認定之保險相關事業。

⑻經主管機關核准從事衍生性商品交易

一般所稱之衍生性商品有四類，包括選擇權（option）、遠期契約（forward contract）、期貨（futures）、交換（swap）[29]，而行政院金融監督管理委員會於中華民國95年6月通過保險業從事衍生性金融商品交易應注意事項，增加了為避險目的衍生性金融商品之項目，並開放保險業從事增加投資收益之衍生性金融商品交易，依該注意事項第七點規定，保險業為增加投資效益，得從事下列衍生性金融商品交易：

①臺灣證券交易所股份有限公司或財團法人中華民國證券櫃檯買賣中心交易之認購（售）權證。

②經主管機關依期貨交易法第5條公告期貨商得受託從事之期貨交易。

而保險業者欲從事增加收益之衍生性金融商品交易，則必須符合該注意事項第四點之規定，符合下列資格並經主管機關核准：

①自有資本與風險資本之比率，達250%以上。

②採用計算風險值（ValueatRisk）評估衍生性金融商品交易部位風險，並每日控管。

③最近一年執行各種資金運用作業內部控制處理程序無重大缺失。但缺失事項已改正並經主管機關認可者，不在此限。

④最近一年無重大處分情事。但違反情事已改正並經主管機關認可者，不在此限。

⑤其他經主管機關要求應符合之資格。

---

[29] 陳威光，衍生性金融商品，6～7頁，2001年7月初版

(9)其他經主管機關核准之資金運用

本款之規定乃為了因應國際化及自由化的金融市場競爭，為擴大保險業的投資彈性，以經主管機關核准之方式使保險業的資金運用保持一定的彈性。

2. 資金運用比例之限制

除了對於保險業資金運用的項目有所限制之外，對於各項目亦有資金運用比例上之限制：

(1)存　款

保險法第146條第3項規定，保險業資金運用之存款，存放於每一金融機構之金額，不得超過該保險業資金10%，故雖然對於存款的總額未限制，但不得存放於同一金融機構超過保險業資金10%，以減低可能的風險。

(2)購買有價證券

依照保險法第146條之1各款之規定：

①公債、國庫券、並未限制其投資比例；

②金融債券、可轉讓定期存單、銀行承兌匯票、金融機構保證商業本票，其總額不得超過該保險業資金35%。

③對於股票及公司債，其購買每一公司之股票或公司債總額，不得超過該保險業資金10%及該發行股票或公司債之公司實收資本額10%，且合計不得超過該保險業資金35%

④證券投資信託基金及共同信託基金受益憑證，其投資總額不得超過該保險業資金10%及每一基金已發行之受益憑證總額10%。

⑤證券化商品及其他經核准購買之有價證券，其總額不得超過該保險業資金10%。

(3)購買不動產

依保險法第146條之2規定，對於自用之不動產總額僅限制不得超

過業主權益之總額，對於非自用的投資不動產則限制不得超過其資金30%。

(4)放　款

依保險法第146條之3第2項之規定，銀行保證之放款、動產或不動產為擔保之放款、合於第146條之1之有價證券為質之放款，每一單位放款金額不得超過該保險業資金5%；其放款總額，不得超過該保險業資金35%。同條第4項則規定，保險業依第146條之1第1項第3款及第4款對每一公司股票及公司債之投資與依本條以該公司發行之股票及公司債為質之放款，合併計算不得超過其資金10%及該發行股票及公司債之公司實收資本額10%。

(5)國外投資

依保險法第146條之4第2項規定，保險業之資金辦理國外投資，最高不得超過各該保險業資金45%。

(6)投資保險相關事業

依照民國96年7月18日修正前保險法第146條之6規定，保險業實收資本額減除累積虧損之餘額，超過第139條規定最低資本或基金最低額者，得經主管機關核准，投資保險相關事業，不受同法第146條之1第1項第3款規定之限制。但其投資總額，不得超過該保險業實收資本額減除累積虧損之餘額40%。

3.目的之限制

依照保險法第138條第3項之規定，保險業不得兼營保險法規定以外之業務。但經主管機關核准辦理其他與保險有關業務者，不在此限。惟保險業運用資金從事投資，仍有可能介入被投資公司之經營，有學者以股東權內容的行使藉以區分該投資是否屬於兼營之情形，股東權之內容包括有共益權與自益權，如該保險業行使者乃是自益權，自無限制之道理；若是行使為防止不當經營或救濟不當經營的消極性共益權，基於保

險資金運用之獲利性與安全性考量，似不應加以限制；如行使為影響被投資公司決議或人事、經營管理的積極性共益權，則屬逾越購買有價證券之範疇，則應受兼營禁止的限制[30]。

（三）長投？短投？

1.爭　議

與本案中國人壽使用其資金投資開發金控最密切相關的法律爭議，即在於中國人壽使用其保險業資金購買股票，應受到保險法第146條之1第1項第3款之限制或是同法第146條之6之限制。

依據保險法第146條之1第1項第3款之規定，若是對於某一公司進行短期投資而購買該公司之股票，其購買之總額不得超過該保險業資金5%及該發行股票之公司實收資本額10%。而本次中國人壽約購買30萬張開發金控股票，持股率約2.68%，動用了約45億元，若依據上述法條之規定，中壽的投資仍然在合法之範圍內。

但觀其動機而言，中壽的副總經理郭瑜玲出任開發金的監察人，總經理王銘陽擔任開發金的常務董事，雖然中國人壽宣稱派任董事乃是為了監督，以確保股東及保戶之權益，但實際的目的是欲協助中信證券取得開發金控的經營控制權，性質上屬於長期投資，則依據修正前保險法第146條之6之規定，應經主管機關之核准，並且不得超過該保險業實收資本額減除累積虧損之餘額40%，而中壽投資之金額約45億元，已經超過上述40%之限制[31]，故究竟中國人壽投資開發金的資金運用應屬於短期投資或是長期投資，主管機關的認定即成為關鍵。依據臺財保字第0900708159號函之認定，保險業若欲直接控制（例如逾第146條之1第1

---

30 同註23，175～176頁。

31 2003年中國人壽的資本額約66億元，資料來源：http://www.chinalife.com.tw/web2006/index.html。

項第3款發行股票公司實收資本額10%）合於第146條第4項保險相關事業定義之被投資公司（含上市或上櫃銀行及證券業），應有第146條之6規定之適用。故主管機關似乎認為，如其投資額度未超過保險法第146條之1第1項第3款之限制者，應不屬於有長期投資的情形。惟若依據會計制度而言，投資具有變現能力、以獲利為目的、不意圖持有一年以上者，皆被歸屬至短期投資的範圍；反之，意圖控制被投資公司、或與其建立密切業務關係、投資期間在一年以上者，則屬長期投資的範疇[32]，而以中國人壽的投資目的而言，似乎應該屬於意圖控制被投資公司，且投資期間在一年以上者，應該列為長期投資而受到保險法第146條之6之規範，但中信集團卻以中國人壽總經理王銘陽乃是為其旗下的基捷投資之名義擔任法人代表人董事，而非中國人壽的法人代表，所以不需列入長期投資，其以迴避取巧的方式介入了開發金控的經營權爭奪，使得短期投資和長期投資的區分及保險法第146條之1和第146條之6的適用問題成為重要的爭議問題。

2.金管會的決議

行政院金融監督管理委員會於中華民國93年8月6日做出決議，決議內容指出未來將規範保險業原依保險法第146條之1投資保險相關事業者，如欲改變投資目的而取得被投資公司董監事席次或對被投資公司具有控制能力者，應依第146條之6規定，先經主管機關核准並於會計處理改列長期投資後，始得辦理；另保險業依保險法第146條之1投資後，原則將禁止直接或間接參與被投資公司經營，但例外經主管機關同意者，如依保險法第146條之6提出申請並獲核准等，不在此限。而針對金融控股公司之經營特性，亦將認定其為保險相關事業，以利於金融機構之整

---

[32] 周國端，經濟日報，周國端專欄，93年3月23日，本文作者為保險事業發展中心董事長。

合。

　　又因保險業依保險法第146條之1投資所握有之投票權,可能會造成經營權重大之影響,因此,基於保險業投資股票所取得之投票權,其行使應以基於股東及保戶之最大利益為出發點,將規範其投票權之行使,除不得委託他人外,應支持無持股成數不足之公司董事會提出之議案或董、監事候選人,但發行公司經營階層有不健全經營而有損害公司或股東權益之虞者時,應依該保險業董事會之決議辦理。

　　另在委託書之徵求方面,茲因委託書之徵求即為意圖取得公司經營權之方式,因此保險業將不得徵求委託書,或與他人共同對外徵求委託書。上開決議行政院金融監督管理委員會將於近期內召開業者座談會溝通。

　　基於此決議,金管會於中華民國93年10月5日通過保險業從事保險法第146條之1第1項第3款投資有價證券自律規範,依據該規範第3條之規定,保險業依據保險法第146條之1第1項第3款投資有價證券時應依下列各款辦理,但經主管機關核准者不在此限:

　　⑴保險業與其從屬公司不得擔任被投資公司之委託書徵求人或他人共同對外徵求委託書。

　　⑵保險業不得持有被投資公司實收資本額10%以上之股份,且與從屬公司合併持有同一被投資公司之股份亦不得超過該被投資公司實收資本額之15%。

　　⑶保險業與其從屬公司擔任被投資公司之董事,合計不得超過被投資公司董事總席次之四分之一,且最高以二席為限,並列為長期投資。

　　⑷保險業與其從屬公司不得指派人員擔任被投資公司之董事長、副董事長或經理人。

　　⑸保險業與其從屬公司不得與被投資公司簽訂經營契約,或以

其他方式而擁有被投資公司經營權。

　　⑹保險業因投資有價證券所取得投票權之行使，不得損及保戶
　　　之最大利益。

　　本自律規範對於保險業進行投資時的行為做出了種種限制，而主管
機關有必要益具體的處分措施，讓自律規範得以發揮功能。

3.長短期投資的認定

　　另外飽受爭議的長短期投資認定問題，也依據新修正的保險業財
務業務報告編制準則[33]而有了更好的判斷方式，該準則受到財務會計準
則第34號公報金融商品之會計處理準則影響，對於金融投資不以傳統的
短期投資或長期投資之概念，而改依據其持有之目的及性質而區分為三
類：

　⑴交易目的之金融資產

　　依據該準則第7條之規定，下列金融商品應分類為交易目的金融資
產：

　　①其取得主要目的為短期內出售。

　　②其屬合併管理之一組可辨認金融商品投資組合之部分，且有證
　　　據顯示近期該組實際上為短期獲利之操作模式。

　　③除被指定且為有效避險工具外之衍生性商品金融資產。

　　而列為交易目的金融資產，即屬於公平價值變動列入損益之金融資
產，其評價方式依據同條之規定，公平價值變動列入損益之金融資產應
按公平價值衡量。股票及存託憑證於證券交易所上市或於財團法人中華
民國證券櫃檯買賣中心（以下簡稱櫃買中心）櫃檯買賣之公平價值係指
資產負債表日之收盤價。開放型基金之公平價值係指資產負債表日該基

---

[33] 於中華民國94年12月12日修正，自中華民國95年1月1日施行。另外由於人
　　身保險和財產保險之報告編制準則關於此部分之規定相同，故以保險業財
　　務業務報告編制準則稱之。

金淨資產價值。

(2)備供出售金融資產

持股比例未達20%的投資，若主要目的不在賺取短期的買賣差價，亦不在長期控制或影響被投資公司者，均屬於備供出售的證券投資，其目的可能在維持公司的流動性，並賺取投資收益[34]。而所謂備供出售金融資產，依據保險業財務業務報告編制準則第7條之規定，係非衍生性金融資產且符合下列條件之一者：

①被指定為備供出售者。

②非屬下列金融資產者：

　　a.公平價值變動列入損益之金融資產；

　　b.持有至到期日金融資產；

　　c.以成本衡量之金融資產；

　　d.無活絡市場之債券投資；

　　e.應收款。

③長期投資。

依據保險業財務業務報告編制準則第7條之規定，長期投資係為謀取控制權或其他財產權益，以達其營業目的所為之長期投資，如投資其他企業之股票、投資不動產等。而其投資應註明評價基礎，並依其性質分別列示。採權益法之長期股權投資之評價及表達應依財務會計準則公報第5號規定辦理。

4.小 結

保險業的資金運用若依照舊的法條函釋適用的結果，確實可能造成保險業先以保險法第146條之1的方式進行投資，等到所購買之股票持股

---

[34] 梁昭銘，保險業資金運用規範之妥適性—以中壽投資開發金衍生之爭議為例，83頁，國立政治大學風險管理與保險學系碩士論文，2006年

比例接近10%的上限，便向主管機關申請轉為146條之6的投資，以合法提高持股比例，甚至參與經營及進行併購，如此混用保險法之規定，也令保險業者成為爭奪經營權或併購的武器，而長期投資或短期投資的認定，本來就應該是在適用法條之前就應該確定的事情，而不是先適用法條再決定是屬於哪一種投資。而在保險業財務業務報告編制準則修定之後，對於長期投資的認定相當清楚，故未來保險業者亦將無法從舊的投資模式來突襲其他企業，而以保險法第146條之1第1項第3款的方式進行投資的保險業者，也將因保險法第146條之1第1項第3款投資有價證券自律規範的施行，而無法輕易的介入他公司的經營權。

三、中信證券入主開發金控

（一）證券商轉投資的限制

依據證券交易法第44條第4項授權所規定的證券商管理規則，對於證券商的資金運用和轉投資有所限制，依該規則的第18條、第19條、第20條分別對證券商的資金運用做了不同的限制，而中信證券本次買進開發金控的股票，其中的爭議亦在於這三條管理規則，分述如下：

1.是否得以投資金融控股公司？

依據證券商管理規則第18條的規定，證券商之資金，除由金融機構兼營者另依有關法令規定辦理外，非屬經營業務所需者，不得借貸予他人或移作他項用途，其資金之運用，以下列為限：

⑴銀行存款。

⑵購買政府債券或金融債券。

⑶購買國庫券、可轉讓之銀行定期存單或商業票據。

⑷購買經本會核准一定比率之有價證券及轉投資經本會核准一定比率之證券、期貨、金融等相關事業。

(5)其他經本會核准之用途。

金融控股公司是否屬於該條第4款所稱證券、期貨、金融等相關事業本有疑議，惟後來財政部證券暨期貨管理委員會於民國93年2月17日發函解釋：未隸屬於金融控股公司之證券商符合下列規定者，得以自有資金投資國內金融控股公司：

(1)轉投資金融控股公司之總金額不得超過證券商最近一次經會計師查核簽證財務報表實收資本或淨值孰低10%；與其他經本會核准之轉投資合計仍應維持證券商管理規則第18條第2項所定比率之規範。

(2)最近期自有資本適足比率加計本項投資後之比率不得低於200%。

(3)證券商於投資金融控股公司後加入金融控股公司體系者，其已持有金融控股公司之股權，應依「金融控股公司法」等相關規定處理。

(4)證券商從事本項投資前應依「金融控股公司法」第16條及「同一人或同一關係人持有同一金融控股公司有表決權股份總數超過一定比率之適格條件準則」規定辦理。

因此，對於中信證券轉投資開發金控的資金運用爭議總算消除，惟民國92年底時，中信證券的資本額為202億元，淨值為241億元，其孰低之10%，即中信證券轉投資金融控股公司之限額惟20億2,000萬元，但中信證券收購中華開發金控之股票已達38億元，似乎已經超過該函釋的限額，惟證期會僅表示，超過10%投資限額的部分應限期改善，但是持有股份依公司法仍有投票權。

2.中信證券持有開發金控股票是否違反證券商管理規則第19條之限制？

依據證券商管理規則第19條之規定，證券商除由金融機構兼營者依

有關法令規定外，其經營自行買賣有價證券業務者，持有任一公司股份之總額不得超過該公司已發行股份總額之10%；其持有任一公司所發行有價證券之成本總額，並不得超過其資本淨值之20%，中信證券以其自有資金約38億元，收購中華開發金控的股份約271,863千股，持股比例約為2.42%，並未超過10%的限額規定，而民國92年底中信證券資本額204億元，淨值為241億元，其持有一公司所發行有價證券之成本總額不得超過20%，也就是48億，中信證券也並未超過該限額，故並未違反證券商管理規則第19條的規定。

3. 中信證券參與中華開發金控之經營？

依據證券商管理規則第20條之規定，證券商除經本會核准之轉投資事業外，其取得公司股份股權之行使應基於公司之最大利益，不得直接或間接參與該發行公司經營或有不當之安排情事。而中信證券所購得的開發金控股份，乃是在於證期會開發未隸屬於金控下的證券商轉投資金控公司之前，故是否得以適用該函釋即有爭議，且中信證券也未事先申請核准轉投資，又以其自有資金入主中華開發金控之經營，以中信證券法人身分當選中華開發金控的董事，其法人代表為原中信證券財務長邱德馨，因此極有可能違反證券商管理規則第20條的規定，然證期局指出，中信證券以自有資金買進開發金股票，並不受買進時點的影響，只是未來參與金控經營時，必須在會計帳上調整，短期投資要改列長期投資。

四、開發工銀交叉持股的問題

（一）事　實

開發工銀過去由於長期投資大華證券，於開發金控將大華證券併入開發金時，開發工銀原持有的大華證券股權於股份轉換成開發金之股權

後，而形成開發工銀與其母公司開發金控交叉持股的現象。依據統計，開發金控子公司交叉持股占金控股權的比率約7.07%，而公司董監持股比率只有3.71%，扣除官股董監持股之後，民股董監持股不到1%。故若是公司派可以運用子公司交叉持有金控母公司的這7.07%之投票權，對於陳敏薰公司派來說，將會是一大利器。

（二）交叉持股的法律問題

1. 民國94年公司法修正前

所謂交叉持股，係指二以上公司，互相持有對方公司股份之情形，可分為有控制從屬關係公司之間的「垂直式交叉持股」，與無從屬關係公司間的「水平式交叉持股」[35]。實際上運作的情況可能是，由子公司購入母公司之股票後，再由子公司以股東的身分於股東會中投票，支持大股東當選為董事，以操縱經營權。母子公司交叉持股常具有借殼上市，信用擴張，炒作股價，更有形成同一資本、重複計算的資本虛增的情形，如此顯然違反資本充實原則，更嚴重的是使股東表決權行使失去公平性[36]。而這樣不合理的情況，在民國94年公司法修正前，並沒有法源可以拘束。

2. 民國94年公司法修正後

依民國94年6月22日所修正的公司法第179條第2款，即規定被持有已發行有表決權之股份總數或資本總額超過半數之從屬公司，所持有控制公司之股份，不得享有表決權。如此才得以真正防止交叉持股所產生的弊端。

---

[35] 林國全，現行公司法是否禁止垂直式交叉持股，臺灣本土法學雜誌，2004年6月。

[36] 陳美娥，羅吉臺，臺灣上市公司交叉持股之經濟記特徵與防範（上），會計研究月刊第181期，民國89年12月，頁116。

（三）開發工銀是否可以行使其所持有7%開發金之表決權？

依民國90年所修正的公司法，第167條第3項，以及金融控股公司法第38條，皆明文禁止子公司與母公司交叉持股，惟此二條文並未有溯及既往的規定，故在本案之中開發工銀持有開發金的股份仍然不受限制。此外，依金融控股公司法第31條第3項之規定，子公司得因轉換而持有金融控股公司之股份，但應於三年內將持有之金融控股公司股份轉讓與員工或賣出。此項係考量金控整合初期的股份轉換現實需要，才訂下三年內處分的緩衝期。該落日條款之規定雖然對於母公司想要運用子公司所持有的母公司股份有一定的限制，但是在本案的情況，仍無法拘束開發工銀行使開發金的股份為表決。

財政部雖於2004年開發金召開董監事改選股東會之前的五個月，亦即於2003年底，及提出修正金融控股公司法第31條草案呈報行政院（外界有稱為陳敏薰條款），其內容為「子公司不得享有母公司其他的股東權利。」其目的顯然係為防止當年劉泰英動用公司資源突襲官股，而取得開發金董事會之情形，再於2004年發生。尤其像在開發金股權如此分散的情況下，若公司派的股東可以利用該7%的持股，則公司派可以因此取得控制權。此外財政部雖已提出金融控股公司法修正草案，惟法律案在股東會召開完畢之後始通過。此事件之所以能和平落幕是因為，(1)依財政部以道德勸說的方式阻止金控公司子公司，即開發工銀所持有母公司開發金控的股票不能行使投票權[37]。(2)開發金董事會中，董事一致通過開發工銀對金控的7%交叉持股，將用於出席股東會，以避免股東會流會，但是不行使投票權[38]。

---

[37] 事實取自，2004/03/10，工商時報，焦點新聞，04版，2004/03/07，工商時報/焦點新聞/03版。

[38] 事實取自，2004/03/26，工商時報，要聞，01版。

（四）本案是否可適用公司法第178條，利益衝突的迴避

　　依公司法第178條，股東對於會議之事項，有自身利害關係至有害於公司利益之虞時，不得加入表決，並不得代理他股東行使表決權。所謂的自身利害關係，依通說係指該股東因該事項之決議特別取得權利或義務，但是此見解欠缺標準[39]，在本案中，縱認為開發工銀對於開發金控股東會有自身利害關係，仍無法認為開發工銀參加開發金的股東會表決權就是有害於開發金控公司的利益。故本案中無法適用該條來防堵開發工銀行使開發金7%的表決權。

五、公開徵求委託書的問題

（一）背　景

　　開發金控當時約新臺幣1,125億實收資本額、股票市值約達2,100億元的龐大金額，其股本之大，每買1%的持股，就要花上10多億元，造成公開收購的困難，再加上其股權分散的程度已如前所述，因此對於市場外部有意入主取得經營權者，或者公司派經營權的維護而言，必須進行「公開徵求委託書」，向近60萬名股東徵求委託書，這也將是決定董監改選勝負的重要關鍵。在這場經營權爭奪戰中，開發金之公司派股東，為了防堵中信集團的敵意併購，遂於民國93年4月5日提前召開股東會[40]，以下乃先簡介委託書的相關制度，再分析開發金控委託書爭奪戰裡開發工銀是否可為其母公司開發金代為徵求委託書，以及官股與中信集團合組委託書徵求團的相關問題。

---

[39] 王文宇，公司法論，頁288，2005年8月。
[40] 事實取自2003-12-24，經濟日報，26版，金融證券。

（二）委託書制度

1. 委託書

所謂股東會委託書，係指股東不克親自出席會議，而委託他人代理出席時，所書立之授權文件，此係因應現行實務上多股權分散，股東人數眾多，為避免股東會召開的困難，依公司法第177條以及證券交易法第25條之1所授權的子法「公開發行公司出席股東會使用委託書規則」，對於委託書有相關的規定。

2. 委託書的徵求方式

在委託書的使用上應可先區分為「徵求」與「非屬徵求」，所謂的「徵求」，依公開發行公司出席股東會使用委託書規則第3條第1項，指以公告、廣告等方式取得委託書藉以出席股東會的行為。上開委託書使用規則第7條第5項亦禁止徵求人委託公司代為發送徵求信函或資料給股東。因此，徵求人僅得利用公告、廣告、說明會等公開方式，向股東進行徵求，而無法取得股東資料以直接聯絡股東進行徵求。經濟部亦曾發函釋示股東於徵求委託書時，不得依照公司法第210條第2項之規定，向公司請求查閱或抄錄股東名簿[41]。「非屬徵求」，依同條第2項以及依公司法第177條，則是受股東之主動委託取得委託書，代理出席股東會的行為。在本案中是屬於徵求制度的類型，故有關「非屬徵求」之制度，在此不再贅述。

在徵求制度上，依「公開發行公司出席股東會使用委託書規則」

---

[41] 93年12月29號經商字第09302406700號：「公司法第210條第2項之股東請求查閱或抄錄股東名簿，係指有法律上之利害關係，如發生債權債務關係者。股東依「公開發行公司出席股東會委託書規則」之規定行使徵求委託書，主要發生於公司改（補）選董監事為取得董監事席位時，其關係似與公司法第210條規定之意旨有別。」

第5條[42]及第6條[43]之規定「公開徵求人」有二種，又可分為「直接徵求」，又有稱為「一般徵求[44]」與「間接徵求」又稱為「無限徵求」。二者間的不同在於，間接徵求，得以委託信託事業或股務代理機構擔任徵求人，且代理股數不受第20條3%的限制。95年12月20日「公開發行公司出席股東會使用委託書規則」修正後，第5條[45]與第6條[46]直接徵求

---

[42] 第5條第1項「委託書徵求人，除第六條規定外，應為持有公司已發行股份五萬股以上之股東；但於股東會有選舉董事或監察人議案者，徵求人應為截至該次股東會停止過戶日，依股東名簿記載或存放於證券集中保管事業之證明文件，繼續六個月以上持有該公司已發行股份符合下列條件之一者：
一、持有該公司已發行股份總數千分之二以上且不低於十萬股者。
二、持有該公司已發行股份八十萬股以上者。」

[43] 第6條第1項「繼續一年以上持有公司已發行股份符合下列條件之一者，得委託信託事業或股務代理機構擔任徵求人，其代理股數不受第20條之限制：
一、持有公司已發行股份總數百分之十以上。
二、持有公司已發行股份總數百分之八以上，且於股東會有選任董事或監察人議案時，其所擬支持之被選舉人之一符合獨立董事或監察人資格。
三、對股東會議案有相同意見之股東，其合併計算之股數符合前二款規定應持有之股數，得為共同委託。」

[44] 林昌億，我國股東會委託書制度介紹，證券期貨月刊第二十三卷第二期，民國94年2月，頁二十六。

[45] 參照中華民國95年12月20日行政院金融監督管理委員會金管證三字第0950005742號修正之「公開發行公司出席股東會使用委託書規則」，第五條第1項規定：「委託書徵求人，除第六條規定外，應為持有公司已發行股份五萬股以上之股東。但股東會有選舉董事或監察人議案，徵求人應為截至該次股東會停止過戶日，依股東名簿記載或存放於證券集中保管事業之證明文件，持有該公司已發行股份符合下列條件之一者：一、金融控股公司、銀行法所規範之銀行及保險法所規範之保險公司召開股東會，徵求人應繼續一年以上，持有該公司已發行股份八十萬股或已發行股份總數千分之二以上。二、前款以外之公司召開股東會，徵求人應繼續六個月以上，持有該公司已發行股份八十萬股以上或已發行股份總數千分之二以上且不低於十萬股。」

[46] 第6條第1項及2項規定：「繼續一年以上持有公司已發行股份符合下列條件之一者，得委託信託事業或股務代理機構擔任徵求人，其代理股數不受

與間接徵求資格上則又區分為金融機構與非金融機構。金融機構委託書的徵求人持股時間從半年延長到一年，並且在間接徵求的資格上持股從10%提高到12%，理由在於金融機構的營運資金來自大眾存款及保戶資金，故其委託書徵求人應以對公司經營狀況有一定程度瞭解之長期投資者為宜，以免影響公司穩定經營[47]。

（三）相關爭點

1. 開發工銀是否可以替母公司開發金控徵求委託書

財政部於民國93年1月20日修正公開發行公司出席股東會使用委託書規則第6條之1第2款[48]，明文禁止依金融控股公司法第4條所規定之子

第20條之限制：一、金融控股公司、銀行法所規範之銀行及保險法所規範之保險公司召開股東會，股東應持有公司已發行股份總數百分之十以上，但股東會有選舉董事或監察人議案者，股東應持有公司已發行股份總數百分之十二以上。二、前款以外之公司召開股東會，股東應持有公司已發行股份符合下列條件之一：(一)持有公司已發行股份總數百分之十以上。(二)持有公司已發行股份總數百分之八以上，且於股東會有選任董事或監察人議案時，其所擬支持之被選舉人之一符合獨立董事資格。三、對股東會議案有相同意見之股東，其合併計算之股數符合前二款規定應持有之股數，得為共同委託。信託事業或股務代理機構依前項規定受股東委託擔任徵求人，其徵得委託書於分配選舉權數時，股東擬支持之獨立董事被選舉人之選舉權數，應大於各非獨立董事被選舉人之選舉權數。」

[47] 參照中華民國95年12月20日行政院金融監督管理委員會金管證三字第0950005742號，「公開發行公司出席股東會使用委託書規則」，修正條文第5條之立法理由。

[48] 「公開發行公司出席股東會使用委託書規則」第6條之1：「金融控股公司召開股東會，其依金融控股公司法第4條所規定之子公司，不得依第5條第1項規定擔任徵求人或依第6條第1項委託信託事業、股務代理機構擔任徵求人。」；經94年12月15日修正後，文字修正為：「下列公司不得依第5條第1項規定擔任徵求人或依前條第1項規定委託信託事業、股務代理機構擔任徵求人：
一、金融控股公司召開股東會，其依金融控股公司法第4條所規定之子公司。
二、公司召開股東會，其依公司法第179條第2項所規定無表決權之公司。」

公司擔任委託書徵求人。此係有鑑於從屬公司就其對於控制公司持股，在控制公司之股東會行使表決權時，實際上與控制公司本身就自己持股行使表決權無異，為了貫徹公司治理，並兼顧股東平等原則的精神，「委託書規則」對此做了修正[49]。新修正公司法第179條第2項規定子公司持有母公司股份無表決權，亦有相同的精神，已如前所述。據此新修正的委託書徵求規定，開發工銀即不得擔任委託書徵求人。

2. 中信證券與官股合組委託書徵求團

以官股和中信集團為首，外加其他民股如永豐餘集團及葉國一、上海商銀等決定組成一個委託書徵求團[50]，但是由於開發金於民國93年4月5日提前召開股東會，其目的就是在於使中信集團不能符合間接徵求人必須持有一年以上開發金股票的資格，也因此中國人壽持有開發金股票的時間，不到一個月，並不具備徵求人資格。開發金控於93年2月12日召開董事會，會中決議通過將設置獨立董監事[51]，依「委託書規則」第6條第1項第2款之規定，委託書徵求團將獨立董事或監察人列為被選舉人時，只要其持有公司已發行股份總數8%，即可組成委託書徵求團。官股所持有超過7%的股份，外加上中信集團等其他民股，即可以達到8%的間接徵求門檻。

官股與中信金之所以採取「間接徵求」，乃係由股東自行擔任徵求人時，所代理之股數依委託書規則第20條的規定，不得超過3%，而若委託信託事業或股務代理機構代為徵求時則無此限制，此外採取「直接徵求」委託書所需的成本較大。因此欲進行敵意併購時，以委託信託事

---

[49] 參照中華民國93年1月20日財政部證券暨期貨管理委員會臺財證三字第0930000323號，修正條文第6條之1立法理由。高玉菁，論近期證券交易法相關法令對股東會委託書規範之修正，證券期貨月刊第二十四卷第二期，民國95年2月，頁九。

[50] 事實取自2004-02-27中國時報，焦點新聞，A2版。

[51] 事實取自2004-02-13，經濟日報，4版，綜合新聞。

業代為徵求委託書的方式較為有利。

肆、結　論

　　一次開發金控的經營權爭奪戰，引發了這麼多且重大的法律爭議，關於股票設質的部分時至今日才得到重視，而委託書的徵求規則也仍然持續在翻新，以期待能更加符合現今企業的需要，保險業資金運用規範適用上的模糊，也逐漸不再為人所詬病，證券業的轉投資也在金管會的監理下逐步放寬，交叉持股的弊端也透過修法限制而減少其發生的可能，完備的法律制度確實是依靠著一次又一次的事件而不斷的進步而更加完善，也許在這次的開發金控經營權爭奪中，良好的政商關係確實有著一定份量的影響，但也許更重要的是，透過質疑法律制度的過程，讓這個社會的遊戲規則愈來愈明確而合理，才是這次開發金控經營權爭奪中最大的收穫。

後記

　　根據財政部估計，辜家雖然不符合財政部釋股原則中，民股股東持股須達15%的優先要求，在公股的壓力下，中信金不斷透過投資公司進場加碼持股，惟民國96年初其仍未達持股15%的要求。

　　在經過官股與民股協商破滅後，財政部決定，開發金今年董監改選公股將不退出經營。扣除獨董的12席董事中，公股將盡力爭取至少1/3董事席次、且維持官派董座的現況，維持官民共治。辜家所持開發金之股票含中壽在內，持股已達15%，公股則僅1成，故公股積極徵求外資（持股接近12%）及投信（1%持股）的支持，並宣布加碼開發金，並積極參與徵求委託書。

　　惟在96年6月15日之開發金董監改選中，公股因徵求委託書失利，

加上遲遲無法與中信集團取得共識，在15董3監中只取得5席董事，辜家
仍舊掌握了開發金的經營權。

證券搶親
——開發金VS.金鼎證

謝梨君

目 次

大事記

一、報章雜誌

時間	來源	版次	報導內容
94年6月15日	經濟日報	A4	開發金總經理辜仲瑩儘管推動三合一失利，仍未放棄擴大證券版圖的雄心壯志，瞄準金鼎證券，為敵意併購展開布局。
94年6月16日	工商時報	18	中華開發工銀、開發國際投資名義，合計拿下金鼎證券9.21%的股權。（按：金鼎證券股份有限公司93年度股東會年報）金鼎證並表示不歡迎以惡意併購方式入主。
94年8月26日	工商時報	18	金鼎證董事會決議，將合併環華證券，第一證券、及遠東證券，10月13日召開股東臨時會進行討論，金鼎證合併後股本將由82億元大幅提升至172億元，可望稀釋開發金持股，降低遭敵意併購的風險。
94年9月14日	經濟日報	A4	開發金完成向主管機關申請作業，開始動用金控母公司自有資金買進金鼎證股票，並且爭取金鼎證董監席次。開發金公告，連子公司在內，共持有金鼎證10.12%。
94年10月3日	經濟日報	A2	環華證券股東不滿換股比例，醞釀行使異議權。開發金強調，不論4合1股東會通過與否，都不影響開發金買金鼎證股票的計畫，事實上，開發金持有金鼎證比例，已上升至13%。
94年10月14日	工商時報	A4	10.13金鼎証臨時股東會通過四合一之合併案。開發金質疑合併案綜效。持股比例已達18.84%。
94年11月15日	工商時報	A4	銀行局長曾國烈14日表示，開發金持有金鼎證股權超過25%，所以金鼎證已算是開發金的子公司。
94年11月21日	經濟日報	A4	環華證金大股東轉向投靠開發金，上週五（按：94/11/18）開發金協議收購的環華股票暴增，已達四成收購目標，本週四（按：94/11/24）環華股東會討論四合一案，有可能遭翻案，金鼎証正謀因應對策。
95年2月15日	經濟日報	A4	金鼎證昨(14)日董事會決議5月2日召開今年度董事會，會中將選舉董監事。

時間	來源	版次	報導內容
			金鼎証宣佈與美國前證管會委員卡特畢士（J.Carter Beese）主持的雷格斯集團（Legacy Partners Group）策略聯盟，協助金鼎證防衛開發金控的惡意併購。
95年2月16日	經濟日報	A4	開發金持有金鼎證32%的股權，開發國際持有5%。
95年2月18日	經濟日報	A4	開發金昨(17)日宣佈公開收購金鼎証，每股14元，將收購約16%股權，開發金將躍升為最大單一股東。期限由2月19日起至3月1日為期11日，預計將握有金鼎三合一後約4成股權。
95年2月20日	工商時報	A1	金鼎證董事會並於決議文中，列舉開發金違反公開收購的兩大理由。 1.涉嫌內線交易。 2.未對金鼎證查核前，即投入大量資金，實屬輕率。
95年2月21日	經濟日報	A4	金鼎證股價高於14元，並傳開發金將依環華模式，向第一、遠東證取得股票並交付委託書。
95年2月22日	經濟日報	A4	根據開發金公股代表向公股小組提報的資訊，開發金希望能拿下金鼎證1/3以上的董事席次，甚至取得控制權，擴大證券市場版圖。
95年2月27日	工商時報	A3	市場傳言，開發金以高價私下向第一證及遠東證大股東收購股權，該傳言昨日經證實。金鼎證向遠東證券求証得知林振義及其家族所控制之遠東證券約7成股權，均已與開發金及其所屬關係企業達成轉讓協議。 金鼎證則表示將依發追訴遠東證券董事長林振義等人之違法行為，也對開發金惡意併購提出譴責，並主張開發金購進遠東證及第一證持股，由於與合併契約書有違，金鼎證認為該交易「自始無效」。
95年2月28日	工商時報	A1	金鼎證將於3月3日新金鼎證股票掛牌前，向法院聲請假扣押遠東證券大股東所持有新金鼎證股票。 金管會表示，昨日為金鼎證三合一合併基準日，以行政機關立場來講，此案已完成合併程序，合併正式生效。

時間	來源	版次	報導內容
95年2月28日	工商時報	A4	開發金指出，本合併案合併基準日為昨日(27)，亦即從2月27日凌晨開始，遠東證及第一證已為消滅公司，但金鼎證券卻於昨日下午聲稱此一合併已於2月24日終止。
95年3月2日	工商時報	A4	金管會約談遠東證與金鼎證強調，在27日合併基準日前，從未收到任何變更合併計畫的申請，「三合一已生效」，而且依法3月3日必須發行並交付新金鼎證股票，若金鼎證決定扣住遠東證大股東所持有的新金鼎證股票，可能會有違反證交法與刑法的問題，金鼎證必須有所認知。
95年3月2日	經濟日報	A4	開發金控對金鼎證券為期11日的公開收購昨(1)日告一段落，開發金總計收購5.82%的金鼎證股權，迄今開發金已握有32.08%。
95年3月3日	工商時報	A4	金鼎證對遠東證所有股東，提出「確認當事人股東權利不存在」之訴，並將新股權利證書提存於法院，以符合證交法第8條之規定。
95年3月7日	經濟日報	A4	開發金公開收購金鼎證股票，結果最大賣方竟是開發金轉投資的「開發國際投資公司」，開發國際投資公司因此有不少獲利。 金管會表示，開發金向子公司購買金鼎證股票，應經過董事會重度決議。
95年3月21日	工商時報	A1	行政院昨核定開發金董事長陳木在請辭，並指定林宗勇接任，據了解，陳木在是因為在開發國際將持有的金鼎證股票，在公開收購中賣給開發金，引來外界對開發金公司治理的疑慮，導致陳木在去職。
95年4月1日	工商時報	A1	開發金昨日董事會，董座由林誠一出線。稍後亦順獲開發金常務董事會通過為董事長。
95年4月4日	工商時報	A8	金管會、期交所去函開發金，要求書面說明海外子公司結構與持股…… 國民黨團質疑，林誠一不符合「財政部派任公民營事業機構負責人經理人董監事管理要點」年齡65歲以下之規定，財政部應另覓人選。
95年4月27日	聯合報	B2	金鼎證券提供1.6億元自有資金，做為聲請法院假處分前遠東證券董事長林振義等人

時間	來源	版次	報導內容
			股票的「擔保金」。金管會證期局表示，金鼎證資金運用違反規定，勒令金鼎證大股東在今天前返還1.6億元保證金。 證期局說，現行法令限制證券商資金使用必須「業務上所需」，非屬業務的花費，應取得主管機關同意；金鼎證動支1.6億元資金，事前未經金鼎證董事會通過，也沒有通報主管機關，程序上已有問題，這筆錢用途是「擔保金」，更與證券本業無關，資金運用明顯違規。
95年4月29日	經濟日報	A4	遠東證前總經理林振義28日說，金鼎證向法院申請對他家族的金鼎證股票「假處分」，他已拿出3.8億元進行反擔保，他會在5月2日召開的股東會行使股東權。
95年5月2日	經濟日報	A4	開發金敵意併購金鼎證，昨天金鼎證股東會改選董監，雙方正面交鋒，出席率創下98.7%的上市公司股東會最高紀錄，歷時六個半小時才散會。開發金策略長劉紹樑昨天在選舉結果公布後，立刻上臺發言表達異議，表示程序違反公正原則，選舉有瑕疵，並要求將股東會所有簽到簿、選票、紀念品領取名冊等資料封存。
95年5月19日	經濟日報	A4	金鼎證券股權之爭時，金鼎證董事長陳淑珠在未經過董事會同意之下，即挪用公司資金作為聲請法院假處分的擔保金，金管會認為這樣做已經損害股東權益，命令金鼎證券停止董事長陳淑珠一年的業務執行。

二、重大資訊表

時　間	發布公司	內　容
94年9月14日	開發金	本公司依證券交易法第43條之1第1項之規定，已於9月13日登報公告，並向相關主管機關申報中華開發金融控股公司、中華開發工業銀行及開發國際投資股份有限公司共取得金鼎綜合證券股份有限公司超過百分之十之股份（實際持股比例為10.12%）。
94年10月21日	金鼎證	本公司與環華證券金融股份有限公司、第一綜合證券股份有限公司及遠東證券股份有限公司之合併案，已於94

時　間	發布公司	內　容
		年8月25日經各公司董事會通過並簽訂合併契約書，且業經94年10月13經各公司股東會通過在案。
94年12月1日	金鼎證	金鼎證券、第一證券、遠東證券於今日接獲環華證券金融股份有限公司書面通知，謂該公司業於今日上午召開董事會，並經董事會決議該公司擬依合併契約書第19條第1項第1款之規定終止合併契約。
94年12月1日	環華證金	本公司合併案因股東大華證券股份有限公司業已就本公司10月13日臨時股東會通過之決議，提起確認無效之訴，使本件合併案法律關係陷於不明確之狀態，本公司為保障股東及員工之權益，擬依合併契約第19條第1項第1款之規定終止本合併契約，並授權董事長依相關規定，與金鼎綜合證券股份有限公司及參與合併公司磋商合意終止及相關後續事宜。
94年12月29日	開發金	開發金控代子公司大華證券公告取得環華證券金融（股）公司普通股之相關資料。
95年1月24日	金鼎證	本合併案增資發行新股基準日，業經本公司與第一綜合證券股份有限公司及遠東證券股份有限公司，于民國95年1月24日召開董事會決議通過訂定為民國95年2月27日，並訂定民國95年3月3日為新股權利證書掛牌日。
95年2月14日	金鼎證	股東會召開日期：95/05/02 (四)選舉事項： (1)改選第七屆董事、監察人案。 5.停止過戶起迄日期：95/03/04～95/05/02
95年2月15日	金鼎證	中華開發金控擬採敵意併購策略收購金鼎綜合證券，金鼎綜合證券日前與美國前證管會委員卡特、畢士（J.Carter Beese）所主持的雷格斯集團（Legacy Partners Group）策略聯盟，協助金鼎綜合證券在防衛中華開發（Legacy Partners Group）為一家獨立的投資銀行與財務顧問公司，經營團隊成員均具備世界級豐富華爾街經驗的併購與反併購專家。
95年2月17日	開發金	公告公開收購金鼎證券及公開收購說明書。
95年2月20日	金鼎證	董事會對公開收購一事建議股東。
95年2月23日	金鼎證	對公開收購之資訊公布及對股東之建議。
95年2月24日	開發金	公告本公司公開收購金鼎證券律師所出具之合法性意見內容
95年2月27日	金鼎證	查，遠東證券林振義董事長業已代表遠東證券董監、大股東將遠東證券股份轉讓與他人，遠東證券及林振義董事長所為核已違反合併協議書第1條第4項、第8條約定，該等重大違約行為自構成合併契約第19條第1項第2款之情事。

時　間	發布公司	内　容
95年2月28日	金鼎證	金鼎證回應金管會相關之法律問題。
95年3月2日	金鼎證	對於參與合併公司股東發行新股權利證書之交付，其中原第一證券股東換發之股份與原遠東證券董事、監察人及百分之十以上大股東換發之股份依相關規定送存集保；至於原遠東證券股東部分扣除董事、監察人與百分之十以上大股東換發之股份依相關規定需送存強制集保後，其餘換發之股份係屬本公司與遠東證券間之爭議，本公司依循法律途徑提存臺灣地方法院提存所。
95年3月8日	開發金	本公司以公開收購方式取得金鼎綜合證券（股）普通股63,000,000股，總價金新臺幣882,000,000元。
95年3月31日	開發金	2.舊任者姓名及簡歷：陳木在先生/中華開發金融控股公司董事長 3.新任者姓名及簡歷：林誠一先生/誠泰商業銀行董事長 4.異動原因：原法人代表辭任，經指派新代表人接替後，由董事會與常務董事會選任之。
95年4月18日	金鼎證	對遠東證券股東行使權利進行假處分，並供新臺幣166,543,650元為擔保。且禁止遠東證券冠軍建材股份有限公司等股東自己或委託第三人行使本公司之股東權；並禁止該等股東將所有本公司股份，讓與第三人。
95年5月2日	金鼎證	金鼎證召開股東會，由金鼎證公司派取得五席董事和一席監察人，開發金控取得四席董事和一席監察人。

壹、前　言

　　商場上的風起雲湧一向詭譎難測，在年前上演的是一部搶親記，時至今日讓人餘悸猶存，其中是非仍未相大白。究竟這一切的法律功防是如何，讓我們一窺其中之奧妙。

　　基於，這個案子的法律攻防相當瑣碎且龐雜，本文採取較簡單的做法，當事實僅涉及用法律架構來完成商業手段，或是做出如此的行為是基於法律規定時，本文將以「註」的方式標明法律依據，但是在涉及較為深刻的理論基礎時，本文以「法律爭點分析」中加以處裡，以期讀者能自行選用「小菜或全餐」，更可以讓本案複雜的架構簡單化。

貳、案例事實

　　對於開發金來說，開發工銀在策略上是屬於法人金融，除了大華證券外，開發金一直想要擴充證券市場，所以在94年6月，外界傳言甚囂塵上，在開發金三合一的計畫遭金管會阻擋下後，傳言開發金在市場上默默買進金鼎證，開發金對外一律否認，據報載揭露開發工銀和開發國際共持股金鼎證9.21%，金鼎證公開表示，不歡迎開發金以敵意併購的方式入主。至此，開發金意欲敵意併購金鼎證的戰火正式展開。[1]

　　在外界傳得沸沸揚揚，而開發金始終不願意正面表態是有意併購或是短期投資持有的情況下，94年8月，金鼎證董事會決議，將合併環華證券、第一證券及遠東證券，10月13日召開股東臨時會進行討論[2]，金鼎證合併後股本將由82億元大幅提升至172億元，可望稀釋開發金持股，降低遭敵意併購的風險。[3]

　　94年9月，開發金終於正式出招，完成向主管機關申請作業，開始動用金控母公司自有資金買進金鼎證股票[4]，並且爭取金鼎證董監席

---

[1] 工商時報，94年6月6日，14版；經濟日報，94年6月16日，A4版；工商時報，94年6月16日，18版

[2] 公司法§316「股東會對於公司解散、合併或分割之決議，應有代表已發行股份總數三分之二以上股東之出席，以出席股東表決權過半數之同意行之。
公開發行股票之公司，出席股東之股份總數不足前項定額者，得以有代表已發行股份總數過半數股東之出席，出席股東表決權三分之二以上之同意行之。
前二項出席股東股份總數及表決權數，章程有較高之規定者，從其規定。
公司解散時，除破產外，董事會應即將解散之要旨，通知各股東，其有發行無記名股票者，並應公告之。」

[3] 工商時報，94年8月26日，18版。

[4] 金融控股公司法§36「金融控股公司應確保其子公司業務之健全經營，其業務以投資及對被投資事業之管理為限。

次。開發金公告，連子公司在內，共持有金鼎證10.12%[5]、[6]。

金融控股公司得投資之事業如下：

一、銀行業。

二、票券金融業。

三、信用卡業。

四、信託業。

五、保險業。

六、證券業。

七、期貨業。

八、創業投資事業。

九、經主管機關核准投資之外國金融機構。

十、其他經主管機關認定與金融業務相關之事業。

前項第1款稱銀行業，包括商業銀行、專業銀行及信託投資公司；第5款稱保險業，包括財產保險業、人身保險業、再保險公司、保險代理人及經紀人；第6款稱證券業，包括證券商、證券投資信託事業、證券投資顧問事業及證券金融事業；第7款稱期貨業，包括期貨商、槓桿交易商、期貨信託事業、期貨經理事業及期貨顧問事業。

金融控股公司投資第2項第1款至第8款之事業，或第9款及第10款之事業時，主管機關自申請書件送達之次日起，分別於15日內或30日內未表示反對者，視為已核准。但於上述期間內，金融控股公司不得進行所申請之投資行為。

因設立金融控股公司而致其子公司業務或投資逾越法令規定範圍者，主管機關應限期令其調整。

前項調整期限最長為三年。必要時，得申請延長二次，每次以二年為限。

金融控股公司之負責人或職員不得擔任該公司之創業投資事業所投資事業之經理人。

銀行轉換設立為金融控股公司後，銀行之投資應由金融控股公司為之。

銀行於金融控股公司設立前所投資之事業，經主管機關核准者，得繼續持有該事業股份。但投資額度不得增加。

第8項及前項但書規定，於依銀行法得投資生產事業之專業銀行，不適用之。」

[5] 證券交易法§43-1 I「任何人單獨或與他人共同取得任一公開發行公司已發行股份總額超過百分之十之股份者，應於取得後十日內，向主管機關申報其取得股份之目的、資金來源及主管機關所規定應行申報之事項；申報事項如有變動時，並隨時補正之。」

[6] 經濟日報，94年9月14日，A4版。

這一頭，金鼎證本來打好四合一的如意算盤，卻傳出環華證券股東不滿換股比例，醞釀行使異議權[7]。開發金則表示，不論四合一股東會通過與否，都不影響開發金買金鼎證股票的計畫。[8]平心而論，金鼎證想出藉由擴大股本的方法，來抵禦被併購的機會確實是一個聰明且實用的招數，順便還可以擴大整合小券商，而增加市占率，如意算盤打得響，但是事情並非如此發展！

94年10月14日，金鼎証臨時股東會通過四合一之合併案[9]。金鼎證的四合一案，法律布局正式完成。但是環華證金及英屬開曼群島商臺灣基金要求公司買回持股，創下金融合併案股東主張異議權的首例。[10]

在金鼎證臨時股東會通過後，外傳開發金向金鼎證四合一中之環華證金大股東收購股權，目標四成，除可反制金鼎四合一，未來也可將環華納入旗下，使金控版圖更完整。開發金則否認之。[11]

神奇的是，開發金之前否認收購環華證金，94年11月18日開發金協議收購的環華股票暴增，已達四成收購目標，而94月11月24日環華之股東會將討論四合一案，有可能遭翻案，金鼎証正謀因應對策。[12]

開發金對於金鼎證所採取的策略，已經開始浮上檯面，開發金想要先行購買環華證金，而擊破金鼎證所想出的四合一布局。

金鼎證在94年12月1日發布[13]，金鼎證券、第一證券、遠東證券於接獲環華證券金融股份有限公司書面通知，謂該公司業於召開董事會，並經董事會決議該公司擬依合併契約書第19條第1項第1款之規定終止與

[7] 公司法§187.188.317。
[8] 經濟日報，94年10月3日，A2版。
[9] http://mops.tse.com.tw/server-java/t05st01 visited on 2007/07/16。
[10] 經濟日報，94年10月14日，A4版。
[11] 經濟日報，94年11月17日，A4版。
[12] 經濟日報，94年11月21日，A4版。
[13] http://mops.tse.com.tw/server-java/t05st01 visited on 2007/07/16。

金鼎證的合併契約。

　　環華證金則發布[14]，本公司合併案因股東大華證券股份有限公司業已就本公司10月13日臨時股東會通過之決議，提起確認無效之訴，使本件合併案法律關係陷於不明確之狀態，本公司為保障股東及員工之權益，依合併契約第19條第1項第1款之規定終止本合併契約，並授權董事長依相關規定，與金鼎綜合證券股份有限公司及參與合併公司磋商合意終止及相關後續事宜。

　　開發金的金鼎證二部曲，在95年2月17日，開發金宣佈[15]公開收購金鼎証，每股14元，將收購約16%股權，開發金將躍升為最大單一股東。期限由2月19日起至3月1日為期11日，預計將握有金鼎三合一後約4成股權。

　　面對開發金的公開收購，金鼎證董事會於決議文中反對股東參與公開收購[16]，並列舉開發金違反公開收購的兩大理由。包括：

　　1.涉嫌內線交易；

　　2.未對金鼎證查核前，即投入大量資金，實屬輕率。

　　開發金的最後一擊，95年2月27日，市場傳言，開發金以高價私下向第一證及遠東證大股東收購股權，該傳言後經證實。金鼎證向遠東證券求証得知林振義及其家族所控制之遠東證券約7成股權，均已與開發金及其所屬關係企業達成轉讓協議。[17]

　　金鼎證則表示將依法追訴遠東證券董事長林振義等人之違法行為，也對開發金惡意併購提出譴責，並主張開發金購進遠東證及第一證

---

[14] http://mops.tse.com.tw/server-java/t05st01 visited on 2007/07/16。

[15] http://mops.tse.com.tw/server-java/t05st01 visited on 2007/07/16。

[16] 公開收購公開發行公司有價證券管理辦法§14。

[17] 工商時報，95年2月27日，A3版。

持股，由於與合併契約書有違，金鼎證認為該交易「自始無效」。[18]

　　相較於開發金的連連出招，金鼎證顯得敵不過開發金的銀彈攻勢，所以，在95年2月28日，金鼎證將於3月3日新金鼎證股票掛牌前，向法院聲請假扣押[19]遠東證券大股東所持有新金鼎證股票。

　　金管會則表示，27日為金鼎證三合一合併基準日，以行政機關立場來講，此案已完成合併程序，合併正式生效。[20]

　　開發金指出，本合併案合併基準日為27日，亦即從2月27日凌晨開始，遠東證及第一證已為消滅公司，但金鼎證券卻於昨日下午聲稱此一合併於2月24日終止。[21]

　　針對開發金和金鼎證對於合併基準日生效時點的紛爭，金管會強調，在27日合併基準日前，從未收到任何變更合併計畫的申請，「三合一已生效」，而且依法3月3日必須發行並交付新金鼎證股票，若金鼎證決定扣住遠東證大股東所持有的新金鼎證股票，可能會有違反證交法[22]與刑法[23]的問題，金鼎證必須有所認知。[24]

---

[18] http://mops.tse.com.tw/server-java/t05st01 visited on 2007/07/16

[19] 民事訴訟法第522條：「債權人就金錢請求或得易為金錢請求之請求，欲保全強制執行者，得聲請假扣押。前項聲請，就附條件或期限之請求，亦得為之。」

[20] 工商時報，95年2月28日，A1版。

[21] 工商時報，95年2月28日，A4版。

[22] 證券交易法§8「本法所稱發行，謂發行人於募集後製作並交付，或以帳簿劃撥方式交付有價證券之行為。前項以帳簿劃撥方式交付有價證券之發行，得不印製實體有價證券。」

[23] 刑法§335「意圖為自己或第三人不法之所有，而侵占自己持有他人之物者，處五年以下有期徒刑、拘役或科或併科1,000元以下罰金。
前項之未遂犯罰之。」

[24] 工商時報，95年3月2日，A4版。

而二部曲中，開發金控對金鼎證券為期11日的公開收購於3月1日告一段落，開發金總計收購5.82%的金鼎證股權，迄今開發金已握有32.08%。[25]

針對開發金各個擊破的遠東證，金鼎證對遠東證所有股東，提出「確認當事人股東權利不存在」之訴，並將新股權利證書提存[26]於法院，以符合證交法第8條之規定。[27]

在金鼎證5月2日股東會上提案，開發金將以開發工銀名義提案[28]，要求金鼎證董事長陳淑珠詳細說明海外控股子公司金鼎維京，為何兩年虧損10億臺幣。開發金則提案，要求股東會作出決議，不得於任何程序主張股東於改選董事、監察人時，有義務支持特定候選人。且金鼎證在與第一遠東證合併案中，金鼎證董事長訂立合併協議書密約前，未提交股東會討論且未依法揭露，嚴重違反公司治理原則，也影響股東投票自由。

開發金公開收購金鼎證股票，結果最大賣方竟是開發金轉投資的「開發國際投資公司」，開發國際投資公司因此有不少獲利。並遭有內線交易之質疑[29]。

---

[25] 經濟日報，95年3月2日，A4版。

[26] 民法§326：「債權人受領遲延，或不能確知孰為債權人而難為給付者，清償人得將其給付物，為債權人提存之。」

[27] 工商時報，95年3月2日，A4版。

[28] 公司法§172-1 I「持有已發行股份總數百分之一以上股份之股東，得以書面向公司提出股東常會議案。但以一項為限，提案超過一項者，均不列入議案。」

[29] 證券交易法§157-1 I「下列各款之人，獲悉發行股票公司有重大影響其股票價格之消息時，在該消息未公開或公開後十二小時內，不得對該公司之上市或在證券商營業處所買賣之股票或其他具有股權性質之有價證券，買入或賣出：

一、該公司之董事、監察人、經理人及依公司法第27條第1項規定受指定代表行使職務之自然人。

二、持有該公司之股份超過百分之十之股東。

三、基於職業或控制關係獲悉消息之人。

四、喪失前三款身分後，未滿六個月者。

金管會表示,開發金向子公司購買金鼎證股票,應經過董事會重度決議[30]、[31]。

除了提起「確認當事人股東權利不存在」之訴外,金鼎證並發布,對遠東證券股東行使權利進行假處分[32],並供新臺幣1億6,654萬

五、從前四款所列之人獲悉消息之人。」

[30] 證券交易法§28-2:「股票已在證券交易所上市或於證券商營業處所買賣之公司,有左列情事之一者,得經董事會三分之二以上董事之出席及出席董事超過二分之一同意,於有價證券集中交易市場或證券商營業處所或依第43條之1第2項規定買回其股份,不受公司法第167條第1項規定之限制:

一、轉讓股份予員工。

二、配合附認股權公司債、附認股權特別股、可轉換公司債、可轉換特別股或認股權憑證之發行,作為股權轉換之用。

三、為維護公司信用及股東權益所必要而買回,並辦理銷除股份者。

前項公司買回股份之數量比例,不得超過該公司已發行股份總數百分之十;收買股份之總金額,不得逾保留盈餘加發行股份溢價及已實現之資本公積之金額。

公司依第1項規定買回其股份之程序、價格、數量、方式、轉讓方法及應申報公告事項,由主管機關以命令定之。

公司依第1項規定買回之股份,除第3款部分應於買回之日起六個月內辦理變更登記外,應於買回之日起三年內將其轉讓;逾期未轉讓者,視為公司未發行股份,並應辦理變更登記。

公司依第1項規定買回之股份,不得質押;於未轉讓前,不得享有股東權利。

公司於有價證券集中交易市場或證券商營業處所買回其股份者,該公司其依公司法第369條之1規定之關係企業或董事、監察人、經理人之本人及其配偶、未成年子女或利用他人名義所持有之股份,於該公司買回之期間內不得賣出。

第1項董事會之決議及執行情形,應於最近一次之股東會報告;其因故未買回股份者,亦同。」

[31] 工商時報,95年3月7日,A8版。

[32] 民事訴訟法§532「債權人就金錢請求以外之請求,欲保全強制執行者,得聲請假處分。假處分,非因請求標的之現狀變更,有日後不能強制執行,或甚難執行之虞者,不得為之。」

3,650元為擔保。且禁止遠東證券冠軍建材股份有限公司等股東自己或委託第三人行使本公司之股東權；並禁止該等股東將所有本公司股份，讓與第三人。[33]

接下來，金鼎證券提供1.6億元自有資金，做為聲請法院假處分前遠東證券董事長林振義等人股票的「擔保金」。金管會證期局表示，金鼎證資金運用違反規定[34]，勒令金鼎證大股東在今天前返還1.6億元保證金。

證期局說，現行法令限制證券商資金使用必須「業務上所需」，非屬業務的花費，應取得主管機關同意；金鼎證動支1.6億元資金，事前未經金鼎證董事會通過，也沒有通報主管機關，程序上已有問題，這筆錢用途是「擔保金」，更與證券本業無關，資金運用明顯違規。[35]

金管會後來表示，金鼎證券股權之爭時，金鼎證董事長陳淑珠在未經過董事會同意之下，即挪用公司資金作為聲請法院假處分的擔保金，金管會認為這樣做已經損害股東權益，命令金鼎證券停止董事長陳淑珠

[33] http://mops.tse.com.tw/server-java/t05st01 visited on 2007/07/16
[34] 證券商管理規則§18：「證券商之資金，除由金融機構兼營者另依有關法令規定辦理外，非屬經營業務所需者，不得借貸予他人或移作他項用途，其資金之運用，以下列為限：
一、銀行存款。
二、購買政府債券或金融債券。
三、購買國庫券、可轉讓之銀行定期存單或商業票據。
四、購買經本會核准一定比率之有價證券及轉投資經本會核准一定比率之證券、期貨、金融等相關事業。
五、其他經本會核准之用途。
依前項第4款、第5款運用之資金，其總金額合計不得超過資本淨值之百分之四十，且其中具有股權性質之投資，除經本會核准者外，其投資總金額不得超過實收資本額之百分之四十。」
[35] 聯合報，95年4月27日，B2版。

一年的業務執行。[36]

　　遠東證前總經理林振義說，金鼎證向法院申請對他家族的金鼎證股票「假處分」，他已拿出3.8億元進行反擔保，他會在5月2日召開的股東會行使股東權。[37]

　　最後，雙方在股東會上大對決，95年5月2日，金鼎證召開股東會，由金鼎證公司派取得五席董事和一席監察人，開發金控取得四席董事和一席監察人。[38]雙方正面交鋒，出席率創下98.7%的上市公司股東會最高紀錄，歷時六個半小時才散會。開發金策略長劉紹樑昨天在選舉結果公布後，立刻上臺發言表達異議，表示程序違反公正原則，選舉有瑕疵，並要求將股東會所有簽到簿、選票、紀念品領取名冊等資料封存。[39]

　　經過這麼精彩的法律攻防，我們可以從事實裡看見，其實，金鼎證在剛開始的擴大股本的想法是相當實用的，但是金鼎證忽略了開發金灑銀彈是不手軟，也就讓原來四合一的構想破局，而且，又合了開發金想要擴大證券市場規模的想法。換個角度，四合一對開發金來說不算是一個防禦措施，而比較像是一個「陪嫁」，除了娶到本來的新娘，也得到了額外的「小妾」！

---

[36] 經濟日報，95年5月19日，A4版。

[37] 經濟日報，95年4月29日，A4版。

[38] http://mops.tse.com.tw/server-java/t05st01 visited on 2007/07/16

[39] 經濟日報，95年5月3日，A4版。

參、法律爭點與分析

一、敵意併購及其防禦對策

（一）敵意併購之定義[40]

敵意併購者（Hostile Takover, Hostile Tender Offer），乃只該當併購本身並未取得被併購企業經營團隊之同意，而逕自或欲提案併購該企業，從而國內學說亦有將此譯為非合意併購，美國法上亦有稱之為「非經邀約之併購」（Unsolicited Tender Offer）。

（二）敵意併購之誘因分析[41]

敵意，這樣的名字給人就是負面的印象，但是制度的良窳當然不是如此膚淺的評斷，須先掌握其本質，下列由敵意併購的誘因，給予大家一個思考的方向。

在敵意併購中，我們可以發現，併購者往往以高於被收購公司股票市值相當多之對價進行股份之收買，故被收購公司之股東得自此「收購溢價」（bid premium）獲取可觀之利益。

析言之，併購者願意以相當之收購溢價進行敵意併購之原因在於：併購者多認為被收購公司在現有經營者之管理下，並未達到最佳利用狀態，併購者相信併購能為被收購公司創造更高之價值，而該提高之

[40] 黃銘傑，我國公司法制關於敵意併購與防禦措施規範之現狀與未來，月旦法學雜誌第129期，頁134，2006年。

[41] 王文宇，非合意併購的政策與法制—以強制收購與防禦措施為中心，月旦法學雜誌第125期，頁158，2005年。

價值將高於原收購價格之議價，以及進行併購所需交易成本之總和。

故敵意併購亦為一種公司監控之方式。

（三）敵意併購與防禦敵意併購措施應當與否[42]

1.贊成敵意併購者

擁護敵意併購者主張，雖然公司已有各種內控制度存在，惟此等內控機制時而出現失靈狀態，導致公司未能從事有效率的經營，敵意併購或公司控制權市場的存在，可以彌補此等內控機制之缺失及不足，敵意併購存在的本身，就對經營者產生一種壓力，促使其必需從事效率性的經營，提升股東利益及公司價值。因此，面對敵意併購之經營者，僅能基於被動的態度因應當被併購，而不能主動、積極地架構起防禦措施，阻礙敵意併購的實行。

2.支持防禦措施建置之論點

面對敵意併購時，股東未必能做出合理的判斷，較諸一般股東，經營者於公司資訊之擁有及分析上，居於更為有利的地位，而更能有效、正確地判斷敵意併購的良窳，且由經營者與意欲併購公司者進行交涉、協商，將可為股東爭取更佳之併購條件。

另一論證觀點，敵意併購所影響之層面，除了支持敵意併購所立論之股東權益外，敵意併購所影響之層面甚括其他員工、債權人、消費者，甚至當地居民等與公司有密切互動關聯之利害關係人，其利益亦應為經營者納入考慮之一環。

依美國法律協會1994年「公司治理原則」中第6.02條中，我們可演繹出：支持經營者面對於敵意併購時，得採行適當防禦措施，則基於不

---

42 黃銘傑，我國公司法制關於敵意併購與防禦措施規範之現狀與未來，月旦法學雜誌第129期，頁137～139，2006年。

當敵意併購可能帶來給股東之「威脅性」，令股東無法做出合理抉擇，從而強調由（獨立）董事經營者作為其代理人所為決策之優越性，且亦考慮到股東以外之利害關係人因併購所受影響，而主張其利益亦應一併為經營者於併購決策時之考量因素。

（四）敵意併購之進攻策略[43]

以下將介紹敵意併購可能採取的途徑：

1.集中市場收購

敵意發動併購者事先準備大筆資金，自股票集中市場大量收購標的公司的股票，由於短時間內在集中交易市場對於標的公司股票的需求大增，因此極容易導致該股票價格暴漲。

2.公開收購股權要約

不經由集中市場，而直接以廣告、書函或廣播等方式，公開向不特定標的公司股權持有人，提出請求（requst）、邀請（invitation）或引誘（solicitation），而以溢價（premium）為支付對價，請其出售所持有之股份。此策略之優點在於可避免經由集中交易市場或證券商營業處大量購入股票，導致股價不穩定而對市場造成不利影響。

3.委託書徵求

委託書制度原係便利無法親自出席之股東所設計，而敵意併購者亦可藉由委託書之徵求而取得表決權，進而取得標的公司之主導權。

4.尋求中間大股東之支持

所謂「中間大股東」係指在經營權防禦中，立場較中立之大股東，例如機構投資人或信託公司等。取得其之支持，亦藉由表決權的合作支持，進而取得經營權。

---

[43] 林倬仲，國內金融市場敵意併購之探討，今日合庫第355期，頁7～8，2004年。

（五）防禦措施之具體類型與作法[44]

1.事前防範型

⑴毒藥丸（Poison Pill）

毒藥丸之制度設計乃係平時即賦予股東新股認購權，而於一定啟動事由發生時（通常為敵意併購者持有股份達20%以上者），僅敵意併購者以外之股東得行使新股認購權，結果導致敵意併購者之持股比例遭稀釋，必須付出更多代價，始能完成併購目的，就像吃下毒藥丸一般。

⑵黃金股（Golden Shares）

發行不同種類之股份，針對特定事項如董事解任或企業併購時享有否決權，從而若能對與自己友善之人發行黃金股，經營者將可對抗未經其事先同意之敵意併購。

⑶多數表決權股（Super Voting Stocks）

乃指特定股東所持有之股份，一股擁有多個表決權，使得其持股數雖少，但卻擁有高比例的表決權，以抵制特定提案。

⑷空白股（Black Check）

發行空白股，由董事會依其裁量針對公司設立或章程變更之情勢發展與公司需求，發行適當之特別股。

⑸黃金降落傘（Golden Parachute）

令敵意併購者於併購成功後，欲解雇被併購企業負責人時，需支付高額離職金。

⑹錫降落傘（Tin Parachute）

如同黃金降落傘，但使用於解雇員工時。

⑺白馬侍從（White Squire）

此類防禦措施中，公司於平時即對與自己友好之第三人，亦即

---

[44] 黃銘傑，我國公司法制關於敵意併購與防禦措施規範之現狀與未來，月旦法學雜誌第129期，頁147～151，2006年。

白馬侍從，發行一定數量的股份，二者並簽訂所謂「維持現狀契約」（standstill agreement），防止於併購時該第三人轉而支持敵意併購者。

(8)驅鯊政策（Shark Repellants）

指在公司章程中，加入特殊條款以增加敵意併購之難度。通常有下列兩種：

①特別多數決條款（Super Majority Provision）：在涉及合併、資產讓與等公司重大資產處分時，係需獲得高標準之股東會決議。

②董事分批改選條款（Straggered Term of Board of Directors）：將董事之任期錯開，每次僅改選1/3或其他比例之董事，讓有已取得公司經營權者，須待一定時間後，才能掌握公司經營權。

2.事後抵抗

(1)白馬騎士（White Knight）

面對敵意併購時，公司經營者另循其他對自己較為友好之第三人，對於其所提出之併購自己公司之提案，成為該公司之關係企業或子公司。

(2)小精靈防禦術（Packman Defense）

目標公司取得奧援，壯大自己聲勢後，反過來提出併購該當敵意併購者之方案，令其成為自己子公司或關係企業。

(3)皇冠上珠寶（Crown Jewel）

若目標公司之特定資產實為敵意併購公司之對象，於此情形，被併購公司之經營者遂將該當資產處分予他公司，動搖併購公司之併購動機。

（六）防禦類型比較表及我國法之適用與否

防禦措施類型	概要	我國法之適用
毒藥丸 （Poison Pill）	賦予股東新股認購權	我國法欠缺該等附屬於普通股上之新股認購權之制度，亦有違股東平等原則之虞。
黃金股 （Golden Shares）	發行不同種類之股份，針對特定事項如董事解任或企業併購時享有否決權。	第157條[45]第3款。
多數表決權股 （Super Voting Stocks）	乃指特定股東所持有之股份，一股擁有多個表決權。	
空白股 （Black Check）	由董事會依其裁量針對公司設立或章程變更之情勢發展與公司需求，發行適當之特別股。	第157條特別股之權利須於章程中明定。
黃金降落傘 （Golden Parachute）	欲解雇被併購企業負責人時，係需支付高額離職金。	第196條[46]。 難度較高。
錫降落傘 （Tin Parachute）	欲解雇被併購企業員工時，係需支付高額離職金。	員工報酬由董事會決定，有可運用的可能。
白馬侍從 （White Squire）	公司於平時即對與自己友好之第三人，亦即白馬侍從，發行一定	1.我國交叉持股第179條[47] 2.第167條之2[48]。

---

[45] 公司發行特別股時，應就下列各款於章程中定之：
一、特別股分派股息及紅利之順序、定額或定率。
二、特別股分派公司賸餘財產之順序、定額或定率。
三、特別股之股東行使表決權之順序、限制或無表決權。
四、特別股權利、義務之其他事項。

[46] 董事之報酬，未經章程訂明者，應由股東會議定。

[47] 公司各股東，除有第157條第3款情形外，每股有一表決權。有下列情形之一者，其股份無表決權：
一、公司依法持有自己之股份。
二、被持有已發行有表決權之股份總數或資本總額超過半數之從屬公司，所持有控制公司之股份。
三、控制公司及其從屬公司直接或間接持有他公司已發行有表決權之股份總數或資本總額合計超過半數之他公司，所持有控制公司及其從屬公司之股份。

防禦措施類型	概要	我國法之適用
	數量的股份,二者並簽訂所謂「維持現狀契約」。	3.認股權憑證、附認股權特別股、附認股權公司債和可轉換公司債。 4.證交法§43-6[49]私募。

---

[48] 公司除法律或章程另有規定者外,得經董事會以董事三分之二以上之出席及出席董事過半數同意之決議,與員工簽訂認股權契約,約定於一定期間內,員工得依約定價格認購特定數量之公司股份,訂約後由公司發給員工認股權憑證。

員工取得認股權憑證,不得轉讓。但因繼承者,不在此限。

[49] 公開發行股票之公司,得以有代表已發行股份總數過半數股東之出席,出席股東表決權三分之二以上之同意,對下列之人進行有價證券之私募,不受第28條之1、第139條第2項及公司法第267條第1項至第3項規定之限制:

一、銀行業、票券業、信託業、保險業、證券業或其他經主管機關核准之法人或機構。

二、符合主管機關所定條件之自然人、法人或基金。

三、該公司或其關係企業之董事、監察人及經理人。

前項第2款及第3款之應募人總數,不得超過35人。

普通公司債之私募,其發行總額,除經主管機關徵詢目的事業中央主管機關同意者外,不得逾全部資產減去全部負債餘額之百分之四百,不受公司法第247條規定之限制。並得於董事會決議之日起一年內分次辦理。

該公司應第1項第2款之人之合理請求,於私募完成前負有提供與本次有價證券私募有關之公司財務、業務或其他資訊之義務。該公司應於股款或公司債等有價證券之價款繳納完成日起15日內,檢附相關書件,報請主管機關備查。

依第1項規定進行有價證券之私募者,應在股東會召集事由中列舉並說明下列事項,不得以臨時動議提出:

一、價格訂定之依據及合理性。

二、特定人選擇之方式。其已洽定應募人者,並說明應募人與公司之關係。

三、辦理私募之必要理由。

依第1項規定進行有價證券私募,並依前項各款規定於該次股東會議案中列舉及說明分次私募相關事項者,得於該股東會決議之日起一年內,分次辦理。

防禦措施類型	概要	我國法之適用
驅鯊政策 （Shark Repellants）	特別多數決條款（Super Majority Provision）：高標準之股東會決議。董事分批改選條款（Straggered Term of Board of Directors）：將董事之任期錯開，讓有已取得公司經營權者，須待一定時間後，才能掌握公司經營權。	1.§316Ⅲ[50]、企併法§18Ⅲ、§29Ⅱ。 2.§195Ⅰ[51]，有將董事任期錯開之可能，惟復依§199Ⅰ[52]敵意併購者亦可於取得多數股權後將董事解任。
白馬騎士 （White Knight）	公司經營者另循其他對自己較為友好之第三人，對於其所提出之併購自己公司之提案，成為該公司之關係企業或子公司。	§316。
小精靈防禦術 （Packman Defense）	反過來提出合併該當敵意併購者之方案。	需視採取型態，決定其法律效果。
皇冠上珠寶 （Crown Jewel）	被併購公司之經營者遂將該當資產處分予他公司，動搖併購公司之併購動機。	§185Ⅰ[53]須經股東會同意，較難。

資料來源：黃銘傑，我國公司法制關於敵意併購與防禦措施規範之現狀與未來，月旦法學雜誌第129期，頁147～151，2006年，及作者自行整理

[50] 股東會對於公司解散、合併或分割之決議，應有代表已發行股份總數三分之二以上股東之出席，以出席股東表決權過半數之同意行之。
公開發行股票之公司，出席股東之股份總數不足前項定額者，得以有代表已發行股份總數過半數股東之出席，出席股東表決權三分之二以上之同意行之。
前2項出席股東股份總數及表決權數，章程有較高之規定者，從其規定。
公司解散時，除破產外，董事會應即將解散之要旨，通知各股東，其有發行無記名股票者，並應公告之。
[51] 董事任期不得逾三年。但得連選連任。
[52] 董事得由股東會之決議，隨時解任。
[53] 公司為左列行為，應有代表已發行股份總數三分之二以上股東出席之股東會，以出席股東表決權過半數之同意行之：
一、締結、變更或終止關於出租全部營業，委託經營或與或他人經常共同經營之契約。
二、讓與全部或主要部分之營業或財產。
三、受讓他人全部營業或財產，對公司營運有重大影響者。
公開發行股票之公司，出席股東之股份總數不足前項定額者，得以有代表

（七）本案分析

　　關於抵抗敵意併購之方式，所採取手段之名稱為何其實不重要，重點在於，公司在面對非合予己意的併購時，是否能採取一有效且有利之防禦。平心而論，金鼎證所推出的四合一案，確實為一步好棋，不但可以擴張本身的市占率且股權擴張也可阻礙開發金的進攻。但是，卻忽略了開發金的銀彈藏量豐富，本身為求證券市場的市占率，不惜吃下金鼎三合一中所有的證券商。如此一來，金鼎證於事前汲汲營營尋求整併的計畫，反而是幫開發金找到了「小妾」的對象。

二、公開收購制度

（一）公開收購制度[54]

　　股份公開收購（Tender Offers; Take-Over-Bids）制度之立意，乃建立於藉由公開原則和股東平等原則來保護投資人。

　　我國之公開收購規定，係仿自美國1968年威廉法案（Williams Act），該法案對公開收購股份的行為，既非鼓勵，亦非嚇阻，並力求公平對待收購公司（tender offeror）與目標公司（target company）；其目的在於使股東獲得公開收購的相關資訊，以貫徹公開原則，並保護投資人公平出售股票的機會，促使股權收購的公平性。此外，在敵意併購

　　已發行股份總數過半數股東之出席，出席股東表決權三分之二以上之同意行之。

　　前2項出席股東股份總數及表決權數，章程有較高之規定者，從其規定。

　　第1項行為之要領，應記載於第172條所定之通知及公告。

　　第1項之議案，應由有三分之二以上董事出席之董事會，以出席董事過半數之決議提出之。

[54] 賴英照，公開收購的法律規範，金融風險管理季刊第1卷第2期，頁75～76，2005年。

的情形，經營者為保住自身權位，往往採行犧牲股東利益的防衛措施，該法案亦可能發生一定程度的節制作用。綜合而言，規範公開收購的法令，應兼顧保護投資人權益及促進市場健全發展的功能。

（二）我國證券交易法之相關規定

1. 取得股份逾10%的申報

我國證券交易法第43條之1第1項「任何人單獨或與他人共同取得任一公開發行公司已發行股份總額超過10%之股份者，應於取得後十日內，向主管機關申報其取得股份之目的、資金來源及主管機關所規定應行申報之事項；申報事項如有變動時，並隨時補正之。」另有「證券交易法第43條之1第1項取得股份申報事項要點」之授權規定。

2. 共同取得

依上開申報事項要點，所謂「共同取得」包括：

三、本要點所稱與他人共同取得股份之共同取得人包括下列情形：

　　⑴由本人以信託、委託書、授權書或其他契約、協議、意思聯絡等方法取得股份者。

　　⑵本人及其配偶、未成年子女及二親等以內親屬持有表決權股份合計超過三分之一之公司或擔任過半數董事、監察人或董事長、總經理之公司取得股份者。

　　⑶受本人或其配偶及前款公司捐贈金額達實收基金總額三分之一以上之財團法人取得股份者。

3. 公開收購相關規定

公開收購係指證券交易法第43條之1第2項「不經由有價證券集中交易市場或證券商營業處所，對非特定人為公開收購公開發行公司之有價證券者，除下列情形外，應先向主管機關申報並公告後，始得為之：

一、公開收購人預定公開收購數量，加計公開收購人與其關係人已取得公開發行公司有價證券總數，未超過該公開發行公司已發行有表決權股份總數5%。

二、公開收購人公開收購其持有已發行有表決權股份總數超過百分之五十之公司之有價證券。

三、其他符合主管機關所定事項。」

並有「公開收購公開發行公司有價證券管理辦法」規範之。

(1)公開收購

依上開管理辦法第2條第1項「本辦法所稱公開收購，係指不經由有價證券集中交易市場或證券商營業處所，對非特定人以公告、廣告、廣播、電傳資訊、信函、電話、發表會、說明會或其他方式為公開要約而購買有價證券之行為。」所謂購買，包括上開管理辦法第2條第2項「公開收購有價證券之範圍係指收購已依本法辦理或補辦公開發行程序公司之股票、新股認購權利證書、認股權憑證、附認股權特別股、轉換公司債、附認股權公司債、存託憑證及其他經行政院金融監督管理委員會（以下簡稱本會）核定之有價證券。」

(2)強制公開收購

依證交法第43條之1第3項、第4項「任何人單獨或與他人共同預定取得公開發行公司已發行股份總額達一定比例者，除符合一定條件外，應採公開收購方式為之。依第2項規定收購有價證券之範圍、條件、期間、關係人及申報公告事項與前項之一定比例及條件，由主管機關定之。」及上開管理辦法第11條「任何人單獨或與他人共同預定於五十日內取得公開發行公司已發行股份總額20%以上股份者，應採公開收購方式為之。」及第12條「前條所稱與他人共同預定取得公開發行公司已發行股份，係指預定取得人間因共同之目的，以契約、協議或其他方式之合意，取得公開發行公司已發行股份。」

　　強制公開收購的規定，在於確保全體股東均有公平出售股票的權利，並能分享控制股份的溢價利益（control premium），同時讓股東在公司經營權發生變動時，得選擇退出公司。

　　此項規定係參酌英國立法，但二者顯有不同。

	英　國	我　國
立法目的	因單獨或共同取得人取得一公司之有表決權股份比例達一定程度，因而造成「控制權移轉」之際，課以該單獨或共同取得人對該公司已發行股份之所有有價證券持有人發出全面要約之義務。	要求預定取得之股份達一定比例以上者，應採用公開收購之方式，並非係對欲取得控制權之情況下，要求以公開收購方式進行，且並不要求對於全部之有價證券持有人進行全面性要約。
構成要件	因單獨或共同取得人取得一公司之有表決權股份比例達一定程度，因而造成「控制權移轉」之際，必須對其餘所有股東全面為公開收購。	任何人單獨或與他人共同預定取得公開發行公司已發行股份總額達一定比例者，除符合一定條件外，應採公開收購方式為之。
法律效果	自律規定，不具刑罰效果	證交法第175條[55]。

資料來源：林黎華，我國強制收購制度規範內容與適用疑義之探討（下），集保月刊第138期，頁19～20，2005年；及作者自行整理

① 目標公司的揭露義務

　　依上開管理規則第14條「被收購有價證券之公開發行公司於接獲公開收購人依第9條第3項或本法第43條之5第2項規定申報及公告之公開收購申報書副本及相關書件後7日內，應就下列事項公告、作成書面申報本會備查及抄送證券相關機構：

　　一、現任董事、監察人及持有本公司已發行股份超過10%之股東目

---

[55] 違反第18條第1項、第22條、第28條之2第1項、第43條第1項、第43條之1第2項、第3項、第43條之5第2項、第3項、第43條之6第1項、第44條第1項至第3項、第60條第1項、第62條第1項、第93條、第96條至第98條、第116條、第120條或第160條之規定者，處二年以下有期徒刑、拘役或科或併科新臺幣180萬元以下罰金。

前持有之股份種類、數量。

二、就本次收購對其公司股東之建議，並應載明任何持反對意見之董事姓名及其所持理由。

三、公司財務狀況於最近期財務報告提出後有無重大變化及其變化內容。

四、現任董事、監察人或持股超過10%之大股東持有公開收購人或其符合公司法第六章之一所定關係企業之股份種類、數量及其金額。

五、其他相關重大訊息。

前項第1款及第4款之人持有之股票，包括其配偶、未成年子女及利用他人名義持有者。」

② 公開收購說明書

依證券交易法第43條之4第1項「公開收購人除依第28條之2規定買回本公司股份者外，應於應賣人請求時或應賣人向受委任機構交存有價證券時，交付公開收購說明書。」及「公開收購說明書應行記載事項準則」之相關規定。

（三）本案分析

開發金及金鼎證均有遵守相關法令之規定，提出公開收購說明書及董事會對公開收購之意見，本章均已整理於大事記中，詳細內容可見公開訊觀測站之公開資訊。

三、表決權契約及他山之石

（一）他山之石：下文將以美國立法例爲探討之對象[56]

1. 表決權契約之定義

表決權契約（Voting Agreements or pooling agreements）者，乃一表決權約定，其設計係將表決權群集在一起，達到為了一定的公共目的而使得各參予股東一致地行使表決權之結果。藉由限制契約當事人表決權之行使，或是透過將表決權賦予其他人的方法，表決權契約即可控制契約當事人如何行使其表決權。

2. 表決權契約之有效性

一個經由公司的股份所有者所成立，且其中股東們合意以特定的方式去行使表決權的契約，自本質上來說應非無效。但有在違反公共政策及起意於詐欺意圖等特殊情形下，這些表決權契約始不被賦予法律效力。

3. 表決權契約的執行

原則上，股東間有效成立的表決權契約，在司法上可以如同普通契約般，由契約的一方當事人聲請強制執行。在美國的司法判例中，若有違反表決權契約的情事，法院會認為債務不履行的金錢賠償係適當的，而且，如果情況准許的話，法院亦會允許發出一要求具體履行契約義務的命令。

由於美國法院就「具體地執行表決權契約」一事所為之判決內容，常使表決權行使的結果產生法律關係或其他事項的發生、變更或消滅的法律效果，似具如同我國形成判決所生的形成力，（形成判決無

---

[56] 王文宇，表決權契約與表決權信託，法令月刊第53卷第2期，頁53、114～119，2002年。

需使用國家之強制力，此種因判決效力而實現權利者，稱為廣義之強制執行，故應屬美國模範商業公司法下「可具體地執行」（specifically enforceable）的範疇）。

（二）我國法制

1.早期實務

依71年臺上4500判決[57]認為，在保護累積投票和保護小股東之權利下，不宜承認表決權契約之效力。

2.企業併購法

企業併購法§10Ⅰ[58]以明文承認表決權契約及表決權信託，蓋立

---

[57] 按所謂表決權拘束契約，係指股東與他股東約定，於一般的或特定的場合，就自己持有股份之表決權，為一定方向之行使所締結之契約而言。此項契約乃股東基於支配公司之目的，自忖僅以持有之表決權無濟於事，而以契約結合多數股東之表決權，冀能透過股東會之決議，以達成支配公司所運用之策略。此種表決權拘束契約，是否是法律所准許，在學說上雖有肯定與否認二說。惟選任董事表決權之行使，必須顧及全體股東之利益，如認選任董事之表決權，各股東得於事前訂立表決權拘束契約，則公司易為少數大股東所把持，對於小股東甚不公平。因此，公司法第198條第1項規定：「股東會選任董事時，每1股份有與應選出董事人數相同之選舉權，得集中選舉一人，或分配選舉數人，由所得選票代表選舉權較多者當選為董事」。此種選舉方式，謂之累積選舉法；其立法本旨，係補救舊法時代當選之董事均公司之大股東，祇須其持有股份總額過半數之選舉集團，即得以壓倒數使該集團支持之股東全部當選為董事，不僅大股東併吞小股東，抑且引起選舉集團收買股東或其委託書，組成集團，操縱全部董事選舉之流弊而設，並使小股東亦有當選董事之機會。如股東於董事選舉前，得訂立表決權拘束契約，其結果將使該條項之規定形同虛設，並導致選舉董事前有威脅，利誘不法情事之發生，更易使有野心之股東，以不正當手段締結此種契約，達其操縱公司之目的，不特與公司法公平選舉之原意相左且與公序良俗有違應解為無效。

[58] 公司進行併購時，股東得以書面契約約定其共同行使股東表決權之方式及相關事宜。

法者認為為鼓勵公司或股東間成立策略聯盟及進行併購併穩定公司決策，至於有關股東表決權約定應回歸「股東自治原則」及「契約自由原則」，不加以禁止。

惟企併法第10條第1項所訂定之表決權契約，僅限於「公司進行併購時」。但實際上表決權契約之使用時點多在於併購之前股東間之策略，故該條項之適用宜擴張解釋成「包括併購進行中」，否則有悖於一般企業進行併購之流程。

甚者，企併法中並未處理若悖於表決權契約之效力。相較於美國，於我國若欲提起形成之訴，原則上須有法律明文授權始可，從而，於我國法院若遇有就表決權契約發生執於而起訴的情形，其是否可為如同美國判例的判決內容，則應持保留態度；循上所述，於我國法下，若表決權契約違反的救濟僅可循金錢賠償一途而不得如契約內容所述為具體地執行，則此一結果將大失表決權契約訂定之原意。

（三）本案分析

不論開發金或金鼎證間對於表決權拘束之契約，若係基於「併購進行中」則為有效，即使為一有效之規定，在我國對表決權契約未有時間發展亦無法制推波助瀾下，恐仍須待實務以契約細盡規定始有達表決權契約效力之可能。

肆、結　論

經過開發金此次沸沸揚揚的搶親記，在政治亦引起波瀾，紛紛有立委主張對敵意併購設置門檻或其他加強阻礙之方式，本章則以為實際上政策不宜介入市場紛爭。當然，國家經濟政策是必須制定，但若基於個

案就對市場自由競爭恣意介入，恐非市場之福。

再者，敵意併購確實有著監督公司治理的正面意義，也不應全盤否定，正如前所述，將「敵意併購」視為中性之字眼，視之為公司之間的競爭，才是對市場機制尊重且促使其健全之良方。

胳臂向外彎的董事會
——鄭深池條款

梁燕妮

目次

鄭深池之背景簡介[1]

學歷：台南二中、海洋大學航運管理系 家庭：妻子張淑華（長榮集團總裁張榮發長女）	
84年10月1日	長榮航空公司董事長由副董事長鄭深池升任
88年6月12日至6月17日	長榮集團副總裁由長榮航空公司董事長鄭深池升任
90年4月19日	長榮航空公司董事長鄭深池卸任
90年4月19日	長榮航空公司董事鄭深池卸任
90年4月19日	長榮集團副總裁由長榮航空公司董事長鄭深池專任
90年7月12日至7月18日	交通銀行董事長遺缺由長榮集團副總裁鄭深池擔任
91年12月26日至92年1月2日	兆豐金融控股公司董事長由交通銀行董事長鄭深池兼任
92年6月6日	兆豐金融控股公司董事長由鄭深池連任
92年6月6日至6月11日	兆豐金融控股公司董事長由鄭深池續任
93年9月16日至9月22日	中華民國銀行商業同業公會全國聯合會（第八屆）理事長由兆豐金控董事長鄭深池擔任
93年10月15日	財團法人中華民國會計研究發展基金會董事由銀行商業公會理事長鄭深池兼任
94年5月19日至5月25日	台灣金融服務業聯合總會（TFSR）理事長由兆豐金融控股公司董事長鄭深池膺任
95年6月23日	兆豐金融控股公司董事長由鄭深池續任
95年8月18日至8月24日	台灣金融服務業聯合總會理事長鄭深池卸任
95年8月21日	交通銀行董事長鄭深池退休
95年8月21日	中華民國銀行商業同業公會全國聯合會理事長鄭深池卸任
97年1月15日	兆豐金融控股公司董事長由鄭深池請辭卸任

---

[1] 資料瀏覽日：2008年1月。資料出處http://www.memo.com.tw/mis/search.php
?query=%BEG%B2%60%A6%C0&search_mode=n&name_page=0；http://udn.
com/NEWS/FINANCE/FINS4/4161662.shtml。

壹、前 言

　　「鄭深池條款」為立法院財政委員會於民國94年所提出，主要的訴求是要維護公股權益以及照顧多數散戶股東，其內容為：要求已民營化、公私合營金融事業與政府控制基金之公股董事席次，於多於民股董事席次時，公股董事不得支持民股董事擔任董事長。希冀以該條款得以防止不當利益輸送，使公股對於公司營運層面有實質控制力，值得注意的是，該條款並未經立法院院會三讀[2]通過，僅是在委員會的層級作成決議，因此性質上並非中央法規標準法第2條[3]中所稱之法律。

　　本條款之影響層面，在於公司之公股董事席次多於民股時，公股董事被禁止支持民股董事成為董事長，已經實質干預行政權，故有爭議的地方在於：該條款是否具有拘束行政權之法效，抑或僅具宣示意義？蓋該條款並未經立法院院會三讀通過，而可能有權力分立法理之違反。

---

[2] 立法院職權行使法第七條：「立法院依憲法第六十三條規定所議決之議案，除法律案、預算案應經三讀會議決外，其餘均經二讀會議決之。」

[3] 中央法規標準法第二條：「法律得定名為法、律、條例或通則。」

貳、案例事實

內 容

（一）背景事實

1.基礎事實

於民國94年，兆豐金融控股公司（下稱兆豐金控）之董事會中，公股手中握有過半的董事席次[4]，卻支持民股代表擔任董事長，故審計部提出糾正，其理由在於，審計部認為在公股股權占相對多數狀況下，放棄主導及監督管控權責，有違公司治理的原則，也恐怕會影響公股權益的合理保障或公平對待，有欠允當。

民國94年11月7日，財政部向立法院預算決算委員會報告公股金融機構營運績效時，賴士葆委員提出質詢，認為公股股權占相對多數卻放棄指派董事長，並未合理保障公股權益，根據賴委員辦公室提供的資料顯示，至民國94年6月底，財政部、行政院開發基金、台灣銀行、勞保局及中華郵政公司等單位，持有兆豐金控股權超過20%，屬相對多數股權（公股代表十席，占全部董監事19席的52.63%），兆豐金原本是由公股派員擔任董事長，卻在民國92年6月6日改為由持股不及1%的極少數民股股東（即當時之現任董事長鄭深池先生）為代表，並由公股代表支持而出任董事長。

公股金融機構中，公股掌握過半董事席次而曾支持民股出任董事長的，在民國94年底時有兆豐金控、華南金控、開發金控和國票金控四

---

[4] 公股於兆豐金控董事會中占有八席，民股有七席。

家，兆豐金董事長鄭深池及華南金董事長林明成都是民股代表。費鴻泰委員表示，官股代表可受規範，官股支持的民股代表卻無法受到限制，故鄭深池因為不是官股董事身分，無法像大家要求中國鋼鐵股份有限公司董事長林文淵一樣，限制薪資給與[5]；且因為其民股身分，薪資、車馬費、員工分紅等收入，得以不受監督，如此行徑背後可能有利益輸送。

財政部長林全表示，當初選舉時，官股是支持官股代表的，後來由鄭深池先生出任董事長，是借用鄭先生的專才；財政部也表示，鄭深池在兆豐金控和交通銀行的收入，合計年薪約720萬，董監事盈餘分配約750萬，薪資數據未如外傳高額。

而財政部常務次長陳樹表示，政府選任董事長之主要考量，在於營運效益的最大化，判斷出誰擔任董事長對公司營運最有利，而收到審計部的函請檢討之公文後，財政部會加強處理。且財政部表示，兆豐金、華南金與國票金是民股代表出任董事長，但公股在董事會的席次過半，完全足以掌控董事會運作，而只要能掌控董事會，董事長人選以能力為主要考量，公股或民股代表都可以。[6]

2.立法院財委會之決議內容

立法院財政委員會針對該問題，做出附帶決議為[7]：

---

[5] 費鴻泰委員指出，兆豐金控董事長鄭深池，擔任兆豐金控暨子公司交通銀行、中國商銀職務，年收入保守估計超過兩千萬。

[6] 資料來源參中時電子報，2005年11月22日，http://news.yam.com/chinatimes/fn/200511/20051122684355.html；參中華日報，2005年10月20日，http://www.cdnnews.com.tw/20051021/news/zyxw/7334300020051020204030152.htm，http://www.cdnnews.com.tw/20051021/news/zyxw/7334300020051020274924.htm；時報資訊，2005年10月21日，http://tw.money.yahoo.com/money_news/051021/213/2fu02.html。

[7] 立法院第6屆第2會期審查95年度中央政府總預算案附屬單位預算及綜計表（非營業部分）第6組第3次會議議事錄，中華民國94年11月21日（星期

　　「本院賴委員士葆等人，針對目前部分已民營化、公私合營之金融事業，政府持有多數公股股份，卻支持持股率極低的民股董事為董事長或總經理，實為不當，基於審計調查檢討函文，並為維護公股權益及照顧多數散戶股東，特提本決議要求已民營化、公私合營金融事業與政府控制之基金之公股董事席次，多於民股董事席次時，公股董事不得支持民股董事擔任董事長，方符公平正義。」（賴士葆、林德福、林正峰、謝國樑、李紀珠、費鴻泰、劉憶如、羅明才）

參、法律爭點與分析

一、董事、董事長之選任及法律責任

（一）股東結構於董事選舉上之意義

1. 董事之選舉方式：

⑴累積投票制

　　依公司法第198條規定：「股東會選任董事時，除公司章程另有規定外，每一股份有與應選出董事人數相同之選舉權，得集中選舉一人，或分配選舉數人，由所得選票代表選舉權較多者，當選為董事（第1項）。第178條之規定，對於前項選舉權，不適用之（第2項）。」

　　一）上午9時5分至12時9分、下午2時41分至5時41分，http://www.ly.gov.tw/ly/01_introduce/0105_comm/comm_ver01/UnitsNewsDetail.jsp?ItemNO=01050106&NewsID=1305&Unit=20。

⑵董事候選人提名制度（公開發行公司）[8]

公司法第192條之1規定：「公開發行股票之公司董事選舉，採候選人提名制度者，應載明於章程，股東應就董事候選人名單中選任之（第1項）。公司應於股東會召開前之停止股票過戶日前，公告受理董事候選人提名之期間、董事應選名額、其受理處所及其他必要事項，受理期間不得少於十日（第2項）。持有已發行股份總數百分之一以上股份之股東，得以書面向公司提出董事候選人名單，提名人數不得超過董事應選名額；董事會提名董事候選人之人數，亦同（第3項）。前項提名股東應檢附被提名人姓名、學歷、經歷、當選後願任董事之承諾書、無第30條規定情事之聲明書及其他相關證明文件；被提名人為法人股東或其代表人者，並應檢附該法人股東登記基本資料及持有之股份數額證明文件（第4項）。董事會或其他召集權人召集股東會者，對董事被提名人應予審查，除有下列情事之一者外，應將其列入董事候選人名單：一、提名股東於公告受理期間外提出。二、提名股東於公司依第165條第2項或第3項停止股票過戶時，持股未達1%。三、提名人數超過董事應選名額。四、未檢附第4項規定之相關證明文件（第5項）。前項審查董事被提名人之作業過程應作成紀錄，其保存期限至少為一年。但經股東對董事選舉提起訴訟者，應保存至訴訟終結為止（第6項）。公司應於股東常會開會四十日前或股東臨時會開會二十五日前，將董事候選人名單及其學歷、經歷、持有股份數額與所代表之政府、法人名稱及其他相關資料公告，並將審查結果通知提名股東，對於提名人選未列入董事候選人名單者，並應敘明未列入之理由（第7項）。公司負責人違反第2項或前

---

[8] 嚴格而言董事候選人提名制度並非獨立之董監事選任方法，其僅為董監事候選人提名方法之一種。

2項規定者,處新臺幣1萬元以上5萬元以下罰鍰(第8項)。」[9]

(3)其他

依公司法第198條所示「除公司章程另有規定外」,可得知若章程有訂定其他方式,則依其章程決定選任方法亦可。

2.董事選任方式對金融控股公司的影響

由於金融控股公司資金龐大,且股東持股通常極度分散,故無論在採行「累積投票制」或「董事候選人提名制度」時,股東欲支持過半數之董監事出任時,事實上並無須掌握公司之過半數股權,股東只要持股數上屬於相對多數,就可集中選舉權使特定人選當選董監事。因此,在本文所探討之背景公司兆豐金控公司,官股雖僅持有兆豐金控約20%之股權,卻足以當選八席董事(共十五席)。

官股占有約20%之股權,相對的剩餘80%左右之股權為民股持有,因此有認為縱在董事席次的分配上,官股董事較民股為多,然由股權結構觀察,民股之股份仍占比率之多數,因此若使民股之董事為董事長,似乎較能現實反應股權實際持有情況,亦可避免政府意志操縱企業,惟此立論可能遭遇到的質疑是:即使是民股占公司股份多數,亦不可推論所有的民股皆欲支持該特定民股代表,況且民股比例較官股為大,但其極為分散的特點,使民股之意見根本不可能確實反應在董事席次上,因此由總民股數來推導官股支持民股董事長係屬合理之看法,立論基礎上並不確實。

---

[9] 經濟部94.8.12經商字第09402115470號函釋指出:『按公司法第192條之1規定:「公開發行股票之公司董事選舉,採候選人提名度者,應載明於章程⋯⋯」。準此,公司如採董事選舉提名制度,即應於章程中明確載明,尚不可選擇採用,即不得如來函載明為:「本公司董事選舉,『得』採候選人提名制度⋯」。同法第216條之1有關監察人選舉提名制度,亦同此意旨辦理。』本函釋之意旨為:若公司章程中載明有董事候選人提名制度時,無論章程中之文字採「應」適用或「得」適用,公司皆一律必須要採行董事候選人提名制度,此時即不可由公司自主選定採用與否。

（二）董事長之選任

依公司法第208條規定：「董事會未設常務董事者，應由三分之二以上董事之出席，及出席董事過半數之同意，互選一人為董事長，並得依章程規定，以同一方式互選一人為副董事長（第1項）。董事會設有常務董事者，其常務董事依前項選舉方式互選之，名額至少三人，最多不得超過董事人數三分之一。董事長或副董事長由常務董事依前項選舉方式互選之（第2項）」。在實務操作上，選任董事長之方式常見有下列三種：

I、採選舉委員制：在董事會中設有專職選舉事宜之選舉委員，由選舉委員負責提交董事長候選名單，再經由全體董事投票選出董事長。

II、採秘密投票制：董事長之產生仍由董事會互選，僅投票方式為無記名，此作法之優點在於確保選舉之公正性，目的在可避免於選舉過程中有威脅利誘情事發生。

III、採記名投票制：董事長之產生為董事間互選，其投票採記名方式。此作法的優點在於可使董事就選任成敗確實負責，因為選任董事長亦為董事行使職權之一部分。

上述幾種選舉方法中，各個方法皆有其優缺點，如記名投票權責分明之優勢，亦可能有公正性欠缺的疑慮，故選任制度的選用實無絕對的優劣可言。

（三）董事和法人之關係及法律責任

1.就民法觀之

民法第27條規定：「法人應設董事。董事有數人者，法人事務之執行，除章程另有規定外，取決於全體董事過半數之同意（第1項）。董事就法人一切事務，對外代表法人。董事有數人者，除章程另有規定

外，各董事均得代表法人（第2項）。對於董事代表權所加之限制，不得對抗善意第三人（第3項）。」民法第28條規定：「法人對於其董事或其他有代表權之人因執行職務所加於他人之損害，與該行為人連帶負賠償之責任」。

由上述二條文可知，在外部關係上，個別董事皆為公司之機關擔當人，亦即獨立之代表，而代表之法律效果於民法上並未明文規定，實務及通說均認為可「類推適用」我國民法上「代理」之制度（民法上關於代理之條文規範於民法第103條至第110條，以及民法第167條至第171條）。董事於公司之授權範圍內有代表權，逾越權限之行為，視情況而有表見代理或無權代理法律效力之類推適用[10]。

而於對內關係上，條文僅說明內部事務之決定採多數決，並未明白指出董事和法人之具體法律關係。然而，從董事制度設計之本質以觀，應可認董事應具有獨立決策權限，其不若僱傭關係中，受僱人處處受雇用人指揮監督之情形，故董事與公司間可適用民法上委任[11]相關的規定，其中法人為委任人，董事為受任人[12]、[13]。

---

[10] 民法第169條「由自己之行為表示以代理權授與他人，或知他人表示為其代理人而不為反對之表示者，對於第三人應負授權人之責任。但第三人明知其無代理權或可得而知者，不在此限。」民法第170條「無代理權人以代理人之名義所為之法律行為，非經本人承認，對於本人不生效力（第1項）。前項情形，法律行為之相對人，得定相當期限，催告本人確答是否承認，如本人逾期未為確答者，視為拒絕承認（第2項）。」

[11] 民法第528條：「稱委任者，謂當事人約定，一方委託他方處理事務，他方允為處理之契約。」

[12] 最高法院62臺上262號判決謂：「公司與董事間之關係，係因選任行為及承諾表示而成立之委任關係」。又經濟部61.09.30商27356號亦謂：「設甲公司股東會補選甲、乙為董事，乙既因身體不佳未予接受，則依公司法第192條第3項規定，公司與董事適用民法關於委任之規定，該公司選任乙為董事之要約（此一要約，應由公司代表機關向當選人為之），已因乙未予接受而消滅。」由最高法院及經濟部見解可知，選任行為及承諾表示為委任契約之成立要件，法人與董事間之委任契約成立與否，應視情況而定。

[13] 我國民法中關於委任關係之規定，於民法第528條至第552條。

2. 公司法之規定

公司法第192條規定：「公司董事會，設置董事不得少於三人，由股東會就有行為能力之人選任之（第1項）。公開發行股票之公司依前項選任之董事，其全體董事合計持股比例，證券管理機關另有規定者，從其規定（第2項）。民法第85條之規定，對於前項行為能力不適用之（第3項）。公司與董事間之關係，除本法另有規定外，依民法關於委任之規定（第4項）。第30條之規定，對董事準用之（第5項）」。於該條第4項中明文將公司與董事間之內部關係定位為委任關係，即適用民法委任之相關規定。

而公司法第23條第1項規定：「公司負責人應忠實執行業務並盡善良管理人之注意義務，如有違反致公司受有損害者，負損害賠償責任。」所謂公司負責人，依公司法第8條規定：「本法所稱公司負責人：在無限公司、兩合公司為執行業務或代表公司之股東；在有限公司、股份有限公司為董事（第1項）。公司之經理人或清算人，股份有限公司之發起人、監察人、檢查人、重整人或重整監督人，在執行職務範圍內，亦為公司負責人（第2項）。」董事屬於該條第一項公司之當然負責人，負有善良管理人之注意義務。

於對外關係上，則於公司法第208條第3項規定：「董事長對內為股東會、董事會及常務董事會主席，對外代表公司。董事長請假或因故不能行使職權時，由副董事長代理之；無副董事長或副董事長亦請假或因故不能行使職權時，由董事長指定常務董事一人代理之；其未設常務董事者，指定董事一人代理之；董事長未指定代理人者，由常務董事或董事互推一人代理之。」故公司法中，僅董事長對外有代表權，與民法中個別董事皆有代表權不同[14]。董事長與公司之外部關係上法條定義為代

---

[14] 民法第條27條第2項規定：「董事就法人一切事務，對外代表法人。董事有數人者，除章程另有規定外，各董事均得代表法人。」

表之關係。其適用之法律依據，同上文中所述，可類推適用「代理」的規定。

　　民法及公司法對董事與法人間權利義務均作有規範，於法律適用時應就該法人體制之不同而適用不同法律，若為公司組織（有限公司、無限公司、兩合公司、股份有限公司）時，應以公司法為準據；若為非公司組織之團體[15]（例如一般之人民團體），即以民法規定為依歸。其背後之法理基礎並無太大差異，若有規範不足之處，應可在不違屬性範圍內互相解釋補充。

（四）董事會之運作模式

　　公司法第206條：「董事會之決議，除本法另有規定外，應有過半數董事之出席，出席董事過半數之同意行之。」明文採行會議制，即董事會意見之形成全仰賴於會議結果，透過董事間意見的相互交流達成共識，意圖讓每個結論都是經過實質討論而產生的成熟意見，排除單一董事決策時思慮不周的弊端，也因此在此制度設計下，任何單一董事包括董事長本身並無單獨的決定權，董事長僅為內部會議之召集人。

二、立法院財政委員會決議之效力[16]

（一）法律上效力

　　憲法第67條第1項規定：「立法院得設各種委員會」，據此立法院

---

[15] 依人民團體法所組成之人民團體，負責執行該團體業務之人員稱為『理事』，其即相當於公司中董事之地位。

[16] 立法院之委員會可分為常設委員會、特種委員會、全院委員會等三種，因財政委員性質上屬常設委員會，故本文僅就常設委員會做討論，合先敘明。

訂出「立法院組織法」，故立法院組織法第1條規定：「本法依憲法第76條制定之。」該法立法目的就是將憲法規定具體落實，並詳盡規定各種委員會之功能及運作模式。立法院組織法第10條明定立法院得設立各種委員會[17]，並有第12條「立法院各委員會之組織，另以法律定之」的規定，而該法律即為「立法院各委員會組織法」。

　　各委員會為立法院組織上及行使職權方面所必需，因而憲法第67條第1項所謂「立法院得設各種委員會」，其主旨並非可設可不設之意，而係應設何種委員會，授權法律規定之意，庶適應實務上之需要。[18]

　　立法院之組織如下圖所示[19]：

[17] 立法院組織法第10條：「立法院依憲法第67條之規定，設下列委員會：
一　內政委員會。
二　外交及國防委員會。
三　經濟委員會。
四　財政委員會。
五　教育及文化委員會。
六　交通委員會。
七　司法及法制委員會。
八　衛生環境及勞工委員會。
立法院於必要時，得增設特種委員會。」
[18] 參中華民國憲法論，管歐，三民書局，第九版，頁198，民國九十年。
[19] 參見立法院資訊網：http://www.ly.gov.tw/ly/01_introduce/0101_int/0101_int_03.jsp?ItemNO=01010300。

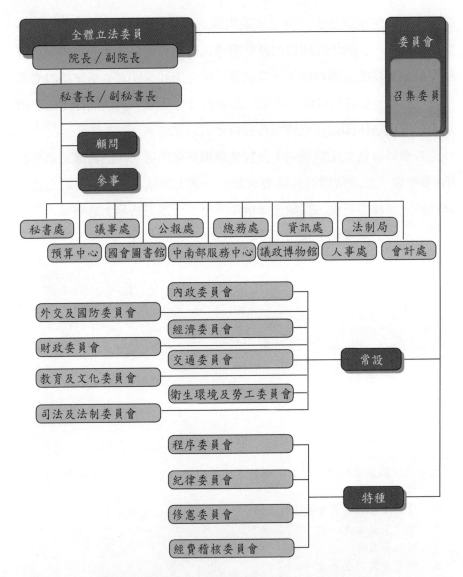

　　立法院各委員會組織法第2條規定：「各委員會審查本院會議交付
審查之議案及人民請願書，並得於每會期開始時，邀請相關部會作業務
報告，並備質詢」，各委員會會議須有各該委員會委員三分之一出席，
方得開會（立法院各委員會組織法第6條參照），各委員會之議事，以
出席委員過半數之同意決之；可否同數時，取決於主席。但在場出席委

員不足三人者，不得議決（立法院各委員會組織法第10條參照）[20]。

　　由立法院各委員會組織法第10條之1[21]、立法院各委員會組織法第10條之2[22]、立法院各委員會組織法第11條[23]規定可知，各委員會議決之議案，無論經黨團協商否，其後均以書面提報院會為必要，院會有可決或否決其報告的最後決定權[24]。立法院財政委員會之決定，層級只有在「委員會」，而非「院會」的最後決定，因此事實上無拘束力，尚非確定之法案。

（二）外部決策效力

　　立法院財政委員會之決議，雖無法律上之實質效力，卻有政治影響力，依憲法第63條規定：「立法院有議決法律案、預算案、戒嚴案、大赦案、宣戰案、媾和案、條約案及國家其他重要事項之權」，其掌有預算議決權[25]、決算審查權[26]、行政監督權（包括施政質詢權[27]、政策

[20] 參中華民國憲法釋論，楊敏華，增訂十二版，五南圖書出版公司，頁236，民國92年；中華民國憲法論，管歐，三民書局，第九版，頁200，民國90年。

[21] 立法院各委員會組織法第10條之1：「各委員會於議案審查完畢後，應就該議案應否交由黨團協商，予以議決。」

[22] 立法院各委員會組織法第10條之2：「出席委員對於委員會之決議當場聲明不同意者，得於院會依立法院職權行使法第68條第2項提出異議。但缺席委員及出席而未當場聲明不同意者，不得異議，亦不得參與異議之連署或附議。」

[23] 立法院各委員會組織法第11條：「各委員會審查議案之經過及決議，應以書面提報院會討論，並由決議時之主席或推定委員一人向院會說明。」

[24] 參中華民國憲法釋論，楊敏華，增訂十二版，五南圖書出版公司，頁236，民國92年；中華民國憲法論，管歐，三民書局，第九版，頁200，民國90年。

[25] 憲法第59條：「行政院於會計年度開始三個月前，應將下年度預算案提出於立法院」。預算法第48條：「立法院審議總預算案時，由行政院長、主計長及財政部長列席，分別報告施政計畫及歲入、歲出預算編製之經過。」

[26] 憲法第105條：「審計長應於行政院提出決算後三個月內，依法完成其審核，並提出審核報告於立法院」。

[27] 憲法第57條第1款規定：「行政院有向立法院提出施政方針及施政報告之

變更權[28]）等等，眾多國家重大的決策權為其所囊括，職權範圍包山包海，故於委員會上之決議雖無法直接發生拘束行政權之功效，但事實上的支配力完全不容忽視。

以備詢權為例，依憲法第67條第2項規定：「各種委員會得邀請政府人員及社會上有關係人員到會備詢」，故凡行政院各部會首長及其所屬公務員，除依法獨立行使職權，不受外部干涉之人員外，於立法院各種委員會依該條規定邀請到會備詢時，有應邀說明之義務[29]。而在備詢期間，若行政首長之政策施行有違委員會決議結果，勢必將受到委員們的抨擊，或可能在行政事務上遭受刁難，導致使待決事項延宕不決，甚或變相否決等等，因此在我國國會之運作模式下，立法院委員會之決議將可預見地被行政權所充分尊重。

因此立法院財政委員會所決議之「鄭深池條款」，縱不具法律效力，但對行政權所形成的沉重壓力，應是不容置疑的。

三、公股與民股、公營與私營之區別實益

（一）區別實益

公股與民股、公營與私營為相對之概念，公股指的是公司之股份為國家所持有，而股份為人民所持有則稱之為民股；公營公司指的是國家持股數達公司之半數以上，政府可掌握公司之營運，而私營指的是人民掌握公司營運的情形。公股因為屬於國家之財產，故在股份的行使及處

責。立法委員在開會時，有向行政院院長及行政院各部會首長質詢之權」。

28 憲法第57條第2款規定：「立法院對於行政院之重要政策不贊同時，得以決議移請行政院變更之。行政院對於立法院之決議，得經總統之核可，移請立法院覆議。覆議時，如經出席立法委員三分之二維持原決議，行政院院長應即接受該決議或辭職」。

29 參照司法院大法官釋字第461號解釋，本文係針對行政權部分作摘錄。

分上，除受公司法、證券交易法等相關商事法律規範外，仍有許多行政法規額外規制，尤其在國營企業民營化之案例，公股的釋出更涉及國有財產之保全問題。至於公司主體為公營公司時，此時更有國營事業管理法之適用。

（二）公營事業和公股事業董事長之報酬差距

公營事業董事（長）因受公務人員相關法規之規範，不能超過其財政部長的薪水；相對地，只要是已民營化的，也就是公股股權低於50%以下的公股銀行董事長，除月薪外，可能尚可支領年終獎金加績效獎金。對於「公營公司」與「公股公司」只因公股持股過半與否，董事（長）酬勞卻三級跳的狀況，實在不合情理，因為公營事業董事（長）與公股事業董事（長）責任相同，同受政府委託代表公股，同樣需要花時間精力在處理公司事務上，但其酬勞差距如此大，等於間接鼓勵董事（長）出售股票，使公股持股降至50%以下。故有認為應修法將公營銀行董事長的薪水提高，使同工同酬，對於此爭議之相關討論，本文將在下述之「公股董事權與責的衡平」中探討。

四、金融控股公司董事兼任之法律結構

鄭深池先生之薪資，部分來自兼任兆豐金控子公司──交通銀行董事長之報酬，下文試就金融控股公司董事兼任其子公司職務之法律關係作一探討。本文將兼任之法律結構，以金控公司是否百分百持有子公司股權抑或屬控制性持股作區分，此乃肇因於金融控股公司法第15條及第17條已明文將二種情況分歸不同處理，合先敘明。

（一）控股公司為百分之百持有子公司股權

依金融控股公司法第15條規定：「金融控股公司得持有子公司已

發行全部股份或資本總額，不受公司法第2條第1項第4款及第128條第1項有關股份有限公司股東與發起人人數之限制。該子公司之股東會職權由董事會行使，不適用公司法有關股東會之規定（第1項）。前項子公司之董事及監察人，由金融控股公司指派。金融控股公司之董事及監察人，得為第1項子公司之董事及監察人（第2項）。」本條第2項為董監事得兼任子公司董監事之法源依據。

（二）控股公司控制性持有子公司股權[30]

依金融控股公司法第17條規定：「金融控股公司之發起人、負責

---

[30] 金融控股公司法第4條規定「本法用詞定義如下：

一、控制性持股：指持有一銀行、保險公司或證券商已發行有表決權股份總數或資本總額超過25%，或直接、間接選任或指派一銀行、保險公司或證券商過半數之董事。

二、金融控股公司：指對一銀行、保險公司或證券商有控制性持股，並依本法設立之公司。

三、金融機構：指下列之銀行、保險公司及證券商：

（一）銀行：指銀行法所稱之銀行與票券金融公司及其他經主管機關指定之機構。

（二）保險公司：指依保險法以股份有限公司組織設立之保險業。

（三）證券商：指綜合經營證券承銷、自營及經紀業務之證券商，與經營證券金融業務之證券金融公司。

四、子公司：指下列公司：

（一）銀行子公司：指金融控股公司有控制性持股之銀行。

（二）保險子公司：指金融控股公司有控制性持股之保險公司。

（三）證券子公司：指金融控股公司有控制性持股之證券商。

（四）金融控股公司持有已發行有表決權股份總數或資本總額超過百分之五十，或其過半數之董事由金融控股公司直接、間接選任或指派之其他公司。

五、轉換：指營業讓與及股份轉換。

六、外國金融控股公司：指依外國法律組織登記，並對一銀行、保險公司或證券商有控制性持股之公司。

七、同一人：指同一自然人或同一法人。

人範圍及其應具備之資格條件準則，由主管機關定之（第1項）。金融控股公司負責人因投資關係，得兼任子公司職務，不受證券交易法第51條[31]規定之限制；其兼任辦法，由主管機關定之（第2項）。金融控股公司負責人及職員不得以任何名義，向該公司或其子公司之交易對象或客戶收受佣金、酬金或其他不當利益（第3項）。」

　　金融控股公司法第17條第1項授權行政機關訂定準則，指的就是「金融控股公司負責人資格條件及兼任子公司職務辦法」，該辦法第4條第3項規定：「金融控股公司之董事長或總經理不得擔任其他非金融事業之董事長或總經理，但擔任財團法人或其他非營利之社團法人職務者，不在此限。」[32]故董事兼任之依據為本辦法所明定。而事實上此條文的規定，仍可能賦予金融控股公司相當大的規避空間，因為只要在金控公司下，成立財團法人或非營利之社團法人，金控董事長或總經理即可合法擔任該法人之董事長或總經理，架空條文立法目的的限制，是一個缺漏。

　　值得一提的是，「國營事業管理法」對於兼任之法律關係亦作有

八、同一關係人：指本人、配偶、二親等以內之血親及以本人或配偶為負責人之企業。

九、關係企業：指適用公司法第369條之1至第369條之3、第369條之9及第369條之11規定之企業。

十、大股東：指持有金融控股公司或其子公司已發行有表決權股份總數或資本總額10%以上者；大股東為自然人時，其配偶及未成年子女之持股數應一併計入本人之持股計算。」

[31] 證券交易法第51條：「證券商之董事、監察人及經理人，不得兼任其他證券商之任何職務。但因投資關係，並經主管機關核准者，得兼任被投資證券商之董事或監察人。」

[32] 本條之修正理由為：為強化金融控股公司董事長、總經理之專業經營績效，增訂第三項，規定金融控股公司之董事長或總經理不得擔任其他非金融事業之董事長或總經理，但擔任財團法人或其他非營利之社團法人職務者，不在此限，以兼顧公益目的。

規定，該法第35條規定：「國營事業董事、監察人或理、監事，不得
兼任其他國營事業董事、監察人或理、監事。但為推動合併或成立控
股公司而兼任者，僅得兼任一職，且擔任董事或理事者不得兼任監察
人或監事，反之亦然；並得被選任為董事長、副董事長或相當之職位
（第1項）。前項董事或理事，其代表政府股份者，應至少有五分之一
席次，由國營事業主管機關聘請工會推派之代表擔任（第2項）。前項
工會推派之代表，有不適任情形者，該國營事業工會得另行推派之（第
3項）。」本案例中之兆豐金融控股公司並非國營事業（官股股權未達
50%），惟提及公司董事兼任之法律結構時，應一併注意該規定。

五、官股代表領取「員工分紅」與官股支持民股董事長

（一）關於「員工分紅」之爭議事實——以中國鋼鐵股份有限公司為例[33]

　　針對中國鋼鐵股份有限公司（以下稱中鋼公司）董事長林文淵領取
高額員工配股分紅，有近百位民進黨和台聯立委們於民國94年連署一份
臨時提案，要求林文淵主動繳回國庫，或由政府發函要求繳回，以落實
高道德與真改革的期待。

　　提案指出，林文淵先生是因身兼中鋼公司執行長一職所以領取員工
分紅，但該公司於94年6月14日才新設執行長職務，並授權林文淵兼任
執行長，顯然無權領取上年度的員工分紅。因此，林文淵領取92年至94
年的員工分紅，並不合乎情理，應主動歸還國庫，或由政府於十日內發
函要求繳庫。立委羅志明表示，林文淵還兼任中鋼碳素化學股份有限公

---

[33] 參照自由電子報，http://www.libertytimes.com.tw/2005/new/oct/13/today-p1.
htm。

司董事長及中國鋼鐵股份有限公司轉投資公司的董事，估計每年分紅金額超過6,000萬元，這些錢都應繳回國庫。此外，所有官派代表領取的配股分紅，應歸還國庫才符合公平正義。

（二）爭議涉及之法規研析

「員工分紅」制度為公司法中勞資融合政策之表現，規定於公司法第235條：「股息及紅利之分派，除章程另有規定外，以各股東持有股份之比例為準。章程應訂明員工分配紅利之成數。但經目的事業中央主管機關專案核定者，不在此限（第1項）。公營事業除經該公營事業之主管機關專案核定，並於章程訂明員工分配紅利之成數外，不適用前項本文之規定（第2項）。章程得訂明員工分配股票紅利之對象，包括符合一定條件之從屬公司員工（第3項）。」關於董事長兼任公司執行長時，是否可合法領取員工分紅，爭執點即在於：執行長之職務，是否可被定位為員工？經濟部就此爭議，作有函釋可為說明：

經濟部94年經商字第2027670號函：「按公司法第235條規定所稱員工，除董事、監察人非屬員工外，其餘人員是否屬員工，應由公司自行認定。公司執行長如經認定為員工，而董事長兼任執行長時，係身兼二種身分，可基於員工身分受員工紅利之分派。」

而關於林文淵是否得受領員工分紅之爭議發生後，財政部對於此爭議，又作了一個函釋：

財政部94年台財庫字第09403523261號函：「（一）公股代表董事包括董事長、執行長、總經理或其他職務，均禁止領取員工分紅，至於代表公股之勞工董事屬勞工身分所領取之分紅除外。（二）公股代表董事如依公司章程規定得支領員工分紅，所支領之分紅應一律繳庫或繳作原資金投資之收益。（三）公股代表董事當年之非固定收入（如績效獎金及其他各項獎金等）總額如超過固定收入總額（含本俸、主管加給）

超過部分一律繳庫或繳作原資金投資之收益，勞工董事除外。（四）所謂公股代表指所有政府基金投資事業（包含普通基金、特種基金）所指派之股權代表。（五）上述規定自發文日起實施，至公股代表於本規定實施前原依各該公司章程支領之員工分紅，基於信賴保護及法令不溯及既往原則，不予追繳。」

（三）中國鋼鐵公司關於「員工分紅」之法律評析

經濟部94年經商字第2027670號函指出，執行長是否具員工身分，是由公司自行認定，若公司認為執行長是有員工身分的，那執行長即得領取員工分紅，因此，在中鋼公司的認同下，林文淵本於執行長之職位，當然可用員工身分受領員工紅利分派，沒有違法的疑慮。

又，財政部在後來的94年台財庫字第09403523261號函中，明確作出公股代表為執行長時不得支領員工分紅的解釋，與先前解釋見解相異，但是函釋亦明文指出，由於「信賴保護原則」及「法令不溯及既往原則」之故，先前的分紅亦不予追繳。因此結論上來說，兩個函釋都可以得出林文淵無須返還員工分紅的結論。

在新函釋出爐後，董事可否領取分紅，應就該董事之身分做區分，若為公股代表，領取分紅後需視情況繳交國庫或做他途；而若為一般之民股董事，似乎仍然適用經濟部94年經商字第2027670號函，可合法領取員工分紅。就結論上來說，這樣的區分對國家的國庫頗有增益，但對於公股董事卻未必公允，畢竟董事間權責相同，報酬不一並不公平。就公司治理之層面來看，公司要鞭策經營團隊為其效力，釋出誘因之方法無非是以金錢或其他獎勵打動經營者，若此時認為公股董事即使有員工身分仍不能支領員工分紅，那對於公股董事辦事績效可能會有打擊，故如此做法對國家是否有利，仍值得觀察。

（四）公股董事權與責的衡平

　　上述中鋼公司員工分紅的爭議，以及立法院之「鄭深池條款」之催生，立法委員皆打著「保護公股利益不落入私人之手」以及「充實國庫」之旗幟為口號對公股代表大加撻伐，惟法治國家中，在有利益衝突的時候，「權衡」才是國家民主法治素養的展現，就董事之本質、扮演的角色功能及公司治理的角度而言，國家利益至上之思維，相信將某程度受到挑戰。

　　公股董事與一般董事之不同，僅在於董事身分之權源來自於公股支持，而在公司治理上，公股、民股董事對於所有公司事務應擔負之責任，並無二致，甚且公股董事因為有公務員的身分，受到法律的規制更多。公股董事之薪資、福利既然無法如同一般董事般支領報酬，而又未見法規某程度減輕公股董事責任，就公平正義的觀點上，權利義務很明顯的不相當。

　　「權責相當」是法律制定上的基礎原理原則，因此實質支領報酬較少的公股代表是否仍應擔負與民股代表相同之責任，抑或是比例承擔部分責任，可能不無疑問。若認其承擔部分責任為當，那不足的部分將應由國家來填補，作此推論是著眼於公股代表不能支領的薪資、福利部分，事實上是上繳國庫，由損益均歸法則作推導，利益之所受，危險之所在，國庫應概括承受是符合法理的。但是，若公司發生了須連帶賠償之事件時[34]，已有國庫來作第一線擋箭牌的情況下，相關負責人是不可能會願意自己拿出錢來賠償的；況且通常的情形，公司有了危機，負責人多半皆已脫產或潛逃，所以到最後可能會發生國庫要去承擔公司負責人治理不當的風險，也失去了請公股代表來參與公司運作的最初目的

---

[34] 如公司法第226條規定：「監察人對公司或第三人負損害賠償責任，而董事亦負其責任時，該監察人及董事為連帶債務人。」

了。

　　在公股代表權責的衡平方法上，可能是修法解除支領報酬的上限，或是立法減輕公股代表責任的負擔，而採取前者的作法在實務上應該較為省事，既容易權責劃分，又可督促公股董事盡心盡力，雖然有行政法理上的小瑕疵（如：下屬支薪竟較部會首長為高），不過既然政府要參與民間營利事業的投資，在體制上小小鬆綁，亦合情合法。

肆、結　論

　　「鄭深池條款」的討論，從不同的觀點切入，獲得的評價都不一致，而法規之內文，往往僅能代表立法當時所選擇之價值判斷以及權衡結果，沒有絕對的好壞。因此本文試著從國家、公司、董事等不同角度出發，去探究該條款之影響，如下所述：

一、就董事自身法律關係之面向觀

　　目前法令規定公股董事有許多的報告義務[35]，許多事項皆以得到上級長官的同意為前提，然在公司治理上，商業行為變化萬千，關鍵時機可能稍縱即逝，報告義務使公股董事在行事上受到規制，無法靈活運用策略；而且縱然事前得到上級的同意，若事後公司產生問題，法令上仍要獨自承擔責任，權限不足而風險高。況且董事成為公股之代表後，即負有義務至立法院受立法委員之質詢，這對公股董事而言，又是一個無形的壓力。

---

[35] 如「中央政府特種基金參加民營事業投資管理要點」、「公股股權管理及處分要點」、「財政部派任公民營事業機構負責人經理人董監事管理要點」……等規定。

因此，該條款強迫董事長需為公股代表下，應該會迫使有能力者之擔綱意願降低，因種種顧慮而放棄成為公股之代表，其實對於國家社會、投資人、公司本身，都是不利的狀態。

二、就公司治理之方向討論

股份之持有者為國家或是私人，對於公司股東而言意義不大，因為公司無論在成立目的或是法律定位上，都是一個營利團體，關注的核心只在於「如何獲得最大利潤？」，因此公司側重的是董事會運作的實效及專業經理人之能力，至於董事是公股或民股身分，並不重要。

在確立公司董事應以能力為導向的前提後，那麼「鄭深池條款」的存在，就只會限制有能力為公司創造優勢的人，當他不想成為公股代表時，公司可能有喪失人才的不利益，故於公司治理的層面來說，該條款對公司的影響並非是全然的正面效應。

政府投資金融控股公司，很大的一個目的就是想要獲利，因此若能由董事促成公司獲得最大利潤，那麼身為股東的政府亦可相對獲利，故與其斤斤計較政府能夠實質控制董事長席次，倒不如希冀能聘任到有經營實才的好領導人，那股東之利益才真正的被極大化。

三、就國家之面向出發

國家受人民的委託，享有統治權能，其運作資金來自於人民的稅賦及國家固有資源，國家有責任及義務為人民嚴格保全所有的國家資產，並合理有效地分配、應用。而在保全國家資源的方法上，除了有法律規制行政權的實施外，亦有立法院、監察院替人民監督制衡。監察委員隨時可提出糾正、糾舉，立法委員也藉著質詢權、立法權的行使，督促國家行為邁入正軌。

因此若從極大化國家利益的觀點為檢視基準，那麼「鄭深池條

款」之訂定，我們應給予立法院及審計部高度的肯定，因為他們謹慎把關的處理態度，讓國家行政權的行使除了合法外，更增添「適切」的優點。

惟，須知道董事長在公司經營權運作過程中，其僅對外代表公司、對內負責召集董事會，負責範疇僅為程序上事項，而決議的做成及決策的施行，實權是操縱在『董事會』手上的[36]，我國之公司董事議事採會議體制，單一之董事無決策權，董事長職權上僅負責將董事會決議結果對外宣布，此依公司法第202條規定：「公司業務之執行，除本法或章程規定應由股東會決議之事項外，均應由『董事會』決議行之」可見一斑。各個董事對於議案之意見是「一票一值」，從這個角度來看，鄭深池條款的訂定，相信只是形式上、政治上宣示的意義大於實質維護國家利益，行政院可以尊重財政委員會的意思，不支持民股代表當董事長，但是在董事會議案決定時，公股仍可全力支持民股意見。

又，法令限制政府在公股董事有能力支持公股董事長時，不可以支持民股董事長，那麼民股可能大量收購委託書來確保民股董事席次，推選董事長，相對的政府於收購委託書的時效和資金預算上，皆不可能如民股般靈活。如此一來，不但公股未必會拿到相當之董事席次，且有可能破壞與民股協商分配利益之機制，失去政府與民間雙贏的機會。

再者，依立法委員之思考脈絡下，若真正認為有必要建立選定公股董事長的機制，則是否應考慮以立法院三讀的模式實踐之，因為若僅用財政委員會的決議為依據，法理上似嫌薄弱，難以使人信服。況且透過較嚴密的立法程序，亦有助於促使全部的立法委員有再次思考的空間，並透過更充分的討論，想出最適合我國國情的規定，應該會是一個更適切的做法。

---

36 公司法第206條規定：「董事會之決議，除本法另有規定外，應有過半數董事之出席，出席董事過半數之同意行之（第1項）。第178條、第180條第2項之規定，於前項之決議準用之（第2項）。」

金融篇

揭開結構債之神秘面紗
——中信金控插旗兆豐金控案

蔡南芳、饒佩妮

目　次

中信金控插旗兆豐金控大事紀

時　間	事　項	相關法條
94年2月	中信銀向金管會申請核准發行5億美元次順位金融債券，目的在供授信業務用，並經董事會通過。中信銀分兩次買入共計3.9億美元保本連結股權型結構債，約44萬3,905張兆豐金控股票，占兆豐金控在外流通股票的3.97%。	
94年7至8月	中信金成立併購兆豐金小組。	
94年8月18日 至 94年11月18日	中信金控動用旗下子公司自有資金，分別以中信銀、中國信託保險經紀人股份有限公司、中信保全股份有限公司、中信鯨育樂股份有限公司等名義，直接於國內證券集中交易市場購進兆豐金控股票66萬1,003張，占兆豐金控95年度第2季末總發行普通股數111億6,944萬9,238股的5.92%，總金額為新臺幣145億5,920萬6,250元。其中中信銀購入57萬2,755張，金額為125億6,973萬6,900元。	
94年9月30日	中信銀第12屆第4次董事會決議通過由香港分行選定英商巴克萊銀行發行2.6億美元、30年期結構債。但併購小組未向董事會說明結構債鎖定對象為兆豐金控股票。	
94年12月6日	中信銀第12屆第8次董事會決議通過由香港分行選定英商巴克萊銀行再增購1.3億美元、30年期結構債。此兩次董事會決議結構債投資內容，均只連結於香港匯豐銀行等5檔股票，然中信銀財務長張明田未依董事會決議內容執行，先變更連結標的為兆豐金控及台新金控股票，又在買方聲明書更改連結標的為國泰金控、第一金控、兆豐金控、台新金控及建華金控等5檔股票。事實上，該2筆共計3.9億美元的結構債有99%用於買入兆豐金控股票。	規避銀行法74條之1對單一公司持股不得超過5%規定。
94年10月7日至95年1月12日	張明田代表中信銀香港分行與Euclid Advisor Corporation之唯一股東黃汝強（歐詠茵為負責人）簽約，授權Euclid公司擔任結構債之投資組合管理人，以避免中信銀直接向巴克萊銀行下單可能衍生的法律爭議。透過巴克萊銀行旗下之巴克萊資本證券有限公司在國內開立的外國機構投資人帳戶從台灣證券集中交易市場以結構債總面額中之108億、1,134萬8,200元，買進共44萬3,905張兆豐金控股票，占兆豐金控在外流通股票的3.97%。	規避銀行法74條之1對單一公司持股不得超過5%規定。

時　間	事　項	相關法條
95年1月9日	張明田等人以中信銀香港分行名義簽報「將3.9億美元結構債，出售給一紙上公司RED FIRE Developments Ltd」之簽呈，未經中信銀董事會同意，即由當時任中信銀董事長辜仲諒於同月10日核定。	規避證交法第157條之1內線交易禁止規定。 規避金控法第36條第4項，金控投資金融事業，申請次日起至核准前，禁止進行相關投資規定。
95年1月12日	中信金控召開第二屆第11次臨時董事會，決議通過「為有效運用資金並提高中信金控投資收益，擬以275億元為限，在證券集中市場購買兆豐金控股票，持股比例5%至10%，預定投資計畫自金管會核准日起算1年內完成」乙案。	
95年1月27日	中信金控向金管會申請投資兆豐金控5%到10%。	
95年2月3日	金管會宣布核准中信金控以275億元現金投資兆豐金控，占其實收資本額5%至10%股權比率，並適用「金融控股公司依金融控股公司法申請轉投資審核原則」第4點自動核准機制。	
95年2月9日	1.中信金控在公開資訊觀測站公告將在1年內，從市場上買進兆豐金控持股10%之重大訊息，由中信銀證券買進兆豐金控股票32萬張，約占兆豐金控在外流通股票的2.87%。 2.臺灣證券交易所股份有限公司，認遲延揭露違反「對上市公司重大訊息之查證暨公開處理程序」第9條遲延申報，裁罰中信金控3萬元違約金。	違反「對上市公司重大訊息之查證暨公開處理程序」第9條。
95年2月10日	中信金控旗下的中信銀證券，大買兆豐金控逾11萬張。	
95年2月13日	中信金控旗下中信銀證券繼續大買兆豐金控21萬張，2個交易日已買進32萬6,330張，約占2.87%股權。	
95年2月中旬至3月	1.RED FIRE向巴克萊銀行要求贖回3.9億美元結構債，巴克萊銀行開始在臺股市場陸續賣出443,905張兆豐金控股票。同一期間，中信金控自臺灣證券交易市場買進兆豐金控股票58萬8,416張。總計，中信金控與巴克萊證券於相同時間、以相同價格及數量成交共30萬8,537張，相對成交比例為69.5%，中信銀則接收7,022張，約占1.58%。 2.巴克萊銀行將賣股所得資金匯回RED FIRE，	刑法第342條背信罪、金控法57條金控公司負責人或職員為違背職務行為之處罰。

時　間	事　項	相關法條
	RED FIRE在29個交易日內,自上述交易中獲得3,047萬4,717.12美元(以新臺幣對美元匯率33.3計算,約合新臺幣10億1,480萬8,080元)之投資收益,投資報酬率高達156.2%,亦同等造成中信銀受有10億1,480萬8,080元之損害。	
95年2月16日	兆豐金控總經理林宗勇指出,中信金控「說是單純投資並不合理」,對於主管機關核准中信金控購買股權表示不解。	
95年2月17日	中信金控旗下中信銀證券總計自10日至17日已受託買進兆豐金控股票約45萬張,約占4%股權,金額已超過百億元。	
95年4月	檢方接獲中信金控案檢舉。	
95年4月8日	兆豐金控股票過戶截止日。	
95年6月23日	1.兆豐金控召開股東常會進行董監改選結果,公股7席,民股7席(其中中信金控取得兆豐金控4席董事),獨立董事1席。金管會說,中信金控確有透過外資掌握兆豐金控股權逾15%。 2.由行政院長蔡英文強力介入,民股董事簡鴻文和獨立董事吳榮義請辭,席次不遞補,董事席次減為13席,公股以七席董事技術性過半(勉強保住公股多數的局面)。 3.行政院強烈質疑辜家與鄭深池聯手,辜家與政府緊張關係升高。 4.「解除董事競業禁止限制」議案。 5.修改公司章程,增訂「董事長退休金」計算給付,明訂不受年齡、年資限制。	
95年6月26日	中信金控強調,暫不加碼兆豐金控,若政府要求,可賣掉兆豐金持股。	
95年6月27日	金管會對中信金控開罰,禁止增設海外分行,金管會並暫緩中信金控轉投資申請案,凍結中信金控7張業務執照。	
95年7月19日	辜濂松表示,中信金控不會參與兆豐金控子公司董事會。(強調中信金控對兆豐金控是以長期投資為主,只看中兆豐金的配股與績效)	
95年7月20日	1.金管會對中信銀香港分行賣結構債做出處分。 2.處分內容包括:(1)對中信銀行處新臺幣1,000萬元罰鍰;(2)要求中信金控及中信銀行追究相關失職人員之責任並於一個月內將議處情形函報金管會;(3)限制中信銀行香港分行一年內不得承作與股價連結之衍生性金融商品;	

時 間	事 項	相關法條
	(4)因中信金控申請轉投資兆豐金控時，未據實陳報透過中信銀行香港分行預先以結構債方式連結兆豐金控股票部位，故金管會原核准該公司轉投資兆豐金控額度5至10%之範圍，調整為5%至6.1%；(5)要求中信銀行追回第三人買入與贖回結構債價格之差額，或向相關失職人員追償；(6)要求中信金控檢討辜仲諒君擔任中信銀行董事長及董事之適當性，並於一個月內將辦理情形函報金管會。	銀行法第129條第7項、第45條之1，違反銀行內稽內控制度。 銀行法第125條之2，銀行負責人或職員違背職務行為之處罰。
95年7月21日	辜仲諒辭中信銀董事長，由羅聯福接任。	
95年8月16日	中信金控提四大公司治理方向。	
95年8月17日	財務長張明田卸下中信金控董事、財務長、代理發言人、人事長職位，調任總經理室專門委員。	
95年8月23日	北檢完成新一波調動後，檢察官曾益盛接替黃士元繼續偵辦中信金併兆豐金案。	
95年9月14日	金管會首度說，兆豐金控案只要中信金控改過，將放下皮鞭。	
95年9月18日	中信金控副董事長辜仲諒獲艾森豪獎學金，前往美國研究2個月。	
95年9月21日	金管會要求中信金控追回中信銀出售結構債2,700萬美元差價，由中信金控全體董事，包括自然人董事長辜濓松等，先行支付3,047萬美元給中信銀。	
95年10月13日	專案小組根據金管會提供的相關資料，決定約談包括辜仲諒等11人，並電洽航警局對張明田等4人緊急境管。	
95年10月16日	張明田準備赴日，在機場被檢調攔截，回到公司後即遭檢調約談。	
95年10月17日	1.檢方以串證之虞聲請對前財務長張明田羈押獲准。 2.臺北地檢署並將中信金控副董事長辜仲諒列「偵」字案被告。	刑事訴訟法第101條第1項第2款。
95年10月18日	1.臺北地檢署兵分六路，前往包括北市松壽路的中信金控總部、張明田住處等地，進行同步大搜索。辦案人員先行扣押大批證物，帶回北機組過濾解讀。 2.中信金控法務長鄧彥敦、財務副總經理林祥曦，臺北地院裁定羈押禁見。 3.辜濓松自日本返臺坐鎮指揮。	刑事訴訟法第101條第1項第2款。
95年10月19日	中信金控委託國際通商法律事務所律師陳玲玉組成律師團。	

時　間	事　項	相關法條
95年10月24日	1.檢調偵辦中信金控弊案有新發現，查出RED FIRE公司向中信銀香港分行買進連結兆豐金股票的結構債後，就向香港英商巴克萊銀行申請解約贖回。 2.中信金控表示，辜仲諒請假到11月18日，應該會到那時才回國。	
95年10月25日	1.商業週刊報導，人在美國的中信金控副董事長辜仲諒私下透露，在狀況未明前不會回臺（沒有政治打壓才會回臺），並表示，對臺灣很失望，「考慮永遠離開臺灣」。 2.美國艾森豪基金會討論是否取消辜仲諒的得主資格。	
96年2月15日	1.全案偵查終結，前中信金控財務長張明田、副總經理林祥曦和法務長鄧彥敦等3人涉犯銀行法背信、證券交易法內線交易罪嫌，提起公訴；至於遭通緝的前中信金控副董事長辜仲諒、陳俊哲、林孝平等人，將待通緝到案後，再另案偵結。 2.張明田涉犯銀行法和證券交易法部分，分別求處有期徒刑10年、12年，合併科罰金新台幣2億5千萬元；鄧彥敦涉犯銀行法和證券交易法部分，分別求處有期徒刑8年、10年，合併科罰金1億3千萬元，林祥曦涉犯銀行法和證券交易法部分，分別求處有期徒刑9年、11年，合併科罰金1億9千萬元。	
96年6月	中信金控賣出44萬張兆豐金控股票（第一波釋股）。	
97年1月21日	中信金控展開第二波釋股行動，以一般交易方式處分兆豐金控10萬張股票。若順利出清，持股將剩下4.9%，離依法解任董事的4.86%只有一步之遙。市場預期兆豐金控將在下半年舉行臨時股東會，補選中信金控依法解任的4席董事。	公司法第197條第1項、第201條。
97年1月27日	1.前中信銀行法人金融總經理陳俊哲，日前自海外傳真一封親筆信函，指稱中信銀行購買結構債，以及事後由「紅火」公司贖回套利10億，交易過程都是由他一手安排、主導，強調「辜仲諒及中信銀行都不知情」。 2.檢調查出中信銀行購買結構債，事後出售「紅火」公司10億元，但10億元流向成謎，不過，檢調發現，10億元套利迄今不但沒有匯回給中信銀行，而且只有一部分款項回流至中信金控旗下的中國信託資產管理公司（China Trust Opportunity, CTO）。	

【中信金插旗兆豐金關鍵流程】

（中信銀）

三大動作

時間：94年8月19日起。
動作：中信銀財務投資兆豐金股票57萬2,755張（占兆豐金5%）。

時間：94年8月～94年11月。
動作：中國信託保險經理人買入兆豐金股票9萬張。

時間：94年8月～94年11月。
動作：中信保全買入兆豐金800張。
目的：向金管會送件時，已掌握兆豐金5.92%之股權。

時間：94年2月
動作：董事會通過發行次順位金融債券5億美元。
目的：資金計畫原係全數用於授信業務，惟該行卻將資金3.9億美元運用於購買結構債，期間為30年。

辜家或特定人士

時間：95年2月中旬後。
可能1：紅火將3,047萬美元付給辜家或特定人士。
目的：檢調懷疑紅火獲利若流入辜家或特定人士口袋，有背信（銀§125-2）罪嫌。

（中信銀香港分行）

時間：95年1月27日
動作：將手上的3.9億美元結構債賣給紅火公司。

紅火（Red Fire Developments Ltd.），是在英屬維京群島註冊的一人公司，股本一美元，負責人為歐詠茵。

英商巴克萊銀行

時間：94年10月～12月。
動作：選定英商巴克萊銀行發行3.9億美元結構債。
目的：由中信金前財務長張明田指定99%買進兆豐金股票（與董事會決議不符）。

時間：94年10月～12月。
動作：由巴克萊香港、東京分行下令，從台灣股市買進44萬3,905張兆豐金股票。
目的：由英商渣打銀行擔任保管銀行，鎖住兆豐金股票籌碼，以免中信金宣市收購兆豐金時買不到股票。

中信金已向金管會申請買進10%兆豐金股票，中信銀香港分行如果自行贖回結構債，將涉及內線交易罪（證交§157-1），因此必須轉售。

時間：95年2月中旬後。
動作：巴克萊將賣股所得資金匯回紅火，總金額約4.17億美元。
目的：中信金完成兆豐金股市布局，紅火賺到兆豐金股價價差3,047萬美元（約新台幣10億元）。

時間：95年2月中旬。
動作：紅火向巴克萊要求贖回3.9億美元結構債。

AMROCK

時間：95年2月中旬後。
可能2：紅火將資金匯給美國私募基金AMROCK。
目的：中信金宣稱3.9億美元結構債是賣給AMROCK美國私募基金，紅火只是中介的特殊目的機構（SPV）。

資料來源：本圖係參考商業週刊第988期與天下雜誌第354期所繪製而成。

臺灣股市

目的：因中信金已於2月9日宣布買進兆豐金股票，巴克萊開始在台股市場陸續賣出44萬3,905張兆豐金股票，其中70%由中信金集團買走。

【中信金插旗兆豐金持股圖】

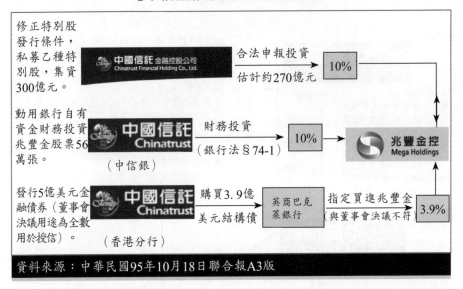

資料來源：中華民國95年10月18日聯合報A3版

【紅火公司與辜家關係】

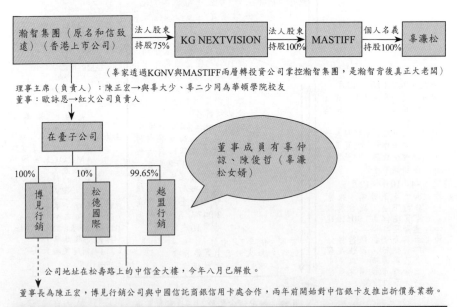

【資料來源：中華民國95年10月18日聯合報A3版、非凡新聞e週刊第28期】

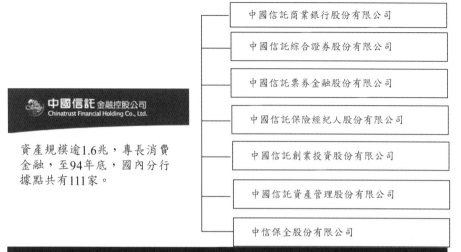

中國信託 金融控股公司
Chinatrust Financial Holding Co., Ltd.

資產規模逾1.6兆，專長消費金融，至94年底，國內分行據點共有111家。

- 中國信託商業銀行股份有限公司
- 中國信託綜合證券股份有限公司
- 中國信託票券金融股份有限公司
- 中國信託保險經紀人股份有限公司
- 中國信託創業投資股份有限公司
- 中國信託資產管理股份有限公司
- 中信保全股份有限公司

註：兆豐國際商業銀行（中國國際商業銀行ICBC與交通銀行於8/21正式合併並更名），合併後國內分行家數達105家，海外分行17家，代表處2處，加計在泰國、加拿大之轉投資子銀行及分行，合計海外據點達26處。

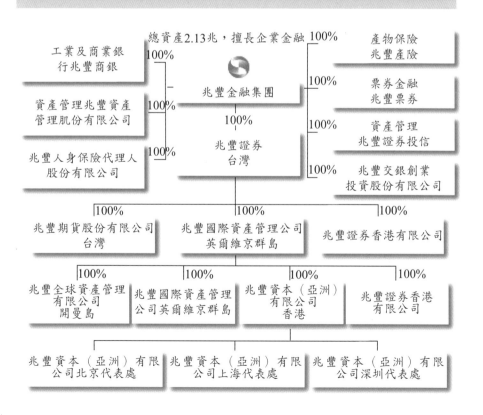

工業及商業銀行兆豐商銀　100%

總資產2.13兆，擅長企業金融

兆豐金融集團

100%　產物保險 兆豐產險

資產管理兆豐資產管理肌份有限公司　100%

100%　票券金融 兆豐票券

100%
兆豐證券 台灣

100%　資產管理 兆豐證券投信

兆豐人身保險代理人股份有限公司　100%

100%　兆豐交銀創業投資股份有限公司

100%　兆豐期貨股份有限公司 台灣

100%　兆豐國際資產管理公司 英爾維京群島

100%　兆豐證券香港有限公司

100%　兆豐全球資產管理有限公司 開曼島

100%　兆豐國際資產管理公司英爾維京群島

100%　兆豐資本（亞洲）有限公司 香港

100%　兆豐證券香港有限公司

兆豐資本（亞洲）有限公司北京代表處

兆豐資本（亞洲）有限公司上海代表處

兆豐資本（亞洲）有限公司深圳代表處

兆豐金主要股東持股與董監事結構（日期：95年6月23日）				
持　股　者	持股比例	董監事席次	名　單	備註
財　政　部	9.88%	5席董事	劉燈城	泛官股總持股約22%
			何志欽	
			陳添枝	
			陳美伶	
			蔡友才	
		2席監察人	陳思寬	
			陳慶財	
中華郵政公司	2.70%	1席監察人	賴清祺	
行政院開發基金管理委員會	6.05%	1席董事	黃肇熙	
臺　灣　銀　行	2.48%	1席董事	許德南	
中　信　金　控	15.62%	4席董事	江偉平	
			溫鴻緒	
			顏和永	
			方國輝	
中國信託保險經紀人股份有限公司		1席監察人	陳春克	
鄭　深　池	0.01%	1席董事	鄭深池	董　事　長
外　資　法　人	23%			
其　　　他	約40%			較關鍵為寶成集團（0.05%）、倍利證券董事長簡鴻文（0.02%）、國泰金（2～3%）
順泰投資股份有限公司		1席董事	蔡佩君	
和鐵投資股份有限公司		1席董事	簡鴻文	請　辭
和高山國際投資有限公司		1席監察人	魏浩二	
獨　立　董　事			吳榮義	請　辭

資料來源：《蘋果》資料室、證交所、兆豐金控網站

壹、前　言

　　此次跌跤的中信集團，其實在金融改革中引起的爭議不少，這兩年來，鹿港辜家所領導的中信集團有三大弊案纏身[1]，最後一顆「深水炸彈」足以撼動中信集團命脈的便是，辜仲諒及其親信所主導的中信金控利用中信銀香港分行發行結構債，除成功取得兆豐金控董事席次和經營權外，案情發展指向中信金控可能將處分結構債的獲利透過巧妙的安排中飽私囊。本案事實涉及金控集團以新興金融商品—結構債併購另一金控集團，其手法雖採華爾街常用模式，但其操作手法不當，仍有違反公司治理、構成內線交易、成立背信罪、及洗錢之爭議性。我們亦可從本案中，再度看見財政部公股小組在達成二次金改目標和維持社會正義間的無力感，也透露出金管會在運作近三年之後，對於金融監理政策的遲緩。更重要的是，本文再度凸顯大財團利用僵化的司法制度、薄弱的監

---

[1] 一則是2004年中信集團挾壽險資金以5.23%持股，以小吃大入主開發金控，並以「假外資」併購金鼎證券：2006年2月20日辜仲瑩承諾開發金控股價漲到30元以上及補足辜家對開發金持股15%至20%兩張支票均跳票，開發金控當時股價為12元，2005年底持股僅5.46%。2006年3月9日財政部長呂桔誠宣示，2007年6月前開發金控董監改選前，辜家對開發金控持股若未提高至15%以上，公股將不再支持辜二少任開發金控總經理。號稱「獵豹」的辜二少，雖然把開發金控咬住，但以目前局勢看來，也吞不下去。另一則是，中國人壽經理人涉及內線交易：中國人壽於2005年3月28日宣布，受到財務會計準則第35號公報實施之影響，2004年資產減損新臺幣37億元，獲利由盈轉虧，但公司融券卻從2005年3月1日的1,855張到此消息公布前3天（2005年3月25日）爆增為6,242張，金管會發現有一批中國人壽人員在發布利空消息前出脫持股，其中經理級主管每人約出售數十張，價位在16至18元間，雖均為現股，非融券，但是因為時機敏感，涉及內線交易的可能性升高，因此調查局北機組仍移送中國人壽資深副總許東敏、賴新財、員工許新君、江素真，且由他字案改分偵字案。

理措施、還有多年的監理漏洞，不斷上演「金錢帝國」的遊戲。

貳、案例事實

一、中信金控之困境

　　雙卡風暴對臺灣金融業造成衝擊，中信金控在2006年10月25日的法人說明會首度鬆口，2006年帳上可能出現紅字[2]。中信金控前10月累計呆帳提存前稅前盈餘315億4,500萬元，但因呆帳提存353億8,400萬元，較去年度增加254億1,300萬元[3]；換言之，2006年度的呆帳提存接近前一年的3倍。因此，該年度前10月累計稅前虧損38億3,900萬元，累計稅後虧損21億7,700萬元，稅前每股虧損0.64元，稅後每股虧損0.43元[4]。中信銀董事長羅聯福在法人說明會表示，打平全年財報要拚到年底最後一天，換句話說，消金風暴吃掉中信銀2006年前三季的獲利！因此，2006年底，國內主要消金銀行（前四大消金銀行，即中信銀、北富銀、臺新銀及國泰世華銀）獲利可能因增提呆帳「全軍覆沒」[5]，14家金控公司中，目前仍有臺新金控、中信金控、日盛金控、復華金控處於虧損狀態，名列末段班。

　　因雙卡風暴之延燒，2006年銀行放慢個人金融業務的腳步而將經營的重心移到企業金融，此可由發卡張數看出端倪。臺北富邦卡在A POWER信用卡，單月發卡量由8月的18.79萬張，降為7.88萬張，減幅達

---

[2] 中國時報，「中信銀今年可能出現虧損」，B2版，2006年10月26日。

[3] 工商時報，「中信金連三月賺錢虧損縮小」，A7版，2006年11月10日。

[4] 工商時報，「中信金連三月賺錢虧損縮小」，A7版，2006年11月10日。

[5] 工商時報，「打呆 國泰世華銀全年恐虧損」，A7版，2006年11月03日。

58%；中信銀9月的單月發卡量由7.51萬，驟減為3.34萬張[6]。因此，銀行經營的重心將從個人金融移到企業金融，是未來市場的發展趨勢。其中，中信金控雖位居國內消金銀行龍頭地位，亦不能自外於這股潮流。

二、兆豐金控之背景

兆豐金控旗下的金雞母，亦即兆豐國際商業銀行（下簡稱兆豐銀），其前身為中國國際商業銀行（下簡稱中國商銀）與交通銀行（下簡稱交銀）：

（一）中國商銀擴大海外市場

中國商銀在1971年改制民營前為「中國銀行」，其前身可溯至清光緒時期之大清銀行及戶部銀行。1928年中央銀行成立前，中國銀行被賦予代理國庫及發行鈔券之任務，中央銀行成立後則被指定為政府特許之國際貿易及匯兌專業銀行。發展至今，以其專業之外匯經驗、全球廣佈之營運據點及通匯網路、優良之資產品質、卓越之經營績效，成為國內首屈一指的銀行[7]。以中國商銀的業務重心來看，其獲利來自外匯與財務操作的貢獻比重不小。而其在2005年創下稅前盈餘131.54億元、每股盈餘3.53元的歷史佳績與同業最佳紀錄後，2006年獲利目標轉趨保守，目標全年盈餘116億元。這個預測還不包括合併交銀之後的數字，交銀2005年全年稅前盈餘為74.1億元。而自資產品質觀之，中國商銀2005年有高達182%的呆帳覆蓋率，逾放比0.5%，資產品質稱冠國銀。[8]

---

[6] 工商時報，「賺2塊，拿3塊錢打呆前3季信用卡發卡行僅12家賺錢」，A7版，2006年11月08日。

[7] 資料來源：兆豐國際商業銀行網站，http://www.megabank.com.tw/about/about01.asp，造訪日期：2007年01月06日。

[8] 兆豐銀2006年因為合併後逾放比上升、覆蓋率下降，所以穆迪評等財務強度由B的國銀最佳水準降到D，2007年兆豐銀原本期望資產品質好轉後信評等

（二）交銀聚焦中長期放款

　　交通銀行創立於1906年，民國初期奉命與中國銀行共同掌管國庫收支及辦理鈔券發行。歷經政府特許之實業銀行（1928年）、工業專業銀行（1975年），至1979年改制為開發銀行，並於1999年轉為民營型態，辦理中長期開發授信、創導性投資與創業投資業務，歷年來致力配合政府經濟政策及經建計畫，協助策略性及重要工業發展，對於改善產業結構，促進工業升級，居功厥偉[9]。由於歷史的沿革，交銀之經營重點放在中長期放款，過去交銀受限專屬條例規範，中長期放款占總放款比重的下限高達7成，中長期放款的對象包括「計畫性融資特許機構」與「大型企業」，目前交銀在中長期放款的業務量上，已經不再追求成長，交銀已於2006年8月21日和中國商銀合併，在與中銀合併前，交銀的中長期放款量將趨平穩，而這個量也將是日後併入中銀的中長期放款業務量的指標。

三、中信金控併購兆豐金控之利基

（一）誘人的現金股利

　　2006年兆豐金控決定每股發放1.55元的現金股利，以中信金控及其子公司共同持股總計176萬多張計算，將可領取27億餘元現金股利，換算投資報酬率近7%，縱然併購計畫受挫，這筆一定入袋的現金股利，對中信銀因雙卡風暴提列的鉅額呆帳，實在不無小補[10]。

級可以回升，但因為力霸風暴造成兆豐金控2007年1月損失近90億元，呆帳遽增，兆豐銀的逾放比也因此從2006年底的0.88%升高到1.48%，呆帳覆蓋率由104.84%大降到7成以下。

[9] 資料來源：兆豐國際商業銀行網站，http://www.megabank.com.tw/about/about01.asp，造訪日期：2007年1月6日。

[10] 自由時報，「兆豐金股權中信金暫不增加」，C2版，2006年5月2日。

（二）節省新設通路成本

兆豐金控合併旗下兩家子公司中國商銀與交銀之後更名的兆豐銀，在國內分行家數達105家，海外分行17家，代表處2處，加計在泰國、加拿大之轉投資子銀行及分行，合計海外據點達26處，全行員工約4,900人，資本總額641億1,000萬元[11]。若以一家分行的設立成本2億元計算，如能成功入主兆豐金控，對中信金控而言，立即省下自行設立分行的龐大成本，估計至少現賺210億元。

（三）擴充企業金融版圖

2004年10月20日，陳水扁總統召開總統府財經小組會議後，宣布二次金改目標，在2年內將官股減半為6家、14家金控整併為7家等，引發金融市場震撼，促使各金控家族更迫切以併購或換股方式迅速擴大版圖[12]。中信金控原居國內消金龍頭之地位，但因受雙卡風暴之影響，必須另謀生路，已如前述。而兆豐金控目前為公股背景最大金控公司，且是優質的公股金融機構，2004與2005年稅後淨利都在220億元左右，每股盈餘約2.4元，2006年兆豐金控的經營績效又遠比中信金控佳[13]，旗下的兆豐銀以企業金融見長，因此，併購兆豐金控後，中信金控不但可以穩居消金龍頭地位，未來在企業金融業務方面亦可望稱霸業界，如此不僅可彌補消金獲利減縮之不足，且可一舉穩坐國內第一大金控之地位，免於因金控家數限期減半而有被併吞之危機。

---

[11] 資料來源：兆豐國際商業銀行網站，http://www.megabank.com.tw/about/about01.asp，造訪日期：2007年1月6日。

[12] 工商時報，「《社論》金融亂象與限制銀行赴大陸的關聯」，A2版，2006年10月22日。

[13] 葉銀華，經濟日報，「財部與鄭深池的責任-勿將雞腿管得變雞肋」，A3版，2006年06月22日。

四、事實經過

（一）籌資手法

中信金控為了成功併購兆豐金控，準備大筆銀彈進攻。其資金來源管道有三：

1. 發行特別股

中信金控修正特別股發行條件，私募乙種特別股，預計以此方式集資300億元，並依法申報投資，估計募集約270億元，購買兆豐金控股票，約占兆豐金控在外流通股票的10%，此部分係合法募資，並無違法之問題。

2. 財務投資

中信金控動用旗下子公司自有資金，分別以中信銀、中國信託保險經紀人股份有限公司（下簡稱中信保經）、中信保全股份有限公司（下稱中信保全）、中信鯨育樂股份有限公司（下簡稱中信鯨育樂）等名義，自94年8月18日起至同年11月18日止，直接於國內證券集中交易市場購進兆豐金控股票66萬1,003張，占兆豐金控95年度第2季末總發行普通股數111億6,944萬9,238股的5.92%，總金額為新臺幣（下同）145億5,920萬6,250元。其中中信銀購入57萬2,755張，金額為125億6,973萬6,900元，依銀行法第74條之1規定「商業銀行得投資有價證券；其種類及限制，由主管機關定之」，因此中信銀以銀行資金投資兆豐金控股票，於法有據。且依銀行法第74條之1授權訂定之「商業銀行投資有價證券之種類及限額規定」第3條第1項第6款規定「商業銀行投資於每一公司之股票，新股權利證書及債券換股權利證書之股份總額，不得超過該公司已發行股份總額5%」，故中信銀財務投資兆豐金控部分亦不違法。

3. 發行結構債[14]

2005年2月，中信銀經過董事會通過，向行政院金融監督管理委員會（下簡稱金管會）申請核准發行5億美元次順位金融債券，其申請時申報資金運用目的係供中信商銀香港分行外幣授信業務，並分兩次買入共計3.9億美元保本連結股權型結構債（Structured Note，下簡稱結構債），約44萬3,905張兆豐金控股票，占兆豐金控在外流通股票的3.97%。此部分因資金運用與董事會決議不符，有違反公司治理之虞；且與原先向主管機關申請之運用目的大相逕庭，並可能有內線交易、背信等違法問題，容後詳敘。

---

[14] 結構債通常係債券搭配股票選擇權組成的金融商品。簡言之，即是券商或投資銀行與客戶談條件，針對某一種金融商品，在所約定的條件、時間下，客戶可以獲利。市面上熱賣的結構型商品（結構債），可分為「保本型債券」及「股權連結型債券」兩大類型。最常見的是保本型債券，是以固定收益商品如國庫債、不動產投資信託基金等為基礎，再加上十多種衍生性金融商品，例如上市櫃公司股票、期貨等的投資利得所組合而成。至於股權連結型債券，是購買連結到標的股票選擇權，在約定的日期到期時，如果該股票有上漲，就可獲得設定的價差利潤；如果設定連結的股票下跌，投資就會賠錢。中信金控此次操作，即屬於這一型。舉例來說，梁先生看好臺積電未來不會大跌，與券商約定花97萬元買進連結臺積電的結構型商品100萬元契約，當時臺積電每股股價58元，只要到期不低於履約價50元，兩個月後可以拿到100萬元，即梁先生兩個月後賺了3萬元。若梁先生看錯行情，臺積電到時跌破履約價，股價跌到45元，梁先生到期按股價（45元）與履約價（50元）的比例，只能拿回90萬元，損失7萬元。結構債交易條件隨買賣雙方議定，沒一定規則，在國外，結構債連結的商品更五花八門，除了股票，也可連結利率、股市指數；可連結單一個股，也可連結一籃子股票；有保本金型，也可不保本金；到期可以現金結算，也可以領回股票，只要買賣雙方同意即成交。自由時報，「結構債量身打造新金融商品」，A3版，2006年10月18日。

（二）插旗始末

中信金控雖於2005年7、8月間才成立併購兆豐金控小組，事實上中信金控已經鴨子划水了好一段時間。2005年2月間，中信銀經過董事會通過，向金管會申請核准發行5億美元次順位金融債券，其申請時申報資金運用目的係供中信銀香港分行外幣授信業務。2005年9月30日，中信銀第12屆第4次董事會決議通過由香港分行擇定英商巴克萊銀行股份有限公司（Barclays Bank PLC，下簡稱巴克萊銀行）發行2.6億美元、30年期結構債；2005年12月6日，中信銀第12屆第8次董事會決議通過由香港分行擇定巴克萊銀行再度發行1.3億美元、30年期結構債。此兩次董事會決議結構債投資內容，均只連結於HSBC Holdins（香港匯豐銀行）等5檔股票，然中信銀財務長張明田未依董事會決議內容執行，先變更連結標的為兆豐金控及臺新金控股票，又在買方聲明書（Purchaser's Representation Letter）更改連結標的為國泰金控、第一金控、兆豐金控、臺新金控及建華金控等5檔股票。然而事實上，該2筆共計3.9億美元的結構債有99%用於買入兆豐金控股票。

在2005年10月7日到2006年1月12日間，張明田代表中信銀香港分行與Euclid Advisor Corporation（下簡稱Euclid公司）之唯一股東黃汝強（歐詠茵為負責人）簽約，授權Euclid公司擔任結構債之投資組合管理人，以避免中信銀直接向巴克萊銀行下單可能衍生的法律爭議，但實際上仍由中信銀副總經理林祥曦指示中信銀員工於上開期間直接撥打巴克萊銀行香港地區交易員的電話，指定交易限價與張數，透過巴克萊銀行旗下之巴克萊資本證券有限公司（Barclays Capital Securities Limited，下簡稱巴克萊證券），在國內開立的外國機構投資人帳戶（Foreign Institutional Investors Account，下簡稱FINI帳戶），從臺灣證券集中交易市場以結構債總面額中之108億1,134萬8,200元，買進共44萬3,905張兆豐金控股票，占兆豐金控在外流通股票的3.97%。惟併購兆豐金控小

組成員，無人向董事會說明結構債鎖定對象其實就是兆豐金控股票，致使中信銀董事會兩次通過的決議內容與結構債執行內容明顯不符。

　　2006年1月9日，張明田等人以中信銀香港分行名義簽報「將3.9億美元結構債，出售給一紙上公司『RED FIRE Developments Ltd』（譯做『紅火公司，下簡稱RED FIRE』[15]）」之簽呈，未經中信銀董事會同意，即由當時任中信銀董事長辜仲諒於同月10日核定。2006年1月12日召開第二屆第11次臨時董事會，決議通過「為有效運用資金並提高中信金控投資收益，擬以275億元為限，在證券集中市場購買兆豐金控股票，持股比例5%至10%，預定投資計畫自金管會核准日起算1年內完成」乙案，因此中信金控於2006年1月27日，向金管會提出投資兆豐金控5%到10%的申請案[16]。2006年2月3日，金管會宣布核准中信金控以275億元現金投資兆豐金控，占其實收資本額5%至10%股權比率，並適用「金融控股公司依金融控股公司法申請轉投資審核原則」第4點自動核准機制[17]。2006年2月9日（2006年1月26日至2月5日為年假），中信

---

[15] 紅火公司（Red Fire Developments Limited）係2005年12月6日由黃汝強設立資本額1美元之境外公司，由歐詠茵擔任公司負責人。辜仲諒與辜濂松分別擔任和信致遠控股公司之從屬公司和信致遠股份有限公司（KG NextVision，KG就是辜家Koo Group的縮寫，下簡稱和信致遠公司）之執行董事及董事會主席。2003年6月26日辜濂松與辜仲諒，同時辭去和信致遠公司職務，改由陳正宏接任董事會主席、黃汝強兼任公司秘書、歐詠茵兼任執行董事，並將和信致遠公司更名為瀚智集團有限公司（Pyxis Group Limited，下簡稱瀚智公司）。透過財務操作，另外再成立一家同名的和信致遠，同時變成瀚智持股3/4的大股東。根據香港公開資訊，和信致遠由辜濂松百分之百控制的控股公司持有。瀚智企業主席陳正宏是南僑集團的第二代，與辜仲諒在華頓商學院唸書即有往來，後來參加辜仲諒主持的第二代午餐會，關係非常密切。中國時報，「插旗兆豐金神秘紅火負責人是辜家親信」，2006年10月18日。

[16] 事後證明，中信金控向金管會送件時，早已取得兆豐金控逾6%的股權，已經違法在先。

[17] 金管銀(六)字第09500035070號函。

金控始在公開資訊觀測站公告將在1年內，從市場上買進兆豐金控持股10%之重大訊息，由中信銀證券買進兆豐金控股票32萬張，約占兆豐金控在外流通股票的2.87%。臺灣證券交易所股份有限公司（下簡稱證交所）認遲延揭露違反「對上市公司重大訊息之查證暨公開處理程序」第9條遲延申報，裁罰中信金控3萬元違約金[18]。

中信銀與RED FIRE簽約內容為，RED FIRE得分3期付款，只要支付買賣價金5%的頭期款，即以1,950萬美元（以新臺幣對美元匯率33.3計算，約當6億4,935萬元），取得3.9億美元結構債之所有權，並有權於2006年2月14日至同年3月2日間，以通知巴克萊銀行贖回結構債之方式，以贖回價金支應第二期和第三期之餘款。RED FIRE自2006年2月14日起，以向巴克萊銀行贖回3.9億美元結構債方式，使巴克萊銀行必須指示巴克萊證券賣出手中443,905張兆豐金控持股，而同一期間（2006年2月14日至3月2日），中信金控自臺灣證券交易市場買進兆豐金控股票58萬8,416張。總計，中信金控與巴克萊證券於相同時間、以相同價格及數量成交共30萬8,537張，相對成交比例為69.5%，中信銀則接收7,022張，約占1.58%，此舉充分發揮了「鎖單」效應，使中信金控完成取得兆豐金控股權之布局，且抑制兆豐金控股價上漲幅度，在2006年2月14日至3月2日共計10個交易日內，漲幅僅2.71%，遠低於中信金控公布轉投資兆豐金控消息後，兆豐金控股價從2月9日的每股21.35元，上漲至2006年2月14日每股24元，僅4個交易日漲幅高達12.41%。

RED FIRE在29個交易日內，自上述交易中獲得3,047萬4,717.12美元（以新臺幣對美元匯率33.3計算，約合新臺幣10億1,480萬8,080元）之投資收益，投資報酬率高達156.2%，亦同等造成中信銀受有10億1,480萬8,080元之損害。

---

[18] 2006年3月臺證上字第0950100563號函。

　　綜上，中信金控透過子公司分批買入兆豐金控股票，包括：中信銀以財務投資目的買入兆豐金控股票57萬2,755張，約占兆豐金控在外流通股票的5%；中信保經買入兆豐金控股票8萬6,648張；中信保全購入兆豐金控股票800張；中信鯨育樂購入兆豐金控股票800張。截至2006年4月8日兆豐金控股票過戶截止日為止，中信金控欲透過控制股權爭取兆豐金控董監席次，並進而掌握兆豐金控的經營權之策略性計畫大致完成。

（三）爭奪董監席次

　　中信金控想要入主兆豐金控並非易事，尤其是政府方面持反對態度，財政部公股小組主導的公股部分，密切觀察中信金控的動作。2006年2月，爭奪兆豐金控的戰事即浮上檯面，公股為力保經營主導權，表示如果2006年6月兆豐金控進行董監改選時，中信金控出面徵求委託書，可能會威脅公股的經營權，則公股會運用各種「法律允許的方式」維護自身權益，不排除與民間合徵委託書[19]。

　　2006年6月23日兆豐金控召開股東常會，在此之前，兆豐金控15席董事中，公股占8席，取得絕對主導權。而2006年4月27日兆豐金控之最後股權結構公布：泛公股持股22.78%、中信金控集團持股15.5%、寶成集團約4%、外資持股則達23.1%，以該股權結構分析，中信金控約可取得3至4席董事，公股5至6席，但公股表示全力爭取外資及散戶支持，希望取得8席過半席次，以繼續維持主導權。然股東會進行董監改選結果為：15席董事，公、民股各7席，獨立董事1席，民股及獨立董事並投票

---

19 開發金控董監改選時，公股曾與中信集團等民股合作徵求委託書；復華金控董監改選時，公股也曾與元大集團及國民黨中央投資公司合組委託書徵求團。自由時報，「力保兆豐金公股擬徵委託書」，C1版，2006年2月20日。

推選鄭深池續任兆豐金控董事長[20]，但隨後民股董事簡鴻文及獨立董事
吳榮義請辭，席次不遞補，董事席次縮減為13席，公股因此以7席董事
技術性過半。兆豐金控董事會並且選出兆豐金控代理總經理蔡友才以公
股代表擔任兆豐金控總經理，15席董事全數投票通過，公股繼續維持主
導地位。

（四）金管會及檢調介入

　　早在兆豐金控召開股東會前，即2006年4月時，檢調便接獲檢舉中
信金控可能涉及不法。金管會經過調查後，率先於2006年6月27日對中
信金控做出第一次行政處分[21]，處分內容包括：禁止中信銀增設海外
分行，金管會並暫緩中信金控轉投資申請案，凍結中信金控7張業務執
照。稍後，2006年7月20日金管會針對中信金控再度做出第二次行政處

---

[20] 行政院與財政部在兆豐金控股東常會前進行沙盤推演，認為以公股22.78%
持股，難以取得8席董事，因此，說服倍利證券董事長簡鴻文支持政府，
在董監改選之後請辭，獨立董事吳榮義也跟進請辭，讓兆豐金董事席次減
為13席，公股得以過半。簡鴻文提出交換條件是讓鄭深池續任董事長，因
此，兆豐金股東會結束之後，先召開董事會選舉董事長，7席民股董事及
1席獨立董事都投票支持鄭深池，公股則未投票，但已讓鄭深池取得過半
票數，順利當選董事長，鄭深池當選董事長之後，簡鴻文及吳榮義才請辭
董事，兩人只當了兩個半小時的董事。鄭深池並未轉任公股代表，但為減
輕外界疑慮，鄭深池嗣後宣布將於2006年8月21日交通銀行與中國國際商
銀合併基準日辭去交通銀行董事長，並放棄合併後的銀行（兆豐銀行）董
事長職位，專任兆豐金控董事長。自由時報，「兆豐金改選公股技術性過
半」，A3版，2006年6月24日。

[21] 金管會2006年6月27日之行政處分「中信銀行香港分行從事海外債券交
易，金管會將依銀行法第61條之1及金控法第54條規定，限制該行及中
信金控相關業務，並依行政程序法給予陳述意見」，資料來源：行政院
金融監督管理委員會全球資訊網：http://www.fscey.gov.tw/news_detail2.
aspx?icuitem=1735223，最後瀏覽日期：2007/01/18。

分[22]，處分內容包括：⑴對中信銀處新臺幣1,000萬元罰鍰；⑵要求中信金控及中信銀追究相關失職人員之責任並於1個月內將議處情形函報金管會；⑶限制中信銀行香港分行1年內不得承作與股價連結之衍生性金融商品；⑷因中信金控申請轉投資兆豐金控時，未據實陳報透過中信銀香港分行預先以結構債方式連結兆豐金控股票部位，故金管會原核准該公司轉投資兆豐金控額度5至10%之範圍，調整為5%至6.1%；⑸要求中信銀追回第三人買入與贖回結構債價格之差額，或向相關失職人員追償；⑹要求中信金控檢討辜仲諒擔任中信銀董事長及董事之適當性，並於1個月內將辦理情形函報金管會等。辜仲諒旋即於隔日（2006年7月21日）請辭中信銀董事長職務，中信金前財務長張明田亦於2006年8月17日卸除中信金控董事、財務長、代理發言人、人事長等職位。

　　金管會持續觀察中信金控對處分書內容是否改正，另於2006年9月21日做出第三次行政處分[23]，部分解除中信銀之業務限制，處分內容包括：⑴處分案之前已依規定進行之海外分支機構申設之項目，可繼續進行。中信銀行於2006年2月即分別獲國外主管機關核准設立美國及菲律賓子行分支機構部分，因部分分行已進行行舍之施工裝潢、行員招募、系統測試及作業訓練等相關籌備工作，對上開子銀行分支機構設立案可繼續進行。⑵該公司或中信銀行有募資之需要，只要對金控或銀行之發展、財務結構改善有益，金管會將依一般募資准駁規定辦理。⑶中信銀

---

[22] 金管會2006年7月20日之行政處分「金管會對中信銀行香港分行從事海外結構債交易之相關缺失作成處分及採取相關措施」，資料來源：行政院金融監督管理委員會全球資訊網：http://www.fscey.gov.tw/news_detail2.aspx?icuitem=1786759，最後瀏覽日期：2007/01/18。

[23] 金管會2006年9月21日之行政處分「金管會對中信金控投資兆豐金控衍生相關風險控管缺失事項之改善措施解除部分業務限制案作成決議」，資料來源：行政院金融監督管理委員會全球資訊網：http://www.fscey.gov.tw/news_detail2.aspx?icuitem=1937060，最後瀏覽日期：2007/01/18。

行未來新設海外分支機構（包括海外子銀行分支機構之增設）、外幣臺股選擇權業務及中信金控轉投資案限制部分，金管會將對中信金控及中信銀行進行本案改善措施之專案檢查，瞭解其改善措施之實際運作情形決定。⑷中信金控未來半年內應按月將投資彙總報表函報金管會。

　　儘管中信金控對一連串行政處分均採全力配合態度，但是隨著案情升高，檢調介入偵查，2006年10月16日，中信金控總經理室專門委員張明田遭檢方限制出境，在機場被攔截約談，並隨即以有串證之虞聲請對中信金控前財務長張明田羈押獲准。檢調嗣後並發動一連串搜索，陸續將中信金控法務長鄧彥敦、財務副總經理林祥曦等人聲請裁定羈押禁見。至於中信金控副董事長辜仲諒在屢傳不到又拘提無著下，檢方於2006年12月4日正式發布通緝[24]，全案目前已進入司法程序。

---

[24] 2006年10月26日檢方發出傳票，要求辜仲諒11月7日出庭，但他以參加艾森豪獎學金活動為理由請假；檢方因此發出第二張傳票，要求辜仲諒11月22日出庭，但辜仲諒再以陪伴家人為由請假沒有出庭，檢方未同意他請假理由，隨即在11月22日發出拘票，仍拘提未著後，承辦本案的臺北地檢署檢察官曾益盛，收到調查局北機組的拘提報告書，隨即進行公文作業，由於辜仲諒規避檢方調查意圖甚明，在完成刑事訴訟法傳喚、拘提程序後，12月4日全面通緝辜仲諒。該通緝令追訴期為25年，至2031年均為追訴期間，屆時辜仲諒已67歲。

參、法律爭點與分析

一、中信銀以結構債鎖定兆豐金控股票之違法性

（一）發行原因

　　依銀行法第74條之1授權訂定之「商業銀行投資有價證券之種類及限額規定」第3條第1項第6款規定「商業銀行投資於每一公司之股票，新股權利證書及債券換股權利證書之股份總額，不得超過該公司已發行股份總額5%」，為了要規避該項投資門檻，除了中信金控私募乙種特別股300億元、中信銀動用自有資金投資兆豐金控股票57萬2,755張之外，中信金控併購小組採用了發行結構債方式，來間接取得兆豐金控的股權。

（二）違法點

1. 本案交易雖帳列中信銀香港分行，但係由中信銀臺北總行在臺北以電話確認及交易之磋商，可認交易在臺北有執行效果，故應遵守臺灣相關法令。
2. 中信銀向金管會申請核准發行5億美元次順位金融債券，目的在供中信銀香港分行外幣授信業務用，但實則將資金用來買兆豐金控股票。交易目的係為中信金控先建立兆豐金控股票之部位，以利中信金控後續以較低價格買進。
3. 中信銀董事會通過的30年期結構債是「一籃子股票」，並未包含兆豐金控股票，但是其中99%於2005年10月間買入兆豐金控股票44萬3,905張，占兆豐金控在外流通股票3.97%，但併購小組在2

次發行結構債時均未向董事會說明結構債鎖定對象為兆豐金控股票。以上行為有違公司治理和誠信原則。

4.有違風險管理常規：(1)中信金控以結構債持有3.97%兆豐金控股票，加上中信銀已持有5%兆豐金控股票，已超過上揭銀行法74條之1授權命令5%的限額，風險過於集中，有違銀行通常風險管理之常規，中信銀風險管理功能因母公司（中信金控）特定需求而大幅改變。(2)中信銀將香港分行當作實現總行特定目的之分支機構，未考慮香港分行設立的營運目的、風險管理，未落實對海外風險管理、compliance（遵法）的基本功能[25]。

二、中信銀將結構債轉售「紅火」之違法性

（一）違反中信銀內稽內控制度

依中信銀「分層負責表」所訂「金融交易信用風險對手額度申請」規定，該項交易應交由信用風險部門對RED FIRE評定信用風險；依「公開發行公司取得或處分資產處理準則」規定，應委請會計師就交易價格之合理性出具意見，並依公司法第202條規定，必須經過中信銀董事會同意，但實際上，張明田等人私下決議以「持有結構債恐將有礙於轉投資申請」為由，僅簽報中信銀前董事長辜仲諒核定，即進行該項交易。目的在規避金融控股公司法第36條第4項，金融控股公司申請投資金融事業，自申請次日起至核准前，不得進行所申請之投資行為。

---

[25] 金管會2006年6月27日之行政處分「中信銀行香港分行從事海外債券交易，金管會將依銀行法第61條之1及金控法第54條規定，限制該行及中信金控相關業務，並依行政程序法給予陳述意見」，資料來源：行政院金融監督管理委員會全球資訊網：http://www.fscey.gov.tw/news_detail2.aspx?icuitem=1735223，最後瀏覽日期：2007/01/18。

（二）未執行認識客戶程序（Know Your Customer, KYC）

依常理，中信銀香港分行既然為結構債的發行主體，理應由中信銀香港分行「直接贖回」該筆結構債，但是中信銀香港分行卻將該筆結構債全數出售給第三人（RED FIRE），不但增加交易程序的複雜性，有違一般交易常理，且過程中香港分行並沒有對RED FIRE之財務能力、交易目的、承受風險之能力及從事交易之適法性等，進行詳細評估和確實執行認識客戶程序。

（三）違反內線交易禁止

1. 依證交法第157條之1第1項規定，凡符合所列4款身分之人，有「獲悉發行股票公司有重大影響其股票價格之消息時，在該消息未公開或公開後12小時內，對該公司之上市或在證券商營業處所買賣之股票或其他具有股權性質之有價證券，買入或賣出」行為時，即構成「內線交易」。

2. 中信金控和中信銀持有兆豐金控股票，並且知道中信金控將大舉在市場買進兆豐金控股票，必將造成兆豐金控股價上漲，中信銀香港分行卻將手中連結兆豐金控股票之結構債賣給RED FIRE，有違反內線交易禁止之虞。

3. 視RED FIRE和中信金控之關係而定：

   ⑴無關係：此說難以取信於人，亦不為金管會和檢調所採信。中信金控曾提出證明函，證明RED FIRE係接受美國私募股權基金AMROCK委託，與中信集團無關，但是中信金控以「和AMROCK簽訂保密條款」為由，拒絕提供AMROCK買主的詳細資料。

   ⑵有關係：內線交易成立可能性增加。

（四）背信罪

銀行法第125條之2規定「銀行負責人或職員，意圖為自己或第三人不法之利益，或損害銀行之利益，而為違背其職務之行為，致生損害於銀行之財產或其他利益者……」，要負刑事責任及併科罰金。中信銀香港分行出售結構債行為，縱然不成立內線交易，但是其將明明可以由中信銀香港分行獲利的10億1,480萬8,080元轉給RED FIRE，非不能以背信罪相繩。惟依照我國現行司法制度，檢方需舉證10億1,480萬8,080元差價非AMROCK所得，而是進了辜家的口袋，損及中信金控整體利益，此涉及最後受益人之確認，需動用跨國監理機制，詳如後述。

三、兆豐金控股東會之其他議題

（一）解除董事競業禁止限制

1.公司法規定及主管機關之解釋

公司法第209條第1項規定「董事為自己或他人為屬於公司營業範圍內之行為，應對股東會說明其行為之重要內容，並取得其許可」。1997年8月20日經商字第8621697號函係指董事應於「事前」「個別」向股東會說明行為之重要內容，並取得許可，並不包括由股東會「事後」「概括性」解除所有董事責任之情形。董事兼任其他公司董事時，如依照上開規定辦理（按公司法第209條第1項），尚無不可。倘若未取得股東會許可，股東會可經決議行使歸入權，將該董事兼營業務所得，作為公司所得，惟兼任其他公司董事之行為並非無效，對於董事職權之行使應無影響（1973年9月18日經商字第29481號函）。董事兼任其他公司董事法律上並不禁止，倘為自己或他人為屬於公司營業範圍內之行為時雖未取得股東會之許可，依照公司法第209條第3項規定其行為並非無效（1982年8月27日經商字第31182號函）。

2.目 的

從上可知，董事兼任其他公司董事非法所不許，其未經股東會許可同意之競業行為，亦非無效，只是股東會可決議行使歸入權。因此解除董事競業禁止限制的實益，在使兆豐金控股東放棄歸入權行使的權利。亦即如果兆豐金控股東會同意修改公司章程，將董事競業禁止的限制解除，則中信金控在兆豐金控當選的4名董事不但可以不受競業禁止規定的拘束，其等本身同時兼具中信金控和兆豐金控董事之雙重身分，日後如有利益衝突，兆豐金控股東因為事前「背書」，當然不得向這些兼任董事再行使歸入權。儘管兆豐金控於2006年6月20日聲明股東常會提案解除董事競業禁止之限制，主要係配合公司法第209條及行政院金管會94年5月12日金管銀㈡字第0942000260號函規定，援例解除所有新任董事兼任與本公司營業範圍相同之公司董事職務情形，於2003年、2005年股東常會亦均提請股東常會解除董事競業禁止之限制，另該集團子公司中國國際商銀轉投資其它金融相關事業，如國票金控、中華開發金控、國泰世華，該公司亦要求該等事業提請股東會解除董事競業禁止之限制。[26]然考94年5月12日金管銀㈡字第0942000260號函之意旨，「貴公司董事為自己或他人為屬於公司營業範圍內之行為，應依公司法第209條規定，分別取得原公司及所兼任公司股東會之許可，以符公司法規定。」[27]其目的在促使金控公司之董事兼任應透過股東會程序加強監督，並非表示經過股東會同意解除董事競業禁止即不會造成利益衝突。

---

[26] 兆豐金控2006年6月20日新聞稿，http://www.megaholdings.com.tw/contents/default.asp#，造訪日期：2007年1月18日。

[27] 94年5月12日金管銀(二)字第0942000260號函，資料來源：金融法規全文檢索查詢系統，http://law.banking.gov.tw/Chi/FINT/FINTQRY04.asp?kw=&sdate=&edate=&keyword=&datatype=etype&typeid=*&startdate=&enddate=&N2=0942000260&EXEC2=%ACd++%B8%DF&recordNo=1，造訪日期：2007年1月18日。

肆、衍生性之法律問題

一、兆豐金控董事長是否改選

（一）董事解任和補選

按「董事經選任後，應向主管機關申報，其選任當時所持有之公司股份數額；公開發行股票之公司董事在任期中轉讓超過選任當時所持有之公司股份數額二分之一時，其董事當然解任。」公司法第197條第1項定有明文。次按「董事缺額達三分之一時，董事會應於30日內召開股東臨時會補選之。但公開發行股票之公司，董事會應於60日內召開股東臨時會補選之。」公司法第201條亦定有明文。由於金管會2006年7月要求中信金必須在2007年8月前將手中兆豐金控持股降至6.1%以下，可能發展如下：

1. 中信金控出脫3.9%持股—中信金控4席董事不必解任，兆豐金控不必補選董事

若中信金控只出脫3.9%持股，因未達上揭規定任期中轉讓持股超過選任時持股的二分之一，則中信金控在兆豐金控的4席董事不必當然解任，兆豐金控原定15席董事，後因民股董事簡鴻文和獨立董事吳榮義請辭，席次不遞補，因此實則13席董事，亦未達首揭規定董事缺額達三分之一必須補選董事的要求，因此兆豐金控也不必補選董事。但是2006年10月2日財政部長何志欽表示，不排除要求董監補選（可能用「道德勸說」，提前補選）。

2.中信金控出脫持股超過**5%**──中信金控**4**席董事須解任，兆豐金控
　須補選董事

根據公司法第197條第1項規定，中信金控的4席董事必須解任，
加上之前已有1席民股和1席獨立董事請辭，兆豐金控只剩9席董事。
依公司法第201條規定，原定15席董事缺額達三分之一（即席次少於10
席），兆豐金控依法須補選董事。

中信金控經過展開二波釋股行動後，若順利出清手中持股，持有的
兆豐金控股票將剩下4.9%，離法定解任董事的4.86%標準不遠，市場預
期兆豐金控將在2008年第二或第三季舉行臨時股東會，補選中信金控依
法解任的4席董事。

（二）改選兆豐金控董事長

公司法並未規定補選董監之後，必須改選董事長，是否改選董事
長，公股管理小組會視董監事補選結果而定。

1.董監補選後公股拿到三分之二席次：財政部考慮改選兆豐金董事
　長，由公股代表出任。

2.董監補選後公股席次低於2/3：理論上很難發生，故不討論。

二、跨國監理

（一）本案關鍵點──查出最後受益人

本案背信罪之構成與否，其中最重要的關鍵便是RED FIRE出售兆
豐金控結構債之投資利得10億1,480萬8,080元，究竟是真如辜家所言，
為AMROCK私募基金所取，抑或是間接轉手入辜家私人金庫才是真
相。由於我國目前將舉證責任均加諸檢察官身上，致使檢察官在舉證時
必須清查資金流向，而此過程中往往是最艱鉅的挑戰，由於與我國簽訂

金融監理合作備忘錄的國家不多，尤其是美國、歐洲、香港、大陸，這些我國犯罪或是企業資金經常選擇匯入的地區，完全沒有正式合作監理關係，致使舉證工作更加困難[28]。

國際清算銀行（Bank for International Settlement）旗下之巴賽爾銀行監理委員會（Basel Committee on Banking Supervision）對於跨國銀行監理認為：母國（home country）監理機關應負責監督銀行集團以合併基礎實施新資本協定架構；而地主國（host country）監理機關則應負責監督跨國機構在該國的營運情形。新資本架構實施時，針對有明顯跨國運作情況的銀行集團，監理機關應儘量清楚地表達母國及地主國監理機關的個別角色。母國監理機關將主導此項協調聯繫工作，以與地主國監理機關合作。在溝通個別的監理角色時，監理機關應謹慎的闡明現行監理法律責任並未改變。而巴塞爾委員會也支持以相互承認的務實方法，來處理國際性活躍銀行的監理問題，作為國際監理合作的主要基礎。但這僅止於事前預防風險的部分，對於銀行出了問題後，事後的調查與蒐

---

[28] 金管會於2006年11月30日正式與美國紐約州銀行局簽署瞭解備忘錄（MOU），這是臺、美政府機構簽署的第一個銀行業監理合作備忘錄，具有突破性意義，未來對打擊國內企業淘空弊案、反恐等將有實質性助益，擁有12家臺灣銀行註冊登記的加州，大都遍佈在洛杉磯地區，將是金管會積極努力簽訂備忘錄的下一個目標。備忘錄內容包括：未來雙方包括資訊分享、實地檢查的協助、職員交換及雙方舉行會議等實質約定，均可依據備忘錄內容加強金融監理合作。其中職員交換部分，臺灣目前已經派駐兩位金融人員在美國聯邦銀行（FRB）紐約分行執行共同金檢工作，透過第一手管道學習美國的金檢制度。目前為止，金管會已與各國金融監理機關簽署25個監理合作備忘錄，其中，21家簽訂期貨，證券有16家，銀行業是5家，包括英國、法國、越南、薩爾瓦多、荷蘭，保險只有跟南非簽署。資料來源：中時電子報，「金管會與紐約州簽MOU資訊分享具指標意義」，http://news.chinatimes.com/Chinatimes/newslist/newslist-content/0,3546,130507+132006121301082,00.html，造訪日期：2006年12月13日。

證應如何進行，巴塞爾委員會沒有進一步規範。

以本案為例，中信銀香港分行將結構債出售給RED FIRE這段資金動向固然可查[29]，但是RED FIRE與AMROCK簽有保密協定，因此RED FIRE如揭露任何資金流向即屬違約，況AMROCK係一美國公司，我國法權尚不及於美國。其次，RED FIRE係英屬維京群島的註冊公司，其資金進出完全保密，英屬維京群島無揭露義務，即使是美國也不能要求其公開資金流向，也就是說，就算我國與美國簽訂監理合作備忘錄或是達成一定默契，也難以循正式、正當管道追查出RED FIRE把這筆資金匯入何方，所以就重大金融案件之檢察官舉證責任轉換，其迫切性有細究之必要。反觀美國，關於此類案件，檢察官僅需舉證公司有違法事實（如內線交易），由被訴公司負擔舉證責任，如此透過舉證責任轉換，不僅減輕檢察官舉證壓力，同時也可有效解決追查資金流向不易的現實性問題。

本案2008年最新發展為，檢方偵辦初期，滯留海外的前中信金控副董事辜仲諒，與中信金集團都堅稱買賣結構債過程沒有不法。辜仲諒及中信集團辯稱，「紅火」公司是受美國AMROCK委託下單，「紅火」並非10億的受益人，但經檢方深入追查後，掌握辜仲諒在中信銀購買結構債前，透過辜家管家吳豐富，以中信金主管凌成功帳戶下單800張中信銀股票，涉嫌內線交易的事證，並把相關筆錄併入中信金控弊案的

---

[29] 金管會發言人張秀蓮2006年11月9日說，兩岸金融監理本來就沒有一定要監理備忘錄，但還是需要監理合作機制。有關金融機構登陸的門檻，由於兩岸人民關係條例第35條，陸委會將銀行列為禁止項目。因此金管會負責的「臺灣地區與大陸地區金融業務往來許可辦法」，只開放辦事處，而無法開放分行。張秀蓮說，雖然修法賦予金管會權力，但兩岸與國防是總統職權，即使通過，還是要從政府整體職權，與執行細節再思考，看看如何落實。中國時報，「金管會：需建立監理合作機制」，B1版，2006年11月10日。

證據之一。

待檢方查出資金流向後，中信金控終於承認結構債的交易對象是「紅火」，並在年度報表中揭露，只不過財報中「避重就輕」，並沒有披露「紅火」與中信金控關係企業之間的關係，並將責任全部推給前中信銀行法人金融總經理陳俊哲。嗣後滯留國外的陳俊哲，也透過律師向法院遞狀，指稱結構債是他一手主導，辜仲諒及中信銀並不知情。而涉案的中信金控高層林祥曦等人，也坦承與「紅火」交易。

三、是否涉及洗錢

洗錢防制法第2條規定：「本法所稱洗錢，指下列行為：一、掩飾或隱匿因自己重大犯罪所得財物或財產上利益者。二、掩飾、收受、搬運、寄藏、故買或牙保他人因重大犯罪所得財物或財產上利益者。」本案中信金控利用結構債為掩飾，實則將資金匯往海外的行為，如果檢方偵辦過程中可證明其確有背信，則該行為該當上揭規定所稱之洗錢行為，在偵查階段，檢察官得依96年7月修法前同法第8條之1第1項（現為第9條第1項）[30]所賦予的權限凍結中信金控相關帳戶。

---

[30] 洗錢防制法第8條之1（現為第9條第1項）規定：「檢察官於偵查中，有事實足認被告利用帳戶、匯款、通貨或其他支付工具從事洗錢者，得聲請該管法院指定六個月以內之期間，對該筆洗錢交易之財產為禁止提款、轉帳、付款、交付、轉讓或其他相關處分之命令。其情況急迫，有相當理由足認非立即為上開命令，不能保全得沒收之財產或證據者，檢察官得逕命執行之。但應於執行後三日內，報請法院補發命令。法院如不於三日內補發時，應即停止執行。」

伍、金管會後續措施

一、「金融控股公司依金融控股公司申請轉投資審核原則」修正草案

　　本案顯現二次金改只圖金控規模擴大的弊病。為達成二次金改之金控家數減半的限時限量目標，金管會讓金控間的併購可從5%股權買起，並且採取自動核准機制，導致本案的民股金控（中信金控）嘗試以極致槓桿收購的手段，企圖參與公股金控（兆豐金控）的經營，並且取得3年後接管的入門票。民股金控在金控本身高槓桿特性下，再藉由舉債籌集資金（發行次順位債券與特別股）收購兆豐金控的股權，倘若再搭配控制股東高度質押比率與下屆董事改選的委託書爭奪，可能產生民股金控的控制股東以僅僅數10億元資金，即可掌握4兆元的金融資產（即以小搏大）的不公平情況。

　　因此，有學者建議，往後金管會在核准金控併金控的案件，必須考量主併金控董事會的獨立性與專業性（例如獨立董事比率超過三分之一，而且組成審計委員會與風險管理委員會），在確保資訊透明度與風險控管的能力，兼顧並無高度槓桿收購與極端委託書爭奪的情況下，准許其併購其他金控。再者，金控併金控千萬不要允許從5%股權買起，而需一次至少買到25%股權，如此一來可逼主併金控之控制股東必須再投入自有資金，增加他們對金控經營的承諾[31]。

　　根據過去轉投資審核原則，允許金控之併購可從被投資公司股權5%買起，且在一年內完成即可。同時停止投資、轉讓或出售被投資公

---

[31] 葉銀華，「金融改革應有的作為：兆豐金控的啟示」，經濟日報，A4版，2006年6月26日。

司股份，只需報主管機關備查。過去審核原則太過寬鬆，而且容易造成金控併購資訊不確定性，亦即在申報範圍內，要買多少股權隨主併金控決定，對市場併購資訊規範與股價起了負面的作用。

　　綜上，2006年9月7日金管會預告金融控股公司依「審核原則」修正草案，該草案修正重點如下：

1. 2005年6月14日金管會修正「審核原則」第4點規定對於金控公司財務狀況符合一定條件及守法性良好、對中小企業放款良好者，自申請書件送達金管會之次日起自動核准。而金管會在中信金事件後再度提出修正草案，將金控公司申請轉投資由「自動核准制」回復金控法第36條「審核制」，審核期間為15日。

2. 2005年6月14日金管會修正「審核原則」，將金控法第36條所訂首次投資比率由25%降低為5%。而此次修正草案則規定金控公司申請轉投資，其首次申請轉投資之持股比率仍可維持目前之5%，惟未來金控公司提出轉投資申請案時，應一併提出購買股權至25%之計畫（包括資金計畫）及整併方案。

3. 金控公司購買股權未達25%或取得過半數董事席次前，金控公司內部人不得兼任被投資公司的董事或監察人。

4. 針對目前金控公司董監內部持股高設質情況（以辜濂松為例，到2006年2月，他持有中信金控54萬7千多張股票，其中卻有近88%股票設定股票質押，而其他辜家相關投資公司，如寬和開發、仲成投資、和業投資，總設質股票近9萬張），金控公司申請轉投資時必須提出，最近6個月全體董事、監察人及金融控股公司法第4條第10款所規定之大股東持股設質比率平均達50%以上者，持股設質比率達50%以上之個別董事、監察人或大股東應提出倘因利率上漲或股價下跌致生資金周轉之因應方案，並出具願確實執行因應方案之聲明書提供予金融控股公司彙總分析其對公司經營之影響。

二、暫停股票交易制度

（一）意　義

當企業公布重大消息、併購、公開收購等情況時，最怕有心人士（內部人、內部關係人）因事先獲取資訊而進行股票買賣交易，藉機出脫持股或炒作股價，構成內線交易，國外普遍施行[32]。證券交易法第157條之1內線交易禁止規定，構成要件本身是否能確實涵蓋實務上發生的各種「非常規交易」尚有可論之處，以過去的內線交易案不僅檢察官舉證困難（一則因為釐清財務數字證據本身耗時耗力、另一則是因為有財會背景的檢調人員不足），縱然進入審判程序，法官要認定構成要件成立的機率也不高，遑論訴訟拖延至三審路程漫漫。暫停股票交易係一事前杜絕內線交易或任何非常規交易的管理措施，可大量減少社會不公義的情形。

（二）我國現行法規

我國上市公司之股票暫停交易規定定於「臺灣證券交易所股份有限公司營業細則」（下簡稱營業細則）第50條[33]，2004年6月23日，由於

---

[32] 2001年3月7日，雅虎的股票即將公布重大消息而暫停其股票交易；2004年12月18日，在美國聲請破產法11章保護的俄羅斯第二大石油公司尤科斯（OAO Yukos OilCo.）股票在莫斯科時間17日下午宣告暫停交易。

[33] 上市公司有下列情事之一者，對其上市之有價證券應由本公司依證券交易法第147條規定報經主管機關核准後停止其買賣；或得由該上市公司依第50條之1第4項規定申請終止上市。但上市公司有第2款之情事者，本公司得先行公告停止其上市之有價證券買賣後，復報請主管機關備查：一、未依法令期限辦理財務報告或財務預測之公告申報者。二、有公司法第282條之情事，經法院依公司法第287條第1項第5款規定對其股票為禁止轉讓之裁定者。三、檢送之書表或資料，發現涉有不實之記載，經本公司要求上市公司解釋而逾期不為解釋者。四、在本公司所在地設置證券過戶機構後予

博達科技並未針對流動資金不足以給付到期公司債、向法院聲請重整對公司的影響、帳面上記載外幣存款約新臺幣60億元受限制使用的情形進行說明，證交所公告博達科技（2398）將於6月24日暫停股票交易。我國雖然有此制度，但是上揭法條係採列舉，未在列舉事由中的情況，只能依營業細則第50條第13款概括條款停止股票買賣。營業細則第51條是關於上市公司與上市（櫃）公司合併部分[34]，營業細則第51條之1第2、3項是關於單一上市公司轉換為金融控股公司或數家上市（櫃）公司轉

以裁撤，或虛設過戶機構而不辦過戶，並經本公司查明限期改善而未辦理者。五、其依證券交易法第36條規定公告並申報之財務報告，有未依有關法令及一般公認會計原則編製，且情節重大，經通知更正或重編而逾期仍未更正或重編者；或其公告並申報之年度或半年度財務報告，經其簽證會計師出具無法表示意見或否定意見之查核報告或出具否定式或拒絕式之核閱報告者。六、違反上市公司重大訊息相關章則規定，個案情節重大，有停止有價證券買賣必要之情事者。七、違反申請上市時出具之承諾。八、依本公司有價證券上市審查準則第六條之一規定上市之公司，其所興建之工程發生重大延誤或有重大違反特許合約之事項者。九、違反第四十九條第1項第8款規定，且三個月內無法達成同條第2項第8款情事者。十、違反第49條第1項第9款規定，且自變更交易方法後之次一營業日起，三個月內無法達成同條第2項第9款之各項補正程序並檢附相關書件證明者。十一、對其子公司喪失金融控股公司法第4條第1款所定之控制性持股，經主管機關限期命其改正者。十二、違反第49條第1項第10款、第11款或第12款規定，且自變更交易方法後之次一營業日起，三個月內無法達成同條第2項第10款、第11款或第12款之情事者。十三、其他有停止有價證券買賣必要之情事者。

[34] 上市公司與上市（櫃）公司合併，合併後之存續公司仍為上市公司，消滅公司之有價證券應終止上市，存續之公司因合併而增發與已上市股票同種類之新股或新股權利證書，得自合併基準日起開始上市，但合併消滅公司之上市有價證券應於合併基準日（不含）前八個營業日起停止買賣，其並應於同基準日（不含）前至少三十個營業日，填妥申請書並檢具相關文件，向本公司提出終止上市申請。

換為金融控股公司部分[35]；營業細則第51條之2第6項是關於公司分割部分[36]。

---

[35] 單一上市公司依金融控股公司法第29條規定轉換為金融控股公司者，經本公司報請主管機關核准後，該金融控股公司之有價證券自股份轉換基準日起上市買賣，該原上市公司之有價證券於同日終止上市。

前項規定於數家上市（櫃）公司轉換為單一金融控股公司，且其中至少有一家以上為上市公司者，亦適用之。但如有未上市（櫃）公司與其他上市（櫃）公司一併轉換者，該等未上市（櫃）公司應符合下列各款條件：

一、未有本公司有價證券上市審查準則第9條第1項第1、3、4、6、8、11款規定情事之一者。

二、其最近一會計年度之財務報告應經主管機關核准辦理公開發行公司財務簽證之會計師查核簽證，並簽發無保留意見之查核報告。

上市公司有第1、2項規定之情事，經由預計所轉換股份占金融控股公司預計發行股份比例最高之上市公司，代表各該公司依下列規定向本公司洽辦各該款事項者，經本公司報請主管機關核准後，其原上市有價證券應於股份轉換基準日（不含）前八個營業日起停止買賣：

一、於股份轉換基準日（不含）前至少十五個營業日，填妥「上市公司轉換金融控股公司股票上市申請書」，並備齊所載明之附件，向本公司提出申請。

二、於依前款規定申請日（含）前，填妥「停止過戶申報書」，由本公司逕向市場為各該參與轉換為金融控股公司之上市公司停止股東名簿記載變更之公告。

[36] 上市公司依據相關法律規定進行一個或一個以上得獨立營運部門之分割者，其上市有價證券如欲繼續上市買賣，或分割後受讓前開部門營業之既存公司或新設公司（以下簡稱分割受讓公司）之有價證券欲上市買賣者，均應依本條規定辦理，並完成公司分割及上市作業之相關程序。

前項規定於單一上市公司同時分割為數家分割受讓公司，或數家上市公司同時分割予單一分割受讓公司者，亦適用之。

上市公司有第1、2項情事，應於分割基準日前至少三十個營業日向本公司申請，經本公司檢視其所送各項書件齊全暨由經理部門審查無下列各款標準之一者，得繼續上市：

一、最近二個會計年度未包括分割部門財務數據且經會計師查核之擬制性財務報表所示之擬制性營業利益，均較其同期財務報表所示之營業利益衰退達50%以上者。

二、最近二個會計年度未包括分割部門財務數據且經會計師查核之擬制性財

　　興櫃股票部分亦有簡要規定，符合以下條件之一，櫃檯中心將暫停此一興櫃股票的櫃檯買賣：㈠僅餘一家推薦證券商推薦者。㈡發行公司未依證券交易法規定時間揭露年度或半年度財務報告者。㈢未依規定公開重大訊息，且未於限期內改善者。㈣未依規定設有股務單位或辦理股務，且未於限期內改善者。

　　不過前揭暫停股票交易之規定顯然未規範公開收購、敵意併購等情況。以公開收購為例，「公開收購公開發行公司有價證券管理辦法」雖於2001年1月19日（90）臺財證㈢第000190號令公布施行，以因應企業購併之趨勢，加速企業變革，改善經營環境。證券暨期貨市場發展基金會（下簡稱證期會，現為金管會證期局）曾經考量為避免部分公開收購案嚴重影響被收購股票之市場價格並導致公開收購案之失敗，增訂在符合一定條件下，被收購股票得予暫停買賣之機制，惟考量股票暫停交易，有礙股票之流通性，損及投資人權益，證期會函請證券交易所及櫃檯買賣中心審慎研議被收購股票暫停買賣之具體標準並修改其相關法規。當時的證期會（按現在的金管會證期局）擬定公開收購上市股票的

務報表所顯示之擬制性營業損失，均較其同期財務報表所示之營業損失為大者。

上市公司固進行第1、2項之分割而成立投資控股公司，該被分割上市公司於符合本公司「投資控股公司申請股票上市審查準則」第4條第1項第1、2、4、5、7、8及9條之規定，得繼續上市，不適用前項第1、2款之規定。

上市公司有第1、2項情事經申請繼續上市時，應出具獨立專家就該次分割之換股比例、收購價格合理性及對上市公司股東權益影響之意見書。

上市公司有第1、2項情事，除有下列情形外，應併案申辦分割及減資換發有價證券作業，其上市有價證券應自分割基準日前十個營業日起停止買賣迄分割基準日（即減資基準日）後卅個營業日（無實體發行者為十五個營業日）為止，期間並已依據第45條暨「上市公司有價證券換發作業程序」一、二、三等規定完成換發有價證券作業：

一、上市公司分割但未進行減資，無須換發新股者。

二、上市公司分割後未涉及股東名簿之確定，或停止過戶基準日前後股東權益並無差異，無須停止融資融券及融券強制回補者。

暫停買賣標準即，公開收購價格若高於開始收購日市價的4成（若是提出收購的一方，訂定的價格過低，或是僅在市價附近，並不會造成股價異常大幅的波動，所以並無被收購股票停止買賣的立即性，以免損害正常欲買賣該股票投資人的權益）、收購數量達被收購公司股權的5成以上時，被收購股票將暫停買賣10個交易日。主要立意在於公開收購案件因收購股份數量龐大，甚至於造成經營權變更，將會嚴重影響被收購股票的市場價格與股東權益，讓市場可以有充分時間了解收購內容，據以做出正確的投資判斷，以兼顧企業投資人公平的權益[37]。然最後這項立意良善的規定並沒有保留在現行施行的「公開收購公開發行公司有價證券管理辦法」中。

　　本案中信金控入主兆豐金控不管是否構成內線交易，如果適時執行股票暫停交易，中信金控的「兩面通吃」計畫便無法順利得逞。金管會在檢討中信金控一案所引起的金融監理問題，除短期針對中信金控處分之外，應加強擬定長期完整金融監理政策，如此，才不會重演憾事。

陸、結論

一、金管會應強化金融監理機關之威望

　　金管會自2004年7月1日成立至今僅兩年餘，負面新聞多於正面，金

---

[37] 舉例言，若是A公司欲公開收購B公司的股權，在4月1日向主管機關提出收購申請，預計自5月1日到30日為收購期間，若獲准通過，則自5月1日起，往前推算6個交易日，假設不考慮週六、週日等因素，即為4月25日，此時，以B公司4月25日的收盤價，加上5根漲停板（幅度近4成）的價格若是低於收購價格，且收購數量達到B公司股權的5成時，自5月1日起，B公司股價將停止買賣10天。

檢局長李進誠的勁永禿鷹案、金管會前主委龔照勝的涉嫌臺糖圖利案，金管會委員林忠正的涉貪案等，接二連三爆發，朝野及人民均質疑金管會的威望、能力及廉潔操守。金管會自行檢討相繼頒布「廉政倫理規範」、「利益迴避原則作業要點」，要求全體成員共同遵守。日前又制訂公布「委員行為自律規範」共10點。於2006年11月10日又訂定「行政院金融監督管理委員會會議紀錄電子媒體檔案保存、管理及調閱聆聽程序要點」，決定委員會開會全程錄音錄影，且自動錄影系統會自動對發言人拍攝，記錄下會議一切內容，會議結束後再由秘書室與政風室，確認成功錄下影音，正版存入機密檔案室，備份則併同開會紀錄建檔[38]。因此，雖然金管會成立後的表現令國人不盡滿意，但至少還具備反省能力，誠屬不幸中之大幸[39]。

　　然上述檢討並不足夠，上市櫃的金融機構通常是數十萬小股東用血汗錢拼湊、堆積出來的，同時金融機構每天處理、經手的大量資金，都是社會大眾的存款，因此，銀行是信心產業，只要社會大眾信心動搖，再大的銀行都會垮[40]。金融事業最講究的就是誠信，現在很多「銀行家」或者沒有誠信，或者誠信不足以擔任管理、處置社會大眾資金[41]，因此，最應重視負責人的誠信與操守。如果金融事業的老闆貪腐弊案涉入不斷，那麼就根本不具有主持金融事業的誠信與資格。二次金改宣誓要公股退出，但是人民最希望見到的，卻是金融業公司治理的實質提升[42]。而金融改革要有須監理措施輔助，若要人民重拾對金管會的信

---

[38] 工商時報，「防弊行動接二連三金管會委員會錄影保存30年」，A2版，2006年11月11日。

[39] 工商時報，《社論》自律規範的必要與罰則的不必要，A2版，2006年11月11日。

[40] 中國時報，《短評》二次金改的信心危機，A2版，2006年10月24日。

[41] 工商時報，「誠信與威信」，A2版，2006年10月21日。

[42] 中國時報，「《社論》提攜龔照勝、李進誠與林忠正的人該負責」，A2版，2006年11月1日。

心，金管會今後對金融執法必須從嚴把關，重新建立威望。

二、金融業者本身應深化公司治理

　　中信金控想援用「華爾街模式」來控制兆豐金控，卻未向董事會說明其結構債真正的目的，企圖蒙混過關的意圖太明顯，雖取得董事會「形式同意」，卻完全不符合董事會「實質同意」，踐踏「公司治理」精神。辜仲諒雖然已經辭職下臺，但是「落實公司治理」的旅程才要開始。故慣於家族企業黑箱運作的經營模式，並不見容於重視誠信及透明的金融事業。加強董監責任和再教育是刻不容緩的，董事、監察人、公司經理人係受股東委託經營公司，應以高標準要求其善盡善良管理人義務和忠實義務。

三、檢調機關應加強偵辦金融弊案之能力

　　近年來經濟犯罪手法一再翻新，遊走法令邊緣的大老闆越來越多，檢調單位如果沿用傳統的辦案工具和程序，便很難迅速掌握案情，將經濟犯罪的傷害降到最低，遑論撰述符合公義的起訴書與判決書，因此檢調相關人員必須提升專業能力包括：財會知識、網際網路、國際法令等，才能應付層出不窮的經濟犯罪。

參考文獻

一、專書論著（依作者姓氏筆畫遞增排序）

1. 陳春山，「公司治理法制及實務前瞻」，學林文化，2004年5月。

2. 黃銘傑，「公司治理與企業金融法制之挑戰與興革」，元照，2006年9月。

3. 劉連煜，「公司法理論與判決研究(一)」，三民書局，1995年1月。

4. 劉連煜，「公司法理論與判決研究(二)」，元照，2000年9月二刷。

5. 劉連煜，「公司法理論與判決研究(三)」，元照，2002年5月。

二、網路資料

1. 行政院金融監督管理委員會全球資訊網，http://www.fscey.gov.tw/

2. 臺灣證券交易所，http://www.tse.com.tw/ch/index.php

3. 香港交易所，http://www.hkex.com.hk/index_c.htm

4. 公開資訊觀測站，http://newmops.tse.com.tw/

5. 中時電子報，http://news.chinatimes.com/

6. 聯合新聞網，http://udn.com/NEWS/main.html

7. 壹蘋果網絡，http://apple.1-apple.com.tw/

8. 自由時報電子報，http://www.libertytimes.com.tw/

9. 經濟學人Economist.Com，http://www.economist.com/index.html

10. 兆豐金控，http://www.megaholdings.com.tw/contents/default.asp

11. 中信金控，http://www.chinatrustgroup.com.tw/jsp/index.jsp

三、臺灣臺北地方法院檢察署檢察官95年度偵字第22201號及96年度偵字第2540號起訴書。

追求眞愛，嫁個好人家
——花旗集團併購華僑銀行案

游忠霖、朱珊慧

目 次

花旗併購僑銀大事記

日　期	事　件	備　註
95年5月9日	傳出寶來集團總裁白文正有意再度引進美系外資，外資圈盛傳，花旗集團、高盛集團是寶來集團主要接觸對象[1]。	
95年8月23日	僑銀計劃現金增資新臺幣130億元，引起荷蘭銀行、花旗銀行與匯豐銀行三大外銀興趣。僑銀已請三家外銀於18日提併購企劃書，但據了解是花旗取得優先選擇權（exclusive right）。[2]針對此事，僑銀表示，目前為保密階段，無法評論。	僑銀於公開資訊觀測站發布訊息，否認上述報導。[3] 股價自6.86元上漲至7.34元，成交量4,477張。
95年8月24日	外資圈盛傳，外傳全球最大金融集團花旗看中僑銀，同時也相中寶來證券（2854），將一併進行實地查核，為下一步出價投資甚至併購，預作準備。	
95年8月29日	花旗與寶來高層再度會面討論華僑銀行增資入股案，僑銀從原擬增資130億元改為先增資60億元，若成功引進花旗60億元資金，花旗將占僑銀三成股權，成為第一大股東，寶來集團股權則從33%稀釋至21%。花旗優先選擇權的截止日為8月20日，但因價格未獲共識，僑銀再延十天給花旗考慮。	花旗對僑銀入股案不予置評，僅表示若有任何重大訊息，一定會公布[4]。 本日收盤價6.94元，成交量291張。
	花旗證券亞洲區執行總裁，特地來臺前往寶來證（2854）內湖總部，與寶來集團六大單位主管進行一對一會談[5]。	
95年8月31日	僑銀和寶來集團有意引進外資的傳聞在金融圈沸沸揚揚，寶來集團總裁白文正今日正式對外回應：「價格、方式到今天為止都還沒有談到，在還沒有清楚的結果出來之前，市場的期望值卻不斷加高，有過多的想像不是他想看到的結果，僑銀增資雖然沒有時間表，希望在年底前有方向出來。」[6]	

---

[1] 2006-05-09，自由時報。

[2] 2006-08-23，經濟日報，A1版，要聞。

[3] 資料來源：公開資訊觀測站，http://newmops.tse.com.tw/。

[4] 2006-08-30，經濟日報，A3版，今日焦點。

[5] 2006-08-30，中國時報。

[6] 2006-08-31，聯合晚報，18版，理財話題。

日　期	事　件	備　註
95年9月1日	僑銀增資傳花旗已出價，市場猜測每股11元至13元匯豐荷蘭銀決定退讓寶來否認接獲出價，僅強調僑銀增資案會在一、兩周內定案[7]。	
95年9月12日	僑銀將循中央保模式賣給花旗引資案10月敲定，花旗集團不排除每股出價超過10元，可望取得100%持股，屆時僑銀將下市[8]。	僑銀於95年9月13日，於公開資訊觀測站發布訊息，否認前述報導。
		僑銀引資案傳出入主者可能是花旗集團後，近日股價緩步攻堅，12日更爆出4,330張的大量，較前一交易日的928張，激增3.66倍，股價一度衝上7元，盤中更一度衝抵8元，最後以7.99元收盤。
95年9月14日	外電傳出，寶來可能將僑銀股權賣Citigroup（花旗），每股售價至少10元。但，寶來、花旗都未證實該項價格的傳言。下周9月20日到10月雙方進入協商，僑銀的售價，仍未做最後確定。[9]	僑銀今市場仍在8元以下，收盤價7.77元。
95年9月28日	花旗二度實地查核可能全部吃下僑銀股權下周出價[10]。	本日收盤價9.25元，成交量5,473張。
95年9月29日	寶來給予花旗銀行出價的最後期限為9月底，市場臆測，與花旗香港高層敲定價格做最後確認，有可能全數出脫集團內的華僑銀行持股，每股價格在10-13元間，下周可望正式對外宣布。對此，寶來方面則不願回應[11]。	受到渣打高價入股竹商銀消息，激勵下週即將面臨花旗出價的僑銀同步大漲，本日收盤價9.89元，成交量12,059張。

---

[7] 2006-09-02，經濟日報，A7版，金融新聞。

[8] 2006-09-13，經濟日報，A4版，綜合新聞。

[9] 2006-09-14，聯合晚報，23版，產業話題。

[10] 2006-09-28，經濟日報，B3版，金融廣場。

[11] 2006-09-29，經濟日報，A4版，金融新聞。

日　期	事　件	備　註
95年9月30日	外電報導，花旗可能以每股約12元收購寶來集團持有的四成僑銀股權，最快下周三（10/4）雙方就會簽訂協議。財政部昨天表示，如果外資有興趣，行政院開發基金持有的11.4%股權也願意讓售[12]。	對於這項消息，花旗臺北分公司昨天表示，無法評論。
95年10月2日	花旗已實地查核僑銀兩次、55家分行逐一檢視，雙方原本對僑銀每股12元出售花旗頗有共識，在花旗表達高度興趣，以及英商渣打銀行收購新竹商銀的示範效應下，僑銀與花旗的訂價會議因而延後訂價一週（10/13），且價格有機會優於目前市場傳出的12元[13]。	由於竹商銀風光出嫁英商渣打銀行，讓僑銀出現比價效應。僑銀股價漲停，以10.55元作收，股價突破面額。本日收盤價10.55元，成交量6,215張。
	報載僑銀售花旗模式，從先前現金增資引進策略性外資股東模式，轉成循竹商銀模式，欲將寶來集團約四成可控制性持股，及約11%的官股股權，以公開收購模式，一次賣給花旗。	
95年10月3日	匯豐銀搶僑銀，傳每股喊15元，寶來大股東要求，比原先預訂售價12元再提高1到2元，花旗未同意，由於華僑銀行目前市價已接近每股12元，若再拖下去，破局機率高。[14]	僑銀本日於公開資訊觀測站發布訊息，否認前揭報導。
		本日收盤價11.25元，成交量5,784張。
95年10月4日	本日僑銀成交量，創下寶來入主僑銀以來的最大量，當天高掛賣超第一名的券商為寶來證券共6,743張，外資瑞士信貸則是第一大買超券商，隨即引來金管會注意。而事後寶來證券的官方說法是「大股東賣股票是為了對合併釋出善意希望股價降溫」[15]。	證期局下令「密切觀察」僑銀量價變動狀況，並調閱僑銀近期交易資料，了解是否涉內線交易或不法炒作等問題[16]。
		僑銀近一個月來，短線漲幅已高達七成。本日收盤價11.55元，成交量39,358張。

---

[12] 2006-09-30，經濟日報，A4版，焦點。

[13] 2006-10-02，聯合晚報，13版，證券理財。

[14] 2006-10-03，聯合報，B2版，焦點。

[15] 2006-10-05，經濟日報，A2版，財經要聞。

[16] 2006-10-05，聯合報，B6版，證券。

日 期	事 件	備 註
95年10月5日	受渣打銀行高價併購新竹商銀的激勵，帶動華僑銀行等股價，花旗消費金融臺灣區總經理管國霖不願正面回應花旗欲併購僑銀的傳聞，市場應理性看待花旗併僑銀，若銀行哄抬身價可能最後會落空[17]。	金融類股9/1到10/5漲幅最大的個股，竹商銀逾七成，僑銀逾5成。本日收盤價11.4元，成交量16,303張。
95年10月10日	市場傳聞寶來集團開給花旗的最後出價日為13日以前，花旗集團謹慎評估價格，預計在11至12日左右出價；如果成交，研判花旗將會買斷僑銀股權，掌控僑銀經營權，並讓僑銀下市。	如果併購案不成，傳聞則換外資德意志銀行將以第一優先候補順位上場交涉[18]。
95年10月13日	市場傳聞花旗將於今日宣佈併購僑銀，不過有關市場的諸多傳言，花旗與寶來始終不願評論[19]。	本日收盤價12元，成交量20,978張。
95年10月14日	外商花旗銀行購併僑銀進入最後關鍵，預料併購價位可能落在每股12元左右，下周一（10/16）宣布定案的可能性極大[20]。	僑銀本日於公開資訊觀測站發布訊息否認是項消息[21]。本日收盤價11.7元，成交量9,587張。
95年10月16日	市場傳出花旗銀行將併購華僑銀行消息，金管會主委施俊吉認為，若有違法，屬於意圖操縱股價。	
95年10月23日	花旗銀行確定買進土耳其銀行20%股權，並且看上奧地利銀行，外資圈擔心，花旗銀行對臺灣的華僑銀行併購案進度，可能受這兩個案子拖延，不利僑銀股價表現。惟僑銀仍	竹商銀成案，曾讓僑銀在10月中旬前，股價漲至12元，惟10月中旬銀行購併案出現「內線

[17] 2006-10-05，經濟日報，A2版，財經要聞。

[18] 2006-10-11，經濟日報，A3版，今日焦點。

[19] 2006-10-13，經濟日報，A4版，金融新聞。

[20] 2006-10-14，聯合報，B6版，財經‧證券。

[21] 僑銀於公開資訊觀測站發布訊息：「（主旨）本公司有價證券近期多次達公布注意交易資訊標準。一、本行營運正常，股票價格係由市場機能決定，與內部人並無關聯。二、本行今年增資計劃仍在進行之中，近來有關報導傳言所述之增資方式、種類、額度、價格等事項，均尚未確定，市場傳言眾多，為免股東及投資大眾受到不確定事項之報導影響，一旦增資計劃確定，本行將儘速依法公開相關訊息供股東及社會投資大眾知悉參酌。」

日　期	事　件	備　註
	持續與花旗洽談，雙方為免影響股價，都還沒有公布任何正式訊息[22]。	交易」傳聞，影響股價走勢，股價挫回10元上下。本日收盤價10.5元，成交量17,516張。
95年10月25日	寶來證今開董事會，白文正在會中向董事報告與花旗聯姻案未來成功機率高，價格就等花旗出價，消息隨即傳出，並有僑銀大股東在市場逢低布局，股價旋即拉上漲停[23]。	本日收盤價10.65元，成交量9116張。
95年11月7日	媒體報導花旗銀行臺灣區總經理利明獻強調，花旗將客戶服務及分行網路擴充視為既定政策。僑銀與花旗除了討論法律合約外，花旗也展開實地查核僑銀，尤其在竹商銀爆發內線交易風波後，花旗更是小心翼翼[24]。外資圈傳出，花旗將比照「渣打銀行收購竹商銀模式」，透過公開收購方式買進僑銀100%股權，每股收購價12元至13元，預料最快本月底全案即將拍定[25]。	本日收盤價11.1元，成交量11,046張。寶來集團證實，已談妥價格，目前進行到最後簽約的階段，預計最快下周可對外宣布。[26]
95年11月9日	寶來集團總裁辦公室執行長劉國安表示，花旗和僑銀的合併案進入倒數關頭。花旗已到僑銀進行3次實地查核，顯示花旗對合併僑銀的興趣與慎重程度。而花旗環球銀行臺灣區董事長杜英宗4日時主動提到，花旗確實與僑銀洽談過[27]。	據指出，花旗和僑銀的合併案一旦破局，僑銀不排除引進其他外資為策略夥伴，但否認並非先前外傳的淡馬錫。本日收盤價11.15元，成交量7,704張。
95年11月10日	立委林重謨重批金管會不知道花旗銀行要不要買僑銀，算不算內線交易？根本就是「公然詐騙」。金管會主委施俊吉也表示，金管會沒有收到任何併購申請，可能是「操弄股價」。僑銀（5818）嫁人婚事，傳最快下周將有定案，今盤中因此消息爆量急拉股價。花旗	寶來證（2854）內部則指出，僑銀售股案並未破局，目前仍針對相關法律細節進行協商，絕對不會操弄股價。市場多次專出不同版本的僑銀與花旗的合併

---

22 2006-10-23，聯合晚報，15版，證券話題。

23 2006-10-26，經濟日報，C2版，證券期貨。

24 2006-11-01，中國時報，B2版，投資線上。

25 2006-11-07，聯合報，B2版，焦點。

26 2006-11-09，中國時報，財經焦點，B1版。

27 2006-11-09，聯合報，B2版，焦點。

日　期	事　件	備　註
	併購區間每股傳13.5到13.8元的價格，買入51%股權。	價格細節，惟均未獲花旗及僑銀的證實[28]。 本日收盤價11.85元，成交量19,481張。
95年11月14日	對於花旗有意取得僑銀經營權的意圖，寶來集團總裁白文正首度對外表示，如果像中央保的模式，談好策略聯盟條件，也可由外資全面主導經營權。 金管會在例行記者會中副主委張秀蓮表示，尚未收到合併申請，不過確實有就相關情節詢問金管會意見，並且將對僑銀股價持續上漲，調查是否有涉及內線交易。如果發現有刻意散佈不實消息，就得以「意圖影響股價」處理。	
95年11月15日	金管會在例行記者會中副主委張秀蓮表示，櫃臺買賣中心已經掌握買賣僑銀的名單，正在監視中，調查是否有內線交易或操縱股價的問題[29]。	本日收盤價10.4元，成交量7,335張。
	華僑銀行工會舉行記者會表示，公開向僑銀資方下最後通牒，僑銀工會已在今年5月1日，經由罷工投票取得合法罷工權，要求月底前簽妥保障員工權益的團體協約，否則工會將開始準備12月29日罷工。工會表示，目前寶來集團及僑銀高層僅口頭承諾併購不會影響員工工作權，甚至聲稱沒有決定權，不肯給予員工實質的團體協約保障。	僑銀則表示，工會強烈要求在限期內簽署團體協約，但少數工會成員提出異於常理且超出業界標準許多的協商條件而無法接受[30]。
95年11月16日	僑銀工會在上午赴金管會陳情；資方僅以一張措詞強硬的新聞稿，直斥僑銀少數員工抗拒改革，特別是工會提出的「優惠補償金額無上限」，以及優惠補償條件要求適用於「自動離職」的員工，均明顯不合理，資方不可能簽訂這樣的契約。	
95年11月17日	僑銀工會指出，在多次跟金管會陳情的過程中，金管會僅止於「籲請」僑銀資方儘速與工會協商團體協約。因此工會決定將在11月	團體協約中第29條的「優惠補償基數」是勞資雙方無法達成共識的

---

[28] 2006-11-10，聯合晚報，21版，證券理財。

[29] 2006-11-15，經濟日報，A4版，金融新聞。

[30] 2006-11-15，工商時報，A2版，政策焦點。

日　期	事　件	備　註
	22日至華僑銀行總行前進行抗議。並提出串聯七家取得罷工權的銀行工會一同罷工[31]。	瘴結[32]。
95年11月21日	僑銀工會要求與公司簽訂優惠的員工團體協約，並有意串連其他工會罷工，引起花旗方面極大疑慮，要求僑銀展開問卷調查，希望真實了解員工動向。統計結果有94.74%的員工贊成引進外資。僑銀工會諮詢律師後認為，資方此舉有違反強制行員人身及意志自由，而且明文要求員工「不參與罷工」，資方有「不當勞動行為」（unfair labor practice）的違法問題。僑銀方面則已與工會展開訴訟，希望能透過法律訴訟，否決工會取得的罷工權[33]。	資方同意的結算年資方案，九年以下給予2N、10至14年給2N+2、15年以上則為2N+4。
95年11月22日	僑銀工會原本計劃赴總行抗議，但經過召開工會理監事會議後，決定臨時取消，並與僑銀資方達成將在23日再次協商的共識。	
95年11月23日	僑銀承諾2,178位員工，將以工作年資10年（不含）以下為2N，10到14年為2N+2，15年以上為2N+4，52個月為上限的方式，一次結清所有人的年資，估算將花費26.4億元，來化解勞資雙方的爭議。工會也首度釋出善意，提兩點說明，一、工會不堅持簽署團體協約或者是3N+18的結算年資，但對於最高達2N+4及52個月的上限，盼能調整提高。二、盼白文正能代表工會與花旗明確談妥留用員工的條件[34]。	報載花旗銀已初步敲定，傾向百分之百收購華僑銀行，所以不採公開收購模式。再者，花旗銀行傾向全數取得僑銀股權，再進行增資，改善僑銀體質。

---

[31] 2006-11-17，工商時報，A7版，金融保險。

[32] 僑銀工會主管表示，以目前花旗銀行自行內的規定，員工表現未達標準，可能馬上被資遣，優惠補償只有1n，與僑銀工會提出的「3n+18」優惠補償基數，相距甚遠。目前僑銀團協內容是參照彰化銀行的團協內容而定。然而根據花旗過去兩次的優退方案，一次為「2n+1」，另一次為「3n+1」。

[33] 2006-11-21，聯合報，B2版，焦點。

[34] 2006-11-23，工商時報，A2版，政策焦點。

日　期	事　件	備　註
95年11月30日	工商時報報導花旗收購僑銀案，將延用AIG收購中央保股權模式，由花旗在臺設立的子公司，與僑銀換股，僑銀最後必須下櫃。預估整體收購成本應超過160億元。包括收購股權的成本，及部分僑銀員工年資結算費，將在報請金管會核准後，兩周內正式對外宣布。	媒體報導華僑銀行將以每股11.9元賣給花旗銀行，僑銀副總經理翁健予以否認，並強調目前增資引進策略投資股東仍照進度進行，合作的方式以特別股增資或百分之百公開收購的方式尚未確定。
	寶來高層主管表示，花旗銀行和華僑銀行聯姻案一直無法宣布，其中一卡在花旗希望合併後以「分公司」營運，但主管機關堅持合併後的銀行要是「子公司」，雙方至今還沒有達成共識。	金管會認為外商銀行若併購本國銀行，將要求外商銀行必須在臺灣設立子行，不能僅是分行。
95年12月21日	原擬與多家銀行在29日展開聯合罷工的僑銀工會下午召開會員代表大會，通過取消罷工。	據消息指出，僑銀將在29日召開當年最後一次董事會，屆時可能討論與花旗合併案。
95年12月29日	僑銀今日將召開例行董事會，外界關注的合併、增資案，並未列在開會議程；僑銀內部人指出並不會以臨時動議方式提出，同時也強調，雖然目前沒有破局，但若是成案，也是明年的事情。	
96年1月2日	僑銀資方以「違反工作規則」為由解僱工會代理理事長陳惠治及常務理事王賢聰2位工會幹部。	
96年3月8日	協商多時的美國花旗銀行收購華僑銀行案終於底定。《華爾街日報》報導，花旗決定以總值新臺幣140億元，100%收購僑銀，換算每股收購價約11.6元至11.8元。僑銀也是繼竹商銀後，第二家由外資百分之百收購的國銀。	此次收購是延用AIG收購中央保模式，由花旗設立在臺子公司，再由該子公司與僑銀進行換股。[35]

---

[35] 2007-03-08工商時報，要聞，A1版，據了解，花旗已匯入臺灣6億美元，準備進行現金收購計劃，由經濟部商業司網站查詢，美國花旗集團在臺成立一家資本額三億元的花旗國際投資公司，未來可能透過此公司做為收購主體。

日 期	事 件	備 註
96年4月9日	僑銀與紐約人壽曾簽訂十年的保險獨賣權，華僑銀行已取得紐約人壽的同意函，同意花旗併購僑銀案。這樁交易以每股約11.62元（原訂每股11.8元為上限，此為經扣除員工年資結算等調整因素後的初估價格），總金額新台幣141億元的價格併購僑銀，最快9月初完成合併[36]。花期承諾以合併基準日起算，僑銀員工有長達一年的工作保障期間。此外，花旗也要承受僑銀帳面上未處分的不良債權50億元因此實際出價將高於200億元。不過，僑銀員工的年資結算需花費28億元的成本則由原大股東自行吸收。	僑銀的資本適足率為8.09%，貼近主管機關訂定8%的標準，花旗集團收購程序完成後僑銀即下市。未來花旗必須對僑銀增資60億元，以達到法定資本適足率要求。

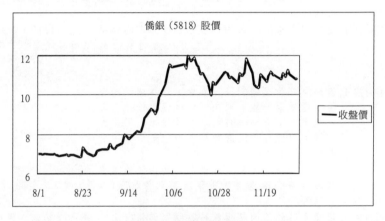

附圖：僑銀股價[37]

壹、前　言

近年來隨著併購風潮盛行，而金融機構在多功能的導向需求下，透過併購一方面擴大市占率，另一方面能提供更多元化的金融商品或服

---

[36] 2007-04-10，工商時報，綜合要聞，A4版。

[37] 整理自中華民國證券櫃檯買賣中心網站：http://www.otc.org.tw/c_index.htm。

務，國內金融機構彼此間亦不斷有進行併購之情形發生，除此之外，由
於臺灣位居大中華市場的一部分，與中國大陸間語言相近、文化相通，
對於金融事業拓展大陸市場，亦具有一定作用，是以不乏外國金融集團
對於我國金融機構存有興趣，導致跨國併購情形時有耳聞。而我國也因
先後修正銀行法及制定金融機構合併法、金融控股公司法、企業併購法
後，發展出一套獨特的金融機構併購法制。由於金融機構併購的結果，
往往會造成經營權的變動，對於金融機構的經營與持續發展勢將造成重
大影響，因此特須注重其間所涉相關人等的權益。又因金融機構比起一
般公司具有較高的公共性，須受到金融主管機關之高度監理，因此如何
在金融政策上，取得行政管制與私法自治的平衡點，即成為重要課題。

　　有鑑於此，本文擬就市場傳聞的花旗集團打算併購華僑銀行此一
個案事實為例，介紹併購交易的流程與所涉及的相關法制，可能進行併
購的動機為何？分析各種可能的併購模式的可行性與其中必要的考量因
素，以期能大致理解整個併購交易的概況，並探討其間可能涉及的法律
問題。又由於併購消息的曝光，雖常會導致公司股票價格的上漲，惟可
能也因此有引發證券交易法上操縱股價、內線交易的疑慮，本文對此將
探討實務上構成內線交易成立的難易度，了解現行法實務操作的概況與
產生的問題點。最後則為本文的結論。

貳、案例事實

一、事實背景

　　臺灣企業文化受到外資青睞，且高科技產業位居全球龍頭，這是臺
灣市場吸引外資的因素。因此，外資對於併購臺灣的銀行存有興趣，尤

其臺灣比中國大陸的法制健全，兩岸之間文化相近、語言相通，有助臺灣在大中華市場中取得優勢地位。花旗集團近年來積極併購亞洲市場的銀行，除了與多家銀行共同持有中國廣東發展銀行的36%股權以外，較早之前也收購土耳其第三大銀行的20%股權，顯示花旗不但加強海外獲利比例，主要更瞄準在亞洲市場以及中國大陸，該集團連續在韓國、中國大陸及臺灣推動併購計畫，相較起來，臺灣的進度並不是最慢，但是由於潛在誘因不是最佳，再加上兩岸金融市場開放遙遙無期，花旗方面顯得較為意興闌珊。但在歷經競爭對手渣打銀行併購竹商銀之後，外商在臺灣的財富管理競爭將日趨白熱化。擅長財富管理及消費金融的花旗銀行，看上僑銀通路，及僑銀旗下若干不動產資產，近來開始與有意淡出國內金融經營的寶來集團接觸。

　　華僑銀行是臺灣的中小型銀行，僑銀大股東寶來集團取得主導經營權之後，本來規劃結合寶來證券的商品創新與僑銀的通路，拓展金融版圖，但是在爆發卡債風暴後，寶來集團負責人白文正體認到銀行面臨的風險與證券業有一段距離，剛好花旗銀行希望趁著消金風暴逆勢拓展市占率，僑銀在國內54處分行營業據點的通路條件，符合花旗銀行的需求，雙方因此積極洽談收購事宜。目前僑銀有約11%左右的股份屬於泛公股持股，若花旗有意100%併購僑銀，公股也將願意配合一併讓出。由於竹商銀以相當好的價格賣出，市場也相當關心僑銀的賣價，但是僑銀資產品質較弱，花旗對僑銀投資案，一直猶豫不決，一方面擔心一口吃下58處營業據點的僑銀無法消化，一度還曾研究要併購花蓮企銀，但因擔心花企的黑洞而作罷，預估花旗銀行可能不會用太高的價格購買僑銀[38]。

---

38 事實背景部分，參閱自由時報，「花旗、高盛傳有意入股僑銀」，2006年5月9日；經濟日報，「新聞幕後花旗銀，可能出線」，A3版，2006年8月23日；中國時報，「受渣打以每股24.5元高價迎娶竹商銀影響僑銀嫁花旗售

二、當事人簡介

（一）花旗集團（Citigroup）

　　全球最大的金融服務公司，在一百多個國家為2億左右的消費者、企業、政府機構等客戶提供各種金融產品及服務，業務範圍包括消費金融、企業金融和投資銀行、私人銀行、保險、證券經紀及資產管理服務等。1998年10月，花旗銀行（Citicorp）與旅行家集團（Travelers Group）合併，正式成為花旗集團（Citigroup）。紅色雨傘是花旗集團的企業識別標誌，旗下機構包含花旗銀行、CitiFinancial、Primerica金融服務公司、花旗環球、所羅門美邦、Banamex、及旅行家保險等。臺灣方面，花旗銀行於民國53年8月成立臺北分行，擁有長達39年的悠久歷史，也是臺灣最大、獲利能力最佳的外商銀行。在企業金融、投資銀行及消費金融領域都是市場的領導者。在臺灣關係企業包括臺灣大來國際信用卡公司、香港商花旗財務服務有限公司、花旗保險代理人公司、花旗產物保險代理人公司、花旗證券投資顧問公司、美商花旗環球證券公司臺北分公司、以及花旗環球證券投資顧問公司等[39]。

價還有得喬」，B1版，2006年10月2日；大紀元時報，「花旗僑銀併購案利明獻低調」，2006年10月12日；工商時報，「僑銀「綁寶來」賣給花旗；一周來雙方已對僑銀底價達成共識，花旗將視寶來所提配套決定是否再加碼」，A1版，2006年10月14日；臺灣新新聞週刊，「走出消金風暴，點燃外商銀行併購行情」，2006年10月4日；工商時報，「花旗亞太併購連連在臺最悶臺灣的誘因不夠大，加上兩岸金融市場開放無期，只有等待時間換空間」，A3版，2006年11月19日。

[39] 資料來源：卓越服務獎，http://www.serviceexcellence.com.tw/winner2004.htm，〈2006.12.09〉；last visiting。

（二）華僑銀行

僑銀於1961年3月1日設立，為臺灣的中小型銀行，資本額約119.4億元，1998年12月21日股票正式上櫃，全臺分行共54家，國外分支機構1家。2004年底，寶來集團與策略聯盟伙伴西華飯店、凌群電腦、遠雄集團，聯手參與僑銀的現金增資，掌控僑銀約46%股權，2005年3月，寶來集團取得9董1監，成為僑銀的經營者[40]。

（三）寶來集團

集團以1988年成立的寶來證券為主體並向外拓展，其資本額由成立時的2億元成長至119億，目前事業版圖涵蓋了投資銀行、資產管理、投資信託、衍生性商品、財務工程、期貨、保險、投資顧問及金融資訊等關係企業[41]。

三、花旗集團併購僑銀的可能原因

（一）花旗併購的動機

1. 花旗集團對於擴展臺灣、大中華地區銀行市占率，有極大企圖心，亟需金融人才以及在臺通路，因此鎖定的國內銀行，以資產品質優良、分行數不多的銀行為併購目標。希望入股直接入主經營。

2. 花旗銀行的一家分行效能等於臺灣三家分行，花旗期望在臺最具經濟效益的經營是以20-33家分行，就可以做到本國銀行百家分

---

[40] 資料來源：2006.05.09自由電子報，http://www.libertytimes.com.tw/，〈2006.12.09〉；last visiting。

[41] 資料來源：寶來國際金融機場，http://www.finairport.com/polaris/service/aboutpolaris/，〈2006.12.09〉；last visiting。

行的業務規模。

3. 美國總部態度上十分明顯：切入新興市場作為併購策略目標。該
   集團執行長普林斯亦表示，此舉是加速降低花旗對美國市場的依
   賴程度，而把花旗在美國以外地區的年度獲利率，從目前占集團
   總獲利的45%，提高到60%[42]。

（二）寶來集團為華僑銀行尋求外資的動機

1. 僑銀的資本適足率[43]於95年為7.82%[44]，然據報載指出，目前則
   僅有6.8%，與金融機構8%的標準仍有差距，金管會緊盯僑銀和
   寶來金融集團，是促成寶來加速處理僑銀增資問題的關鍵。據瞭
   解，寶來金融集團當年入主僑銀，號召兩大金主——遠雄集團趙藤
   雄和西華飯店劉文治，但趙劉兩人投資兩年後，發現僑銀經營效
   益遲遲難以顯現，投資報酬率不佳，遂希望寶來金融集團總裁白
   文正要儘快處理。近年來，外商銀行都有受邀查看僑銀投資的可
   能性。

2. 擁有45年歷史的僑銀，是國內老牌外匯銀行，目前有54家分行，
   為國內當前除臺銀之外，唯一一家全省分行都有外匯指定銀行牌
   照的銀行，中小企業放款做得還算不錯、消費金融則偏弱，近年

---

[42] 以上參閱自由時報，「花旗高盛有意入股僑銀」，2006年5月9日；經濟日
報，「新聞幕後花旗銀可能出線」，A3版，2006年8月23日；中國時報，
「受渣打以每股24.5元高價迎娶竹商銀影響僑銀嫁花旗售價還有得喬」，B1
版，2006年10月2日；工商時報，「花旗亞太併購連連在臺最悶」，A3版，
2006年11月19日。

[43] 銀行法第44條規定銀行自有資本與風險性質資產之比率不得低於8%，並授
權主管機關可以參照國際標準提高比率，據此財政部訂定發布銀行資本適
足性管理辦法。

[44] 華僑銀行，95年度財務報告，http://www.booc.com.tw/indexitem/fs/fs_95_3q.
htm，2006年12月9日；last visiting。

董總更換頻繁,過去7年,財報年年處於虧損狀態。

3. 究竟要引進「財務性投資人」還是「策略性投資人」,是否讓出經營權,是寶來集團必須思考的課題。

4. 若花旗與僑銀未來正式合併後,分行數將擴增至65家,雖然仍低於渣打娶竹商銀後的86家。不過,以花旗的獲利能力,將可協助壞帳達53億元的僑銀「重振雄風」。

5. 寶來投信已與花旗集團合作開發臺灣參與憑證,將寶來臺灣卓越50基金設計成美式認購權證於盧森堡掛牌,為國內首檔ETF[45]衍生性金融商品於海外上市的實例。引進花旗,可以加強二集團之間的合作關係[46]。

---

[45] 指數股票型基金(ETF)-exchange traded fund,英文原文為Exchange Traded Funds,是一種兼具股票、開放式共同基金及封閉式共同基金特色的金融商品。

ETF包含兩大特色,第一是其必須於集中市場掛牌交易,買賣方式與一般上市上櫃股票一樣,可做融資買進與融券放空策略。第二是所有的ETF都有一個追蹤的指數,ETF基金淨值表現完全緊貼指數的走勢,而指數的成份股就是ETF基金的的投資組合。由於ETF操作的重點在追蹤指數,而其施行的方法則是將ETF投資組合內的股票調整到與指數成分股完全一致(包括標的、家數、權重均一致),因此,ETF基金表現即能與連動指數走勢一致。簡單來說,ETF就是一種在證券交易所買賣,提供投資人參與指數表現的基金,ETF基金以持有與指數相同之股票為主,分割成眾多單價較低之投資單位,發行受益憑證,例如投資人買進臺灣50指數ETF,就等於擁有了臺灣市值最大的50家上市公司投資組合。

[46] 以上參閱經濟日報,「新聞幕後花旗銀可能出線」,A3版,2006年8月23日;中國時報,「受渣打以每股24.5元高價迎娶竹商銀影響僑銀嫁花旗售價還有得喬」,B1版,2006年10月2日;中國時報,「花旗買僑銀最快下周宣布喜訊」,B1版,2006年11月9日。

【關係圖】

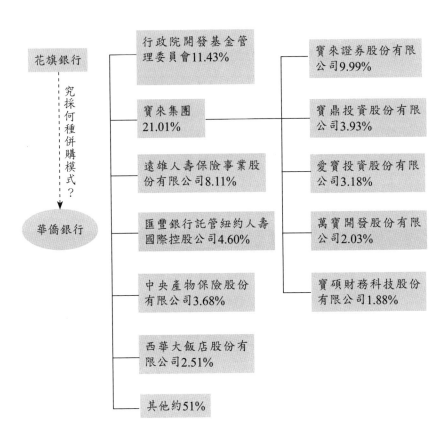

【寶來證券組織集團系統圖】

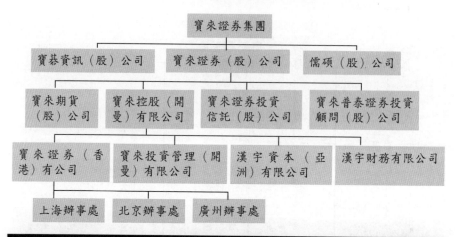

資料來源：寶來國際金融機場，http://www.finairport.com/polaris/service/aboutpolaris/，〈2006.12.11〉；last visiting

參、法律爭點與分析

一、併購之流程概述

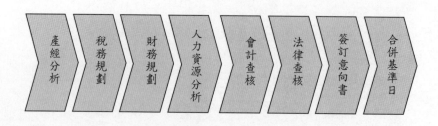

（一）產經分析

　　企業要開始併購程序，必須展開一連串的策略規劃，確立其成長目標與併購策略、擬定篩選標準、辨識所有潛在的目標公司並評估其是否與公司的成長目標相符、併購可行性分析，依據併購策略規劃結果，選定併購對象開始協商。而花旗會選定華僑銀行作為併購標的的考量因素可能在於[47]：

1.花旗有意擴大在臺中小企業金融業務，僑銀中小企業在臺中以南擁有極佳市占率，符合花旗集團的預期。花旗現有11家分行，併購在臺擁有54家分行的僑銀之後，將使花旗在臺灣擴增到65個據點，有助於花旗打開臺灣市場之外，更能藉助本土銀行對臺商的影響力，拓展對大陸地區的市場開發。

2.花旗併購僑銀，業務面擴增到財富管理、外匯交易，如此可以強化花旗的強項；但是由於競爭對手渣打銀行已先一步入主竹商銀，可能會吸走花旗在臺灣培養的大中華市場人才，迫使花旗即使面對寶來的出售條件，不能主動停止，加上兩岸關係未明，最終能否達成花旗的併購策略，極可能必須交給時間解決。

3.花旗銀行看重僑銀的優勢在於，僑銀全臺擁有54個分行據點，除兩個簡易分行外，其他據點均擁有外匯交易執照，尤其渣打銀行入主竹商銀後，外銀在臺灣財富管理競爭將日趨白熱化，因此，如何維繫現有僑銀與寶來集團證券、新金融商品整合能力，再配合花旗強大的消金、企金專業實力，是花旗有意入股僑銀的重要因素。

---

[47] 參閱工商時報，「僑銀「綁寶來」賣給花旗；一周來雙方已對僑銀底價達成共識，花旗將視寶來所提配套決定是否再加碼」，A1版，2006年10月14日；工商時報，「花旗亞太併購連連在臺最悶」，A3版，2006年11月19日。

（二）稅務規劃（Tax planning）

對於進行併購的雙方而言，規劃併購交易的另一重要考量因素為租稅後果。例如併購後對方商譽如何攤提？併購標的有累積虧損時，如何利用累積虧損以達節稅的目的？有無任何租稅優惠措施可以適用？應適用我國促進產業升級條例或外人投資條例的租稅優惠措施相關規定還是成立BVI（境外公司）較能達到節稅目的？這些都是必須考量的問題。由於從租稅的觀點來觀察，對於一方最有利的結構未必對於他方同屬最有利，因此最好的策略是讓雙方當事人對併購交易應支付之稅額都降到最低，以增加交易的價值。

【附錄：企業併購之租稅優惠及會計處理規定[48]】

項目	企業併購法	金融控股公司法	金融機構合併法	促進產業升級條例
適用對象	股份有限公司	金融機構（公司或非公司）	金融機構	依公司法設立之公司
租稅優惠適用的併購類型	合併、分割、股份轉換、概括承受	營業讓與、股份轉換	合併、概括承受	專案合併、土地與設備作價投資
申請程序	無（按規定檢附相關書件適用）	主管機關許可	主管機關許可	專案申請
租稅優惠 營業稅	免徵	免徵	─	免徵
租稅優惠 契稅及印花稅	免徵	免徵	免徵	免徵
租稅優惠 證券交易稅	免徵	免徵	─	免徵
租稅優惠 土地增值稅記存	公司所有土地准予記存	原供金融機構直接使用土地准予記存	原供消滅機構使用土地准予記存	公司所有土地准予記存

---

[48] 薛明玲、廖烈龍、林宜賢著，企業併購策略與最佳實務，頁36至37。

租稅優惠	租稅獎勵之繼受	有條件准予繼受	—	—	有條件准予繼受
	虧損扣抵	按股權比率扣抵	—	按股權比率扣抵	按股權比率扣抵
	連結稅制	母子公司得合併申報	母子公司得合併申報	—	—
	營利事業所得稅	符合條件，分割或讓與財產部分產生之所得免稅	因營業讓與及股份轉換產生之所得稅免徵	—	—
	償債免營利事業所得稅	若符合條件，償還被併購公司積欠銀行債務，就併購財產或營業部分產生之所得免稅	—	—	—
會計處理	合併商譽攤銷	15年	—	5年	15年
	合併費用攤銷	10年	—	10年	10年
	出售不良債權損失攤銷	—	—	15年	—

（三）財務規劃（Financial Analysis）

併購過程中必須規劃財務，以設想如何來進行籌資，因為公司併購的資金籌措關係到整個併購交易的成敗與否，是以進行併購交易的財務規劃十分重要。因此，在進行併購時，必須就資金籌措的管道有所認知，並且必須確保資金籌措不致於發生任何變故。一般而言，併購的對價不外乎現金、有價證券或現金與有價證券的組合。到底應採取採取何種併購模式為佳？以自有資金或要進行融資收購？對公司而言，也都相當重要。更有甚者，尚須考量併購後如何適應業務擴張，哪些資產必須投資，資金從何而來，以及以後公司會產生多少負債？按負債愈高，財

務槓桿的風險就相對提高，對公司而言，如果無法創造出併購綜效以達到原先併購目標，就違背當初原先進行併購的目的[49]。

（四）人力資源分析

如何保有人力資源是大部分合併後整合計畫的重要目標之一。當併購的消息一傳出時，勢必造成公司員工人心惶惶，到了併購的執行或整合階段，也可能面臨企業文化的相容及人力資源管理等問題，這些都必須要在人力資源分析規劃中加以考量。因此如何加強溝通、安撫員工的情緒、提供員工適當的訓練，使員工參與合併後的新工作調整、以及合併後人員任用政策等人力資源策略，將會是決定企業合併成敗的一大重要關鍵。另外，工會的阻撓也常常成為併購成敗的原因，而併購公司為排除此困難所增加的併購成本也會反應在併購價格上。本文在此擬僅就員工權益保障應如何解決的問題加以探討。

1.花旗在此必須考量的因素

花旗對僑銀2,200名員工素質，頗有疑慮。兩家銀行合併後，人力可能過剩，因此花旗銀行必須考慮，資遣僑銀部分員工，進行「人事整併」以精簡人事，以提高經營效率[50]。但事涉如何確保員工權益，考驗雙方合併能否成功談成。

2.員工權益保障

金融機構併購除將對公司股東及債權人之利益造成影響外，亦因經營權的更迭，經營者可運用其對於經營事項的裁量決定權，實質變更勞動條件，使員工法律地位發生變化，因此如何保障銀行員工之權益，即成重要課題。

---

[49] 史綱、李志宏、陳錦村、鄭漢鐔主編，企業購併理論與實務，頁29。
[50] 中國時報，「花旗買僑銀最快下周宣布喜訊」，B1版，2006年11月9日。

⑴勞動基準法（以下簡稱勞基法）

　　金融事業單位進行改組或轉讓[51]時若涉及法人格變更時，依金合法第19條[52]準用勞基法第20條[53]規定，須對勞工權益加以保障：

　　　　①終止或變更勞動關係，應準用勞基法第16條[54]規定，預告終止勞動契約或取得勞工同意。並應依第17條[55]規定發給勞工資遣費。

　　　　②留用勞工之工作年資，應準用勞基法第20條規定，由新雇主繼續加以承認。

⑵企業併購法（以下簡稱企併法）

　　金合法雖未就金融機構合併時所生勞動關係之變動與承受設有明文

---

[51] 依行政院勞工委員會77.6.23臺（77）勞資二字第12992號函解釋：「勞動基準法第20條所稱『事業單位改組或轉讓』，係指事業單位依公司法之規定變更其組織型態，或其所有權（所有資產、設備）因移轉而消滅其原有之法人人格；或獨資或合夥事業單位之負責人變更而言。」

[52] 金融機構合併法第19條「金融機構依本法合併、改組或轉讓時，其員工得享有之權益，依勞動基準法之規定辦理。」

[53] 勞動基準法第20條「事業單位改組或轉讓時，除新舊雇主商定留用之勞工外，其餘勞工應依第16條規定期間預告終止契約，並應依第17條規定發給勞工資遣費。其留用勞工之工作年資，應由新雇主繼續予以承認。」

[54] 勞動基準法第16條「雇主依第11條或第13條但書規定終止勞動契約者，其預告期間依下列各款之規定：
一、繼續工作3個月以上1年未滿者，於10日前預告之。
二、繼續工作1年以上3年未滿者，於20日前預告之。
三、繼續工作3年以上者，於30日前預告之。
勞工於接到前項預告後，為另謀工作得於工作時間請假外出。其請假時數，每星期不得超過2日之工作時間，請假期間之工資照給。
雇主未依第1項規定期間預告而終止契約者，應給付預告期間之工資。」

[55] 勞動基準法第17條「雇主依前條終止勞動契約者，應依左列規定發給勞工資遣費：
一、在同一雇主之事業單位繼續工作，每滿一年發給相當於一個月平均工資之資遣費。
二、依前款計算之剩餘月數，或工作未滿一年者，以比例計給之。未滿一個月者以一個月計。」

規定，此時除依企併法第24條規定，於公司合併的情形，存續或新設公司應概括承受消滅公司之勞動契約與團體協約。另外企併法第15條至第17條，就退休準備金之運用及移轉與提撥、員工之資訊取得權、工作年資的承認、同一留用員工之選擇權、未留用員工及不同意留用員工之保護事項亦設有具體規定。

(3)勞工退休金條例

在勞工退休金條例實施後，採個人專戶制的情形下，由雇主負責提繳退休金專戶的退休金，且服務於新舊不同事業單位間的年資仍得以合併計算，即年資得以攜帶而隨同勞工移轉。又依勞工退休金條例施行細則第11條[56]規定，當事業單位發生改組、轉讓或併購之情事時，勞工退休金之給付義務，其留用勞工得選擇繼續適用退休舊制及保留工作年資。是以在企業併購後，若勞動契約之雇主有所變更，留用勞工與新事業單位間之契約關係成立意定契約承擔，由勞雇雙方協商決定退休金制度之選擇適用舊制或新制。

(4)團體協約法（以下簡稱團協法）

依團協法第27條規定「團體協約當事團體在團體協約上之權利義務，除團體協約當事人另有約定外，因團體之合併或分立移轉於因合併或分立而成立之團體。」此時應由併購公司之工會承受消滅公司工會之團體協約。

---

56 勞工退休金條例施行細則第11條「事業單位依勞動基準法第20條規定改組、轉讓或依企業併購法、金融機構合併法進行併購者，其留用勞工依本條例第9條第1項、第2項、第11條第1項或第35條第1項規定選擇適用之退休金制度及保留之工作年資，併購後存續、新設或受讓之事業單位應予承受。」

⑸罷工權的行使與限制

　　按企業有時基於減輕人事費用的考量，於併購後進行裁員以減輕負擔並提升人力素質與員工貢獻度，而勞工為改善勞動條件，則以工會為主體進行集體交涉，並以勞動鬥爭權使此種交涉產生一定壓力，最終達成勞資雙方修訂或重新締結團體協約。在諸多勞動鬥爭權的手段中，罷工可以說是主要的爭議手段，合法的罷工，依工會法第26條及勞資爭議處理法第8條規定，以及學理上見解，大致有以下要件：

　　①須經工會會員大會以無記名投票，經全體會員過半數同意始得為之。

　　②須經調解或仲裁程序後始得為之，即所謂「最後手段之原則」。

　　③須基於締結團體協約之正當目的，以增進勞工正當權益、改善勞動條件、提升勞工經濟地位。

　　④必須符合妥當性原則，以正當非暴力手段行之。此正當非暴力的概念，受所謂「禁止過分原則」、「公平進行對抗原則」及「公共利益拘束原則」所拘束，以免因勞動爭議影響公眾或非參與勞動爭議第三人的利益[57]。

　　本件案例中，倘僑銀工會進行罷工不符合上述要件，例如尚未經調解或仲裁程序即舉行罷工，則將會被評價為違法罷工，侵害雇主的營運活動，有被請求損害賠償之虞。此外，依工會法第55、56條規定負有刑事責任。又僑銀工會宣稱已於5月1日即取得合法罷工權，卻至11月14日後始宣稱將舉行罷工，亦將可能影響其原先取得罷工權的合理性。

---

[57] 黃越欽，勞動法新論，頁438至443，2004年9月修訂二版。

（五）實地查核（Due diligence）

所謂實地查核，要言之，便是形成併購案基本合意後的企業調查，其目的是在於盡量瞭解、掌握彼此營運現況及未來發展，得以預先規劃作為併購案後續協商的策略運用，及公司價值評估之用。實地查核報告都是依據各專業領域的審查所做成的查核報告，其中所記載的事項都涉及對併購案具有重大影響的資訊。除了公司概況外，其中也包含評估併購風險的效益，都可以作為日後價值評估。也因此實地查核報告也成為併購公司與目標公司對併購案做成最終決策的重要參考依據。也因此查核可以反應企業的真實價值。

1.會計查核

在進行併購交易時，在會計方面須謹慎查核標的公司的相關財務資訊，以求能對企業價值做正確的評價，並將得據以評估潛在風險。例如在會計查核方面，參閱表10-1至表10-4，可得知僑銀資產品質較弱，投資報酬率不佳，過去幾年，財報年年處於虧損狀態。此點為花旗併購僑銀時必須在會計上注意的項目。

【表10-1】華僑銀行營益分析表（近三年）

		營業收入（百萬元）	毛利率（%）（營業毛利）/（營業收入）	營業利益率（%）（營業利益）/（營業收入）	稅前純益率（%）（稅前純益）/（營業收入）	稅後純益率（%）（稅後純益）/（營業收入）
90年度	第一季	4,413	5.64	−14.14	−14.97	−14.97
	半年度	9,591	7.74	−10.12	−10.69	−10.69
	第三季	13,572	7.97	−10.87	−11.32	−11.32
	全年度	16,517	2.12	−18.29	−18.55	−18.55

		營業收入（百萬元）	毛利率（%）（營業毛利）/（營業收入）	營業利益率（%）（營業利益）/（營業收入）	稅前純益率（%）（稅前純益）/（營業收入）	稅後純益率（%）（稅後純益）/（營業收入）
91年度	第一季	3,026	−6.81	−33.73	−34.47	−34.47
	半年度	5,846	10.60	−16.83	−17.29	−17.29
	第三季	8,800	18.15	−9.09	−9.41	−9.41
	全年度	11,728	22.00	−5.05	−5.29	−5.29
92年度	第一季	3,032	25.40	−0.60	−0.45	−0.45
	半年度	5,884	−0.16	−26.70	−24.98	−24.98
	第三季	8,204	11.54	−16.92	−16.30	−16.30
	全年度	10,240	17.72	−14.05	−13.66	−13.66

資料來源：公開資訊觀測站，華僑銀行（5818），http://mops.tse.com.tw/server-java/t05st21?colorchg=1&off=1&TYPEK=otc&isnew=false&year=94&co_id=5818&，〈2007.04.29〉：last visiting

一家經營良好的公司，營業成本占營業收入的比率會較低，即營業毛利率[58]會較高；如直接成本及管銷費用控制得當，營業利益率[59]也會較高；而由純益率[60]可看出一家公司在完納稅捐之前的公司營運獲利，純益率越高表示公司總體經營能力越佳。由【表10-1華僑銀行營益分析表】可以得知近年來僑銀整體經營狀況均呈現淨損狀態，公司營運潛力大有問題。

[58] 營業毛利＝營業收入－營業成本；營業毛利率＝營業毛利/營業收入。
[59] 營業利益＝營業收入－營業成本－直接成本及管銷費用；營業利益率＝營業利益/營業收入。
[60] 純益率＝稅前淨利/營業收入。

【表10-2】華僑銀行資產負債表（近五年）　　單位：新臺幣千元

年度\項目	95年	94年	93年	92年	91年	當年度截至96/3/31財務資料
	依95年度新格式列示	依95年度以前格式列示				
現金及約當現金、存放央行及拆借銀行同業	18,480,727	29,816,913	29,816,913	24,219,909	23,768,847	43,722,660	17,956,891
買入票券及證券	—	—	22,852,004	31,572,897	32,211,901	21,751,240	
公平價值變動列入損益之金融資產	5,046,715	4,477,483	—	—	—	—	10,164,620
附賣回票券及債券投資							1,143,785
備供出售金融資產	16,487,918	13,909,961	—	—	—	—	16,756,271
貼現及放款	181,787,207	179,323,594	—	—	—	—	179,647,401
買匯、貼現及放款	—	—	179,329,780	159,365,836	176,734,779	172,459,646	—
應收款項	9,647,898	9,803,170	10,218,964	12,979,602	9,484,815	10,095,132	9,507,013
長期投資			7,290,581	8,405,971	3,837,275	4,386,891	
持有至到期日之金融資產	19,653,924	6,045,040	—	—	—	—	15,775,892
採權益法之股權投資	323,313	311,820	—	—	—	—	327,290
固定資產	8,750,848	8,306,692	8,306,692	8,585,574	8,480,530	8,655,421	8,700,088
無形資產	176,734	151,064	—	—	—	—	168,256
其他金融資產	3,209,587	5,475,330	—	—	—	—	3,104,873
其他資產	10,316,538	12,540,758	12,346,901	13,385,531	12,064,408	4,843,003	9,598,706
資產總額	273,881,409	270,161,825	270,161,825	258,515,320	266,582,555	265,913,993	272,851,086
央行及銀行同業存款	14,811,108	21,220,666	3,274,207	1,222,703	1,639,393	2,026,676	15,544,026
應付款項	8,710,841	7,323,050	—	—	—	—	7,203,029
存款及匯款	230,079,414	222,562,459	240,508,918	228,712,278	236,339,614	235,849,367	228,733,094
公平價值變動列入損益之金融負債	431,107	3,997	—	—	—	—	1,460,204
附買回票券及債券負債	921,213	841,185	—	—	—	—	2,558,779
央行及同業融資、應付金融債券	5,479,500	4,500,000	4,707,490	4,679,761	5,362,874	1,688,281	5,022,005
應計退休金負債	1,127,680	1,043,159	—	—	—	—	1,160,905
其他金融負債	168,401	207,490	—	—	—	—	167,787
其他負債	1,877,515	1,132,349	10,343,740	11,927,456	13,870,398	14,395,614	1,374,957
負債總額　分配前	263,606,779	258,834,355	258,834,355	246,542,198	257,212,279	253,959,938	263,224,786
分配後		258,834,355	258,834,355	246,542,198	257,212,279	255,148,784	—
股本	11,944,800	11,944,800	11,944,800	11,944,800	11,376,000	11,376,000	11,944,800
資本公積	721	721	303,622	172,104	178,440	178,440	721
保留盈餘　分配前	(2,177,005)	(922,805)	(922,805)	(139,402)	(2,187,463)	(788,354)	(2,845,964)
分配後		(922,805)	(922,805)	(139,402)	(2,187,463)	(788,354)	—
金融商品之未實現損益	201,559	(969)	—	—	—	—	221,039
累積換算調整數	2,602	3,770	—	—	—	—	3,741
股東權益其他項目	301,953	301,953	1,853	(4,380)	3,299	(877)	301,953
股東權益　分配前	10,274,630	11,327,470	11,327,470	11,973,122	9,370,276	10,765,209	9,626,300
總額　　　分配後		11,327,470	11,327,470	11,973,122	9,370,276	10,765,209	

以下財報資料來源：華僑銀行95年度財務報告，http://www.booc.com.tw/indexitem/info.asp#2，〈2007. 04.29〉：last visiting

　　按一家資本公積與保留盈餘高的公司，表示其以往經營績效良好，才能依公司法第232條、第237條提撥累積盈餘和公積，由此觀察，華僑銀行保留盈餘呈現負值，表示營運狀況不佳。

【表10-3】華僑銀行簡明損益表（五年）

單位：新臺幣仟元

項目＼年度	最近五年度財務資料					當年度截至96/3/31財務資料
	95年	94年	93年	92年	91年	
	依95年度新格式列示		依95年度以前格式列示			
利息淨收益	3,779,155	4,090,992	–	–	–	842,400
利息以外淨收益	(1,340,996)	(1,714,706)	–	–	–	460,441
放款呆帳費用	441,080	130,909	–	–	–	288,368
營業費用	3,349,144	3,028,172	–	–	–	841,022
營業收入	–	–	9,308,564	8,605,621	10,318,538	11,728,951	–
營業支出	–	–	9,610,933	11,224,272	11,823,577	12,322,053	–
營業損益	–	–	(302,369)	(2,618,651)	(1,505,039)	(593,102)	–
營業外損益	–	–	(480,426)	116,312	105,930	(27,672)	–
繼續營業部門稅前損益	(1,352,065)	(782,795)	(782,795)	(2,502,339)	(1,399,109)	(620,774)	(668,949)
繼續營業部門稅後損益	(1,352,065)	(782,795)	(782,795)	(2,502,339)	(1,399,109)	(620,774)	(668,949)
停業部門損益（稅後淨額）	–	–	–	–	–	–	–
非常損益（稅後淨額）	–	–	–	–	–	–	–
會計原則變動之累積影響數（稅後淨額）	97,865	(608)	(608)	–	–	–	–
本期損益	(1,254,200)	(783,403)	(783,403)	(2,502,339)	(1,399,109)	(620,774)	(668,949)
每股盈餘（元）	(1.05)	(0.66)	(0.66)	(2.21)	(1.23)	(0.37)	(0.56)

　　從營業收入減去營業成本及營業費用後，所得的營業淨利越高的公司，顯示企業經營有競爭力，公司獲利能力佳，華僑銀行在此項目近五年處於虧損狀態，每股盈餘則是呈現虧損，顯示公司營業並未帶來實質收益，面臨經營危機。因此一旦花旗入主之後，勢必得需面臨到要改善僑銀的營運體質的問題。

【表10-4】華僑銀行財務分析資料查詢

分析項目		最近五年度財務分析					當年度截至96/3/31
	年度	95年	94年	93年	92年	91年	
經營能力	存放比率（%）	74.41	74.56	69.68	74.78	73.12	73.53
	逾放比率（%）	3.23	2.41	5.28	10.15	13.98	3.59
	利息支出占年平均存款餘額比率（%）	1.82	1.38	1.13	1.43	2.44	1.93
	利息收入占年平均授信餘額比率（%）	3.47	3.38	3.25	3.22	5.09	3.49
	總資產週轉率（次）	0.01	0.01	0.03	0.04	0.04	—
	員工平均收益額（仟元）	1,114.33	1,104.22	—	—	—	213.86
	員工平均營業收入（仟元）	—	4,325.54	4,546.02	5,410.87	6,242.12	—
	員工平均獲利額（仟元）	(573.22)	(364.03)	(1,321.89)	(733.67)	(330.37)	(305.74).
獲利能力	第一類資本報酬率（%）	(12.55)	(7.12)	(24.87)	(14.81)	(6.49)	(7.41)
	資產報酬率（%）	(0.46)	(0.30)	(0.95)	(0.53)	(0.23)	(0.24)
	股東權益報酬率（%）	(11.61)	(6.72)	(23.45)	(13.90)	(6.10)	(6.72)
	純益率（%）	(51.44)	(32.97)	(29.08)	(13.56)	(5.30)	(145.28)
	每段盈餘（元）	(1.05)	(0.66)	(2.21)	(1.23)	(0.37)	(0.56)
財務結構	負債占總資產比率	96.25	95.81	95.37	96.49	95.94	96.47
	固定資產占股東權益比率	85.17	73.33	71.71	90.50	80.40	90.38
成長率	資產成長率（%）	1.38	4.51	(3.03)	0.25	0.93	(0.38)
	獲利成長率（%）	(60.10)	68.69	(78.85)	(125.38)	(79.75)	—
現金流量	現金流量比率	35.21	67.38	(15.51)	43.00	34.53	—
	現金流量允當比率	2,048.64	2,293.99	2,073.46	1,647.91	504.36	—
	現金流量滿足率	83.80	38.20	13.04	88.69	13.04	—
流動準備比率		17.20	13.13	19.89	16.52	15.14	16.53
利害關係人擔保授信總餘額		2,293,268	2,338,830	1,391,501	1,898,107	1,669,884	2,327,771
利害關係人擔保授信總餘額占授信總餘額之比率		1.25	1.29	0.86	1.09	1.00	1.28
營運規模	資產市占率	0.84	0.77	0.87	0.95	1.03	—
	淨值市占率	0.54	0.58	0.68	0.57	0.67	—
	存款市占率	0.97	1.19	1.02	1.12	1.18	—
	放款市占率	1.04	1.03	1.02	1.26	1.30	—

1. 95年度較94年度增加虧損470,797千元（增加幅度60.10%），故相關財務比率變動較大。
2. 95年度存款成長，惟放款並未同步成長，故將短期性資金轉申購央行存單，致流動準備比率提高。

註：1.新格式以「員工平均收益額」取代「員工平均營業收入」，員工平均收益額＝淨收益/員工人數。
　　2.94、95年度總資產週轉率（次）、純益率、現金流量相關比率已依新定義及重分類數字編製。

　　公司營運即運用其所有流動資產及固定資產來創造效益，透過總資產週轉率[61]，可以了解企業利用資產創造營運效益的能力，華僑銀行

[61] 總資產週轉率＝營業收入/總資產。

的總資產週轉率在同業間並不算高，經營效率可能偏低；此外，股東權益報酬率[62]則顯示股東投資該公司可取得多少報酬，而公司的資產報酬率[63]顯示公司是否充分運用資產來創造收益，在這方面，華僑銀行在二方面均呈現負值，表示企業競爭能力不足，公司經營效率不佳。

2.法律查核

按商業法令日趨複雜，企業的法律風險增加，因此必須考量法令的限制，以免造成併購交易的障礙。事先掌握風險及問題，避免訟爭成本。這方面通常會包括：1.交易的合法性，2.分析股權變動、股務狀況，3.所有重大契約的有效性與強制性，4.未決及有威脅性訴訟情況及對其了解程度[64]。而從本案事實中可知：

(1)股權變動、股務狀況

　①僑銀的股權中，寶來證及員工共持有約23%，若加上大股東劉文治與遠雄集團趙藤雄共約11%，合計持股近四成。不過僑銀還有11%的官股，若行政院開發基金配合售出，花旗可以一次拿下將近半數的股權。參見表10-5。

　②花旗銀不欲採取公開收購的方式，因為需要提供較高的股價溢酬，增加併購的成本。而且採公開收購的模式，不容易取得百分之百持股控制，像渣打銀目前已取得竹商銀95.4%的股權，尚有零星的股權未取得。

---

[62] 股東權益報酬率＝稅前淨利/股東權益。

[63] 資產報酬率＝稅前淨利/資產總額。

[64] 林柄滄會計師編著，成功的企業併購，頁171。

【表10-5】持有華僑銀行股份依股數排序前十名股東及股權設質情形[65]

95年度第3季重要財務業務資訊			
姓名法人股東代表	持有股數	持有股數占已發行股數之比率	股權設質情形
行政院開發基金管理委員會	136,512,000	11.43%	—
寶來證券股份有限公司	119,344,865	9.99%	—
遠雄人壽保險事業股份有限公司	96,877,000	8.11%	
匯豐銀行託管紐約人壽國際控股公司	55,000,000	4.60%	
寶鼎投資股份有限公司	46,900,124	3.93%	46,900,000
中央產物保險股份有限公司	44,000,000	3.68%	—
愛寶投資股份有限公司	38,000,300	3.18%	38,000,000
西華大飯店股份有限公司	30,000,000	2.51%	—
萬寶開發股份有限公司	24,235,500	2.03%	
寶碩財務科技股份有限公司	22,500,000	1.88%	—

(2)併購法制的相關規定

花旗集團屬於外國金融機構，併購時須注意以下規定：

①外國人投資條例第5條

「投資人持有所投資事業之股份或出資額，合計超過該事業之股份總數或資本總額三分之一者，其所投資事業之轉投資應經主管機關核准。」

②促進產業升級條例第15條

「公司為促進合理經營，經經濟部專案核准合併者，依下列各款規

---
[65] 華僑銀行，前揭註。

定辦理：

一、因合併而發生之印花稅、契稅、證券交易稅及營業稅一律免徵。

二、事業所有之土地隨同一併移轉時，經依法審核確定其現值後，即予辦理土地所有權移轉登記，其應繳納之土地增值稅，准予記存，由合併後之事業於該項土地再移轉時，一併繳納之；合併之事業破產或解散時，其經記存之土地增值稅，應優先受償。

三、依核准之合併計畫，出售事業所有之機器、設備，其出售所得價款，全部用於或抵付該合併計畫新購機器、設備者，免徵印花稅。

四、依核准之合併計畫，出售事業所有之廠礦用土地、廠房，其出售所得價款，全部用於或抵付該合併計畫新購或新置土地、廠房者，免徵該合併事業應課之契稅及印花稅。

五、因合併出售事業所有之工廠用地，而另於工業區、都市計畫工業區或於本條例施行前依原獎勵投資條例編定之工業用地內購地建廠，其新購土地地價，超過原出售土地地價扣除繳納土地增值稅後之餘額者，得向主管稽徵機關申請，就其已納土地增值稅額內，退還其不足支付新購土地地價之數額。

六、前款規定於因生產作業需要，先行購地建廠再出售原工廠用地者，準用之。

七、因合併而產生之商譽，得於15年內攤銷。

八、因合併而產生之費用，得於10年內攤銷。

前項第3款至第6款機器、設備及土地廠房之出售及新購置，限於合併之日起二年內為之。

公司依第1項專案合併，合併後存續或新設公司得繼續承受消滅公

司合併前依法已享有而尚未屆滿或尚未抵減之租稅獎勵。但適用免徵營利事業所得稅之獎勵者，應繼續生產合併前消滅公司受獎勵之產品或提供受獎勵之勞務，且以合併後存續或新設公司中，屬消滅公司原受獎勵且獨立生產之產品或提供之勞務部分計算之所得額為限；適用投資抵減獎勵者，以合併後存續或新設公司中，屬消滅公司部分計算之應納稅額為限。

公司組織之營利事業，虧損及申報扣除年度，會計帳冊簿據完備，均使用所得稅法第77條所稱之藍色申報書或經會計師查核簽證，且如期辦理申報並繳納所得稅額者，合併後存續或另立公司於辦理營利事業所得稅結算申報時，得將各該辦理合併之公司於合併前經該管稽徵機關核定尚未扣除之前五年內各期虧損，按各該辦理合併之公司股東因合併而持有合併後存續或另立公司股權之比例計算之金額，自虧損發生年度起五年內，從當年度純益額中扣除。

第1項專案合併之申請程序、申請期限、審核標準及其他相關事項，由經濟部定之。」

③銀行法相關規定

A.銀行法第25條規定，併購銀行如透過購買目標銀行已發行有表決權股份之方式，以取得目標銀行之經營控制權時，原則上應受銀行法第25條有關持股比例上限（25%）之限制。但花旗集團為金控公司，依該條第2項但書規定，經主管機關同意後，得不受持股比例上限之限制。

B.銀行法第120條規定，外國銀行應專撥其在中華民國境內營業用之資金，並準用第23、24條之規定。即以專撥資金視為第23條之最低資本額，且該專撥資金亦須依第24條規定，以國幣計算。

C.銀行法第58條規定，銀行若與其他銀行合併或從事營業讓與之行為，必須依下列程序辦理：

(A)取得銀行主管機關之許可；

(B)向經濟部辦理公司變更登記；

(C)向銀行主管機關申請換發營業執照；

(D)換發營業執照後15日內於本行及分行所在地公告

D.外國銀行分行及代表人辦事處設立及管理辦法第3條規定「外國銀行經許可在我國設立分行，應專撥最低營業所用資金新臺幣1億5,000萬元，其經許可增設之每一分行應增撥新臺幣1億2,000萬元，並由申請認許時所設分行或主管機關所指定之分行集中列帳。外國銀行分行擬增加匯入營業所用資金，應事先報經主管機關及中央銀行核准。」

④金融機構合併法（以下簡稱金合法）第18條規定

A.第1項規定「金融機構概括承受或概括讓與者，準用本法之規定。外國金融機構與本國金融機構合併、概括承受或概括讓與者，亦同。但外國金融機構於合併、概括承受或概括讓與前，於中華民國境外所發生之損失，不得依前條第2項規定辦理扣除。」外國金融機構除得以股份取得或營業受讓等方式，取得本國金融機構之經營控制權，尚得準用金合法之規定，以概括承受或概括讓與等方式，與本國金融機構進行合併。

B.依第4項授權制定之外國金融機構與本國金融機構合併概括承受或概括讓與辦法第3條規定[66]，外國金融機構如與本國金融機構進行合併、概括承受或概括讓與，應依金合法第5條、第16條規

---

[66] 外國金融機構與本國金融機構合併概括承受或概括讓與辦法第3條：「外國金融機構與本國金融機構合併、概括承受或概括讓與，準用本法第五條至第7條、第16條及第17條規定（第1項）。外國金融機構與本國金融機構合併、概括承受或概括讓與，除前項規定外，相關決議、通知或公告及其股東與債權人權益保障等程序，外國金融機構依其總機構所在地有關法令為之，本國金融機構依本法有關規定為之（第2項）。」

定提出申請書及相關文件，向我國主管機關申請許可。

⑤金控法第23條規定

依金融控股公司法（以下簡稱金控法）第23條規定，外國金融控股公司在符合該條規定，經主管機關許可，得不在國內另新設金融控股公司，花旗集團本身在符合上開要件下，得經主管機關許可，毋庸在本國另新設立金融控股公司。

⑥公平交易法

金融機構合併在股份轉換的情形，可能構成公平交易法第6條第1項第2款[67]所規定之事業結合類型，倘若又符合公平法第11條[68]規定事業結合應申報的情形，須事先向公平交易委員會提出申報。

---

[67] 公平交易法第6條第1項第2款「本法所稱結合，謂事業有下列情形之一者而言：
二、持有或取得他事業之股份或出資額，達到他事業有表決權股份或資本總額三分之一以上者。」

[68] 公平交易法第11條「事業結合時，有下列情形之一者，應先向中央主管機關提出申報：
一、事業因結合而使其市場占有率達三分之一者。
二、參與結合之一事業，其市場占有率達四分之一者。
三、參與結合之事業，其上一會計年度之銷售金額，超過中央主管機關所公告之金額者。
前項第3款之銷售金額，得由中央主管機關就金融機構事業與非金融機構事業分別公告之。
事業自中央主管機關受理其提出完整申報資料之日起30日內，不得為結合。但中央主管機關認為必要時，得將該期間縮短或延長，並以書面通知申報事業。
中央主管機關依前項但書延長之期間，不得逾30日；對於延長期間之申報案件，應依第12條規定作成決定。
中央主管機關屆期未為第3項但書之延長通知或前項之決定者，事業得逕行結合。但有下列情形之一者，不得逕行結合：
一、經申報之事業同意再延長期間者。
二、事業之申報事項有虛偽不實者。」

（六）簽定意向書（Letter of Intent, LOI）

通常在併購者和目標公司就併購案的基本條件達成共識，雙方就其初步協商所形成的基本合意，以書面形式明確記載，即為意向書，或有稱為備忘錄。意向書在實務上常見的內容包括：

1. 併購型態和價格：雖在此協商階段，不一定能確定契約之內容，但在價格上可作初步約定，在實務上在簽署意向書時，雙方通常已談妥併購價格或者換股比例，剩下只須要在簽署正式契約時再依查核的結果做調整。

2. 當事人：須確定併購之標的公司，尤其在目標公司股權結構較為複雜的情況下，更需確定當事人，在實務上是將公司及大股東並列為他方當事人，並要求其就違約的情形負連帶賠償責任。

3. 禁止挖角，在併購協商過程中，會有雙方人員的接觸，而且可能得知對方客戶的資料，因此為避免在併購不成功時，向對方的客戶或員工挖角。

4. 終止條款，在重大事件發生時，可能導致賣方喪失併購意願，賣方即可依據終止條款終止併購。

5. 拘束力的約定，在實務上意向書常常被解釋為雙方有簽訂正式契約義務的預約書，故可能在未來發生爭訟時被法院認定為具有拘束力，而一方必須要負一定的責任，無疑的增加併購的風險，若雙方當事人並不想受到意向書的拘束，認為意向書僅表達雙方談判的原則，則應在意向書中說明其並不具法律上拘束力，是較為保險的做法。

6. 法律查核的進行。

7. 約定意向書的有效期間。

8. 其他約定，如關於併購後公司經營權歸屬、股權結構、營業區

域、股票上市時程等事項，以及關於併購對價的計算基準與調整方式。

（七）訂定合併基準日

併購案除訂定合併基準日並向主管機關進行申請辦理合併登記外，依企業併購法第25條規定，雙方權利義務事項的移轉，原則上自合併基準日起生效。通常進行到此一階段，主管機關始行知悉與有介入的空間。

二、花旗選擇的併購模式分析

依現行企業併購法制，實務上得以運用的企業併購模式，主要包括公司合併、營業受讓、公司分割、股份轉換、共同經營、委託經營、承租營業、股份取得及概括承受等種類。花旗併購僑銀，自得參酌自身利益，選擇上述方式之一為之。惟選擇任一方式，必須考量其各自優劣利弊：

（一）由花旗在臺設立子公司，與僑銀換股，僑銀最後必須下櫃（三角合併）

所謂三角合併，性質上屬間接合併，尚可區分為正三角合併[69]或逆三角合併[70]。對於併購公司而言，無須取得其股東會同意，且利用其子

---

[69] 正三角合併，第一階段是由併購公司先以發行新股方式，出資成立一百分之百控股的子公司，而使該子公司持有控制公司股份；第二階段再由該子公司以吸收合併之方式，將持有之併購公司股份與目標公司股東所持有之股份進行股份交換，使目標公司股東全數變成持有併購公司股份，目標公司則歸於消滅。

[70] 逆三角合併，其與正三角合併不同之處，在於第二階段是由目標公司以吸收合併的方式，由目標公司支付該子公司股東（即併購公司）之對價，為目標公司股份。

公司進行併購,亦得以透過子公司股份責任有限的特性,來減輕其所承擔的風險。僑銀資產品質較弱,投資報酬率不佳,過去幾年,財報年年處於虧損狀態。若雙方逕行合併,對於臺灣地區花旗銀行可能造成影響。在我國法制下,正三角合併得依公司法第156條第6項規定以發行新股方式設立子公司,而該子公司亦得以其所持有之併購公司股份,作為吸收合併目標公司應支付之對價[71];惟就逆三角合併而言,因為目標公司無法直接以其股東所持有的股份,作為吸收合併該過渡成立的子公司所應支付的對價,因此在我國若要引進逆三角合併之類型,尚仍有待立法解決[72]。

根據報導,此次花旗收購僑銀是延用AIG收購中央保模式,由花旗在臺設立子公司,再由該子公司與僑銀進行換股,據了解,花旗已匯入臺灣6億美元,準備進行現金收購計劃,由經濟部商業司網站查詢,美國花旗集團在臺成立一家資本額3億元的花旗國際投資公司,未來可能透過此公司做為收購主體[73]。

(二)花旗不選擇其他併購模式的可能性

1. 營業受讓

在採取營業受讓的方式下,併購公司得取得目標公司主要部分的營業或財產,且不當然繼受目標公司之權利義務,惟此種資產收購的程序

---

[71] 經濟部94.3.23經商字09402405770號函:「公司法第156條第6項規定:『公司設立後得發行新股作為受讓他公司股份之對價……』所謂『他公司股份』包括三種:(一)他公司已發行股份;(二)他公司新發行股份;(三)他公司持有之長期投資。其中「他公司已發行股份」,究為他公司本身持有或其股東持有,尚非所問」

[72] 王志誠,企業組織再造法制,頁62至64。

[73] 工商時報,「花旗買僑銀 140億成交;每股11.6至11.8元,僑銀將辦理60億現增,使資本適足率達8%」,A1版,2007年3月8日。

相當冗長，可能會增加不必要的租稅負擔及其他交易成本，且不等於受讓公司即取得讓與公司之經營權而須介入讓與公司之營運，又不當然得繼續從事營業活動，將喪失原讓與公司之客戶訂單，可能與花旗想要取得經營權之目的不符。

2. 股份轉換

依企業併購法第29條採百分之百股權轉換的方式，得使僑銀成為花旗百分之百控股的子公司，花旗得掌控僑銀的經營權。惟在尚存有疑慮的狀況下，倘由花旗銀行本身與僑銀進行換股，則可能必須承擔僑銀資產體質不佳的風險。

3. 股份取得

花旗得依公司法第156條第6項規定發行新股的方式與僑銀大股東進行股份交換，取得僑銀經營權，惟取得僑銀股東身分，即須解決僑銀的虧損問題，會影響到花旗在臺的資金運用。

4. 概括承受

概括承受時，依金合法第18條第1項準用同法第11條第3項及第4項之程序與對債權人之效力，惟概括承受所取得者為僑銀的營業或財產，並非僑銀本身，故未必等同取得實際經營權及繼受原先之營業活動，與花旗打算取得經營權的目的不符。

5. 公開收購

花旗欲取得對僑銀的控制性持股，得依證券交易法（以下簡稱證交法）第43條之1以下及公開收購公開發行公司有價證券管理辦法相關規定，進行公開收購，須向主管機關申報並公告，且依證交法第43條之5規定不得任意停止公開收購（§43-5 I），倘未於收購期間完成預定收購數量或經主管機關核准停止公開收購之進行者，一年內不得再就同一被收購公司進行公開收購（§43-5 III），並依證交法第178條第1項第9款規定主管機關得處以新臺幣24萬元以上240萬元以下罰鍰。花旗如欲

取得僑銀百分之百的控制性持股，採行公開收購方式，恐未必能達到其
目的。

6.私募

依證交法第43條之6以下規定進行私募時，花旗可以確實取得對僑
銀的控制性持股，但是須受證交法第43條之8轉售之限制，違者有證交
法第178條第1項第2款新臺幣24萬元以上240萬元以下罰鍰。若將來花旗
打算出售對僑銀的持股，必須考量此點因素。

7.共同經營、委託經營、承租營業

花旗的目標在於取得經營權，這些方式並不足以滿足花旗的需
求，故不在其考慮之列。

（三）到底要設立子行？還是分行？

花旗納僑銀為分行，可能考慮分行的股利匯回國外在課稅上可以
免稅，而子銀行的股利匯出要扣繳20%。但金管會認為外商銀行若併購
本國銀行，將要求外商銀行必須在臺灣設立子行，不能僅是分行[74]。依
據銀行法的規定，商業銀行最低成立資本額為100億元[75]，但如果是外
商銀行在臺分行，專撥最低營業所用資金1.5億元，其經許可增設之每
一分行應增1.2億元。主管機關對於子行與分行的資本額要求差距非常
大。主管機關之所以要求必須設立子行，即係基於金融監理的想法，對
於外國銀行，我國主管機關較難以加以監督管理。金管會可能慮及若花
旗將僑銀納為其分行，將來對之實施金融監理即有困難，故有此一要

---

[74] 工商時報，「僑銀收購價11.9元成交；低於市場預估每股13元；花旗收購總
　　值約142億元，兩周內宣布」，A1版，2006年11月30日；經濟日報，「金管
　　會：花旗併僑銀，須設子行」，A4版，2006年12月1日。
[75] 商業銀行設立標準第2條：「申請設立商業銀行（以下簡稱銀行），其最低
　　實收資本額為新臺幣100億元。發起人及股東之出資以現金為限。」

求，以保障本國人民之利益。據指出，如果花旗不設子行，金管會則建議將僑銀與現有花旗分行進行區隔，花旗現有11家分行以分行型態保持，但僑銀部分由子行管理[76]。

三、內線交易

（一）證券交易法第157條之1內線交易之要件

1.具有內部人或消息受領人身分

依本條第1項規定，內線交易之主體為：一、該公司之董事、監察人、經理人及依公司法第27條第1項規定受指定代表行使職務之自然人。二、持有該公司之股份超過10%之股東。三、基於職業或控制關係獲悉消息之人。四、喪失前三款身分後，未滿六個月者。五、從前四款所列之人獲悉消息之人。

2.獲悉影響股價的重大消息

對於獲悉之認定，有利用說與持有說兩種見解，前者認為內部人必須實際利用內線消息，始構成犯罪，後者認為內部人買賣證券時獲悉內線消息為已足，不以利用為要。依我國證交法規定，明確地使用「獲悉影響股價的重大消息」用語觀之，應採持有說，法院判決亦認為不必證明其主觀上有利用訊息之故意。[77]

所謂有重大影響其股票價格之消息，依本條第4項規定，指涉及公司之財務、業務或該證券之市場供求、公開收購，對其股票價格有重大影響，或對正當投資人之投資決定有重要影響之消息；其範圍及公開方式等相關事項之辦法，由主管機關定之。是以，主管機關依據本

---

[76] 工商時報，「花旗併僑銀最快下周宣布」，B2版，2007年3月9日。

[77] 臺北地院91年易字第1296號判決、最高法院91年度臺上字第3037號刑事判決、臺灣高等法院92年上易字第560號刑事判決。

條項授權訂定「證券交易法第157條之1第4項重大消息範圍及其公開方式管理辦法」（2006年5月30日公布），就重大消息之內涵有更為詳細的規範。其中有關公司財務、業務的重大消息，規定於該辦法第2條之中[78]。

　　關於重大消息之成立，主管機關規定管理辦法第四條，「消息之成立時點，為事實發生日、協議日、簽約日、付款日、委託日、成交日、過戶日、審計委員會或董事會決議日或其他足資確定之日，以日期在前者為準。」，雖有法院認為應以此為要件[79]，然證交法第157條之1並無「成立」之用語，且任何重大消息都有他形成的過程，如果固守僵硬的標準，認為凡程序尚未完成，消息尚未確定者，均非內線消息，恐怕過於僵化，甚至導致有人故意延遲消息「成立」的時點，為內線交易預留更多空間。[80]

3. 消息未公開或公開後十二小時內買賣上市、上櫃股票及其他具有股權性質的有價證券

　　公開之方式，依「證券交易法第157條之1第4項重大消息範圍及其公開方式管理辦法」第五條規定，係指經公司輸入公開資訊觀測站。

　　法院對於媒體報導是否構成「公開」，見解不一。[81]自投資人保護

---

[78] 管理辦法第2條：「本法第157條之1第4項所稱涉及公司之財務、業務，對其股票價格有重大影響，或對正當投資人之投資決定有重要影響之消息，指下列消息之一：
　一、本法施行細則第七條所定之事項。
　二、公司辦理重大之募集發行或私募具股權性質之有價證券、減資、合併、收購、分割、股份交換、轉換或受讓、直接或間接進行之投資計畫，或前開事項有重大變更者。……十五。」

[79] 臺灣高等法院91年上訴字第1399號刑事判決。

[80] 參閱賴英照，股市遊戲規則：最新證券交易法解析，2006年8月初版3刷，頁374。

[81] 臺灣高等法院81年上易字第3051號刑事判決、最高法院95年臺上字第3190

考量，宜從嚴認定公開時點，應以公司依規定盡其公告及申報之義務，始得認為公開。[82]倘若經媒體揭露，亦須經公司依規定程序予以證實並做必要補充說明後，始可認為公開。否則經市場傳聞或登載於報章雜誌，未經公司說明前，投資人難以判斷真偽並據以為投資之判斷，相反的若內部人卻可以加以利用，會造成市場之公平性遭到質疑，故此處之公開，應以公司輸入股市觀測站或公司發言人在記者會說明為必要，始足以保護投資人及維護市場公正性。[83]

公司將重大訊息輸入股市觀測站後，內部人是否即可買賣該公司股票？我國證交法於2006年1月時修法，將原第157條之1第1項規定「消息公開後」修正成「消息公開後或公開12小時內」不得買賣股票。故內部人須待市場充分消化吸收資訊後，亦即於公開12小時之後，內部人始可買賣其股票。

（二）美國就公司併購內線交易案件之規範

證管會為加強內線交易的取締，於1980年發布Rule 14e-3，規定任何人取得有關公開收購的機密消息，明知其消息來自要約人、目標公司、或其董事、經理人、合夥人、受僱人，或為其處理收購事宜之人（如律師、會計師、承銷商等），在消息未公開前，不得買賣證券。此項規定不以買賣證券對公司負有信賴義務為要件，且無需證明Rule 10b-5所定的明知故為及交易因果關係的存在。其後國會於1984年制定「內線交易防治法」及1988年「內線交易及證券詐欺禁止法」，立法加

號刑事判決，法院認為公司應依規定申報公告，否則消息雖經報載，仍非公開；臺灣高等法院86年上易字第2017號刑事判決，則認為公司雖未公告及申報，但因媒體已經報導，可認為已公開。

[82] 參閱賴英照，股市遊戲規則：最新證券交易法解析，2006年8月初版3刷，頁380～381。

[83] 參閱劉連煜，新證券交易法實例研習，2004年9月增訂三版，頁308。

強取締內線交易。[84]相似規定可見於我國公開發行公司取得或處分資產處理準則第25條：「所有參與或知悉公司合併、分割、收購或股份受讓計畫之人，應出具書面保密承諾，在訊息公開前，不得將計畫之內容對外洩露，亦不得自行或利用他人名義買賣與合併、分割、收購或股份受讓案相關之所有公司之股票及其他具有股權性質之有價證券。」

（三）本案適用

　　關於禁止內部人內線交易的理由，立法者及大多數學者之見解均認為，是基於證券交易雙方的公平性及內部人可能延長利用機會，延遲公開消息，因而影響市場資訊之流傳，無法形成證券市場公平價格，有礙證券市場的健全發展。[85]

　　在證券市場中，資訊占有舉足輕重的地位，公開時點多會造成股價波動，乃財狼與禿鷹的交戰，每當併購之一方有進展傳出，僑銀隨即價量俱揚，本案中，僑銀自2006年8月23日報載有意現金增資130億引起荷蘭銀行、花旗銀行與匯豐銀行三大外銀興趣並由花旗取得優先選擇權起，股價一路上揚且其後關於併購之進展傳聞不斷，時至2006年10月4日僑銀收盤價11.55元、成交量39,358張，創下寶來入主僑銀來的最大量，當日賣超第一名為寶來證券，隨即引來金管會注意，而事後寶來證券證實當天僑銀大股東確實出賣股票，其官方說法是「大股東賣股票是為了對合併釋出善意希望股價降溫」，證期局下令密切觀察僑銀價量變動狀況，並調閱僑銀近期交易資料，而2006年10月13日傳為花旗最後出價日，當日收盤價為12元，創下僑銀股價最高價，同時僑銀十月份多次達證交所公布注意交易資訊標準，但最後由於2006年10月底，受英商渣

---

84 參閱賴英照，股市遊戲規則：最新證券交易法解析，2006年8月初版3刷，頁338～339。
85 參閱劉連煜，新證券交易法實例研習，2004年9月增訂三版，頁303。

打銀行與新竹商銀併購案涉及內線交易成案之影響，主管機關轉移關注焦點，稍讓僑銀得以喘息，股價也挫回10元上下[86]，從以上觀察推測，是否僑銀的內部人或大股東有意藉此出脫手中持股獲利了結，不禁令人疑有內線交易之嫌[87]。

　　自前所述之內線交易要件中，如何證明「內部人」和「公開」將成為關鍵，若本案行為人符合內線交易主體資格，那麼本案的重點應會在「公開」的界定上。公開與否涉及行為人是否構成內線交易而應負刑責（證交法第171條），此外就公開時點之認定，也會影響損害賠償的計算（證交法第157條之1第2項）[88]，故須審慎為之。雖然過去實務上對於公開之認定見解不一，但自主管機關發布管理辦法後應有所遵循。再者，站在保護投資人的立場，如日後起訴，僑銀之內線交易行為人以已經媒體大幅報導為由作為消息已公開並非內線之抗辯，按證券交易法第157條之1第4項重大消息範圍及其公開方式管理辦法第五條，應以輸入公開資訊觀測站後始得認為公開，如此才能避免消息是否公開的認定太為寬鬆，否則以此為由，內部人即可在投資人無法據以為判斷是否為值

---

[86] 參閱經濟日報，「僑銀引外資寶來淡出」，A1版，2006年8月23；經濟日報，「僑銀將循中央保模式賣給花旗」，A4版，2006年9月13日；經濟日報，「銀行公股逾一成合併須立院點頭？」，A4版，2006年10月3日；經濟日報，「匯豐銀搶僑銀傳每股喊15元」，A4版，2006年10月3日；經濟日報，「金融併購　管國霖：一場遊戲一場夢」，A2版，2006年10月5日；經濟日報，「誰藉併購炒股金管會要查」，A2版，2006年10月5日；聯合報，「僑銀波動異常證期局盯上」，B6版，2006年10月5日；經濟日報，「僑銀上花轎白文正雙喜臨門？」，A4版，2006年10月13日；聯合晚報，「花旗併購好事多磨」，15版，2006年10月23日。

[87] 參閱劉俞青，寶來證大舉進出僑銀誰大撈一筆？，今週刊，2006年10月16日，頁42；，林聰明，僑銀案是怪案，股價先漲先贏，財訊月刊，2006年11月，頁66～67。

[88] 2006年1月修訂之證交法，將損害賠償額之計算基準，由內線交易行為人之擬制獲利變更為損害賠償請求權人之擬制損失。

得投資之消息時，大加買賣獲利，造成內線交易橫行，擾亂市場秩序，
實不可取。

肆、結　論

　　基於金融機構的特殊性，適用法制上有銀行法與金融控股公司法的
相關規範。又由於我國金融機構合併法並未創設完整而獨立的一套金融
機構併購法制，導致實務上金融機構要進行合併時，仍須綜合公司法、
證券交易法及公平交易法等相關企業併購法制加以補充。是以在適用我
國併購相關法制時，必須注意並整合散見於各相關法規的規定，方能一
窺全貌。

　　金融機構在採取併購策略時，所考量的因素不外乎擴大業務領
域，增加營收，增加市場占有率，發揮規模經濟與降低成本等等，以追
求經濟效益。針對各種不同的併購標的，所可能採行的併購策略就會有
所差異，影響併購模式的採行，與併購完成後能否順利進行整合。惟由
於金融政策涉及國家對於金融監理的態度，政府對於金融機構整併往往
有較高的介入可能性，造成金融機構在進行併購時也必須考量主管機關
的態度。此外，由於併購交易的過程當中，常會因消息曝光而衝擊股票
價格，將導致併購成本更加難以預料，影響併購交易的成敗。又由於股
票價格的異常波動，常會引發違反證券交易法上操縱股價或內線交易的
爭議，導致主管機關及司法部門的介入。以上種種，都對整個併購過程
投下不可知的因子，各式金融機構如火如荼進行整併擴張事業版圖的同
時，也應注意到其間所涉及的相關法律規範，以免觸犯法律規定，影響
集團整體性的發展。

後 記

　　花旗將分四階段概括承受華僑銀行，1.先向金管會申請確定外國金控地位；2.在台灣設立一子行；3.概括承受僑銀的資產與負債；4.將花旗在台10家分行併入此一子行，完成所有合併過程。金管會委員會於2007年8月9日核准，花旗可視為「外國金融控股公司」，依金控法100%持有本國銀行，並同意許可其設立100%持股的子銀行「花旗（台灣）商業銀行股份有限公司」，開始進行概括承受的工作，2007年底前概括承受僑銀的資產、負債，2008年9月底前會將花旗在台的分行併入此一子行，完成所有合併過程[89]。

　　僑銀和花旗在台子銀行花旗（台灣）商銀，於2007年10月3日同步召開董事臨時會，通過兩銀行合併案，花旗子行為存續銀行，僑銀為消滅機構，同時訂12月1日為合併基準日。金管會委員會於同年11月15日正式通過，花旗銀行在台分行的營業、資產及負債，分割給子銀行花旗（台灣）商銀，原有的11個分行，預計在民國98年6月30日時，分割10個分行至花旗（台灣）商銀，花旗與僑銀於2007年12月1日正式合併，花旗在台成立子公司花旗台灣商銀，以每股新台幣11.628元的價格收購僑銀，總交易金額為新台幣138億8,900萬元（美金4億2,700萬元）。花旗在台灣並將採取分行和子行並行的雙軌制，將原消費金融（含財富管理）、商業銀行、金融同業等業務都分割至在台子行花旗台灣商銀下，保留一家台北分行，其他10家分行與僑銀55家分行合併入花旗台灣商業銀行，花旗在台據點將增加至66個。花旗在台灣的員工數也從原先的3,500人，成長至5,600人，總資產約223億美元，保有台灣第一大外銀的

---

[89] 工商時報，四階段併僑銀花旗銀認可為國外金控，A6版金融保險，2007年8月10日。

龍頭寶座，及國內第十二大銀行的地位[90]。

由於此次兩銀行合併是以現金為對價的吸收合併，不同於較多合併案採行的換股等模式，財政部台北市國稅局表示由於該交易屬營利所得，並非屬於證券交易所得，按照僑銀揭露的資訊，交易價格為以每股11.628元，儘管股東對僑銀股票的買進成本不同，加上僑銀歷經數次減資和增資，惟國稅局最後認定以10元為計算成本，因此，股東每股有1.628元的投資收益所得，需併入所得稅計算[91]。但法人又依所得稅法第42條規定「公司組織的營利事業，因投資於國內其他營利事業，所獲配的股利淨額或盈餘淨額，不計入所得額課稅。」，因此可以免納25%的營利事業所得稅。

花旗表示合併華僑商業銀行後，將運用其國際網路提供客戶全方位之服務，同時發展全球企業客戶，以建立具國際競爭力之企業金融服務，並以台灣為據點，強化花旗在亞太地區的布局；在消費金融服務方面，該行將發揮其國際經驗，為台灣客戶提供高附加價值之服務。金管會表示，本案係政府推動銀行市場結構重整以來，國際性知名銀行合併本國銀行，在台扎根之另一指標性案例。金管會對未來銀行之整併趨

---

90 工商時報，A8版金融保險，花旗接手僑銀利明獻將當家，2007年10月25日；工商時報，A8版金融保險，花旗在台10分行准切割至子銀行，2007年11月16日；經濟日報，花旗併僑銀據點增至66個；利明獻出任花旗台灣商銀董事長，A7版綜合新聞，2007年12月02日。

91 工商時報，嫁入花旗，荷包反縮水僑銀自然人股東要報稅須以每股一‧六元投資收益，併入個人綜所稅計算，A10版金融保險，2007年6月20日；工商時報，採現金對價併購，得繳證交稅＋所得稅售股繳稅？僑銀股東跳腳，A8版金融保險，2007年11月22日；工商時報，僑銀合併案外資稅額逾5千萬1.628元視為股利所得，令持有僑銀股票的外資股東很抱怨，B2版稅務法務，2007年12月19日。

勢,將抱持樂觀其成之立場,並持續鼓勵國際級銀行投資、深耕我國市場,強化我國金融市場之國際化與提升金融機構之競爭力[92]。

---

[92] 工商時報,花旗銀併僑銀深耕台灣市場,A7版境外金融專輯,2007年8月27日。

參考文獻

一、專書論述（依出版時間先後順序）

1. 林進富，公司併購教戰守則，聯經出版事業公司，1999年5月初版。

2. 林柄滄會計師編著，成功的企業購併，眾信聯合會計師事務所，2000年6月初版。

3. 史綱、李志宏、陳錦村、鄭漢鐔，企業購併理論與實務，樂觀文化事業有限公司，2001年8月初版。

4. 黃越欽，勞動法新論，本人發行，2004年9月修訂二版。

5. 劉連煜，新證券交易法實例研習，2004年9月增訂三版。

6. 王志誠，企業組織再造法制，元照出版有限公司，2005年11月初版。

7. 薛明玲、廖烈龍、林宜賢著，企業併購策略與最佳實務，資誠教育基金會，2006年1月初版。

8. 賴英照，股市遊戲規則：最新證券交易法解析，2006年8月初版3刷。

二、報紙（依刊名之筆畫順序遞增排序）

1. 大紀元時報，花旗僑銀併購案利明獻低調，2006年10月12日。

2. 工商時報，僑銀「綁寶來」賣給花旗；一周來雙方已對僑銀底價達成共識，花旗將視寶來所提配套決定是否再加碼，A1版，2006年10月14日。

3. 工商時報，「花旗亞太併購連連在臺最悶臺灣的誘因不夠大，加上兩岸金融市場開放無期，只有等待時間換空間」，A3版，2006年11月19日。

4. 工商時報，僑銀收購價11.9元成交；低於市場預估每股13元；花旗收購總值約142億元，兩周內宣布，A1版，2006年11月30日。

5. 工商時報，花旗買僑銀140億成交；每股11.6至11.8元，僑銀將辦理60

億現增，使資本適足率達8%，A1版，2007年3月8日。

6. 工商時報，花旗併僑銀最快下周宣布，B2版，2007年3月9日。

7. 中國時報，「受渣打以每股24.5元高價迎娶竹商銀影響僑銀嫁花旗售價還有得喬」，B1版，2006年10月2日。

8. 中國時報，「花旗買僑銀最快下周宣布喜訊」，B1版，2006年11月9日。

9. 自由時報，「花旗、高盛傳有意入股僑銀」，2006年5月9日。

10.經濟日報，「新聞幕後花旗銀，可能出線」，A3版，2006年8月23日。

11.經濟日報，金管會：花旗併僑銀，須設子行，A4版，2006年12月1日。

三、期刊論文（依出版時間先後順序）

1. 顏玉明，企業併購中之集體勞動關係，寰瀛法訊，第11期，2005年9月。

2. 劉俞青，花旗併僑銀仍在未定之數搶親成不成就看白文正口袋深淺，今週刊，第106期，2006年9月11日。

3. 江妍慧，走出消金風暴點燃外商銀併購行情，新臺灣新聞週刊，第550期，2006年10月4日。

4. 劉俞青，寶來證大舉進出僑銀誰大撈一筆？，今週刊，2006年10月16日。

5. 林聰明，僑銀案是怪案，股價先漲先贏，財訊月刊，2006年11月。

四、網路資料

1. 公開資訊觀測站，http://newmops.tse.com.tw/

2. 全國法規資料庫—司法判決檢索，http://law.moj.gov.tw/fc.asp

3. 華僑銀行，http://www.booc.com.tw/

4. 寶來國際金融機場，http://www.finairport.com/polaris/taiwan/stock/

5. 聯合知識庫，http://www.udndata.com/library/

6. 中時知識贏家，http://kmw.ctgin.com.tw/kmw_v2/main.aspx

舉棋不定的金融誓約？

——台新金併彰銀案

徐雪萍

目 次

台新金控整併彰化銀行流程表[1]

93年6月11日	彰化銀行股東會決議通過海外存託憑證（GDR）發行案。
93年10月20日	總統經濟顧問小組會議定下二次金改四大目標，其中一目標即將官股銀行減半，揭開公股銀行整併風。
94年1月3日	立法院財政委員會通過彰化銀行公股釋股計畫。
94年2月至3月18日	報載至少三家外商送件競標彰銀GDR（荷蘭ING集團、日本新生銀行等）。
94年4月29日	彰銀董事會決議GDR發行延至年底。
94年5月6日	彰化銀行公告現金增資參與私募海外存託憑證案暫緩施行。
94年6月24日	彰化銀行董事會決議以私募方式發行乙種特別股。
94年7月22日	特別股競標結果（臺新金控、新加坡淡馬錫控股等）由臺新金控得標（得標價為每股26.12元）。
94年9月23日	彰化銀行召開股東臨時會決議通過國內現金增資私募發行14億乙種記名式特別股。
94年10月3日	彰化銀行公告現金增資股款365.68億順利到位。臺新金控公告取得彰銀乙種特別股。
94年11月25日	彰化銀行股東臨時會提前全面改選董監事，臺新金控拿下八席。
95年3月14日	臺新金控董事會決議私募方式辦理現金發行普通股及丁種特別股，應募人包括美商新橋投資集團（Newbridge Capital）及日商野村（Nomura）集團[2]。
96年6月12日至29日	12日彰化銀行董事長張伯欣請辭生效。同月29日彰化銀行常務董事補選李庸三（前財政部長）為董事長。
96年8月24日	彰化銀行公告臨時董事會通過遴選美商高盛亞洲證券有限公司臺北分公司擔任本公司與臺新金控併購案之財務顧問，並授權董事長辦理後續之議約及簽約事宜。

---

1 時程表中事實整理自證券交易所公開資訊觀測站之公司重大訊息。
2 此舉被解讀為引進外資以金援臺新金控合併彰化銀行的計畫。實際上，因為標得彰銀特別股，臺新金控當時資本總額比彰化銀行少了800億，故仍須引進龐大資金方能真正入主彰銀。臺新金控在2005年12月28日召開臨時股東會決議通過私募不超過350億元丁種特別股現金增資案，為籌資整併彰銀作準備。由美商新橋投資集團與日商野村集團認募，總共有310億資金挹注。

96年7月20日	彰銀召開第21屆第14次臨時董事會，決議通過遴選財務顧問，並進行以換股方式納入台新金融控股公司之可行性評估，以及通過「彰化商業銀行甄選財務顧問作業要點」等議案。
96年8月24日	彰化銀行召開第16次臨時董事會通過遴選美商高盛亞洲證券有限公司台北分公司擔任本公司與台新金控併購案之財務顧問，並授權董事長辦理後續之議約及簽約事宜，台新金也同步召開董事會決議委由雷曼兄弟和野村證券共同擔綱合併財顧。
96年11月5日	臺北地方法院民事執行處根據彰銀法人股東兼董事—和川股份有限公司提出的假處分聲請，裁定和川公司提供186億2千9百萬元擔保金後，即暫停執行彰銀董事會第14次臨時董事會所通過的議案[3]。
95年11月15日	和川公司具狀向法院訴請確認本公司96年7月20日第21屆第14次臨時董事會特定議案無效。
96年12月27日	臺新金控董事會決議擬向彰化銀行提出股份轉換建議案，彰化銀行普通股1,000股得轉換成本公司新股1,300股，分配其中百分之六十為普通股、百分之三十為符合第一類資本之可轉換特別股、及百分之十為附賣回權特別股。
97年1月3日	針對提出於彰銀的建議案，台新金控提出補充[4]。
97年1月15日	臺新金控向彰銀提出撤銷上開建議案。
97年1月25日	和川公司之假處分裁定在高等法院被廢棄。
97年1月30日	臺新金控決議終止執行換股併購，暫時終止合併。

壹、前　言

2005年是二次金融改革最沸沸揚揚的一年，為了達成總統於2004年

---

[3] 關於和川公司所提之假處分，係以台新金控的董事代表在彰化銀行董事會決議時未利益迴避為理由。有關董事會決議是否有適用企業併購法第18條第五項規定亦為可討論之法律爭點，惟本文不予深論。

[4] 此部分內容相當詳細，包括相關特別股發行條件和贖回內容，本文於此不詳細列入，詳見台灣證券交易所公開資訊觀測站下台新金控97年度的重大訊息。

10月20日召開經濟顧問小組會議所指示「三六七」二次金改的目標，原本已經陷入瘋狂的金融機構整併風潮，在政府金融政策強力鼓吹下，局勢更加詭譎多變。在金控元年（2002年）後儼然成為金融市場主角的大型金控公司在這一波整併中動作頻頻，趁著政府大舉出清公營行庫時卡位搶得先機。二次金改的爭議性在2005年也達到了最高峰，民意代表間激烈爭辯[5]，立法院財政委員會甚至做出決議暫緩所有政府持有官股釋股、換股等股權轉移作業，使得二次金改一度受挫[6]。為了替二次金改護航，2005年10月19日中央還首度大規模地由行政院吳榮義副院長率同財政部林全部長與及經建會胡勝正主委，參加中國時報與公共電視主辦的「二次金改大辯論」，就二次金改相關議題，與立法院李紀珠、賴士葆與費鴻泰委員進行辯論[7]。不僅中央行政與立法因為金改議題關係緊張，在二次金融改革可能會遭到整併的公營行庫員工或認因此將損及員工權益的銀行員工會，更是白熱化地罷工上街抗議合併或聯合舉行罷工投票[8]，甚至因此導致臺企銀標售的流標。

　　2006年春，因為第二次金融改革造成的朝野對立效應，當時行政院蘇院長決定暫緩二次金改腳步，行政院內部開始對金改的政策進行通盤檢討，力求審慎執行金融改革[9]；但今年（2007年）二次金改因總統裁示而再度復活，並將主要目標放在金控減半的達成[10]。接著，開發金

5　中國時報，「二次金改，正反派綠委激辯」，2005年10月8日。
6　中國時報，「吳榮義缺席，惹火立委，二次金改釋換股作業喊停」，2005年10月4日。
7　有關政府此次對二次金改的政策說明內容，本文以下擇要說明。詳細內容請見經建會網站新聞稿下2005年，鍵入二次金改查詢之資料。
8　中國時報，「官銀工會，串聯罷工抗金控」，2005年10月8日。
9　工商時報，「二次金改轉彎金控減半喊卡！」，2006年4月12日。
10　聯合報，「扁：二次金改沒有失敗，只是尚未成功」，A8版，2007年5月24日。

控董監改選由中信金控辜家取得主導地位，華南金控也由民股代表林明成贏得董座，本文討論重心的臺新金控，也計畫今年底進行與彰化銀行的整併工作[11]。另外，資本額擠入全球一百大的臺灣金控，將於年底成立。二次金改的執行輪軸又開始轉動了。

貳、案例事實與整併的法律規範

在介紹臺新金控與彰化銀行整併案例前，必須先瞭解為何必須進行第二次金融改革，方能為二次金改的個案執行與願景作分析。

一、金融改革的背景以及目前採取的改革方案

海峽對岸市場的崛起、逾期放款不斷攀升、經營不善的金融機構不斷增加卻無完善的退場機制以及加入WTO後金融市場競爭更為激烈[12]等因素，我國金融業近年來受到上述衝擊，為避免系統性風險一觸即發並引導我國金融體系積極轉型以提昇臺灣金融業的競爭力，臺灣自2001年即啟動第一次金融改革，目標在「除弊」，改善金融機構資產品質、強化金融監理機制、推動財務業務資訊透明化與建立不良金融機構退場配套機制，成立行政院金融重建基金[13]，一次金融改革即在達成金

---

[11] 聯合晚報，「二次金改，啃噬公權力」，4版，2007年7月17日。

[12] 請參照蔡進財，善用金融重建基金完成金融改革，建華金融季刊第21期，頁11～14，2003年3月。

[13] 2001年7月9日設置，初始規模為1400億元，包括由2002年起未來四年之金融營業稅稅款1200億元與未來十年存款保險公司依2000年1月1日調高費率所增加的保費200億元。有關金融重建基金初期之運作情形，請參照前揭註5文獻，頁16～18。按照已修正之現行行政院金融重建基金設置及管理條例（2005年6月22日總統公布施行）的規定，該基金設置期間應至2005年7月

融重建基金立法兩年內：逾放比率降至5%、資本適足率維持8%以上的「二五八」目標。本國銀行之逾期放款比率自2002年第一季8.04%高峰下降至2004年第二季的3.54%。行政院亦將金融改革列為「挑戰2008，國家發展重點計畫」的三大改革項目之一[14]，整合金融管理及監督的一元化獨立機構─金融監督管理委員會也在2004年7月1日上路。我國目前金融秩序已較金融改革前趨於穩定，此後必須全力建立與國際接軌的金融制度，慢慢地向國際標準靠近。

金融改革的終極目標在建立一個穩定、與國際規格接軌且具有國際競爭力的金融秩序，第一次金改著力改善金融機構體質、在金融服務不中斷情況下幫助不良金融機構退場以及順應國際潮流建立一元化監理機構，二次金改則是要將臺灣的金融機構推上世界舞臺，成為區域性的金融服務中心，故側重「興利」，此時所要面對的問題，即是如何提昇我國金融機構的競爭力。銀行所能提供的間接金融與來自證券市場的直接金融構成最能穩定金融的雙軌金融[15]，健全的雙軌金融也是一國國力強

10日止，惟其後仍得處理未完結資產負債及已列入處理金融機構之賠付、承受及標售等事宜。本次修正另擴大了重建基金的規模，擴充的原因與目標請參照前揭註5文獻，頁18～21。金融重建基金自2001年7月設置迄2006年1月31日共處理48家經營不善金融機構，基金依法賠付之總金額為1,649億元，包括2001年處理之36家基層金融機構、2002年處理之8家基層金融機構、及2004年處理之鳳山信用合作社（於2004年10月1日辦理交割）、高雄區中小企業銀行（於2004年9月3日辦理交割）、新埤鄉農會信用部（2005年3月11與南州鄉農會合併)及中興商業銀行（於2005年3月19日辦理交割）。以上重建基金處理不良金融機構及賠付情形引自中央存保公司網站，網址：http://www.cdic.gov.tw/ct.asp?xItem=843&ctNode=219，最後查訪日期：2007年9月5日。

14 請參照林蒼祥，從金控公司提高我國金融國際競爭力，國家政策季刊第3卷第4期，頁31，2004年12月；蔡進財，善用金融重建基金完成金融改革，建華金融季刊第21期，頁1～2，2003年3月。

15 請參照沈中華，啟動二次金融改革，臺灣經濟論衡第3卷第4期，頁1～3，

弱的象徵，政府在政策上重視金融改革的決心，希冀能引導我國金融體制走向國際化、增強我國之國力。

　　雖然一次金改所成立的金融重建基金初步已促成四十八家經營不善的金融機構退出市場，但是為了除弊後的興利工程，立法院在2000年12月13日公布的「金融機構合併法」外，與金融重建基金設置與管理條例同步地三讀通過了影響深遠的「金融控股公司法」，該法於同年（2001年）11月1日開始施行，藉以鼓勵大型金融集團的成立，更宣告臺灣金融市場進入跨業經營的時代。金控法施行後，大型金控公司紛紛申請設立，臺灣金融版圖進行了空前絕後大規模的整合，金控公司一躍成為臺灣金融市場的主角[16]。但是即便資產規模龐大如金控，仍然沒有一家金控下的銀行總資產、存放款市場占有率超過10%，競爭力還是不夠強，無法站穩臺灣，跨足世界；再加上14家金控成立，造成的另一波金控公司市場胃納量爭議，導致金融產業面臨微利時代、競爭更加激烈，此乃政府在金融改革的路上首當其衝應解決的。

　　總括臺灣金融目前的困境，除了上述國內銀行市占率小、不具國際競爭力外，還有下述病灶[17]，都是金融改革「箭在弦上，不得不發」的原因及亟需改革的方向：

2005年4月。

[16] 關於臺灣市場對金控家數的胃納量，知名的國際金融機構雷曼兄弟（Lehman Brothers）其亞太區投資銀行負責人林奇（Philip Lynch）在財政部首度核准六家金控公司設立的第一時間（2001年11月28日），即提出警告，其認以臺灣市場規模來看，不含公營行庫在內的金控公司，適當家數應為五家。同時，在經濟規模日益重要的時代，未來資產規模要在新臺幣7,500億元以上才具有市場競爭力。此後，亦有其他國際策略公司或外商金融機構對同一議題發表意見，雖然數據與結論不一定相同，但期許臺灣金融市場繼續進行大整合與擴大規模的目的卻是相同。

[17] 「病灶」一詞乃引自陳松興、阮淑祥，「一兆元黑洞─為臺灣金融重建工程把脈」第一章，頁27，天下財經，2003年2月。主文所提之十大病灶，其詳細內容，亦請參照同書，頁30～64。

（一）總體經濟環境惡化，金融危機浮現[18]

總體經濟條件逐漸惡化，國內失業人口未能完全獲得有效解決，政府負債龐大，大型公共建設不斷傳出弊案與虧損，銀行不良資產的處理並未實質地改善資產體質，只是將不良資產賣給同是金控其下的資產管理子公司，或是為提高獲利，選擇從事高風險的投資行為。

（二）產業西進與經濟轉型的緩慢。

中國大陸的開放造成臺灣產能的西移，臺灣金融產業不能延伸其服務，銀行企業金融業務勢必逐漸式微。臺灣產業結構調整步調仍顯緩慢，未能及時發展具競爭力的產業維持經濟競爭力，銀行無法自此獲利。

（三）金融產業結構設計錯誤

國內金融產業結構設計現階段目的都在追求「綜效」，以獲利為最大目標，卻忽略金融服務業最初設計基本上並未考量「規模」與「效率」，而應以專業經營為要，目前演變為國內大型金融機構林立，彼此間又無不可替代性，業務競爭激烈，只能寄望至少金融監理可以做到防患未然的角色，避免金融危機發生。

---

18 觀察行政院主計處所做的經濟成長率初步統計，2005年上半年受國際景氣擴張步調減緩及製造業產能持續外移影響，出口及國內生產表現平疲，整體經濟僅成長2.73%；下半年則隨國際消費性電子產品需求轉呈強勁，我國出口與製造業生產擴增，加以國內失業情勢改善，民間消費穩定增加，初步統計第4季經濟成長6.40%，下半年經濟成長5.40%；併計上半年，全年經濟成長4.09%，GNP 11兆4,255億元，折合3,550億美元，每人GNP 1萬5,676美元。雖然整體看來景氣似乎有所復甦，但是國內金融產業的市場逐漸萎縮，卻是不爭事實。

（四）過度競爭與直接金融興起致獲利偏低

前已提及，銀行之間沒有不可替代性，所以銀行紛紛採行削價競爭的策略，如降低放款利率或免收信用卡年費。為了避免過度競爭，主管機關在促進競爭與有效監理之間取得平衡，應同時擁有「核發」與「撤銷」執照的權力。

（五）市場透明度不足

金融機構有關財務資訊揭露的完整性與時效性不足，無法提供市場有參考價值的資訊。監理機關應權衡市場透明度與銀行機密間的得失，比照國際規範加強銀行資訊揭露的透明度。

（六）缺乏即時糾正與退場機制

即使金融重建基金已經處理48家的問題金融機構，但是在健全的退場機制與即時糾正規範成立前，金融監督機關仍應負起儘速建立制度的責任[19]。

（七）監理的寬容與姑息

金融監理的目的在「維持金融體系安定」與「確保存款人權益」，但在金融服務不間斷與銀行不能倒的意志下，造成金融監理的寬容與姑息。除了法律規範必須明確授權監理機構足夠權限外，監理機構是否能徹底執行也是關鍵。

綜合上面數項金融困境，進行二次金融改革的確必要，金融改革的

---

[19] 金管會在即時糾正與處罰上有裁量權，但觀察幾件處理案件，金管會似乎總是高高舉起、輕輕放下，未能做出有效糾正。請參照趙相文，評金管會處分臺証證券買進新纖股票案，實用稅務第362期，頁99～102，2005年2月。

第二階段重在「興利」，總統於召開經濟顧問小組會議後裁示二次金改的四大目標，企圖讓臺灣金融機構大還要更大，以便增加國際競爭力：

1. 2005年底前促成三家金融機構市占率達10%以上；

2. 2005年底前公股金融機構家數應由12家減半為6家；

3. 2006年底前國內金控家數應由14家減半為7家；

4. 2006年底前至少促成一家金融機構由外資經營或在國外上市。

以上裁示不僅對金融機構有明確「家數」的限制，更預定自2004年起的二年內各項目標完成的「時間表」。其後，經建會胡勝正主委並表示相關工作已交由財政部與金管會負責推動，經建會則負責協調與管理考察的工作[20]。如此重大的政策決定與政府強硬執行的態度[21]，在金融市場的各方面發展投下一顆深水炸彈，造成的漣漪不斷。因為預定的整併時間表在即，已然成為金融市場主角的金控公司背負的整併壓力相對較大，政府持股比例較高、具有公股金控色彩的第一、華南與兆豐金控更是身負帶動整併的重任。政府政策強力主導整併，預期經由整併產生一家市占率高且具市場領導力的領導性金融機構[22]（National Champion）。

前述總統所宣示的四大目標已經納入經建會「區域金融服務中心推動方案」的一部分。該方案的重要金融目標在於建構具有國際競爭力且充分支援產業發展之金融環境及管理機制，全面提升我國金融服務業競爭力，推動臺灣成為區域金融服務中心，以迎接21世紀挑戰，促進我

---

[20] 引自金融業對政府第二階段金改目標應有之警覺與對策，一銀產經資訊第477期，頁28，2004年12月。

[21] 此可從陳水扁總統曾以嚴厲的語氣表示二次金改必須如期完成，否則部會首長以及相關主事者必須負政策責任之言論可知。另外，是時行政院長謝長廷也不斷在立法院受質詢及公開場合都一再表示金改絕不回頭的決心。

[22] 本文將在以下詳細介紹National Champion的部分。目前此具領導性地位的金融機構應為2007年底即將成立的臺灣金融控股公司。

國經濟穩定發展[23]。此方案的金融服務業發展綱領中，將「強化金融監理，有效處理不良債權，解決金融產業過度競爭」列為優先發展目標，可知金融機構的整併為政府推動該方案第一階段之方法。

　　從2005年國家全力推動二次金融改革，2006年行政院的暫緩執行決定，到2007年總統裁示重新加速推動二次金改，在歷經多次政策執行的急轉直下，目前官方的執行政策為「2015年經濟發展願景三年衝刺計畫」下的金融市場套案[24]。

　　本次「金融市場套案計畫」對二次金改所秉持之「開放」「創新」及「效率」三原則，與以公股金融機構及金控帶動金融整併之策略並未改變，僅對過去執行上限時、限量整併問題，參酌經續會[25]及各界意見略作調整，可以說是二次金改之延續，該計畫的特色是以銀行市場結構的重整作為整併的主軸，並以公股管理及釋股政策的透明化，加上強化金融監理之配套措施，接續推動銀行市場結構的重整。簡言之，在2007年到2009年三年衝刺時程中，政府將全力促成以銀行市場結構重整為目的的金融機構整併，以圖建立具國際競爭力的銀行。

---

23 引自經建會金融服務業發展綱領及行動方案，其旗艦計畫「區域金融服務中心推動方案」（行政院93年11月10日第2914次會議通過，93年11月15日院臺經字第0930051134號函核定）附件，頁16，金融服務業發展綱領之目標。

24 以下有關此套案資料引自金管會銀行局下子網頁：http://www.ey.gov.tw/lp.asp?ctNode=447&CtUnit=296&BaseDSD=7&mp=1，最後瀏覽日期：2007年9月5日。

25 臺灣經濟永續發展會議之簡稱，於2006年年中由當時行政院院長蘇貞昌召開，乃為因應長期經濟發展趨勢（如全球化、人口老化、石油及原物料價格上漲帶來的長期通膨壓力，民主政治體制的經濟治理問題等），偏重於處理長期性、結構性的經濟問題。性質上為諮詢性的會議。

二、臺新金控取得彰化銀行經營權的案例事實

雖然目前金融改革的政策如上述已偏向著重公股銀行的釋出與整併，但若排除國家權力的主導與介入，民營金控對目標銀行的整併速度與彈性較符合市場機制也較有效率，故本文以下以臺新金控取得彰化銀行經營權之案例為文。

自從總統宣示了二次金改四大目標後，政府即曾率領國內銀行業者至國外尋求外資或策略性機構投資人入主，或由金融監理機關之高階官員至國外辦理招商活動，可以得知政府除了加速整併國內金融機構外，亦希冀引進外資與國外策略性投資人，造成國內金融機構良性競爭的環境與帶動國際化的腳步，彰化銀行即是政策執行的示範銀行，雖然後來海外存託憑證（GDR）計畫無限期暫擱，仍然在辦理特別股私募時成功取得臺新金控挹注的365.68億元資金，臺新金控亦因此入主彰銀，民營化後公營行庫色彩仍濃厚的彰化銀行，正式交由民營業者管理經營。

（一）彰化銀行背景介紹

彰化銀行前身乃日據時代發行給地主的大租權補充公債充作股本而成立，之後國民政府來臺後接管日治時代之金融機構，加以改組為公營銀行。彰銀於1905年（民國前7年）10月間開始營業，至2005年成立滿一百年，為土生土長的百年老店。民國80年行政院經建會公營事業民營化推動專業小組第二次會議中，將交通銀行、第一銀行、華南銀行、彰化銀行、中國農民銀行及臺灣中小企業銀行列為第一優先民營化對象，87年1月1日彰銀即與一銀、華銀及臺灣企銀因政府持股降低至50%以下而完成民營化程序。彰化銀行以企業金融為主要業務，截至2003年12月對於企業金融總授信金額（不包括海外與OBU分行）為5,058億元，占

其新臺幣放款比重為67.23%[26]。

（二）臺新金控背景介紹

同屬新光集團吳家體系的臺新金控與新光金控，前者以董事長吳東亮領軍的臺新銀行馬首是瞻，後者則以吳家老大吳東進管理的新光人壽成立。臺新銀行是1991年政府開放十六家新銀行成立時較晚設立的，一剛開始營運績效並不好，但是在吳東亮支持下，以「臺新銀行玫瑰卡」打出知名度，建立信用卡基礎，進一步帶領臺新銀行率先走向個人金融業務領域，贏得先機，一躍成為新銀行的佼佼者。臺新在宣佈成立金控公司前早已積極醞釀多時，金控法一通過後也是搶著送件，由臺新銀行併入大安銀行成立臺新金控，於2002年1月18日正式掛牌。吳東亮在臺新金控事必躬親，勇於創新、嘗試，在金控成立後半年對金控組織進行大變動，如增加營運長（Chief Operation Officer, COO），並將金控旗下三大核心部門財富管理、企業金融與個人金融，全部直屬吳東亮親自管理，可見其企圖心[27]。臺新金控在二次金改前整併動作不如國泰金控及中信金控，但是吳董事長一直有整併大型金融機構的計畫，這個計畫在二次金改政府欲推動公營行庫民營化與政府持股退出公股銀行的政策執行下，終於促成臺新金控一舉拿下大型金融機構的心願。

（三）彰化銀行併入臺新金控的商業考量

除了二次金改的政策推動外，此案所涉之商業考量還包括：

1.私募動作為引進外來文化，刺激發展，並達到增資改善體質效果

站在彰化銀行的觀點，不論是私募海外存託憑證或是特別股，都

---

[26] 請參照彰化銀行網站下之2004年股東年報，網址：https://www.chb.com.tw/wps/wcm/connect/web/common/about/annuals/。

[27] 引自陳駿逸等，「臺灣金控大火併」，頁25～32，商訊文化，2003年8月。

有考量引進外資。彰化銀行為公股銀行，在國家法令多方限制下與業務集中企業金融、中小信貸的特質下，長久以來為資本適足率過低，逾放比、呆帳亦攀升所苦。在私募海外存託憑證增資[28]之餘，原本考慮引進外國策略投資者，使彰化銀行成為第一個由外資經營的本國銀行，希冀刺激原本較為保守的風格，促進改造及將來發展。但私募海外存託憑證後來未能成功，表示外資對彰化銀行的價值評估並不如財政部公股小組及彰銀內部般樂觀，故轉而尋求與國內民營金控整併。民營業者的經營理念較為新穎及積極，也能達成刺激發展的目的。

2. 擴大經營規模，發揮資源互補性，追求短時間成長，彌補雙卡風暴帶來之損害

臺新金控是在金融整併風潮中較晚動作的民營金控，但為儘快擠身前幾大，避免被整併的可能，短時間內擴大規模的方法之一就是併購資本總額龐大的公股行庫。在臺企銀標售風波下，彰化銀行本身還是很有競爭潛力[29]，所以在私募特別股競標時，國內多家金融機構表示興趣，甚至新加坡淡馬錫投資公司也表達高度整併誠意。臺新金控旗下的臺新銀行是消費金融起家，過去曾推出臺新玫瑰卡轟動一時；相反，彰化銀行是企業金融為主，若與臺新金控整併，業務重疊性不高，可以拓展不同領域業務，完成金控子公司金融版圖完整性。

從2005年底拿下彰化銀行經營主權開始，因為雙卡風暴致臺新金控下的臺新銀行因消費金融呆帳受損頗重，在整體經濟環境無法短時間復

---

[28] 標準普爾評等公司於2004年8月4日調升彰化銀行公開資訊評等，從「BBpi」調升為「BBBpi」。由於臺新金控以新臺幣366億元標得彰銀特別股，強化彰銀的銀行資本體質。

[29] 臺新金控因為吃下彰銀，一躍晉升為國內第二大金控，而且有毒藥丸效應。財訊月刊，「兆豐金為何吃臺企銀？溢價最低的一件購併案」，第286期。

甦困境下，藉由整併資本額龐大、未受雙卡風暴影響的彰化銀行，可達
成短期壯大目標。

（四）彰化銀行所採行的私募海外存託憑證與特別股內容簡介

由上述的整併時程表可知，彰化銀行所採用的整併策略為出售股
權，引進單一大股東，進而達到經營權轉讓的效果。在2004年6月彰化
銀行的股東常會裡，即通過海外存託憑證（GDR）的發行案，後來搭
上二次金融改革的順風車，使得彰化銀行原本即已計畫的增資並引入策
略性投資人的動向更引人注目。以下將分為GDR和後來私募的特別股
內容敘述之。

1.私募海外存託憑證（GDR）

⑴海外存託憑證的意義

海外存託憑證（Depositary Receipts, DR），指本國上市公司委託外
商銀行輔導將公司股票交給國外存託銀行，由該存託銀行發行該股票之
憑證，銷售給國外的投資人，其持有人之權利義務與本國普通股股票相
同，即存託憑證表彰一定數量之公司股票。簡言之，指存託機構[30]在中
華民國境外，依當地國之證券有關法令發行表彰存放於保管機構[31]之有
價證券之憑證[32]，而該有價證券由保管機構保管之，依其與存託機構所
簽訂的保管契約為之。在存託憑證前面依照在不同市場發行而加上不同
的字母簡寫，如在美國發行的即為ADR，在歐洲發行的為EDR，而在

---

[30] 發行人募集與發行海外有價證券處理準則第4條第2款：「指在中華民國境
外，依當地國之證券有關法令發行存託憑證之機構。」

[31] 發行人募集與發行海外有價證券處理準則第4條第3款：「指設於中華民國
境內，經行政院金融監督管理委員會核准得經營保管業務之銀行。」

[32] 發行人募集與發行海外有價證券處理準則第4條第4款。另外，臺灣存託憑
證（TDR）定義亦可從外國發行人募集與發行有價證券處理準則第3條得
知。

全球發行者則稱GDR。

在發行海外存託憑證時，國內發行人在發行中擔任的是「參與發行」的工作，即依存託契約協助執行存託憑證發行計畫，並提供相關財務資訊予存託機構之行為[33]，此時存託憑證的真正發行人是存託機構[34]。

(2)私募海外存託憑證應該遵行主要的法律規定—證交法私募之規定

目前我國針對發行海外存託憑證主要的法律規範為「發行人募集與發行海外有價證券處理準則」，除法令另有規定外，適用該準則進行發行相關事項[35]。惟彰化銀行的海外存託憑證係對特定人進行招募，非公開募集而為私募，故不適用上開準則的規定，此時應以證券交易法有關私募的規定為準。

為了公司籌資管道更加靈活、更多元化，並配合我國企業併購法推動企業併購的政策，特別引進私募（private placements）以應企業之需[36]。我國私募制度依比較法觀點係脫胎於美國相關規定，包括免於先向主管機關申請核准或申請生效[37]（證交法第22條第2項）、應募人的資訊可得性（證交法第43條之6第1項各款——應募特定對象的限制與同條第4項請求資訊權）、不得為一般性廣告與勸募行為（證交法第43條之7）等。以下介紹較為重要之規定：

---

[33] 發行人募集與發行海外有價證券處理準則第4條第1款。

[34] 請參照曾宛如，「證券交易法原理」，頁27～28，元照，2005年3月三版。

[35] 發行人募集與發行海外有價證券處理準則第2條。

[36] 引自劉連煜，「新證券交易法實例研習」，頁65，元照，2004年9月增訂三版。

[37] 美國法上的私募豁免交易規定主要來源係1933年的證券法（the Securities Act of 1933）§4(2)及Rule 506（of Regulation D）。引自曾宛如，「證券交易法原理」，頁49，元照，2005年3月三版。

2.公開發行公司辦理私募必須經過股東會特別決議的同意，且需在該次股東會召集事由中列舉說明特定事項（證交法第43條之6）

按證券交易法第43-6條第1項規定，公開發行股票之公司得以有代表已發行股份總數過半數股東之出席、出席股東表決權三分之二以上之同意[38]對符合同條三款條件規定的特定人進行私募。為保障股東在決議同意前充分知悉公司辦理私募的相關事宜，同條第6項規定下述三事項需在股東會召集事由中列舉並加以說明：一、價格訂定之依據及合理性；二、特定人選擇之方式。其已洽定應募人者，並說明應募人與公司之關係；三、辦理私募之必要理由。金管會於2005年10月11日針對本條規定以下之私募規定，公布「公開發行公司辦理私募有價證券應注意事項[39]」，希冀透過該注意事項將私募規範更明確化。於該注意事項第3點規定公司應於股東會充分說明證交法第43條之6第6項所列三款事項之相關事宜：

⑴私募價格訂定之依據及合理性

①私募普通股或特別股者，應載明私募價格不得低於參考價格之成數、暫定私募價格、訂價方式之依據及合理性。

②私募轉換公司債、附認股權公司債等具股權性質之有價證券者，應載明私募條件、轉換或認購價格不得低於參考價格之成數、暫定轉換或認購價格，並綜合說明其私募條件訂定之合理性。

---

[38] 自本條「出席數」與「同意數」之規定觀之，立法者有意放寬私募股東會特別決議之要求門檻，故與一般股東會特別決議係「代表已發行股份總數三分之二以上股東出席之股東會，以出席股東表決權過半數同意」有所不同。引自劉連煜，「新證券交易法實例研習」，頁69～70，元照，2004年9月增訂三版。

[39] 金管證一字第0940004469號，自公布日（2005.10.11）施行。

(2)特定人選擇方式

①於股東會開會通知寄發前已洽定應募人者,應載明應募人之選擇方式與目的、及應募人與公司之關係。應募人如屬法人者,應註明法人之股東直接或間接綜合持有股權比例超過百分之十或股權比例占前十名之股東名稱。

②於股東會開會通知寄發後洽定應募人者,應於洽定日起二日內將上開應募人資訊輸入公開資訊觀測站。

(3)辦理私募之必要理由中,應載明不採用公開募集之理由、辦理私募之資金用途及預計達成效益

①應募人資格與私募相關書件的事後備查(證交法第43條之5)

按照美國Rule 506的核心概念─「accredited investors」(經認可的投資人),此等投資人經認定後即被視為可取得一般註冊所提供之資訊及具有投資能力,包括機構投資人(institutional investors)與富有之個人投資人("fat cat" individual investors)[40]。我國證券交易法承襲相同的想法,對有價證券之應募人在第43條之6第1項各款設下資格與種類限制。條文將私募對象分為金融業、其他主管機關認定之投資人[41]以及公司內部人三種,因為這些對象基於自身專業能力或者其職務特殊性,有較高承擔因私募投資行為所產生之經濟上風險與保護自己的能力[42]。同條第2項限制第1項第2、3款經主管機關認定之投資人與公司內部人應募

---

[40] 引自曾宛如,「證券交易法原理」,頁51,元照,2005年3月三版。

[41] 按財政部證券暨期貨管理委員會92年11月4日臺財證一字第0920150623號函令,金融控股公司屬證券交易法第43條之6第1項第1款所定「其他經主管機關核准之法人或機構」之範疇,惟其參與認購私募有價證券應遵守金融控股公司法等有關投資及資金運用之規定。

[42] 請參照曾宛如,「證券交易法原理」,頁5～54;劉連煜,「新證券交易法實例研習」,頁80～83,元照,2004年9月增訂三版。

人總數不得超過35人，此規定與美國法相似[43]，但美國主要係針對非經認定之投資人作人數限制。

另外，第43-6條第5項規定辦理私募之公司應於股款或公司債等有價證券之價款繳納完成日起15日內，檢附相關書件，報請主管機關備查。前已述及私募與公開募集不同，所以沒有事先申請核准或生效的必要，但為主管機關管理之目的，故規定本條。

②轉售之限制與上市、櫃買賣問題（證交法第43條之8）

為避免私募之有價證券透過轉售（resale）方式避開公開招募程序之適用，我國法仿照美國Rule 502(d)[44]的規定，規定了第43條之8第1項

---

[43] 1933年證券法，Rule 506(b)(2)(i)of Regulation D原文：*Limitation on number of purchasers*. There are no more than or the issuer reasonably believes that there are no more than 35 purchasers of securities from the issuer in any offering under this section.

[44] 原文：*Limitations on resale*. Except as provided in Rule 504(b)(1), securities acquired in a transaction under Regulation D shall have the status of securities acquired in a transaction under section 4(2) of the Act and cannot be resold without registration under the Act or an exemption therefrom. The issuer shall exercise reasonable care to assure that the purchasers of the securities are not underwriters within the meaning of section 2(a)(11) of the Act, which reasonable care may be demonstrated by the following:

1. Reasonable inquiry to determine if the purchaser is acquiring the securities for himself or for other persons;

2. Written disclosure to each purchaser prior to sale that the securities have not been registered under the Act and, therefore, cannot be resold unless they are registered under the Act or unless an exemption from registration is available; and

3. Placement of a legend on the certificate or other document that evidences the securities stating that the securities have not been registered under the Act and setting forth or referring to the restrictions on transferability and sale of the securities.

While taking these actions will establish the requisite reasonable care, it is not the exclusive method to demonstrate such care. Other actions by the issuer may satisfy this provision. In addition, Rule 502(b)2(vii) requires the delivery of written disclosure of the limitations on resale to investors in certain instances.

不得再行賣出之例外情形,並要求按同條第2項對私募有價證券轉讓之限制應於公司股票以明顯文字註記、於交付應募人或購買人之相關書面文件中載明。其中第1款係為提高私募有價證券流通性所設;第2款應係基於允許「少量出售」之原則(dribble out)而來;第3款則是因為美國法上明訂私募有價證券在自由轉讓任何人之前需有三年之持有期間[45];第4款目的則在使基於法律規定所生效力之移轉不因本條而受影響;第5款係參照第150條但書規定而來,基於實務需要及轉售數量較小不致嚴重影響市場秩序與投資人權益所作之權衡規定;第6款則係概括授權的彈性規定,以利適用[46]。

　　上市、櫃公司私募之有價證券於三年限制轉讓期間經過後,應如何進行上市、櫃,證交法未加以規範,按學者之見解,在解釋上應參照證交法「公開揭露」之證券管理原則以為準繩,故證券主管機關應課發行公司於私募有價證券時,向應募人揭露系爭有價證券必須於三年限制期間經過後、其獲利能力仍符合有價證券上市、櫃審查準則所定標準者,該有價證券方能上市、上櫃之責任。有鑑於此,連結本條與證交法第42條規定,於「發行人募集與發行有價證券處理準則」第70條規定:「公開發行公司依法私募下列有價證券及嗣後所配發、轉換或認購之有價證券,自該私募有價證券交付日起滿三年後,應先向本會辦理公開發行,始得向證券交易所或財團法人中華民國證券櫃檯買賣中心申請上市或在證券商營業處所買賣」[47]。

　　(4)其他有關之規範架構─公開發行公司辦理私募有價證券應注意

---

[45] 三年持有期間的限制,亦是在彰化銀行私募GDR競標期間有外資「禿鷹」要參與競標時,財政部官員表示此事不可能之依據。

[46] 引自劉連煜,「新證券交易法實例研習」,頁74～76,元照,2004年9月增訂三版。

[47] 引自劉連煜,「新證券交易法實例研習」,頁76～77。

事項、華僑及外國人投資證券管理辦法

①公開發行公司辦理私募有價證券應注意事項

上已述及金融監督管理委員會在2005年10月11日為利公開發行公司辦理私募有價證券之遵循並確保原股東權益，訂定「公開發行公司辦理私募有價證券應注意事項」[48]。關於本注意事項的性質，按我國行政程序法之規定，應定其為該法第159條第2項第2款之解釋性的行政規則，通說認其具有間接的對外效力。本注意事項將證券交易法下私募制度中，母法較為不確定的法律概念及程序要件作了說明，補強了證券交易法第43-6條以下的私募規定，例如：應於股東會召集事由中列舉並說明的事項，在注意事項中較明確地描述，並規定必須「充分說明」；關於私募有價證券的資訊，證交所和櫃買中心必須定期將不同種類的資訊在公開資訊觀測站公開，公開發行公司於股款或價款收足後十五日內也應依法將有關資訊輸入公開資訊觀測站，且在年報中揭露私募有價證券之資金運用情形及計畫執行進度。另外，上市或上櫃公司辦理私募有價證券及嗣後所配發、轉換或認購之有價證券，應自該私募有價證券交付日起滿三年後，先取具證交所或櫃檯買賣中心核發符合上市或上櫃標準之同意函，始得向金管會申報補辦公開發行[49]。本注意事項第六點特別針對違反注意事項者處以公司負責人證交法第178條第1項及第179條的罰鍰，並得退回或對辦理私募的申請不予核准，情節重大者，另依證交法第20條和第171條規定處以刑罰。

特別應注意的是，金管會在上開注意事項公布後即另發函說明「已完成」之私募有價證券案件不適用本注意事項，已完成之案件係指於辦理私募有價證券注意事項函令發布前已完成當次私募有價證券之

---

[48] 金管證一字第0940004469號，並自公布日即開始施行。
[49] 公開發行公司辦理私募有價證券應注意事項第五點。

股款或價款繳納之案件[50]。即在2005年10月11日前完成當次私募有價證券之股款或價款繳納動作之公司，當次私募案不必受到該注意事項規範。[51]

②華僑及外國人投資證券管理辦法（2006年3月3日修正）

按華僑回國投資條例第8條第4項與外國人投資條例第8條第四項授權所制訂的「華僑及外國人投資證券管理辦法」，性質上應為行政程序法第150條規定所稱行政機關基於法律授權，對多數不特定人民就一般事項所作抽象之對外發生法律效果之法規命令。

本辦法中，第一章總則第2條規定華僑與外國人[52]得投資於國外受益憑證、國內證券、海外公司債、海外存託憑證與海外股票。第五章即針對海外存託憑證做出規範。第29條規定華僑與外國人投資海外存託者得請求兌回，此時得請求存託機構將海外存託憑證所表彰之有價證券過戶予請求人；或得請求存託機構出售海外存託憑證所表彰之有價證券，並將所得價款扣除稅捐及相關費用後給付請求人。華僑及外國人持有之參與私募之海外存託憑證，及嗣後因辦理盈餘或資本公積轉增資所加發之存託憑證，經兌回國內發行公司之股份，於該私募海外存託憑證交付日起滿三年，經國內發行公司申報金管會補辦公開發行後，始得於國內市場出售。本辦法第30條則規定華僑與外國人投資海外存託憑證若兌回

---

50 行政院金融監督管理委員會94年11月22日金管證一字第0940147710號。

51 發行人募集與發行有價證券處理準則因應本注意事項之訂定，於2006年3月3日之修正中，在現行的§8、69、70條都增加了「依公開發行公司辦理私募有價證券應注意事項規定辦理」的文字，值得注意。

52 華僑及外國人投資證券管理辦法第3條：「本辦法所稱境內華僑及外國人，指居住於中華民國境內領有華僑身分證明書或外僑居留證之自然人或外國機構投資人。本辦法所稱境外華僑及外國人，指在中華民國境外之華僑及外國自然人或外國機構投資人。本辦法所稱外國機構投資人，指在中華民國境外，依當地政府法令設立登記者，或外國法人在中華民國境內設立之分公司。」

國內有價證券時必須提出相關資料與為相關登記。第31條規定兌回之海外存託憑證，在以存託契約及保管契約已載明海外存託憑證經兌回後得再發行者為限，可再存入存託機構再發行海外存託憑證。

(5)彰銀欲私募海外存託憑證前提請股東會同意之內容

本案私募海外存託憑證計畫最終並未執行，因彰化銀行公股管理小組主導之境外策略性投資人競標價格與原先預期並不相符，決定暫緩私募，故本文僅從證交所公開資訊觀測站中擷取彰化銀行辦理私募海外有價證券前，提請股東會同意之海外存託憑證有關內容介紹之。

彰銀於93年6月11日之股東常會中即已就日後公司現金增資發行新股用以私募海外存託憑證，相關之策略、對象、方式、時程、股數、發行價格暨其他一切與本增資案相關之事項（包括但不限於依主管機關指示或因應市場情況而作之必要修正）取得股東會對董事會之授權。相關內容：

1. 辦理方式擬採發行普通股14億股為上限參與發行海外存託憑證，每股面額新臺幣10元整。擬一次或分次募足，實際發行總額視發行股數與發行價格而定。本次發行新股之權利與義務與原普通股相同。私募新股之轉讓依據證券交易法第43條之8相關規定辦理。

2. 本次私募新股之應募人為符合證券交易法第43條之6規定之策略投資人，並以國外金融同業為限。依據證券交易法第43條之6規定，於進行私募時，不受公司法有關原股東及員工優先認股權之限制。

3. 本次現金增資發行普通股參與發行海外存託憑證，原則上發行價格將依國際市場慣例訂定。

4. 此次辦理私募之目的：預計在93年10月完成擴展授信業務，提高資本適足率，強化財務結構之目標。且本次現金增資後可適度提

高自有資本，強化資本結構，除增加長期資金擴展業務外，並可提高彰化銀行之資本適足率。

①私募特別股

(a)應適用證交法中私募制度相關規定

按公司法第157條對特別股的規定，章程上應對特別股可能於分派股息及紅利或分派公司剩餘財產之順序、定額或定率，與特別股股東行使表決權之順序、限制或無表決權等相關權利義務事項定之。第158條規定特別股得由公司以盈餘或發行新股所得之股款收回之。特別股之私募與上開海外存託憑證之私募同樣應適用證券交易法私募制度相關規定，此不贅述。

(b)彰銀私募乙種特別股之內容與競標有關事項[53]

按流程表，彰化銀行私募之乙種特別股係在2005年9月23日召開之臨時股東會中通過同意私募的決議。以下將簡述該次私募特別股時股東會召集事由應列舉並說明之事項：

②特別股內容

(a)乙種特別股股東得準用有關普通股股東依法召集股東會之規定召集股東會。

(b)乙種特別股股東於股東會有表決權、選舉權及被選舉權，其表決權、選舉權及被選舉權之行使與普通股股東相同。

(c)本銀行以現金增資發行新股時，乙種特別股股東與普通股股東有相同之新股優先認購權。

(d)乙種特別股自發行滿一年後至發行滿三年之期間內，得轉換為普通股。自發行滿一年後至發行滿三年之期間內，乙種特別股

---

[53] 以下皆引自彰化銀行公告於證券交易所公開資訊觀測站，2005年9月23日股東臨時會之股東會議事錄討論事項下。

股東將其持有之乙種特別股轉換為普通股時應全數一次轉換。乙種特別股發行滿三年時，未轉換之乙種特別股應全數一次轉換為普通股。乙種特別股轉換為普通股之轉換比率為一股乙種特別股換一股普通股。乙種特別股轉換為普通股後之權利義務，除法令及本章程另有規定外，與普通股相同。

(e)乙種特別股及由乙種特別股轉換之普通股，自乙種特別股股票交付乙種特別股股東之日起三年內，不得轉讓。

(f)本銀行每年決算有盈餘時，應依法繳納所得稅及彌補以往年度虧損，再依銀行法提列30%為法定盈餘公積及依其他法令提列特別盈餘公積後，應優先分派甲種特別股及乙種特別股之股息。

由上可知，持有乙種特別股者除了權利義務與一般普通股股東相同，同樣享有召開股東會之權利、表決權、選舉權、被選舉權、新股優先認購權以及優先的盈餘分派權外，此次的特別股實為可轉換之特別股，且在發行滿三年後強制其轉換為普通股。提供這麼優惠的特別股以供私募，目的在改善財務結構與提高自有資本適足率，且在私募海外存託憑證計畫暫緩後引進單一策略性投資人，提高經營能力。

③競標有關事項——特定人選擇方式

彰化銀行選擇策略性投資人之條件：

(a)營運規模之考量：協助本行大幅提升市占率，鞏固產業地位。

(b)營運績效之考量：須能協助本行繼續提升經營效率及股東報酬率。

(c)通路綜效之考量：可發揮綜效以創造通路之價值最大化。

(d)資產品質之考量：藉由提升風險管理能力，協助改善本行資產品質。

並採公開競標方式，以投資人出價達有效投標之最低底價（每股新臺幣17.98元）以上且最高者為本次得標者。

4.價格訂定之依據及合理性與辦理私募的必要理由

⑴價格訂定之依據及合理性

「依據本行普通股於定價日（含）之前臺灣證券交易所60個交易日之平均收盤價溢價2%計之，定為每股新臺幣17.98元，作為本次私募乙種特別股之最低發行價格。定價日為民國94年6月23日。另相較一般公開募集之普通股於發行後即可對不特定人自由轉讓，因本次私募有價證券有三年期間之轉讓限制規定，且對於私募之應募人資格亦有嚴格規範，故為獲應募人認同，本行乃參酌定價日中央銀行公告之五大銀行（註：五大銀行為臺灣銀行、合作金庫銀行、第一銀行、華南銀行及本行）三年期定期存款固定利率平均利率訂定乙種特別股之股息率，股息率訂為年利率1.8%。」

⑵辦理私募之必要理由

「為改善財務結構，提高自有資本適足率，及引進單一策略性投資人以提升本行經營績效，增進經營能力，並衡量籌集資金之時效性及可行性等因素，爰依相關法令規定，辦理私募乙種特別股。」

參、法律問題與分析

一、本案與臺北銀行併入富邦採用不同的併購方法，一個以現金購買特別股，一個採全數股份轉換併購，是否有什麼特別考量？

在進行併購時，必須先確定的是究竟應該使用股票或現金作為支付的工具。使用不同支付工具，風險亦有所不同。發行特別股，按公司法規定公司可以盈餘或發行新股所得股款買回，主併公司先以現金購買特

別股後，最後再買回，基本上就等於用現金為併購的支付對價，不會有股權稀釋的問題。但是在股份轉換時，原本持股多、掌控公司的主併公司大股東很有可能因為併購時發行新股（普通股）做為支付工具，其原本股權即遭到稀釋。在相對大股東掌經營權的公司，因為持股比例只是相對多於其他股東，並未達控制性持股，很容易因為併購他公司反而使股權稀釋，喪失主導地位。

　　彰化銀行發行特別股主要目的其實是在增資，但採用特別股而非普通股，也是考量競標者可能有股權稀釋的疑慮而裹足不前所做的變通。況且公股因為持有相當比例的彰化銀行股票，若是因為採用股份轉換而再度成為臺新金控最大股東，似乎亦非民營業者樂見。相反地，比較2001、2002年間進行的北銀併入富邦金控一案，臺北銀行與富邦金控採用股份轉換方式進行整併，股份轉換後北市府持有富邦金控股份的比例為14.04%，富邦蔡家的股權雖然遭到稀釋，但由於北市府並沒有與富邦金控經營者競爭的意思，且北銀條件相當良好，能夠結親對富邦金控來說，股權稀釋的擔憂反倒不那麼重要。

二、本案與公營金融機構整合法律布局比較－以兆豐金控整併臺企銀爲例

（一）兆豐金控整併臺企銀

　　2005年臺灣中小企業銀行（臺企銀）標售失敗後，為達成公股金融機構減半的目標，兆豐金控於同年12月宣布以100餘億元現金，在一年內以每股9元以內的價格，採公開收購、盤後交易等方式購入臺企銀26%股權。為國內金控公司公開收購銀行首例，財政部也已同意三商銀（第一、華南和彰化銀行）先賣出15%的臺企銀股權予兆豐金控。

1. 公開收購（Tender offer, Take-over bid）之採用？

　　證券交易法第43-1條以下規範有價證券收購，同時參照公開收購公開發行公司有價證券管理辦法，若兆豐金控按上述規定進行對臺企銀之整併，可說是以最高規格進行合併，因為公開收購指係指有意取得控制權的人，公開向目標公司股東發出購買股份的要約[54]，其運作方式，約略而言乃收購者（個人或公司）得不經由集中交易市場或證券商營業處所，直接以公告、廣告、廣播、電傳資訊、信函、電話、發表會、說明會等方式對非特定人之全體股東為公開要約其所欲取得目標公司之股權比例，並訂定相當時間（現行規定原則上為五十日內[55]）給目標公司股東考慮的機會[56]。就我國目前法律上之規範，主要可以參酌證券交易法第43條之1、第43條之2至第43條之5規定。此制度主要目的在於「為避免大量收購有價證券，以致影響個股市場價格」因此，參酌英國立法例制定了我國法上強制收購之規定[57]。採用強制公開收購主要的功能在於，避免被收購公司的少數股東權益被忽略，透過強制收購人必須對所有股東提出收買其股份之要約，使所有股東得以享有充分之資訊揭露以及資訊上之對稱[58]。

---

[54] 請參照賴英照，公開收購的法律規範，金融風險管理季刊第1卷第2期，頁75，2005年。

[55] 公開收購公開發行公司有價證券管理辦法第11條：
任何人單獨或與他人共同預定於五十日內取得公開發行公司已發行股份總額百分之二十以上股份者，應採公開收購方式為之。

[56] 請參照劉連煜，公開收購股權與惡意購併，月旦法學教室第75期，頁22，2001年8月。

[57] 請參照廖大穎，解析證券交易法之部分新修正—公開收購與私募制度，月旦法學雜誌第83期，頁254～265，2002年4月；張心悌，從法律經濟分析觀點探討強制公開收購制度，輔仁法學第28期，頁47，2004年12月。

[58] 請參照常立松，論金融控股公司架構下少數股東、債權人及員工之保障，頁124～125，臺北大學法學系碩士論文，2003年6月。

由上可知，採用公開收購以達到整併目標成本極大，兆豐金控於2005年12月16日之證券交易所公開資訊觀測站重大訊息公告中表示董事會決議通過將以現金購買臺企銀5%-26%之股份，每股不超過9元（含9元）為上限，並未以公開收購為手段而向市場上的所有有意願應賣之股東提出購買的要約，反之，係向三商銀及某些特定大股東進行特定人間以約定價格之現金買賣。事實上，並未採用公開收購的方式，此舉並未違法，因兆豐金控所購買的股份總數與時程非上述公開收購公開發行公司有價證券管理辦法第11條所規定之情形，無須強制公開收購。

2. 可能的考量及非難

二次金融改革既然係以減少公股金融機構為目的，公股銀行或金控間的整併比促使民營金融機構合併公股銀行更能達成目標，在臺企銀標售不成後，由兆豐金控介入整併臺企銀，亦為較佳之選擇。而在未有完善金融機構退場機制下，由政府持股比例較高的兆豐金控介入經營，或許是暫時的權宜之計。選擇由兆豐金控現金購買三商銀出脫所持有臺企銀的股份，亦是成本低的事半功倍之方。

惟如此難以逸脫為達政策目標而勉力執行的非難，首先，臺企銀並非體質良好的金融機構，未能於標售中依市場機制出售，反而由已民營化的兆豐金控吃下，不僅有損兆豐金控股東權益，更無助於發揮整併的綜效。另外，非公開收購的方式雖成本低，但是對持有臺企銀股票的其他股東而言，並不公平，經營的不善反倒由無法自由轉讓持股的小股東承擔。

（二）本案與兆豐金控一案之比較

與兆豐金控整併臺企銀相較，臺新金控整併彰化銀行的法律布局就顯得高規格且行禮如儀，遵守私募特別股的規定，採取競標方式決定特

別股得標者，可以減少事後爭議，也維持經營權取得過程的穩固[59]。將
來若是民營金控欲整併公股金融機構，應該都會採用如此模式，除非民
營金控資本額大到可以一次直接以百分之百的股份轉換方式[60]合併，如
國泰金控與世華銀行，即以1：1.6的換股比例為股份轉換，否則資本額
較小的民營金控應仍係先取得公股銀行經營權，以民營方式經營公股銀
行，再漸進式地進行最終的整併。

　　兆豐金控為政府持股較高的民營金控，相對於一般民營金控，對於
國家金融政策執行的責任自然較重。雖然整併臺企銀係以類似轉投資的
方式達成，但實非法治應然面所應為。除了如上述必須尊重市場機制與
維持股東間的公平性，政府主導的整併案，應該更注重法律規範，而不
是單以政策實踐為理由，就對法律上正當性睜一隻眼、閉一隻眼，如不
應迴避採用公開收購方式整併臺企銀，應使臺企銀的股東都有自由決定
買賣持股的權利，而非僅三商銀獨享。若是欲由體質佳的金融機構整併
體質差的金融機構以改善整體金融環境，也應在法治面上明訂規範，保
障進行整併者一方（體質佳者）的股東與債權人權益。

三、領導性金融機構的可行性

　　二次金融改革的四大目標最終目的，即是要建立具國際競爭力的領
導性金融機構（National Champion），以便達成金融服務業「強化金融
監理，有效處理不良債權，解決金融產業過度競爭」的優先發展目標。
惟並未有政府機關或媒體針對領導性金融機構做出詳細解釋或說明，本

---

[59] 雖然由出價最高的臺新金控得標，但競標者中關於整併彰化銀行的計畫係
新加坡淡馬錫投資公司較為完善，卻未能得標，似與整併目標係追求國際
化有所扞格，此亦為一爭議所在。且若由淡馬錫得標，亦可促成二次金改
中由外資經營一家我國金融機構的目標。惟本文不討論無法得知的政策考
量，僅併此指明此爭議。
[60] 金融控股公司法第26條規定參照。

部分試圖援引國外文獻簡介此概念，並結合相關法理，說明二次金融改革欲建立領導性金融機構的目標及成效，在彰化銀行與臺新金控的案例中是否達成。

（一）領導性金融機構與市場機制

　　一個單純的領導性金融機構概念，係指一個企業所必須達成在國際市場上有效競爭的規模[61]。產生National Champion這個概念，源自於1992年歐盟通過的馬斯垂克條約（Maastricht Treaty），逐步推動商品、勞務、人員、資金自由流動，引發各國的銀行至對方市場設立銀行以擴展市場[62]。1992年到2000年發展出National Champion的概念，允許高度集中整併為National Champion，也允許高度競爭，但不允許新設立銀行[63]，而具有領導性地位的金融機構到國際市場上競爭。

　　但領導性金融機構的概念並未得到國外法院與多數政府組織的支持，甚至國際間的結合管制機制亦對此概念有所微詞。2001年GE與Honeywell的結合，在美國FTC通過該結合案後，歐體執行委員會卻予以駁回，其中一個原因就是該結合案會創造出一個具掠奪性且巨大的National Champion，削弱了保持產業競爭的利益[64]。國際間如WTO或其他獨立的反競爭組織，建立了國家適用反競爭法（antitrust laws）

---

[61] *See* Robert Pitofsky, *The Effect of Global Trade on United State Competition Law and Enforcement Policies*, Fordham Corporate Law Institute 26th Annual Conference on International Antitrust Law & Policy, October 15, note 6(1999).

[62] 參考行政院金融監督管理委員會的金融發展研究基金網站：http://www.fscey.gov.tw/FRDFC/news2_default.aspx?ctunit=736，2006年12月舉辦的臺灣金融業競爭力論壇中沈中華教授的報告內容。沈教授並未指出為馬斯垂克條約，此為筆者查閱資料而推斷，文責自負。

[63] 引自前註資料。

[64] *See* Damjan Kukovec, *International antitrust-What Law In Action?*, 15 IHD. INT'L & COMP. L. REV. 1, at 26~28 (2004).

時具一致性的國際性原則（principles）其中兩個原則為：⑴國家適用自身的反競爭法時，不因國籍而有差別待遇（discrimination based on nationality）；⑵國家不應允許建立領導性企業（national champion）的利益勝過（trump）競爭的利益（competition interests）[65]。由此可知，由國家偏見（national bias）促使、致力於National Champion的建立，違反了市場競爭與自由機制[66]。

經建會網站上針對二次金改澄清說明的新聞稿中，認金融整併的目標並未背離市場機能（market mechanism），即對買賣雙方有意願而且有能力的參與，各自獨立決策進行而產生交易完成或資源配置的機能，因最終反映在供需決定價格上，也稱為價格機能（price mechanism）。其舉出彰銀一案，臺新金控以溢價達40.4%高價取得彰化銀行特別股，而政府身為股東一份子，並無法違反市場機能，且參與雙方心服口服，故認符合市場機能[67]。說理缺乏邏輯，難以使人信服。不是價格夠高就符合市場機制，兩個金融機構的整併應該係在評估後認有必要且有發揮綜效的可能，才加以整併。若要為臺新金控與彰化銀行整併提出說帖，應該有更具邏輯的說理，例如為追求資源互補、短期成長或新的經營上刺激而尋求整併。

市場機制，顧名思義就是尊重市場自有秩序、由金融市場參與者自

---

[65] *Id.* at 28.

[66] 美國史丹福大學法學院講座教授史考（Kenneth E. Scott）於2005年11月2日來臺於公平交易委員會演講時，指出對於臺灣二次金改政策，除非市場特別集中於少數業者手中，或金控公司規模特別大，否則金控業者之間應會有所競爭，至於市場中應有多少金控公司，宜由市場機制決定，而非由政府決定。經濟日報，「史考：金控家數非由政府決定」，2005年11月3日。

[67] 引自行政院經濟建設委員會的新聞稿網站：http://www.cepd.gov.tw/style1/style1_sec1.jsp?linkID=194，鍵入2005年、二次金改，針對中國時報所做的澄清新聞稿資料。

主決定其經營策略，無論是整併或分割、裁撤現有組織，都應尊重市場自我調配的功能，除非市場已失去自我調配的機能或非常時期，方由政府介入管理。金控或金融機構之間的整併，也應該由各經營者自我決定和調配、溝通，若能自主相互間達成整併協議，實無由政府強力介入主導。若基於金融政策的目的而進行整併，至少應有法律上的明文規範，給予整併雙方的股東、債權人保障，並採取較公開、透明的程序，使監督機關得以事後評估，以消弭事後爭議。

（二）台新金控與彰化銀行的整併是否成為領導性金融機構？實現二次金改的目標？

臺新金控當時取得彰化銀行經營權時，即有成為領導性金融機構的態勢，因為雙方資本總額相加，即能使臺新金控一躍成為資本總額前三名的民營金控。但是在未能充實自身的競爭力、建立獨特品牌前，只是帳面上的資本總額壯大，無法實現金融改革的最終目的，無法真正增加國際競爭力。

為推動金融改革，根據央行和經建會針對目前國內金融機構所做有關競爭力的數據，政府仍然把競爭力指標重心放在資產、淨值、稅前淨利和平均ROE（淨值報酬率）上，亦即把提昇競爭力的重點放在「規模」上。根據經建會為宣導金融改革所做的簡報，其中指出金融改革所欲達成特色與好處有：創造大而好的銀行，與小而美的銀行共存共榮，以健全金融產業發展，提昇競爭力與提供良好且多樣化的金融服務，創造更多的就業機會。以上的特色與好處為金融改革漸進式完成後好的連鎖效應，也是政府推動National Champion建立的說帖。大銀行之所以必要，係因它能創造以下五項特質[68]：

---

[68] 沈中華，啟動二次金融改革，臺灣經濟論衡，頁4～5，2005年4月。

1.獨特的商品，需要創新能力。

2.消費金融方面，協助全球不同客戶的理財需求。

3.企業金融方面，產品線完整，滿足全球不同企業需求。

4.銀行本身形象良好，信評好，人民信任，資金取得便宜。

5.能吸引優秀人才，且人力及設備充分應用。

　　但是建立領導性金融機構是否真的能完成上開目標，學者從不同觀點切入，研究國內外金融機構的獲利、銀行家數、集中度、金融市場穩定、經濟發展等之間的關係，發現我國政府在二次金改中把金融機構整併、銀行變大的手段，和成為金融中心的目標相混淆，有錯置的現象，事實上這是二個不同位階。在鼓勵成立大銀行及增加市占率時，應首先探討成立大銀行的目的及用何種方法達成目的，大銀行可以增加金融安定，但大銀行未必可減少銀行業的過度競爭，進而減少逾期放款、增加股東權益，大銀行未必保證出現區域性銀行（Regional Bank）[69]、[70]。致力於整併金融機構形成大型金融機構的方式，與增加國際競爭力的目標，並沒有關連性的證據力。即使如今年底臺新金控和彰化銀行真的完成合併，也不擔保能夠以領導性金融機構之姿提昇我國金融機構的整體競爭力。

---

[69] 政治大學金融學系主任沈中華教授在「臺灣二次金融改革爭議與前景」研討會上之報告。工商時報，「政大金融系主任沈中華：銀行要賺錢公司治理比變大重要」，2005年10月25日。

[70] 本文認為領導性金融機構並不等同於區域性銀行，領導性金融機構較類似於大銀行。國家應致力於成立具領導地位的區域性銀行，而非致力於降低金融機構的家數與市占率。

肆、結　論

2005年彰化銀行的海外存託憑證發行案，原係希冀引入國外策略性投資者改變彰化銀行固有經營模式，增加新的利基；惟因故暫緩施行後，私募彰化銀行特別股的競標，期許得標者與彰化銀行整併後可以建立領導性的金融機構，成為提昇國際競爭力的觸媒，連帶地帶動國內金融產業的競爭力與相互間整併。臺新金控因提出溢價達40.4%高價取得彰化銀行特別股，預計在今年（2007年）底完成與彰化銀行的整併。在二次金融改革政策執行下，更加催化了金融機構間的整併風潮，在無畏違反市場機制、圖利財團的非難下，臺新金控取得了資本總額大過自己800億的百年老店—彰化銀行經營權，為了達成提昇國際競爭力的目標，而全力促使成立具領導地位的金融機構，方法與目的之間或許具有正當性，但是僅是帳面上資本總額的增加，若不改善金融市場整體結構、增加金融產業的發展性，即使是再大的銀行都無法抵禦整體經濟環境的衰退，更遑論完成金融改革的目標。

目前執行中的「2015年經濟發展願景三年衝刺計畫（2007～2009）」金融市場套案，是二次金改之延續，將改革主力集中以銀行市場結構的重整作為整併的主軸，並以公股管理及釋股政策的透明化，加上強化金融監理之配套措施，接續推動銀行市場結構的重整。在2007年到2009年三年衝刺時程中，政府將全力促成以銀行市場結構重整為目的的金融機構整併，以圖建立具國際競爭力的銀行。此次若能貫徹套案計畫，以結構重整為主軸進行整併，並尊重市場機制，金融改革才能漸進式的完成並達成目標。

參考文獻

一、專書論著

1. 陳松興等著（2003），一兆元黑洞─為臺灣金融重建工程把脈，天下財經，2003年2月。

2. 陳駿逸等著（2003），臺灣金控大火併，商訊文化，2003年8月。

3. 陳春山著（2004），金融改革及存款法制之研究，元照出版，2004年2月。

4. 曾宛如著（2005），證券交易法原理，元照出版，2005年3月。

5. 劉連煜著（2004），新證券交易法實例研習，元照出版，2004年9月。

二、期刊論文

1. 林蒼祥，從金控公司提高我國金融國際競爭力，國家政策季刊第3卷第4期，2004年12月。

2. 沈中華，啟動二次金融改革，臺灣經濟論衡第3卷第4期，2005年4月。

3. 趙相文，評金管會處分臺証證券買進新纖股票案，實用稅務第362期，2005年2月。

4. 蔡進財，善用金融重建基金完成金融改革，建華金融季刊第21期，2003年3月。

5. 金融業對政府第二階段金改目標應有之警覺與對策，一銀產經資訊第477期，2004年12月。

6. Kukovec Damjan, International Antitrust-What Law In Action?, 15 IND. INT'L & COMP. L. REV. 1, (2004).

7. Pitofsky Robert, The Effect of Global Trade on United State Competition Law and Enforcement Policies, Fordham Corporate Law Institute 26th Annual Conference on International Antitrust Law & Policy, October 15, (1999).

三、網路資料

1. 中央存款保險公司網站，網址：http://www.cdic.gov.tw/mp.asp?mp=1。

2. 行政院經濟建設委員會網站，網址：http://210.69.188.227/。

3. 行政院金融監督管理委員會網站，網址：http://www.fscey.gov.tw/mp.asp?mp=。

4. 臺灣證券交易所公開資訊觀測站，網址：http://newmops.tse.com.tw/。

5. 彰化銀行網站，網址：https://www.chb.com.tw/wcm/web/home/index.html。

6. 聯合知識庫網站，網址：http://udndata.com/。

魔鬼的誘惑
——渣打銀併竹商銀案

高啟瑄、劉淑慧、吳宛真

目 次

大事紀

年月日	事件	備註
94年9月	渣打與竹商銀開始接觸。	
95年6月底	達成共識。	
95年8月	渣打至竹商銀進行實質審查（DD）。	
95年9月15日	渣打銀行董事會決議辦理本次公開收購。	
95年9月28日	新竹商銀董事會全體（24名）出席，無異議通過英商渣打銀行，以每股24.5元公開收購竹商銀股權。	
95年9月29日 上午	渣打銀行取得金管會核准函，將以公開收購方式併購竹商銀。	近五日竹商銀主力以德意志亞洲、港商法國興業及富邦證券名列前三名，富邦證券買超達7,975張。
	工商時報：渣打銀行可望高價入股竹商銀。富邦金高層強調追求竹商銀的心意未變。	
	竹商銀舉行臨時董監事會，竹商銀大股東與渣打銀簽約同意出售手上持股，渣打確定取得20.81%股權。	大股東持有兩成股權外，如果再包括大股東親友的持股，三大家族合計持股達百分之卅五；另員工亦持有百分之三至四，都同意把股權賣給渣打銀行。
95年9月29日 下午	渣打今早9時30分在香港停牌交易，下午歐洲倫敦、美國紐約市場掛牌的渣打銀行股也都同步暫停交易，原因是要「公布一筆重大交易」。	每股24.5元計算，渣打銀行要「完全收購」竹商銀（16億5,451萬6,000股），需花費新臺幣405億3,566萬餘元，51%最低門檻為382億元。
	渣打與竹商銀分別召開記者會，宣布渣打將籌資12億美元併購竹商銀，從10月2日到31日，以每股新臺幣24.5元從市場公開收購竹商銀51%到100%股權，收購逾51%股權後，該行現任董監事將自然解任；渣打收購股權逾75%後，竹商銀將下市，最快年底合併。 此收購委由元大京華證券做場外交易。 富邦金公告說明，富邦產險與富邦人壽已承諾將出售其所持有之全部竹商銀股權與公開收購人。 目前富邦集團持有竹商銀股數約為1億1,200萬股，持股比率約7%，經內部估算，獲利約在10億元以下。	渣打銀公開收購價格，相較29日臺股收盤價是溢價31.36%，若以28日收盤價來看是溢價40%，以2005年每股稅後純益計算，本益比是12.7倍，若以每股淨值（今年6月底）來看是2.3倍。 渣打銀行目前在臺灣僅有三家分行，日本兩家，在對岸則有11家、香港70家、澳門一家，併購南韓第一銀行後，分行數跳升

年月日	事件	備註
		到407家，公開收購竹商銀，分行數再增83家。收購後，渣打躍升為東北亞的第一大外商銀行（在韓國、臺灣、香港和中國大陸等東北亞市場，分行數目將達580家）。
95年10月3日	渣打銀表示，不會延長收購期限，也不會再加價。 竹商銀公告，富邦集團、吳伯雄等吳氏家族成員，將總持股61%，約1億3千9百萬股，申報轉讓信託給建華銀行受託專戶，富邦人壽蔣國樑、林立民及富邦產險楊本泉等三席董事，因持股不足已自然解任。	
95年10月4日	渣打登報表明三大立場 (1)24.5元是最高也是最終的價格 (2)收購竹商銀股份必須達到51%以上，若未達此標準，渣打不會支付收購金，也就是合併案將不會進行。 (3)公開收購期限至今年10月31日止，目前無意展延公開收購期限。 渣打銀表示，現階段不考慮使用渣打銀行的股票換發竹商銀，若股東未參與公開收購，未來竹商銀下市，股東持有的就是竹商銀的未上市股票，無公開市場可以交易；渣打就算繼續收購下市的竹商銀股票，收購價為市場均價，不會有24.5元的價格。	
95年10月5日	竹商銀（2807）歷經連續五根跳空漲停推升後，昨股價抵24.3元，接近渣打銀收購價24.5元，今外資等賣盤湧現，股價爆量漲停打開，本土法人自營商反向瘋狂敲進套利，開盤半個小時內即有18萬張的成交量，終場成交張數達286,978張的創歷史天量，占竹商銀股權約17%，股價以24.2元收盤，累計單周漲幅達29.75%。	三大法人進出：自營商買超12.3萬張、外資賣超4.8萬張、投信賣超463張。
95年10月11日	上週四（5日）開始大幅增加的賣單，使得渣打銀公開收購竹商銀股票比例，已達10%。	

年月日	事件	備註
95年10月15日	金管會官員表示，主管機關對於渣打併竹商銀訊息公布前，融資暴增、股價大漲等現象，是否涉及外傳的內線交易疑雲，絕對會注意。	
95年10月16日	金管會主委施俊吉在立法院備詢時表示，證交所監視股市交易中，確實發現竹商銀在合併前曾有爆量交易4萬多張，可能不法利得4億多元。他表示，金管會早已展開調查是否涉及證券交易法中內線交易，應該會成案。	富邦金持有不涉歸入權的竹商銀持股，若能在10月底前順利應賣，可望有7.5億元處分利得。
	富邦金高層表示，富邦金在獲知渣打銀行要收購竹商銀股權後，並無任何買進動作，因此絕無內線交易情事。但為防範有不必要的損失發生，富邦金已決定保留近半年買進的竹商銀持股，暫不轉讓。	
95年10月17日	英商渣打銀行併購新竹商銀傳出內線交易疑雲，調查局臺北市調查處已立案追查，臺北地檢署也分案交由查黑專組檢察官張介清偵辦。 臺北市調處發函金管會與證交所，要求提供今年9月29日渣打銀行宣布併購竹商銀之前，使用融資大筆購進竹商銀股票的相關帳戶名單，以及竹商銀內部人買賣自家股票的交易紀錄。 金管會證期局副局長李啟賢確認，信託等同股票所有權移轉，因此，只要信託前六個月買進的竹商銀持股，都適用歸入權，其買賣價差，歸公司所有；李啟賢表示，「應該算新股東（渣打銀）的利益」。	法務部駐金管會檢察官辦公室與金管會的專案會議後，以嫌疑人所在地及嫌疑人行為地在臺北進行為由，臺北地檢署決定承擔起這件國際併購案疑涉內線交易案件。
95年10月22日	渣打銀行發布新聞稿，宣布成功收購新竹商銀51%以上股權，31日前仍會繼續以24.5元的價格在市場上收購竹商銀股票。渣打不願透露目前已握有的竹商銀實際股權，僅表示已收購9億3,000多萬股，以此估算已收購竹商銀近六成股權。	由於竹商銀大股東的持股轉讓皆已超過選任時所持有股權的二分之一，所以陸續解任。原本竹商銀董監事共24名，已有20位解任，僅剩四位董事（吳伯雄、吳志偉、吳志揚與吳志良），解任比率達83%。竹商銀主管表示，目前竹商銀董事只有第三大股東「吳家」（即總經

年月日	事件	備註
		理吳志偉家族）繼續擔任董事。第一大股東富邦金，以及第二大股東、董事長詹宣勇的「詹家」，皆已經完全解任，退出經營權。
95年10月24日	經濟部投審會委員會核准英商渣打銀行申請匯入12.3億美元投資新竹商銀。 竹商銀召開董事會，推舉目前的竹商銀總經理吳志偉，接替詹宣勇出任董事長（詹宣勇因出脫持股逾二分之一解任）。	累計至今日止，今年僑外投資已達107.21億美元，創歷年新高。
95年10月26日	渣打銀行公開收購竹商銀，已逾80%股權登記。原屬竹商銀三大家族與其親友，共約35%股權，已全數收購完成。	
95年10月27日	竹商銀董事會通過將於12月13日召開股東臨時會，將全面進行董監改選，屆時英商渣打銀行將全面進駐董事會。	
95年10月31日	英商渣打銀行收購新竹商銀完成公開收購，公開收購股權比率達95.4%。	渣打不願表明現任竹商銀董事長吳志偉未來是否進入董事會，不過吳志偉將續任竹商銀最高階層的專業經理人，應可望成為董事會改選後，唯一竹商銀原股東被渣打指派的法人董事。 渣打表示，在得到主管機關與竹商銀的同意後，竹商銀將辦理下市，並申請渣打臺灣分行與竹商銀於明年底完成整併，屆時渣打在臺灣營業據點將達到88個。
95年11月3日	渣打集團董事南凱英及竹商銀董事長吳志偉共同出席收購成功記者會。南凱英及吳志偉均指出，雙方已成立「融合小組」，將正式展開業務結合。至於竹商銀將何時下市，吳志偉說，將在12月13日召開臨時股東會全面改選董監事，並在改選後的新董事會上，討論下市時間及合併基準日。	

年月日	事件	備註
95年11月20日	消息來源透露，新竹商銀涉嫌內線交易案，金管會證期局已直接移送給檢調單位，正式進入司法程序，金管會近期將在立院（財委會）召開秘密會議提出報告。	
95年11月21日	竹商銀董事會通過發行100億元次順位金融債券，且將在12月公開標售17.4億元的不良債權。	竹商銀主管表示，此次董事會決定發行次順位金融債券100億元，主因是過去發行的近百億元的金融債券將在明年到期，因此董事會決議借新還舊再發行債券，同時也可提升資本適足率。 渣打銀尚未收購竹商銀前，竹商銀計劃將發行3億美元（折合新臺幣約100億元）海外無擔保可轉債，但最後因渣打展開收購行動，而於10月間宣布廢止發行。
95年12月13日	竹商銀召開股東臨時會，通過修改公司章程，將公司董事席次由21名減為9名，監察人席次由3名減為2名，並完成董監全面改選，9席新任董事及2席監察人全數由渣打銀行所囊括。 勞方提出「我要工會」、「我要年資結清」、「我要團體協約」訴求；新竹商銀則發出聲明，強調會保障員工權益。	竹商銀總經理吳志偉以渣打銀行代表人身分，當選新任董事，其餘8名新任董事分別為渣打銀行代表人南凱英、麥侃哲、羅彼得、張濟如、黃麗心、唐欣、吳文光及胡貴凌等。竹商銀新任兩名監察人則為渣打銀行代表人黎樂民及陳德霖。 勞方要求資方最遲在今年12月29日以前，提出合理的員工年資結算方案，且全體員工繼續留任，並希望資方承諾明年3月30日前，與新竹商銀工會完成團體協約簽約。 新竹商銀方面發出兩點聲明：一、該銀行與渣打銀行的融合在追求企業、員工的成長，強調合併過程中不會裁員、降薪，亦不

年月日	事件	備註
95年12月13日		會發生強迫調動工作的情形；二、竹商銀與渣打銀行目前正處於融合階段，薪資、福利等各項配套措施，都在審慎研議中，但會以員工最大福利為考量，例如服務滿10年以上者，可享優質退職金。
	竹商銀董事會決議通過申請股票終止上市買賣。	董事及監察人承諾以每股24.5元收購公司股票。

壹、前 言

三方關係

（一）新竹商銀之發展簡介

1948年（民國37年）新竹區合會儲蓄股份有限公司成立時，集合了桃園吳家及新竹陳家的資金，由創立元老詹紹華擔任專業經理人，日後詹家、吳家、陳家並列為竹商銀的三大創始家族。嗣後於1978年改制為「新竹區中小企業銀行」，於1999年正式改制為「新竹國際商業銀行」（簡稱「竹商銀」）。竹商銀本身是典型區域銀行，2006年11月為止全臺共有83家營業據點，超過六成的分行設在桃竹苗一帶（桃園31家、新竹17家、苗栗12家）。由於與新竹地區密切結合、努力扎根的結果，竹商銀在一些新竹科學園區高科技產業公司的發展之初就與其往來，而後便成為財務上主要的往來銀行。因為竹商銀掌握了這些高科技廠商的客戶資料，為其最大的優勢和資產，也成為併購者所覬覦的對象。

（二）富邦金入竹，登陸只欠東風

1.富邦金企圖於大陸設立分行，發展銀行業務

富邦金融控股公司（簡稱「富邦金」）在2004年3月8日完成收購香港的港基銀行七成五的股份，成為富邦金之海外子銀行後，並於2005年4月6日將港基銀行正式更名為「富邦銀行（香港）有限公司」，計畫援用中國大陸與香港雙邊簽定更緊密經貿關係安排（Closer Economic Partnership Arrangement, CEPA）[1]，由富邦香港銀行在中國大陸申請設

---

[1] 該安排於2003年9月29日簽署、生效，並分別在2004年10月27日、2005年10月18日以及2006年6月27簽訂三次補充協議。CEPA就金融服務部分，對於香港銀行在中國大陸的優惠有如下：a.接受公眾存款和其他應付公眾資金，b.所有類型的貸款，包括消費信貸、抵押信貸、商業交易的代理和融資，c.金融租賃，d.所有支付和匯劃工具，包括信用卡、賒賬卡和貸記卡、旅行支票和銀行匯票（包括進出口結算），e.擔保和承諾，f.自行或代客外匯交易。具體承諾：1.香港銀行在內地設立分行或法人機構，提出申請前一年年末總資產不低於60億美元。2.香港財務公司在內地設立法人機構，提出申請前一年年末總資產不低於60億美元。3.香港銀行內地分行申請經營人民幣業務時，應：(1)在內地開業2年以上；(2)主管部門在審查有關盈利性資格時，改內地單家分行考核為多家分行整體考核。根據CEPA的約定，只要被認定為「香港註冊」的機構，在中國大陸開業二年即可申請經營人民幣業務；然中國大陸於2001年加入世界貿易組織（WTO）後，按照WTO協定中國大陸2006年才開放外商銀行分行辦理人民幣業務；同時，外資銀行在大陸設分行和財務公司，進入中國大陸須滿足二百億美元資產規模的條件，而在香港註冊的銀行僅須六十億美元便可設置。由於進入中國大陸之門檻降低，香港共計有八家中小型銀行因而受惠，得以較低門檻進軍中國大陸。大陸已同意將來具備開辦人民幣離岸業務條件時，優先考慮在香港開放，同時已宣布允許香港銀行試辦個人人民幣業務，包括存款、匯款、兌換及信用卡業務。（資料來源：工商時報，《大陸、香港CEPA的啟示》跨國境銀行業務發展直接併購最佳，2004年2月14日4版；香港工業貿易署網站資料：http://www.tid.gov.hk/tc_chi/cepa/files/annex4_c.doc最後瀏覽日：2007年1月25日）

又根據WTO協定，2006年以後中國大陸將取消所有對外資銀行的所有權、經營權的設立形式，包括所有制的限制，允許外資銀行向中國客戶提供人民幣業務服務，給予外資銀行國民待遇。而中國大陸為了實現此協定，在2006

立東莞辦事處，並於設立的兩年後依照CEPA從辦事處升為分行，便能於中國大陸辦理分行的銀行業務（包括人民幣存款、貸款及信用卡等）。

2.併購竹商銀的腳步，因法令、政策而停駐

新竹科學園區的廠商超過九成和竹商銀有往來，而大部分廠商亦於大陸投資。當富邦金在臺灣、香港和大陸皆有子行或分行時，富邦金透過與竹商銀合併，除有助於拓展在大臺北地區以外的銀行通路外，更能掌握與竹商銀有往來且在大陸投資的竹科客戶資料，以取得富邦金在西進大陸後的臺商客源，提供該些竹科廠商在中國大陸或者其他地區的融資需求以及一條鞭式金融服務[2]。相對的，臺商為了避免至另一地區向其他當地銀行尋求融資的麻煩，也樂於在兩岸三地與同一銀行進行融資往來，因此成為富邦金企圖與竹商銀合併的一大原因。

富邦金於2005年2月透過旗下富邦人壽、富邦產險大舉買進竹商銀

年11月11日公布了「外國銀行管理條例」。其中該條例第72條規定：香港特別行政區、澳門特別行政區和臺灣地區的金融機構在內地設立的銀行機構，比照適用本條例。國務院另有規定的，依照其規定。然而CEPA的約定仍有部分較該條例為優惠，香港地區是否因為該條例第72條的適用，而與CEPA形成適用上的衝突？中國國務院表示，由於條例第72條後段規定（國務院另有規定的，依照其規定），其中就包括了為CEPA留下空間，因而CEPA仍然有效適用。

[2] 雖然臺灣銀行業可以透過香港分行與國際金融業務分行（Offshore Banking Unit, OBU）來服務大陸臺商，不過，從現行OBU發展來看，雖然OBU資產規模和占銀行獲利比重年年提高，各主管機關對於OBU政策的岐見，多少仍限制了OBU發展。如果政府機關沒有辦法立即開放銀行登陸，OBU又不能有效發揮臺商海外資金調度平臺的功能，OBU業務可能很快被外商銀行大陸分行所取代，將連帶影響本國銀行獲利和競爭力。有鑑於OBU的限制以及獲利有限，因此臺灣銀行仍傾向能至中國當地設置分行或法人銀行。（此部分可參考：「國際金融業務條例」；經濟日報，政策喬不攏競爭力將喪失金管會陸委會有岐見，OBU市場即將被外銀大陸分行取代，2006年10月9日A2版。）

股票，而成為竹商銀第四大股東，並於2005年6月取得竹商銀的三席董
事[3]，期間也不時傳出雙方即將合併的消息[4]。

　　然而，富邦金的海外子公司富邦銀行（香港）於大陸東莞設立辦事
處一案，卻因為臺灣地區與大陸地區人民關係條例第36條及其子法[5]與
2006年初政府政策（積極管理、有效開放）的限制，而遲遲無法得到財
政部之設立許可[6]。因為臺灣法令與政策無法放寬金融業登陸，而導致

---

3 至2006年9月29日為止，詹家、吳家、陳家和富邦對於竹商銀的持股比例各
　 為：5.92%、5%、4%、6.8%。（資料來源：聯合晚報，2006年9月30日，6
　 版：銀行、外資：難得成功案例；經濟日報，2006年10月2日，A3版：渣打
　 娶竹商銀外資富邦及時加碼；經濟日報，2006年9月20日，A4版：富邦金：
　 娶竹商銀先友後婚。）

4 此部分可參閱經濟日報，2005年06月10日，A4版：竹商銀三董事給富邦合
　 併有望。

5 臺灣地區與大陸地區人民關係條例第36條：（第1項）臺灣地區金融保險證
　 券期貨機構及其在臺灣地區以外之國家或地區設立之分支機構，經財政部許
　 可，得與大陸地區人民、法人、團體、其他機構或其在大陸地區以外國家或
　 地區設立之分支機構有業務上之直接往來。（第2項）臺灣地區金融保險證
　 券期貨機構在大陸地區設立分支機構，應報經財政部許可；其相關投資事
　 項，應依前條規定辦理。（第3項）前二項之許可條件、業務範圍、程序、
　 管理、限制及其他應遵行事項之辦法，由財政部擬訂，報請行政院核定之。
　 臺灣地區與大陸地區金融業務往來許可辦法第10條：（第1項）臺灣地區銀
　 行符合下列各款規定者，得向主管機關申請許可在大陸地區設立代表人辦事
　 處：一、守法、健全經營，且申請前三年未有重大違規情事。二、申請前一
　 年度資產與淨值在國內銀行排名前十名以內。三、最近半年自有資本與風
　 險性資產之比率達百分之八以上。四、具備國際金融業務專業知識及經驗。
　 五、已在臺灣地區以外國家或地區設立分支機構。（第2項）主管機關得審
　 酌銀行服務大陸臺商客戶之實際需要及臺灣地區銀行在大陸地區之分布情
　 形，許可銀行赴大陸特定地區設立代表人辦事處，不受前項第二款規定之限
　 制。（第3項）臺灣地區金融控股公司及銀行之海外子銀行，符合第一項第
　 一款及第三款規定者，得由金融控股公司、銀行向主管機關申請許可在大陸
　 地區設立代表人辦事處。

6 為何政府主管機關堅決反對銀行登陸？首先是臺灣經濟「過度向中國傾
　 斜」，倘若此時開放銀行業登陸將加重此一風險集中的現象。截至2005年

富邦金控對於竹商銀進一步的布局便暫時擱置。或許也因而成為富邦金最後願意將旗下子公司對竹商銀的持股，賣予渣打銀行之一大主因。

（三）渣打併購竹商銀─立足臺灣，放眼亞洲完整版圖

　　渣打銀行（Standard Chartered Bank）於2006年11月止的亞洲市場：
　　1.臺灣：至2006年11月為止僅3家分行[7]，分別位於臺北（1985年成

底，臺商在中國大陸實際投資金額達418億美元，然而在臺灣與中國經濟整合的過程中，臺灣經濟一直無法有重大突破，而且產生薪資實質負成長、稅基萎縮與政府財政困難等現象。同時造成臺灣的外需日益依賴臺灣與中國產業垂直整合衍生的貿易關係，而這個外需貿易關係，又大量磁吸臺灣內部資源，以致排擠民間消費、投資與政府支出之臺灣內需。倘若中國經濟成長出現衰退，甚至發生金融風暴，臺灣不僅產業發展受到負面影響，而且銀行不管以何種型式登陸，勢必也使臺灣金融安全性受到衝擊。其次，臺灣、中國尚未簽訂金融監理協定（MOU），貿然開放銀行業登陸勢必增加臺灣金融系統風險。同時在兩岸對等談判的原則下（尊重臺灣主權原則），臺灣與中國更難直接簽訂金融監理協定。（資料來源：經濟日報，葉銀華談金融銀行登陸的急迫與風險，2006年11月22日A12版）

[7] 外國銀行分行及代表人辦事處設立及管理辦法第2條：（第1項）外國銀行具備下列條件者，得申請許可在我國境內設立分行：一、最近五年內無重大違規紀錄。二、申請前一年於全世界銀行資本或資產排名居前五百名以內或前三曆年度與我國銀行及企業往來總額在十億美元以上，其中中、長期授信總額達一億八千萬美元。但其母國政府與我國簽訂之經貿協定另有特別約定者，從其約定。三、從事國際性銀行業務，信用卓著及財務健全，自有資本與風險性資產之比率符合主管機關規定之標準。四、擬指派擔任之分行經理人應具備金融專業知識及從事國際性銀行業務之經驗。五、母國金融主管機關及總行對其海外分行具有合併監理及管理能力。經母國金融主管機關核可前來我國設立分行並同意與我國主管機關合作分擔銀行合併監督管理義務。六、無其他事實顯示有礙銀行健全經營業務之虞。（第2項）外國銀行在我國境內設有分行者，得承受在我國境內之外國銀行分行全部或主要部分之資產或負債，其擬併同增設分行者，應依第八條規定辦理。同法第3條第1項：外國銀行經許可在我國設立分行，應專撥最低營業所用資金新臺幣1億5千萬元，其經許可增設之每一分行應增撥新臺幣1億2千萬元，並由申請認許時所設分行或主管機關所指定之分行集中列帳。

　　立）、臺中（1999年7月成立）和高雄（1999年9月成立）。

2. 中國大陸：至2006年11月為止有11家分行、6家支行和3個代表處[8]。由於中國大陸於2006年11月11日公布外國銀行管理條例，使外國銀行在大陸設立的分行能轉制為外商獨資銀行的法人銀行[9]。該條例於2006年12月11日才開始施行，惟鑑於審查申請期間須花費1至3個月，因而渣打已於2006年11月16日率先向中國大陸的銀監會提出申請。

3. 其他亞洲地區：渣打於2004年與印尼Permata Bank進行策略聯盟；於2005年1月收購韓國第一銀行全部股權，為韓國金融業最大單筆外國投資，收購後更名為「渣打第一銀行」；於2006年8月合併巴基斯坦的第六大上市銀行——聯合銀行（Union Bank）。

---

8 渣打在中國之分行位於：北京、上海、深圳、南京、天津、廈門、珠海、廣州、成都、蘇州和青島；支行：上海浦西、上海虹橋、上海新天地、深圳福田中心區、北京燕莎中心和北京中關村；代表處：大連、杭州和寧波。（截止日期：2006年11月）

9 外國銀行管理條例第2條第1項：本條例所稱外資銀行，是指依照中華人民共和國有關法律、法規，經批准在中華人民共和國境內設立的下列機構：(一)1家外國銀行單獨出資或者1家外國銀行與其他外國金融機構共同出資設立的外商獨資銀行；(二)外國金融機構與中國的公司、企業共同出資設立的中外合資銀行；(三)外國銀行分行；(四)外國銀行代表處。同條例第29條：（第1項）外商獨資銀行、中外合資銀行按照國務院銀行業監督管理機構批准的業務範圍，可以經營下列部分或者全部外匯業務和人民幣業務：(一)吸收公眾存款；(二)發放短期、中期和長期貸款；(三)辦理票據承兌與貼現；(四)買賣政府債券、金融債券，買賣股票以外的其他外幣有價證券；(五)提供信用證服務及擔保；(六)辦理國內外結算；(七)買賣、代理買賣外匯；(八)代理保險；(九)從事同業拆借；(十)從事銀行卡業務；(十一)提供保管箱服務；(十二)提供資信調查和諮詢服務；(十三)經國務院銀行業監督管理機構批准的其他業務。（第2項）外商獨資銀行、中外合資銀行經中國人民銀行批准，可以經營結匯、售匯業務。

貳、案例事實

一、渣打併購竹商銀的主要誘因

（一）擴展臺灣的通路市場─臺灣是亞洲第五大經濟體，也是亞洲第四大銀行市場

　　渣打為典型的區域性金融機構，主要版圖在亞洲、中東和非洲，而對於亞洲第四大的臺灣金融市場，渣打亦有強烈的進軍欲望。

　　與竹商銀合併之後，渣打在臺灣的分行將從原本僅有的3家增為86家，除了遠遠超過原來在臺灣通路最多的外商銀行──花旗銀行（2006年11月為止有11家分行），亦有助於渣打拓展臺灣金融市場，以及使其亞洲市場的版圖更為完整。

（二）創造企業金融和個人金融的商機

　　截止至2006年6月30日，竹商銀擁有之全部資產約130億美元，並有超過240萬個人存款帳戶及11萬5千個公司及中小企業存款帳戶[10]。渣打應與當初富邦金企圖與竹商銀合併有著相同考量：掌握兩岸三地或其他地區的中小企業臺商商機，提供其全球化、一條鞭式的金融服務。另外，中國大陸的外國銀行管理條例開放外商銀行辦理信用卡和人民幣存款之業務，渣打亦能藉由這些臺商客源，擴展消費金融在兩岸三地的業務。而除了臺商龐大潛在利益之外，竹商銀在貸款、存款方面是臺灣第七大的私營銀行，具有相當好的金融實力與未來前景。同時其亦為竹科

---

10 資料來源：渣打2006年11月3日新聞稿
　 －http://www.standardchartered.com.tw/chi/news/download/NOV06Chifinal.pdf。

園區內最大的薪資帳戶銀行，這些高平均所得科技新貴的個人存款帳戶與財富資料，將有助於渣打在臺灣地區推廣銷售消費金融商品（例如財富管理）。

（三）進駐大陸，臺灣具跳板地位

對渣打而言，如能夠將在臺灣的竹商銀員工進行管理訓練，再將這三千多名具有華語能力和文化背景與中國相近的人才調至大陸，便能更加迅速地打入大陸金融市場[11]。

（四）臺灣金融股股價正便宜，是收購股權的最佳時機

若以2007年的獲利為基準，目前臺灣金融股的股價／淨值（P/B）僅1.2倍，在亞太地區為最低的，不但低於南韓的1.3倍，更遠低於整體亞太地區1.9倍平均值[12]。臺灣金融股之所以如此低迷的原因約有如下：

1.臺灣銀行到大陸設立分支機構的限制

近年來臺灣產業漸漸外移至大陸，然而受限於臺灣地區與大陸地區人民關係條例第36條及其子法之法規限制[13]，臺灣的銀行卻無法順利地隨著臺商至大陸當地開拓金流版圖，經營業務一直無法突破。尤其本案竹商銀原本在臺灣的服務對象，漸漸將產業移至大陸，面對營業收入的萎縮，或許也因而成為竹商銀原先經營者詹、吳、陳三家，願意將經營權與股權移轉予渣打銀行的一大原因。

2.雙卡（信用卡、現金卡）風暴

由於上述的法規限制，以及因為近年來銀行對於企業金融的利差逐

---

11 此部分可參閱竹商銀變身渣打更快直通臺商，商業周刊第985期，2006年10月9日。

12 資料來源：前揭註11。

13 請參看前揭註5。

漸縮小，中小型銀行企業金融無法與大型銀行相競爭，故中小型銀行轉
向於消費金融方面發展，尤其係信用卡及現金卡部分。然而，雙卡風暴
在2005年爆發，卡債所帶來的影響讓以消費金融為主的銀行，無不以打
消呆帳以及降低逾放比為首要任務，而使得銀行獲利大幅萎縮，便進而
影響其股票價格[14]。

二、關係圖

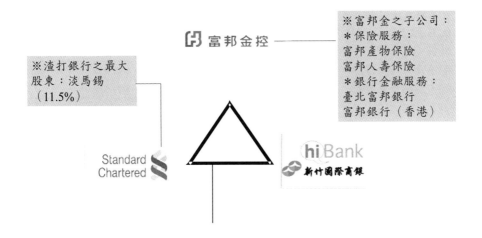

---

[14] 新竹商銀在2004年，有一個轟動市場的小額信貸產品「貸Me More」，由
於當初該信貸產品，提供最高可貸到150萬元的額度，而利率在前3個月僅
1.88%；由於放款額度遠高於雙卡，利率卻遠低於雙卡（18%到20%），
「貸Me More」隨後在市場熱銷，但2006年初受到雙卡風暴波及，該產品也
喊停。「貸Me More」的放款餘額，估計約有200多億元。新竹商銀個人金
融部協理陳文豪說，該信貸產品的逾放狀況，的確受到雙卡風暴波及，但
自2006年6月攀上打呆高峰後，目前逾放比已經下降，銀行無擔保資產體質
也逐漸穩定。（資料來源：聯合報，小額信貸明年可能重出江湖，2006年11
月28日B3版）由此可以看出，竹商銀解決金融危機的應對能力相當好，而
且本身是體質十分良好的銀行。

※渣打銀行：
*財務顧問—
瑞士銀行、摩根士丹
利
*公開收購之受委任
機構—
元大京華證券（公開
收購公開發行公司
有價證券管理辦法
第15條第1項第1款）
*獨立專家—勤業眾
信會計師事務所（出
具公開收購對價合理
性意見書（公開收
購說明書應行記載
事項準則第4條第9
款，第13條第2款）

※竹商銀：
*財務顧問—瑞士信貸、大
華證券（並出具獨立第三人
公平合理價格意見書，公開
發行公司取得或處分資產
處理準則第22條）

稱謂	姓名	股份數量（股）	稱謂	姓名	股份數量（股）
董事長	華婉投資(股)公司	96,073,495	常務董事	富邦人壽保險(股)公司	93,427,598
代表人	詹宣勇	1,222,808	代表人	蔣國樑	0
副董事長	華宏投資(股)公司	12,520,344	董事	富邦人壽保險(股)公司	0
代表人	陳國華	1,354,721	代表人	林立民	0
常務董事	吳伯雄	1,348,593	董事	富邦產物保險(股)公司	18,504,156
常務董事	吳志偉	4,023,624	代表人	楊本泉	57,766
常務董事	鄭伯雄	9,915,734	董事	吳志揚	1,134,299
常務董事	華婉投資(股)公司	0	董事	吳志良	1,764,266
代表人	詹尚德	0	董事	偉力電器(股)公司	1,271,226
董事	華婉投資(股)公司	0	代表人	陳文堂	7,627,356
代表人	徐清正	845,838	董事	陳建仲	3,792,979
董事	華婉投資(股)公司	0	董事	新登投資(股)公司	2,527,503
代表人	田光鏞	88,083	代表人	陳國（金英）	4,990,941
董事	華婉投資(股)公司	0	董事	朱昭勳	3,833,789
代表人	詹益沛	1,438,058	董事	周宜澤	8,881,598
			董事	怡州投資(股)公司	1,986,413
			代表人	王錫玉	2,054

※2006年9月29日竹商銀董事名單，及其持有普通股股份數量。資料來源：
公開資訊觀測站

參、法律爭點與分析

本案爭點

(一) 併購方法的選擇

(二) 公開收購

(三) 下市

(四) 內線交易

肆、法律問題

一、選擇最符合併購目的之方案－各種併購方式之利弊分析[15、16]

併購之方式原則上可分為合併、收購資產、及收購股票，各種方式之應用則可千變萬化，利弊互見。從事併購者宜選擇適當之配套，或者活用或者並用，在法規許可的前提下找出達成併購目的的最佳方案。

以下先簡述主要併購方式之利弊，次分析本次渣打銀行併購新竹商銀之方案。

---

[15] 薛明玲，廖烈龍，林宜賢著，企業併購策略與最佳實務，資誠教育基金會，1996。

[16] 陳長文等著，財經法律與企業經營：兼述兩岸相關財經法律問題，頁155-177，元照，2002，初版。

（一）合　併

1. 公司法下之合併

即併購公司與被併購公司訂定合併契約達成公司併購之目的。此方式相當繁瑣，除須先編製財務報表、通知債務人異議，原則上須取得兩家公司股東會特別決議之同意，困難度高且耗時耗力。此外，併購後之公司必須承受消滅公司所有之負債或不良資產，有其潛在風險。

2. 三角合併

為避開上述合併所需面對的繁瑣手續及風險，應運而生者即為三角合併。所謂三角合併，係指企業透過設立子公司，使之與目標公司合併之方法。就併購公司而言，三角合併因係由子公司與目標公司合併，不須經過併購公司股東會，降低併購案通過之困難；且透過「法律主體分離」之特性，可區隔企業因不當合併而須承擔目標公司之負債或不良資產之風險；且因併購而生之勞資爭議等問題時，亦可因此避免併購公司直接被訴。然而就被併購公司之股東而言，可能存在僅持有空殼子公司股票之股權空窗期，若併購失敗恐血本無歸，如何避免因此而生之疑懼，並提供被併購公司股東足夠之保障，為三角併購能否成功之關鍵。

3. 金融機構合併之特別規定

非農、漁會信用部之金融機構合併，應由擬合併之機構共同向財政部金融監督管理委員會（下稱金管會）申請許可[17]。外國金融機構與本國金融機構合併之情形，亦有適用。且因屬外國人投資，尚須經經濟部投資審議委員會（下稱投審會）核准。

（二）收購資產

即收購目標公司資產，以取得所需之部門或資源。透過此法，併購

---

[17] 金融機構合併法第5條。

公司可針對自己所需的部分購進資產而不須一併承受多餘的部門，且亦無承擔負債等問題，權利義務關係相對單純；不過收購資產之程序相當冗長、瑣碎，且可能會增加不必要的租稅及其他成本與法律風險；且依該資產是否屬被收購公司之「主要財產」、雙方公司是否為公開發行公司等亦有不同之規範限制須遵守。

金融機構收購資產之特別規定

金融機構概括承受或概括讓與者，依金融機構合併法第18條，準用金融機構合併之規定，外國金融機構與本國金融機構合併、概括承受或概括讓與者，亦同。但外國金融機構於合併、概括承受或概括讓與前，於中華民國境外所發生之損失，合併後存續機構或新設機構於辦理營利事業所得稅結算申報時，不得依第17條第2項規定辦理扣除。

（三）收購股票

直接收購目標公司股票是達成併購最簡潔直接的方法，一般在目標公司為股東人數不多股權結構單純之閉鎖性公司時，最適合採用此種方式。且目前我國不課證券交易所得稅，收購股票之租稅成本相對較低。程序上亦不須經由股東會決議，程序上得避免併購活動是否受公司股東會支持之不確定法律風險。不過仍須注意公司法第13條有關公司轉投資之限制，且若目標公司為公開發行公司，須注意公開收購之相關規定。收購股票固然簡便，然而目標公司之負債、不良部門、經營風險等均會影響併購公司所得享有之股東權益，甚且可能因經營上互相牽扯影響併購公司本身之營運，企業選擇此一方式時宜對目標公司謹慎查核，以免後患無窮。

收購股票之目標公司若為公開發行公司，併購公司取得股票之途徑可能有：私募股票之發行或轉讓、自市場上收購、及公開收購。其中公開收購即為本次渣打取得新竹商銀95.4%股權之方法。

1. 金融機構收購股票之特別規定

依銀行法第25條，同一人或同一關係人持有同一銀行之股份，超過銀行已發行有表決權股份總數15%者，應通知銀行，並由銀行報經主管機關核准。但同一人或同一關係人持有同一銀行之股份，除金融控股公司、政府持股、及為處理問題金融機構之需要，經主管機關核准者外，不得超過銀行已發行有表決權股份總數25%。同一人或同一關係人持有同一銀行已發行有表決權股份總數超過15%者，應於每月5日以前，將其上月份之持股變動及設定質權之情形通知銀行；銀行應於每月15日以前，彙總向主管機關申報。

2. 渣打銀行收購新竹商銀之方案

根據渣打銀行收購新竹商銀之公開收購說明書及新聞報導，渣打銀行之目標為取得新竹商銀100%股份，並在取得一定比例（報載：75%）時使新竹商銀下市，收購股份後則計畫將渣打銀行臺灣分公司之業務以概括讓與之方式併進新竹商銀。

如上所述，渣打銀行併購新竹商銀之方法可能有合併、資產收購、及股份收購，渣打銀行之目的則在使新竹商銀成為其100%持股之子公司。以下分析渣打銀行可能採用之方式。

（一）先將渣打在臺分公司分割予新竹商銀或合併後再收購新竹商銀股份

首先，渣打銀行臺灣分公司僅為渣打銀行之分部門，並無獨立法人格，渣打銀行既然打算使新竹商銀成為其子公司而非其分部門，則其可能採行之方法有：1.將在臺分公司分割予新竹商銀 2.將在臺分公司新設分割為子公司而與新竹商銀合併，視情形採存續合併或新設合併。否則合併之雙方既為渣打銀行及新竹商銀，合併後新竹商銀將與渣打銀行合一而非成為其子公司。

合併或分割須經股東會同意。若採直接分割予新竹商銀，因不需經由新竹商銀股東會，尚屬可行；唯若先新設一子公司後始與新竹商銀合併，則須經新竹商銀股東會。在尚未取得新竹商銀多數股權之前，恐怕此合併多有變數。

即使分割在臺分公司予新竹商銀或合併後，渣打銀行亦未必能取得新竹商銀之控制權。蓋渣打銀行之臺灣分公司與新竹商銀之規模差距甚大，渣打銀行於分割或合併中取得之股權不一定可掌握絕對控制權，於此一階段將難以有效整合利用新竹商銀與渣打銀行之資源，發揮併購之綜效。

分割合併後公司之股份仍分散於廣大投資大眾之手，渣打銀行之最終目標既為使新竹商銀成為其100%持股之子公司，其後渣打仍須向其他股東收購股份；且合併之事木已成舟，合併後公司股東若不願將股份釋出，渣打銀行恐難以收手。

（二）收購新竹商銀資產

渣打銀行亦能透過將其臺灣分公司改制為子公司，並向新竹商銀概括收購資產，如此得其血肉，渣打銀行亦能取得一囊括新竹商銀所有資源、並由其100%持股之子公司。然而新竹商銀為一有83家分行之銀行，其資產族繁不及備載，且尚涉及大量無形資產（客戶名單、商譽等）及員工等難以估價之項目，更遑論實際轉讓時所須處理之手續、可能的變數。渣打銀行並非僅欲取得新竹商銀之特定部分，而是打算整體概括的全面的取得新竹商銀之資源，在此前提下，既無將新竹商銀切割選擇部分併購之需求，交易成本及租稅負擔較高之資產收購即非最適切的方式。

（三）先收購新竹商銀股份再將其分公司業務併入新竹商銀

即本次渣打銀行預定採取的方法。收購股份是取得公司之控制權最簡便的方法，沒有複雜繁瑣的程序，且我國目前證券交易不課所得稅，僅課3‰的證券交易稅；雖公開收購較之在集中交易市場收購股份程序較繁，但公開收購的情形不課證券交易稅，投資人僅須負擔1‰的手續費，對應賣人有利，亦相當程度鼓勵了公開收購。

先收購新竹商銀股份，使渣打銀行可在確定取得新竹商銀大部分股權後始考慮將其分公司併入，不會有先合併可能無法達成100%持股，要收手又難與新竹商銀分割，騎虎難下的窘境；且先進行股份收購，分割之程序可進一步簡化（例如新股之分發）。再者，若股權收購出現變數，新竹商銀既為一上市公司，渣打銀行欲退場亦非難事。

先收購股份亦可使渣打銀行在併購過程中較快取得新竹商銀之控制權，一旦取得新竹商銀之多數股權，渣打銀行便可以順利入主新竹商銀，在合併前便開始進行內部之整合，視整合進度再將渣打之臺灣分公司併入，如此併購程序與企業內部整合並進，縮短整體併購發揮綜效之時程，可望快速回收併購成本、創造利潤。

二、公開收購[18、19]

（一）簡　介

取得公司經營權最直接的方式就是取得公司股份。我國證券交易法於民國77年，將有意取得公司經營權的人，公開向目標公司股東發出

---

[18] 賴英照，股市遊戲規則—最新證券交易法解析，頁189-201，三民，2006年02月15日。

[19] 謝易宏，企業整合與跨業併購法律問題之研究—以「銀行業」與「證券業」間之整合為例，律師雜誌第252期，頁23-53。

購買股份要約的行為納入規範，除了在證券交易法第43條之1[20]第1項明定取得任一公司股份超過10%須申報外，並於證券交易法第43條之1第2項、第43條之2至第43條之5規定在集中交易市場或店頭事場外，向大眾公開收購股份者應履行之程序及應受之規範。

　　所謂公開收購，依公開收購公開發行公司有價證券管理辦法（簡稱收購辦法）第2條第1項，係指不經由有價證券集中交易市場或證券商營業處所，對非特定人以公告、廣告、廣播、電傳資訊、信函、電話、發表會、說明會或其他方式為公開要約而購買有價證券之行為。公開收購對於公司經營之影響究竟是好是壞，學者看法分歧，有認為可發揮市場監督力量、淘汰效率較差的經營者；亦有謂併購僅在擴張集團勢力，未必有利於經營績效，所增益者僅為董監酬勞，而非股東權益。惟公開收購可能造成之影響均非必然，而係多種因素相互影響而致，就規範面

---

20 證券交易法第43條之1：

「（第1項）任何人單獨或與他人共同取得任一公開發行公司已發行股份總額超過百分之十之股份者，應於取得後十日內，向主管機關申報其取得股份之目的、資金來源及主管機關所規定應行申報之事項；申報事項如有變動時，並隨時補正之。

（第2項）不經由有價證券集中交易市場或證券商營業處所，對非特定人為公開收購公開發行公司之有價證券者，除下列情形外，應先向主管機關申報並公告後，始得為之：

一、公開收購人預定公開收購數量，加計公開收購人與其關係人已取得公開發行公司有價證券總數，未超過該公開發行公司已發行有表決權股份總數百分之五。

二、公開收購人公開收購其持有已發行有表決權股份總數超過50%之公司之有價證券。

三、其他符合主管機關所定事項。

（第3項）任何人單獨或與他人共同預定取得公開發行公司已發行股份總額達一定比例者，除符合一定條件外，應採公開收購方式為之。

（第4項）依第二項規定收購有價證券之範圍、條件、期間、關係人及申報公告事項與前項之一定比例及條件，由主管機關定之。」

言，宜致力於兼顧投資人權益及促進市場健全發展，為收購方與目標公司提供公平之規則，使公開收購能發揮其正面效用。

依現行證券交易法，取得公司「股份」超過10%始須申報；但凡是在集中市場或店頭市場之外，對非特定人公開收購公開發行公司之有價證券，除了簡易收購（見下述）的情形外，即應先向主管機關申報並公告，收購標的並不限於股份。

（二）公開收購程序

1.事前申報公告

依證券交易法第43條之1第2項，公開收購原則上應先向主管機關申報並公告後，始得為之。所謂之「先」向主管機關申報並公告，指在「公開收購開始日前」（收購辦法第9條第4項[21]）。此事前申報制，與美國威廉斯法之同時申報制[22]、日本法之事後報備制均不同。事前揭露公開收購事項，乃為貫徹「充分揭露」之原則，使此類可能導致公司經營權移轉及影響股東權益穩定性的重大資訊，得以充分流通而為市場參與者知悉，不僅使被收購公司得因「公開收購」而預作因應，並得進而保障投資人之投資判斷係建立在資訊取得「公開、公平」的基礎上。

公開收購人除應於公開收購日前申報並公告公開收購申報書、說明書（公司依規定買回股份之情形除外）等相關書件外，於變更收購條件前、公開收購條件成就後、收購期間屆滿之日起2日內均應依相關規定向主管機關申報並公告一定事項（收購辦法第9條、第10條、第17條、

---

[21] 收購辦法第9條第4項：「公開收購人應於公開收購開始日前公告公開收購申報書、第二項之事項及查詢公開收購說明書等相關資訊之網址。」

[22] 美威廉斯法第13條d項設計有類似預警系統之規定，透過要求收購人須踐履一定之揭露程序以警示收購的目標公司決策階層。依本條授權頒布之命令即要求收購人於收購開始10日內，以書面至少載明(1)收購人；(2)收購方式；(3)取得超過5%之股權證券等資料。

第19條、第22條）。公開收購人所申報及公告之內容有違反法令規定之情事者，主管機關為保護公益之必要，得命令公開收購人變更公開收購申報事項，並重行申報及公告（證券交易法第43條之5第2項）。

2.目標公司之揭露義務

依收購辦法第14條，目標公司於收受公開收購人申報及公告之公開收購申報書及相關書件後7日內，應就下列事項公告、作成書面申報本會備查及抄送證券相關機構：(1)現任董事、監察人及持有本公司已發行股份超過10%之股東目前持有之股份種類、數量。(2)就本次收購對其公司股東之建議，並應載明任何持反對意見之董事姓名及其所持理由。(3)公司財務狀況於最近期財務報告提出後有無重大變化及其變化內容。(4)現任董事、監察人或持股超過10%之大股東持有公開收購人或其符合公司法第六章之一所定關係企業之股份種類、數量及其金額。(5)其他相關重大訊息。（收購辦法第14條第1項）

其中第2款「就本次收購對其公司股東之建議」，係由目標公司表示對本次收購之立場，以作為公司股東決定是否參加公開收購之參考。本款仿自英國City Code Rule25及美國1934年證券交易法§14(d)(4)、Schedule14D-9及14(e)(2)等規定。依美國法，目標公司應自公開收購開始日起10個營業日內，就公開收購案向股東明確表達贊成、反對、保持中立或無法表示任何意見之立場。我國僅要求反對公開收購的董事說明理由，不但股東所獲資訊相對較少，且可能造成壓抑董事對收購表示反對之效果。

3.公開收購說明書

公開收購人除係公司依規定收回自己公司股份外，應於應賣人請求時或應賣人向受委任機構交存有價證券時，交付公開收購說明書（證券交易法第43條之4第1項）。公開收購人應委任證券商、銀行或其他經核准的機構，負責接受應賣人有價證券之交存、公開收購說明書之交付及

公開收購款券之收付等事宜（收購辦法第15條第1項[23]）。

　　依公開收購說明書應行記載事項準則之規定，公開收購說明書所記載之內容，必須詳實明確，並不得有虛偽或隱匿之情事；公開收購說明書所記載事項須具有時效性，其刊印前，發生足以影響利害關係人判斷之交易或其他事項，均應一併揭露（準則第2條，公開收購說明書編制之基本原則）。

　　根據上開準則規定，公開收購說明書之應行記載事項有：公開收購基本事項（公開收購人基本資料等）、公開收購條件、公開收購對價種類及來源、參與應賣之風險、公開收購期間屆滿之後續處理方式、公開收購人持有被收購公司股份情形、公開收購人其他買賣被收購公司股份情形、公開收購人對被收購公司經營計畫、公司決議及合理性意見書、其他重大資訊之說明。

（三）簡易公開收購

　　即證券交易法第43條之1第2項所規定，在下列情形下，無須依證券交易法規定辦理公開收購的申報及公告程序：

1. 公開收購人預定公開收購數量，加計公開收購人與其關係人已取得公開發行公司有價證券總數，未超過該公開發行公司已發行有表決權股份總數5%。
2. 公開收購人公開收購其持有已發行有表決權股份總數超過50%之公司之有價證券。
3. 其他符合主管機關所定事項。

持有股份總數未超過5%或已持有股份總數50%的情形下，由於公

---

[23] 收購辦法第15條第1項：「公開收購人應委任下列機構負責接受應賣人有價證券之交存、公開收購說明書之交付及公開收購款券之收付等事宜：一　證券商。二　銀行。三　其他經本會核准之機構。」

開收購使經營權發生變動之可能性較小，因此免予申報公告。但為確保投資人權益，有關公開收購之其他相關規定，仍應適用。

（四）強制公開收購

公開收購原則上由收購人任意採用，但為確保全體股東均有公平出售股票之權利，避免公司經營權轉換產生之溢價（控制股份的的溢價利益，control premium）由董、監、大股東獨占；同時提供一退場機制，讓股東在公司經營權發生變動時能選擇出售手中股份予公開收購人，退出公司，因此有強制公開收購制度之設計，要求收購人欲收購股份達一定數量時，應採公開收購。至於2002年證券交易法修正草案中說明則指出：「為避免大量收購有價證券致影響個股市場之價格，爰參酌英國立法例，納入強制公開收購之規定」，有穩定股價之考量。

我國之強制公開收購規定於證券交易法第43之1條第3項及收購辦法第11條，原則上任何人單獨或與他人共同預定於50日內取得公開發行公司已發行股份總額20%以上者，應以公開收購方式為之；但與關係人間進行股份轉讓、或其他符合主管機關規定者，不在此限。強制公開收購制度制定後，證期會作成多個函釋，解釋何為「符合主觀機關規定者」，已於2005年收購辦法修正時納入收購辦法第11條第2項。包括㈠與第三條關係人[24]間進行股份轉讓（證期會民國92年08月26日臺財證三字第0920003441號函）。㈡依臺灣證券交易所股份有限公司受託辦

---

[24] 收購辦法第3條：

「（第1項）本法第43條之1第2項、第4項、第43條之3第1項、第43條之5第4項、第174條第1項第4款、第178條第1項第2款及本辦法所稱關係人，指下列情形之一：

一、公開收購人為自然人者，指其配偶及未成年子女。

二、公開收購人為公司者，指符合公司法第六章之一所定之關係企業者。

（第2項）前項關係人持有之有價證券，包括利用他人名義持有者。」

理上市證券拍賣辦法取得股份（證期會民國91年10月31日臺財證三字第0910005506號函）。㈢依臺灣證券交易所股份有限公司辦理上市證券標購辦法或依財團法人中華民國證券櫃檯買賣中心辦理上櫃證券標購辦法取得股份。㈣依證券交易法第22條之2第1項第3款規定取得股份（證期會民國92年08月26日臺財證三第字0920003441號函）。㈤依公司法第156條第6項或企業併購法實施股份交換，以發行新股作為受讓其他公開發行公司股份之對價（證期會民國92年06月11日臺財證三字第0920002520號函）。並於第6款規定「其他符合本會規定」之情形，作為日後主管機關補充解釋之法源依據。

所謂「與他人共同預定取得公開發行公司股份」，係指預定取得人間因共同之目的，以契約、協議或其他方式之合意，取得公開發行公司已發行股份（收購辦法第12條）。

英國法要求公開收購人如所持有股份加計擬收購數量達公司有表決權股份總數30%以上時，應向持有其餘70%股份之股東，依相同條件提出要約，並對於應賣的股份負全數收購義務。我國之強制公開收購制度僅要求收購人必須以公開收購方式購買股份，但公開收購的數量仍為計畫收購之比例。英國制對收購人而言，成本相對較高。

（五）公平收購

公開收購既為向非特定人發出購買股份之要約，為求市場公平、避免圖利特定股東，公開收購制度要求收購人必須公平收購，使股東得在相同條件下出售其持股。

1.同一條件收購

公開收購人應以同一條件收購；如應賣有價證券之數量超過預定收購數量時，公開收購人應依同一比例向所有應賣人購買（收購辦法第23條）。

2.收購期間確定

公開收購期間不得少於10日、多於50日。對同一公司的有價證券有數人競爭公開收購，或有其他正當理由者，原公開收購人得向主管機關申報並公告延長收購期間。但延長期間合計不得超過30日（收購辦法第18條）。

3.不得變更條件

收購期間，公開收購人不得調降公開收購價格、降低預定公開收購數量、縮短公開收購期間或其他經主管機關規定之事項（證券交易法第43條之2）。

4.不得以其他方式收購

公開收購人及其關係人自申報並公告之日起，至公開收購期間屆滿日止，不得於集中交易市場、店頭市場、其他任何場所或以其他方式，購買同種類之公開發行公司有價證券，違反者應就另行購有價證券之價格與公開收購價格之差額乘以應募股數之限額內，對應賣人負損害賠償責任（證券交易法第43條之3）。

5.禁止關係人應賣

此限制僅發生在公司買回自己股票之情形。公司買回自己股份者，其關係企業或董事、監察人、經理人之本人或其配偶、未成年子女或利用他人名義所持有之股份，於該公司買回期間內不得應賣（證券交易法第28條之2、收購辦法第20條）。唯政府持股逾50%之公營事業，經事業主管機關報請行政院核准買回自己股份者，得不受此限制（收購辦法第20條第2項）。此例外規定似無法律依據，亦無合理之推論說明為何須將公營事業排除在外。

6.不得停止公開收購。

公開收購開始後，除有下列情事並經主管機關核准外，不得停止公開收購：㈠目標公司發生財務、業務狀況之重大變化，經公開收購人提

出說明者。㈡公開收購人破產、死亡、受禁治產宣告或經裁定重整者。㈢其他經主管機關所定事項（證券交易法第43條之5第1項）。

公開收購人未於收購期間完成預定收購數量，或未經主管機關核准而停止公開收購者，除有正當理由並經主管機關核准外，1年內不得就同一目標公司進行公開收購。所謂正當理由，係指：㈠對同一公司有價證券競爭公開收購。㈡經目標公司董事會決議同意且有證明文件。但目標公司董事持股成數不足者不適用。㈢有其他正當理由（證券交易法第43條之5第3項、收購辦法第24條）。

（六）撤銷應賣

應賣人得於公開收購的條件成就前，以書面申請撤銷應賣（如交付集中保管者，另依集中保管事業規定辦理），但經公開收購人於公開收購條件成就後公告並申報者，除法律另有規定外，應賣人不得撤銷應賣（收購辦法第19條）。

（七）股東臨時會

公開收購後，公開收購人與其關係人持有目標公司已發行股份總數超過該公司已發行股份總數50%者，得以書面記名提議事項及理由，請求董事會召集股東臨時會，不受公司法第173條第1項之限制（證券交易法第43條之5第4項）。

本案中渣打銀行與新竹商銀於開始公開收購時即已取得共識，於公開收購成功後由新竹商銀召開臨時股東會，使渣打銀行進駐新竹商銀，故無此規定適用之問題。渣打銀行既取得新竹商銀95.4%之股份，即使雙方未獲共識，渣打銀行亦得請求新竹商銀董事會召開臨時股東會。

（八）公開發行公司取得或處分資產之處理

依證券交易法第36條第2項第2款授權訂定之公開發行公司取得或處分資產處理要點中第2點，「長、短期有價證券」──含股票、公司債、國內外受益憑證、海外共同基金、存托憑證等─亦在「資產」之範圍內，因此是否符合同處理要點第4點規定「應辦理公告及申報標準」之情事，而應於「事實發生日」（實務上指董事會決議通過之日）起算2日內公告，亦應於公開收購規劃時一併審酌。

三、政府核准程序

（一）財政部金管會

依我國銀行法第25條第2項但書，同一人或同一關係人持有同一銀行之股份，除金融控股公司、政府持股、及為處理問題金融機構之需要，經主管機關核准者外，不得超過銀行已發行有表決權股份總數25%。

渣打銀行欲取得新竹商銀50%以上之股份，超過25%，因此必須取得金管會之核准，始能對新竹商銀進行公開收購。

且依外國人投資條例第7條第2項，投資人申請投資於法律或基於法律授權訂定之命令而限制投資之事業，應取得目的事業主管機關之許可或同意。

目前依同條第3項授權訂定之「僑外投資負面表列─禁止及限制僑外人投資業別項目」中，「限制僑外人投資業別」即包括本國銀行業、外國銀行業、信用合作社業、信託投資業、票券金融業及信用卡業。渣打銀行為外國公司，其欲收購本國之新竹商銀，應取得財政部之許可（2006/09/29渣打銀行取得金管會核准函）。

（二）中央銀行

目前我國實施外匯管制，因此欲將錢匯入或匯出我國，凡達一定金額者，均須申報或申請核准。依外匯收支或交易申報辦法第6條第1款，公司、行號每年累積結購或結售金額超過5千萬美元之必要性匯款，申報義務人應於檢附所填申報書及相關證明文件，經由銀行業向中央銀行申請核准後，始得辦理新臺幣結匯。本次渣打銀行為收購新竹商銀股份須匯入我國12.3億美元，應向中央銀行申請核准後，始得匯入我國。

（三）投審會[25]

外國人投資臺灣之金融業及其輔助業、保險業、及電信業等高度管制產業時，除必須事先經目的事業主管機關（財政部或交通部）許可外，尚必須獲得投資審議委員會之許可（外國人投資條例第8條）。

四、竹商銀申請下市

竹商銀股東臨時會在2006年12月23日改選全體董監事，並由渣打銀行當選全數九席董事後，當日以董事會決議依據證券交易法第145條及其子法，向證券交易所申請竹商銀股票終止上市買賣，但尚須經主管機關即行政院金融監督管理委員會核准[26]。然而上市公司申請有價證券終

---

[25] 同註16。

[26] 證券交易法第145條：（第1項）於證券交易所上市之有價證券，其發行人得依上市契約申請終止上市。（第2項）證券交易所對於前項申請之處理，應經主管機關核准。

臺灣證券交易所股份有限公司營業細則第50條之1第5項：上市公司依證券交易法第145條規定，申請終止其有價證券之上市，應依「上市公司申請有價證券終止上市處理程序」辦理。

上市公司申請有價證券終止上市處理程序第2條：為維護投資人之權益，上市公司申請其有價證券終止上市案，應經董事會或股東會決議通過，且表示

止上市處理程序第3條規定[27]，表示同意之董事（獨立董事不在此限）必須負連帶責任承諾收購公司股票。提供此一收購機制，是為了讓股東可以出售持股，避免股票因為公司下市而造成股票喪失流通性。

　　竹商銀董事（渣打銀行）承諾收購並表示：收購起始日期為2007年1月18日起至同年3月8日共五十日，而依照終止上市處理程序第3條第3項規定，收購起始日1月18日亦為終止股票上市買賣之日。由於同條項規定收購價格之計算方式為「該收購價格每股依法不得低於本公司董事會決議日前一個月股票收盤價之簡單算術平均數及本公司最近期經會計師簽證或核閱財務報告之每股淨值」，竹商銀董事表示每股收購價格訂為新臺幣24.5元[28]，因此竹商銀董事的收購價格不得低於24.5元，而此

　　同意之董事或股東，其持股需達已發行股份總數三分之二以上。但如係已上市之可轉換公司債，申請終止上市而轉往櫃檯買賣中心買賣者，得不受此限。竹商銀董事會開會通知日前一日止，竹商銀董事渣打銀行之持股數合計為1,578,166,054股，符合持股達三分之二以上的規定。

[27] 上市公司申請有價證券終止上市處理程序第3條：（第1項）上市公司申請有價證券終止上市者，應至少由下列人員負連帶責任承諾收購公司股票：(一)經董事會決議通過者：表示同意之董事，但獨立董事不在此限。(二)經股東會決議通過者：於董事會對申請終止上市議案提交股東會討論表示同意之董事，但獨立董事不在此限。（第2項）前項承諾收購公司股票，應於申請終止上市之議案中列明下列事項：(一)收購起始日。(二)收購價格之計算方式。(三)收購期間。(四)寄發董事會或股東會開會通知日前一日止，董事、監察人之持股股數暨其占該公司已發行股份總數之比率。(五)就承諾收購負連帶責任之董事個別收購比率，但經董事會決議通過者，得延至股東會之議案中列明或向本公司提出申請時予以補齊。（第3項）前項收購起始日為終止上市之日，收購期間應為五十日，且應於收購期間屆滿後辦理交割；收購價格依下列標準訂之，但不得低於該公司最近期經會計師簽證或核閱之財務報告之每股淨值：(一)經董事會決議終止上市者，收購價格不得低於董事會決議日前一個月股票收盤價之簡單算術平均數。(二)經股東會決議終止上市者，收購價格不得低於股東會決議日前一個月股票收盤價之簡單算術平均數。

[28] 資料來源：公開資訊觀測站之重大訊息。

價格與渣打當初公開收購竹商銀股票的價格相同[29]。

下市的後續影響？

由於適逢臺灣國內市場的飽和，且受限於法令而無法至中國大陸新興市場大幅拓展，加上臺灣企業併購成本不高，正是外國公司收購體質良好的臺灣企業之最佳時機，並藉由併購臺灣企業，成為外國公司進軍中國或其他亞洲市場的跳板。當這些外國公司在其他國家上市、籌資，而臺灣當地的證券交易市場對於其財務方面的助益有限時，併購方通常會傾向臺灣的目標公司終止上市，以避免受限於臺灣當地的證管法規，俾彈性進行財務或業務之重整。渣打銀行目前在倫敦證券交易所和香港證券交易所上市，其最後選擇申請竹商銀下市，便是上述現象的最佳佐證。

政府高喊二次金改、鼓勵合併與引進外資的同時，卻未能反省臺灣股票集中交易市場的上市家數正逐年遞減，而當在臺灣上市無法增加公司的價值，與資本市場不再吸引公司籌資，資本市場萎縮的問題就在這波外國公司與臺灣公司合併的趨勢下更加嚴重。

然而在許多公司下市，不再群聚於臺灣證券交易市場籌資後，金流的停滯現象，將可能使國內的資本市場失去優勢與籌碼。相對地投資人的投資對象大幅減少，將造成臺灣囤積過多的貨幣，可能進而影響臺

---

[29] 至2007年1月18日為止，渣打銀行公開收購加上後續於市場上買進的竹商銀股權比例，總共已達96.4%，目前竹商銀尚有7千多萬股於公開市場上流通，而竹商銀之個人股東在公司下市前，經由公開收購程序或於公開市場出售持股，其取得對價可不必納入最低稅負制基本所得額之計算；下市後由董事承諾收購者則須納入其基本所得額之計算。因此前者在稅負考量上對個人股東較為有利，此為投資大眾必須留意之處。此部分可參考：工商時報，紀天昌，《眾達法律專欄》私募股權基金招手風險規畫停看聽，2006年11月30日A10版。

灣的貨幣市場。下市的連鎖反應影響臺灣經濟甚劇，而該現象的癥結所在，政府當局應該注意及省思。

五、內線交易、短線交易

　　在渣打合併新竹商銀傳出時，內線交易的傳言就不曾斷過，渣打銀行在9月29日宣布將以高於市價31.4%的價格，每股新臺幣24.5元，公開收購竹商銀51%的股權。但在消息宣布前，竹商銀股價與成交量，就呈現異常交易狀況。於正式宣布前幾天，竹商銀股票交易量更暴增數萬張，異常的情形引起金管會留意。金管會估計從消息正式公布前暴增的交易量，至少涉及將近4億元的不法利益。據報稱北富邦涉入竹商銀內線交易案，富邦金控則對此事發出嚴正否認。然調查局臺北市調查處仍立案追查，臺北地檢署也分案交由查黑專組檢察官張介清偵辦。臺北市調處更於2006年10月17日發函金管會與證交所，要求提供今年9月29日渣打銀行宣布併購竹商銀之前，使用融資大筆購進竹商銀股票的相關帳戶名單，以及竹商銀內部人買賣自家股票的交易紀錄。惟關鍵之交易紀錄及帳戶進出情形，主管機關基於偵查不公開不願向外界透露，目前案情尚未明朗化。因此本文以下只能據報載之市場消息為假設，用以檢驗本案關係人富邦集團及外資進出竹商銀是否違反證券交易法。

（一）事實部分

　　富邦集團利用旗下子公司富邦人壽及富邦產物保險持有竹商銀之股票，至2006年9月29日為止，分別各持有約9,300萬股及1,800萬股，合計約1億1,200萬股，占竹商銀已發行股數之7%[30]，富邦金控母公司本身則

---

30 公開資訊觀測站：http://newmops.tse.com.tw，最後查詢日期為2007年1月24日。

未持有任何竹商銀之股份。另外富邦人壽及富邦產險尚分別擔任竹商銀之常務董事及董事，直至2006年10月3日申報轉讓信託給建華銀行受託專戶，而依公司法第197條第1項當然解任為止[31]。自2005年9月渣打與竹商銀開始接觸，到2006年6月雙方就併購達成共識為止，外資及富邦集團不斷買進竹商銀之股票。其中富邦集團於2006年5月至9月之期間共增加持股1.88萬張[32]；外資於2005年12月至2006年6月間對竹商銀之持股數從原先占已發行股份總數之8.05%加碼至12.03%，於2006年6月至9月間更繼續增加到13.14%[33]。

　　竹商銀之股票交易量及價格自2006年9月間呈現劇烈波動。自9月1日至9月21日間，單日平均增加融資券數為42張，然9月23日至9月27日間五日內單日平均增加融資券數暴增為7,677張，漲幅驚人[34]。股價也不惶多讓，從9月13日至9月28日間收盤價從14.3元飆漲到18.65元，漲幅達30.4%。九月後半月的日平均成交量更達2萬7千933張，是上半月的7.6倍[35]。而自9月29日公布併購消息後，由於市場預期與公開收購價有

---

[31] 參照92年9月16日臺證字(三)第0920137238號函。此乃因信託係由信託財產之移轉或其他處分，以及信託財產之管理所結合而成。由信託法第18條第1項前段之撤銷權，以及同法第10至15條及第24條財產分別獨立各自管理來看，我國通說認為信託具有物權效力，自然也符合公司法該條文中「轉讓」之定義。參照賴源河‧王志誠合著，現代信託法論，2001年6月。

[32] 惟富邦金控否認有1.88萬張，表示下半年僅以富邦人壽一家自8月17日起以每天定額方式連續買進，至9月1日止共買進5,900張，再加上當年度獲配股票股利2,561張，總計僅有8,461張。參照金融新聞，2006年10月18日經濟日報A4版。此為事實認定之問題，惟證券交易法上之短線交易及內線交易之規範重點在有無買賣股票之事實，而非買賣張數之多寡，故此爭議並不影響以下法律部分之討論，至多在認定行為人有無犯罪故意時作為輔證事實而已。

[33] 經濟日報，今日焦點，2006年10月2日A3版。

[34] 經濟日報，金融新聞，2006年10月9日A4版。

[35] 經濟日報，金融新聞，2006年10月17日A4版。

價差，引發套利買盤進入，之後外資、投信及自營商等三大法人陸續進出，市場交易活絡，渣打於10月31日時已取得竹商銀超過95.4%之股權，並著手進行竹商銀之下市[36]。富邦人壽及富邦產險於10月間亦相繼加碼竹商銀股票，買進7萬8千張，總投資金額18.97億元，平均每股成本約24.31元。

（二）法律解析

1.富邦集團部分

⑴內線交易

證券交易法第157條第1項規定：「下列各款之人，獲悉發行股票公司有重大影響股票價格之消息時，在該消息未公開或公開後十二小時內，不得對該公司之上市或在證券商營業處所買賣之股票或其他具有股權性質之有價證券，買入或賣出：一、該公司之董事、監察人、經理人及依公司法第27條第1項規定受指定代表行使職務之自然人」。禁止內線交易之理由，學理上有所謂平等取得資訊原則，也就是在資訊公開原則下，所有的市場參與者應能於同時取得相同的資訊，如有人能先取得未公開之消息並加以利用，在市場上與不知情之一般投資人為交易，顯有害公平，且破壞一般投資人對證券市場公正性之信賴[37]。違反本條時

---

[36] 渣打取得竹商銀股份的過程，自9月29日公布消息後開始連續五天漲停，於10月5日已達每股24.3元，創下終場成交張數28萬6千978張之歷史天量，占竹商銀股份總數之17%。後續由於漸近公開收購價，市場賣壓開始湧現，渣打取得的股數於10月23日時超過51%，於10月26日時達80%，而於10月31日止達95.4%，並著手進行竹商銀之下市。參閱工商時報，財經要聞，2006年10月6日A3版；工商時報，渣打收購竹商銀逾8成股權，2006年10月27日A7版；中國時報，渣打收購竹商銀95.4%股權，2006年11月1日B2版；工商時報，政策焦點，2006年11月1日A2版。

[37] 關於禁止內線交易之立法論探討，請參照蔡德揚，證券交易法上之民事責任，萬國法律第92期，1997年4月。

除同條第2項之民事賠償責任外，依同法第171條第1項第1款尚須負刑事責任。因此相較於下面短線交易僅負民事責任，本條特需注意罪刑法定原則，在適用上較為嚴格。

本案富邦集團之行為是否構成本條所稱之內線交易，先從客觀要件來檢討。首先富邦人壽及富邦產險為竹商銀之董事。其次富邦集團進出竹商銀股票約可分為四個時期，一為2006年9月1日前以富邦人壽及產險之名義買入竹商銀股份；二為富邦證券自營部於2006年8月中下旬買入138張竹商銀持股[38]；三為富邦人壽於2006年9月28日及29日上午分別透過富邦證券自營部，以指定用途信託帳戶買入竹商銀持股[39]。四為富邦人壽及產險於2006年10月間加碼買入7萬8千張持股。就第一部分是否及從何時起構成內線交易端視富邦人壽及產險何時知悉併購消息為準[40]。就第二部分，如能證實此時富邦人壽及產險已知併購消息，而係透過證券部名義進出，自有內線責任的問題；縱非如此，而是富邦證券係以自身名義及利害計算而買進，如係從富邦人壽或產險得知併購消息，富邦證券部亦符合同條第一項第五款「從前四款所列之人獲悉消息之人」，即所謂消息受領者（tippee）之身分，亦成立內線交易。至於第三部

---

[38] 經濟日報，金融新聞，2006年10月3日A4版。

[39] 據報載2006年9月28日富邦證券下單買超5,245張，2006年9月29日則買進9,707張，賣出8,517張，淨買超1,190張。參照財經要聞，2006年10月17日工商時報A3版。惟富邦嚴重否認，並表示在富邦證券部下單並不代表就是富邦人壽所買，參照聯合報，焦點新聞，2006年10月18日A2版。如前所述，本案目前事實不明，故本文以市場傳聞為真作為假設前提。

[40] 富邦金控堅稱係以併購目的加碼竹商銀，且到2006年9月1日方知渣打與竹商銀之併購案。惟由後者併購過程來看，從2005年9月開始接觸，2006年6月達成共識到2006年8月渣打至竹商銀進行實質審查，期間富邦人壽一直是竹商銀的常務董事，依公司法第206條經常執行董事會之權限，真否完全不知情容有推敲餘地。惟此亦屬事實認定之問題。

分，由於富邦金控自承於9月1日時已知併購消息[41]，只要能證實有進出帳戶之事實，構成內線交易顯屬無疑。至於第四部分而言，已在消息公布之12小時之後，並無內線交易之問題。

再從主觀要件上來說，如假設富邦於2006年初即知悉，然仍基於併購目的繼續買進竹商銀，欲與渣打進行經營權爭奪戰，能否阻卻內線交易之責任？就現行法院見解[42]並不以有「獲利之主觀意圖」為必要要件，內部人一旦知悉消息而為買賣股票之行為即成立犯罪，並不以該行為人主觀上有無藉該交易獲利或避免損失之意圖，或客觀上有無因此獲利為成立要件。故本案富邦無法以此阻卻內線交易責任。然本文以為此種見解套用前述情形時，無疑是要求富邦集團於一知悉渣打欲併購竹商銀之消息時即應放棄併購計畫，似有變相損害經營權市場競爭自由之虞。故學者多主張本條解釋上應考量美國法Security Exchange Act of 1934中的Rule10b-5[43]及美國法院對此抗辯所為之解釋，將不法得利意圖作為不成文構成要件[44]。又本要件係在限縮處罰範圍而非擴張，故無牴觸罪刑法定主義之問題，附予敘明。

---

[41] 同前註35。

[42] 最高法院46年臺上字377號判例。

[43] 原文為："It shall be unlawful for any person, directly or indirectly, by the use of any means or instrumentality of interstate commerce or of the mails, or of any facility of any national securities exchange, (1) to employ any device, scheme, or artifice to defraud, (2) to make any untrue statement of a material fact or to omit to state a material fact necessary in order to make the statements made, in the light of circumstance under which they were made, not misleading, or (3) to engage in any act, practice, or course of business which operates or would operate as a fraud or deceit upon any person, in connection with the purchase or sale of any security."

[44] 陳峰富，關係企業與證券交易，頁213，2005年5月。

⑵短線交易

證券交易法第157條第1項規定：「發行股票公司董事、監察人、經理人或持有公司股份超過10%之股東，對公司之上市股票，於取得後六個月內再行賣出，或於賣出後六個月內再行買進，因而獲得利益者，公司應請求將其利益歸於公司。」本條之立法目的相較於前條係屬預防性質，凡具有內部身分之人，在短期內不斷買賣股票，即視為有利用重大內線消息之嫌，無論其事實上是否真有利用消息，以達事前遏止內線交易之目的[45]。

本案富邦集團是否構成短線交易，法律爭點有二。首先，信託移轉所有權是否構成條文所稱之之「賣出」？第二，歸入權行使範圍多大？能否及於非屬竹商銀董事及或大股東之富邦證券部？就第一個問題來說，證交法上並無明定「取得」、「買進」或「賣出」的定義，學者認為解釋上「取得」指買賣以外之其他獲取行為，類似美國法上所稱acquire，至於「買進」或「賣出」應解為與一般買賣概念相仿，類同美國法上所稱purchase或sale之義[46]。就本案而言，富邦人壽及產險將股票信託與建華銀行是為了將來統一移轉給渣打銀行，為與渣打之間買賣股票之前階段行為，應可解為「賣出」。證券交易所之見解亦同[47]。則自2006年10月3日起追溯前六個月內股票交易所得均應歸入竹商銀，惟不包括因配股所獲得之股票股利之部分，誠屬當然。就第二個問題，富邦證券部是否受歸入權所及，依照同法22條之2第3項「第1項之人持有之股票，包括其配偶、未成年子女及利用他人名義持有者」及同法施行細則第2條：「本法第22條之2第3項所定利用他人名義」主管機關認為富

---

[45] 曾宛如，證券交易法原理，頁222，2001年12月2版。

[46] 劉連煜，現行內部人短線交易規範之檢討與規範新趨勢之研究，公司法理論與判決研究(二)，頁203，2000年。

[47] 同前註38

邦人壽及產險為竹商銀之大股東，與富邦證券又同屬富邦金控集團之下，解釋上可認為是利用他人名義持有，同受歸入權所及[48]。惟就該二條文義來看係以內部人為規範中心，所設想之情形為股票買賣之利益最終歸於內部人。但以本案情形來看，富邦證券買賣股票之最終利益並非歸給富邦人壽或產險，而是富邦金控母公司透過富邦人壽、產險及證券部買賣股票，利益歸給整個富邦集團，而最終歸於母公司。本條與施行細則當初在訂立之際並未考量到現行大型企業集團之情形，而造成兄弟姊妹公司能否適用之疑義。主管機關最後採取的擴張解釋，雖與條文文義及當初立法設想有所出入，仍屬貫徹立法目的之不得不然，應可贊同。我國現行金融法規上有許多類似的闕漏，相較鄰國日本從集團企業之觀點重新檢討並採包裹立法之做法（企業結合法），值得我國效法。

2.外資部分

由前述事實部分可知渣打與竹商銀開始接觸後，外資及富邦集團大量買入竹商銀股票之時期接近。如暫不考量舉證困難，而假設渣打銀行在洽談之初即將消息洩漏給外國投資人或投資機構，則此種行為可否構成內線交易？首先，依同法第157條之1第1項第5款「從前四款所列之人獲悉消息之人」，本案渣打銀行並非竹商銀之董監事、經理人或持股超過10%的大股東。至於同條第3款「基於職業或控制關係獲悉消息之人」，學說上意見不一。然多認屬關係企業、外來支配（政府部門的檢查）或實質負責人，本案渣打銀行均不屬之。退萬步言，縱將該款擴張解釋為符合本案情形，尚涉及同條第五款可否及於第二手以下消息受領人之爭議[49]。就此，學說上多數說均認應採美國法上消息傳遞理論

---

[48] 同前註。另外主管機關雖未明言係施行細則第2條第幾款，然金控集團內有資金防火牆之限制，富邦人壽及產險對富邦證券以自身名義購入之股票又無管理、使用或處分之權益，本文推論應指該條第三款之利益歸屬。
[49] 參照同前註44，頁245。

（tipper／tippee liability），及於第二手以下間接之受領消息者[50]。惟亦有反對見解認為因果關係模糊且舉證困難，逸脫文義射程範圍[51]。本文認為本條既然有刑事處罰，有嚴守罪刑法定主義之必要，以後說為可採。至於短線交易的部分，無論是渣打銀行或是買賣外資均不具有該條內部人之身分。故就本案而言，無論是買賣外資或是渣打，均無內線或短線交易責任之問題。

伍、結　論

本次渣打銀行預定採取的方法，即先收購新竹商銀股份再將其分公司業務併入新竹商銀。收購股份是取得公司之控制權最簡便的方法，使渣打銀行可在確定取得新竹商銀大部分股權後始考慮將其分公司併入，不會有先合併可能無法達成100%持股，要收手又難與新竹商銀分割，騎虎難下的窘境；且分割之程序可進一步簡化（例如新股之分發）。再者，若股權收購出現變數，渣打銀行欲退場亦非難事。最後，先收購股份亦可使渣打銀行在併購過程中較快取得新竹商銀之控制權，在合併前便開始進行內部之整合，如此併購程序與企業內部整合並進，可縮短併購時程。

由於渣打欲取得竹商銀之股份超過20%，依證交法43條之1第3項須強制公開收購，就此首先渣打須先向主管機關申報公告，向應賣人交付公開收購說明書，並遵守公平收購條件。且由於渣打為外資身分，須分

---

[50] 劉連煜，內部人交易中消息受領人之責任，公司法理論與判決研究(一)，頁292，1997年。

[51] 林國全，證交法157條之1內部人交易禁止規定之探討，政大法學評論45期，頁285，1992年6月。

別取得財政部金管會、央行及投審會之核准。竹商銀並於收受公開收購人申報及公告之公開收購申報書及相關書件後七日內，就一定事項公告、作成書面申報本會備查及抄送證券相關機構。

渣打銀行於2006年12月23日竹商銀股東臨時會上當選9席董事後，當日向證券交易所申請終止上市，惟尚須經行政院金管會核准，且表示同意之董事必須負連帶責任承諾收購公司股票。故渣打銀行表示於2007年1月18日起至3月8日共五十日間收購，且收購起始日為終止股票上市買賣之日。由於收購價格不得低於本公司董事會決議日前一個月股票收盤價之簡單算術平均數及本公司最近期經會計師簽證或核閱財務報告之每股淨值，故訂為新臺幣24.5元，與公開收購價格同。

自2005年9月渣打與竹商銀開始接觸，到2006年6月雙方就併購達成共識為止，外資及富邦集團不斷買進竹商銀之股票。竹商銀之股票交易量及價格自2006年9月間呈現劇烈波動，從而引發內線與短線交易之疑雲。本文認為就前者而言，是否及從何時起構成內線交易責任端視富邦人壽及產險何時知悉併購消息為準，無論係透過證券部或以自身名義進出均同。另在條文解釋上應將不法得利意圖作為不成文構成要件，允許富邦以經營權爭奪戰為由免除主觀歸責。再就後者而言，證交所認為信託該當同條所指賣出行為，故自2006年10月3日起追溯前六個月內股票交易所得均應歸入竹商銀。且由於富邦人壽及產險為竹商銀之大股東，與富邦證券又同屬富邦金控集團之下，解釋上可認為是利用他人名義持有，故富邦證券部同受歸入權所及。至於渣打銀行與外資，一為二手以下的間接消息受領者，二來買賣當時不具有內部人身分，無內線或短線責任之問題。

優雅的背影
——鳳信條款

李國榮

目 次

行政院金融重建基金處理經營不善金融機構大事紀

讓與基準日	承受銀行	經營不善金融機構	處理方式	賠付金額（百萬元）
90年9月1日	世華聯合商業銀行	臺北市松山區農會	洽特定對象承受	2,307.97
90年9月15日	臺灣銀行	臺灣省農會	洽特定對象承受	5,357.26
		屏東縣新園鄉農會		2,195.15
		屏東縣農會		1,973.27
	華南商業銀行	桃園縣觀音鄉農會	洽特定對象承受	1,296.51
		新竹縣新豐鄉農會		670.04
		高雄市小港區農會		4,271.50
		屏東縣佳冬鄉農會		959.93
		屏東縣竹田鄉農會		287.35
	臺灣土地銀行	福建省金門縣農會	洽特定對象承受	259.92
		臺中縣豐原市農會		2,998.06
		屏東縣枋寮地區農會		2,063.16
		屏東縣高樹鄉農會		551.85
	彰化商業銀行	彰化縣芳苑鄉農會	洽特定對象承受	962.92
		彰化縣芬園鄉農會		1,089.57
		彰化縣埔鹽鄉農會		812.52
		屏東縣車城地區農會		428.20
		屏東縣林邊鄉農會		1,578.59
	第一商業銀行	臺南縣七股鄉農會	洽特定對象承受	834.16
		臺南縣楠西鄉農會		148.03
		屏東縣萬巒地區農會		670.44
		高雄縣梓官區漁會		559.67
		屏東縣長治鄉農會		752.22
	中國農民銀行	屏東縣枋寮區漁會	洽特定對象承受	461.14
		屏東縣萬丹鄉農會		1,457.41
		高雄縣內門鄉農會		532.15
		高雄縣六龜鄉農會		415.77
		高雄縣鳥松鄉農會		1,153.00
	世華聯合商業銀行	屏東縣屏東市農會	洽特定對象承受	2,668.02
	合作金庫銀行	臺中市第一信用合作社	洽特定對象承受	9,071.94
		臺中市第五信用合作社		6,755.92
		臺中市第九信用合作社		6,659.70
		臺中市第十一信用合作社		8,255.92

讓與基準日	承受銀行	經營不善金融機構	處理方式	賠付金額（百萬元）
91年7月27日	陽信商業銀行	彰化縣員林信用合作社	洽特定對象承受	1,948.81
		屏東市第二信用合作社		4,747.44
	誠泰商業銀行	高雄縣岡山信用合作社	洽特定對象承受	1,025.54
	合作金庫銀行	臺中縣神岡鄉農會	洽特定對象承受	2,004.99
		彰化縣彰化市農會		1,730.08
		雲林縣林內鄉農會		908.12
	臺灣土地銀行	彰化縣福興鄉農會	洽特定對象承受	1,572.54
		臺南縣南化鄉農會		478.12
		高雄縣大樹鄉農會		922.86
		屏東縣潮州鎮農會		2,027.40
91年8月24日	陽信商業銀行	臺南市第五信用合作社	公開標售	3,171.00
93年9月3日	玉山商業銀行	高雄區中小企業銀行	公開標售	13,863.64
93年10月1日	中國信託商業銀行	高雄縣鳳山信用合作社	公開標售	1,648.67
94年3月11日	屏東縣南州鄉農會	屏東縣新埤鄉農會	洽特定對象承受	98.13
94年3月19日	聯邦商業銀行	中興商業銀行	公開標售	58,485.27
96年3月8日	嘉義縣竹崎鄉農會	嘉義縣大埔鄉農會	洽特定對象承受	94.92
96年9月8日	中國信託商業銀行	花蓮區中小企業銀行	公開標售	898.00
96年9月22日	荷商荷蘭銀行	臺東區中小企業銀行	公開標售	1,198.74
總　計	已處理五十一家問題金融機構			167,283.53

壹、前　言

　　在金融重建基金依法處理48家經營不善的金融機構後，已較少再聽見我國將發生金融危機的警告，而行政院金融重建基金設置及管理條例在2005年6月的修正，亦使論者對於金融重建基金規模不足之疑慮平息下來。但農業金融法通過後，雖然建立了另一套金融體系，亦使已讓與銀行的「農漁會信用部」再次浮上檯面，再加上我國社會經濟情況未有顯著改善，相對於我國於上一世紀末多以概括承受之方式處理問題基

層金融機構，現今是否已有完備的法規範及健全的金融體系以因應再一次的金融風暴，實值探討，因此本文乃對於我國現行法制的設計進行檢視[2]。

　　若參酌美國處理問題金融機構的法律布局可以發現，美國從1991年採取以資本為基準的監理制度後，不但有效減少倒閉金融機構的家數，也使存款保險理賠基金的淨值逐年增長，這個經驗顯示，即時介入問題金融機構、防止經營不善的狀況持續惡化，是處理問題金融機構的有效方法。我國銀行法於2000年的修正即參酌美國法制，對於違反法令、章程或有礙健全經營之虞的金融機構，明定中央主管機關得視缺失問題之輕重，施以不同處分以迅速有效地平息金融危機，但主管機關實務運作上有何手段？銀行法與金融重建基金如何配合運作？似有探討的必要。

　　本文乃針對問題基層金融機構，並以高雄鳳信的退場為例，檢視我國相關的法規範，並兼論高雄鳳信所衍生之信用合作社股金返還之爭議。

貳、問題基層金融機構之定義

　　我國金融機構可大別為銀行金融機構與非銀行金融機構。銀行金融機構，非僅指銀行法所稱之「銀行」，而係泛指向不特定大眾，以存款或信託基金為名義吸收資金者，均屬銀行金融機構，從而銀行、信託投資公司、信用合作社與農漁會信用部均屬之。非銀行金融機構，則是非

2　本文撰寫於2005年冬季，然為因應存款保險條例之修正，及2006年接管臺東企銀、2007年接管花蓮企銀、中華銀行、中聯信託、寶華銀行等一連串失敗銀行，遂於2007年8月略為增刪修補，以期展現我國退場機制之輪廓，並就教於先進。

以存款為營業項目之其他金融機構，例如保險公司、票券金融公司、證券公司等[3]。此外，依據原「財政部委託中央存款保險公司檢查基層金融機構業務辦法」[4]第1條第2項之規定，可知所謂基層金融機構為前述辦法施行前原為臺灣省合作金庫及中央銀行所檢查之信用合作社、農會信用部及漁會信用部。至於何謂問題金融機構，其定義與認定標準之確立，有助於處理對象與範圍之特定，故需先說明比較法上之認定標準及我國之規範內容。

一、巴塞爾銀行監理委員會相關規範

巴塞爾銀行監理委員會於2002年提出處理質弱銀行的監理綱領[5]，該報告指出，所謂質弱銀行係指銀行具潛在的或立即的流動性或清償能力之威脅，而非指一般可觀察到的個別性或暫時性缺失之銀行。

二、美國問題金融機構之概念

（一）金融機構統一評等制度

美國聯邦金融機構檢查評議會（Federal Financial Institution Examination Council）[6]於1979年11月提出新的銀行評等制度，以安全

---

[3] 王嘉麗、郭瑜芳，我國對於問題金融機構之認定暨本次銀行法新增對問題金融機構危機處理概述，存款保險資訊季刊第14卷第2期，頁109，2000年12月。

[4] 1998年6月26日財政部(87)臺財融字第87731122號令訂定發布全文12條，並自1998年7月1日起施行，2004年6月29日財政部臺財融(六)字第0936000318號令發布廢止。惟其關於基層金融機構之定義已為廣泛採用，本文乃從之。

[5] Basle Committee, Supervision Guidance in Dealing with Weak Banks, March 2002.

[6] 係美國國會為統合存款機構的監督體系，而於1978年成立的單位。該評議會由通貨監理官（comptroller of the currency）、聯邦準備理事會（Federal

性及健全性為基礎，將銀行按下列指標給予一至五級不同的等級[7]：
㈠資本適足性（Capital Adequacy）、㈡資產品質（Asset Quality）、
㈢管理能力（Management）、㈣獲利能力（Earning）、㈤流動性
（Liquidity）。1997年修正該評等制度並增加第6項屬性—市場風險敏
感性（Sensitivity to Market Risks），故該系統又簡稱「CAMELS」評等
系統，並經美國金融監理機關協議採用之[8]。

　　一般而言，被評等為第四級者，係指金融機構處於不安全與不
健全狀態，財務或管理方面出現嚴重缺失，除非即時採取有效改善措
施，否則將危及其存續；被評等為第五級者，係指倘要繼續經營該金
融機構，需立即給予財務支援[9]。美國財政部通貨監理局（Office of the
Comptroller of Currency; OCC）將綜合評等在三、四、五等級之機構
均列為需要特別監督注意之機構，亦即均屬於問題金融機構，聯邦準
備銀行則是將列入四、五等級者稱為問題金融機構，而列入第三等級
者則稱為待觀察機構（watch institution）[10]。但美國聯邦存款保險公司
（Federal Deposit Insurance Corporation, FDIC）認為，有嚴重財務危機

Reserve Board）委員一人、聯邦存款保險公司主席、聯邦住宅貸款銀行理事
　　會主管、以及全國信用協會管理局（National Credit Union Administration）理
　　事會主席所組成。其主要職責是在建立金融機構統一的檢查原則和標準，並
　　對其他監督事務提出建議。
[7]　每個項目的評等方式如下：一級：健全，績效明顯地高於平均數；二級：令
　　人滿意，績效稍高於平均數或等於平均數；三級：尚可，績效稍低於平均
　　數；四級：弱，績效明顯地低於平均數；五級：令人不滿意，有嚴重缺陷。
[8]　連浩章，「美國金融預警制度之最新發展」，頁3，中央存款保險公司，
　　2000年7月初版。
[9]　陳聯一等九人著，「建立金融預警系統之研究」，頁45-46，中央存款保險
　　公司，1996年5月初版。
[10]　蔡進財，我國處理問題金融機構相關機制之探討，存款保險資訊季刊第14
　　卷第2期，頁2，2000年12月。

者，才是問題金融機構，亦即財務狀況並不完全根據綜合評等結果加以判斷，而應透過實地檢查，才能確定其是否為問題金融機構，因此，該公司對於問題金融機構之定義為「目前或未來可能立即發生財務困難之銀行，而且目前或未來有可能須由存保公司提供財務援助者」，而將淨值比率低於標準之機構，列入問題金融機構清單，而不管其他財務比率測試之結果[11]。

（二）美國立即糾正措施

美國於1991年通過聯邦存款保險公司改進法（Federal Deposit Insurance Corporation Improvement Act; FDICIA），除確認處理問題金融機構之「最小成本原則」外，並規定監理機關應設定勒令金融機構關閉的發動器（trigger）—「立即糾正措施」（Prompt Corrective Action; PCA）[12]，即依金融機構自有資本比率高低，採取強制性或選擇性的監理措施。因立即糾正措施採行時機透明且金融機構倒閉門檻明確[13]，促使金融機構在問題惡化前即可自我警惕改進，即使遭受最嚴厲的接管或清算處分，亦因監理機關係在其淨值尚未由正數轉為負數前即予處理，使該金融機構自行吸收損失，降低動用公共資金彌補金融機構損失之機會，因此，立即糾正措施是避免金融機構資本或淨值進一步惡化的最後

---

[11] 樓偉亮等六人合著，「我國現行法規對處理問題金融機構時效性之研究」，頁28註4，中央存款保險公司編印，1996年5月1版2刷。

[12] 樓偉亮等六人合著，註11書，頁14-15。

[13] 郭秋榮，美國、日本、南韓與我國問題金融機構處理模式之探討，參行政院經濟建設委員會網站，網址：http://210.69.188.227/analysis/research/volume4/a%20study%20on%20methods%20of%20dealing%20with%20problem%20financial%20institutions%20in%20the%20United%20States, Japan, South%20Korea, and%20Taiwan.pdf，頁7，最後瀏覽日期：2007年8月29日。本文同時刊載於經濟研究第4期，2003年12月。

一道防線[14]。

立即糾正措施將金融機構分為五個不同的資本等級[15]，隨著資本適足率越低，所採取的立即監理措施越嚴屬。其等級劃分如表13-1所示：

表13-1　美國立即糾正措施之資本等級劃分表[16]

分類標準 資本等級	風險性資本比率 （total risk-based capital ratio）[18]	第一類風險性資本比率 （Tier 1 Risk-based Capital Ratio）[19]	槓桿比率 （Leverage Ratio）[20]
資本健全 （Well Capitalized）	大於等於10%，且	大於等於6%，且	大於等於5%
資本充足 （Adequately Capitalized）	大於等於8%，且	大於等於4%，且	大於等於4%
資本不足[21] （Undercapitalized）	小於8%，且	小於4%，且	大於等於3%
資本顯著不足[22] （Significantly Undercapitalized）	小於6%，或	小於3%，或	小於3%
資本嚴重不足 （Critically Undercapitalized）	有形淨值（Tangible Equity）占總資產比率小於等於2%		

---

[14] 對於立即糾正措施僅以資本作為金融機構健全與否的標準，仍受到些許批評。參樓偉亮等五人著，「金融機構安全與健全經營標準之研究（上）」，頁19，中央存款保險公司，1997年6月一版二刷。

[15] 陳寶瑞、郭秋榮，美、日、韓及我國金融監理機構立即糾正措施之比較，臺灣經濟金融月刊第39卷第3期，頁47，2003年3月。

[16] 12 U.S.C. §1831o(b)(1), 12 C.F.R. §325.103.

[17] 李儀坤，建立國內金融機構立即糾正措施制度之研討，貨幣市場第6卷第4期，頁26，2002年8月；陳寶瑞、郭秋榮，美、日、韓及我國金融監理機構立即糾正措施之比較，臺灣經濟金融月刊第39卷第3期，頁47，2003年3月。

[18] 風險性資本比率＝資本總額／加權後風險性資產（Risk-Weighed Capital）。

[19] 第一類風險性資本比率＝第一類資本／加權後風險性資產。

[20] 第一類槓桿比率＝第一類資本／資產總額平均數。

[21] 或第一類槓桿比率大於或等於3%，但最近連續幾期的檢查報告綜合評等（composite rating）為第一級者。

[22] 或第一類槓桿比率小於3%，但最近連續幾期的檢查報告綜合評等為第一級者。

三、我國相關法律之規範

（一）銀行法之規定

銀行法第62條第1項規定：「銀行因業務或財務狀況顯著惡化，不能支付其債務或有損及存款人利益之虞時，主管機關應勒令停業並限期清理、停止其一部業務、派員監管或接管、或為其他必要之處置，並得洽請有關機關限制其負責人出境。」因此，有上開「因業務或財務狀況顯著惡化，不能支付其債務或有損及存款人利益之虞」之金融機構，可認定為問題金融機構[23]。

另觀同法第64條規定：「銀行虧損逾資本三分之一者，其董事或監察人應即申報中央主管機關。中央主管機關對具有前項情形之銀行，應於三個月內，限期命其補足資本；逾期未經補足資本者，應派員接管或勒令停業。」倘若銀行虧損又未依期補足，即有肇致前述第62條所規定情形之可能，而可視為問題金融機構。

此外，為促使銀行對其資產保持適當之流動性，中央銀行經洽商中央主管機關後，得隨時就銀行流動資產與各項負債之比率，規定其最低標準。未達最低標準者，中央主管機關應通知限期調整之，此為銀行法第43條關於資產流動性之規範。假使金融機構無法達到該比例，即可能陷入經營危機，而發生銀行法第62條之情事，故而發生流動性不足之金融機構亦可視為問題金融機構[24]。

---

[23] 張卜元，「處理問題金融機構之法律問題—論監管及接管之規範」，臺北大學法律系碩士論文，頁6-7，2003年。

[24] 王嘉麗、郭瑜芳，我國對於問題金融機構之認定暨本次銀行法新增對問題金融機構危機處理概述，存款保險資訊季刊第14卷第2期，頁112，2000年12月。

（二）行政院金融重建基金設置及管理條例之相關規定

　　本條例全文十七條於2001年7月9日總統公布施行，並於2005年6月22日修正公布全文十八條，是我國建構問題金融機構退出市場機制的「金融重建三法」之一。就問題金融機構之定義，本條例之用語為「經營不善之金融機構」，依第4條之規定，有下列情形之一者，為本條例所稱經營不善之金融機構：

1. 經主管機關或農業金融中央主管機關檢查調整後之淨值或會計師查核簽證之淨值為負數。
2. 無能力支付其債務。
3. 有銀行法第62條第1項所定業務或財務狀況顯著惡化，不能支付其債務，有損及存款人權益之虞，或第64條虧損逾資本三分之一，經限期改善而屆期未改善，並經主管機關及本基金管理會認定無法繼續經營。

（三）存款保險條例之規定

　　存款保險條例於2007年修正前，對於問題金融機構之相關條文計有第15條、第15條之1、第15條之2、第16條、第17條與第17條之1，但未有與問題金融機構之定義相關之條文。該條例於2007年1月18日修正公布後，於第22條以下增設承保風險控管的相關條文，其中第26條規定，若要保機構有下列情事之一者，存保公司應於通知主管機關或農業金融中央主管機關後終止其存款保險契約，並公告之：

1. 經依前條規定提出終止存款保險契約之警告並限期改正而屆期未改正[25]。

---

[25] 存款保險條例第25條規定：「要保機構有違反法令、存款保險契約或業務經營不健全情形時，存保公司得提出終止存款保險契約之警告，並限期改

2.經主管機關或農業金融中央主管機關命令限期資本重建或為其他
　財務業務改善，屆期未改善，或雖未屆期而經上開機關或存保公
　司評定已無法改善。

3.發生重大舞弊案或其他不法情事，有增加存款保險理賠負擔之
　虞。

依上述規定，中央存款保險公司可終止存款保險契約者，即為問題
金融機構，但條文中未明示判斷之標準，似有更加明確化之餘地。

（四）中央存款保險公司金融預警機制

中央存款保險公司將要保機構區分為本國公營銀行、本國民營銀
行、外商銀行在臺分行、信用合作社、農漁會及信託投資公司等六種性
質不同的金融機構，分別選擇預警指標及評估指標。目前該預警系統分
為兩類，一是「檢查資料評等系統」，另一是「申報資料排序系統」，
以下分述之。

1.檢查資料評等系統：係參酌前述美國聯邦金融檢查評議委員會之
　「金融機構統一評等制度」（即CAMELS制度），配合我國金
　融檢查所採用之財務比率，將評估項目分為資本適足性、資產品
　質、管理能力、盈利性、流動性、市場風險敏感性及其他等七
　項，並依各組群金融機構之特性，就我國金融檢查單位歷年之檢
　查報告選出各評估項目之評估指標，各評估指標則依其屬性及
　重要性給予不同之權數及配分，最後求出個別金融機構之綜合評
　分，並依綜合評分之高低將金融機構之評等結果分為A、B、C、

正。」

D、E等五個等級，以判別經營狀況之良窳[26]。

2.申報資料排序系統：申報資料排序系統係利用百分位排序之觀念所建立的分析模型，係將金融機構定期（每季）申報資料輸入系統模型，透過統計檢定之方法，依資本適足性、資產品質、盈利性、流動性、市場風險敏感性及其他等六個項目，挑出顯著性高而相關性低之指標，並計算出各項評估指標值在同組群中之百分位排序及綜合百分位排序，以篩選出應特別注意之金融機構名單。綜合百分位排序愈前面者代表該機構經營狀況較健全，愈後面者代表經營狀況較不健全[27]。

透過上述金融預警機制，金融機構經評量有下列情形之一者，即列為問題金融機構：

1.依金融預警系統之檢查資料評等系統評為E級者；

2.調整後淨值小於淨值、股金或事業公積三分之二者；

3.資本適足率嚴重不足者；

4.因管理階層發生舞弊、派系嚴重糾葛或其他重大事件引發經營危機者[28]。

參、我國處理問題基層金融機構的法律架構

現行銀行法涉及問題金融機構處理之法規為第61條之1至69條，在

---

[26] 參中央存款保險公司網站，網址：http://www.cdic.gov.tw/ct.asp?xItem=171&ctNode=168，最後瀏覽日期：2007年8月29日。

[27] 參中央存款保險公司網站，網址：http://www.cdic.gov.tw/ct.asp?xItem=172&ctNode=168，最後瀏覽日期：2007年8月29日。

[28] 參中央存款保險公司網站，網址：http://www.cdic.gov.tw/ct.asp?xItem=175&ctNode=168，最後瀏覽日期：2007年8月29日。

基層金融機構方面，信用合作社法第37條規定準用銀行法第62條至69條，農業金融法第33條規定準用銀行法第61條之1至62條之4、62條之9。雖然信用合作社法第37條未規定準用銀行法第61條之1，但銀行法第61條之1本係參酌信用合作社法第27條所增訂[29]，且銀行法第61條之1之規定內容實已包含於信用合作社法第27條規定之中[30]。除銀行法之外，金融機構監管接管辦法亦提供主管機關對問題金融機構處分權之法源。而就問題金融機構之清理而言，行政院金融重建基金設置及管理條例、中央存款保險條例亦有相關規定。茲將處理問題基層金融機構相關法規與實施內容，依據金融機構被宣佈停業與否為分界，整理說明之。

一、停業之標準

（一）重建基金條例之規定

因現行制度下重建基金之運作，使得重建基金條例第4條第1項第1款之「淨值為負數」成為實務上採納之標準。

（二）銀行法之規定

銀行法第62條及第64條於2007年之修正亦影響停業之判準。銀行法第64條規定，銀行虧損超過資本三分之一者，中央主管機關「應」於三個月內命令虧損銀行「限期」補足資本，逾期未補足資本，中央主管機關應派員接管或勒令停業；銀行法第62條第1項規定，銀行因業務或財

---

[29] 依財政部於1997年12月30日函送行政院之銀行法修正草案，參考與現行條文作相同規定之62條之1，其立法理由即指出係「爰參考信用合作社法第27條增訂本條」，另參李智仁，「問題金融機構暨不良金融資產處理機制之法制問題研究」，臺北大學法律系碩士論文，頁124，2003年。

[30] 張卜元，「處理問題金融機構之法律問題—論監管及接管之規範」，臺北大學法律系碩士論文，頁23，2003年。

務狀況顯著惡化，不能支付債務或有損及存款人利益之虞時，主管機關「應」勒令停業並限期清理、停止一部業務、派員監管或接管、或為其他必要的處置，並得洽請有關機關限制負責人出境。從而現行規定下之停業判準，似採取「淨值」之判斷原則，並以「虧損達資本三分之一」為標準，唯有後續問題未一併解決：

1. 國際上係採取「流動性」指標做為停業與否之判準，其目的係著眼於與會計實務不致偏離之財務作業考量，而依我國答覆國際貨幣基金會所製發有關金融政策問卷中，似可得窺我國實務上態度亦採「流動性」作為認定處理問題金融機構之判準，而符合現行國際作業標準。現今我國採取「淨值」判斷之原則，是否造成難與國際接軌、無法建立國際銀行清理制度之缺憾？

2. 若採「淨值」作為判準，則問題金融機構之不良金融資產是否列入資產項下則有討論的必要；若列入資產項下，因金融機構合併法第15條第5項所設之「五年內攤提出售損失」之規定[31]，將使「淨值」標準之明確性完全遭到破壞，則虧損達資本三分之一之標準是否仍具明確性？本次修正是否仍有實益？

3. 主管機關應於三個月內命令虧損銀行補足資本，但銀行應於何期限內補足資本仍有賴主管機關之裁量，則此項修正是否仍具足夠之明確性則非無疑。

　　或有主張應配合以資本為基準之監理措施，宜採「資本低於百分之二」設為金融機構停業之判準[32]，以求較現行規定之處理時點更為提早地讓法定清理人介入處理，實值贊同，惜一則銀行法與各種資本適足性

---

[31] 金融機構合併法第15條第5項規定：「金融機構出售予資產管理公司之不良債權，因出售所受之損失，得於五年內認列損失。」

[32] 李滿治等七人，「強化我國問題金融機構處理機制之研究」，頁393，中央存款保險公司，2001年10月初版。

辦法皆未為此規定，且銀行法第64條所規定之「銀行虧損逾資本三分之一」亦為勒令停業之明文規定，二者孰先孰後，似值近一步析論，故現行上似以銀行法64條所規定之「虧損逾資本三分之一」為金融機構停業之判準較符合實務上之需求。

二、停業前的處理措施

（一）「類似」立即糾正措施

我國「類似」立即糾正措施之監理規範始於銀行、信用合作社、票券金融公司等之資本適足性管理辦法，法源基礎為銀行法第44條。該等糾正措施，係將金融機構依資本適足率分為兩個等級，分別施以不同之強制性措施與選擇性措施。之所以稱為「類似」，係因我國之資本等級劃分簡單，且以選擇性措施為主、強制性措施為輔，而與美國之立即糾正措施有相當差距。

以下即以信用合作社和銀行為例，表列我國「類似」立即糾正措施之等級劃分與各項措施：

表13-2 我國類似立即糾正措施之資本等級劃分及措施表（信用合作社）[33]

措施分類 資本適足率[34]	強制性措施	選擇性措施（全部或一部）
小於8%， 且大於等於6%	以現金或其他財產分配盈餘之比率不得超過當期稅後淨利之20%。	限期提出資本重建或其他財務業務改善計畫。

[33] 參信用合作社資本適足性管理辦法第9條。
[34] 即自有資本與風險性資產比率之簡稱，指合格自有資本除以風險性資產總額，參信用合作社資本適足性管理辦法第2條之定義。

措施分類　　資本適足率[34]	強制性措施	選擇性措施（全部或一部）
小於6%	不得以現金或其他財產分配盈餘，及前一等級之所有措施。	1.限制給付理事、監事酬勞金、公費；2.限制申設分支機構；3.限制申請或停止經營將增加風險性資產總額之業務。4.於一定期間內裁撤部分分支機構。

表13-3　我國類似立即糾正措施之資本等級劃分及措施表（銀行）[35]

措施分類　　資本適足率[36]	強制性措施	選擇性措施（全部或一部）
小於8%，且大於等於6%	不得以現金分配盈餘或買回其股份，且不得對負責人有酬勞、紅利、認股權憑證或其他類似性質給付之行為。	1.限期提出資本重建或其他財務業務改善計畫；2.未依命令提出資本重建或財務業務改善計畫，或未確實執行者，得採取下一等級之監理措施；3.限制新增風險性資產或為其他必要處置。
小於6%	前一等級之所有措施。	1.解除負責人職務，並註記其登記；2.銀行取得或處分特定資產，應先經主管機關核准。3.令銀行處分特定資產。4.限制或禁止利害關係人之授信或交易。5.限制轉投資、部分業務或命限期裁撤分支機構或部門；6.限制存款利率；7.負責人報酬之降低與限制；8.派員監管或為其他必要處置。

35 參銀行資本適足性管理辦法第13條。
36 即自有資本與風險性資產比率之簡稱，指合格自有資本除以風險性資產總額，參銀行資本適足性管理辦法第2條之定義。在此指「合併資本適足率」及「銀行本行資本適足率」。

（二）命爲特定行爲

1.命農漁會信用部為特定行為

主管機關依農業金融法第33條準用銀行法第61條之1規定，當農漁會信用部行為違反法令、章程或有礙健全經營之虞時，主管機關除得予以糾正、命限期改善外，並得視情節輕重，依銀行法第61條第1項第3款命其解除特定人之職務。

　　⑴糾正：除可糾正金融機構之經營行為或糾正並命其限期改善外，隱含命另為特定改正或導正行為之處分內容。

　　⑵命解除特定人職務：所解除者係經理人或職員之職務，且係命令金融機構為之，而與本條項第四款由主管機關「逕予」解除董事或監察人之職務有所不同。

2.命信用合作社為特定行為

信用合作社法第37條並未準用銀行法第61條之1，雖信用合作社法第27條第1項第2款之用語為「撤銷經理人、職員，或命令信用合作社予以處分」，解釋上應同於銀行法前述規定。又同條文未有「糾正」之規定，但依第1項第8款得為「其他必要之處置」，故主管機關仍得予以糾正。

（三）逕自變動特定法律關係

主管機關依農業金融法第33條準用銀行法第61條之1第1項與信用合作社法第27條第1項，得對於農漁會信用部或信用合作社作成如下變更或消滅特定法律關係之處分：

1.撤銷法定會議決議（銀行法第61條之1第1項第1款、信用合作社法第27條第1項第1款）

所謂「法定會議之決議」應係指社員代表大會（農漁會為會員代表

大會）或理事會會議所作成之決議而言。該等決議經主管機關認定違反法令、章程或有礙健全經營之虞者，得依本款撤銷該決議。又信用合作社或農漁會並非公司組織，其會議決議內容之瑕疵無法準用或類推適用公司法第189條和第191條之規定，惟信用合作社法第27條第1項第1款後段規定「但其決議內容違反法令或章程者，當然無效」，故主管機關就此類自始當然確定無效之決議，即不需也不可再予以撤銷。又主管機關撤銷法定會議之決議時應禁止不當連結，即遭撤銷之決議應與該違反行為有相當關聯性者為限[37]。

2. 停止一部業務（銀行法第61條之1第1項第2款、信用合作社法第27條第1項第5款、銀行法第62條第1項）

農漁會信用部和信用合作社若違反法令、章程或有礙健全經營之虞時，主管機關得分別依照銀行法第61條之1第1項第2款、信用合作社法第27條第1項第5款為停止部分業務之處分；又若農漁會信用部和信用合作社因業務或財務狀況顯著惡化，不能支付其債務或有損及存款人利益之虞時，主管機關得依銀行法第62條為停止其一部業務之緊急處置。

3. 停止或解除理監事職務

當農漁會信用部或信用合作社之經營行為違反法令、章程或有礙健全經營之虞時，表示對經營具有決定權之理事已然違反規範或為不健全之經營，亦顯示具監督權之監事已成為該違反行為之共犯結構之一份子，故授權主管機關解任及停止職務之權限。

---

[37] 張卜元，「處理問題金融機構之法律問題—論監管及接管之規範」，臺北大學法律系碩士論文，頁9，2003年。

（四）派員介入經營

1. 輔導

依2007年修正前之存款保險條例第17條第1項規定：「中央存款保險公司為控制承保風險，必要時得報請主管機關，指派人員對業務經營不健全之要保機構進行輔導。」[38]爰該項規定於2007年修正後刪除，故現行中央存款保險公司輔導金融機構之法源基礎為銀行法第61條之1第3項，並依銀行法第63條之1之規定準用於農漁會信用部[39]及信用合作社。

中央存款保險公司所建立的輔導方式，包括[40]：

(1)以專責輔導員方式，對問題要保機構辦理特別表報稽核。

(2)對有重大經營缺失之要保機構，以表報稽核為主，實地進駐輔導為輔。

(3)邀談重大經營缺失之要保機構主要負責人。

(4)對受輔導要保機構之各項會議議案辦理事前或事後省閱，並參與該等機構所召開之相關重要議案之決策會議。

(5)其他輔導方式，例如講習會、研習班等。

---

[38] 銀行法第61條之1第3項規定：「為改善銀行之營運缺失而有業務輔導之必要時，主管機關得指定機構辦理之。」此外，基層金融機構業務輔導的法源尚有「信用合作社業務輔導辦法」、「農會信用部漁會信用部業務輔導辦法」，但實務上，主管機關指定辦理業務輔導之機構，以中央存款保險公司為主，故首應探求中央存款保險條例之相關規定。參張卜元，「處理問題金融機構之法律問題──論監管及接管之規範」，臺北大學法律系碩士論文，頁12，2003年。

[39] 農漁會並可依農業金融法第33條準用銀行法第61條之1。

[40] 王嘉麗、郭瑜芳，我國與美國對問題金融機構處理之法規建制與經驗概述，政大法學評論第64期，頁205，2000年12月；徐梁心漪等四人合著，「配合強制投保強化我國存款保險制度功能之研究」，頁139以下，中央存款保險公司，1998年6月1版。

2. 派員監管接管[41]

依據銀行法第62條第6項之規定，主管機關得對銀行之外的其他金融機構為監管或接管之處分。因為農業金融法第33條準用銀行法第61條之1至第62條之4、第62條之9和信用合作法第37條準用銀行法第62條至第69條之結果，使得主管機關對於基層金融機構之監管接管有法律依據。此外依據銀行法第62條第3項所制定的金融機構監管接管辦法第2條之規定，該項監管接管辦法亦適用於信用合作社。

監管制度係純粹以監督輔導金融機構為目的並明顯區隔與業務輔導的差異性[42]，而接管制度之目的在於使接管人代為行使經營權及財產管理處分權，並有對外之代表權及對內的監督管理權[43]。

銀行法第62條之2第1項係提供權限，使接管人得依銀行法第62條之3及監管接管辦法第13條之規定，對受接管金融機構為委託經營、辦理增減資、讓與營業及資產負債或決定與其他銀行合併等行為，並得對受接管金融機構之營業外財產為處分、或決定權利之拋棄、讓與或義務之承諾等[44]。銀行法第62條之1至第62條之3之規定乃2000年銀行法修正時

---

[41] 依金融機構合併法第13條第1項及農業金融法第37條第1項規定，此處之接管應為「代行職權」，接管人應為「代行職權人」，惟為敘述方便，以下仍稱「接管」與「接管人」。

[42] 現行監管接管辦法並無如舊監管接管辦法第11條之規定，現行制度下監管人應不得再協助受監管金融機構辦理有關委託經營全部或部分業務、增資或減資、概括讓與全部或部分營業及資產負債、合併等事項。

[43] 張卜元，「處理問題金融機構之法律問題—論監管及接管之規範」，臺北大學法律系碩士論文，頁39-40，2003年。

[44] 上述事項均攸關股東或社員權益的重大事項，在通常情況，需經過股東大會或會員代表大會決議才能進行，不過，一旦金融機構被財政部宣佈接管，在2000年銀行法修正前，依據監管及接管辦法第13條規定，金融機構的經營權及財產處分權均由接管人行之，換句話說，股東或社員之權利將由接管人行使，只要財政部洽妥合併或概括承受之對象，經由接管人同意，該金融機構即面臨被併吞的命運，因此監管及接管辦法第13條之規定

所增訂，係受司法院釋字第488號解釋之影響，將授權明確性之爭議性條文予以明定於銀行法[45]，並於第62條之4一併就失敗銀行（或信用合作社）之股東（或社員）對於上述營業、財產移轉、概括承受、及合併等事項行使議決權之方法為詳細規定。

（五）財務協助

1. 提供財務援助促進合併

此方式是政府採用私經濟部門做法，透過行政指導及財務援助等方式促使健全金融機構[46]合併問題金融機構。

　　⑴要保機構停業後之援助：依存款保險條例第28條第1項第3款之規定，存款保險公司得對其他要保機構或金融控股公司提供資金、辦理貸款、存款、保證或購買其發行之次順位債券，以促成其併購或承受該停業要保機構全部或部分之營業、資產及負債。

　　⑵要保機構處於接管或代行職權階段之援助：依存款保險條例第29條第1項之規定，即便要保機構尚未遭勒令停業，亦可準用同法第28條第1項第3款及第2項之規定進行財務援助。

2. 對問題金融機構財務援助

依存款保險條例第29條第2項之規定，要保機構有淨值嚴重不足情

曾引起廣泛的爭議。參王嘉麗、郭瑜芳，我國與美國對問題金融機構處理之法規建制與經驗概述，政大法學評論第64期，頁206，2000年12月。

[45] 林繼恆，接管問題銀行VS.銀行接管問題——評大法官會議第488及489號解釋文，律師雜誌第239期，頁15-18，1999年8月。

[46] 依「中央存款保險股份有限公司提供財務協助促使要保機構辦理合併或承受作業辦法」第4條之規定，受援助機構須符合以下標準：1.資本適足且無累積虧損；2.無流動性不足之虞；3.無嚴重違反法規或有礙業務健全經營之虞。

事、經主管機關依法派員接管或代行職權者,若發生短期性流動資金不足、已無其他融通管道、有支付不能之虞等可能發生系統性危機之情事者,為穩定金融秩序,此時得排除最小成本處理原則之限制,由存保公司對該機構辦理財務援助。

三、停業後的處理措施

(一)清理清算

1.農漁會信用部之清算

農業金融法第33條並未準用銀行法第62條之5至62條之8關於清理的規定,而現行法關於農漁會信用部清算之規定主要見於農會法和漁會法之規定。農會法第47條第1項規定:「農會解散時,應由主管機關指派清算人。清算人有代表農會執行清算事務之權。」類似規定亦見於漁會法第50條第1項。

值得注意的是,農漁會信用部並不具備獨立的法人人格,其屬於農會、漁會的一部分,無法適用公司法也無法僅就信用部宣告破產或清算。惟銀行法第63條之1規定:「第61條之1、第62條之1至第62條之9之規定,對於依其他法律設立之銀行或金融機構適用之。」因此當農漁會信用部發生金融危機時,可適用銀行法中關於問題銀行的強制處分之規定[47]。

2.信用合作社之清理[48]

我國金融法中有關清理程序之規定,論者主張「處置問題銀行剩餘

[47] 參王嘉麗、郭瑜芳,我國與美國對問題金融機構處理之法規建制與經驗概述,政大法學評論第64期,頁208,2000年12月。
[48] 謝易宏,論問題金融機構之「清理」,臺灣本土法學雜誌第72期,頁14,2005年7月。

資產，清償問題銀行剩餘債權人之債權，藉以確保金融體系穩定，重拾經濟的流動性」，迨可謂為銀行清理程序的核心任務。信用合作社法第37條準用銀行法第62條至69條之結果，使得信用合作社之清理有別於一般企業之重整程序，以兼顧存款人公益與金融機構股東之權利。

　　清理在我國實定法之由來，論者以為應係補正前臺北市「第八信用合作社」停業清算案之處理欠缺法規依據之憾，乃於1975年7月修正銀行法時創設該制[49]；但揆諸現行法之旨，應係慮及金融機構有別於傳統公司組織，於渠等經營不善時，公司法制中「重整」與「清算」程序顯然不符合金融產業退場規範中「存款人保護」之特殊公益目的考量，因此乃專門針對「因業務財務狀況顯著惡化，不能支付其債務或有損及存款人利益之虞」或「虧損逾資本三分之一……經主管機關限期補足資本而逾期未經補足資本」的金融機構，經主管機關停業「後」，尚未解散「前」的「現存財產」所涉法律事務之「清查整理」程序。

　　存款保險條例第41條第1項規定：「主管機關或農業金融中央主管機關勒令要保機構停業時，應即指定存保公司為清理人進行清理，其清理適用銀行法有關清理之規定。」我國的金融機構均已參加存款保險[50]，均為要保機構，只要被勒令停業，存保公司就是法定清理人。至於我國清理制度之法律布局，論者已有詳細說明，本文即不再贅述。

---

[49] 許明夫，銀行清理清算之法律問題，存款保險資訊季刊第1期，頁9-13，1987年，轉引謝易宏，論問題金融機構之「清理」，臺灣本土法學雜誌第72期，頁14，註26，2005年7月。

[50] 除外商銀行尚有一家未參加存款保險外，其餘在我國營業之金融機構均已加入存款保險，參中央存款保險公司網站，網址：http://www.cdic.gov.tw/ct.asp?xItem=340&CtNode=291，最後瀏覽日期：2007年8月29日。

（二）行政院金融重建基金賠付

1. 從比較法上探討金融重建基金制度之源起

美國儲蓄貸款機構（savings & loans institutions）從1980年起相繼倒閉，至1980年代中期更形惡化，負責儲蓄貸款機構存款保險及問題處理之聯邦儲蓄貸款保險公司（Federal Savings and Loan Insurance Corporation, FSLIC）之保險基金快速侵蝕，至1988年已呈赤字7500萬美元，美國乃從「強調臨時公共資金的運作暨改良存款保險機制」為目標[51]，而推行一連串金融改革方案。

⑴金融機構改革、重整及強化法案（Financial Institutional Reform, Recovery and Enforcement Act of 1989, FIRREA）

該法案規定裁撤原有的聯邦儲蓄貸款保險公司（FSLIC）與聯邦住宅貸款理事會（FHLBB），設立清理信託公司（Resolution Trust Corporation, RTC），其任務是藉由擔任監管人與接管人之角色，處理問題儲蓄貸款機構，而處理對象限於原由FSLIC承保，並於1989年1月1日至1995年7月1日期間倒閉且參加保險之儲蓄貸款機構。RTC資金之來源係由美國國會同意，由政府預算撥出經費，且其本質上係屬任務性質之機構，並非常設機構。

依照FIRREA法案，RTC的目標有三：

A、處理倒閉儲蓄存款機構及其資產時，必須追求淨現值之最大。

B、處理過程中，需使其交易對當地房地產及金融市場之衝擊降到最低。

---

[51] 郭秋榮，美國、日本、南韓與我國問題金融機構處理模式之探討，參行政院經濟建設委員會網站，網址：http://210.69.188.227/analysis/research/volume4/a%20study%20on%20methods%20of%20dealing%20with%20problem%20financial%20institutions%20in%20the%20United%20States, Japan, South%20Korea, and%20Taiwan.pdf，頁6，最後瀏覽日期：2007年8月29日。本文同時刊載於經濟研究第4期，2003年12月。

C、使中低收入戶購買自用住宅之機會達到最大。

⑵聯邦存款保險公司改進法（Federal Deposit Insurance Corporation Improvement Act of 1991, FDICIA）

該法案確立美國對問題金融機構之處理原則，即採取「立即糾正措施」（Prompt Corrective Action, PCA）[52]與「最小成本處理原則」（Least Possible Cost Resolution Requirement）[53]來處理問題金融機構，並同時改進存款保險制度、重建存款保險基金。

⑶RTC再融通、重建與改革法（RTC Refinancing, Restructuring, and Improvement Act of 1991, RTCRRIA）

美國政府因此取得法源以增撥250億美元資金給RTC，並將RTC自聯邦存款保險公司獨立出來，以超然的地位處理金融機構不良債權。

2.行政院金融重建基金的法律布局

行政院金融重建基金設置及管理條例（以下簡稱「重建基金條例」），係提供一種短期性機制，將淨值已成為負數或體質不良之金融機構於一定期間內一次解決，換言之，金融重建基金之成立，係為解決經營不善之基層金融機構之問題，並協助其退出市場。以下略述之。

⑴組織型態與性質

美國清理信託公司（RTC）在組織型態上為一獨立的公營公司，而我國金融重建基金依重建基金條例第1條和第5條之規定，係以基金之型態設立，並由金融重建基金管理委員會負責管理。

依重建基金條例第15條第1項規定，金融重建基金得將經營不善金

---

[52] 金融監理機關得依照金融機構之資本適足率高低，採取各種可能處分措施之機制。依美國做法，只要金融機構資本適足率低於2%，且在九十天內無法順利增資以提升資本適足率至2%以上者，將被RTC進駐接管。

[53] 即聯邦存款保險公司應在現金理賠與各種可能處理措施中，選擇成本最小者。

融機構列入處理之期間，自重建基金條例施行之日起至2005年7月10日止，可見本基金在本質上係屬任務性質之機構，並非常設機構，且與美國清理信託公司相同。

(2)適用對象

重建基金條例於第1條揭諸金融重建基金處理之對象為經營不善之金融機構，如同本文之前述。惟綜合銀行法第62條所謂「銀行因業務或財務狀況顯著惡化，不能支付債務或有損及存款人利益之虞」及本條例第4條第1項對於經營不善金融機構之定義，應認為兩者之概念涵義及指涉範圍係屬相同，而本條例第4條第1項第1款似應係為明確「業務或財務顯著惡化」之標準而規定[54]。但本基金依本條例第4條第2項規定，應以處理基層金融機構為優先。

(3)基金運作方式

本基金由基金委員會管理，惟基金委員會僅具有決策權和政策釐定權，至於議決事項之執行，具體上須委託中央存款保險公司執行。

依重建基金條例第10條第1項之規定，對於經營不善之金融機構，本基金得委託存款保險公司處理，並依下列二種方式執行之：一為賠付金融機構負債，並承受其財產；二為賠付負債超過資產之差額。

另為使中央存款保險公司有效處理經營不善之金融機構並顧及民眾信心及金融市場秩序，重建基金條例第4條第4項規定，中央存款保險公司依修正前存款保險條例第15條第1項、第17條第2項前段規定辦理時，得申請運用本基金，全額賠付經營不善金融機構之存款及非存款債務，並由本基金承受該機構之資產，不受存款保險條例第9條有關最高保額

---

[54] 張卜元，「處理問題金融機構之法律問題─論監管及接管之規範」，臺北大學法律系碩士論文，頁18-19，2003年。

及第15條第2項、第17條第2項但書有關成本應小於現金賠付之損失之限制[55]。

⑷制度設計之疑義

A、處理時點之疑義

美國清理信託公司（RTC）介入處理問題金融機構之時點為該金融機構已經支付不能，而我國金融重建基金介入時點則較為提前，亦即在該金融機構狀況顯著惡化，經主管機關認定無法繼續經營時即可介入處理。但若詳細觀之，我國所規定的法律要件殊屬抽象，將使經營困難的金融機構未能及早應變，亦使存款人因資訊不對稱而可能遭致不獲賠付的損失[56]。

B、處理方式的疑義

外國立法例上對於問題金融機構及問題金融資產有多種態樣的處理方式[57]，但我國金融重建基金所得運用的處理方式只有重建基金條例第10條第1項所列的兩種方式。此外，參考美國及國際貨幣基金協助會員國的經驗，我國相關主管機關一方面應在金融重建基金運作期間結束、

---

[55] 參現行存款保險條例第28條第2項本文之規定。

[56] 謝易宏，論問題金融機構之「清理」，臺灣本土法學雜誌第72期，頁19-20，2005年7月。

[57] 例如營業繼續（OBA）、清算（Liquidation）、購買與承受（P&A）、過渡性銀行（Bridge Bank）等方式。參謝易宏，論問題金融機構之「清理」，臺灣本土法學雜誌第72期，頁12-13，2005年7月；郭秋榮，美國、日本、南韓與我國問題金融機構處理模式之探討，參行政院經濟建設委員會網站，網址：http://210.69.188.227/analysis/research/volume4/a%20study%20on%20methods%20of%20dealing%20with%20problem%20financial%20institutions%20in%20the%20United%20States, Japan, South%20Korea, and%20Taiwan.pdf，頁4-5，最後瀏覽日期：2007年8月29日；許福添，美、日金融改革比較及對我國之啟示，行政院經濟建設委員會網站，網址：http://210.69.188.227/analysis/research/volume4/a%20study%20on%20methods%20of%20dealing%20with%20problem%20financial%20institutions%20in%20the%20United%20States, Japan,South%20Korea, and%20Taiwan.pdf，最後瀏覽日期：2007年8月29日，本文同時刊載於經濟研究第3期，2003年13月。

回復到正常存款限額保障之機制前，完備立即糾正措施（PCA）中問題金融機構退出市場機制的相關法規；另一方面，應在重建基金條例中明定存款保障機制從「存款全額保障」轉換至「存款限額保障」之落日條款[58]，以落實實施立即糾正措施。

　　C、重建基金條例第4條第3項——「鳳信條款」之疑義

　　財政部於2004年4月1日接管高雄縣鳳山信用合作社[59]（以下簡稱鳳信），之後中央存款保險公司經行政院金融重建基金及財政部核准，於2004年7月5日辦理標售鳳信全部營業及資產負債，結果由中國信託商業銀行得標，得標金額（即重建基金預定賠付金額）為新臺幣11億元。鳳信社員要求得標之中國信託商業銀行應返還社員入股金，惟中信商銀拒絕之。時值主管機關正尋求立法委員支持行政院金融重建基金設置及管理條例之修正案，遂接受部分立法委員之要求，於重建基金條例中增列第4條第3項，以保障合作社社員請求返還入股金之權利，金融重建基金並依本條項之規定，返還股金予鳳信社員。

　　本條例第4條第3項規定：「在本條例修正施行前，經營不善之信用合作社經主管機關依信用合作社法規定派員監管或接管，並經本基金列入處理者，其社員之權利應受前項同等待遇原則之全額保障，且該社員之權利應由承受該信用合作社資產之金融機構全額賠付。若該承受之金融機構未能賠付，則由本基金全額賠付。」惟社員權利之保障是否符合問題金融機構退場機制之立法意旨？社員與信用合作社之間在實體法上的權利義務關係為何？何謂「承受之金融機構未能賠付」？此等疑問使得本條項之立法及執行似顯缺憾，筆者將於後續章節分析之。

---

[58] 陳寶瑞、郭秋榮，美、日、韓及我國金融監理機構立即糾正措施之比較，臺灣經濟金融月刊，第39卷第3期，頁56，2003年3月。

[59] 臺財融(三)字第0933000288號令。

（三）中央存款保險公司進行理賠

　　根據存款保險條例第28條第1項規定，當要保機構經主管機關勒令停業時，中央存款保險公司為維護信用秩序，保障存款人權益，可以依照下列三種方式之一來履行保險責任，使存款人領取最高保額內的本金，但不包括利息：

　　1.現金賠付：根據停業機構帳冊紀錄及存款人提出的存款餘額證明，按保險金額，直接以現金賠付其本金債權。

　　2.移轉保額內存款於其他金融機構：在同一地區洽商其他要保機構，對停業機構之存款人，設立與其保險金額相等之移轉存款，賠付其本金債權。

　　3.提供財務援助促成併購：即由其他金融機構概括承受問題金融機構之營業、資產、負債。

　　依據存款保險條例第28條第2項本文之規定，若中央存款保險公司選擇上述第二或第三種方式時，其所需成本應小於以現金賠付所造成之損失，惟為避免依成本較小原則處理時，金融體系發生嚴重影響信用秩序事件，影響存款人信心、引發系統性危機，於本項但書規定成本較小原則之除外規定。此外，有第28條第2項但書規定情形時，存保公司如無法適時依同條第1項第3款規定洽妥其他要保機構或金融控股公司併購或承受，得設立過渡銀行承受停業要保機構全部或部分之營業、資產及負債。

肆、不良債權處理機制

　　中央存款保險公司受行政院金融重建基金之委託，迄今已處理五十餘家問題金融機構，其處理方案大部分採特定不良債權（即所謂「Bad

Bank」）及扣除該不良債權後之全部資產負債及營業（即所謂「Good Bank」）兩部分分開標售之策略，以增加公信力及財務透明度。未來存保公司不論再接受重建基金委託或回歸存款保險機制後，處理經營不善金融機構均仍有可能採不良債權分開標售方式作業，故不良債權處理機制之重要性不容忽視。

一、不良債權之意義

金融機構合併法草案中本無關於資產管理公司與不良債權之處理規範，因此該法第4條第1款對於「金融機構」之定義，並非預期作為同法第15條對於「金融機構不良債權」定義之用，故解釋上「金融機構不良債權」不應指「以第4條所規範金融機構為債權人」之所有「逾期債權」，而應限於「放款、透支、貼現、保證、承兌、信用狀或其他具有授信性質之債權」[60]。財政部於2001年5月2日曾就「不良債權」之定義進行解釋：「關於金融機構合併法第15條所稱『不良債權』，係指符合本部規定應列報逾期放款之各項放款及其他授信款項，並包括准免列報之分期償還案件。」[61]

準此，「金融機構不良債權」之定義要件有三：

1.債權人須為金融機構合併法第4條第1款所稱之金融機構。

2.債權性質須為「放款、透支、貼現、保證、承兌、信用狀或其他具有授信性質之債權」。

3.為應列報之逾期放款，包括准免列報之協議分期攤還案件。亦即「銀行資產評估損失準備提列及逾期放款催收款呆帳處理辦法」第7條第1項及第2項所稱之「積欠本金或利息超過清償期三個

---

[60] 賴中強，評金融機構合併法第15條及其子法之立法疑義，律師雜誌第277期，頁83，2002年10月。
[61] 財政部臺財融(三)字第90161965號函。

月，或雖未超過三個月，但已向主、從債務人訴追或處分擔保品者。協議分期償還放款符合一定條件，並依協議條件履行達六個月以上，且協議利率不低於原承作利率或銀行新承作同類風險放款之利率者，得免予列報逾期放款。但於免列報期間再發生未依約清償超過三個月者，仍應予列報。」

二、不良債權之處理

（一）金融機構合併法之適用

金融機構承受或讓與不良債權時，依金融機構合併法之規定，享有諸多程序上之便利及政策上之優惠，茲分述如下[62]：

1. 不良債權讓與之通知以公告方式代之

依民法第297條第1項之規定，債權讓與應踐行通知債務人之程序；惟金融機構作為承受或讓與不良債權之主體時，依金融機構合併法第18條第3項之規定，債權讓與之通知得以公告方式代之。該項規定即屬民法第297條第1項但書所稱之「法律另有規定者」而排除民法前開規定，從而僅為公告而未通知債務人，債務人亦不得抗辯債權讓與對其不生效力。同法第15條第1項另規定資產管理公司受讓金融機構不良債權時，亦適用第18條第3項之規定。

2. 規費及稅捐之優惠

承受擔保品及辦理抵押權移轉登記時，依土地法第76條、印花稅法第7條第1項第4款、土地稅法第33條以及契稅條例第3條第1項第1款之規定，應繳納登記規費及稅捐；惟金融機構合併法為鼓勵金融機構之合

---

[62] 合作金庫逾期放款中心，金融機構合併法與民法有關債權讓與等規定之比較，今日合庫第333期，頁81-84，2002年9月。

併、概括承受或概括讓與，分別於第17條第1項第1款與第3款及第18條第1項設有特別規定，給予登記規費與稅捐免除之優惠。

3. 損失分五年攤提

依所得稅法第40條與「銀行資產評估損失準備提列及逾期放款催收呆帳處理辦法」第12條之規定，呆帳損失於授信總餘額百分之一限度內時，應列為當年度之損失，僅於超過該額度以上時，方可跨年分攤認列損失；金融機構合併法為避免金融機構將不良債權售予資產管理公司時，對於當年度之盈餘衝擊過大，於第15條第3項特別規定損失在授信總餘額百分之一限度內時，仍可於五年內分攤認列損失。

4. 執行及破產程序之簡化

依強制執行法第4條之1之規定，規定執行名義之效力及於繼受人，但該法並未就順位不同之債權另定執行方法，故一般繼受人之聲請強制執行，其準據法仍為強制執行法，且應向法院為之。為節省時間，金融機構合併法第15條第1項第2款規定資產管理公司受讓不良債權時，除執行名義可繼受外，另於第3款特別規定其得就第一順位抵押權之不動產，委託經財政部認可之公正第三人公開拍賣之，毋庸再依強制執行法之規定向法院聲請強制執行；於第4款規定其得就第一順位以下順位之債權執行，委託前開公正第三人準用強制執行法之規定拍賣之。

破產法第83條及公司法第290條規定，債務人受破產宣告或公司受重整裁定時，應選任適當之人充任破產管理人或重整人；金融機構合併法為防止債務人脫產或董事藉機拖延，以保護金融機構之權利，該法於第15條第1項第5款設有特別規定，即有上開情事時，如金融機構為該債務人之最大債權人者，法院應選任資產管理公司為破產管理人或重整人。

依破產法第99條及第108條，與公司法第294條之規定，債務人受破產宣告或公司受重整裁定時，債權人之訴訟或強制執行亦因而停止；金

融機構合併法第15條第1項第6款特別排除前開規定，仍得繼續行使債權或繼續強制執行，旨在保護資產管理公司或金融機構之權利。

（二）公開標售予資產管理公司

金融機構得自行以公開標售或協商議價方式出售不良債權予資產管理公司[63]；若為公營金融機構，其委託管理、催收、拍賣不良資產，應依照政府採購法之規定辦理[64]；另外，金融機構得以債作股，亦即以不良資產充作股本，與外國投資銀行合資成立資產管理公司[65]。

若以處理問題金融機構不良債權之角度出發，首應探究者係銀行法與重建基金條例之相關規定。中央存款保險公司作為問題金融機構之接管人，依銀行法第62條之3第3款之規定，於讓與受接管金融機構全部或部分營業及資產負債，應研擬具體方案，報經主管機關核准；且因重建基金現仍有效運作中，中央存款保險公司尚需依照重建基金條例第5

---

[63] 財政部於2001年5月1日以臺財融(三)字第90736070號函為如下釋示：「……五、金融機構得否自行與任何資產管理公司協商定訂價格出售不良債權，而毋須公正第三人介入交易或鑑定乙節，金融機構出售不良債權的方式，一為委託『公正第三人』進行分類重組並評定價格後，公開標售予資產管理公司。另亦可由金融機構直接讓售不良債權予資產管理公司。」

[64] 財政部於2001年9月19日以臺財融(三)字第009072068號函表示：「關於公營金融機構將不良債權委託資產管理公司辦理管理及催收服務或委託公正第三人拍賣不良債權，是否應受政府採購法之拘束乙案，經洽行政院公共行政工程委員函示略以：屬政府採購法第2條所稱勞務採購，適用該法（第18條與第22條）規定。」

[65] 財政部於2001年5月2日以臺財融(三)字第90161965號函表示：「關於金融機構如擬與外國投資銀行合資成立資產管理公司，得否以其不良債權充為該合資公司股本乙節，依據公司法第131條規定『發起人認足第一次應發行股份時，應即按股繳足股款而股款得以公司事業所需財產抵繳之』；同法第156條第5項規定『股東之出資，除發起人之出資及本法另有規定外，以現金為限』。準此，如金融機構以其所持有之不良債權抵繳股款，而該不良債權復為合資公司事業所需者，於法即無不合。」

條、第6條及重建基金處理經營不善金融機構作業辦法第6條之規定進行公開標售，但有特殊之情形，如以公開標售方式處理恐緩不濟急或造成更大損失，則由主管機關或農業金融中央主管機關洽特定人後，會同存保公司採比價或議價方式辦理。

公開標售之主要流程包含不良債權屬性及分包方式分析、不良債權抽樣、不良債權價值評估、及不良債權之交割等。

（三）資產管理公司處理不良債權

資產管理公司處分資產，除單純賣出（大面積之不動產整合）、介入公司重整、證券化等方式外，尚有眾多法門可供選擇，唯此類方法不應由法律強制規定，應由資產管理公司全權視情況而定，選擇對其最有利之處理方式。

資產處分時一般認為應以「資產價值」與「所需時間」為兩大座標，綜合評量考慮之，而實證上常使用之手段則包括：㈠個別資產之處置；㈡拍賣部分之資產組合；㈢證券化；㈣融資之提供；㈤保證之提供；㈥租賃等項目，除此之外，是否附買回條件、是否保留所有權等，亦係在處分資產上可以選擇、配合運用之手段[66]。

---

[66] 王文宇，資產管理公司政策與法制問題研究，臺灣金融財務季刊第1卷第2期，頁20，2000年12月。

伍、案例分析—高雄縣鳳山信用合作社

一、事實背景

（一）基本資料

高雄縣鳳山信用合作社（以下簡稱高雄鳳信）創立於1957年3月11日，營業項目為收受各種存款，辦理短、中、長期放款及消費性貸款、代收各項費稅、基金之代扣及保管箱出租等業務，計有十個營業據點[67]。

（二）經營不善之事實

金融監督管理委員會於2003年6月首度揭露信用合作社逾放的財務資料，從資料中觀之，逾放比最高的是高雄鳳信，其逾放比為39.1%。整體而言，信用合作社逾放比介於10%-20%之間有十一家，介於10%-20%之間的有三家，超過30%的只有高雄鳳信，其逾放比較第二高的臺南市第七信用合作社的36.66%要高出十二個百分點。至2004年3月底為止，高雄鳳信之逾放比已增至43.72%，此時三十五家信用合作社中，逾放比在10%-20%之間有五家，在20%-30%之間的有一家，在40%以上的只有高雄鳳信[68]。

---

[67] 參公開資訊觀測站，中國信託金融控股股份有限公司2004/10/1重大訊息，網址：〈http://mops.tse.com.tw/server-java/t05st01〉，最後瀏覽日期：2007年8月29日。

[68] 參行政院金融監督管理委員會「信用合作社逾放等財務資料揭露」，2003年6月，網址：http://www.fscey.gov.tw/public/Attachment/511217375371.xls；2004年3月，網址：http://www.fscey.gov.tw/public/Attachment/511217361271.

（三）財政部依法接管

因高雄鳳信業務、財務狀況顯著惡化，有不能支付其債務並有損及存款人利益之虞，財政部爰依信用合作社法第37條準用銀行法第62條規定，指定中央存款保險公司為接管人，自2004年4月2日下午三時三十分起接管該社，接管期間停止該社社員代表大會、理事及監事職權，相關職權由接管人行使之[69]，該社在接管期間仍繼續營業，存款、提款及放款等營業均不中斷。

（四）中央存款保險公司標售該社全部營業及資產負債

存保公司經行政院金融重建基金及財政部核准辦理標售高雄鳳信全部營業及資產負債[70]，於2004年7月5日進行標售，經七家投資人參與競標，標售結果由中國信託商業銀行得標，得標金額（即金融重建基金預定賠付金額）為新臺幣11億元[71]，得標之中國信託商業銀行未來可新增十家分支機構，且其中六家可自由遷移。

（五）發生社員股金返還與否之爭議

高雄鳳信於1998年發生虧損，員工為協助工作單位渡過難關，紛紛將屬於個人權益之年資結算金轉換為合作社股金，以挹注合作社經營，

---

xls，最後瀏覽日期：2007年8月29日。

[69] 財政部臺財融(三)字第0933000288號函。

[70] 參行政院金融重建基金管理委員會第28次委員會會議紀錄，網址：http://www.cdic.gov.tw/ct.asp?xItem=260&ctNode=216，最後瀏覽日期：2007年8月29日。

[71] 參行政院金融監督管理委員會2004/7/5新聞稿，網址：http://www.fscey.gov.tw/ct_search.asp?xItem=34402&ctNode=1470&mp=2&keyword=%E9%B3%B3%E5%B1%B1%E4%BF%A1%E7%94%A8%E5%90%88%E4%BD%9C%E7%A4%BE，最後瀏覽日期：2007年8月29日。

但合作社之經營未見起色，於2004年遭到接管甚至公開標售。這些員工的年資結算金轉成之股金總金額約9千萬元，其實也就是員工前半生的退休金，因此員工（社員）強烈要求得標之中國信託商業銀行返還社員股金。中國信託商業銀行之母公司中信金控認為，中國信託商業銀行與其他銀行共同參與存保公司舉辦的公開標售作業，期間從未承諾提供股金返還，該項議題亦未納入公開標售之契約中，與過去直接指定金融同業接管信用合作社之模式不同，因此拒絕返還股金。

（六）社員股金之返還[72]

　　行政院金融重建基金依2005年修正之「行政院金融重建基金設置及管理條例」第4條第3項之規定，及行政院金融重建基金管理會（以下簡稱重建基金管理會）第三十八次會議之決議[73]，委託中央存款保險公司辦理高雄鳳信社員之股金發放事宜，中央存款保險公司並依據「行政院金融重建基金處理信用合作社社員股金作業要點」之規定，委任中國信託商業銀行執行該社股金發放作業，股金並於2005年10月31日起陸續發放。

---

[72] 參「中央存款保險股份有限公司受行政院金融重建基金之委託辦理高雄縣鳳山信用合作社社員之股金發放事項公告」，中央存款保險公司2005/10/12日公告，網址：http://www.cdic.gov.tw/ct.asp?xItem=956&ctNode=191，最後瀏覽日期：2007年8月29日。

[73] 參行政院金融重建基金管理委員會第38次委員會會議紀錄，網址：http://www.cdic.gov.tw/ct.asp?xItem=982&ctNode=216，最後瀏覽日期：2007年8月29日。

二、法律依據與分析

（一）接管之法律依據

　　如同本文前述（參、二、(四)、2、派員監管接管），作為主管機關之財政部，得依信用合作社法第37條準用銀行法第62條之規定，指定中央存款保險公司作為高雄鳳信之接管人。

（二）公開標售之法律依據

　　依信用合作社法第37條準用銀行法第62條之3第3款的結果，作為接管人的中央存款保險公司得經主管機關[74]核准後，將受接管之高雄鳳信全部或部分營業及資產負債讓與他人，但高雄鳳信屬於基層金融機構，而有「行政院金融重建基金設置及管理條例」之適用。

　　依重建基金條例第10條之規定，重建基金得委託存保公司處理經營不善金融機構之方式有兩種，一為「賠付金融機構負債，並承受其資產」，一為「賠付負債超過資產之差額」，至於公開標售之方式，則規定於「金融重建基金處理經營不善金融機構標準作業要點」[75]（以下稱作業要點）第6條[76]、[77]。

---

[74] 金管會於2004年7月1日始正式成立運作，故當時之主管機關仍為財政部。

[75] 自「行政院金融重建基金處理經營不善金融機構作業辦法」於2006年3月23日發布後，該項作業要點已廢止。

[76] 即行政院金融重建基金處理經營不善金融機構作業辦法（以下簡稱作業辦法）第6條。

[77] 受託機構處理經營不善之金融機構，應依下列方式為之：

　1.賠付負債超過資產之差額：依重建基金條例第10條第1項第2款規定賠付負債超過資產差額。

　2.賠付負債並承受資產及標售處理該資產：依重建基金條例第10條第1項第1款規定，賠付該機構負債，並承受其資產及標售處理該資產。

　依前項規定辦理時，應以公開標售方式處理。但有下列情形之一者，得由

依作業要點第2條之規定，若金融機構有重建基金條例第5條第1項所稱經營不善之情形者，其目的事業中央主管機關即得提報金融重建基金管理委員會，經其同意後即得列為重建基金處理對象。因此重建基金始會介入高雄鳳信之退場處理[78]。

依作業要點第3條之規定，被列為重建基金處理對象之金融機構，其接管人應先研擬處理方式提報其目的事業中央主管機關後，會同受重建基金委託處理經營不善金融機構之受託機關研擬賠付的相關事宜，再提報重建基金委員會審核。因此作為高雄鳳信接管人之中央存款保險公司，在依照銀行法第62條之3之規定將公開標售之做法報經財政部核准後，仍須提報重建基金管理委員會審核，在獲取其同意後始可辦理公開標售[79]。

（三）返還社員股金之依據與分析

重建基金條例第4條第3項規定：「在本條例修正施行前，經營不善

其目的事業中央主管機關洽特定人後，會同受託機構採比價或議價方式辦理：
1.公告標售二次以上，仍未標售成功者。
2.情況緊急，經目的事業中央主管機關認定有引發系統性危機者。
3.經目的事業中央主管機關評估不宜採公開標售方式處理者。
4.其他報經重建基金委員會核准者。

[78] 依重建基金條例第15條第1項及作業辦法第2條規定，經重建基金評價小組及管理會決議納入有可能處理對象名單之金融機構，有符合重建基金條例第4條第1項所稱「經營不善金融機構」之情形時，主管機關或農業金融中央主管機關應研擬處理方式提報重建基金評價小組決定，並經重建基金管理會同意後處理之。

[79] 依作業辦法第9條第1項規定，重建基金處理經營不善金融機構，應委聘會計師辦理資產負債評估，但採公開標售者，得委聘財務顧問公司辦理相關評估、策略規劃及標售等事宜；依作業辦法第10條規定，受委聘單位提出之策略建議報告及評價報告，應由評價小組就處理策略及本基金賠付之價額作成決定後，送請管理會議決。

之信用合作社經主管機關依信用合作社法規定派員監管或接管，並經本基金列入處理者，其社員之權利應受前項同等待遇原則之全額保障，且該社員之權利應由承受該信用合作社資產之金融機構全額賠付。若該承受之金融機構未能賠付，則由本基金全額賠付。」行政院金融重建基金管理會即本此規定做成第三十八次會議決議，並委任中央存款保險公司進行社員股金返還之作業。但本項規定之適當性以及主管機關是否確實依照本項規定之文義進行賠付，皆有探討之空間，以下試分析之：

1.社員與信用合作社之間在實體法上的權利義務關係

⑴社員對合作社之責任

依合作社法第四條之規定，合作社之責任，分為有限責任、保證責任與無限責任三種。有限責任，謂社員以其所認股額為限，負其責任；保證責任，謂社員以其所認股額及保證金額為限，負其責任；無限責任，謂合作社財產不足清償債務時，由社員連帶負其責任。其中，有限責任與保證責任屬於間接責任組織，無限責任則為直接責任組織。依據「縣各級合作社組織大綱」之規定，採兼營業務制的各級合作社，一律採保證責任[80]，故本文僅討論間接責任組織[81]。

A、債務總財產抵押的原則

合作社是法人，合作社的財產，是社有的財產，而非社員共同的財產；合作社的債務，是具備法人資格合作社的債務，而不是社員共同的債務。合作社所負的債務，依照一般債權法的原則，由社有的總財產中

---

[80] 縣各級合作社組織大綱第5條規定：「各級合作社業務採兼營制。其名稱以所在地縣鄉（鎮）保之名名之。但為舉辦某種合作事業，必要時，得成立專營合作社或聯合社，另定其業務區域，並於名稱上載明其經營之業務。」同法第6條規定：「前條採兼營業務制之各級合作社，一律用保證責任。保證責任之保證金額倍數，由各社自行訂定。但至少不得少於所認股額之五倍。」

[81] 李錫勛，「合作社法論」，頁166-168，三民書局，1992年2月增訂4版。

加以清償，社員不負任何責任，而社員僅須繳交股金以充作合作社的財產。也就是以合作社的社有財產作為對外負債的擔保。

B、有限責任組織之定義

合作社法第4條第1款規定：「有限責任，謂社員以其所認股額為限，負其責任。」又合作社的總財產為對外債務的擔保品，故社員對於合作社的債權人沒有直接的責任，只有至少一股的出資義務，繳納股款後即無負擔債務的責任。因為社員之出資已構成合作社財產的一部分而為對外債務的擔保，從而社員對於合作社的債務，僅負擔間接的責任。

C、保證責任組織的定義

合作社法第4條第2款規定：「保證責任，謂社員以其所認股額及保證金額為限，負其責任。」亦即在所認股額以外，社員還要在一定金額的限度內負其責任，此種限度就是保證。在保證責任之性質上，社員不負連帶責任，各自單獨負責，故合作社之債權人，可對於各個社員，就其各自負擔保證責任的限度內，要求清償債務。至於各個社員所負擔的保證責任，則依照章程所規定的保證倍數而定，各個社員間沒有求償的關係，只適用民法關於保證的規定[82]。

依前所述，高雄鳳信屬於保證責任之信用合作社，且依其組織章程第3條之規定，鳳信社員對於經營虧損負有保證責任，其責任程度達

---

[82] 合作社係人的結合，若業務經營發生損失，自應由各社員分擔損失，至於分擔損失的方法，首按公積金、股金之順序彌補，不足之數，再按責任組織之類別，由社員負其責任，由此可謂社員對於合作社有損失分擔的義務，但此分擔損失之義務並非表示合作社可對社員為承擔債務或其他之請求。依合作社法第61條之規定，清算人之職務為「了結現務、收取債權、清償債務、分配剩餘財產」，其中收取債權之部分，即包含在保證責任的合作社，若合作社現有財產不能清償的時候，可以按照章程規定的保證倍數，請求社員分擔其損失金額，故社員的保證責任和合作社的財產相同，皆是債權人的的擔保，惟僅在清算程序始具有意義，而與社員對合作社負有繳納股款之義務不同。

所認股金的十倍。在一般的虧損情形下，鳳信社員不僅不可要求返還股金，還要就鳳信之虧損負賠償之責。但現今中國信託商業銀行經由公開標受取得高雄鳳信所有之營業、資產及負債，依債務承擔之法理，鳳信社員對債權人所負擔之保證責任已因債務承擔而消滅[83]。

(2)社員對合作社之權利

依信用合作社法第12條之1之規定，出社的社員得依章程之規定請求退還其股金；依同法第23條之規定，信用合作社稅後盈餘在彌補累積虧損並提列法定盈餘公積後應分配社股股息，此為合作社社員自益權之一部分[84]。

今中國信託商業銀行既承受高雄鳳信全部營業及資產負債，自亦承受返還股金予社員之義務。此為社員與合作社之內部關係，而與前述社員需就合作社之虧損對外負賠償責任不同。

2. 社員權利之保障不符合問題金融機構退場機制之立法意旨

綜上所述，社員的保證責任與股金收回權應分別以觀，今社員之保證責任已消滅，且經由公開標受取得信用合作社全部營業及資產負債之金融機構應負返還股金予社員之責任，故重建基金條例第4條第3項「社員之權利應受前項同等待遇原則之全額保障，且該社員之權利應由承受該信用合作社資產之金融機構全額賠付」之規定，可謂明確保障社員權利之立法。

但金融重建基金設置及管理條例係金融機構退場機制之一環，所著重者在於避免問題金融機構的經營失敗所招致具傳染力的系統性風險，以免造成整體支付體系之崩解，若在此強調對於社員自益權的保護，恐與立法目的不符。亦即，既然股金形同股本，信用合作社虧損後，作為

---

[83] 民法第304條第2項規定：「由第三人就債權所為之擔保，除該第三人對於債務之承擔已為承認外，因債務之承擔而消滅。」
[84] 李錫勛，「合作社法論」，頁101，三民書局，1992年2月增訂4版。

金融機構退場機制之金融重建基金，並沒有立場保障股東的投資。

3. 「未能賠付」之立法蒙上妥協陰影

重建基金條例第4條第3項後段規定：「若該承受之金融機構未能賠付，則由本基金全額賠付。」而重建基金管理會即依此規定做出由重建基金賠付股金之決定。但何謂未能賠付？未能賠付之事實應由何者負說明之義務？本條皆未有明確規定。筆者認為即便「未能賠付」之法律要件並不明確，亦應依民事訴訟法上舉證責任分配之法理，要求承受之金融機構說明不能賠付之理由。今重建基金管理會並未要求承受之中信商銀說明未能賠付之理由即做出由重建基金賠付之決定，恐使本條項之規定帶有妥協的色彩[85]。

4. 以「單純入社」與「員工入社」之區分作為本項規定之限縮條件

年資長短攸關個人退休金之數額，牽涉後半生的生存條件，關係不可謂不重大，從勞基法乃至企業併購法對工作年資的詳細保護觀之，年資問題應審慎以對。

高雄鳳信於1998年發生虧損，員工為協助工作單位渡過難關，紛紛將屬於個人權益之年資結算金轉換為合作社股金，以挹注合作社經營。探求員工入社的真意，不外乎維繫合作社的經營以間接確保自己的工作。在其認知內，合作社並非即將倒閉，否則斷無人願將自己後半生的生活資本不計代價奉獻給工作單位，而係認為合作社在無意外之下可以繼續經營。且所謂挹注合作社經營，並非指員工以現金投資於合作社，而係在帳上消除員工的年資，以優化合作社的財務條件。因此，在此解釋下，員工的主觀認知應是認為年資結算金可以股金的方式繼續存在，從而，員工的年資並未消除，僅在帳面上以股金的方式呈現。

---

[85] 行政院金融重建基金設置及管理條例在立法院協商時，屢屢因為高雄鳳信社員的股金賠付問題而延宕，參聯合報，鳳信綁架RTC 立院闖關不易，2004/12/30，B2版。

　　重建基金條例第4條第4項規定對於經營不善金融機構之存款及非存款債務均全額賠付，又因「金融重建基金處理經營不善金融機構標準作業要點」第12條[86]之規定，重建基金須結算員工的退休金及資遣費，並得委託承受機構或其他金融機構代為發放[87]，故可肯認重建基金對於員工之退休金、資遣費及年資結算金係有目的地保護[88]。

　　若社員入股金僅係員工年資另一種方式的呈現，則以重建基金進行賠付就沒有前述「不符合問題金融機構退場機制之立法意旨」、或「立法蒙上妥協陰影」的缺陷。且利用「員工以年資入社」與「一般入社」之區分，可有效避免本項規定進一步適用所造成之「納稅人暴露於他人的投資風險下」、「為他人投資決定負責」的不合理現象。

---

[86] 即作業辦法第13條。

[87] 金融重建基金處理經營不善金融機構標準作業要點第12條規定：「
重建基金處理經營不善金融機構時，應以概括讓與承受基準日或停業日之前一日為基準，對該等機構員工辦理年資結算。
年資結算及退休金、資遣費給與標準依下列方式處理：
1.銀行及信用合作社之員工依勞動基準法相關規定辦理。
2.農會信用部之員工依農會人事管理辦法辦理，漁會信用部之員工依漁會人事管理辦法辦理之。但依農會人事管理辦法第54條及漁會人事管理辦法第55條規定，退休金及資遣費之年資及薪給應依該辦法修正前後採分段計算，分段日期農會以78年12月27日，漁會以78年12月29日為基準。其年資及薪給之核算，應依其主管機關核定之薪點額及其在職最後薪額計算其退休金及資遣費。薪點最低核發標準悉依行政院農業委員會規定辦理。
依前項規定辦理結算之退休金及資遣費，得委託承受機構或其他金融機構代為發放。」

[88] 作業辦法第13條並未將年資結算金納入重建基金保障之範圍，惟實務進行公開標售時，均要求投資人提出包含年資結算在內之員工安置計畫，因投資人均將員工安置計畫之成本計入對問題金融機構之出價中，亦形同重建基金對員工之年資進行賠付。

陸、結　論

　　問題金融機構的定義，於我國銀行法第62條、第64條和行政院金融重建基金設置及管理條例第4條都有規定，但是作為母法的銀行法其法律要件規定抽象，將使經營困難的金融機構未能及早應變，亦使存款人因資訊不對稱而可能遭致不獲賠付的損失。又中央存款保險公司是處理問題金融機構的實際執行者，且其金融預警機制和國際間對於問題金融機構的定義亦能接軌，故其作業規定亦不容忽視。基層金融機構是金融機構之一，其是否經營不善，自應同於一般金融機構之定義。

　　現行法上對於問題基層金融機構之處理，在停業前，主管機關可為糾正、命解除特定人職務、撤銷法定會議決議、停止一部業務、輔導、財務協助、或派員監管接管。在停業後，則為金融機構之清理清算以及存款保險機制之賠付，特別應注意者係現行制度上存有任務性質之行政院金融重建基金。金融重建基金既非常設機構，其存續期限、適用對象及範圍以及運作方式自有別於制度性的存款保險機制，且應特別注意重建基金結束後之處置以及和存款保險機制間的銜接。

　　至於受爭議的鳳信條款，咸有認為雖然其規定或許符合民事法的權利義務分配，但是規定在金融機構的退場法制之內即有所不當，再加上其立法過程與主管機關之操作難免妥協色彩，其設計之妥當性即造成些許的缺憾。筆者以為，若以「員工年資入社」作為該項規定的限縮條件，則反使重建基金之規定一以貫之，但不可否認的，對於員工真意之確認尚待權威單位的解釋。

　　徒法尚不足以確保問題金融機構之減少與金融機構的正常營運，唯有徹底落實，始能克竟全功。行政院金融重建基金在完全無預警的情況下，經中央存款保險公司進駐輔導經營不善的基層金融機構，繼而在最短時間內完成整頓工作，筆者認為可為後續處理相關問題之參考。

參考文獻

一、專書論述

1. 李滿治等七人（2001），強化我國問題金融機構處理機制之研究，中央存款保險公司，2001年10月初版。

2. 李錫勛著（1992），合作社法論，三民書局印行，1992年2月增訂3版。

3. 徐梁心漪等四人合著（1998），配合強制投保強化我國存款保險制度功能之研究，中央存款保險公司，1998年6月1版。

4. 連浩章（2000），美國金融預警制度之最新發展，中央存款保險公司，2000年7月初版。

5. 陳聯一等九人著（1996），建立金融預警系統之研究，中央存款保險公司，1996年5月初版。

6. 樓偉亮等六人合著（1996），我國現行法規對處理問題金融機構時效性之研究，中央存款保險公司編印，1996年5月1版2刷。

7. 樓偉亮等五人著（1997），金融機構安全與健全經營標準之研究（上），中央存款保險公司，1997年6月1版2刷。

二、期刊論文

1. 王文宇（2000），資產管理公司政策與法制問題研究，臺灣金融財務季刊第1卷第2期，2000年12月。

2. 王嘉麗、郭瑜芳（2000），我國對於問題金融機構之認定暨本次銀行法新增對問題金融機構危機處理概述，存款保險資訊季刊第14卷第2期，2000年12月。

3. 王嘉麗、郭瑜芳（2000），我國與美國對問題金融機構處理之法規建制與經濟概述，政大法學評論第64期，2000年12月。

4. 李智仁（2003），問題金融機構暨不良金融資產處理機制之法制問題研究，國立臺北大學法律系碩士論文，2003年。

5. 李儀坤（2002），建立國內金融機構立即糾正措施制度之研討，貨幣市場第6卷第4期，2002年8月。

6. 林繼恆（1999），接管問題銀行VS.銀行接管問題—評大法官會議第488及489號解釋文，律師雜誌第239期，1999年8月。

7. 陳春山（2004），存款保險之承保風險管控法制研究，國立臺灣大學法學論叢第33卷第5期，2004年9月。

8. 陳寶瑞、郭秋榮（2003），美、日、韓及我國金融監理機構立即糾正措施之比較，臺灣經濟金融月刊，第39卷第3期，2003年3月。

9. 許福添（2003），美、日金融改革比較及對我國之啟示，經濟研究第3期，2003年13月。

10. 郭秋榮（2003），美國、日本、南韓與我國問題金融機構處理模式之探討，經濟研究第4期，2003年12月。

11. 張卜元（2003），處理問題金融機構之法律問題—論監管及接管之規範，臺北大學法律系碩士論文，2003年。

12. 賴中強（2002），評金融機構合併法第十五條及其子法之立法疑義，律師雜誌第277期，2002年10月。

13. 謝易宏（2005），論問題金融機構之「清理」，臺灣本土法學雜誌第72期，2005年7月。

14. 蔡進財（2000），我國處理問題金融機構相關機制之探討，存款保險資訊季刊第14卷第2期，2000年12月。

三、報紙

1. 聯合報，陸倩瑤，「鳳信綁架RTC立院闖關不易」，B2版，2004/12/30。

四、網路資料

1. Basel Committee on Banking Supervision, website: http://www.bis.org/bcbs/index.htm.

2. Cornell University Law School, U.S. Code collection, website: http://www.law.cornell.edu/uscode/

3. 中央存款保險公司網站，網址：http://www.cdic.gov.tw/mp.asp?mp=1

4. 行政院經濟建設委員會網站，網址：http://210.69.188.227/

5. 行政院金融監督管理委員會網站，網址：http://www.fscey.gov.tw/mp.asp?mp=

6. 行政院經濟部商業司，網址：http://gcis.nat.gov.tw/welcome.jsp

7. 臺灣證券交易所公開資訊觀測站，網址：http://newmops.tse.com.tw/

8. 全國法規資料庫，網址：http://law.moj.gov.tw/

公家的？大家的？
——公營銀行民營化

林依蓉

目 次

大事紀

（原）主管機關	公股銀行名稱	屬性	民營化時間	金融整併
交通部	中華郵政公司	公營	×	×
行政院	中央銀行	公營	×	×
財政部	中央信託局	公營	×	96年7月1日與臺灣銀行合併，臺灣銀行為存續銀行。
財政部	臺灣銀行（臺灣金控）	公營	×	96年7月1日與中央信託局合併，臺灣銀行為存續銀行；97年1月1日與臺灣土地銀行及中國輸出入銀行以股份轉換成立臺灣金控，並以97年1月2日為基準日，由臺灣銀行減資80億元分割設立臺銀綜合證券公司及臺銀人壽保險公司。
財政部	臺灣土地銀行（臺灣金控）	公營	×	97年1月1日與臺灣銀行及中國輸出入銀行以股份轉換成立臺灣金控，並以97年1月2日為基準日，由臺灣銀行減資80億元分割設立臺銀綜合證券公司及臺銀人壽保險公司。
財政部	中國輸出入銀行（臺灣金控）	公營	×	97年1月1日與臺灣銀行及臺灣土地銀行以股份轉換成立臺灣金控，並以97年1月2日為基準日，由臺灣銀行減資80億元分割設立臺銀綜合證券公司及臺銀人壽保險公司。
財政部	中國國際商業銀行（兆豐金控）	民營化	60年12月17日	91年12月31日與交銀金控以股份轉換成立兆豐金控；95年8月21日與交通銀行合併，中國國際商業銀行為存續銀行，更名為兆豐國際商業銀行。

（原）主管機關	公股銀行名稱	屬性	民營化時間	金融整併
原臺灣省政府	彰化商業銀行	民營化	87年1月1日	94年7月22日臺新金控競標彰化銀行14億股特別股得標。
原臺灣省政府	第一商業銀行（第一金控）	民營化	87年1月22日	92年1月2日以股份轉換成立第一金控。
原臺灣省政府	華南商業銀行（華南金控）	民營化	87年1月22日	90年12月19日與永昌綜合證券以股份轉換成立華南金控。
原臺灣省政府	臺灣中小企業銀行	民營化	87年1月22日	94年12月16日兆豐金控董事會通過以每股不超過9元為上限，一年內現金收購臺企銀股份5%至26%。
原臺灣省政府	臺灣土地開發信託投資公司（臺灣土地開發股份有限公司）	民營化	88年1月8日	94年8月6日讓售信託部門予日盛銀行，更名為臺灣土地開發股份有限公司。
財政部	中國農民銀行	民營化	88年9月3日	95年5月1日與合作金庫銀行合併，合作金庫銀行為存續銀行，更名為合作金庫商業銀行。
財政部	交通銀行（兆豐金控）	民營化	88年9月13日	91年2月4日與國際證券以股份轉換成立交銀金控；91年12月31日更名為兆豐金控；95年8月21日與交通銀行合併，中國國際商業銀行為存續銀行，更名為兆豐國際商業銀行。
高雄市政府	高雄銀行	民營化	88年9月27日	×
臺北市政府	臺北銀行（富邦金控）	民營化	88年11月30日	91年12月23日富邦金控以股份轉換將臺北銀行併入；94年1月1日與富邦銀行合併，更名為臺北富邦銀行。
原臺灣省政府	合作金庫銀行	民營化	94年4月4日	95年5月1日與中國農民銀行合併，合作金庫銀行為存續銀行，更名為合作金庫商業銀行。

資料來源：作者整理

壹、前　言

　　自民國78年行政院經濟建設委員會成立「行政院公營事業民營化推動專案小組」以來，政府持續推動公營事業民營化，在法令方面，於民國80年通過「公營事業移轉民營條例」；在政策方面，針對公營銀行，則分別於民國80年及民國93年進行第一階段、第二階段的民營化。現階段關於公營銀行民營化，除了已完成民營化者外，其他尚未完成民營化者，政府亦大致訂定了民營化的期限，在此一民營化歷程中，本文將就所涉及的相關法令適用問題，主要包括公營事業移轉民營條例及其施行細則、公股股權管理及處分要點、行政院公營事業民營化基金提撥運用辦法、中央政府特種基金參加民營事業投資管理要點及其他金融法規等，逐一說明。

貳、公營銀行民營化之歷程

一、公營銀行的由來

　　我國公營銀行原有十七家，按其來源可分為三類：第一類為民國39年自大陸播遷來臺的國家行局，包括中央銀行、中國銀行、交通銀行、中國農民銀行、中央信託局及郵政儲金匯業局等六家，係由政府特許設立，扮演專業銀行的角色；第二類為民國34年臺灣光復時，政府接管日治時代的金融機構，包括臺灣銀行、土地銀行、合作金庫、第一銀行、華南銀行、彰化銀行及臺灣中小企業銀行等七家；第三類為中央政府、省及院轄市為配合經濟建設計畫或政策性需要而設立的金融機構，包括

中國輸出入銀行、臺灣土地開發信託投資公司、臺北銀行及高雄銀行等四家[1]。

二、第一階段公營銀行民營化

在十七家公營銀行中，中國銀行是第一家由公營改制為民營的金融機構，民國60年我國退出聯合國，國際政治外交關係轉變，為規避中國銀行海外資產發生不利的衝擊，政府決定將該行改制民營，並更名為中國國際商業銀行。

民國80年行政院經濟建設委員會公營事業民營化推動專案小組第二次會議，決議將下列六家公營銀行列為第一優先民營化對象：交通銀行、中國農民銀行、第一銀行、華南銀行、彰化銀行及臺灣中小企業銀行。其中，彰銀、一銀、華銀及臺灣企銀等四家已於民國87年1月完成民營化，其後，農銀、交銀、高銀及北銀也於民國88年9月至11月間先後移轉民營[2]。

三、第二階段公營銀行民營化

民國93年10月20日總統召開經濟顧問小組會議後，裁示第二階段金融改革的四大整併目標：民國95年底前促成三家金融機構市占率達10%以上、民國95年底前公股金融機構家數應由十二家[3]減半為六家、民國

---

[1] 王鶴松，公營銀行民營化的經驗與問題，國家政策季刊，第3卷，第4期，頁115至116。

[2] 王鶴松，公營銀行民營化的經驗與問題，國家政策季刊，第3卷，第4期，頁116。

[3] 12家公股金融機構包括：兆豐金、第一金、華南金、彰化銀行、臺灣中小企銀、農民銀行、高雄銀行、臺灣銀行、土地銀行、合作金庫銀行、中央信託局、臺開信託等。

95年底前國內金控家數應由十四家[4]減半為七家、民國95年底前至少促成一家金融機構由外資經營或在國外上市[5]。

其中，公股金融機構家數應由十二家減半為六家之目標，即可藉由「釋股、增資、引進外資」等方式使公股金融機構「完全民營化」，例如彰化銀行辦理現金增資以私募方式發行14億股特別股，於民國94年7月22日由臺新金控以每股26.12元價格得標；或公股金融機構之間彼此合併，例如合作金庫先於民國94年4月4日民營化，民國95年5月1日與農民銀行合併。

參、法律問題之探討

一、民營化之方式

表14-1

	不特定投資人	洽特定人
1.出售股份	初次公開釋股（IPO）、公開申購配售、競價拍賣、詢價圈購、海外釋股	※洽商銷售或員工認股
2.標售資產	公開招標、拍賣	※報請行政院核准，公開徵求對象，以協議方式為之，並將協議內容送立法院備查。
3.以資產作價與人民合資成立民營公司	公開招標徵選	
4.公司合併，且存續事業屬民營公司	公開招標徵選	
5.辦理現金增資	公開釋股（同「出售股份」）	

資料來源：行政院經濟建設委員會

---

[4] 14家國內金控包括：國泰金、中信金、兆豐金、富邦金、臺新金、第一金、華南金、新光金、玉山金、建華金、國票金、復華金、日盛金、開發金等。

[5] 金融業對政府第二階段金改目標應有之警覺與對策，一銀產經資訊，第477期，頁28至29。

（一）五種選擇方式

公營事業移轉民營條例第6條規定：

「公營事業移轉民營，由事業主管機關採下列方式辦理：

一、出售股份。

二、標售資產。

三、以資產作價與人民合資成立民營公司。

四、公司合併，且存續事業屬民營公司。

五、辦理現金增資。

公營事業採前項規定方式移轉民營時，事業主管機關得報請行政院核准，公開徵求對象，以協議方式為之，並將協議內容送立法院備查。

非公司組織之公營事業依第1項將其業務所需用之公用財產，於事業民營化時隨同移轉者，不受國有財產法第28條之限制。」

由本條第1項規定可知，民營化共有五種方式，分述如下：

1.出售股份

⑴出售股份之方式

公營事業移轉民營條例施行細則第4條規定：

「本條例第6條第1項第1款所稱出售股份，指下列情形之一：

一、依證券交易法令，以下列方式出售者：

（一）股票上市或上櫃前公開銷售公股。

（二）對非特定人公開招募出售公股。

（三）於集中交易市場或證券商營業處所出售公股。

（四）於海外以出售原股或海外存託憑證銷售公股。

（五）其他方式銷售公股。

二、依其他法令規定，進行股份轉換或公開出售公股者。

三、依本條例第6條第2項規定，以協議方式出售公股者。」

(2)出售股份之申報及效力

政府出售公營銀行之股份，須依證券交易法第22條之2規定向主管機關金管會申報。

出售股份之效力，則依公司法第197條第1項後段規定：「公開發行股票之公司董事在任期中轉讓超過選任當時所持有之公司股份數額二分之一時，其董事當然解任。」於政府依公司法第27條第1項規定當選為董事或監察人[6]而指定自然人代表行使職務之情形，政府出售超過選任當時持股達二分之一時，因政府本身具有董監事身分，故其董監事當然解任；惟於政府依公司法第27條第2項規定由其代表人當選為董事或監察人之情形，政府出售超過選任當時持股達二分之一時，因政府本身不具有董監事身分，而係其代表人具有董監事身分，是否其代表人擔任之董監事亦當然解任？實務見解[7]認為「於法人股東指派代表人擔任董事、監察人之情形，如法人股東轉讓股份超過前舉法定數額時，其指派之董事、監察人即應當然解任，尚不生如何認定各代表人持股數之問題。」由此可知，只要政府出售超過選任當時持股達二分之一時，無論係依公司法第27條第1或第2項之規定擔任董監事，其董監事均當然解任。

(3)公股股權管理及處分要點之特別規定

公股股權管理及處分要點第16點第1項規定：

「公股依公營事業移轉民營條例第6條第1項第1款及第14條規定出售或進行股份轉換者，除應依證券交易法令或其他法令規定辦理外，如有下列情形之一時，並應依本要點辦理：

⑴以協議方式出售公股或進行股份轉換者。

⑵當次出售或轉換之公股數量達該事業已發行股份總數百分之

---

[6] 公司法第227條規定，第197條於監察人準用之。

[7] 經濟部82年2月16日商001346號函釋。

三或當次出售公股之底價達新臺幣50億元以上者。」

另依公股股權管理及處分要點第17點規定：

「依前點規定須依本要點規定辦理公股處分事宜者，應依下列程序辦理：

（一）相關公股處分機關應擬定釋股計畫書，其內容應至少包含出售或轉換公股之方式、採該種方式出售或轉換公股之理由、擬釋出之股數及其他與交易相關之重要資訊等事項。如擬以協議方式出售公股或進行股份轉換時，尚應包含採協議方式辦理之理由及徵求對象之資格條件之說明。

（二）除以協議方式出售公股或進行股份轉換時應於公股處分前依公營事業移轉民營條例第6條第2項之規定先將前款釋股計畫書報請行政院核准外，相關公股處分機關應於公股處分完畢後將釋股執行成果報請行政院備查。

（三）除依國內外法令及性質上不宜事前公開之事項外，公股處分徵求投資人之公告應於相關公股處分機關之網站連續公告五日以上，並刊登於全國通行之報紙一日以上。但國營金融機構依金融控股公司法之規定以股份轉換方式出售公股時，依金融控股公司法及有關規定辦理，不適用本款公告之規定。

（四）以協議方式出售公股或進行股份轉換時，應公開徵求對象，其公告期間由相關公股處分機關視出售公股之數量定之。但第一次公告期間不得短於下列期間：

　⑴單次總出售數量未達事業已發行股數3%時：十四日。

　⑵單次總出售數量達事業已發行股數3%以上未達百分之十時：二十一日。

　⑶單次總出售數量達事業已發行股數10%以上時：二十八日。

（五）前款所定第一次公告期間屆滿後，願參與協議之投資人家數

未達三家時，相關公股處分機關得縮短上述公告期間。但縮短後之期間仍不得少於五日。

（六）以協議方式出售公股或進行股份轉換時，應於公告期間內有三家以上之投資人表達參與協議之意願，始得進行協議事宜。但如經公開徵求二次以上後，願參與協議之投資人家數仍不足三家時，以原公告之釋股內容及條件未經重大改變者為限，得由相關公股處分機關逕洽投資人協議出售公股。

（七）以協議方式出售公股或進行股份轉換時，相關公股處分機關得視個案情況，於邀請參與協議之公告內，要求各個參與協議之投資人應於表達參與協議程序意願之同時或簽署合約前，繳交一定數額之保證金，並應於確定協議不成時或協議成立之投資人均已簽約並為履約後無息返還之。

（八）以協議方式出售公股或進行股份轉換時，經相關公股處分機關發現參與協議之投資人有串通或其他害及釋股公平合理之不法或不當行為，應即廢止協議程序及協議結果，並移送司法機關處理。經司法機關判決確定有不法或不當行為之投資人並喪失其嗣後參與該事業釋股之資格。

（九）相關公股處分機關應將前款規範揭示於公告內容，並應訂明以投資人之表達參與協議意願，視為其已同意接受前款規範之拘束。

（十）以協議方式出售公股或進行股份轉換所簽訂之協議內容，應由相關公股處分機關送立法院備查，但如依雙方協議規定，就協議內容負有保密義務時，得以摘要方式為之。」

公營事業民營化之方式，依公營事業移轉民營條例之規定共有五種[8]，但至今公營銀行民營化皆採取出售股份之方式，即在集中交易市

---

8 公營事業移轉民營條例第14條規定：「政府資本未超過百分之五十之事業，

場以釋股方式完成民營化，其過程大致如下[9]：

　A. 若未辦理公開發行者，補辦公開發行。

　B. 申請股票上市。

　C. 辦理現金增資，原股東（政府）放棄認購；或適時釋出股份，
　　　以降低持股比例達50%以下[10]。

　　在第二階段公營銀行民營化中，合作金庫、臺灣銀行、土地銀行和中央信託局皆原非公司組織，在民營化前，必須先改制為公司組織，辦理公司登記。其中，合作金庫銀行即於民國90年1月1日改制為公司組織，另於民國93年11月17日起在臺灣證券交易所上市，財政部釋出股份至公股比例低於50%，民國94年4月4日合作金庫完成民營化；而臺灣銀行、土地銀行和中央信託局皆於民國92年7月1日改制為公司組織，民國96年7月1日臺灣銀行與中央信託局合併，臺灣銀行為存續銀行，且於民國97年1月1日由臺灣銀行、臺灣土地銀行及中國輸出入銀行分別以每股換發臺灣金控1.1391股、1股、0.3858股共同成立臺灣金控，並以97年1月2日為基準日，由臺灣銀行減資80億元分割設立臺銀綜合證券公司及臺銀人壽保險公司，成為臺灣金控之子公司[11]，臺灣金控短期內不釋

其公股部分之轉讓，得準用第6條、第7條、前條及第15條規定。」可知政府持股未超過50%之公股銀行，其完全民營化得採公營銀行民營化之五種方式。

[9] 于宗先、王金利，「臺灣金融體制之演變」，頁219至221，聯經出版事業股份有限公司，2005年12月初版。

[10] 公營事業移轉民營條例第3條規定：「本條例所稱公營事業，指下列各款之事業：
一、各級政府獨資或合營者。二、政府與人民合資經營，且政府資本超過百分之五十者。三、政府與前二款公營事業或前二款公營事業投資於其他事業，其投資之資本合計超過該投資事業資本百分之五十者。」故政府持股比例須低於50%，始完成民營化。

[11] 整理自臺灣金控網站，金管會核准臺灣金融控股公司之申請設立許可案，網址：http://www.twfhc.com.tw/fhcproj/newsdetail.aspx?sno=15；最後瀏覽日：2008年2月4日。

股、不民營化,也不上市[12]。

2.標售資產

公營事業移轉民營條例施行細則第5條規定:「本條例第6條第1項第2款所稱標售資產,指為移轉民營而標售該公營事業全部或一部資產;資產包括有形資產及無形資產。前項資產標售得為概括承受之約定。」

標售公營銀行資產係由國有財產局公開標售,若有概括承受之約定,則另依金融機構合併法第18條第1項前段規定:「金融機構概括承受或概括讓與者,準用本法之規定。」;同條第3項規定:「金融機構為概括承受、概括讓與、分次讓與或讓與主要部分之營業及資產負債,或依第11條至第13條規定辦理者,債權讓與之通知得以公告方式代之,承擔債務時免經債權人之承認,不適用民法第297條及第301條之規定。」

民國94年11月10日財政部曾向立法院財政委員會報告中央信託局將採金融及壽險業務切割出售,惟財委員會以中信局勞資雙方尚未簽訂團體協約,未予支持同意[13],中信局切割出售案宣告破局。

3.以資產作價與人民合資成立民營公司

公營事業移轉民營條例施行細則第6條規定:「本條例第6條第1項第3款所稱資產作價,指公營事業得以全部或一部資產抵繳股款或作為出資,投資成立民營公司方式為之。」

公營銀行以資產作價與人民合資成立民營銀行,而依銀行法第52條第1、2項規定:「銀行為法人,其組織除法律另有規定或本法修正施行

---

[12] 整理自財政部國庫署網站,財政部所屬國營事業民營化資料,網址:http://www.nta.gov.tw/business/business1AI.asp;最後瀏覽日:2008年2月4日。

[13] 整理自財政部國庫署網站,財政部所屬國營事業民營化資料,網址:http://www.nta.gov.tw/business/business1A1.asp;最後瀏覽日:2006年4月15日。

前經專案核准者外，以股份有限公司為限。銀行股票應公開發行。但經主管機關許可者，不在此限。」故該新成立之民營銀行應為公開發行股票公司，其民間持股比例須超過該民營銀行已發行股份50%以上，始符合民營化之要求。

4.公司合併，且存續事業屬民營公司

公營事業移轉民營條例施行細則第7條規定：「本條例第6條第1項第4款所稱存續事業，包括合併後之存續公司及新設之公司。」

公營銀行與民營銀行合併，而以民營銀行為存續銀行，須依金融機構合併法第5條第1項規定：「非農、漁會信用部之金融機構合併，應由擬合併之機構共同向主管機關申請許可。但法令規定不得兼營者，不得合併。」主管機關財政部則須依同法第6條[14]及公平交易法第12條[15]規定審酌是否許可申請。

此外，另須踐行股東會決議同意及公告程序，依同法第8條第1項規定：「非農、漁會信用部之金融機構合併時，董（理）事會應就合併有關事項作成合併契約書，並附具經會計師查核簽證且經監察人（監事）核對之資產負債表、損益表及財產目錄，提出於股東會、社員（代表）大會決議同意之。」；同法第9條第1項規定：「非農、漁會信用部之金融機構合併時，除公開發行股票之公司應依證券交易法第36條第2項規

---

14 金融機構合併法第6條規定：「主管機關為合併之許可時，應審酌下列因素：一、對擴大金融機構經濟規模、提升經營效率及提高國際競爭力之影響。二、對金融市場競爭因素之影響。三、存續機構或新設機構之財務狀況、管理能力及經營之健全性。四、對增進公共利益之影響，包括促進金融安定、提升金融服務品質、提供便利性及處理問題金融機構。」

15 公平交易法第12條規定：「對於事業結合之申報，如其結合，對整體經濟利益大於限制競爭之不利益者，中央主管機關不得禁止其結合。中央主管機關對於第11條第4項申報案件所為之決定，得附加條件或負擔，以確保整體經濟利益大於限制競爭之不利益。」

定，於事實發生之日起二日內辦理公告並申報外，應依前條規定為合併之決議後，於十日內公告決議內容及合併契約書應記載事項，得不適用公司法第73條第2項及其他法令有關分別通知之規定，該公告應指定三十日以上之一定期間，聲明債權人、基金受益人、證券投資人或期貨交易人，得於期限內以書面提出合併將損害其權益之異議。」

民國91年12月23日富邦金控與臺北銀行以股份轉換方式合併，其換股比例為1：1.1461，臺北銀行完全民營化；民國94年1月1日臺北銀行與富邦銀行合併，更名為臺北富邦銀行[16]。

民國94年8月18日臺灣中小企銀公布公開招標條件以百分之百股份轉換進行併購，9月9日投標開標未決標，玉山金控出價最高獲得議價權，9月14日財政部宣布流標，其主要原因為標價低於預期及員工優退條件協商失敗[17]。

5. 辦理現金增資

公營銀行依公司法第266條以下之規定辦理現金增資發行新股，政府放棄認購，其方式同出售股份。

彰化銀行辦理之現金增資，財政部並未釋出任何股票，而係由彰銀以私募方式發行14億股特別股，於民國94年7月22日決標時，由臺新金控以每股26.12元之價格得標，較投標底價之每股17.98元溢價45.3%，增資總額增為366億元，為國內歷來以現金增資方式完成經營權移轉其溢價幅度最高之成功案例[18]。

---

[16] 整理自臺北富邦銀行網站，網址：http://www.taipeifubon.com.tw/sub_html/about.htm；最後瀏覽日：2006年4月15日。

[17] 整理自財訊月刊，「員工輸、政府輸、股東大輸」，第283期，頁182至184；財政部網站，新聞稿，網址：http://www.mof.gov.tw/ct.asp?xItem=25172&ctNode=657，http://www.mof.gov.tw/ct.asp?xItem=25443&ctNode=657；最後瀏覽日：2006年4月15日。

[18] 整理自財政部網站，新聞稿，網址：http://www.mof.gov.tw/ct.asp?xItem=254

（二）得公開徵求，協議爲之

由公營事業移轉民營條例第6條第2項規定可知，以上五種民營化方式，事業主管機關得報請行政院核准，公開徵求對象，以協議方式為之，並將協議內容送立法院備查。另依公營事業移轉民營條例施行細則第8條第1項規定：「依本條例第6條第2項規定採協議方式為之時，應將採協議方式辦理之理由及徵求對象之資格條件等報請行政院核准。」

（三）公營事業移轉民營評價委員會評定價格

公營事業移轉民營條例第7條規定：「依前條規定移轉民營時，應由事業主管機關會同有關機關組織評價委員會，評定其價格。」

其組成委員，依公營事業移轉民營條例施行細則第9條規定：「依本條例第7條規定組織公營事業移轉民營評價委員會，由財政部、行政院主計處、行政院經濟建設委員會、行政院勞工委員會及該移轉民營事業主管機關所指派之代表組成，並由各該事業主管機關召集之。必要時，得徵詢學者、專家或該移轉民營事業代表之意見。前項各機關指派之代表以現職人員為限，事業主管機關代表名額不得超過評價委員會代表之半數。直轄市、縣（市）營事業之移轉民營評價委員會，由各該事業主管機關依權責，比照前二項規定組成之。」；其價格評定，依公營事業移轉民營條例施行細則第10條規定：「本條例第7條所稱評定其價格，指依本條例第6條所選定移轉民營方式評定其底價、參考價、價格計算公式或參考換股比例。前項價格於評定時，由評價委員會分別考慮取得成本、帳面價值、時價、市價、將來可能之利得、市場狀況、出售時機及資產重估價或資產鑑定價格等因素。」

43&ctNode=657；最後瀏覽日：2006年4月15日。

二、民營化之員工權益保障

民營化時（表14-2）

事業做法	政府協助
1.員工願隨同移轉者，可隨同移轉。 2.退休者，依退休規定辦理退休。 3.離職（非退休）者，依勞基法退休標準支付離職給與及加發1個月預告工資。 4.留用者依原適用退休規定辦理退休，或依勞基法退休金標準發給年資結算金。 5.對有意願離職並轉業者，由事業辦理轉業訓練及第二專長訓練。	1.對公保轉勞保者，發給公保補償金。 2.對離職者，由政府發給公、勞保補償金，及加發6個月薪給。 3.艱困事業移轉民營時，其不足支付之給與支出，由政府民營化基金支應。 4.艱困事業民營化前辦理專案裁減或結束營業時，其不足支付之給與支出，由政府民營化基金支應。 5.辦理釋股時，提供員工優惠優先認股。

資料來源：行政院經濟建設委員會

民營化後（表14-3）

事業做法	政府協助
1.年資重新起算。 2.5年內被資遣者，加給1個月預告工資。 3.5年內退休者，依退休規定辦理。	1.5年內被資遣者，由政府加發6個月薪給，及勞保補償金。 2.離職者可參加勞委會辦理之民營化後離職員工轉業訓練與就業輔導。 3.民營化前已退休之員工由政府依原退休法令規定繼續辦理退休照護。 4.民營化時辦理退休並留用之員工，於離職後恢復其退休照護，亦由政府負擔。

資料來源：行政院經濟建設委員會

（一）員工之商訂留用、離職給與及補償

1.公營事業移轉民營條例第8條規定

「公營事業轉為民營型態之日，從業人員願隨同移轉者，應隨同移轉。但其事業改組或轉讓時，新舊雇主另有約定者，從其約定。

公營事業轉為民營型態之日，從業人員不願隨同移轉者或因前項但書約定未隨同移轉者，應辦理離職。其離職給與，應依勞動基準法退休金給與標準給付，不受年齡與工作年資限制，並加發移轉時薪給標準六個月薪給及一個月預告工資；其不適用勞動基準法者，得比照適用之。

移轉為民營後繼續留用人員，得於移轉當日由原事業主就其原有年資辦理結算，其結算標準依前項規定辦理。但不發給六個月薪給及一個月預告工資。其於移轉之日起五年內資遣者，按從業人員移轉民營當時或資遣時之薪給標準，擇優核給資遣給與，並按移轉民營當時薪給標準加發六個月薪給及一個月預告工資。

前項被資遣人員，如符合退休條件者，另按退休規定辦理；依第二項辦理離職及依前項資遣者，有損失公保養老給付或勞保老年給付者，補償其權益損失；移轉民營時留用人員，如因改投勞保致損失公保原投保年資時，應比照補償之；其他原有權益如受減損時，亦應予以補償。

前項補償辦法，由事業主管機關擬訂，報請行政院核定之。

（→民國81年9月23日財政部公布【財政部所屬公營事業移轉民營從業人員權益補償辦法】）

依本條所加發之六個月薪給及補償各項損失之費用，應由政府負擔。

依第2項辦理離職人員及第3項被資遣人員，再至其他公營事業任職時，不再適用六個月加發薪給、一個月預告工資及權益損失補償之規定；計算年資結算及離職給與時，前後公營事業每滿一年給予兩個基數之工作年資，合計不得高於十五年。

原公營事業移轉民營後繼續留用人員，義務役年資併計補發，於87年6月5日仍在職者，其年資結算比照公務人員併計義務役年資，並以民營化當時據以結算離職給與之薪給標準為計算義務役年資補發之基數標準。但民營化當時結算之年資已逾三十年者，其義務役年資不得併計。」

2. 其他法令

⑴**勞動基準法第20條規定**

「事業單位改組或轉讓時，除新舊雇主商定留用之勞工外，其餘勞工應依第16條規定期間預告終止契約，並應依第17條規定發給勞工資遣費。其留用勞工之工作年資，應由新雇主繼續予以承認。」

依勞動基準法第1條規定：「為規定勞動條件最低標準，保障勞工權益，加強勞雇關係，促進社會與經濟發展，特制定本法；本法未規定者，適用其他法律之規定。雇主與勞工所訂勞動條件，不得低於本法所定之最低標準。」可知勞動基準法係規範勞雇關係的基本法，也是保障勞工權益最低限度的要求。

惟公營事業移轉民營是否屬於勞動基準法第20條規定之「事業單位改組或轉讓」？實務見解[19]認為「勞動基準法第20條所稱事業單位改組或轉讓，係指事業單位依公司法之規定變更其組織型態，或其所有權（所有資產、設備）因移轉而消滅其原有之法人人格；或獨資或合夥事業單位之負責人變更而言。」

至今公營銀行民營化皆採取出售股份之方式，其股份之轉讓似非事業單位改組或轉讓；惟若採取標售資產、以資產作價與人民合資成立民營公司或公司合併，且存續事業屬民營公司之民營化方式，則可能符合「其所有權（所有資產、設備）因移轉而消滅其原有之法人人格」，屬

---

[19] 行政院勞工委員會77年6月23日臺（77）勞資2字第12992號函。

於事業單位改組或轉讓，但依公營事業移轉民營條例第2條規定：「公營事業全部或一部移轉民營，依本條例之規定辦理；本條例未規定者，適用其他法令。」可知公營事業移轉民營條例係規範公營事業移轉民營的基本法，故關於公營事業移轉民營的勞雇關係，須優先適用公營事業移轉民營條例。

(2)金融機構合併法第19條規定

「金融機構依本法合併、改組或轉讓時，其員工得享有之權益，依勞動基準法之規定辦理。」

公營銀行屬於金融機構合併法第4條之金融機構，而公營銀行民營化採取標售資產、以資產作價與人民合資成立民營公司或公司合併，且存續事業屬民營公司之方式者，可能符合金融機構合併法第19條規定之「合併、改組或轉讓」，惟依公營事業移轉民營條例第2條之規定，其勞雇關係仍優先適用公營事業移轉民營條例。

(3)企業併購法第16條規定

「併購後存續公司、新設公司或受讓公司應於併購基準日三十日前，以書面載明勞動條件通知新舊雇主商定留用之勞工。該受通知之勞工，應於受通知日起十日內，以書面通知新雇主是否同意留用，屆期未為通知者，視為同意留用。

前項同意留用之勞工，因個人因素不願留任時，不得請求雇主給予資遣費。

留用勞工於併購前在消滅公司、讓與公司或被分割公司之工作年資，併購後存續公司、新設公司或受讓公司應予以承認。」

另依企業併購法第17條規定：

「公司進行併購，未留用或不同意留用之勞工，應由併購前之雇主終止勞動契約，並依勞動基準法第16條規定期間預告終止或支付預告期間工資，並依同法規定發給勞工退休金或資遣費。」

　　依企業併購法第16條規定，該受通知之勞工，應於受通知日起十日內，以書面通知新雇主是否同意留用，屆期未為通知者，視為同意留用，若嗣後因個人因素不願留任時，不得請求雇主給予資遣費，其勞動條件明顯低於勞動基準法第20條，惟依企業併購法第2條第1項規定：「公司之併購，依本法之規定；本法未規定者，依公司法、證券交易法、促進產業升級條例、公平交易法、勞動基準法、外國人投資條例及其他法律之規定。」企業併購法係規範公司併購之基本法，優先於勞動基準法；而關於金融機構之併購，則依企業併購法第2條第2項規定：「金融機構之併購，依金融機構合併法及金融控股公司法之規定；該二法未規定者，依本法之規定。」故銀行之合併優先適用金融機構合併法，惟公營銀行民營化採取公司合併，且存續事業屬民營公司之方式者，依公營事業移轉民營條例第2條之規定，其勞雇關係仍優先適用公營事業移轉民營條例。

　　實務上，公營事業民營化採取合併方式時，應避免雇主利用壓低留用員工薪資、福利之方式，逼迫留用員工自行離職，非「公司資遣」，規避公營事業移轉民營條例第8條第3項後段規定：「其於移轉之日起五年內資遣者，按從業人員移轉民營當時或資遣時之薪給標準，擇優核給資遣給與，並按移轉民營當時薪給標準加發六個月薪給[20]及一個月預告工資。」，而適用企業併購法第16條第2項規定：「前項同意留用之勞工，因個人因素不願留任時，不得請求雇主給予資遣費。」[21]此時，雇主將無須支出資遣費和一個月預告公資，對員工相當不利。

---

[20] 公營事業移轉民營條例第8條第6項規定：「依本條所加發之六個月薪給及補償各項損失之費用，應由政府負擔。」

[21] 參考民營化公共論壇發言摘要及實錄資料，臺糖公司蕭俊傑發言，頁12，2005年9月12日。

（二）員工之優惠優先認股權

1.公營事業移轉民營條例第12條規定

「公營事業移轉民營出售股份時，保留一定額度之股份[22]，供該事業之從業人員優惠優先認購；其辦法，由事業主管機關擬訂，報請行政院核定之。」

（→民國81年9月23日財政部公布【財政部所屬公營事業移轉民營從業人員優惠優先認購股份辦法】）

本條文之適用限於「公營事業移轉民營出售股份時」，即依公營事業移轉民營條例第6條第1項第1款「出售股份」之方式才有員工優惠優先認股權，至於採用公營事業移轉民營條例第6條第1項第5款「辦理現金增資」發行新股之方式，文義上似乎即無員工優惠優先認股權，致員工無法享有此優惠認股之待遇[23]。

---

[22] 公營事業移轉民營條例施行細則第23條規定：「本條例第12條所稱保留一定額度之股份，包括下列三者，其合計股數不得超過各該事業已發行股份總數之百分之三十五。
　一、可認購額度：就各該事業平均薪給標準總額二十四倍之總金額以第一次銷售價格換算。
　二、得增購額度：公營事業移轉為民營型態當次釋股時，其事業主管機關得在可認購額度股數範圍內，提供該事業從業人員增購之股數。
　三、長期持股優惠保留股數：第一次釋出公股，保留供從業人員於持有可認購額度股份達事業主管機關所定期間時，依事業主管機關所定比率認購之股數。
前項第1款所稱平均薪給標準總額，指本條例89年11月29日修正施行後，各該事業第一次釋出公股之月前十二個月（釋出公股之月不予計入）每月全部從業人員依14條規定所計算薪給總額之月平均數。所稱第一次銷售價格，指本條例89年11月29日修正施行後，各該事業第一次釋出公股之銷售價格，有多個成交價格時，採最低成交價格。
各該事業應依從業人員年資、職等及考績等或其他因素，分別訂定每位從業人員可認購股數及增購股數。」
[23] 惟此時似可回歸至公司法第267條第2項員工新股認購權之規定：「公營事

民營化時依優惠價格認股之員工，於公司將來進行合併時，如擬行使公司法第317條第1項[24]規定之股份收買請求權，是否與公營事業移轉民營條例施行細則第24條第2項[25]規定承諾一定期限內不轉讓或質押有違？合作金庫銀行於民營化時以優惠認購股份之員工即生可否行使股份收買請求權之疑義，實務見解[26]認為「合作金庫銀行閉鎖期內之員工股東仍得行使股份收買請求權。惟員工股東行使股份收買請求權，對公營事業民營化後之整併工作有不利影響，未來通案作法上允宜限制，俾利後續經營之彈性；為期符合法制，允宜儘速檢討修正公營事業移轉民營條例相關規定，在未完成修法前，可於員工認股相關規範中（如承諾約定書等）明定「員工優惠優先認股後，承諾不於轉讓期間內行使股份收買請求權」及「不予轉讓」係包含不得行使股份收買請求權等文字說明。」

公營事業移轉民營條例施行細則第24條第2項規定員工承諾一定期間內不轉讓或質押，則可以更優惠之價格認購，其目的在於加強員工對民營化公司之向心力；而公司法第317條第1項規定公司分割或合併時，反對股東得行使股份收買請求權，其目的則在於股東既反對公司分割或

業經該公營事業之主管機關專案核定者，得保留發行新股由員工承購；其保留股份，不得超過發行新股總數百分之十。」

[24] 公司法第317條第1項規定：「公司分割或與他公司合併時，董事會應就分割、合併有關事項，作成分割計畫、合併契約，提出於股東會；股東在集會前或集會中，以書面表示異議，或以口頭表示異議經紀錄者，得放棄表決權，而請求公司按當時公平價格，收買其持有之股份。」

[25] 公營事業移轉民營條例施行細則第24條第2項規定：「從業人員如自願將其當次全數或部分認購之股份委託事業指定之機構集中保管，並承諾二年內不予轉讓或質押，該交付集中保管股份得以前項認購價格百分之九十認購；承諾三年內不予轉讓或質押，該交付集中保管股份得以前項認購價格百分之八十認購。」

[26] 民國94年12月16日院臺財字第0940058058號函。

合併，公司收買其股份不僅使分割或合併案更易於通過，股東亦得於此時出售股份及時退場，員工股東亦然，若因公司分割或合併，使員工股東對公司已失去向心力，卻因行使股份收買請求權之必然結果為轉讓股份而剝奪此項股東權，不但無法達到加強員工向心力之立法目的，更增加了議案通過的難度[27]。

此外，公司法第163條規定：「公司股份之轉讓，不得以章程禁止或限制之。但非於公司設立登記後，不得轉讓。」揭示了股份自由轉讓原則，關於是否得以契約禁止或限制股份之轉讓？實務見解[28]認為，「此約定無拘束第三人之效力。」由此可知，該約定仍屬有效，只是無拘束第三人之效力，而公營事業移轉民營條例施行細則第24條第2項規定於一定期間內不轉讓或質押，雖是以該行政規則為依據，卻仍係以員工承諾為前提，公司與員工股東之約定有效，但其約定之效果間接的限制了員工股東行使公司法明文賦予的股份收買請求權，在未明確約定亦排除股份收買請求權以前，不應剝奪該項權利。

2.公營事業移轉民營條例施行細則第25條規定

「經行政院指定以優惠方式公開銷售公營事業股份予公眾時，事業主管機關應另行訂定該事業從業人員認購額度及認購價格，併同釋股計畫，報請行政院核定，不適用前2條之規定。」

以優惠方式全民釋股時，則應另訂員工優惠優先認股權之認購額度及認購價格。

---

27 實務見解認為「員工股東行使股份收買請求權，對公營事業民營化後之整併工作有不利影響。」似指員工先以優惠方式低價認股，嗣後再行使股份收買請求權，請求公司按當時公平價格收買，從中獲取價差利益，不利於金融整併，惟若從反對股東放棄表決權請求收買觀之，股東會之合併決議反較容易成立，利於金融整併。

28 最高法院70年臺上字第1205號判決。

（三）員工之轉業訓練

公營事業移轉民營條例第11條規定：

「公營事業轉為民營型態前，應辦理從業人員轉業訓練、第二專長訓練[29]或就業輔導。必要時，由其事業主管機關或勞工行政主管機關協助辦理。

公營事業轉為民營型態後五年內被資遣之從業人員，由勞工行政主管機關辦理轉業訓練或就業輔導。」

辦理員工轉業訓練或第二專長訓練固然立意良善，惟若增加可用等值現金替代之選項，將更具彈性[30]。

（四）員工權益補償之來源：行政院公營事業民營化基金

1.基金用途

公營事業移轉民營條例第15條規定：

「公營事業移轉民營，政府所得資金，得部分撥入特種基金外，其餘均應繳庫，並應作為資本支出之財源。

前項特種基金之提撥運用辦法，由行政院定之；其用途如下：

一、支應第8條第6項規定之加發六個月薪給與補償各項損失之費用及政府負擔之民營化所需支出[31]。

---

[29] 公營事業移轉民營條例施行細則第22條第1項規定：「本條例第11條第1項所定辦理從業人員轉業訓練或第二專長訓練，指為協助不願隨同移轉者所辦理提升原有技能或轉換行業所需技能訓練，及為協助留用人員勝任移轉民營後工作所辦理之技能訓練。」

[30] 參考民營化公共論壇發言摘要及實錄資料，立委劉憶如發言，頁10，2005年9月12日。

[31] 公營事業移轉民營條例施行細則第28-1條規定：「本條例第15條第2項第一款所定政府負擔之民營化所需支出如下：一、釋股相關稅費及作業費。二、民營化前已退休員工支領之月退休金。三、遺族年（月）撫慰金。

二、支應財務艱困事業不足支付移轉民營之給與支出[32]。

三、支應財務艱困事業不足支付移轉民營前辦理專案裁減人員或結束營業時之給與支出[33]。

四、供政府資本計畫支出。

依第1項撥充基金，不受預算法第25條第1項、第86條第1項及第89條之限制。」

（民國90年8月28日行政院發布【行政院公營事業民營化基金提撥運用辦法】）

2. 基金來源

行政院公營事業民營化基金提撥運用辦法第4條規定：

「本基金之來源如下：

一、政府循預算程序之撥款。

二、公營事業移轉民營及出售政府資本未超過50%之事業公股股份，政府所得資金經行政院核定之撥入款。

三、財務艱困事業移轉民營或結束營業時，受本基金支應者，其於辦理清算時，政府可得之款項。

四、民營化前在職死亡員工遺族年（月）撫卹金。五、殮葬補助費。六、公保繳費滿三十年以上之民營化留用人員，其自付全民健康保險之保險費補償金。七、第19條及第20條規定由政府負擔事業撥繳退撫基金不足之數。八、本條例第8條第8項規定義務役年資補發之費用。九、依交通部郵電事業人員退休撫卹條例第20條第5項規定應支付之不計利息之原計一次退休金。十、其他報經行政院專案核准之相關費用。」

[32] 公營事業移轉民營條例施行細則第28-2條規定：「本條例第15條第2項第2款所稱給與支出，項目如下：一、離職給與或年資結算金。二、一個月預告工資。三、其他報經行政院專案核准之相關費用。」

[33] 公營事業移轉民營條例施行細則第28-3條規定：「本條例第15條第2項第3款所稱給與支出，項目如下：一、退休金、資遣費。二、保險補償金。三、加發六個月薪給。四、一個月預告工資。五、其他報經行政院專案核准之相關費用。」

　　四、財務艱困事業移轉民營時，受本基金支應者，其已依本條例領取公保、勞保補償金之從業人員，再參加各該保險並請領養老或老年給付時，繳還原請領之補償金。

　　五、其他有關收入。

三、民營化後之公股股權管理

表14-4

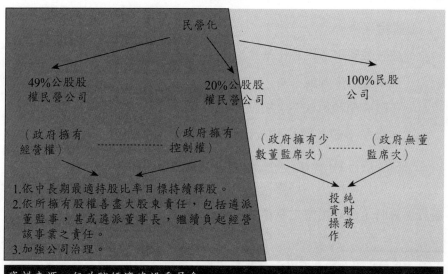

民營化

49%公股股權民營公司

20%公股權民營公司

100%民股公司

（政府擁有經營權）- - - - - - - - - - - - -（政府擁有控制權）

（政府擁有少數董監席次）- - - - - - - -（政府無董監席次）

1.依中長期最適持股比率目標持續釋股。
2.依所擁有股權善盡大股東責任，包括遴派董監事，甚或遴派董事長，繼續負起經營該事業之責任。
3.加強公司治理。

投資操作

純財務

資料來源：行政院經濟建設委員會

（一）公股持股比率

1.公股股權管理及處分要點第10點規定

　　「為貫徹民營化政策，各公股股權管理機關對已民營化事業剩餘公股股權，應秉持下列原則管理：

　　　⑴對各已民營化事業應加強公司治理，以維護公股權益，並落實企業化經營。

⑵對具有公用或國防特性之事業，基於民生需求及國防安全考
量，在民營化後一定期間內暫時保留一定公股比率，使公股
代表就特定重大事項具有實質否決權利。

⑶對已無特定政策任務之事業，公股是否全部釋出，應有周延
之評估。

前項第2款具有公用或國防特性之事業，其民營化後一定期間內公
股最適持股比率，由各公股股權管理機關陳報行政院核定。」

2.公股股權管理及處分要點第11點規定

「各國營事業移轉民營後，公股股權管理機關應規劃政府中長期最
適持股比率，報請行政院核定，該最適持股比率，並應定期檢討。

已民營化事業剩餘公股之釋股計畫由公股股權管理機關擬訂，釋股
作業由財政部或其委託之機關（構）執行。

前項所訂釋股作業，其範圍包括釋股計畫擬訂後至完成釋股之全部
釋股作業事項。」

關於公股最適持股比率，就公用或國防特性之事業，在34%以下；
就已上市（櫃）之金融機構，在20%以下；在競爭產業之事業，則降至
0%[34]。

就公營銀行而言，雖然只要公股之持股比例低於50%即完成民營
化，不過仍為公股銀行，就表（四）所示，在公股仍持股49%時，政府
仍擁有該公股銀行之經營權，即使公股持股降至20%時，政府繼續擁有
控制權，因為上市（櫃）的金融機構股權分散的緣故，這樣的持股比例
在民營銀行仍具有決定性的影響力。雖然政府已訂定了中長期最適持股
比率持續釋股，並宣稱將依擁有股權善盡大股東責任，包括指派代表人

---

[34] 整理自行政院經濟建設委員會網站，民營化公共論壇簡報，網址：http://
www.cepd.gov.tw/business/business_sec2.jsp?linkID=192&nowpage=2&pageNO
=&year=&month=&userID=&searchKey=；最後瀏覽日：2006年4月15日。

擔任董監事、強化公司治理等，然而其疑慮是，民營化後的法令鬆綁，公股銀行不再受國營事業相關法規的拘束，也無須再受立法機關的監督，政府卻仍擁有經營權或控制權，為避免此一不合理的現象，實應儘速完全民營化為宜。

（二）公股代表之指派

1.公股股權管理及處分要點第12點規定

「已民營化事業之公股代表，宜由學有專長及經驗豐富人士擔任，以發揮監督功能。監察人除上述資格外，尚須具有帳務查核及財務分析等會計實務經驗或能力；公股代表之遴選、考核及解職，由公股股權管理機關參照相關法規，訂定管理考核要點辦理。」

2.中央政府特種基金參加民營事業投資管理要點第6點第1、2項規定

「各基金依股權應指派參加民營事業之公股代表，其選派、考核及解職，由主管機關訂定管理要點辦理；其內容對於下列事項應有具體規範：

(1)公股代表之選派方式、專業能力、年齡及公務員兼職數目之限制。

(2)對公股代表之考核內容、程序及考核結果之處理。

(3)公股代表之解職事宜。

前項公股代表，包括參加新事業創立發起人、股東股權代表、董事、監察人、正副主持人及其他必需遴派之人員。」

（→民國94年12月12日財政部發布【財政部派任公民營事業機構負責人經理人董監事管理要點】）

民國93年7月1日成立行政院金融監督管理委員會，依「行政院金融監督管理委員會組織法」之規定，財政部所屬金融機構公股管理之業

務，並非金融監督管理委員會或轄下銀行局、保險局之職掌，原金融局及保險司負責之公股管理業務，包括：金融機構董監事改選、公股代表指派及考核、公股代表重大事項之陳報等，移由財政部國庫署負責[35]。

（三）公股代表之職責

1. 公股股權管理及處分要點第13點規定

「已民營化事業，其公股代表對於該事業處理下列重大事項，應在會商或會議決定前，就相關資料加註意見，陳報公股股權管理機關核示：

　(1)章程之訂定及修改。

　(2)締結、變更或終止關於出租全部營業、委託經營或與他人經常共同經營契約。

　(3)讓與或受讓全部或主要部分之營業或財產。

　(4)財務上之重大變更。

　(5)非辦理保證業務之對外保證要則之訂定及修改。

　(6)金融機構轉投資行為以外之重大轉投資行為。

　(7)重大之人事議案（如總經理、副總經理之聘、解任）。

　(8)解散合併。

公股代表應就前項核示意見於會商或會議時提出主張，並於會後將會商或會議結論陳報公股股權管理機關備查。

對已民營化事業於會商或會議時，以合法方式提出之臨時動議，公股代表應就維護公股權益立場，提出適當主張，並將會商或會議結果於事後報請公股股權管理機關備查。」

---

[35] 整理自財政部網站，新聞稿，網址：http://www.mof.gov.tw/ct.asp?xItem=17246&ctNode=657；最後瀏覽日：2006年4月15日。

2. 公股股權管理及處分要點第14點規定

「已民營化事業從事轉投資時，除由公股代表依前點第1項規定報經公股股權管理機關核示意見外，公股代表應要求該事業與被投資事業具有控制力之股東簽定認股協議書，並對轉投資行為妥為管理，以確保公股權益。但因轉投資之個別情形，經公股股權管理機關之核定後，公股代表得不要求前開認股協議書之簽定。

前項認股協議書之內容及列入章程，準用第9點之規定。」

3. 中央政府特種基金參加民營事業投資管理要點第6點第3項規定

「公股代表除應依據有關法令章程合約等文件資料行使職權外，並應嚴格遵守主管機關之指示，卸職後對於在職期間經辦事項之應保密者，仍應注意繼續保密。」

公股代表擔任公股銀行之董事或監察人，與公股銀行之間依公司法第192條第4項或第216條第3項之規定皆為委任關係，而依公司法第23條第1項規定「公司負責人應忠實執行業務並盡善良管理人之注意義務，如有違反致公司受有損害者，負損害賠償責任。」其對公股銀行負有忠實義務及善良管理人之注意義務；而公股代表與主管機關（財政部）之間，則為代表關係，代表與代理的法律性質雖異，功能則相類似，故民法關於代理的規定得類推適用[36]，且依上述要點規定公股代表負有諸多職責，另依公司法第27條第3項規定，主管機關得依其職務關係，隨時改派補足原任期。

公股代表對公股銀行及主管機關各負義務，在維護公股銀行利益和配合主管機關推動政策之間，極易偏向保衛其董事職位而犧牲公股銀行

---

[36] 參照最高法院74年臺上字第2014號判例「代表與代理固不相同，惟關於公司機關之代表行為，解釋上應類推適用關於代理之規定，故無代表權人代表公司所為之法律行為，若經公司承認，即對於公司發生效力。」；王澤鑑，「民法總則」，頁476，2002年7月8刷。

的利益，由此可知，公股代表一職本身存有潛在的利益衝突，難以期待公股代表不違反其對公股銀行所負的忠實義務，因為忠實義務係指公司負責人於處理公司事務時，必須出自為公司之最佳利益之目的而為，不得圖謀自己或第三人之利益[37]，而公股代表為避免被改派，將會以政府利益為優先，違反忠實義務，對公股銀行負擔損害賠償之責。

四、民營化之推動及監督機制

（表14-5）

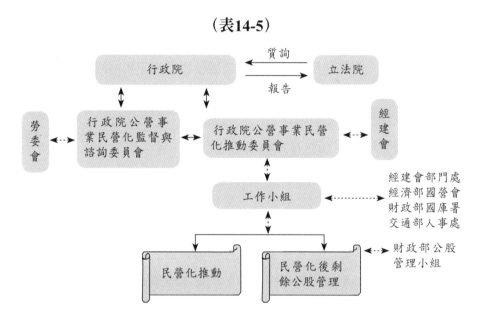

資料來源：行政院經濟建設委員會

---

37 劉連煜，公司負責人之忠實義務及注意義務，月旦法學教室，第7期，頁25。

（一）沿革[38]

1. 民國78年7月成立「行政院公營事業民營化推動專案小組」，由經建會主委擔任召集人；並於87年4月更名為「行政院公營事業民營化推動指導委員會」，以強化功能。其主要任務為：修訂民營化相關法令、研擬解決民營化問題途徑、審議民營化執行方案。

2. 民國89年10月4日原「行政院公營事業民營化推動指導委員會」調整為「行政院公營事業民營化推動與監督管理委員會」。其緣由為：立法委員與公營事業員工對政府推動民營化之部分作法相當質疑，對事業民營化後，事業經營極易為不肖財團控制多所顧忌，因而不斷有組成民營化監督委員會之要求與民營化後公股股權管理監督之需要。

3. 民國92年11月10日行政院另成立由產、官、學及社會人士組成「行政院公營事業民營化監督與諮詢委員會」（勞委會擔任幕僚）；原「行政院公營事業民營化推動與監督管理委員會」改為「行政院公營事業民營化推動委員會」，繼續推動公營事業民營化；「行政院公營事業民營化推動委員會」下設工作小組，由經建會部門計劃處擔任幕僚工作，不定期邀集經濟部國營會、財政部國庫署、交通部人事處、主計處、勞委會、人事行政局、行政院開發基金等單位開會研商相關議題。

4. 民國94年1月31日財政部為辦理中央政府公股股權統一管理執行方案，特設公股股權管理小組。

---

[38] 整理自行政院經濟建設委員會網站，民營化推動組織方式及法令增修工作，網址：http://www.cepd.gov.tw/business/business_sec2.jsp?linkid=192&parentLinkID=3；最後瀏覽日期：2006年4月15日。

（二）現今主要推動及監督機制之任務

1. 行政院公營事業民營化推動委員會

行政院公營事業民營化推動委員會設置要點第3點規定：

「本委員會任務如左：

⑴推動修正或訂定公營事業民營化相關法令。

⑵研提解決公營事業民營化問題之途徑。

⑶審議公營事業民營化執行方案。

⑷推動修正或訂定公營事業民營化後公股股權管理相關法令。

⑸審議公營事業民營化後公股管理方案。

⑹其他有關民營化推動重大事項。

⑺其他有關民營化後公股管理重大事項。」

2. 行政院公營事業民營化監督與諮詢委員會

行政院公營事業民營化監督與諮詢委員會設置要點第3點規定：

「本委員會任務如下：

⑴研議推動委員會送請諮詢之案件。

⑵研提推動委員會要求提供之資訊。

⑶審查本委員會委員就民營化相關議題之提案。

前項第1款之案件，應於案件送達二個月內作成諮詢意見書。針對第3款提案所作之決議，應送推動委員會參考。」

3. 財政部公股股權管理小組

財政部公股股權管理小組設置要點第3點規定：

「本小組任務如下：

⑴民營化計畫與釋股計畫之核議及執行。

⑵行政院公營事業民營化基金預算之編製及執行。

⑶國營事業預、決算之核議及執行查核等事項。

⑷公股股權管理制度、規範訂修之研擬。

(5)事業重要人事案之派免。

(6)公股董監事席次之規劃與選舉策略、方案之擬訂與執行。

(7)事業公股代表陳報事項之核議及核復。

(8)事業相關人員之績效考核。

(9)其他相關事項。」

五、民營化後之公司治理

(一) 公股代表得分別當選數席董監事與隨時改派

1. 公司法第27條規定

「政府或法人為股東時，得當選為董事或監察人。但須指定自然人代表行使職務。

政府或法人為股東時，亦得由其代表人當選為董事或監察人，代表人有數人時，得分別當選。

第1項及第2項之代表人，得依其職務關係，隨時改派補足原任期。

對於第1項、第2項代表權所加之限制，不得對抗善意第三人。」

本條第2項規定違反股東平等原則，並破壞公司內部監控設計。理由如下[39]：

(1)本項規定公司之法人股東[40]得指派代表人，而由其代表人當選為董監事，並進一步允許法人股東得指派數人為其代表人，且該等代表人不以具有股東身分為必要，而由該複數之代表人分別當選數席之董監事席次。此無異允許法人股東得以

---

[39] 林國全，法人代表人董監事，月旦法學雜誌，第49期，頁16至17，1999年5月。

[40] 本文探討者乃公營銀行或公股銀行中，政府股東指派代表人當選董事或監察人之情形，其產生之弊病與法人股東相同。

「分身」。相較於自然人股東因無本項之適用，而僅能以自己之股東身分當選一席董事或監察人，顯然有違股東平等原則。

(2)公司法第222條禁止監察人兼任公司董事，乃因董事與監察人之二職務在性質上係屬對立，本質上無法相容，自不宜由同一人兼任。法人股東若以自己之名義當選為董事，同時由其代表人當選為監察人，或由複數代表人分別當選董監事，此情形下之法人代表人董監事，實係出於同源，為同一法人股東之代表人。本條第3項賦予該法人股東「隨時改派」其代表人補足原任期之權限，則使該法人股東可隨時撤換不依其指令行使董監職務之代表人。故而，該等董監事固分由不同之自然人充任，形式上雖不違反公司法第222條規定，但其實質則與該法人以一股東身分同時兼任董監事無異，現行法之公司內部監控設計，將因而遭嚴重破壞。

2. **財政部派任公民營事業機構負責人經理人董監事管理要點第9點規定**

「董、監事有下列條件之一者，得予改派：

(1)有第4點第4款[41]之限制條件者。

(2)擔任董、監事期間有違法失職者。

(3)執行職務未遵照相關規定，致損害本部或第2點所定事業機構權益者。

(4)職務變更無法繼續兼任者。

---

[41] 財政部派任公民營事業機構負責人經理人董監事管理要點第4點第4款規定：「金融保險事業機構，其負責人或總經理，均不得兼任其他事業機構之負責人、總經理或董、監事。但因原機構投資關係而兼任其所投資事業之負責人、總經理或董、監事，並經本部核准者，不在此限。」

　　⑸因故不能或不宜執行職務者。

　　⑹其他不適任情形者。

　　本部因業務推動及公股管理需要，得隨時調整董、監事。」

　　該要點第9點乃依公司法第27條第3項規定：「第1項及第2項之代表人，得依其職務關係，隨時改派補足原任期。」而來，其中第1項前5款固然有例示規定可資遵循，惟第6款「其他不適任情形者。」則屬概括規定，而是否不適任全委由政府股東（財政部）自由認定，再加上第2項「本部因業務推動及公股管理需要，得隨時調整董、監事。」可知財政部對於所指派擔任公營銀行或公股銀行董監事之代表人，實有任意改派之權，就配合政府推動政策而言，不失為一利器，不過實際上卻常淪為政治酬庸的手段，嚴重影響公司治理。

（二）公股代表之報酬與紅利

1. 報酬部分

　　中央政府特種基金參加民營事業投資管理要點第10點規定：

　　「兼任公股董事及監察人支領之報酬，其超過政府規定兼職酬勞費部分，應繳作原投資基金之收益。

　　專任公股董事及監察人支領之報酬，其與員工一致性項目之薪給、獎金及福利金等，依各該民營事業規定之報酬標準支給。但當年度其所支領之非固定收入總額如超過固定收入總額，超過之部分應繳作原投資基金之收益。

　　前項但書所定固定收入及非固定收入之範圍，由各基金主管機關定之。

　　公股董事及監察人不論兼任或專任，其支領盈餘分配之酬勞及其兼具員工身分獲配之員工分紅，均應繳作原投資基金之收益。但代表公股之勞工董事兼具勞工身分所獲配之員工分紅，不在此限。」

2. 紅利部分

財政部派任之民營事業公股代表董事之分紅及薪酬事項[42]：

(1)公股代表董事包括擔任董事長、執行長、總經理或其他職務，均禁止領取員工分紅，至於代表公股之勞工董事屬勞工身分所領取之分紅除外。

(2)公股代表董事如依公司章程規定得支領員工分紅，所支領之分紅應一律繳庫或繳作原投資基金之收益。

(3)公股代表董事當年之非固定收入（如績效獎金及其他各項獎金等）總額如超過固定收入總額（含本俸、主管加給），超過之部分一律繳庫或繳作原投資基金之收益，勞工董事除外。

(4)所謂公股代表指所有政府基金投資事業（包含普通基金、特種基金）所指派之股權代表。

(5)上述規定自發文日起實施，至公股代表於本規定實施前原依各該公司章程支領之員工分紅，基於信賴保護及法令不溯既往原則，不予追繳。

關於董事監察人是否可領取員工分紅？實務見解[43]認為「公司法第235條、第267條規定所稱之「員工」，乃指非基於股東地位為公司服務者，如經理人；至基於股東地位而為公司服務者，即非此所稱之「員工」，如董事、監察人[44]。董監事、經理人既乃分別基於「股東」或非基於「股東」地位而為公司服務，其與公司間之法律關係，自因其所立

---

[42] 民國94年11月3日臺財庫字第09403523261號函釋。

[43] 經濟部79.4.14商206278號函釋。

[44] 民國90年11月12日公司法修正前，公司法第192條規定：「公司董事會，設置董事不得少於三人，由股東會就有行為能力之股東中選任之。」公司法第216條第1項前段規定：「公司監察人，由股東會就股東中選任之。」惟修正後，公司董事或監察人已經不以具有股東身分為必要。

之地位而異。經理人之為此所稱之「員工」，應與是否由董監事兼任無關。如董監事兼經理人，而公司章程盈餘分派之規定列有董監事酬勞者，可各並受董監事酬勞、員工紅利之分派及參與員工新股之認購。」

董事並非員工，而經理人是員工，如董事兼任經理人，則另具員工身分，而可依公司法第235條第2項[45]規定領取員工分紅或依第240條第4項[46]員工分紅入股；惟監察人依公司法第222條規定：「監察人不得兼任公司董事、經理人或其他職員。」無兼任經理人或其他職員之可能，故監察人無法領取員工分紅。

由於此一實務見解，實務上公司董事多兼任經理人以享員工分紅之利益，而公股代表董事亦然，以致公股代表董事經常可領取高額員工分紅，也是飽受批評為政治酬庸的原因，於是經行政院長指示，財政部國庫署發布「財政部派任之民營事業公股代表董事之分紅及薪酬事項」，第1、2點分別規定：「公股代表董事包括擔任董事長、執行長、總經理或其他職務，均禁止領取員工分紅，至於代表公股之勞工董事屬勞工身分所領取之分紅除外。」「公股代表董事如依公司章程規定得支領員工分紅，所支領之分紅應一律繳庫或繳作原投資基金之收益。」以杜爭議。

肆、結　論

民營化似乎已成為公營事業必經的道路，公營銀行也不例外。至

---

[45] 公司法第235條第2項規定：「章程應訂明員工分配紅利之成數。但經目的事業中央主管機關專案核定者，不在此限。」

[46] 公司法第240條第4項規定：「依前3項決議以紅利轉作資本時，依章程員工應分配之紅利，得發給新股或以現金支付之。」

目前為止，仍有四家公營銀行尚未完成民營化，其他已民營化的公股銀行，政府仍擁有經營權或控制權者，為避免政府欠缺監督所產生的弊病，實應加速完全民營化，以真正落實民營化的目標。此外，在民營化的過程中，仍有諸多法制不周詳之處，尤以公營事業移轉民營條例第5條規定：「公營事業經事業主管機關審視情勢，認已無公營之必要者，得報由行政院核定後，移轉民營。」所謂已無公營之必要，純屬不確定的法律概念，全委由主管機關決定，難免有擅斷之嫌，應修法設定要件為宜，再者，主管機關經常利用發布行政規則之方式填補立法缺漏，其正當性亦有待檢驗。在政府積極鼓吹民營化的同時，實應為國家財產把關，考量民營化的必要性，強化程序的透明度以及員工權益的保障，方能遠離賤賣國產、圖利財團的質疑。

花落誰家？
——台企銀案與二次金改

戴功哲

目 次

大事紀[1]

94年4月12日	政府喊話，華南金、第一金及兆豐金要作官股金控併購的示範。
94年5月9日	市場盛傳彰銀公股可能標售、第一金將辦理公開競標、臺企銀可能和公股金控合併。
94年6月14日	臺企銀召開董事會委任美商高盛亞洲證券有限公司臺北分公司擔任財務顧問，針對未來合併提出建議。 臺企銀完成六億股現金增資，該行廣義公股比率從50.7%降至43.6%。
94年7月3日	國庫署長劉燈城否認有民營金控透過市場敲進並向財政部表達併購意願，同時強調公股銀行一定會以公開方式推動整併，臺企銀招親一案近期內便會明朗化。
94年7月11日	財政部公股小組表示，臺企銀確定將採取公開招標方式，推動整併，並已委託財務顧問規劃。順利的話，臺企銀公開招標案預計8月底、9月初，就可正式推動，對象也將不限國內、國外金融機構。
94年7月23日	臺企銀工會屬意由公股銀行來併購臺企銀，並表示臺企銀主要服務對象是中小企業，經常配合政府政策，若被民營機構併走，未必會實施政府的政策。
94年7月28日	臺企銀與參與競標之各家金控簽署保密協定。
94年8月5日	財政部公股小組指出臺企銀被併購方式不設限，但是公股方面因為受限於釋出臺企銀股票尚須經過立院通過的因素，公股所持有的臺企銀股票以換股方式併入相當確定。

---

[1] 以下整理請參照曾桂香，「政府喊話金融官股反彈」，2005-04-12/聯合晚報/15版；邱金蘭，「公股銀行減半對象露端倪」，2005-05-09/經濟日報/A1版；羅雨莎，「臺企銀現增完成」，2005-06-14/聯合報/B6版；謝偉姝，「公股銀行招親臺企銀接棒開跑」，2005-07-04/經濟日報/A4版；邱金蘭，「臺企銀彰銀合庫市占率將逾一成」，2005-07-12/經濟日報/A4版；葉慧心、林巧雁，「臺企銀招親淡馬錫有意」，2005-07-23/經濟日報/A3版；夏淑賢、林巧雁，「臺企銀出嫁方式不設限」，2005-07-29/經濟日報/A1版；謝偉姝，「怎麼嫁不設限」，2005-08-06/經濟日報/A7版；羅雨莎、孫中英，「臺企銀標售案」，2005-08-10/聯合報/B2版；武桂甄、邱金蘭，「工會嗆聲抗爭到底」，2005-08-10/經濟日報/A4版；「臺企銀工會反併購」，2005-08-13/聯合報/B6版；羅雨莎，「反合併臺企銀員工要上街頭」，2005-08-19/聯合報/B1版；羅雨莎，「臺企銀團體協約勞資協商破裂」，2005-08-24/聯合報/B2版；陳芝豔，「臺企銀工會通過罷工決議」，2005-08-28/經濟日報/A6版；

94年8月9日	臺企銀公開標售案，本日為資格標截止日。據透露，包括中信金、兆豐金及富邦金等多家大型金控公司均表達參與投標意願。
94年8月10日	臺企銀工會向立委陳情，表達將對併購案抗爭到底。
94年8月13日	臺灣中小企業銀行工會本日下午前往臺北總行請願，反對臺灣中小企銀被併購，造成員工失業、權益受損。
94年8月19日	臺企銀工會表示將發動員工走上街頭抗爭。
94年8月23日	勞資協商破裂工會醞釀罷工。
94年8月27日	臺企銀工會通過罷工決議，寫下臺灣金融業罷工首例。

羅兩莎，「臺企銀決定下週五罷工」，2005-08-31/聯合報/B2版；羅兩莎，「臺企銀明起提前罷工」，2005-09-07/聯合報/B1版；李淑慧、白富美，「臺企銀今起無限期罷工」，2005-09-08/經濟日報/A1版；盧志高，「臺企銀官股賣給誰？昨標而不決等林全回國定案」，2005-09-10/民生報/A11版；孫中英、陳芝豔、邱金蘭，「臺企銀標售案今天繼續議價」，2005-09-12/聯合報/A12版；邱金蘭，「臺企銀流標二次金改受挫」，2005-09-15/經濟日報/A1版；謝偉姝，「二次金改絕對要做」，2005-09-16/經濟日報/A4版；孫中英、羅兩莎，「臺企銀董事長鍾甦生請辭」，2005-09-17/聯合報/B11版；「臺企銀董事長張兆順接任」，2005-09-20/民生報/A9版；林巧雁、陳芝豔，「張兆順：臺企銀也可以併別人」，2005-09-23/經濟日報/A4版；吳雯雯，「官股銀行整併月底再宣佈一件」，2005-12-02/聯合報/B2版；邱金蘭，「立委提案撤銷臺企銀整併」，2005-12-13/經濟日報/A4版；「兆豐金控宣示收購臺企銀」，2005-12-17/民生報/A13版；洪凱音、李淑慧、陳芝豔，「兆豐金轉投資臺企銀過關」，2005-12-21/經濟日報/A4版；邱金蘭，「臺企銀21%泛公股隨時可賣出」，2005-12-26/經濟日報/A4版；鄭秀明，「兆豐金購臺企銀三商銀釋股支持」，2005-12-28/聯合報/B2版；黃國棟，「三商銀鉅額轉讓臺企銀股」，2005-12-31/經濟日報/A4版；邱金蘭，「持臺企銀股12%財部不滿意」，2006-04-05/經濟日報/A4版；賴昭穎，「6月9日前兆豐金須買足臺企銀20%」，2006-04-05/聯合報/B1版；邱金蘭，「二次金改採煞車財團買公股金控別想了」，2006-04-13/經濟日報/A4版；賴昭穎，「兆豐第一華南3公股金控不讓財團併」，2006-04-13/聯合報/A4版；林巧雁，「新任臺企董事長蘇金豐：臺企未必與兆豐金合併」，2006-05-13/經濟日報/A4版/金融新聞；謝偉姝、邱金蘭，「公銀開放外銀併購臺企打頭陣」，2007-06-07/經濟日報/A4版/金融新聞；李淑慧，「兆豐金併臺企銀案重新送件」，2007-08-06/經濟日報/A4版/金融新聞。

94年8月30日	1.臺企銀招親案實地查核最後一天。 2.臺灣企銀產業工會召開理監事會議，決定下周五（9月9日）進行罷工，工會將向臺北市大同分局申請罷工。這項決議讓臺企銀的勞資關係再度陷入冰點。
94年9月7日	臺企銀宣布從8日提前開始罷工，預計有3,000人以上加入罷工，是臺灣金融業界首次。
94年9月8日	臺企銀工會發動罷工，為臺灣金融史首次。 同日臺企銀股價表現疲軟，顯現市場上對於合併案的不確定以及疑慮。
94年9月9日	臺企銀標售案本日截標，但卻發生標而不決待財政部長林全回國再定案之情形，可能下週才會公布結果。 傳言「玉山金控」出價最高。
94年9月10日	財政部長林全返國後即召開記者會對外澄清，沒有要求第二高價者再出價，也沒有所謂的「內定金控」，沒有結果的原因為「還在和第一高價者談價錢」，並非「議價機制」而符合事前所說的「競價機制」，也就是所謂的「價格標」。
94年9月11日	臺企銀發布重大訊息，指出臺企銀合併公開招標案將和出價最高之金控進行議價。
94年9月14日	臺企銀員工回復正常上班。 本日下午五時工會與出價最高的玉山金控協商失敗，臺企銀標售案宣佈流標。
94年9月15日	陳水扁總統談話表示二次金改一定要做。
94年9月16日	臺企銀董事長鍾甦生因臺企銀購案由於勞資問題引發國內首宗銀行罷工事件，投資者也因勞資協商無法達成共識，放棄出價而致流標，他對此結果深表遺憾，因此辭職以示負責。
94年9月19日	行政院本日核准由現任寶來集團副總裁張兆順出任臺企銀董事長。
94年9月22日	臺企銀新任董事長張兆順表示無意立即推動臺企銀出售。 財政部也表示臺企銀在年底完成整併的機會不高。
94年12月2日	財政部國庫署長劉燈城表示，月底將再宣佈一件公股金融機構整併案，以第一金、華南金、兆豐金三家金控擇一和臺企銀合併的機率最高。
94年12月13日	立委提案撤銷臺企銀整併，財政部官員表示，立委在9月21日提出的這項提案，當初主要是針對臺企銀招親案，後來臺企銀招親案失敗，前提已經不一樣了。 根據這項提案內容，撤銷臺企銀併購計畫，並保有公股以輔導臺企銀成為協助中小企業提升競爭力及臺灣經濟發展的專業銀行。

94年12月16日　兆豐金控董事會決議以100餘億元現金，在一年內以每股9元以內的價格，採公開收購、盤後交易等方式購入臺企銀26%股權。這是國內金控公司公開收購銀行首例，財政部也已同意三商銀（第一、華南和彰化銀行）先賣出15%的臺企銀股權。

　　　　　　　公開收購獲准後，兆豐金最快下周即可展開行動。收購後，第二階段將進行合併，這將使公股金融機構整併再添一件，二次金改宣示年底公股銀行減半目標也因而順利達成。

94年12月17日　兆豐金控宣佈收購臺企銀，將以每股不超過9元的價格，收購臺企銀最高26%股份。

94年12月20日　金管會宣佈核准兆豐金控申請轉投資臺灣企銀已發行股份總數的5%至26%。金管會表示，這項轉投資案，必須在一年內完成。

94年12月26日　財政部長林全、金管會主委龔照勝及公股行庫董事長等人，於立法院財委會專案報告「兆豐金控與臺灣企銀合併案決策過程」。

94年12月27日　華南銀行昨(26)日董事會通過臺企銀釋股，並立即申報轉讓持有臺企銀的1.5億股。

　　　　　　　第一銀行、彰化銀行本日分別申報鉅額交易，出清臺企銀共49萬餘張，以配合兆豐金收購臺企銀的計畫。三商銀同步採鉅額交易出清臺企銀股票，等於宣告兆豐金收購臺企銀持股26%的計畫，即將達陣過半。

94年12月31日　三商銀在董事會陸續通過釋出臺灣企銀股份的決議後，從本月26日起巨額轉讓臺灣企銀股份，總計華南銀行釋出1.5億股、第一銀行2億股、彰化銀行2.89億股、土地銀行360萬股，截至30日統計，兆豐金控以市價每股8.5元，已收購32萬張臺企銀股份，預計明年1月底之前完成三商銀15%的股份，年中再收購臺灣銀行與土地銀行10%的臺企銀，將可順利達成併入子公司25%的門檻。

95年4月4日　財政部要求兆豐金須在6月9日臺企銀召開股東會前買足20%股份，目前為止兆豐金持有臺企銀股份12%到13%。

95年4月12日　財政部官員表示，二次金改將採煞車，但已開始的公股金融機構合併計畫將繼續推動。

95年5月13日　臺企銀新任董事長表示，臺企銀並不一定要和兆豐金控合併。

96年6月7日　行政院宣示二次金改新方向，推動臺企銀由外銀併購，兆豐金和其他公股金控進行整併。

96年8月6日　由於金控法之規定，兆豐金控對於是否繼續合併臺企銀須向金管會說明，有指出兆豐金會將該案重新送件繼續進行，但亦有消息指出兆豐金已經傾向放棄該併購案。

壹、前　言

　　最近幾年，金融改革始終是社會上眾所關注的焦點話題。特別是從金融控股公司在我國開始發展後，隨之興起的金融整併風潮，更是讓這一池春水始終沒有風平浪靜過。所謂的「二次金改」究竟要改什麼？怎麼改？社會上始終是爭議不斷，不管是推行的時程、目標、方式，或是其中牽扯到的許多案外案，都讓這所謂的「二次金改」被拿出來一而再、再而三的用放大鏡審視。而在這波金融改革的浪潮中，臺企銀和其他金融機構的整併可以說是一個不可能被忽略的指標。

　　本文試圖經由臺企銀整併的過程，先概略的點出在法制面上部分可能會遭遇到的問題以及一些值得聚焦的議題；再者，藉著檢討本案而試著去了解所謂「二次金融改革」何以引起如此的軒然大波，又何以始終挫折不斷，甚至在各界皆肯定金融改革的實行有其必要性的情況下，政府卻不得不對「二次金改」採取「煞車」或「放慢腳步」的措施。

貳、案例事實

一、基本資料

（一）臺灣中小企業銀行

　　臺灣中小企業銀行（2834，以下簡稱臺企銀）歷史相當悠久，其前身為早在民國4年6月即成立之「臺灣無盡株式會社」，及同年七月於臺南市所成立之「大正無盡株式會社」二民間合會組織。

臺灣光復後，由臺灣省行政長官公署接收，屢經改組後配合銀行法於六十四年修正以及政府之經濟政策，遂於民國65年7月1日依銀行法之規定，改制為「臺灣中小企業銀行股份有限公司」，主要以提供中小企業融資與輔導為其宗旨。為順應自由化與國際化之金融環境，於民國87年1月22日轉型為民營銀行[2]。業務以針對中小企業之放款為大宗。

臺灣中小企業銀行早期與臺灣銀行、合作金庫、華南銀行、第一銀行等老行庫合稱「省屬七行庫」。目前擁有國內125個分行，三個海外分行，員工人數近五千人[3]。

（二）兆豐金融控股股份有限公司

其前身為以交通銀行和國際綜合證券為主之「交銀金融控股股份有限公司」，之後又納入了中國國際商業銀行以及倍利證券、中興票券等，並於民國91年12月31日更名為「兆豐金融控股股份有限公司」[4]（2886，以下簡稱兆豐金控）。

目前為國內資產總額第三大之金融控股公司（2兆2,280億元），去年（2005）稅前純益為254.9億元，為國內十四家金控中最高[5]，亦為一般所認定之「公股金控」中表現最佳者。

二、事實簡述

為提升我國金融之競爭力，自2001年起政府即銳意開始推動「金融

---

[2] 請參照臺企銀網站http://www.tbb.com.tw/html/c-history.html。
[3] 請參照「臺企銀小檔案」，2005-09-07，民生報/A9版/理財熱線。
[4] 請參照兆豐金網站http://www.megaholdings.com.tw/contents_1024/about/about01.asp。
[5] 請參照邱金蘭，「兆豐金獲利254億金控之冠」，2006-02-17，經濟日報/A4版。

改革」。第一階段之金融改革著重於「提升金融資產品質，及強化金融監理機制」，並於2001年元旦，陳水扁總統將「改革金融體制」列為首要施政目標。而在第二階段的金融改革（或所謂的「二次金改」）中，則以提高我國金融競爭力為首要之務。2004年10月20日，陳水扁總統宣佈二次金改的四項目標，即(1)2005年底前促成三家金融機構市占率逾百分之十，(2)官股金融機構數目減半，(3)2006年底前，國內十四家金控數目減半，且(4)至少有一家金控由外資經營或在國外上市。政府並提出了「金控公司家數減半」作為提升我國金融競爭力之策略[6]。而在以此一思維作為大前提之下，推動了一連串的金融機構整併。而於2005年政府完成臺新入主彰銀案後，財政部決定標售臺灣中小企業銀行的國庫持股，亦即以百分之百股份轉換進行購併，自股份轉換日後，逐步釋出股權，並以2005年9月9日為股份公開標售之決標日[7]。

　　惟此標售案進行之過程中，先是造成銀行工會強烈反彈，並表示不惜罷工走上街頭以維護權益。之後，更因此發生了臺灣金融史上第一次的罷工行動。最後，由於標售過程中在價格上以及工會團體協約之內容無法取得共識，只好由財政部宣佈流標，臺企銀董事長鍾甡生也因此下臺，改由張兆順接任。

　　於2005年年底，兆豐金控董事會以擴大公司金融版圖及核心銀行業務為由，突然通過將在一年內以現金收購臺灣中小企銀5%-26%，以每股不超過9元（含）為上限[8]。金管會於接受申請後核准其轉投資，並表

6　請參照林蒼祥，從金控公司提高我國金融國際競爭力，頁31，國家政策季刊第3卷第4期，2004年12月。

7　請參照林佳和，臺灣中小企業銀行工會罷工事件—一個勞動法角度的觀察，頁208，臺灣本土法學77期，2005年12月。

8　請參照公開資訊觀測站兆豐金控重大訊息說明http://mops.tse.com.tw/server-java/t05st01。

示此項投資案必須在一年內完成。在此之後，三商銀以及臺灣銀行、土地銀行等，也分別各自決議通過轉讓手中臺企銀持股予兆豐金控，政府也宣佈二次金改所謂的「公股金融機構減半」之目標「在某程度上」已經達成[9]。

2006年初，兆豐金控一面經由原定的特定人釋股，取得臺企銀股份；另一方面，由於臺企銀股價始終積弱不振，甚至低於原本所預定的收購價，因此兆豐金控改變策略決定由市場上慢慢收購。在此同時，臺企銀計畫在6月股東會提出減增資案，計畫減資140億元、增資100億元[10]，同時兆豐金計劃在第一季取得25%的臺企銀股份，希望能在6月股東會改選董監時，正式參與臺企銀的經營。

惟2006年4月，財政部表示對於兆豐金控取得臺企銀股權之進度不甚滿意，因其僅取得大約12%至13%之股權，因此要求兆豐金控在今年臺企銀股東會前，兆豐金能到買20%，以展現誠意[11]。而在當月中旬，更傳出財政部官員表示政府推動金融整併的腳步將有所變動，二次金改可能踩煞車或是放緩[12]。

---

[9] 請參照賴昭穎，「公股金融機構減半達成」，2005-12-17，聯合報/A6版/綜合。

[10] 請參照公開資訊觀測站臺企銀重大訊息說明http://mops.tse.com.tw/server-java/t05st01?step=A1&colorchg=1&off=1&TYPEK=sii&year=95&month=all&b_date=1&e_date=31&co_id=2834&。

[11] 請參照邱金蘭，「持臺企銀股12%財部不滿意」，2006-04-05，經濟日報/A4版；賴昭穎，「6月9日前兆豐金須買足臺企銀20%」，2006-04-05，聯合報/B1版。

[12] 請參照邱金蘭，「二次金改採煞車財團買公股金控別想了」，2006-04-13，經濟日報/A4版；賴昭穎，「兆豐第一華南3公股金控不讓財團併」，2006-04-13，聯合報/A4版。

參、法律爭點與分析

一、專業銀行的設置

此次招標案的主角—臺企銀，由於背景特殊，因此在出售時也引起相當大的疑慮和議論，甚至也成為了臺企銀工會罷工要求經營階層慎重考慮的理由之一。

根據現行銀行法96條之規定，供給中小企業信用之專業銀行為中小企業銀行。中小企業銀行以供給中小企業中、長期信用，協助其改善生產設備及財務結構，暨健全經營管理為主要任務。就公會所提出之訴求觀之似乎認為，就法條解釋上，不宜將臺企銀與其他金融機構合併使其消滅。工會方面強調，臺企銀為銀行法96條指出專門供給中小企業信用的金融機構，臺企銀是全國性唯一的中小企業專業銀行，同時也背負了政策性任務，但財政部卻忽略銀行所扮的這些重要角色，急於把臺企銀嫁給民間財團[13]。

就中小企業銀行的存廢，應可就兩層面觀之：首先，就我國金融體系中銀行類別的劃分上，向有商業銀行與專業銀行之分（銀行法第70條、第88條參照），就本來設計上商業銀行以收受「支票存款」、供給「短期信用」為主，而專業銀行則是為提供專門產業信用而存在之金融機構。不過於銀行法修正後以及對照我國目前實務上運作，即便是專業銀行亦得成立儲蓄部與信託部，也可以經營一般銀行存放款業務[14]。再者，隨著我國確定採取金融控股公司的經營型態，在金控公司的屋簷

---

[13] 請參照陳芝豔、林巧雁，「工會抗爭嗆聲罷工」，2005-08-13，經濟日報/A7版。

[14] 請參照沈中華著（2002），金融市場，頁85，華泰文化，2002年10月。

下，容許多種不同業務的合作與跨業經營；回顧過去幾年臺灣銀行業業務在所謂「消費金融」、「企業金融」的競爭，可以證明銀行專業化固然有其需要與空間，但若硬性限制或是政策性的「宣示」銀行業務的範圍與方向，似乎不見得有太大實益。

活躍的中小企業向來是我國經濟重要的動力來源，從過去臺灣經濟發展的歷程以及中小企業成長的軌跡中，專門對中小企業提供信用、協助中小企業改善生產設備的中小企業銀行，確實有其存在之必要，也對中小企業的成長、活躍有極大的幫助。或有論者以為，若是中小企業銀行消失，對於中小企業獲取信用（特別是長期信用）會造成相當大的困難。其實就銀行放款之情形，確實大企業在各方面皆具有優勢，中小型企業欲獲得放款的確處於相當不利之境況[15]。但是即便在過去臺灣中小企業銀行對於中小企業之貸款額已遠遠超出其他金融機構之情況下，亦未見中小企業對於融資之需求有相當之信心或是得到滿足；同時在金融自由化之浪潮下，沿襲過去以特定機構對特定企業進行輔導、補助、放款等方式，是否妥當也不無爭議。或者可以做另一番思考的是，法條固然為一種「政策性宣示」，但是在市場自由的競爭及淘汰之下，不硬性的作規定，而是讓企業間互相競爭，使得質優的企業得以獲得融資，同時金融機構間也各自自由拓展業務，而較有競爭力之金融機構得以獲得較多放款客戶獲取較高利潤，易言之，對於特定產業或特定規模之企業進行保護之想法，隨著最後一家中小企業專業銀行之存續發生變化，或許亦當有所改變。

值得注意的是，於金管會修正通過之「金控公司以子公司減資方式取得資金審查原則」中，關於子銀行的部分，為了配合政府鼓勵金融業

---

[15] 請參照臺灣中小企業資金問題調查報告，國際經濟合作發展委員會，62年5月初版以及中小企業向銀行融資之困難及改善途徑之分析，經濟部，75年1月。

對中小企業貸款政策，規定銀行子公司對中小企業放款須符合下列條件之一，但金融控股公司之銀行子公司屬專業銀行或無銀行子公司者，不適用之；

　　(1)對中小企業放款餘額占放款總額比率大於20%；

　　(2)對中小企業放款餘額占放款總額比率小於20%者，其中小企業
　　　放款餘額較最近三年底中小企業放款餘額之平均數成長5%以
　　　上。

　　由上開規定可知，即便是一般銀行對於中小企業之融資亦有一定限制，以求舒緩中小企業融資上之困難[16]。

二、臺灣金融史上第一次罷工

　　臺企銀標售案的流標，就財政部的立場認為臺企銀工會的抗爭以及對於團體協約所提出的條件是「壓斷駱駝背的最後一根稻草」。或許各界對此看法有所不同，但無庸置疑的是，在標售案進行中臺企銀員工反彈以致於之後所發起的罷工確實創下了前所未有的先例，同時也暴露出一些之前在臺灣未受到討論或重視的議題。

　　2005年9月8日臺企銀工會發動金融史上第一次罷工，財政部以及行政院金融監督管理委員會事前已協調臺灣銀行、土地銀行、合作金庫、華南銀行、彰化銀行等五家行庫派遣人力支援。於9月7日行政院金融監督管理委員會發言人即表示，「臺企銀罷工影響客戶權益，一旦臺企銀員工無限期罷工，將造成該行存款快速流失，金管會不排除依照銀行法

---

[16] 參考金管會網站網址http://www.fscey.gov.tw/ct_search.asp?xItem=517830&ctNode=17&mp=2&keyword=%E9%87%91%E6%8E%A7%E5%85%AC%E5%8F%B8%E4%BB%A5%E5%AD%90%E5%85%AC%E5%8F%B8%E6%B8%9B%E8%B3%87%E6%96%B9%E5%BC%8F%E5%8F%96%E5%BE%97%E8%B3%87%E9%87%91%E5%AF%A9%E6%9F%A5%E5%8E%9F%E5%89%87，最後點閱日2006.4.25。

予以接管」。

　　對於政府在此一罷工事件中所扮演之角色以及立場，就法律的觀點實有許多值得探討深思之處。首先，對於處在經濟弱勢的勞工而言，罷工權實為其為爭取自身權利不得已之最後手段。因此，政府在採取措施來因應勞工的罷工行為時，應將勞工之訴求是否能夠切實表達納入考量。參考德國法例，國家在調派公務員支援罷工之工作場所時，必須有法律之規定始得為之[17]。如此對於國家在勞資雙方之間之中立性地位方得確保。在臺企銀罷工案中，罷工尚未開始發動，政府即明確表態「支援」。所謂的罷工係指「多數勞工在勞動關係無消滅之情形下，集體性的拒絕提供勞務，意圖造成雇主之損害，以貫徹本身所主張之團體協約目標」。如果在罷工發動前，就已經完全的確定該「損害」不會發生或甚至無發生之可能，則在根本上可能已經影響了罷工作為合法權利之行使利益，特別是如此對於基本權的干預是來自於政府行使公權力的行為[18]。

　　從某種角度來看，政府如此的動作無疑是對罷工者的一種「恫嚇」[19]。在罷工權尚未被行使前，已經某程度上的貶抑了臺企銀工會發動罷工可能會發生的效果。雖然說，司法院大法官釋字第373號解釋基於重大的公益考量授權立法機關斟酌檢討「勞動權利之行使，有無加以限制之必要」，但於劉鐵錚、戴東雄兩位大法官所共同提出之不同意見書，則強調應該對於基於何等理由、在何等程度內對於罷工作合憲的限

---

[17] 請參照陳愛娥，政府在勞資爭議中的公權力運用，頁139～142，臺灣本土法學雜誌78期，2006年1月。

[18] 請參照林佳和，臺灣中小企業銀行工會罷工事件—一個勞動法角度的觀察，頁216，臺灣本土法學雜誌77期，2005年12月。

[19] 請參照林惠官，《臺企銀勞資爭議》以行政暴力卸除勞方最後的合法武器—罷工權，2005-09-08，聯合報/A15版。

制，做更進一步的檢討[20]。此外，除了政府用所謂「協調人員調度」的手段變相遏止罷工，政府還宣告可能依銀行法對臺企銀加以接管。惟參酌銀行法，其第62條1項規定：銀行因業務或財務狀況顯著惡化，不能支付其債務或有損及存款人利益之虞時，主管機關應勒令停業並限期清理、停止其一部業務、派員監管或接管、或為其他必要之處置，並得洽請有關機關限制其負責人出境。令人不解之處在於，何以合法發動罷工即可能導致該項事由之發生[21]？

　　政府如此的宣示，是否暗示行使罷工權之勞方，若做「過度」的抗爭，將可能連本來的飯碗都不保？抑或是暗示資方在談判立場上可更強硬，因為政府和資方沆瀣一氣？當然，在本案中臺企銀終究是公股銀行，政府的立場和資方相近，或許難免，但是就人民在憲法上基本的經濟結社權之考量、以及政府在罷工行為中所應採取的中立性立場，如此決策是否妥當恐有疑義。相關政府部會對其舉措已明顯介入勞資爭議、妨礙一方爭議權的行使，竟似毫無感受，更遑論慮及法律授權之有無[22]。

　　臺灣金融史上第一次罷工也許只是金融改革中的一個小插曲，畢竟隨著時光荏苒，金融機構依舊你併我我併你，成千上百的員工也依舊是「身如柳絮隨風擺」，好像大家也就這麼相安無事的讓這場金融改革秀繼續進行下去。但其實不管從人民基本權利的保障，或是從社會健全法制建構的角度來看，臺企銀所發動的罷工都提供了許多值得深思的材料。從勞動法的角度來看，長久以來未被明確規範的勞工權益；勞動基準法、企業併購法、金融控股公司法、金融機構合併法之間有關勞工、員工留用等等的規定是否完備？或是法規間交叉適用、彼此競合之問

---

[20] 同註17，頁142。

[21] 同註17，頁143。

[22] 同註17，頁144。

題，在將來企業整併的風潮中勢必還會再度浮上檯面，作為金融法制以及企業併購制度的一部分，受僱人權益的保障、憲法上對於勞工罷工權的保障以及兼顧政策目標的達成，值得深思。

三、公股以換股方式逃避立法院監督？

依照現行國有財產法第7條之規定，國有財產之收益與處分，應依預算程序為之。而依公股股權管理及處分要點之規定，同時參酌預算法、公營事業移轉民營條例，就法條規定上而言，只要是國家所擁有的股份要處分，皆需要經過預算程序。在臺企銀釋股案中，財政部計劃以百分之百換股的方式，避免合併的過程中由於立法院審議預算的進度延宕，而導致金融整併的政策進度無法達成。

但是財政部打的這個算盤，卻讓許多在野黨的立委氣的跳腳，認為財政部企圖規避立法院監督，是不是要掩蓋圖利財團或是黑箱作業的事實。更有立委打算要做出決議，讓臺企銀是最後一家能夠利用這方式進行併購的金融機構。未來不管是公股銀行以何種方式釋股、換股或現金收購，都必須先赴立院報告，經過立委同意。

但是就目前行政和立法互動的現況而言，財政部會採取如此做法其實也是無可厚非，畢竟原本立意良善、具時效性的決策一進立法院兜一圈，何年何月才能出來也說不一定；再說若是公股銀行的釋股預算在立法院未被通過，那麼整體政策的推動就得因此而取消或是延後了。

就法規範的立場來看，既然財政部的作法並沒有違反法律的規定，而能夠據此認定換股並非立法者所要限定交由立法院監督之對象，是以財政部當然可以以換股方式進行公股銀行的釋股。就事實上來說，財政部的作法和法規範並無牴觸，立委的質疑固然有其考量，但是很難將這樣的釋股方案解釋成違反法律之規範。惟獨需要觀察的是，如此形式上的合法和法律規定的意旨、以及維護人民利益的立場是否有所違逆之處。

四、公股享特權？小股東不平

　　在第一階段公開招標時，臺企銀所訂定的招親規則曾引起外界對於小股東權益有無受到保障之疑慮。該規則明定給予公股特別股換股享「選擇權」，也就是財政部、臺銀與土銀持有的臺企銀股權28%，其轉換持有屬特別股的部分，六個月期到期後，有權利在立法院釋股預算審查未通過之下，可選擇特別股到期仍轉換普通股，不換現金，但是公股以外的其他臺企銀股東，持有的特別股只能換現金，沒有到期選擇轉換普通股的空間[23]。對於小股東是否願意接受如此的規則，其實可能存有許多疑慮，但是就整個招標案的流程看來，並無小股東置喙之餘地。

　　現行金融控股公司法第24條、第26條、第32條皆有關於異議股東股份收買請求權之規定，就本案觀之，最具關聯者應為金融控股公司法26條，於金融機構依股份轉換之方式轉換為金融控股公司之子公司時，賦予異議股東得準用公司法第317條第1項後段及第2項之規定之收買請求權。公司法第317條第1項後段及第2項規定股東得請求公司按當時公平價格，收買其持有之股份。

　　股份收買請求權（appraisal rights）係指當公司股東不同意公司進行某一重要而具基礎性變更（fundamental changes）行為時，依法給予該股東得請求公司以公平價額購買其持股之權利[24]。其功能主要有三：保護少數股東、創造「使公司價值最大化」之誘因、監控控制股東之不法行為[25]。

　　惟在臺企銀的標售案中，如此對於小股東的保護機制是否足夠，引

---

[23] 請參照夏淑賢，「公股享特權小股東不平」，2005-08-20，經濟日報/A2版/經濟要聞。

[24] 請參照劉連煜，公司合併態樣與不同意股東股份收買請求權，頁31～32，月旦法學雜誌128期，2006年1月。

[25] 同前註，頁32。

發了外界的疑慮。首先需注意到的是，臺灣中小企業銀行股東之構成大體上可以分為政府所持有、有控制力之公股股東以及一般的民股股東。而總計臺企銀的所有股份中，公股所持有的比例幾乎將近四成，因此一般預料須經股東會通過之事項，公股基本上皆可以利用本身股權上多數的優勢強行主導通過[26]。

　　如此一來，小股東能做之選擇便十分有限，若是不看好這樁合併案，或是不認同這樣的決策，除了行使少數股東股份收買請求權外，幾乎沒有其他足以影響決策之途徑或可能性。即便是行使了少數股東股份收買請求權，也不見得能夠切實收回本來所有股份真實具備之利益。當然，就現在公司股東決策基本上以「多數決」為原則之情況下，這種情況自難謂有違法或可責難之處，但公股所扮演的角色是否以作為一般股東追求股東自身最大利益為已足？或必須同時考量社會公眾之利益、其他小股東之權益抑或是掌控公股決策之機關之意見？對照本案中之事實，自非無可斟酌之處。

五、公開收購？現金收購？

　　另外，在兆豐金確定開始收購臺企銀後，引來另外一番爭論的是：兆豐金控未採用公開收購的方式向市場上的所有有意願應賣之股東提出購買的要約，而是採用向三商銀及某些特定大股東進行特定人間以約定價格之買賣。如此作法在公平性上是否妥當，也引起相當的疑問。

　　在兆豐金董事會做出的決議中[27]指出將以公開收購、盤後交易等等

---

[26] 有關金融整併下股份收買請求權更詳細的要件以及現行規範之檢討，請參照常立松，論金融控股公司架構下少數股東、債權人及員工之保障，頁96以下，臺北大學法學系碩士論文，2003年6月。

[27] 請參照公開資訊觀測站兆豐金控歷史重大訊息http://mops.tse.com.tw/server-java/t05st01?step=A1&colorchg=1&off=1&TYPEK=sii&year=94&month=12&b_date=1&e_date=31&co_id=2886&。

方式對臺企銀股權進行收購，但是有論者認為公開收購股權是指透過事先申請、公開收購股權的方式，一次取得最大量股權，直接訴諸股東會，全面改選董監事會，這種方式可以說是最困難的合併方式，目前來說國內金融業幾乎沒有成功的案例，何以兆豐金會採取這種方式令人不解，後來的事實也證明，其實兆豐金並未以公開收購作為併購臺企銀之手段[28]。

　　所謂公開收購（Tender offer, Take over bid），係指有意取得控制權的人，公開向目標公司股東發出購買股份的要約[29]。而其運作方式，約略而言乃收購者（個人或公司）得不經由集中交易市場或證券商營業處所，直接以公告、廣告、廣播、電傳資訊、信函、電話、發表會、說明會等方式對非特定人之全體股東為公開要約其所欲取得目標公司之股權比例，並訂定相當時間（現行規定原則上為五十日內[30]）給目標公司股

---

[28] 事實上，在收購開始之初外界對於兆豐金控可能採取公開收購的必要性、可行性以及可能性即表示過懷疑的態度，請參照邱金蘭，「公開收購難度頗高」，2005-12-17，經濟日報，A3版今日焦點；呂郁青，「公開收購為哪樁同業好奇」，2005-12-19，經濟日報，A4版，金融新聞。

[29] 請參照賴英照，公開收購的法律規範，金融風險管理季刊第一卷第二期，頁75，2005年。

[30] 公開收購公開發行公司有價證券管理辦法第11條：
任何人單獨或與他人共同預定於五十日內取得公開發行公司已發行股份總額百分之二十以上股份者，應採公開收購方式為之。
符合下列條件者，不適用前項應採公開收購之規定：
一、與第三條關係人間進行股份轉讓。
二、依臺灣證券交易所股份有限公司受託辦理上市證券拍賣辦法取得股份。
三、依臺灣證券交易所股份有限公司辦理上市證券標購辦法或依財團法人中華民國證券櫃檯買賣中心辦理上櫃證券標購辦法取得股份。
四、依本法第22條之2第1項第3款規定取得股份。
五、依公司法第156條第6項或企業併購法實施股份交換，以發行新股作為受讓其他公開發行公司股份之對價。
六、其他符合本會規定。

東考慮的機會[31]。就我國目前法律上之規範，主要可以參酌證券交易法第43條之1、第43條之2至第43條之5，主要規定收購者之申報義務以及如在集中市場或店頭市場以外，向不特定人公開收購股份時應履行之程序和應遵守之規範。參照我國證券交易法第43條之1第3項之規定：「任何人單獨或與他人共同預定取得公開發行公司已發行股份總額達一定比例者，除符合一定條件外，應採公開收購方式為之。」。

在證交法於1985年增訂第43條之1，對於公開收購之要約加以規範，當時採取了事前核准制，為大多數其他國家所不採。在1995年所制定的「公開收購公開發行公司有價證券管理辦法」第7條第1項，對於得不核准公開收購要約之申請，包含了「未能證明進行公開收購之結果能促進社會經濟之比較利益」（第5款）、「其他有損害公益之虞」（第6款）等等事由，幾乎是明確的表明了反對敵意併購之立場。另外該辦法第7條第1項第3款也引進了強制收購（mandatory bid）的制度。在2002年證交法修正時，配合企業併購法修正，對於公開收購要約改採申報制。不過，強制收購之機制仍予保留，並提升至母法之位階[32]。

2002年5月，金管會提出「公開收購公開發行公司有價證券管理辦法」，修正內容包含放寬要約之對價包括收購人之股票、公司債與其他財產，對外國收購公司亦可經公告的方式將其要約對價（如外國上市股票、公司債）涵括其中、對於公開收購乃附條件而不成就之民事損害賠償規定刪除，以回歸民法之一般原則。對於第11條所謂強制收購之規定之適用，增列一些例外，例如盤後拍賣、盤後標購、股份交換、向特定

---

[31] 請參照劉連煜，公開收購股權與惡意購併，月旦法學教室，頁22，第75期2001年8月。

[32] 請參照劉紹樑，強化企業併購法制，頁20，月旦法學雜誌第128期，2006年1月。

人（如員工）讓售等，等於沖淡了強制收購規定的強制性[33]。

根據行政院90年10月17日證券交易法部分條文修正草案第43條之1第3項修正理由，可以得知增訂強制收購規定主要的目的在於「為避免大量收購有價證券，以致影響個股市場價格」因此，參酌英國立法例制定了我國法上強制收購之規定[34]。採用強制公開收購主要的功能在於，避免被收購公司的少數股東權益被忽略，透過強制收購人必須對所有股東提出收買其股份之要約，使所有股東得以享有充分之資訊揭露以及資訊上之對稱[35]。

兆豐金控於發布要收購臺企銀之重大訊息中，表示將洽其他主要股東購買、自集中市場直接購入、參與認購現金增資或其他等方式而以現金收購臺灣中小企銀5%—26%，以每股不超過9元（含）為上限[36]。首先需探討的是，兆豐金控是否以公開收購的方式取得臺企銀之股權？參照公開收購公開發行公司有價證券管理辦法第11條第1項規定，任何人單獨或與他人共同預定於五十日內取得公開發行公司已發行股份總額20%以上者，應採公開收購方式為之。既然兆豐金控在時間和股份比例上都不符合，自然無須採公開收購。

惟就另一方面觀之，雖然在法條解釋上，兆豐金控沒有採取公開收購的義務，但是以兆豐金所採取的幾乎完全向三商銀承接其持有股份，在兆豐金控先行限定承接價格9元，並且和三商銀同步行動的情形下，

---

[33] 同前註，頁25。

[34] 請參照廖大穎，解析證券交易法之部分新修正—公開收購與私募制度，月旦法學雜誌83期，2002年4月；張心悌，從法律經濟分析觀點探討強制公開收購制度，頁47，輔仁法學28期。

[35] 請參照常立松，論金融控股公司架構下少數股東、債權人及員工之保障，頁124～125，臺北大學法學系碩士論文，2003年6月。

[36] 請參照公開資訊觀測站兆豐金控重大訊息說明http://mops.tse.com.tw/server-java/t05st01。

臺企銀的其他小股東根本難以在此合併案中獲利[37]。而兆豐金控可以以
一年的時間透過三商銀的釋股以及參與現金增資等等途徑，穩穩的取得
臺企銀的股權，同時也避免了其他民營財團趁亂搶進臺企銀的機會。但
是我國法制訂公開收購之意旨不就在使小股東得有公平應賣之機會嗎？
而今兆豐金控之作法雖然在法律適用上沒有問題，但是小股東的權益是
否受到重視，以及我國採取公開收購之立法美意是否得到貫徹，亦是值
得討論的問題。

肆、二次金融改革

　　自從政府宣布進行二次金改，金融機構開始一連串的整併，有的攻
城掠地，有的力圖自保，在一段段有如連續劇一般讓社會大眾看的眼花
撩亂的「情節」之中，其實有非常多值得探討的議題。

　　二次金改的政策推行以來爭議不斷，社會各界對於金融改革可能會
發生的效應憂心忡忡[38]。金融改革影響的層面既深且遠，上至一個國家
的主權維護、未來的經濟發展，下至市井小民每日的柴米油鹽，無不被
金融改革的腳步牽動。從本文所討論的臺企銀併購案出發，可以發現這
個案子雖然只是整體二次金改中小小的一部分，但事實上牽涉到的層面

---

[37] 請參照夏淑賢，「兆豐金併臺企銀散戶沒賺頭」，2006-01-09，經濟日報，
　　B3版。
[38] 請參照陳宏印，「金控法比二次金改更重要」，天下雜誌333期，2005年10
　　月；陳宏印，「二次金改，空談一場？」，天下雜誌336期，2005年12月；
　　刁曼蓮、陳雅慧，「二次金改，就是利益重新分配」，天下雜誌331期，
　　2005年9月；楊瑪利，「財富大轉移」，天下雜誌331期，2005年9月；李紀
　　珠，「理想與目標相違的二次金改」，天下雜誌332期，2005年10月；「誰
　　來監理金融巨獸」，天下雜誌331期，2005年9月等。

千絲萬縷，不勝枚舉。單單就法律面觀之，從人民的工作權、勞工的罷工權、金融機構合併的規範、商業上收購的法規制度、國家行政權的行使、權力分立中行政權和立法權間的調和……。在政策面上，難謂有何對錯[39]，但是重點是政府在改革行動中所扮演的角色以及所執行的程度。

　　政府推動二次金改，希望以擴大金融機構規模的方式提高我國金融機構的競爭力，尋求在國際上一爭長短的機會。但是，規模的擴大是否就是等於競爭力的提高[40]？政府在政策的說明上似乎尚有所不足，難以破除大眾的疑慮。

　　除此之外，用人為的方式達成市場上的目標是否可行？是否會有難以承擔的後遺症？在不尊重市場機制下推動合併是否能夠發揮合併綜效？以兆豐金控合併臺企銀而言，雖然在合併後市占率有所提升，確實達到了政府事前預定的「市占率超過10%的金融機構」之目標，但是兩家金融機構業務範圍重疊性太高是否能在合併後達到預計綜效尚有疑問。更重要的是，政府作為本國金融秩序的維持者，參與金融市場上的活動，應當兼顧社會上各方之利益。沒有特別理由的急於讓公營金融機構由民營金融機構或民間財團取得，自然會讓外界有「圖利財團」之聯想。政府為金融之監理者，行使公權力維護金融秩序、建立「信用」機制而使金融市場得以之為基礎尋求發展並且消弭資訊不對稱等不公平情形[41]。如今若政府一面扮演監理者之角色，但另一方面又和私人的經營

---

[39] 請參照林仁光，由企業併購規範制度觀察二次金融改革，臺灣本土法學雜誌第77期，2005年12月。

[40] 對此討論文獻甚多，但對於贊成與反對兩種立場可以參照林蒼祥，從金控公司提高我國金融國際競爭力，國家政策季刊第3卷第4期，2004年12月；以及沈中華，啟動二次金融改革，臺灣經濟論衡第3卷第4期，2005年4月。

[41] 請參照王文宇等12人合著（2005），金融法，頁6～9，元照出版，2005年10月。

者有類似的行動或思維，如此「球員兼裁判」的作法，對於健全我國金融體制、強化金融競爭力之目標，恐非幸事[42]。

　　就臺企銀從標售、流標到後來和其他公股金融機構合併的情形而言，政府意志凌駕市場機制的情況顯而易見。雖然臺灣企業中小銀行並非所謂「國營」或「公營」事業，但事實上，我國公營事業民營化後，是否真的「民營化」向有爭議，就形式上對於「國營事業」或「公營事業」之定義[43]是否足以解決政府力量在事業機構經營及控制上之問題，恐怕都尚有許多討論空間。更重要的是，對於一個已經「民營化」的事業機構再由政府的意志強力主導是否妥當？特別是二次金改其訴求的目的主要便是強化金融競爭力，金融自由化、國際化，但是在貫徹其政策目標的過程中，不顧自由經濟的市場機制，而由政府的力量進行撮合、配對，對於本來預定的政策目的來說，如此是否為有效之手段，使人存疑。

　　金融法規為金融市場運作、發展之規範，也是一國金融秩序的框架；健全完善的金融法制更是提升本國金融競爭力前提。以兆豐金控和臺企銀合併案為中心，往前有臺企銀標售案以及臺企銀工會發動罷工等事件，往後則有完全民營的中信金控意圖入主公股色彩濃厚的兆豐金控[44]，在這其中令人擔憂的是金融法規究竟有無發揮其功能？抑或只是

---

[42] 最明顯的應為我國「形式上民營化」的金融機構中公股的操作情形，以及在金融機構合併的過程中政府「配對」之作法。請參照吳學良，公營事業民營化後剩餘公股管理之問題探討，財稅研究第32卷第6期，1990年11月；行政院研究發展考核委員會編（1994），公營事業民營化問題與對策之研究，頁71～74，行政院研考會發行，1994年9月初版，其中點出我國在處理民營化企業問題上有目的不明、共識不足、以及正當性遭質疑等問題。

[43] 國營事業管理法第三條規定，包括由政府經營、依事業組織特別法之規定由政府與人民合資經營，或依公司法之規定，政府資金超過百分之五十之公司。

[44] 請參照呂郁青，「中信加碼兆豐金取得入主門票」，2006-03-07，經濟日報，A4版。

這些「大玩家」們的競爭工具？而二次金改從火熱進行到急踩煞車，法律有無發揮保護弱勢的功能？從金融機構的員工、少數股東，一直到和金融機構來往的市井小民，在改革的過程中是被造福了？或是被犧牲了？今日的改革能不能帶來明日的美景？恐怕仍有待觀察。

伍、結　論

　　自從行政院於2004年6月成立「區域金融服務中心推動小組」，正式啟動第二次金融改革以來，即希望透過金融業之整併以及公營銀行民營化提高我國金融競爭力[45]。而在過程中，政府推動的臺企銀標售案由於工會強烈反彈甚至發動了金融史上第一次罷工，因而流標，被視為是二次金改中的一大挫敗。隨後，政府推動由兆豐金控合併臺企銀，一方面一掃臺企銀之前標售失敗的陰霾，再者也「完成」了政府之前宣示的公營行庫減半的目標，而且由於兩家金融機構本身性質的關係，不管是員工留用的問題，或者是兆豐金控取得股權的問題相較之下都相當順利。

　　但是在這樣順利的背後，其實隱藏了相當多的問題，不管是勞工權益的保障、少數股東的受忽略、資訊或是機會的不平等，甚至是政府操作公股等等的問題，雖然在該個案中並未成為太大阻礙，但是卻等於是敲響了警鐘，標記出了法制上可能的缺漏或有待解釋、釐清之處。筆者學淺才疏，對於本個案中的各個問題也僅能約略點過，必定還有更深切的層面為本文所不能及。

---

[45] 請參照林仁光，由企業併購規範制度觀察二次金融改革，頁196，臺灣本土法學雜誌第77期，2005年12月。

　　不管這所謂的「二次金改」是繼續或者是暫緩，臺灣金融業成長的腳步不會也不能停滯，或許尊重市場機制以及政策的一貫性對於臺灣金融下一階段的發展會較有幫助，同時在政策上取得共識並且透過法律面的制定來實行也許是更有效的辦法。雖然日前政府又再度宣示二次金改重新啟動，但是就兆豐金和臺企銀合併之個案觀之，欲順利的繼續完成恐非易事，而政府對於推動其合併似乎也已經有了不同的想法。時光荏苒，這些日子以來臺灣金融機構和金融體系是否得到了其真正所需的「改革」，值得深思。

參考文獻

一、專書論述

1. 王文宇等12人合著（2005），金融法，元照出版，2005年10月。

2. 沈中華著（2002），金融市場，華泰文化，2002年10月。

3. 余雪明著（2003），證券交易法，財團法人中華民國證券暨期貨市場發展基金會，2003年4月四版。

4. 曾宛如著（2005），證券交易法原理，元照出版，2005年3月。

5. 行政院研究發展考核委員會編（1994），公營事業民營化問題與對策之研究，行政院研考會發行，1994年9月初版。

6. 夏傳位著，禿鷹的晚餐—金融併購的社會後果，中華民國銀行員工會全國聯合會出版，2005年7月。

二、期刊論文

1. 林蒼祥，從金控公司提高我國金融國際競爭力，國家政策季刊第3卷第4期，2004年12月。

2. 劉連煜，公司合併態樣與不同意股東股份收買請求權，月旦法學雜誌第128期，2006年1月。

3. 劉連煜，公開收購股權與惡意購併，月旦法學雜誌73期，2001年8月。

4. 劉紹樑，我國公司法制的迷思與挑戰—以公司法與金融法規修正為中心，月旦法學雜誌84期，2002年5月。

5. 劉紹樑，強化企業併購法制，月旦法學雜誌128期，2006年1月。

6. 王文宇，我國公司法購併法制之檢討與建議—兼論金融機構合併法，月旦法學雜誌68期，2001年1月。

7. 林仁光，由企業併購規範制度觀察二次金融改革，臺灣本土法學雜誌第77期，2005年12月。

8. 曾宛如，英國公開收購制度之架構，萬國法律105期，1999年6月。

9. 游啟璋，股份收買請求權的股東退場與監控機制，月旦法學雜誌128期，2006年1月。

10.廖大穎，解析證券交易法之部分新修正─公開收購與私募制度，月旦法學83期，2002年4月。

11.李禮仲，金融控股公司間非合意併購問題法律之研究，月旦法學雜誌128期，2006年1月。

12.賴英照，公開收購的法律規範，金融風險管理季刊第一卷第二期，2005年。

13.張心悌，從法律經濟分析觀點探討強制公開收購制度，輔仁法學28期。

14.郭玉芬，我國公開收購制度及歷次修正重點簡介，證券暨期貨月刊第23卷第7期，2005年7月。

15. 王志誠，金融危機與金融改革，臺灣本土法學雜誌61期，2004年8月。

16.沈中華，啟動二次金融改革，臺灣經濟論衡第3卷第4期，2005年4月。

17.吳學良，公營事業民營化後剩餘公股管理之問題探討，財稅研究第32卷第6期，1990年11月。

18.林佳和，臺灣中小企業銀行工會罷工事件──一個勞動法角度的觀察，臺灣本土法學雜誌77期，2005年12月。

19.陳愛娥，政府在勞資爭議中的公權力運用，臺灣本土法學雜誌78期，2006年1月。

20.黃國昌，併購風潮下勞工權益保障之問題點，臺灣本土法學雜誌77期，2005年12月。

21.郭玲惠，金融控股公司與企業併購對於勞工勞動條件保障之初探─以調職為例，律師雜誌291期。

22.林俊銘，金融機構跨業併購法制建構及芻議─以商業銀行跨業併購為例，中原大學財經法律學系碩士論文，2001年1月。

23. 常立松，論金融控股公司架構下少數股東、債權人及員工之保障，臺北大學法學系碩士論文，2003年6月。

三、報紙雜誌

1. 陳宏印，「金控法比二次金改更重要」，天下雜誌333期，2005年10月。

2. 陳宏印，「二次金改，空談一場？」，天下雜誌336期，2005年12月。

3. 刁曼蓮、陳雅慧，「二次金改，就是利益重新分配」，天下雜誌331期，2005年9月。

4. 楊瑪利，「財富大轉移」，天下雜誌331期，2005年9月。

5. 李紀珠，「理想與目標相違的二次金改」，天下雜誌332期，2005年10月。

6. 「誰來監理金融巨獸」，天下雜誌331期，2005年9月。

7. 邱金蘭，「兆豐金獲利254億金控之冠」，2006-02-17／經濟日報／A4版。

8. 邱金蘭，「持臺企銀股12%財部不滿意」，2006-04-05／經濟日報／A4版／金融新聞。

9. 賴昭穎，「6月9日前兆豐金須買足臺企銀20%」，2006-04-05／聯合報／B1版／財經。

10. 請參照邱金蘭，「二次金改採煞車財團買公股金控別想了」，2006-04-13／經濟日報／A4版。

11. 賴昭穎，「兆豐第一華南3公股金控不讓財團併」，2006-04-13／聯合報／A4版。

12. 曾桂香，「政府喊話金融官股反彈」，2005-04-12／聯合晚報／15版。

13. 邱金蘭，「公股銀行減半對象露端倪」，2005-05-09／經濟日報／A1版。

14. 羅兩莎，「臺企銀現增完成」，2005-06-14／聯合報／B6版。

15. 謝偉姝，「公股銀行招親臺企銀接棒開跑」，2005-07-04／經濟日報

／A4版。

16. 邱金蘭，「臺企銀彰銀合庫市占率將逾一成」，2005-07-12／經濟日報／A4版。

17. 葉慧心、林巧雁，「臺企銀招親淡馬錫有意」，2005-07-23／經濟日報／A3版。

18. 夏淑賢、林巧雁，「臺企銀出嫁方式不設限」，2005-07-29／經濟日報／A1版。

19. 謝偉姝，「怎麼嫁不設限」，2005-08-06／經濟日報／A7版。

20. 羅兩莎、孫中英，「臺企銀標售案」，2005-08-10／聯合報／B2版。

21. 武桂甄、邱金蘭，「工會嗆聲抗爭到底」，2005-08-10／經濟日報／A4版。

22. 「臺企銀工會反併購」，2005-08-13／聯合報／B6版。

23. 羅兩莎，「反合併臺企銀員工要上街頭」，2005-08-19／聯合報／B1版。

24. 羅兩莎，「臺企銀團體協約勞資協商破裂」，2005-08-24／聯合報／B2版。

25. 陳芝豔，「臺企銀工會通過罷工決議」，2005-08-28／經濟日報／A6版。

26. 羅兩莎，「臺企銀決定下週五罷工」，2005-08-31／聯合報／B2版。

27. 羅兩莎，「臺企銀明起提前罷工」，2005-09-07／聯合報／B1版。

28. 李淑慧、白富美，「臺企銀今起無限期罷工」，2005-09-08／經濟日報／A1版。

29. 盧志高，「臺企銀官股賣給誰？昨標而不決等林全回國定案」，2005-09-10／民生報／A11版。

30. 孫中英、陳芝豔、邱金蘭，「臺企銀標售案今天繼續議價」，2005-09-12／聯合報／A12版。

31. 邱金蘭，「臺企銀流標二次金改受挫」，2005-09-15／經濟日報／A1版。

32. 謝偉姝，「二次金改絕對要做」，2005-09-16／經濟日報／A4版。

33. 孫中英、羅兩莎，「臺企銀董事長鍾甦生請辭」，2005-09-17／聯合報／B11版。

34. 「臺企銀董事長張兆順接任」，2005-09-20／民生報／A9版。

35. 林巧雁、陳芝豔，「張兆順：臺企銀也可以併別人」，2005-09-23／經濟日報／A4版。

36. 吳雯雯，「官股銀行整併月底再宣佈一件」，2005-12-02／聯合報／B2版。

37. 邱金蘭，「立委提案撤銷臺企銀整併」，2005-12-13／經濟日報／A4版。

38. 「兆豐金控宣示收購臺企銀」，2005-12-17／民生報／A13版。

39. 洪凱音、李淑慧、陳芝艷，「兆豐金轉投資臺企銀過關」，2005-12-21／經濟日報／A4版。

40. 邱金蘭，「臺企銀21%泛公股隨時可賣出」，2005-12-26／經濟日報／A4版。

41. 鄒秀明，「兆豐金購臺企銀三商銀釋股支持」，2005-12-28／聯合報／B2版。

42. 黃國棟，「三商銀鉅額轉讓臺企銀股」，2005-12-31／經濟日報／A4版。

43. 邱金蘭，「持臺企銀股12%財部不滿意」，2006-04-05／經濟日報／A4版。

44. 賴昭穎，「6月9日前兆豐金須買足臺企銀20%」，2006-04-05／聯合報／B1版。

45. 邱金蘭，「二次金改採煞車財團買公股金控別想了」，2006-04-13／

經濟日報／A4版。

46. 賴昭穎，「兆豐第一華南3公股金控不讓財團併」，2006-04-13／聯合報／A4版。

47. 林巧雁，「新任臺企董事長蘇金豐：臺企未必與兆豐金合併」，2006-05-13／經濟日報／A4版／金融新聞。

48. 謝偉姝、邱金蘭，「公銀開放外銀併購臺企打頭陣」，2007-06-07／經濟日報／A4版／金融新聞。

49. 李淑慧，「兆豐金併臺企銀案重新送件」，2007-08-06／經濟日報／A4版／金融新聞。

四、網路資料

1. 公開資訊觀測站，網址：http://newmops.tse.com.tw/。

2. 行政院金融監督管理委員會網站，網址：http://www.fscey.gov.tw/mp.asp?mp=。

3. 臺企銀網站http://www.tbb.com.tw/html/c-history.html。

4. 兆豐金網站http://www.megaholdings.com.tw/contents_1024/about/about01.asp。

MEMO

MEMO

MEMO

國家圖書館出版品預行編目資料

貪婪夢醒：經典財經案例選粹／謝易宏等作.
— 初版. — 臺北市：五南, 2008.03
　　面；　公分

ISBN 978-957-11-5029-1 (平裝)

1.企業法規 2.金融法規 3.判例解釋例

494.023　　　　　　　　　96022213

1U74

貪婪夢醒──經典財經案例選粹

主　　編 ─ 謝易宏(400.3)

作　　者 ─ 謝易宏、周英惠、林佳倩、林大鈞、廖先雅
　　　　　　葉立琦、李佳穎、謝梨君、梁燕妮、蔡南芳
　　　　　　饒珮妮、游忠霖、朱慧珊、徐雪萍、高啟瑄
　　　　　　劉淑慧、吳宛真、李國榮、林依蓉、戴功哲

發 行 人 ─ 楊榮川

總 編 輯 ─ 龐君豪

主　　編 ─ 劉靜芬　林振煌

責任編輯 ─ 李奇蓁　謝佳勳

封面設計 ─ 斐類設計工作室

出 版 者 ─ 五南圖書出版股份有限公司

地　　址：106台北市大安區和平東路二段339號4樓

電　　話：(02)2705-5066　　傳　　真：(02)2706-6100

網　　址：http://www.wunan.com.tw

電子郵件：wunan@wunan.com.tw

劃撥帳號：01068953

戶　　名：五南圖書出版股份有限公司

台中市駐區辦公室/台中市中區中山路6號

電　　話：(04)2223-0891　　傳　　真：(04)2223-3549

高雄市駐區辦公室/高雄市新興區中山一路290號

電　　話：(07)2358-702　　 傳　　真：(07)2350-236

法律顧問　元貞聯合法律事務所　張澤平律師

出版日期　2008年3月初版一刷
　　　　　 2012年1月初版三刷

定　　價　新臺幣680元